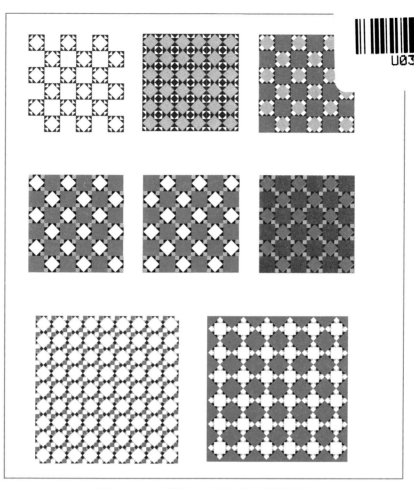

图 1-5-18 习题 37 程序的参考地板图案

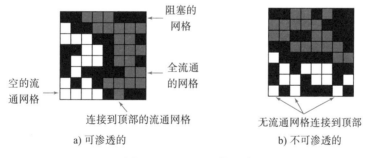

a) 可渗透的   b) 不可渗透的

图 2-4-1   8×8 网格的渗透

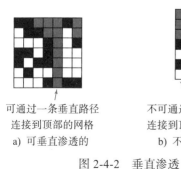

可通过一条垂直路径
连接到顶部的网格

a) 可垂直渗透的

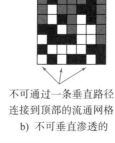

不可通过一条垂直路径
连接到顶部的流通网格

b) 不可垂直渗透的

图 2-4-2   垂直渗透

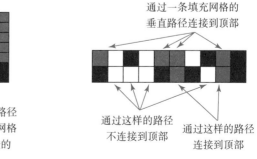

通过一条填充网格的
垂直路径连接到顶部

通过这样的路径
不连接到顶部

通过这样的路径
连接到顶部

图 2-4-3   垂直渗透计算示意图

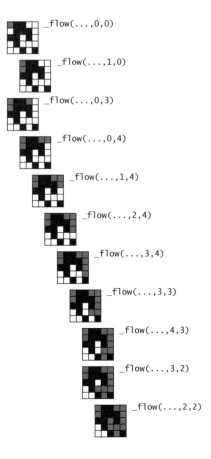

图 2-4-4　递归渗透示意图（省略了空调用）

图 2-4-5　当网格空置概率减少时渗透率随之减小

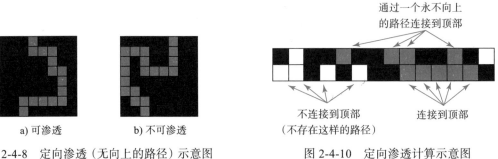

a) 可渗透　　　b) 不可渗透

图 2-4-8　定向渗透（无向上的路径）示意图

图 2-4-10　定向渗透计算示意图

图 3-1-6　灰度颜色示例

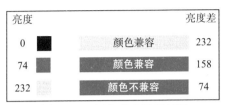

图 3-1-7　颜色兼容性示例图

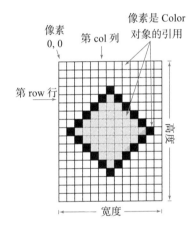

图 3-1-8　数字图像的剖析图

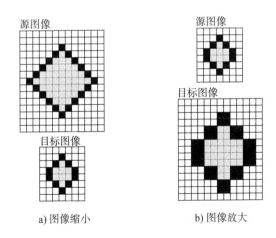

a) 图像缩小　　　　　　b) 图像放大

图 3-1-9　数字图像缩放的示意图

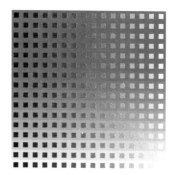

图 3-1-13　颜色的研究

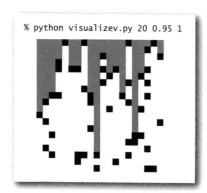 

程序 2.4.4 输出结果

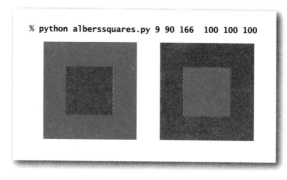

程序 3.1.3 输出结果

计 算 机 科 学 丛 书

程序设计导论

Python语言实践

罗伯特·塞奇威克（Robert Sedgewick）

[美]　　　凯文·韦恩（Kevin Wayne）　　著

罗伯特·唐德罗（Robert Dondero）

江红　余青松　译

Introduction to Programming in Python

An Interdisciplinary Approach

机械工业出版社

China Machine Press

图书在版编目（CIP）数据

程序设计导论：Python 语言实践 /（美）罗伯特·塞奇威克（Robert Sedgewick）等著；
江红，余青松译 . —北京：机械工业出版社，2016.9
（计算机科学丛书）
书名原文：Introduction to Programming in Python: An Interdisciplinary Approach

ISBN 978-7-111-54924-6

I. 程⋯ II. ① 罗⋯ ② 江⋯ ③ 余⋯ III. 软件工具 – 程序设计 – 高等学校 – 教材
IV. TP311.56

中国版本图书馆 CIP 数据核字（2016）第 230536 号

本书从跨学科的角度入手，强调应用，介绍 Python 最有用的功能，包括编程的基本要素、功能、
模块、面向对象编程、数据抽象对象、算法与数据结构，融汇了作者丰富的课堂教学经验，提供了大量
源代码、I/O 库和精选实例。本书适合作为高校计算机专业编程课程的教材。

出版发行：机械工业出版社（北京市西城区百万庄大街 22 号　邮政编码：100037）
责任编辑：刘诗灏　　　　　　　　　　　　　责任校对：殷　虹
印　　刷：北京文昌阁彩色印刷有限责任公司　　版　　次：2016 年 11 月第 1 版第 1 次印刷
开　　本：185mm×260mm　1/16　　　　　　印　　张：33.5（含 0.25 印张彩插）
书　　号：ISBN 978-7-111-54924-6　　　　　定　　价：79.00 元

凡购本书，如有缺页、倒页、脱页，由本社发行部调换
客服热线：(010) 88378991　88361066　　　　投稿热线：(010) 88379604
购书热线：(010) 68326294　88379649　68995259　读者信箱：hzjsj@hzbook.com

版权所有·侵权必究
封底无防伪标签均为盗版
本书法律顾问：北京大成律师事务所　韩光 / 邹晓东

文艺复兴以来，源远流长的科学精神和逐步形成的学术规范，使西方国家在自然科学的各个领域取得了垄断性的优势；也正是这样的优势，使美国在信息技术发展的六十多年间名家辈出、独领风骚。在商业化的进程中，美国的产业界与教育界越来越紧密地结合，计算机学科中的许多泰山北斗同时身处科研和教学的最前线，由此而产生的经典科学著作，不仅擘划了研究的范畴，还揭示了学术的源变，既遵循学术规范，又自有学者个性，其价值并不会因年月的流逝而减退。

近年，在全球信息化大潮的推动下，我国的计算机产业发展迅猛，对专业人才的需求日益迫切。这对计算机教育界和出版界都既是机遇，也是挑战；而专业教材的建设在教育战略上显得举足轻重。在我国信息技术发展时间较短的现状下，美国等发达国家在其计算机科学发展的几十年间积淀和发展的经典教材仍有许多值得借鉴之处。因此，引进一批国外优秀计算机教材将对我国计算机教育事业的发展起到积极的推动作用，也是与世界接轨、建设真正的世界一流大学的必由之路。

机械工业出版社华章公司较早意识到"出版要为教育服务"。自1998年开始，我们就将工作重点放在了遴选、移译国外优秀教材上。经过多年的不懈努力，我们与Pearson，McGraw-Hill，Elsevier，MIT，John Wiley & Sons，Cengage等世界著名出版公司建立了良好的合作关系，从他们现有的数百种教材中甄选出Andrew S. Tanenbaum，Bjarne Stroustrup，Brian W. Kernighan，Dennis Ritchie，Jim Gray，Afred V. Aho，John E. Hopcroft，Jeffrey D. Ullman，Abraham Silberschatz，William Stallings，Donald E. Knuth，John L. Hennessy，Larry L. Peterson等大师名家的一批经典作品，以"计算机科学丛书"为总称出版，供读者学习、研究及珍藏。大理石纹理的封面，也正体现了这套丛书的品位和格调。

"计算机科学丛书"的出版工作得到了国内外学者的鼎力相助，国内的专家不仅提供了中肯的选题指导，还不辞劳苦地担任了翻译和审校的工作；而原书的作者也相当关注其作品在中国的传播，有的还专门为其书的中译本作序。迄今，"计算机科学丛书"已经出版了近两百个品种，这些书籍在读者中树立了良好的口碑，并被许多高校采用为正式教材和参考书籍。其影印版"经典原版书库"作为姊妹篇也被越来越多实施双语教学的学校所采用。

权威的作者、经典的教材、一流的译者、严格的审校、精细的编辑，这些因素使我们的图书有了质量的保证。随着计算机科学与技术专业学科建设的不断完善和教材改革的逐渐深化，教育界对国外计算机教材的需求和应用都将步入一个新的阶段，我们的目标是尽善尽美，而反馈的意见正是我们达到这一终极目标的重要帮助。华章公司欢迎老师和读者对我们的工作提出建议或给予指正，我们的联系方法如下：

华章网站：www.hzbook.com
电子邮件：hzjsj@hzbook.com
联系电话：(010) 88379604
联系地址：北京市西城区百万庄南街1号
邮政编码：100037

华章教育

华章科技图书出版中心

译者序

Introduction to Programming in Python: An Interdisciplinary Approach

本书介绍程序设计的基本概念，而不仅仅是 Python 本身。本书的侧重点在于讲授使用程序设计解决各学科（从材料科学到基因组学、天体物理学、网络系统等）中的计算问题。本书除了讲述 Python 语言基础知识之外，还涉及许多新的研究领域（例如，随机 Web 冲浪模型、渗透原理、多体模拟、数据挖掘、小世界现象等），能激发学生对科学探究的求知欲，为以后专业课的学习打下坚实的基础。

本书采用跨学科的方法，重点讲述计算在其他学科中的重要地位。这种跨学科的方法向学生强调一种基本思想，即在当今世界中，数学、科学、工程和计算紧密结合在一起。本书面向对使用计算机程序解决数学、科学和工程问题感兴趣的大学生或研究生，作为教材的同时也可用于自学，或作为与其他领域相结合的程序设计课程的补充材料。

本书内容根据学习程序设计的四个阶段来组织：基本元素、函数和模块、面向对象的程序设计、算法和数据结构。本书由浅入深，将理论知识和实际应用相结合，逐步引导读者掌握通过计算机程序设计解决各种科学和技术研究问题的方法。本书的最大特色是提供丰富的实际应用示例，用于分析和解决各学科中涉及的计算问题。本书的应用示例涉及应用数学、物理、生物科学、计算机科学、物理系统、数字方法、数据可视化、声音合成、图像处理、金融模拟和信息技术等方面，真正体现了其跨学科的特点。

另外，本书包括大量的习题和创新习题，可引导读者进一步拓展通过程序设计解决科学和技术问题的能力。

本书配套课程是普林斯顿大学的精品课程，在其提供的教学官网（http://introcs.cs.princeton.edu/python）中包含大量的教学辅助内容，无论是教师、助教、学生还是一般读者，均可以从中获取与本书内容相关的所有资源库。

本书由华东师范大学江红和余青松共同翻译。衷心感谢本书的编辑王颖老师和刘诗灏老师，敬佩他们的睿智和敬业。我们在翻译过程中力求忠于原著，但由于时间和学识有限，且本书涉及各个领域的专业知识，故书中的不足之处在所难免，敬请诸位同行、专家和读者指正。

江红　余青松

21 世纪以前的教育基础是"读、写和算术",而现在的教育基础则是"读、写和计算"。学习编程是每个科学和工程专业学生教育过程中的重要部分。除了直接的应用外,学习编程是了解计算机科学本质的第一步。计算机科学对现代社会产生了毋庸置疑的影响。本书的目的是在科学环境中为需要编程或想学习编程的人讲授程序设计的基本方法和应用技巧。

我们的主要目标是通过提供经验和必要的基本工具使得学生更加有效地进行计算。我们的方法是向学生灌输这样的理念:编写程序是一种自然而然、富有成就感和充满创造性的体验。我们将循序渐进地介绍基本概念,并使用应用数学和科学中的典型应用来阐述这些概念,并为学生提供编写程序以解决相关问题的机会。

我们使用 Python 程序设计语言来编写本书中的所有程序——在本书的标题中,我们在"程序设计"之后提及"Python"以强调本书是关于程序设计的基本概念,而不仅仅是 Python 本身。这本书讲授了许多解决计算问题的基本技能,这些技能可以应用于许多现代计算环境中。本书自成体系,其目标人群是没有任何编程经验的人。

相对于传统的 CS1 课程而言,本书提供了一种跨学科的方法。我们将重点讲述计算在其他学科(材料科学、基因组学、天体物理学、网络系统等)中的重要地位。跨学科的方法向学生强调一种基本思想,即在当今世界中,数学、科学、工程和计算紧密结合在一起。同时,作为 CS1 的课本,本书主要面向对数学、科学和工程感兴趣的大学一年级学生。当然,本书也可用于自学,或者作为程序设计与其他领域相结合的课程的补充材料。

内容范围

本书根据学习编程的四个阶段来组织:基本元素、函数和模块、面向对象的程序设计、算法和数据结构。在进入编程的下一阶段之前,我们将向读者提供他们需要的基本信息,使读者有信心编写每个阶段的程序。本书所讲授方法的基本特征是使用示例程序解决感兴趣的问题,并提供各种练习题,从自学练习题到需要创新解决方案的挑战性难题。

基本元素包括变量、赋值语句、内置数据类型、控制流程、数组和输入/输出,以及图形和声音。

函数和模块为学生揭开了模块化程序设计的面纱。我们使用熟悉的数学函数来介绍 Python 函数,然后讨论使用函数编程的意义,包括库函数和递归函数。贯穿本书,我们强调一种基本理念,即把一个程序分解为可以独立调试、维护和重用的模块。

面向对象的程序设计是我们对数据抽象的介绍。我们强调数据类型的概念,并使用 Python 的类机制实现数据类型。我们将教会学生如何使用、创建和设计数据类型。模块化、封装和其他现代程序设计理念是面向对象程序设计阶段的中心概念。

算法和数据结构把这些现代程序设计理念与组织和处理数据的经典方法结合起来,因为经典方法依旧可以有效地用于现代应用程序。我们介绍了经典的排序和搜索算法,同时也介绍了基本的数据结构及其应用,强调了使用科学方法来理解实现的性能特征。

在科学和工程中的应用是本书的一个主要特点。我们通过其对具体应用的影响来强调我们所讨论的每一个程序设计概念。我们的示例来源于应用数学、物理学、生物科学、计算机科学本身，并包括物理系统模拟、数值方法、数据可视化、声音合成、图像处理、金融模拟和信息技术。具体的示例包括第 1 章用于页面排名的马尔可夫链以及渗透问题、n 体模拟、小世界现象的案例研究。这些应用都是正文不可分割的组成部分。它们为学生提供了资料，阐述程序设计概念的重要性，并提供了计算在现代科学和工程中扮演着重要角色的令人信服的证据。

我们的主要目标是教授学生学会有效解决任何程序设计问题所需要的具体机制和技能。我们完全使用 Python 程序，并鼓励读者也使用 Python 程序。我们关注个人的程序设计，而不是大型的程序设计。

本书在大学课程中的使用

本书主要面向大学一年级课程，其目标是教授新生在科学应用的背景下进行程序设计。根据本书所讲授的内容，将来主修科学或工程技术的学生都将学会在熟悉的背景下学习程序设计。修完基于本书课程的学生将为在后续科学和工程技术课程中应用他们的技能做好准备，并会意识到本书所讲授的内容对进一步学习计算机科学是非常有益的。

特别是将来主修计算机科学的学生将会受益于在科学应用的背景下学习程序设计。与生物学家、工程师和物理学家一样，计算机科学家在科学方法中也需要相同的基本背景，并且要承担科学计算的任务。

实际上，跨学科的方法使得高等院校可给将来主修计算机科学或其他科学和工程技术的学生教授同一门课程。我们覆盖了 CS1 所规定的资料，但是我们对应用的关注给相关概念带来了生命，并激发了学生学习这些概念的兴趣。跨学科的方法向学生展示了许多不同学科中的问题，可帮助他们更明智地选择主修方向。

无论采用哪种具体机制，本书的使用最好安排在全部课程的早期。首先，这种安排允许我们利用高中数学和科学中所熟悉的资料。其次，学生在大学课程的早期学习程序设计将帮助他们在继续学习专业课程时有效地使用计算机。像阅读和写作一样，程序设计很显然也是任何科学家和工程师的一项基本技能。掌握本书概念的学生将终生不断发展这种技能，在其各自所选择的领域中，他们能够利用计算来解决或更好地理解问题和项目，并从这一过程中受益。

先修条件

本书非常适合于科学和工程技术专业的大学一年级学生。也就是说，我们不需要其他的预备知识，本书的先修条件和其他入门级科学和数学课程的要求基本一致。

完备的数学知识很重要。我们没有详细阐述相关的数学知识，但我们引用了学生在高中已经学习的数学课程，包括代数学、几何学和三角学。本书目标人群中的大多数学生都自动满足这些要求。事实上，我们充分利用了他们在基础课程中所熟悉的知识来介绍基本的编程概念。

科学的求知欲也是一个重要的部分。科学和工程技术专业的学生天生对进行科学探究以帮助解释自然本质的能力非常着迷。我们使用简单的关于自然界的程序示例支持这种偏爱。

本书任何特定的知识都没有超过高中课程中的数学、物理、生物和化学的知识范围。

程序设计经验不是必需的，但却是有益的。讲授程序设计是我们的主要目标，因此本书没有要求任何先行的程序设计经验。然而，编写一个程序解决一个新问题是一项富有挑战性的智力任务，所以在高中阶段编写了许多程序的学生会从选修基于本书的程序设计入门课程中受益。本书可满足各种不同背景的学生的授课需求，因为本书中的应用无论对于新手还是专家都具有吸引力。

使用计算机的经验也不是必需的，况且这根本不是问题。现在的大学生经常使用计算机与亲朋好友交流、听音乐、处理照片或进行许多其他活动。能够以有趣而又重要的方式驾驭自己的计算机需要扣人心弦和长期的训练。

总之，几乎所有科学和工程技术领域的学生都可以在他们第一个学期的课表中选修基于本书的课程。

目标

在科学和工程技术专业的高级课程中，教师希望完成基于本书课程的学生学到什么样的知识呢？

我们覆盖了 CS1 课程，但任何讲授入门级程序设计课程的教师都知道，教授后续课程的教师期望值很高：每个教师都希望学生已经熟悉所需使用的计算环境和方法。物理学教授可能期望某些学生在周末设计一个程序来运行模拟；工程学教授可能期望某些学生使用一个特定的软件包并基于数值方法求解微分方程；计算机科学教授可能期望学生掌握特定编程环境的详细知识。本书真的可以满足这些不同的期望吗？对于不同的学生群体，是否需要不同的入门级课程？

自从 20 世纪后期计算机被广泛使用以来，高等院校就一直被这些类似问题困扰。对于这些问题，我们给出的解答是本书介绍通用的程序设计入门方法，类似于数学、物理学、生物学和化学中普遍接受的入门级课程。本书努力为科学和工程技术专业的学生提供必要的基本准备，同时也清楚地传递这样的信息：理解计算机科学比程序设计更重要。学习过本书的学生，教师可期望他们拥有适应于新的计算环境和在不同应用中有效利用计算机的必要知识和能力。

完成基于本书课程的学生，他们期望在后续课程中学习到什么呢？

我们的观点是程序设计并不难学，但学会驾驭计算机意义深远。在未来的职业生涯中，掌握了本书知识的学生已为应对计算挑战做好准备。他们了解现代程序设计环境（例如本书介绍的 Python）将为未来可能遇见的任何计算问题打开一扇大门，同时他们也获得了学习、评价和使用其他计算工具的信心。对计算机科学感兴趣的学生将准备好进一步追寻这些兴趣，科学和工程技术专业的学生将准备好将计算融合到他们的研究中。

本书官网

在如下网站上，可以找到关于正文的大量补充信息：

http://introcs.cs.princeton.edu/python

为了方便，我们把这个站点称为本书官网。该网站包含了为使用本书的教师、学生和其他读者准备的资料。我们在这里简要描述一下这些资料，虽然所有的 Web 用户都知道，最好的方法是通过浏览器纵览它们。除了少部分用于测试的资料，其他资料都是公开可用的。

本书官网的一个最重要的意义是让教师和学生可以使用自己的计算机教授或学习这些资料。任何拥有计算机和浏览器的人，均可按照本书官网提供的一些指示开始学习程序设计。这个过程并不比下载一个媒体播放器或一首歌更困难。和任何其他网站一样，我们的网站也一直保持更新。对于任何拥有本书的人而言，本书官网是一个非常重要的资源。特别是补充材料对于我们达到如下目标至关重要，那就是使得计算机科学成为所有科学家和工程师教育不可分割的有机组成部分。

对于教师，本书官网包含了与教学相关的信息。这些信息主要按照我们过去十几年开发的教学模式进行组织，我们每周为学生授课两次，并且每周对学生进行两次课外辅导，学生分成小组与任课教师或助教进行讨论。本书官网包括用于这些授课的演示幻灯片，教师可基于这些幻灯片根据需要进行补充和修改。

对于助教，本书官网包含了详细的问题集和编程项目，它们均基于本书的习题，但包含更多的详细信息。每个程序设计任务作业旨在基于一个有趣的应用环境教授一个相关的概念，同时为每个学生提出一个引人入胜的挑战。课外作业的进展体现了我们的教学方法。本书官网全面详细地说明了所有的作业，并提供详细的结构化信息帮助学生在规定时间内完成任务，包括有关建议方法的描述，以及在课堂中应该讲述的授课内容纲要。

对于学生，本书官网包含可快速访问的本书的大部分资料，包括源代码以及鼓励学生自学的额外资料。本书官网为书本中的许多习题提供了参考解答，包括完整的程序代码和测试数据。还有许多与程序设计作业相关的信息，包括建议的方法、检查清单、常见问题解答以及测试数据。

对于一般读者，本书官网是访问与本书内容相关的所有额外信息的资源库。所有的网站内容都提供 Web 超链接和其他路径，以帮助读者寻找有关讨论主题的更多信息。网站包含了非常多的信息，比任何个人所能想象和接受的信息多得多，因为我们的目标是为本书内容提供足够多的信息，以满足每位读者的需求。

致谢

这个项目自 1992 年开始启动，迄今为止，许多人为这个项目的成功做出了贡献，我们在此对他们表示诚挚的感谢。特别感谢 Anne Rogers 的大力帮助，使本项目得以顺利启动；感谢 Dave Hanson、Andrew Appel 和 Chris van Wyk 耐心地解释数据的抽象化；还要感谢 Lisa Worthington，她是第一个接受挑战，使用本书给大学一年级学生上课的老师。同时我们还要感谢 /dev/126 的努力；感谢过去 25 年中在普林斯顿大学致力于讲授本书内容的教师、研究生和教学人员；感谢成千上万努力学习本书的大学生们。

Robert Sedgewick

Kevin Wayne

Robert Dondero

2015.4

程序设计的基本元素

本章的目标是向读者证明编写一个程序比撰写一篇文章（例如一个段落或论文）更加容易。撰写散文十分困难：我们在学校中花费了多年的时间学习如何进行散文创作。比较而言，仅仅若干构造模块就足以使读者能够编写程序，用以解决各种有趣的问题（这些问题如果通过其他方法则难以解决）。在本章，我们引导读者学习这些构造模块，开始 Python 程序设计之旅，同时学习各种各样有趣的程序。仅仅需要几个星期的学习，读者就可以通过编写程序的方法表述自己的思想。正如撰写文章的技能一样，程序设计的技能是一个人的终生技能，它可以使你不断完善来更好地融入未来。

在本书中，读者将学习 Python 程序设计语言。这个任务十分容易，至少比学习一门外语要容易得多。实际上，程序设计语言仅仅由几十个词汇和语法规则组成。本书涉及的大多数内容也可以使用 Java 或 C++ 语言或任何其他现代程序设计语言来描述。我们特别使用 Python 描述一切，目的是使读者可以立即开始编写和运行程序。一方面，我们将侧重于学习如何编程，而不是学习 Python 的语言细节。另一方面，程序设计的挑战是了解在特定情况下有哪些相关的细节。Python 是一种广泛使用的语言，学习 Python 使得读者可在许多计算机上编写程序（例如，你自己的计算机）。另外，学习使用 Python 进行编程可让学习其他程序设计语言更加容易，包括低级语言（例如 C）以及专业语言（例如 Matlab）。

1

1.1 你的第一个程序

本节通过编辑并运行一个简单程序的基本步骤，引导读者进入 Python 程序设计的世界。

与其他熟知的应用程序（例如文字处理软件、电子邮件程序和 Web 浏览器）不同，Python 系统（简称 Python）是一系列应用程序的集合。当然，正如其他应用程序一样，使用 Python 前必须确保在计算机上已经正确安装了 Python 软件。许多计算机系统都预装了 Python 软件，你也可以非常容易地下载并安装 Python 软件。Python 程序设计环境还需要一个文本编辑器和控制台命令程序。读者首要的任务是通过访问下列网站获取在计算机上安装 Python 程序设计环境的说明书。

`http://introcs.cs.princeton.edu/python`

上述网站为本书的官网，网站上包含大量本书有关资料的补充信息，读者编程时可以参考和使用。

表 1-1-1 为本节所有程序的一览表，读者可以作为参考。

表 1-1-1　本节所有程序的一览表

程序名称	功能描述
程序 1.1.1（helloworld.py）	Hello, World
程序 1.1.2（useargument.py）	使用一个命令行参数

1.1.1 Python 程序设计

为了介绍 Python 程序开发，我们将整个编程过程分解为两个步骤。具体如下：

- 步骤 1：通过键入代码来编写程序并保存到一个文本文件中，例如，myprogram.py。
- 步骤 2：在控制台命令窗口中通过键入命令 python myprogram.py 运行（或执行）程序。

在步骤 1 中，从新建空白文件开始，输入一系列程序代码字符，过程就像写电子邮件或论文一样。程序员使用代码描述程序文本，而创建和编辑代码的行为则称为编码。在步骤 2 中，计算机的运行控制从系统转移到所运行的程序（程序运行结束后，运行控制重新返回系统）。许多系统支持各种不同的编写和运行程序的方法。本书统一选用上述步骤，因为该步骤非常易于描述和开发小程序。

1. 编写 Python 程序

Python 程序就是保存在后缀为 .py 的文件中的字符系列。只要使用文本编辑器就可以创建 Python 程序文件。可以使用任何文本编辑器，也可以使用本书官网推荐的功能强大的程序开发环境。

本书官网推荐的程序开发环境功能全面，适用于本书的所有范例，且使用并不复杂，并提供许多实用功能，被专业程序员广泛使用。

2. 执行程序

程序编写后，即可被运行（或称执行）。运行程序是令人激动的时刻，此时程序获取计算机的控制权（在 Python 允许的限制下）。准确地说是计算机执行程序的指令。更准确地说，是 Python 编译器将你的 Python 程序编译成更适合在计算机上执行的计算机语言，然后 Python 解释器指示计算机执行程序指令。在本书中，我们使用术语"执行"（executing）或"运行"（running）描述编译、解释以及执行一个程序的过程（例如，当 Python 运行该程序时……）。要使用 Python 编译器和解释器执行一个程序，可在控制台命令窗口中键入 Python 命令并加上程序的文件名。

程序 1.1.1 是一个完整的 Python 程序实例。程序代码位于文件 helloworld.py 中。该程序唯一的功能就是在控制台中输出一则信息。Python 程序由语句组成。一般情况下，一条语句占一行。

- helloworld.py 的第 1 行包含一条 import 语句。import 语句指示 Python 使用定义在 stdio 模块（即 stdio.py 文件）中的功能。stdio.py 是我们为本书特别设计的模块文件，其中定义了用于输入和输出的函数。一旦导入了 stdio 模块，则随后可调用定义在该模块中的任意函数。
- 第 2 行为空白行。Python 忽略空白行，空白行主要用于分隔代码中的逻辑块。
- 第 3 行为注释。注释用于程序中的文档说明。Python 语言的注释从字符 '#' 开始，直至行结束。本书注释使用浅灰色字体格式，Python 忽略所有注释，注释仅仅用于增加程序的可阅读性。
- 第 4 行为本程序的核心。该语句调用函数 stdio.writeln()，在控制台输出指定文本。注意：调用其他模块中的函数时，使用"模块名加英文句号再加函数名"的格式。

程序 1.1.1　Hello, World (helloworld.py)

```
import stdio

# Write 'Hello, World' to standard output.
stdio.writeln('Hello, World')
```

　　上述 Python 程序代码完成一个简单任务。按惯例，该程序是初学者的第一个程序。程序的运行过程和结果如下所示。控制台命令程序显示命令提示符（本书为%），用户键入 Python 命令（本书使用粗体）。使用 Python 执行程序代码，在控制台窗口输出 'Hello, World'，即第4行语句的运行结果。

```
% python helloworld.py
Hello, World
```

Python 程序开发流程如图 1-1-1 所示。

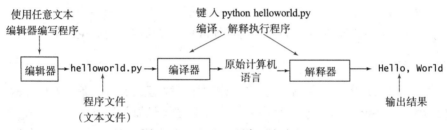

图 1-1-1　Python 程序开发流程

Python 2

　　本书使用的版本为 Python 3，因为 Python 3 是 Python 程序设计未来的发展方向。当然，我们尽量确保本书的代码可同时在 Python 3 和 Python 2 中运行。例如在 Python 2 中，helloworld.py 程序可以简单地包含一条语句 print 'Hello, World'，但该程序在 Python 3 中将报错。因此，本书特别编写并使用 stdio 模块，其中包含了同时适用于两个版本的输出函数。如果所涉及的知识点在两个版本中存在显著差别，本书将使用类似的方式提醒 Python 2 用户。

3
∼
4

　　自 20 世纪 70 年代起形成一个惯例，初级程序员的第一个程序为输出 'Hello, World'。所以，首先在名为 helloworld.py 的文件中键入程序 1.1.1 的代码，然后执行该程序。成千上万的程序员就是按照上述步骤学习程序设计的。当然，学习程序设计还需要一个文本编辑器和控制台命令程序。当然，在控制台窗口输出内容似乎没有太大意义，但仔细思考后你会意识到，程序反馈并告知我们操作结果，是程序必须具备的最基本功能之一。

　　到目前为止，本书所有的程序架构将与 helloworld.py 类似，不同之处在于不同的文件名、不同的注释和不同的语句系列。因而，编写程序时无须从新文件开始。替代方法为：

- 复制 helloworld.py 文件，并重新命名为你所需要的程序名称。注意，请确保新文件名的后缀为 .py。

- 替换注释内容。
- 将 stdio.writeln() 语句替换为不同的语句系列。

一个程序由文件名和文件中的语句系列来确定。按惯例，Python 程序包含在后缀为 .py 的文本文件中。

3. 错误

学习 Python 程序设计时，很容易模糊程序的编辑、编译和解释执行之间的界限。但如果要更好地学习程序设计，并理解程序设计过程中不可避免的错误的成因，则必须将这些概念区分开。本节后的"问题和解答"部分包括若干程序错误的例子。

编写程序时，通过仔细检查程序代码，可修正或避免大部分错误。就像编辑电子邮件信息时，修正拼写和语法错误的方法一样。有些错误称为编译时错误，在 Python 编译程序时产生。这些错误阻止编译器编译代码。Python 将编译错误显示为 SyntaxError。另一些错误为运行时错误，在 Python 解释执行程序时产生。例如，如果 helloworld.py 中漏写了语句 import stdio，则运行该程序时 Python 将抛出一个 NameError 错误。

一般而言，程序中的错误通常也称为 bug。错误是程序员的灾星：错误信息常常会令人困惑或者将程序员引入歧途，且很难找到错误的根源。编写程序第一个需要掌握的技能就是学习如何定位错误；同时需要学会在编码时仔细认真，以从源头上避免产生错误。

1.1.2 输入和输出

通常情况下，程序需要提供输入功能，以提供程序处理的数据。程序处理好输入的数据后输出处理结果。useargument.py（程序 1.1.2）中描述了最简单的数据输入方法。每次运行程序 useargument.py 时，程序接收命令行参数（运行时在程序名后键入），并作为消息的一部分输出到控制台窗口。程序运行的结果与程序名后键入的内容有关，使用不同的命令行参数运行该程序时，可以得到不同的输出结果。

在 useargument.py 中，语句 import sys 告知 Python 我们要使用定义在 sys 模块中的功能。sys 模块中的一个功能名为 argv，用于存储命令行参数（命令行中位于" python useargument.py "之后以空格分隔的内容）列表。本书 2.1 节将详细讨论其机制。目前仅需理解 sys.argv[1] 表示命令行中程序名后所键入的第 1 个参数，sys.argv[2] 表示命令行中程序名后键入的第 2 个参数，依此类推。在程序体中，可使用 sys.argv[1] 表示运行程序时在命令行中键入的第 1 个参数，具体可参照 useargument.py 中的代码。

除了使用 writeln() 函数，程序 1.1.2 还调用了 write() 函数。write() 函数与 writeln() 函数类似，但仅输出字符串（不换行）。

诚然，程序仅仅完成从控制台获取用户输入的内容并回显到控制台窗口的任务似乎没有太大意义，但通过仔细观察和思考你会意识到，如何使程序响应来自于用户的基本信息并控制程序的运行结果也是程序需要具备的另一个基本功能。程序 useargument.py 所展示的简单模型足以启发我们仔细思考 Python 程序的基本编程机制，以及如何借此解决各种有趣的计算问题。

回顾一下，useargument.py 程序的功能确实恰好完成了将一个字符串（参数）映射为另一个字符串（回显到控制台窗口的消息）的功能。使用该程序时，可以将该程序想象为一个将输入字符串转换为输出字符串的黑盒子。

程序 1.1.2　使用一个命令行参数 (useargument.py)

```
import sys
import stdio

stdio.write('Hi, ')
stdio.write(sys.argv[1])
stdio.writeln('. How are you?')
```

程序 1.1.2 阐述如何控制程序的动作：通过在命令行上提供一个参数。该方法可允许我们定制程序的行为。该程序接收命令行参数，并输出包含该参数的消息。程序 1.1.2 的运行过程和结果如下。

```
% python useargument.py Alice
Hi, Alice. How are you?

% python useargument.py Bob
Hi, Bob. How are you?

% python useargument.py Carol
Hi, Carol. How are you?
```

Python 程序鸟瞰图如图 1-1-2 所示。

上述模型虽然简单，但原则上足以完成任何计算任务，因而具有吸引力。例如，Python 编译程序遵循同样的原理，接收一个输入字符串（一个后缀为 .py 的文件），然后产生一个输出字符串（编译后更为原始的语言程序）。在本书后续章节中，将讲述如何编写程序以完成各种有趣的任务（虽然没有编译器程序那么复杂）。目前章节所涉及的程序都对程序的输入和输出有大小和类型的各种限制。在 1.5 节，我们将阐述如何使用更为复杂的程序输入和输出机制。特别地，我们将阐述如何处理任意长度的输入和输出字符串，以及其他类型的数据，例如音频和图像等。

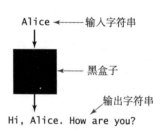

图 1-1-2　Python 程序鸟瞰图

1.1.3　问题和解答

Q. 为什么选择 Python？

A. 本节学习的程序与其他几种计算机语言非常相似，所以程序设计语言的选择不是关键问题。我们选择 Python 的理由包括：Python 使用范围广泛，包含现代程序设计语言的所有抽象理念；程序支持多种自动错误检测功能。因而非常适合于程序设计的学习。另外，Python 在不断演化，包含很多版本，适用性强。

Q. 我应该选择哪种版本的 Python？

A. 我们推荐使用 Python 3，但我们尽量确保本书的代码可同时在 Python 3 和 Python 2 中运行。本书所有的代码均在 Python 2.7 和 Python 3.4（本书出版时，Python 2 和 Python 3 最新的主要发行版）中进行了运行和测试。本书使用术语 Python 2 泛指 Python 2.7，术语 Python 3 泛指 Python 3.4。

Q. 请问如何安装 Python 程序设计环境？

A. 本书官网包括在 Mac OS X、Windows、Linux 系统上安装 Python 程序设计环境的详细步骤，还包括 Python 模块的安装，例如 stdio.py。

Q. 本书的样例程序是否必须手工键入并调试运行？因为书本中已经给出了程序运行及其产生的结果。

A. 读者应该亲自键入代码并运行程序 helloworld.py。也建议读者亲自编写并运行程序 useargument.py，以增强对 Python 程序的理解。请读者尝试使用不同的输入参数运行并查看结果。读者也可根据自己的想法修改程序并测试运行。如果想节省键入程序代码的时间，读者可从本书官网中查找并获取本书所有的程序代码（以及其他补充代码）。本书官网还包括在计算机中安装 Python 软件的信息、习题的答案、Web 超链接，以及其他相关的有用或有趣的信息。

Q. 当我运行 helloworld.py 程序时，Python 产生下列信息：

```
ImportError: No module named stdio.
```

上述信息表示什么意义？

A. 表示没有安装本书官网的 Python 模块 stdio。

Q. 如何安装并使用本书官网提供的 Python 模块 stdio ？

A. 如果读者按照本书官网的安装步骤逐步安装 Python 程序设计环境，则可保证 stdio 正确安装且可用。另外，也可从本书官网下载文件 stdio.py，然后将其放置在使用该模块的程序所在的同一个目录下。

Q. Python 语言如何处理空白符，例如制表符、空格字符、换行符等？

A. 原则上，Python 按同样规则处理程序文本中的大多数空白符。但下列两种情况除外：字符串字面量和缩进。字符串字面量是包含在单引号中的一系列字符，例如 'Hello, World'。字符串字面量中的空格字符按普通字符处理，其中包含的多个相邻空格字符不会缩减为一个空格字符。缩进是行首的空格字符，代码行行首的空格字符数量在 Python 语言程序架构中占重要地位，详细信息请参见 1.3 节。目前为止的程序没有使用缩进。

Q. 为什么我们要使用注释？

A. 注释是程序不可或缺的部分，可帮助其他程序员理解你的程序代码，也可帮助自己在以后维护代码时理解自己所编写的程序。然而，图书一般限制在程序代码中过多使用注释，因此本书的范例注释都不多（作为替代，我们通过使用相应的文字和图来详尽阐述每个程序的功能和机制）。本书官网中的范例则按照实际软件工程模式添加了详尽的注释。

Q. 请问，我可以在 Python 的一行中书写多条语句吗？

A. 是的，使用分号（;）可在一行书写并分隔多条语句。例如，下列一行语句产生的输出结果与程序 helloworld.py 相同：

```
import stdio; stdio.writeln('Hello, World')
```

但大多数程序员不建议采用上述书写形式。

Q. 在 Python 程序代码中如果缺少括号，或者包含拼写错误（例如，stdio、write 或 writeln 拼写错误）时，会导致什么结果？

A. 结果根据具体情况不同而不同。这类错误称为语法错误，一般由编译器捕获。例如，如果你编写的程序 bad.py 与程序 helloworld.py 内容基本相同，但缺少第一个左括号，则编译器输出下列错误帮助信息：

```
% python bad.py
  File "bad.py", line 4
    stdio.write'Hello, World')
                             ^
SyntaxError: invalid syntax
```

阅读上述错误信息，你可以正确地推断出程序需要插入左括号。但编译器可能无法判断错误的具体原因，也无法提供具体的错误内容，因此提供给你的错误提示信息可能会不易于理解。例如，如果你的程序中包含第一个左括号，但缺少第一个右括号，则编译器输出下列错误信息：

```
% python bad.py

  File "bad.py", line 5


                   ^
SyntaxError: unexpected EOF while parsing
```

上述错误信息定位在错误位置的下一行，因而更不容易理解。建议读者使用如下方式理解编译器给出的诸如此类的错误信息：通过在简单程序中故意设置错误，然后查看编译器输出的错误信息。无论编译器显示什么样的错误信息，你都应该将其视为调试程序的好帮手，因为编译器给出的信息是在试图告知你的程序中包含错误。

Q. 当我在运行 useargument.py 程序时，却产生了奇怪的错误信息。请解释原因。

A. 产生奇怪错误的原因极有可能是在运行时没有包含命令行参数：

```
% python useargument.py
Hi, Traceback (most recent call last):
  File "useargument.py", line 5, in <module>
    stdio.write(sys.argv[1])
IndexError: list index out of range
```

Python 解释器发现你在运行程序时没有按要求在命令行中键入命令行参数。1.4 节中将详细阐述列表索引下标（list index）的知识。请读者牢记上述错误，编程时经常会遇见这种错误，即使经验丰富的程序员也可能偶尔忘记输入命令行参数。

Q. 请问编程时我们可以使用哪些 Python 模块和函数？

A. Python 安装包捆绑了许多标准模块，其他扩展模块可随后下载并安装。本书及其官网提供了特别编写的一些模块（例如 stdio 模块），我们称之为本书官网模块。简而言之，编程时可使用成百上千的 Python 模块及其定义的多个函数。本书限于篇幅，仅介绍最基本的模块和函数。本书特意采用渐进的方式（从下一节开始）介绍这些模块和函数，以免读者淹没在知识的海洋中。

1.1.4 习题

1. 请编写程序，输出 10 次 "Hello, World" 消息。

2. 如果 helloworld.py 程序中缺少下列内容，请问将导致什么错误？

   a. import

   b. stdio

   c. import stdio

3. 如果 helloworld.py 程序中下列单词发生拼写错误（例如，各单词缺少第 2 个字符），请问将导致什么错误？

   a. import

   b. stdio

   c. write

   d. writeln

4. 如果 helloworld.py 程序中缺少下列内容，请问将导致什么错误？

   a. 第 1 个单引号（'）

   b. 第 2 个单引号（'）

   c. stdio.writeln() 语句

5. 如果使用下列各命令行执行程序 useargument.py，请问结果分别是什么？

   a. python useargument.py python

   b. python useargument.py @!&^%

   c. python useargument.py 1234

   d. python useargument Bob

   e. useargument.py Bob

   f. python useargument.py Alice Bob

6. 请通过修改程序 useargument.py 来编写一个新的程序 usethree.py，接收 3 个姓名作为命令行参数，然后在一个合适的句子中逆序输出这 3 个姓名。例如，python usethree.py Alice Bob Carol，输出结果为 'Hi Carol, Bob, and Alice'。

1.2 内置数据类型

使用 Python 编写程序时，必须自始至终知晓程序处理的数据类型。1.1 节中的程序处理字符串数据类型，本节的大多数程序处理数值数据类型，许多其他的数据类型将在本书后续章节中讨论。读者务必了解不同数据类型之间的差别。数据类型可正式定义为：一种数据类型是一系列值以及为这些值定义的一系列操作方法的集合。

Python 语言内置了若干数据类型。本节讨论 Python 的内置数据类型，包括：int（整数数据类型）、float（浮点数数据类型）、str（字符串数据类型，即字符系列）和 bool（布尔数据类型，即 true 或 false）。如表 1-2-1 所示。

本节主要讨论基于上述四种基本内置数据类型进行运算的程序。后续章节将讨论其他数据类型，并学习如何自定义新的数据类型。事实上，Python 程序设计常常基于自定义数据类型，具体实例请参见第 3 章。

表 1-2-1　Python 基本内置数据类型

数据类型	取值范围	常用操作符	字面量举例
int	整数	+、−、*、//、%、**	99、12、2147483647
float	浮点数	+、−、*、/、**	3.14、2.5、6.022e23
bool	逻辑真和假	and、or、not	True、False
str	字符系列	+	'AB'、'Hello'、'2.5'

本节首先定义有关数据类型的基本术语，然后通过几个示例程序和代码片段，描述不同数据类型的使用方法。虽然这些代码片段不涉及现实意义的计算，但后续完整程序中将使用类似的代码实现复杂的计算和程序功能。理解数据类型（其取值范围及相关操作）是程序设计的基础，将为后续章节编写复杂程序奠定基石。你编写的所有程序都会使用到本节代码片段中的类似代码。

表 1-2-2 为本节所有程序的一览表，读者可以作为参考。

表 1-2-2　本节中所有程序的一览表

程序名称	功能描述
程序 1.2.1（ruler.py）	字符串拼接示例
程序 1.2.2（intops.py）	整数运算符
程序 1.2.3（floatops.py）	浮点数运算符
程序 1.2.4（quadratic.py）	一元二次方程求解公式
程序 1.2.5（leapyear.py）	判断给定年份是否为闰年

13
~
14

1.2.1　相关术语

为了阐述数据类型，本书定义了若干相关术语。术语的定义基于下列代码片段：

```
a = 1234
b = 99
c = a + b
```

上述代码片段创建了 3 个对象，其数据类型均为 int，分别使用字面量（literal）1234、99 和表达式 a + b，并使用赋值语句将变量 a、b 和 c 绑定（bind，"绑定"是一个专业术语，描述创建关联的过程）到其对象。最终结果是，变量 c 被绑定到一个 int 数据类型对象，其值为 1333。接下来，我们定义所有的数据类型相关术语。

1. 字面量（Literal）

字面量用于在 Python 代码中直接表示数据类型的值。例如：数字序列 1234、99 表示 int 数据类型的值；带小数点的数字序列 3.14159、2.71828 表示 float 数据类型的值；True 和 False 表示 bool 数据类型的两个取值；包括在引号之间的字符系列，例如 'Hello, World'，表示 str 数据类型的值。

2. 运算符（Operator）

运算符（或称操作符）用于在 Python 代码中表示数据类型的运算操作。例如：Python 使用运算符 + 和 * 分别表示整数和浮点数的加法运算和乘法运算；使用运算符 and、or 和 not

表示布尔运算等。本节将详细讨论四种基本数据类型的常用操作。

3. 标识符（Identifier）

标识符用于在 Python 代码中表示名称。每个标识符是由字母、数字和下划线组成的字符系列，且不能以数字开始。例如，字符系列 abc、Ab_、abc123 和 a_b 均为合法的 Python 标识符，而 Ab*、1abc 和 a + b 则为不合法的标识符。标识符大小写敏感，所以 Ab、ab 和 AB 表示不同的名称。一些关键字，例如 and、import、in、def、while、from 和 lambda，均为保留字，不能在程序中用作标识符。其他特殊名称，例如 int、sum、min、max、len、id、file 和 input，在 Python 中具有特殊含义，建议最好也不要在程序中用作标识符。

4. 变量（Variable）

变量是对象引用的名称，与数据类型值相关。我们使用变量来跟踪计算导致的值的变化。例如，本书的几个例子中使用变量 total 保存一系列数值之和。程序员通常遵循命名规范来命名变量。本书所采用的命名规范为：变量命名为小写字母开头，后跟若干小写字母、大写字母和数字；多个单词构成的变量名后续单词首字母大写。例如，可以使用变量名 i、x、y、total、isLeapYear、outDegrees 等。

5. 常量（Constant variable）

常量用于表示程序运行过程（或程序的多次运行）中数据类型的值保持不变。本书常量遵循的命名规范为：常量命名为大写字母开头，后跟大写字母、数字和下划线。例如，可以使用常量名 SPEED_OF_LIGHT 和 DARK_RED。

6. 表达式（Expression）

表达式由字面量、变量和运算符组成，Python 通过对表达式求值返回结果对象。Python 表达式与数学公式类似，使用运算符对一个或多个操作数进行运算。大多数运算符为二元运算符，二元运算符用于操作两个操作数，例如：x – 3 或者 5 * x。操作数可以是任意表达式，表达式可使用括号，例如，表达式 4 * (x – 3) 或者 5 * x – 6。Python 表达式 4 * (x – 3) 的剖析图如图 1-2-1 所示。表达式既是一系列操作的指令，也表示运算的结果值。

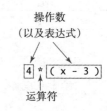

图 1-2-1　剖析一个表达式

7. 运算符优先级（Operator precedence）

表达式是一系列运算操作的公式表示方法，当一个表达式中包含若干运算符时，如何确定运算的优先级顺序？Python 使用自然和良好定义的运算符优先级规则，决定表达式中运算的优先级别。对于算术运算，乘法和除法的优先级高于加法和减法，所以 a – b * c 和 a – (b * c) 表达式的运算优先级一致。如果多个算术运算的优先级别相同，则遵循左结合规则，例如，a – b – c 和 (a – b) – c 表达式的运算优先级一致。乘幂运算符（**）是例外，采用右结合规则，即 a ** b ** c 和 a ** (b ** c) 表达式的运算优先级一致。编码时，可使用括号改变运算符优先级规则，例如，表达式 a – (b – c) 先运行括号中的 (b – c)。在后续的学习过程中，读者可能会发现一些 Python 代码与运算符优先级规则息息相关，但本书通过使用括号避免这种现象。如果读者想了解更多有关运算符优先级规则的详细信息，可参见本书官网。

8. 赋值语句（Assignment statement）

在 Python 代码中，如何定义一个标识符为变量？如何将一个变量与一个数据类型值关联起来？在 Python 中，我们使用赋值语句同时实现上述两个目标。例如，赋值语句 a =

1234 在 Python 中并不表示数学意义上的相等运算，而是表达一种行为，即指示 Python 执行下列两步操作：

- 将标识符 a 定义为新变量（假定变量 a 不存在）。
- 将变量 a 和整数数据类型的值 1234 相关联。

赋值语句的右侧可以为任意表达式，Python 对表达式求值并把结果和左侧的变量关联起来。例如，对于赋值语句 c = a + b，其所执行的操作行为可描述为"将变量 c 和变量 a 与 b 之和关联起来"。赋值语句的左侧必须为单个变量名，故语句 1234 = a 和 a + b = b + a 在 Python 中是非法语句。**简而言之，程序中的赋值运算符（=）与数学意义上的等式具有不同的含义。**

9. 非正式跟踪（Informal trace）

使用表 1-2-3 所示的形式可有效跟踪与变量相关联的值，每条语句占 1 行，并列举执行对应语句后各变量的值。这种类型的表称为"跟踪表"，是一种用于理解程序行为的久经考验的技巧方法。本书通篇采用这种方法跟踪变量。

表 1-2-3　变量的非正式跟踪表

变量 语句	a	b	c
a = 1234	**1234**		
b = 99	1234	**99**	
c = a + b	1234	99	**1333**

虽然该方法可有效描述和理解本节的 Python 程序代码，但一开始还是非常有必要仔细考察 Python 如何使用对象表示数据类型的值的更多细节，并在上下文中检查其定义。虽然这些定义比刚刚考虑的内容更为复杂，但理解其内在机制十分重要，因为该方法的使用始终贯穿整个 Python 程序设计，并且可为读者学习本书第 3 章面向对象的程序设计打好基础。

17

10. 对象（Object）

在 Python 程序中，所有的数据都表示为对象及对象之间的关系。Python 对象是特定数据类型的值在内存中的表现方式。每个对象由其标志（identity）、类型（type）和值（value）三者标识。

- 标志用于唯一标识一个对象，你可将标志看作对象在计算机内存（或内存地址）中的位置。
- 类型用于限定对象的行为——对象所表示的取值范围以及允许执行的操作集合。
- 值用于表示对象数据类型的值。

每个对象存储一个值，例如，int 类型的对象可以存储值 1234、99 或 1333。不同的对象可以存储同一个值，例如，一个 str 类型的对象可以存储值 'hello'，另一个 str 类型的对象也可以存储值 'hello'。一个对象可执行且只允许执行其对应数据类型定义的操作，例如，两个 int 对象可执行乘法运算，但两个 str 对象则不允许执行乘法运算。

11. 对象引用（Object reference）

对象引用是指对象标志的具体表示，即存储对象的内存地址。Python 程序使用对象引用访问对象的值，也可直接操作对象引用本身。

12. 基于对象的规范定义

上文讨论的术语的规范定义如下所示：

- 字面量：指示 Python 基于指定值创建一个对象的指令。
- 变量：对象引用的名称。变量绑定到对象的过程如图 1-2-2 所示。
- 表达式：指示 Python 执行指定操作并基于表达式的结果值创建一个对象的指令。

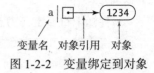

图 1-2-2　变量绑定到对象

- 赋值语句：指示 Python 把" = "运算符左侧的变量绑定到其右侧表达式的求值结果对象的指令（即使左侧的变量已经绑定到其他对象）。

18

13. 对象级别的跟踪

我们可使用对象级别的跟踪信息来进一步跟踪和理解对象及对象引用。使用如图 1-2-3 所示的对象级别的跟踪（object-level trace）信息，可描述下列 3 条赋值语句的作用效果：

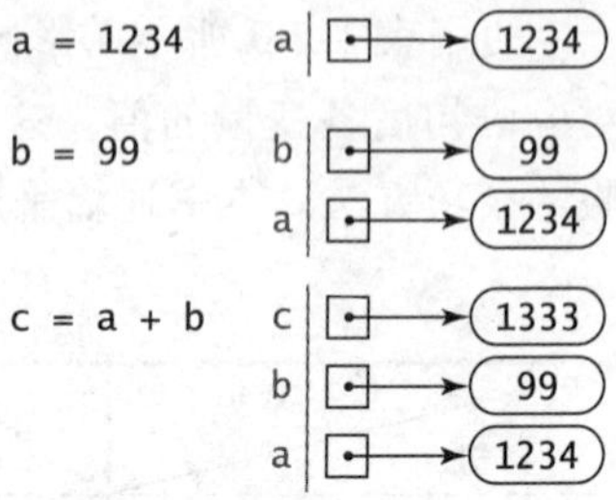

- 赋值语句 a = 1234 创建一个值为 1234 的 int 对象，然后将变量 a 绑定到新建的 int 对象。
- 赋值语句 b = 99 创建一个值为 99 的 int 对象，然后将变量 b 绑定到新建的 int 对象。
- 赋值语句 c = a + b 创建一个值为 1333（绑定到变量 a 的 int 对象的值与绑定到变量 b 的 int 对象的值之和）的 int 对象，然后将变量 c 绑定到新建的 int 对象。

图 1-2-3　对象级别的跟踪信息

贯穿本书，我们一般使用上文讨论的非正式跟踪方法，因为其更为简洁并且直观。而对象级别的跟踪方法则通常用于需要为内在计算逻辑提供更详尽视图的场合。

14. 示例：变量增量运算

下面代码片段把变量 i 绑定到值为 17 的 int 对象，然后递增其值。我们使用前文的概念和方法检查代码的执行情况。

```
i = 17
i = i + 1
```

读者是否注意到，第 2 条语句如果作为数学等式是没有意义的，但在 Python 程序设计语言中，则是一个十分普遍的操作：赋值运算。具体来讲，这两条语句指示 Python 执行如下的操作指令：

- 创建一个值为 17 的 int 类型对象，并绑定到变量 i。
- 计算表达式 i + 1 的值，然后创建一个新的值为 18 的 int 类型对象。
- 绑定变量 i 到新建的值为 18 的 int 对象。

代码片段每条语句执行后的跟踪信息如图 1-2-4 所示。

19

上述简单的代码片段可帮助读者更详细地了解创建一个对象过程的两个方面。首先，赋值语句 i = i + 1 不会改变任何对象的值，其使用结果值创建一个新的对

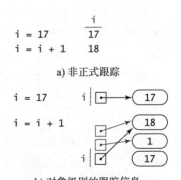

图 1-2-4　变量增量运算

象，并将变量 i 绑定到这个新建的对象。其次，Python 执行完赋值语句 i = i + 1 后，没有任何变量绑定到值为 17 的对象（也没有任何变量绑定到值为 1 的对象）。Python 负责管理内存资源。当一个程序不再需要访问一个对象时，系统自动回收存储该对象的内存空间。

15. 示例：交换两个变量

下面代码片段用于交换 a 和 b（准确地说，是交换绑定到 a 和 b 的对象）。我们继续使用前文的概念和方法检查并验证代码的有效性。

```
t = a
a = b
b = t
```

假设 a 和 b 分别绑定到两个不同的值，例如 1234 和 99。参照如图 1-2-5 所示的跟踪信息，逐步验证程序的执行结果：

- t = a，将 a 赋值给 t。即将 a（一个对象引用）赋值给 t，所以 a 和 t 绑定到同一个对象：值为 1234 的 int 对象。
- a = b，将 b 赋值给 a。即将 b（一个对象引用）赋值给 a，a 和 b 绑定到同一个对象：值为 99 的 int 对象。
- b = t，将 t 赋值给 b。即将 t（一个对象引用）赋值给 b，t 和 b 绑定到同一个对象：值为 1234 的 int 对象。

因此，最终结果是对象引用实现了交换：变量 a 最终绑定到值为 99 的对象；变量 b 则最终绑定到值为 1234 的对象。

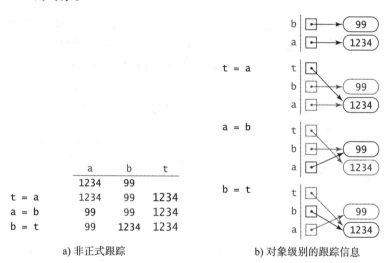

	a	b	t
	1234	99	
t = a	1234	99	1234
a = b	99	99	1234
b = t	99	1234	1234

a) 非正式跟踪   b) 对象级别的跟踪信息

图 1-2-5　两个变量的交换

20

关于缩写

从现在开始，本书后续章节将采用缩略语描述包含变量、对象和对象引用的 Python 语句。例如，在如下示例中方括号的内容常常部分或全部被省略，即描述语句 a = 1234 时，可采用下列表述：

- "绑定 / 设定 a 为 [一个 int 对象，其值为]1234"。

- "把 [指向一个值为]1234[的 int 对象的对象引用] 赋值给 a"。

同样，当 Python 执行完语句 a = 1234 后，可采用下列表述：

- "a[被绑定 / 设定] 为 [一个 int 对象，其值为]1234"。
- "a 为 [一个对象引用，指向一个 int 对象，其值为]1234"。
- "[指向一个 int 对象的对象引用]a[的值] 为 1234"。

因此，当描述语句 c = a + b 时，可表述为 "c 是 a 和 b 的和"，以代替更为准确但却冗长的表述：c 被绑定到一个对象，该对象的值为绑定到 a 的对象与绑定到对象 b 的值之和。在不严格要求使用全称说法的情况下，本书尽可能采用简洁的表述语言。

第一次阐述在程序中绑定一个变量到一个对象时，表述为定义和初始化一个变量。所以，当第一次在跟踪信息中描述语句 a = 1234 时，可以表述为：定义一个变量 a，并初始化为 1234。在 Python 语言中，定义变量的同时必须同时初始化该变量。

你可能会觉得区分 "对象" 和 "对象引用" 显得有点咬文嚼字。事实上，理解 "对象" 和 "对象引用" 之间的区别是掌握 Python 语言众多功能特点（包括第 2 章的函数、第 3 章的面向对象的程序设计、第 4 章的数据结构等）的关键。

接下来，我们将阐述常用数据类型（字符串、整数、浮点数和布尔值）的细节，并通过示例代码描述其应用方法。使用一种数据类型时，读者不仅需要了解其取值范围，还需要了解其对应的操作和调用这些操作的语言机制，以及指定字面量的规则。

21

1.2.2　字符串

str 数据类型用于表示文本处理的字符串。一个 str 对象的值为一系列字符。str 字面量可使用包括在单引号之间的字符系列指定，例如 'ab' 表示一个存储两个字符（字符 'a' 后跟字符 'b'）的 str 对象。str 对象可包含的字符没有限制，但通常为字母、数字、符号、空白符（例如制表符和换行符）。我们还可以使用反斜杠对有特殊意义的字符进行转义。例如，制表符、换行符、反斜杠和单引号对应的转义符分别为 '\t'、'\n'、'\\' 和 '\''。

Python 的 str 数据类型有关说明如表 1-2-4 所示。

表 1-2-4　Python 的 str 数据类型

类　别	说　明
str 对象的值	字符系列
典型字面量	'Hello, World'、'Python\'s'
运算	字符串拼接
运算符	+

我们可以使用运算符 + 拼接两个字符串，即运算符 + 作用于两个 str 对象的操作数，然后返回一个新的 str 对象，其值为第 1 个操作数 str 对象的字符系列后跟第 2 个操作数 str 对象的字符系列。例如，对于表达式 '123' + '456'，其求值结果为一个新的 str，其值为 '123456'。上述例子表明，将运算符 + 作用于两个 str 对象的行为是字符串拼接运算，而作用于两个 int 对象的行为则为整数加法运算，二者完全不同。

常用字符串表达式如表 1-2-5 所示。

表 1-2-5　Python 常用的字符串表达式

表达式	结　果	说　明
'Hello, ' + 'World'	'Hello, World'	字符串拼接
'123' + '456'	'123456'	字符串拼接（不是两数相加）

（续）

表达式	结 果	说 明
'1234' + ' + ' + '99'	'1234 + 99'	两次字符串拼接
'123' + 456	运行时错误	第二个操作数不是 str 数据类型

关于缩写

在不严格要求使用全称说法的情况下，本书使用术语字符串（string）代替"一个 str 类型的对象"的严格说法。同样，本书使用 'abc' 代替"一个取值为 'abc' 的 str 类型对象"的严格说法。

22

程序 1.2.1   字符串拼接示例 (ruler.py)

```
import stdio

ruler1 = '1'                           % python ruler.py
ruler2 = ruler1 + ' 2 ' + ruler1       1
ruler3 = ruler2 + ' 3 ' + ruler2       1 2 1
ruler4 = ruler3 + ' 4 ' + ruler3       1 2 1 3 1 2 1
stdio.writeln(ruler1)                  1 2 1 3 1 2 1 4 1 2 1 3 1 2 1
stdio.writeln(ruler2)
stdio.writeln(ruler3)
stdio.writeln(ruler4)
```

程序 1.2.1 输出标尺上各子刻度的相对长度。第 *n* 行输出为标尺上刻度的相对长度（细分为 1 英寸⊖的 1/2″）。程序 1.2.1 的运行过程和结果如上所示。

n=4 时标尺上刻度的相对长度如图 1-2-6 所示。

字符串拼接功能非常强大，足以用于解决一些复杂的计算问题。例如，ruler.py（程序 1.2.1）用于计算表示标尺刻度相对长度的标尺函数的值列表。这种计算的一个显著特点是，表明可使用少量的程序代码生成大量的输出结果。如果程序中的输出

图 1-2-6   *n*=4 时标尺上刻度的相对长度

语句扩展为 5 行、6 行、7 行乃至更多行，则可发现，每次程序只需增加两条语句，而输出的数值将翻倍（2 的倍数）。即，如果程序的输出结果为 *n* 行数据，则第 *n* 行输出语句包括 2^n-1 个数值。例如，如果你按照这种方式增加程序的语句，以使程序输出 30 行数据，则最终输出的数值个数将超过 10 亿。

下一节我们将讨论 Python 语言中数值和字符串之间的相互转换机制。

23

1. 数值转换为用于输出的字符串

使用 Python 内置函数 str() 可把数值转换为字符串。例如，str(123) 的求值结果为 '123'，即将数值 123 转换为字符串 '123'；str(123.45) 将数值 123.45 转换为字符串 '123.45'。事实上，如果函数 stdio.write() 和 stdio.writeln() 的参数不是 str 类型，则这两个函数将自动调用 str() 函数将其参数转换为字符串数据类型的表示方式。例如，stdio.write(123)、stdio.write(str(123)) 和 stdio.write('123')，结果均输出 123。

⊖   1 英寸 =0.025 4 米。——编辑注

编码时，我们经常使用 str() 函数以及字符串拼接运算符"＋"将计算结果连接在一起，然后使用 stdio.write() 和 stdio.writeln() 输出连接结果。例如：

```
stdio.writeln(str(a) + ' + ' + str(b) + ' = ' + str(a+b))
```

假设 a 和 b 均为 int 对象，其值分别为 1234 和 99，则上述语句输出的结果为：1234 + 99 = 1333。我们之所以首先详细阐述 str 数据类型，是因为在程序中处理其他类型的数据时，最终需要使用字符串来产生输出结果。

2. 将输入的字符串转换为数值

Python 也提供若干用于将字符串（例如，所键入的命令行参数）转换为数值对象的内置函数，包括 int() 和 float()。例如，在程序中键入 int('1234')，结果等同于键入 int 字面量 1234。如果用户键入的第一个命令行参数为 1234，则代码片段 int(sys.argv[1]) 返回其对应的 int 对象，其值为 1234。本节我们将介绍关于这种使用方式的几个实例。

尽管 Python 提供了数值和字符串之间的相互转换功能，但依然可以把 Python 程序看作一个将输入字符串转换为输出字符串的黑盒子，而将输入字符串转换为数值可实现更有意义的计算任务。

修正版的 Python 程序鸟瞰图如图 1-2-7 所示。

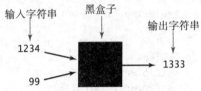

图 1-2-7　Python 程序鸟瞰图（修正版）

1.2.3　整数

int 数据类型用于表示整数或自然数。int 字面量包含一系列 0 到 9 的数字组合。Python 将 int 字面量创建为 1 个 int 对象，其值为字面量的值。程序中将广泛使用 int 对象，不仅仅因为整数是现实生活中最常用的数值，而且还因为编写程序时会自然而然涉及整数。

Python 包括用于整数算术运算的常规运算符：＋（加法）、−（减法）、*（乘法）、//（整除）、%（取余）、**（乘幂）。这些二元运算符作用于两个 int 对象的操作数，通常结果为一个 int 对象。Python 还包括一元运算符（＋ 和 −），用于确定整型数值的正负号。所有这些运算符的定义与中小学数学课本的定义完全一致。特别注意，整除运算符的运算结果为整数，即给定两个 int 对象 a 和 b，表达式 a // b 的求值结果为 a 相对于 b 的倍数（小数部分舍弃），表达式 a % b 的求值结果为 a 除以 b 的余数。例如，表达式 17 // 3 的求值结果为 5；表达式 17 % 3 的求值结果为 2。如果除数为 0，则整除和取余运算运行时将抛出错误 ZeroDivisionError。

Python 的 int 数据类型有关说明如表 1-2-6 所示。

表 1-2-6　Python 的 int 数据类型

类　别	说　明					
int 对象的值	一系列 0 到 9 的数字组合					
典型字面量	1234、99、0、1000000					
运算	符号运算	加	减	乘	整除	取余	乘幂
运算符	＋、−	＋	−	*	//	%	**

程序 1.2.2（intops.py）阐述了 int 对象的基本操作运算，例如包括算术运算符的表达式在语句中的应用。程序还包括使用内置函数 int() 将命令行参数字符串转换为 int 对象，以及

使用内置函数 str() 将 int 对象转换为用于输出的字符串。

> **关于缩写**
>
> 在不严格要求使用全称说法的情况下，本书使用术语整数（integer）代替"一个 int 类型的对象"的严格说法。同样，使用 123 代替"一个取值为 123 的 int 类型对象"的严格说法。

25

程序 1.2.2　整数运算符 (intops.py)

```
import sys
import stdio

a = int(sys.argv[1])
b = int(sys.argv[2])

total  = a +  b
diff   = a -  b
prod   = a *  b
quot   = a // b
rem    = a %  b
exp    = a ** b

stdio.writeln(str(a) + ' +  ' + str(b) + ' = ' + str(total))
stdio.writeln(str(a) + ' -  ' + str(b) + ' = ' + str(diff))
stdio.writeln(str(a) + ' *  ' + str(b) + ' = ' + str(prod))
stdio.writeln(str(a) + ' // ' + str(b) + ' = ' + str(quot))
stdio.writeln(str(a) + ' %  ' + str(b) + ' = ' + str(rem))
stdio.writeln(str(a) + ' ** ' + str(b) + ' = ' + str(exp))
```

　　程序 1.2.2 接收两个整型命令行参数 a 和 b，并使用它们阐述整数运算符的使用，最后输出计算结果。Python 语言中有内置的整数算术运算符。程序中大部分代码用于读取参数和输出结果，程序中间部分的简单语句为实际的算术运算，用于将算术运算（加、减、乘、整除、取余和乘幂）结果赋值给变量：total、diff、prod、quot、rem 和 exp。程序 1.2.2 的运行过程和结果如下：

```
% python intops.py 1234 5
1234 +  5 = 1239
1234 -  5 = 1229
1234 *  5 = 6170
1234 // 5 = 246
1234 %  5 = 4
1234 ** 5 = 2861381721051424
```

26

　　Python 语言中，int 的取值范围可以为任意大，仅受限于计算机系统的可用内存量。许多其他计算机语言一般会限制整数的取值范围。例如，Java 编程语言限制整数的取值范围为 $-2^{31}(-2147483648)$ 到 $2^{31}-1(2147483647)$。一方面，Python 程序员不必担心整数太大会超出取值范围；但另一方面，Python 程序员还需要特别注意避免编写类似的错误程序代码，其中可能使用了一个或若干个超大整数，从而耗尽计算机可用内存。

　　Python 语言中，常用的整数数据类型表达式如表 1-2-7 所示。

表 1-2-7   Python 常用的整数数据类型表达式

表达式	结 果	说 明
99	99	整数字面值
+99	99	正号
–99	–99	负号
5 + 3	8	加法
5 – 3	2	减法
5 * 3	15	乘法
5 // 3	1	整除
5 % 3	2	取余
5 ** 3	125	乘幂
5 // 0	运行时错误	除数不能为 0
3 * 5 – 2	13	* 优先级比 – 优先级高
3 + 5 // 2	5	// 优先级比 + 优先级高
3 – 5 – 2	–4	左结合
(3 – 5) – 2	–4	更好的书写格式
3 – (5 – 2)	0	语义不明
2 ** 2 ** 3	256	右结合
2 ** 1000	107150…376	任意大的数

Python 2

在 Python 3 中，浮点数除法运算符（/）作用于两个整数操作数时，结果为浮点数，这与浮点数除法行为一致。在 Python 2 中，如果两个操作数为整数，除法运算符 / 的行为等同于整除运算符 //。例如，在 Python 3 中 17 / 2 的求值结果为 8.5，而在 Python 2 中，其求值结果为 8。为了保持 Python 各版本的兼容性，当两个操作数为 int 数据类型时，本书及本书官网尽量不使用除法运算符（/）。

1.2.4   浮点数

float 数据类型用于表示浮点数值，通常用于科学和商业应用程序。虽然我们使用浮点数表示实数，但二者并不完全等同。虽然实数个数无穷，但任何数字计算机中只能存储和表示有限个数的浮点数。浮点数是实数的近似值，对于一般程序这种近似不会产生任何问题，但执行精确运算时则必须考虑其误差影响。

浮点数字面量可使用一系列数字加小数点来指定。例如，π 近似等于 3.14159。另外，也可采用科学计数法。例如，浮点数字面量 6.022e23 表示数值 6.022×10^{23}。与整数一样，在程序中可以使用上述规范表示浮点数，或在命令行中指定浮点数值的字符串参数。

Python 浮点数数据类型有关说明如表 1-2-8 所示。

表 1-2-8   Python 的浮点数数据类型

类 别	说 明
浮点数对象的值	一系列数字加小数点
典型字面量	3.14159、6.022e23、2.0、1.4142135623730951

（续）

类　别	说　明				
运算	加	减	乘	除	乘幂
运算符	+	−	*	/	**

Python 语言中，常用的浮点数表达式如表 1-2-9 所示。

表 1-2-9　Python 常用的浮点数表达式

表达式	结　果	说　明
3.14159	3.14159	浮点数字面值
6.02e23	6.02e23	浮点数字面值
3.141 + 2.0	5.141	加法
3.141 − 2.0	1.141	减法
3.141 * 2.0	6.282	乘法
3.141 / 2.0	1.5705	除法
5.0 / 3.0	1.6666666666666667	17 位精度
3.141 ** 2.0	9.865881	乘幂
1.0 / 0.0	运行时错误	除数不能为 0
2.0 ** 1000.0	运行时错误	结果太大无法表示
math.sqrt(2.0)	1.4142135623730951	调用数学模块函数
math.sqrt(−1.0)	运行时错误	负数的平方根

　　程序 1.2.3（floatops.py）阐述了 float 对象的基本运算操作。Python 包括用于浮点数运算的常用运算符：+（加法）、−（减法）、*（乘法）、/（除法）、**（乘幂）。这些二元运算符作用于两个 float 对象的操作数，通常结果为一个 float 对象。程序 1.2.3 还包括使用函数 float()将字符串转换为 float 对象，以及使用函数 str() 将 float 对象转换为 str 对象。

关于缩写

　　从现在开始，在不严格要求使用全称说法的情况下，本书使用术语浮点数（float）代替"一个 float 类型的对象"的严格说法。同样，使用 123.456 代替"一个取值为 123.456 的 float 类型对象"的严格说法。

　　使用浮点数进行运算时，首先要注意的是数据精度问题。例如，5.0/2.0 求值结果为 2.5，但 5.0/3.0 求值结果为 1.6666666666666667。通常，浮点数的精度为 15~17 位有效数字。在 1.5 节中，我们将学习控制输出数值有效数字位数的机制，在这之前使用 Python 的默认输出格式输出浮点数。虽然涉及 float 对象的计算需要考虑诸多细节，但通常我们可以直接使用这些 float 对象编写相应的 Python 程序代替计算器实现所有的计算任务。例如，quadratic.py（程序 1.2.4）显示如何使用 float 对象基于一元二次方程求解公式来求解一元二次方程的两个根 $\left(x = \dfrac{-b \pm \sqrt{b^2 - 4ac}}{2a} \right)$。

　　注意，程序中使用了 math.sqrt() 函数。标准模块 math 定义了三角函数、对数 / 指数函数以及其他常用数学函数。当 Python 调用函数时，将返回函数计算的结果值。与其他所有程序（包括 helloworld.py）中使用模块 stdio 一样，在程序的头部通过语句 import math，则可使用模块 math，并通过类似 math.sqrt() 函数的语法，调用 math 模块中的函数。在 2.1 节中，我们将详细讨论其内在机制。本节最后则将详细讨论 math 模块。

程序 1.2.3　浮点数运算符 (floatops.py)

```
import sys
import stdio

a = float(sys.argv[1])
b = float(sys.argv[2])

total = a + b
diff  = a - b
prod  = a * b
quot  = a / b
exp   = a ** b

stdio.writeln(str(a) + ' + ' + str(b) + ' = ' + str(total))
stdio.writeln(str(a) + ' - ' + str(b) + ' = ' + str(diff))
stdio.writeln(str(a) + ' * ' + str(b) + ' = ' + str(prod))
stdio.writeln(str(a) + ' / ' + str(b) + ' = ' + str(quot))
stdio.writeln(str(a) + ' ** ' + str(b) + ' = ' + str(exp))
```

　　程序 1.2.3 接收两个浮点数命令行参数 a 和 b，并使用它们阐述浮点数运算符的使用，最后输出结果。Python 语言内置浮点数的算术运算符。和程序 1.2.2 一样，程序中大部分代码用于读取参数和输出结果，程序中间部分的简单语句为实际的算术运算，用于将算术运算（加、减、乘、除和乘幂）结果赋值给变量：total、diff、prod、quot 和 exp。程序 1.2.3 的运行过程和结果如下：

```
% python floatops.py 123.456 78.9
123.456 +  78.9 = 202.356
123.456 -  78.9 = 44.556
123.456 *  78.9 = 9740.6784
123.456 /  78.9 = 1.5647148288973383
123.456 ** 78.9 = 1.0478827916671325e+165
```

　　程序 1.2.4 的执行结果表明，quadratic.py 没有实现错误条件检查功能。特别地，程序假设两个根为实数，否则当程序调用 math.sqrt() 函数时，如果参数为负数，则运行时将抛出错误 ValueError。通常，健壮的程序应该检测上述错误并返回相应的提示信息给用户。在读者学习了更多的 Python 语言机制后，本书将详细讨论如何实现错误检测功能。

29
～
30

1.2.5　布尔值

　　bool 数据类型用于表示逻辑值：真或者假。bool 数据类型包含两个值，其对应的字面量为：True 和 False。布尔运算的操作数为 True 或 False，结果依旧为 True 或 False。虽然表面看起来简单，但布尔数据类型是计算机科学的基础之一。bool 对象的运算符（and、or 和 not）称为逻辑运算符，其定义为：

- 如果操作数 a 和 b 均为 True，则表达式 a and b 结果为 True；如果任何一个操作数为 False，则表达式 a and b 结果为 False。
- 如果操作数 a 和 b 均为 False，则表达式 a or b 结果为 False；如果任何一个操作数为 True，则表达式 a or b 结果为 True。

- 如果 a 为 False，则表达式 not a 结果为 True；如果 a 为 True，则表达式 not a 结果为 False。

程序 1.2.4 一元二次方程求解公式 (quadratic.py)

```
import math
import sys
import stdio

b = float(sys.argv[1])
c = float(sys.argv[2])

discriminant = b*b - 4.0*c
d = math.sqrt(discriminant)
stdio.writeln((-b + d) / 2.0)
stdio.writeln((-b - d) / 2.0)
```

程序 1.2.4 使用一元二次方程求解公式输出方程 $x^2+bx+c=0$ 的两个根。例如，方程 $x^2-3x+2=0$ 的根为 1 和 2，因为多项式 x^2-3x+2 可因式分解为 $(x-1)(x-2)$；方程 $x^2-x-1=0$ 的根为 $-\varphi$ 和 $1+\varphi$（φ 为黄金比例，即 $(\sqrt{5}-1)/2$，近似于 0.618）；而方程 $x^2+x+1=0$ 没有实数解。⊖程序 1.2.4 的运行过程和结果如下：

```
% python quadratic.py -3.0 2.0
2.0
1.0

% python quadratic.py -1.0 -1.0
1.618033988749895
-0.6180339887498949

% python quadratic.py 1.0 1.0
Traceback (most recent call last):
  File "quadratic.py", line 9, in <module>
    d = math.sqrt(discriminant)
ValueError: math domain error
```

Python 的 bool 数据类型有关说明如表 1-2-10 所示。

虽然上述定义具有一定的直观性，无须作更多的解释，但还是有必要给出各种布尔运算的真值表，如表 1-2-11 所示，以帮助读者更清晰地理解布尔运算。

表 1-2-10 Python 的 bool 数据类型

类　别	说　明
布尔对象的值	真或者假
典型字面量	True False
运算	逻辑与 逻辑或 逻辑非
运算符	and or not

一元运算符 not 只有一个操作数，其运算结果参见表 1-2-11。二元运算符 and 和 or 带有两个操作数，其运算结果也请参见表 1-2-11。

表 1-2-11 布尔运算的真值表

a	b	a and b	a or b	not a
False	False	False	False	True
False	True	False	True	True

⊖ 原著关于方程 $x^2-x-1=0$ 的根计算有误，本书作了更正，提供了方程 $x^2-x-1=0$ 正确的两个根 $-\varphi$ 和 $1+\varphi$。——译者注

（续）

a	b	a and b	a or b	not a
True	False	False	True	False
True	True	True	True	False

使用布尔运算符结合括号以及运算符优先级规则，可构建任意复杂的表达式。其中，运算符 not 的优先级高于 and，而运算符 and 的优先级高于 or。

当然，同样的功能可用不同的布尔表达式实现。例如，表达式 (a and b) 等价于表达式 not (not a or not b)。利用真值表可检验这两个布尔表达式是否等价，如表 1-2-12 所示。特别注意观察表中第 3 列和最后一列在 a 和 b 取不同值时，两个表达式所对应的最终结果是否相同。

表 1-2-12　利用真值表检验布尔表达式是否等价

a	b	a and b	not a	not b	not a or not b	not (not a or not b)
False	False	False	True	True	True	False
False	True	False	True	False	True	False
True	False	False	False	True	True	False
True	True	True	False	False	False	True

上述研究属于布尔逻辑的范畴，数学领域中的布尔逻辑分支是计算机科学的基础之一：它不仅是计算机硬件设计和操作的基础，也是计算的理论基础的奠基石。在程序设计中，我们之所以对布尔表达式感兴趣，是因为布尔表达式可以用于控制程序的行为。通常情况下，当满足特定条件（即布尔表达式）时执行特定的程序代码，否则执行其他代码。即，通过使用布尔表达式进行条件判断，如果布尔表达式的结果为 True，则执行一系列语句；如果布尔表达式的结果为 False，则执行其他语句。这种选择性的分支程序控制机制将在本书 1.3 节中详细讨论。

> **关于缩写**
>
> 从现在开始，在不严格要求使用全称说法的情况下，本书使用术语布尔值（boolean）代替"一个 bool 类型的对象"。同样，使用 True 代替"一个取值为 True 的 bool 类型对象"，使用 False 代替"一个取值为 False 的 bool 类型对象"。

1.2.6　比较

Python 中的某些混合型运算符作用于一种数据类型，而结果却返回另外一种数据类型。最常用的混合型运算符是比较运算符（==、!=、<、<=、> 和 >=），可作用于整数和浮点数，返回布尔结果值。在 Python 语言中，运算符是定义在数据类型之上的，因此不同的数据类型定义了其各自的比较运算符。比较运算符的两个操作数必须兼容数据类型，其最终结果为布尔值。

比较运算符作用于 int 类型操作数的结果如表 1-2-13 所示。

Python 典型的比较运算表达式如表 1-2-14 所示。

在表 1-2-13 和表 1-2-14 中，虽然没有详细讨论数据的表示，但很明显不同数据类型的运算完全不同。对于比较两个整数的表达式，如表达式（2 <= 2）（结果为 True）中的运算符

<= 是一种运算（整数运算）；而对于比较两个浮点数的表达式，如表达式 (2.0 <= 0.002e3)（结果为 True）中的运算符 <= 则是另一种运算（浮点数运算）。这些操作都是良好定义的操作，而且适用于编写常用的条件测试代码，例如，(b*b – 4.0*a*c) >= 0.0。

表 1-2-13   比较运算符作用于 int 数据类型的操作数

运算符	含 义	True	False
==	等于	2 == 2	3 == 2
!=	不等于	3 != 2	2 != 2
<	小于	2 < 13	2 < 2
<=	小于或等于	2 <= 2	3 <= 2
>	大于	13 > 2	2 > 13
>=	大于或等于	3 >= 2	2 >= 3

比较运算符的优先级低于算术运算符，但高于布尔运算符。所以在表达式 (b*b – 4.0*a*c) >= 0.0 中可以不需要使用括号；在测试月份的表达式中，同样可以使用不需要括号的表达式 month >= 1 and month <=12，判断

表 1-2-14   Python 典型的比较运算表达式

功能示例	实现代码
是否为非负判别式	(b*b – 4.0*a*c) >= 0.0
是否是世纪的开始	(year % 100) == 0
是否为合法的月份	(month >= 1) and (month <= 12)

month 取值是否在 1 和 12 之间。但是，基于良好的编程风格，还是建议使用括号，以增加程序的可读性。

通过结合比较运算符和布尔逻辑运算符，可实现 Python 程序的条件判断。程序 1.2.5（leapyear.py）使用布尔表达式和比较运算表达式来判断一个给定的年份是否为闰年。本节后的习题包括其他一些类似的例子。更重要的是，在本书 1.3 节中，我们将详细阐述布尔表达式在更为复杂程序中的作用。

程序 1.2.5   判断给定年份是否为闰年（leapyear.py）

```python
import sys
import stdio

year = int(sys.argv[1])

isLeapYear = (year % 4 == 0)
isLeapYear = isLeapYear and ((year % 100) != 0)
isLeapYear = isLeapYear or  ((year % 400) == 0)

stdio.writeln(isLeapYear)
```

程序 1.2.5 测试一个整数是否为阳历日历的闰年。判断闰年的条件是能被 4 整除（例如 2004 是闰年）但不能被 100 整除（例如 1900 不是闰年），或者能被 400 整除（例如 2000 是闰年）。程序 1.2.5 的运行过程和结果如下：

```
% python leapyear.py 2016
True
% python leapyear.py 1900
False
% python leapyear.py 2000
True
```

程序 1.2.5 同时还展示了逻辑运算符一个特殊且有用的功能特点，称为"短路运算"：运算符 and 只有第 1 个操作数为 True 时，Python 才尝试计算第 2 个操作数；运算符 or 只有第 1 个操作数为 False 时，Python 才尝试计算第 2 个操作数。例如，在程序 leapyear.py 中，仅当 year 能被 4 整除时，才计算比较表达式 (year % 100) != 0 的值。仅当 year 不能被 4 整除或者仅当 year 能被 100 整除时，才计算比较表达式 (year % 400) != 0 的值。

1.2.7 函数和 API

读者是否注意到，许多程序不仅使用内置运算符，还使用函数来实现运算操作。函数可分为以下三大类：

- 内置函数。例如 int()、float() 和 str()。可在 Python 程序中直接使用。
- 标准库函数。例如 math.sqrt()。标准库函数在 Python 标准模块中定义，通过 import 语句导入模块后，可在程序中使用。
- 本书官网函数。例如，stdio.write() 和 stdio.writeln()。本书官网提供了若干模块，下载安装并在程序中导入这些模块后，可使用这些函数。

内置函数、标准库函数和本书官网函数的数量巨大。本书将采用循序渐进的方法，开始局限于少量函数，逐渐讲述并使用更多的函数。在本节中，我们学习了若干用于输出、数据类型转换和数学计算的函数。本节将继续介绍其他一些有用的函数。在本书后续章节，我们不仅学习如何使用其他函数，而且学习如何定义和使用自定义函数。

为了读者查阅方便，我们将常用的需要掌握的函数归纳如表 1-2-15 所示。表 1-2-15 包括了内置函数、本书官网提供的 stdio 模块中的函数、Python 标准库 math 和 random 模块中的函数。表 1-2-15 也称为应用程序编程接口（API）。表的第 1 列为函数原型，包括其名称和所需参数；第 2 列描述函数的用途。

表 1-2-15　Python 常用函数一览表

	函数调用	功能描述
内置函数	abs(x)	x 的绝对值
	max(a, b)	a 和 b 的最大值
	min(a, b)	a 和 b 的最小值
本书官网提供的用于标准输出的 stdio 模块中的函数	stdio.write(x)	在标准输出输出指定文本 x
	stdio.writeln(x)	在标准输出输出指定文本 x 后换行
	注意 1：可以使用任意数据类型的数据（均将自动转换为 str 数据类型）	
	注意 2：如果不指定参数，则 x 默认为空字符串	
Python 标准库 math 模块中的函数	math.sin(x)	x 的正弦（参数以弧度为单位）
	math.cos(x)	x 的余弦（参数以弧度为单位）
	math.tan(x)	x 的正切（参数以弧度为单位）
	math.atan2(y, x)	点 (x, y) 的极角
	math.hypot(x, y)	返回 $\sqrt{x^2+y^2}$，即原点和点 (x, y) 之间的欧几里得距离
	math.radians(x)	将 x（以角度为单位）转换为弧度
	math.degrees(x)	将 x（以弧度为单位）转换为角度
	math.exp(x)	x 的指数函数（即 e^x）

33
~
35

（续）

函数调用		功能描述
Python 标准库 math 模块中的函数	math.log(x, b)	x 以 b 为底的对数（即 $\log_b x$）。底数 b 默认为 e，即自然对数（即 $\log_e x$）
	math.sqrt(x)	x 的平方根
	math.erf(x)	x 的误差函数
	math.gamma(x)	x 的伽玛函数
	注意：math 模块中还包含诸如 asin()、acos() 和 atan() 等反函数，以及数学常量 e（2.718281828459045）和 pi（3.141592653589793）。	
Python 标准库 random 模块中的函数	random.random()	返回 [0,1) 数据区间的随机浮点数
	random.randrange(x, y)	返回 [x,y) 数据区间的随机整数，其中 x 和 y 均为整数

程序编码时，我们可以通过键入函数名并在括号中指定其参数来调用函数。注意，参数之间使用逗号分隔。Python 程序执行时，使用指定参数调用（或求值）函数并返回结果值。更准确地说，函数返回一个值作为函数结果对象的引用。函数调用是一个表达式，所以可以像变量和字面量一样，作为子表达式在更为复杂的表达式中使用。例如，我们可以构造诸如 math.sin(x) * math.cos(y) 的表达式。另外，我们还可以将表达式作为参数使用——首先，Python 计算表达式的值，然后将表达式的计算结果作为参数传递给函数。所以在 Python 程序中可以编写诸如 math.sqrt(b*b – 4.0*a*c) 的代码调用函数。

有些函数的参数为可选参数，即有一个默认值。例如，函数 math.log(x,b) 的第 2 个参数为可选参数，如果没有指定，则默认值为 e(自然对数底)。Python 典型的函数调用如表 1-2-16 所示。

表 1-2-16　Python 典型的函数调用

函数调用	返回值	说　明
abs(–2.0)	2.0	内置函数
max(3, 1)	3	具有两个参数的内置函数
stdio.write('Hello')		本书官网函数
math.log(1000, math.e)	6.907755278982137	math 模块中的函数
math.log(1000)	6.907755278982137	第二个参数默认为 math.e
math.sqrt(–1.0)	运行时错误	负数的平方根
random.random()	0.3151503393010261	random 模块中的函数

表 1-2-15 Python 常用函数一览表中所列函数大多为纯函数，即给定相同参数值，其返回结果相同，不会带来任何可观测到的偏差。但有三个函数例外：random.random()、stdio.write() 和 stdio.writeln()。函数 random.random() 每次产生不同的随机数；而 stdio.write() 和 stdio.writeln() 则向标准输出写入字符串，每次输出位置不同。在 API 中，我们使用动词短语来描述产生偏差的函数的行为，使用名词短语描述其返回值。

模块 math 中还定义了两个常量 math.pi（即 π）和 math.e（即 e），故在程序中可使用这些名称代替常量。例如，函数调用 math.sin(math.pi/2) 返回 1.0（注意，math.sin() 参数的单位为弧度），函数调用 math.log(math.e) 返回 1.0（math.log() 默认底数为自然常数 e）。

上述 API 往往作为现代程序设计标准在线帮助文档的一部分。详尽的 Python API 在线帮助文档是专业程序员的重要参考，本书官网提供了 Python 在线帮助文档，可供读者参考。本书在文中对所有使用的函数进行了详细阐述，并在书后进行了总结，所以读者理解本书的代码或编写类似程序时，并不需要查阅在线帮助文档。

另外，本书第 2 章和第 3 章将学习如何开发自定义 API 和实现自定义函数。

> **关于缩写**
>
> 从现在开始，本书在描述涉及函数和函数调用的语句时使用缩略语。例如，函数调用 math.sqrt(4.0) 描述为"函数调用 math.sqrt(4.0) 返回 [一个引用指向][一个 float 对象，其值为]2.0"，我们将省略该语句方括号中的内容。即将准确详尽但是冗长的描述"当传递一个值为 16.0 的 float 对象的引用给函数 math.sqrt()，函数返回一个值为 4.0 的 float 对象的引用"，缩略为"函数调用 math.sqrt(16.0) 返回 4.0"。使用术语"**返回值**（return value）"描述函数返回的对象引用。

36
≀
38

1.2.8　数据类型转换

典型的程序设计包括处理多种数据类型。编码时请务必明确需要处理的数据类型，因为不同的数据类型所包含的值和所允许的操作各不相同，只有了解了你所使用的数据类型，才能明确每个对象的取值范围和能执行的相应操作。特别地，我们常常需要将数据从一种类型转换为另一种类型。例如，如果我们需要计算四个整数 1、2、3 和 4 的平均值。很自然地，我们会想到使用表达式 (1+2+3+4)/4 完成计算，但事实上，基于类型转换规则，许多计算机程序设计语言中将计算表达式并返回整除值（结果为 2），所以计算结果并不正确（正确结果应该为 2.5）。事实上，正如我们所注意到的，表达式 (1+2+3+4)/4 在 Python 3 和 Python 2 中的计算结果完全不同。上例充分说明了类型转换的重要性。

上例出现问题的原因是操作数均为整数，而我们所期望的结果却为浮点数（2.5），所以需要将整数转换为浮点数。

Python 类型转换包括以下两种方法：显式类型转换和隐式类型转换。

1. 显式类型转换

显式类型转换使用转换函数进行类型转换。转换函数作用于源类型的参数，返回目标类型的值。我们已经尝试过使用内置函数 int()、float() 和 str() 实现字符串和整数或浮点数之间的相互转换。不仅仅如此，我们还可以使用这些函数以及 round() 函数实现整数和浮点数之间的相互转换。例如，使用 int(x) 或 int(round(x)) 可将浮点数转换为整数；使用 float(x) 则可将整数转换为浮点数。故表达式 float(1+2+3+4)/float(4) 在 Python 3 和 Python 2 中的计算结果一致，均为 2.5。

常用的类型转换内置函数如表 1-2-17 所示。典型的类型转换示例如表 1-2-18 所示。

表 1-2-17　常用的类型转换内置函数

函数调用	功能描述
str(x)	将对象 x 转换为字符串数据类型
int(x)	将字符串 x 转换为整数数据类型，或者将浮点数 x 转换为整数数据类型（向零取整）
float(x)	将字符串或整数 x 转换为浮点数数据类型
round(x)	四舍五入取整

表 1-2-18　典型的类型转换示例

转换方式	表达式	结　果	数据类型
显式转换	str(2.718)	'2.718'	str
	str(2)	'2'	str
	int(2.718)	2	int
	int(3.14159)	3	int
	float(3)	3.0	float
	int(round(2.718))	3	int
隐式转换	3.0 * 2	6.0	float
	10 / 4.0	2.5	float
	math.sqrt(4)	2.0	float

Python 2

在 Python 3 中，函数 round(x) 返回一个整数；在 Python 2 中，函数 round(x) 返回一个浮点数。本书为了兼容 Python 3 和 Python 2，所有的代码均采用表达式 int(round(x)) 将浮点数 x 四舍五入取整。

2. 隐式类型转换（从整数到浮点数）

在编程时，如果需要使用浮点数，可直接使用一个整数，因为 Python 自动将整数转换为浮点数。例如，表达式 10/4.0 的计算结果为 2.5，因为 4.0 是浮点数，而除法要求两个操作数的类型必须一致，所以整数 10 将自动转换为浮点数，两个浮点数相除的结果为浮点数。再比如，表达式 math.sqrt(4) 的计算结果为 2.0，因为函数 math.sqrt() 要求参数类型为浮点数，所以整数 4 将自动转换为浮点数，结果返回一个浮点数。上述转换方式称之为自动转换。Python 自动类型转换不会损失精度。但是读者可能已经注意到，这种自动转换还是存在缺陷的。Python 3 自动将除法运算符（/）的每个操作数转换为浮点数，而 Python 2 则不转换。所以对于表达式 (1+2+3+4)/4，Python 3 中的计算结果为浮点数 2.5，但 Python 2 的计算结果为整数 2。

如果使用转换函数 int() 和 float() 进行显式类型转换，则可以忽略自动类型转换。事实上，一些程序员会尽可能避免自动类型转换。本书则通常采用自动类型转换，因为自动类型转换的代码更紧凑，更易于阅读。但是，在使用除法运算符实现两个数相除时，则至少保证其中一个操作数为浮点数。例如，Python 在计算表达式 (1+2+3+4)/4.0 的结果时，将触发自动类型转换机制，将第一个操作数自动转换为浮点数，所以结果为浮点数 2.5。这种方法可以保证程序代码在 Python 3 和 Python 2（甚至许多其他程序设计语言）中均能正确运行。如前所述，当程序代码中的操作数均为整数时，本书尽量避免使用除法运算符（/）。

初学者可能发现类型转换比较麻烦，但有经验的程序员则会时刻意识到，在程序设计过程中要特别注意数据类型，这是确保程序正确运行的关键，同时也是避免失败的关键要素。在 1985 年发生的一件著名的事故中，一枚法国火箭在空中爆炸（如图 1-2-8 所示），灾难的原因就起源于类型转换问题。当然，对于一般用户而言，其所编写程序中的错误可能不会导致爆炸事件，但是以往的经验教训非常有助于读者充分理解类型转换的必要性。通过编写若干程序后，读者将发现，理解数据类型不仅有助于编写紧凑的代码，而且可以更明确地表达

39
～
40

程序的功能，从而避免程序中不容易发现的错误。

1.2.9　小结

数据类型是一系列值及定义在这些值上的一系
列操作。Python 内置数据类型包括 bool、str、int
和 float，其他类型将在本书后续章节详细阐述。
Python 代码中使用类似于我们所熟悉的数学表达式
的方法，通过运算符和表达式调用与数据类型相关
联的运算操作。bool 数据类型用于真假值的运算；
str 数据类型用于一系列字符的运算；int 和 float 数
据类型为数值类型，用于数值计算。

Photo: ESA

图 1-2-8　法国 Ariane 5 运载火箭首发失
利空中爆炸（照片由欧洲航天局提供）

bool 数据类型（包括逻辑运算符 and、or 和 not）
与比较运算符（==、!=、<、<=、> 和 >=）相结合，
构成 Python 程序中逻辑判断的基础。在后续章节将学习使用布尔表达式控制 Python 的条件
（if）和循环（while）语句。

使用数值类型、内置函数、Python 标准模块、扩展模块以及本书官网提供的模块中的函
数可实现 Python 的超级数学计算器功能。算术表达式由内置运算符（+、−、*、/、//、% 和
**）以及函数调用组成。

相对于本书其他小节的示例，虽然本小节的程序相对简单，但这类程序还是十分有用
的。Python 程序中广泛使用数据类型和基本的算术运算，所以充分理解本节的内容十分必要。

交互式 Python

事实上，Python 可以直接作为计算器使用。在命令行控制台中输入命令 python，即
不带文件名的 python 命令，可打开 Python 命令行交互模式，Python 显示命令行提示符：
>>>。此时，用户可输入 Python 语句，Python 将交互式执行语句。也可输入 Python 表达式，
Python 将计算表达式并返回结果值。还可输入命令 help()，返回 Python 的详细交互式帮助
文档。交互式 Python 提供给用户一种测试代码片段的便利方式。借助交互式 Python，可以
访问相关文档以学习感兴趣的模块和函数。建议读者认真完成 Q&A(问题和解答) 中的例子。
交互式 Python 示例如图 1-2-9 所示。其中，粗体显示的是用户所键入的内容。

1.2.10　问题和解答（字符串）

Q. 请问 Python 内部如何存储字符串？

A. 字符串是 Unicode 编码的字符系列。Unicode 是现代文本编码方式，支持 100 000 多
个字符，包括 100 多种不同语言、数学以及音乐符号。

Q. Python 字符属于哪一类数据类型？

A. Python 没有单独为字符提供数据类型。字符可简单表示为包含一个元素的字符串，
例如 'A'。

Q. 请问我可以使用比较运算符（例如 == 和 <）以及内置函数（例如 max() 和 min()）进
行字符串比较吗？

A. 当然可以。Python 通常按字典序比较两个字符串，与书目索引和字典一致。例如，'hello' 和 'hello' 相等；'hello' 和 'goodbye' 不相等；而 'goodbye' 小于 'hello'。详细信息请参照 4.2 节最后的"问题与解答"。

```
% python
...
>>> 1 + 2
3
>>> a = 1
>>> b = 2
>>> a + b
3

>>> import math
>>> math.sqrt(2.0)
1.4142135623730951
>>> math.e
2.718281828459045
>>>
```

```
% python
...
>>> import math
>>> help(math)

Help on module math:

NAME
    math

DESCRIPTION
    This module is always available. It provides
    access to the mathematical functions defined
    by the C standard.

FUNCTIONS
    acos(...)
        acos(x)
        Return the arc cosine (in radians) of x.
    ...
    sqrt(...)
        sqrt(x)
        Return the square root of x
    ...
DATA
    e = 2.718281828459045
    pi = 3.141592653589793
```

图 1-2-9　交互式 Python 示例

Q. 请问表示字符串字面量时，是否可以使用双引号代替单引号？

A. 可以。例如，字面量 'hello' 和 "hello" 等价。双引号适用于包含单引号的字符串，这样就可以不用转义单引号了。例如，字符串字面量 'Python\'s' 和 "Python's" 等价。Python 还可以使用三个引号的字符串字面量，用于表示包括多行的字符串。例如，下例创建一个包括两行的字符串并赋值给变量 s：

```
s = """Python's "triple" quotes are useful to
specify string literals that span multiple lines
"""
```

在本书中，我们不使用双引号和三引号作为字符串字面量的分隔符。

Python 2 中的字符串

Python 2 使用 ASCII 码而不是 Unicode 进行字符编码。ASCII 是传统的编码标准，支持 128 个字符，包括英文字母、数字和标点符号。Python 2 提供了另外一种数据类型

unicode 来表示由 Unicode 字符组成的字符串，但是许多 Python 2 库不支持这种数据类型。

1.2.11 问题和解答（整数）

Q. Python 内部如何存储整数？

A. 小正整数的表示非常简单，基于固定的计算机内存使用二进制系统来表示。

Q. 什么是二进制系统？

A. 你可能在中学里就学习过二进制系统。在二进制系统中，我们使用一系列二进制位（bit）来表示一个整数。二进制是"逢二进一、借一作二"的进位制，0 和 1 是基本算符。一个 bit 就是一个二进制位（0 或 1），bit 是 binary digit（二进制数比特）的缩写。位是计算机信息表示的基础。在二进制系统中，位是 2 的幂，即二进制数据序列 $b_n b_{n-1} \cdots b_2 b_1 b_0$ 对应的十进制数为：

$$b_n 2^n + b_{n-1} 2^{n-1} + \cdots + b_2 2^2 + b_1 2^1 + b_0 2^0$$

例如，二进制数 1100011 表示整数 99，即：

$$99 = 1 \times 2^6 + 1 \times 2^5 + 0 \times 2^4 + 0 \times 2^3 + 0 \times 2^2 + 1 \times 2^1 + 1 \times 2^0 =$$
$$1 \times 64 + 1 \times 32 + 0 \times 16 + 0 \times 8 + 0 \times 4 + 1 \times 2 + 1 \times 1$$

人们更为熟知的十进制系统与二进制系统类似，但基本算符为 0 到 9，且使用 10 作为幂的底数（逢十进一、借一作十）。将一个数转换为二进制数是一个非常有趣的计算过程，我们将在下一节展开讨论。对于小整数，Python 使用固定位数表示，通常为计算机系统的位数，一般为 32 位或 64 位。例如，整数 99 在 32 位计算机系统中可表示为：0000000000000 0000000000001100011。

Q. Python 如何表示负数？

A. 小的负整数使用 2 的补数表示，本书不展开讨论。本书定义的"小整数"或称"短整数"与计算机系统有关，在 32 位计算机系统中，"短整数"的数值范围为 $-2147483648(-2^{31})$ 到 2147483647（$2^{31} - 1$）。而在 64 位计算机系统中，"短整数"的数值范围则通常为 -2^{63} 到 $2^{63} - 1$，这种情况下，"短整数"其实不小。如果一个整数超出了"短整数"的范围，Python 则自动扩展其占用的内存大小（只要不超过计算机系统可用的内存限制）。值得注意的是，整数在计算机内部表示方法的具体细节通常对程序透明，所以程序编码中可直接使用不同的进制系统而无须转换。

Q. Python 中如何计算表达式 1/0 的值，其结果是什么？

A. 系统在运行时将抛出错误 ZeroDivisionError。注意，读者可在 Python 交互模式下尝试运行此代码片段，以直观了解其运行结果。

Q. 整除运算符 // 和取余运算符 % 作用于负整数时，计算结果如何？

A. 请读者尝试并观察结果：表达式 $-47 // 5$ 的计算结果为 -10；表达式 $-47 \% 5$ 的计算结果为 3。一般而言，整除运算符 // 返回向下取整结果，即除法的商向负的无穷大取整。取余运算符 % 则更为复杂，如果 a 和 b 为整数，则表达式 a % b 的计算结果为整数，并且余数的符号与除数 b 一致。所以，对于任何整数 a 和 b，b * (a // b) + a % b == a 成立。在其他一些语言（例如 Java）中，表达式 a % b 的计算结果为整数，但是余数的符号与被除数 a 一致。

Q. 乘幂运算符 ** 作用于负整数时，计算结果如何？

A. 请读者尝试并观察结果。注意 ** 运算符的优先级比其左侧的一元（单目）运算符 +/– 的优先级要高，但比其右侧的一元（单目）运算符 +/– 的优先级要低。例如，–3**4 的计算结果为 –81（而不是 81）。另外，乘幂运算的结果也可能产生不同的数据类型。例如，10**–2 的计算结果为浮点数 0.01，(–10)**(10**–2) 的计算结果在 Python 3 中为复数（1.0227880589608938+0.03214240964686776j），而在 Python 2 中则抛出运行时错误。

Q. 为什么 10^6 的计算结果为 12 而不是 1 000 000？

A. 运算符 ^ 并不是你想象的乘幂运算符，本书没有涉及该运算符。读者可以使用表达式 10**6，来获得字面量结果 1 000 000。但一般建议在允许的情况下直接书写字面量而不是使用表达式进行计算，因为表达式求值会导致额外的运行时间开销。

> **Python 2 中的整数**
>
> Python 2 支持两种不同类型的整数：int（用于短整数）和 long（用于长整数）。Python 2 自动按需将 int 类型转换为 long 类型。

44
～
45

1.2.12 问题和解答（浮点数）

Q. 为什么实数的数据类型命名为 float？

A. 实数的小数点可以在构成实数的数字之间"浮动"。与之相反，一旦最小数据精度确定，整数的小数点（隐含）则固定。

Q. Python 内部如何存储浮点数？

A. 一般而言，Python 使用与计算机系统一致的表示方法。大多数现代计算机系统采用 IEEE 754 标准格式存储浮点数。IEEE 754 标准规定使用 3 个字段存储浮点数：符号位、尾数域和指数（或称阶码）域。感兴趣的读者可访问本书官网以获取详细信息。IEEE 754 标准还规定了特殊浮点数的处理方式，包括正数 0、负数 0、正无穷大、负无穷大和 NaN（非数值）。例如，标准规定 –0.0/3.0 的求值结果为 –0.0；1.0/0.0 的求值结果为正无穷大；0.0/0.0 的求值结果为 NaN。Python 不兼容 IEEE 754 标准中的表达式（比较特殊）float('inf') 和 float('-inf')，二者在一些简单计算中表示正无穷大和负无穷大。例如，在 Python 语言中，–0.0/3.0 可正确求值为 –0.0，但 1.0/0.0 和 0.0/0.0 将在运行时抛出错误 ZeroDivisionError。

Q. 按我个人的想法，15 位精度的浮点数按理说应该足够用了，请问编码时还需要考虑浮点数的精度吗？

A. 是的。因为我们使用的数学运算是基于无限精度的实数，但计算机使用近似值进行处理。例如，基于 IEEE 754 浮点数标准，表达式 (0.1 + 0.1 == 0.2) 的求值结果应为 True，但 (0.1 + 0.1 + 0.1 == 0.3) 求值结果却为 False！类似的陷阱在科学计算中并不少见。初学者应该尽量避免比较两个浮点数的相等性。

Q. 输出浮点数的所有小数位显得比较冗余，请问可否使用 stdio.write() 和 stdio.writeln()

仅输出浮点数小数点后面两到三位小数？

A. 格式化输出的一种方法是使用本书官网提供的函数 stdio.writef()，该函数与 C 语言和其他现代程序设计语言的基本格式化输出函数类似，详细内容将在 1.5 节讨论。在这之前，浮点数仍然使用全小数位数的格式输出（事实上这种形式也有优点，可帮助适应不同类型的数字）。

Q. 请问整除运算符 // 可作用于两个浮点操作数吗？

A. 可以。其返回结果为浮点数去除小数部分后的商。本书没有使用浮点数整除运算。

Q. 如果参数的小数部分为 0.5，则 round() 返回值是什么？

A. 在 Python 3 中，round() 函数返回最接近的偶数，所以 round(2.5) 的计算结果为 2，round(3.5) 的计算结果为 4，round(–2.5) 的计算结果为 –2。但在 Python 2 中，round() 函数远离坐标原点（0）方向取整（并且返回一个浮点数），所以 round(2.5) 的计算结果为 3.0，round(3.5) 的计算结果为 4.0，round(–2.5) 的计算结果 –3.0。

Q. 浮点数可以与整数进行比较运算吗？

A. 类型转换后才可进行比较运算，但 Python 自动把整数转换为浮点数，所以浮点数可以与整数进行比较运算。例如，如果 x 为整数 3，则表达式 (x < 3.1) 的求值结果为 True，因为 Python 会将整数 3 自动转换为浮点数 3.0，然后比较 3.0 和 3.1。

Q. Python 的 math 模块中是否包含其他三角函数，例如反正弦函数、双曲正弦函数和正切函数？

A. 是的，Python 的 math 模块包括反三角函数和双曲线函数。但不包括正切函数、余割函数、余切函数，这些函数可使用 math.sin()、math.cos() 和 math.tan() 方便地实现。确定 API 中包含哪些函数需折中考虑，一方面，API 包含所有需要的函数时使用起来会很便利，但是另一方面，太长的函数列表会造成查找困难。没有任何一种方案可以满足所有的用户，Python 设计者尽量满足大多数用户。值得注意的是，在列举的 API 中依然包含许多冗余。例如，可使用 math.sin(x)/ math.cos(x) 代替 math.tan(x)。

46
∫
47

1.2.13 问题和解答

Q. 访问未绑定到对象的变量时，会导致什么错误？

A. Python 将在运行时抛出错误 NameError。

Q. 如何确定变量的类型？

A. 这是个很有意思的问题。与其他许多计算机程序设计语言（例如 Java）不同，Python 变量是无类型的。Python 变量绑定的对象才具有一个数据类型。你可以将同一个变量绑定到不同数据类型的对象（当然，为了清晰明了，在编程中不建议这样操作），如下代码片段所示：

```
x = 'Hello, World'
x = 17
x = True
```

Q. 如何确定一个对象的标识（identity）、类型（type）和值（value）？

A. Python 为解决这个问题提供了若干内置函数：函数 type() 返回一个对象的类型；函数 id() 返回一个对象的标识；函数 repr() 返回一个对象明确的字符串表示形式，如下代码片段所示：

```
>>> import math
>>> a = math.pi
>>> id(a)
140424102622928
>>> type(a)
<class 'float'>
>>> repr(a)
'3.141592653589793'
```

上述函数主要用于调试程序，在程序设计中一般很少使用。

Q. 运算符 = 和 == 有什么区别？

A. 二者完全不同。前者（=）用于变量赋值，后者（==）用于比较运算并返回布尔值结果。如果能理解二者的区别，则可以充分证明你掌握了本章节的知识点。你可以尝试向你的朋友们解释这两个运算符的区别。

Q. 表达式 a<b<c 可否测试 3 个数 a、b 和 c 满足从小到大的顺序？

A. 可以。Python 支持任意长度的链式比较运算，例如，表达式 a<b<c 遵循标准数学运算规则。然后，在其他许多程序设计语言（例如 Java）中，表达式 a<b<c 非法，这是因为子表达式 a < b 的求值结果为布尔值，但接着布尔值和数值 c 的比较没有意义。本书不使用链式比较运算，而倾向于其他替代方法，例如 (a<b) and (b<c)。

Q. 表达式 a = b = c = 17 可以将 3 个变量 a、b 和 c 均赋值为 17 吗？

A. 是的。虽然 Python 赋值语句不是表达式，但 Python 支持任意长度的链式赋值语句。许多 Python 程序员认为链式赋值语句不是良好的编程风格，因此本书不使用链式赋值语句。

Q. 逻辑运算符（and、or 和 not）的操作数可以为非布尔值吗？

A. 可以。但不容易理解，所以不推荐使用。在逻辑表达式中，Python 将 0、0.0、空字符串（''）均视为 False，其他整数、浮点数、字符串则视为 True。

Q. 算术运算符的操作数可以为布尔值吗？

A. 可以。但我们同样不建议采用此形式。算术运算符的操作数为布尔值时，布尔值将自动转换为数值：False 转换为 0，True 转换为 1。例如，表达式 (False - True - True) * True 的求值结果为整数值 −2。

Q. 可以将某个变量命名为 max 吗？

A. 可以。但是，如果自己声明了一个名为 max 的变量，程序中将无法使用内置函数 max()。其他内置函数 min()、sum()、float()、eval()、open()、id()、type()、file() 等，与之类似。

1.2.14 习题

1. 假定 a 和 b 为整数。请描述下列语句的功能，并绘制其对象级别的跟踪信息图。

   ```
   t = a
   b = t
   a = b
   ```

2. 请使用函数 math.sin() 和 math.cos() 编写一个程序，验证对于任何命令行参数值 θ，表达式 $\cos^2\theta + \sin^2\theta$ 的结果近似等于 1。并说明为什么其结果不精确等于值 1.0。

3. 假定 a 和 b 为布尔值。请验证下列表达式的求值结果为 True：

   ```
   (not (a and b) and (a or b)) or ((a and b) or not (a or b))
   ```

4. 假定 a 和 b 为整数。请简化下列表达式：

   ```
   (not (a < b) and not (a > b))
   ```

5. 请问下列各语句的输出结果是什么？并解释输出结果。

   a. stdio.writeln(2 + 3)

   b. stdio.writeln(2.2 + 3.3)

   c. stdio.writeln('2' + '3')

   d. stdio.writeln('2.2' + '3.3')

   e. stdio.writeln(str(2) + str(3))

   f. stdio.writeln(str(2.2) + str(3.3))

   g. stdio.writeln(int('2') + int('3'))

   h. stdio.writeln(int('2' + '3'))

   i. stdio.writeln(float('2') + float('3'))

   j. stdio.writeln(float('2' + '3'))

   k. stdio.writeln(int(2.6 + 2.6))

   l. stdio.writeln(int(2.6) + int(2.6))

6. 请解释如何使用 quadratic.py（程序 1.2.4）获取一个数的平方根？

7. 请问语句 stdio.writeln((1.0 + 2 + 3 + 4) / 4) 的输出结果是什么？

8. 假定 a 为 3.14159，请问下列各语句的输出结果是什么？并解释输出结果。

   a. stdio.writeln(a)

   b. stdio.writeln(a + 1.0)

   c. stdio.writeln(8 // int(a))

   d. stdio.writeln(8.0 / a)

   e. stdio.writeln(int(8.0 / a))

9. 请问在程序 1.2.4（quadratic.py）中，如果将代码 math.sqrt 替换为 sqrt，则运行结果会如何？

10. 请问表达式 (math.sqrt(2) * math.sqrt(2) == 2) 的求值结果为 True 还是 False？

11. 请编写一个程序，实现下列功能：程序带两个正整数作为命令行参数，如果任意一个数可以整除另一个数，则输出 True。

12. 请编写一个程序，实现下列功能：程序带三个正整数作为命令行参数，如果其中任意一个数大于或等于另两个数之和，则输出 False，否则输出 True。（注：该程序可用于测试三个数是否满足构成三角形三条边的条件）。

13. 分别给出执行下列各语句系列后 a 的值：

```
a = 1                   a = True                a = 2
a = a + a               a = not a               a = a * a
a = a + a               a = not a               a = a * a
a = a + a               a = not a               a = a * a
```

14. 一个物理系的学生使用下列表达式计算公式 $F = Gm_1m_2/r^2$ 的值时，发现结果并不正确，试分析原因并修正代码。

```
force = G * mass1 * mass2 / radius * radius
```

15. 假定 x 和 y 为两个浮点数，分别用于表示笛卡儿坐标系平面上点 (x, y) 的坐标。试写出计算原点到坐标点 (x, y) 距离的表达式。

16. 请编写一个程序，实现下列功能：程序带两个整数 a 和 b 作为命令行参数，输出一个取值范围为 a 到 b 之间的随机整数。

17. 请编写一个程序，实现下列功能：输出两个随机整数（取值范围为 1 到 6）之和。（即掷两个骰子随机获得的点数）。

18. 请编写一个程序，实现下列功能：程序带一个浮点数命令行参数 t，输出 $\sin(2t) + \sin(3t)$ 的结果值。

19. 请编写一个程序，实现下列功能：程序带三个浮点数命令行参数 x_0、v_0 和 t，计算并输出表达式 $x_0 + v_0t - Gt^2/2$ 的结果值。（注：G 是重力加速度常量 9.80665。表达式用于计算从初始位置 x_0 开始，以速度 v_0 米/秒垂直向上抛出物体，经过 t 秒后，该物体以米为单位的位移量。）

20. 请编写一个程序，实现下列功能：程序带两个整数命令行参数 m 和 d，如果 m 月份 d 日的日期位于 3 月 20 日和 6 月 20 日之间，则输出 True，否则输出 False。（假设 m=1 代表 1 月份，m=2 代表 2 月份，以此类推）

50
~
52

1.2.15 创新习题

21. 连续复利（Continuously compounded interest）。请编写一个程序，计算并输出给定年利率下，连续复利的投资收益。程序带三个命令行参数：投资年数 t、本金 p 和年利率 r。计算公式为：投资收益 $=pe^{rt}$。

22. 体感温度（Wind chill）。给定温度 T（华氏温度）和风速 v（英里/小时），国家气象局定义有效温度（即体感温度）为：

$$w = 35.74 + 0.621\,5T + (0.427\,5T - 35.75)v^{0.16}$$

请编写一个程序，实现下列功能：程序带两个浮点数命令行参数 t 和 v，计算并输出体感温度 w。注：当 t 大于或等于 50，或 v 大于 120 或小于 3 时，上述公式不成立。（为简便起见，程序中可假设输入值在给定范围。）

23. 极坐标（Polar coordinate）。请编写一个程序，实现笛卡儿坐标到极坐标的转换（笛卡儿坐标与极坐标示意图参见图 1-2-10）。程序带两个浮点数命令行参数 x 和 y，计算并输出极坐标 r 和 θ。提示：可使用 Python 函数 math.atan2(y, x)，计算 y/x 的反正切值（取值范围为 $-\pi$ 到 π）。

24. 高斯随机数（Gaussian random number）。使用 Box-Muller 公式可产生符合高斯分布的随机数：

$$w = \sin(2\pi v)(-2\ln u)^{1/2}$$

其中，u 和 v 是函数 Math.random() 生成的取值范围在 0 到 1 之间的实数。请编写一个程序，输出一个标准高斯分布随机数。

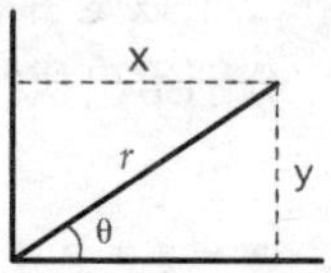

图 1-2-10　笛卡儿坐标与极坐标示意图

25. 顺序检查（Order check）。请编写一个程序，完成下列功能：程序带三个浮点数命令行参数 x、y 和 z，如果三个数满足升序或降序（x < y < z 或者 x > y > z），则输出 True，否则输出 False。

26. 星期判断（Day of the week）。请编写一个程序，完成下列功能：接收一个日期作为输入，输出日期所对应的星期。程序接收三个命令行参数：m（月）、d（日）和 y（年）。月份 m 为 1 时表示一月份，m 为 2 时表示二月份，以此类推。输出 0 表示星期日，1 表示星期一，2 表示星期二，以此类推。采用下列公式计算标准阳历：

$y_0 = y - (14 - m) / 12$

$x = y_0 + y_0/4 - y_0/100 + y_0/400$

$m_0 = m + 12 \times ((14 - m) / 12) - 2$

$d_0 = (d + x + (31 \times m_0)/ 12) \% 7$

例如，计算 2000 年 2 月 14 日所对应的星期的计算公式为：

$y_0 = 2000 - 1 = 1999$

$x = 1999 + 1999/4 - 1999/100 + 1999/400 = 2483$

$m_0 = 2 + 12 \times 1 - 2 = 12$

$d_0 = (14 + 2483 + (31 \times 12) / 12) \% 7 = 2500 \% 7 = 1 \text{ (Monday)}$

27. 均匀分布随机数（Uniform random number）。请编写一个程序，实现下列功能：输出五个取值范围为 0.0 到 1.0 之间均匀分布的随机数，并计算这五个数的平均值、最小值和最大值。可使用内置函数 max() 和 min() 分别获取最大值和最小值。

28. 墨卡托投影（Mercator projection）。墨卡托投影是一个从纬度 φ 和经度 λ 到直角坐标（x, y）的正轴（或称等角）圆柱投影，广泛应用于编制航海图和航空图等。墨卡托投影映射可定义为公式：

$$x = \lambda - \lambda_0$$
$$y = 1/2 \times \ln((1 + \sin\varphi) / (1 - \sin\varphi))$$

其中，λ_0 是地图中心点的经度。请编写一个程序，完成下列功能：程序接收三个命令行参数：λ_0、指定点的纬度 φ、指定点的经度 λ，返回指定点的映射直角坐标（x, y）。

29. 颜色转换（Color conversion）。计算机采用不同的格式表示颜色。例如 LCD 显式器、数码照相机和 Web 页面使用的主要颜色格式为 RGB 格式，指定各颜色分量红（R）、绿（G）和蓝（B）分别为一个取值范围从 0 到 255 之间的整数。用于书籍和期刊印刷的主要颜色格式为 CMYK 格式，指定各颜色分量青（C）、品红（M）、黄（Y）和黑（K）分别为一个取值范围为 0.0 到 1.0 之间的实数。请编写一个程序，完成下列功能：将 RGB 转换为 CMYK。程序带三个整数命令行参数：r、g 和 b，输出相应的 CMYK 的值。如果

RGB 值均为 0，则 CMY 均为 0，K 为 1；否则，采用如下的计算公式：

$w = \max(r/255, g/255, b/255)$

$c = (w - (r/255)) / w$

$m = (w - (g/255)) / w$

$y = (w - (b/255)) / w$

$k = 1 - w$

30. 球面大圆（Great circle）。请编写一个程序，完成下列功能：程序带四个浮点数命令行参数 x1、y1、x2 和 y2（分别代表地球上两个点的纬度和经度，以度为单位），计算并输出两个点之间的最大圆距离。最大圆距离 d（单位为海里）的计算公式（由余弦定理公式推导）为：

$$d = 60\arccos(\sin(x_1)\sin(x_2) + \cos(x_1)\cos(x_2)\cos(y_1 - y_2))$$

注意公式中角度的单位为度，而 Python 三角函数参数的单位使用弧度。可使用函数 math.radians() 和 math.degrees() 实现角度和弧度之间的转换。请运行所编写的程序计算巴黎 (48.87° N, −2.33° W) 和旧金山 (37.8° N, 122.4° W) 之间的最大圆距离。

31. 三个数排序（Three-sort）。请编写一个程序，完成下列功能：程序接收三个整数命令行参数，按升序输出这三个数。可使用内置函数的 min() 和 max() 分别获取最小值和最大值。

32. 龙形曲线（Dragon curve）。又叫分形龙，是一个分形图案模式，随着迭代次数的增加，图案呈现出一条蜿蜒盘曲的龙的形象，因而得名。请编写一个程序，完成下列功能：输出描绘龙形曲线 0 到 5 阶的指令。指令为 F、L 和 R 字符集的组合，其中，F 表示"向前移动一个单元并画直线"，L 表示"左转"，R 表示"右转"。第 0、1、2 和 3 阶龙形曲线如图 1-2-11 所示。读者可以尝试将一张纸条沿对角线折叠 n 次，画上直线印痕后展开得到的图形即为第 n 阶龙形曲线。实际上，第 n 次迭代后，其指令字符串相当于第 n–1 次指令加上 L 再加上第 n–1 次指令的反向移动。以第 1 次为例，其指令为 FLF，其反向后为 FRF（从右往左读，并且把 L 换成 R），则第 2 次指令为"第 1 次指令 +L+ 第 1 次指令的反向移动"，即为 FLFLFRF。而第 2 次指令反向后为：FLFRFRF，因此，第 3 次指令为"第 2 次指令 +L+ 第 2 次指令的反向移动"，即为 FLFLFRFLFLFRFRF。

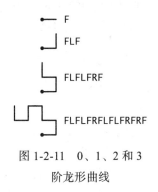

图 1-2-11　0、1、2 和 3 阶龙形曲线

53
∼
55

1.3　选择结构和循环结构

本书前面章节所涉及的程序中，每条语句均按顺序执行一次。在复杂的程序中，每条语句执行的顺序和次数可能不同。程序设计使用"控制流程"来决定语句执行的顺序。在本节中，我们引入基于程序中变量值的逻辑从而改变程序控制流程的语句。控制流程是程序设计的基本构件。

本节将详细阐述在 Python 中如何实现"分支"语句，即根据特定的条件执行或不执行某些语句。本节还将重点阐述"循环"语句，即根据特定的条件多次执行某些语句。本节的诸多示例程序表明，程序中只有使用了选择结构和循环结构，才能充分挖掘和利用计算机的功能，从而使你具备编写程序完成各种各样任务的技能，而这些任务如果不借助计算机的编程能力，要想实现简直就是天方夜谭。

1.3.1　if 语句

大多数计算要求根据不同的输入执行不同的操作。在 Python 语言中，可使用 if 语句实现：

```
if <boolean expression>:
    <statement>
    <statement>
    ...
```

上述表示是形式化描述 Python 程序构造格式的标准语法模板。其中，尖括号（< >）中指定已定义的 Python 程序语法构造，使用时需代入指定构造的实例。*<boolean expression>* 表示布尔表达式，其求值结果为布尔值，例如比较运算符表达式；*<statement>* 表示语句（多个 *<statement>* 可表示不同的语句）。本书没有给出 *<boolean expression>* 和 *<statement>* 的形式化定义，以免过于细节化。上述 if 语句可解释为：如果"布尔表达式"的求值结果为 True，则执行缩进部分的"语句"系列。缩进的一系列语句称为"语句块"。语句块下出现的第一个非缩进行标志着语句块的结束。大多数 Python 程序员采用的缩进字符为 4 个空白字符。

第一个简单示例，计算一个整数 *x* 的绝对值的代码为：

```
if x < 0:
    x = -x
```

即如果 x 引用对象的值为负数，则创建一个值为原负数绝对值的新对象，并绑定到 x。

第二个简单示例，比较两个数的大小，使得两个数按升序排列：

```
if x > y:
    temp = x
    x = y
    y = temp
```

上述代码通过交换引用（如果必要）使得 x <= y，即使得 x 和 y 按从小到大升序排列。if 语句的剖析如图 1-3-1 所示。

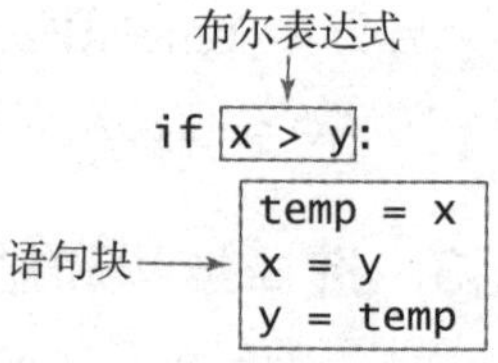

现代程序设计语言大多使用其他不同的机制来表述语句块（例如将语句块包含在一对花括号 {} 中）。在 Python 语言中，语句块取决于缩进的空白字符个数，所以，在编程过程中要特别注意缩进方式的使用。例如，下列两个代码片段中，缩进方式略有不同：

图 1-3-1　if 语句的剖析
（两个数按升序排列）

```
if x >= 0:                          if x >= 0:
    stdout.write('not ')                stdout.write('not ')
    stdout.writeln('negative')      stdout.writeln('negative')
```

左边的代码片段中，if 语句带 1 条语句的语句块，然后跟另一条语句；右边的代码片段中，if 语句带两条语句的语句块。如果 x 大于或等于 0，则两个代码片段都将输出 not negative；如果 x 小于 0，则左边的代码片段输出 negative，而右边的代码片段什么也不输出。

1.3.2 else 子句

if 语句中可加入 else 子句，表示根据布尔表达式的结果为 True 或 False，选择执行一条语句（或语句块）或另一条语句（或语句块）。其语法构造模板为：

```
if <boolean expression>:
    <block of statements>
else:
    <block of statements>
```

下列求两个数最大值的简单示例需要使用 else 子句，代码片段把两个整数的最大值赋值给变量 maximum。当然，也可使用内置函数 max() 实现并获取同样的结果。

```
if x > y:
    maximum = x
else:
    maximum = y
```

if 语句的典型示例代码如表 1-3-1 所示。当 if 或 else 的语句块仅包含 1 条语句时，该语句也可以直接写在关键字 if 或 else 语句的同一行后面，如表 1-3-1 中第 3 行和第 4 行所示，以紧凑代码。

表 1-3-1 if 语句的典型示例代码

程序功能	代码片段
求绝对值	`if x < 0:` `    x = -x`

使得 x 和 y 按升序排序	`if x > y:`
	`    temp = x`
	`    x = y`
	`    y = temp`

计算 x 和 y 的最大值	`if x > y: maximum = x` `else:       maximum = y`
计算并输出余数，如果除数为 0，则给出报错信息	`if den == 0: stdio.writeln('Division by zero')` `else:          stdio.writeln('Remainder = ' + num % den)`

计算并输出一元二次方程的两个根。如果判别式 $b^2-4ac<0$，则显示"方程无实根"的提示信息	`discriminant = b*b - 4.0*a*c`
	`if discriminant < 0.0:`
	`    stdio.writeln('No real roots')`
	`else:`
	`    d = math.sqrt(discriminant)`
	`    stdio.writeln((-b + d)/2.0)`
	`    stdio.writeln((-b - d)/2.0)`

表 1-3-1 总结了 if 语句和 if-else 语句的用法和典型示例。编写程序时常常需要使用这些简单算法。分支结构是程序设计的基本组成部分。这些语句的语义（含义）与自然语言类似，读者应该很快就能适应。

程序 1.3.1（flip.py）是 if-else 语句使用的另一个示例，示例模拟了抛掷硬币的任务。程序的主体仅仅一条语句，虽然与其他语句类似，但却引入了一个有趣的值得深入思考的哲学问题：计算机程序可以产生一个随机数吗？答案是否定的，但计算机程序可产生与真随机数许多属性相同的伪随机数。

58

程序 1.3.1 抛掷硬币 (flip.py)

```
import random
import stdio

if random.randrange(0, 2) == 0:
    stdio.writeln('Heads')
else:
    stdio.writeln('Tails')
```

程序 1.3.1 模拟抛掷硬币，根据 random.randrange() 生成的随机数，输出 "Heads"（正面）或 "Tails"（反面）。程序模拟抛掷硬币的结果序列与实际手工抛掷硬币的结果一致，但程序产生的随机序列并不是真正的随机数，而是伪随机数。程序 1.3.1 的运行过程和结果如下：

```
% python flip.py
Heads
% python flip.py
Tails
% python flip.py
Tails
```

通过流程图可以可视化并深入理解程序的控制流程。流程图中的路径相当于程序执行的控制流。在计算的早期，那时的程序员使用低级语言编写程序，因此理解流程控制十分困难，所以流程图是计算机程序设计的重要部分。在现代计算机语言中，通常使用流程图帮助理解程序的基本构造模块，如 if 语句。if 语句的流程图示例如图 1-3-2 所示。

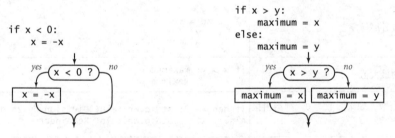

图 1-3-2　if 语句的流程图示例

1.3.3　while 语句

许多计算任务需要重复操作步骤。Python 语言中实现重复操作的语法构造格式为：

```
while <boolean expression>:
    <statement 1>
    <statement 2>
    ...
```

while 语句的构造形式与 if 语句基本相同（唯一不同的是使用关键字 while 代替 if），但语法含义完全不同。while 语句的含义是指示计算机执行下列操作：如果布尔表达式的求值结果为 False，则什么也不做；如果布尔表达式的求值结果为 True，则按顺序执行语句块中的语句（同 if 语句），然后继续检查布尔表达式，如果其求值结果为 True，则循环执行语句块，直到布尔表达式的结果为 False。即控制流程重复"循环"到布尔表达式。while 循环语句的流程图如图 1-3-3 所示（代码可参考程序 1.3.2，我们随后将仔细阐述）。

```
i = 4
while i <= 10:
    stdio.writelnln(str(i) + 'th Hello')
    i = i + 1
```

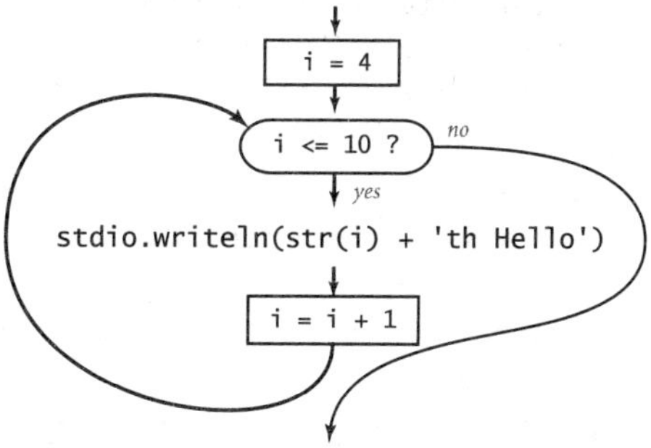

while 语句实现了一个循环结构。while 语句中缩进的语句块称为"循环体"，布尔表达式称为"循环测试条件"。循环测试条件通常用于测试循环控制变量的值，所以 while 语句前通常需要包含"初始化代码"以设置循环控制变量的初值。

while 语句可等同于一系列 if 语句：

```
if <boolean expression>:
    <statement 1>
    <statement 2>
    ...
if <boolean expression>:
    <statement 1>
    <statement 2>
    ...
if <boolean expression>:
    <statement 1>
    <statement 2>
    ...
...
```

图 1-3-3　while 语句的流程图示例

while 语句的循环体中必须包含改变循环控制变量值的语句，以确保循环控制变量最终取值为 False，即终止循环。

　　while 语句常用的编程范例是使用一个整数控制循环次数。程序一开始对循环控制变量值进行初始化，然后在循环中每次循环控制变量值加 1，接着再测试循环控制变量的值是否超过了预定的最大值。如果未超过，则继续循环，否则终止循环。程序 1.3.2（tenhellos.py）是使用 while 语句实现该范例的一个简单例子，程序中一条关键的语句为：

```
i = i + 1
```

该语句作为数学公式没有什么意义，但作为 Python 赋值语句则表明：该语句首先计算 i+1 的值，然后将结果赋值给变量 i。如果执行该语句前，i 等于 4，则执行该语句后，i 等于 5。下一次执行后，i 等于 6，以此类推。tenhellos.py 中 i 的初始值为 4，所以循环体总共执行 7 次，i 最终值为 11，11 大于 10。

60
≀
61

　　程序 1.3.2 的剖析图如图 1-3-4 所示。

　　上例相对简单，使用 while 语句意义不大。对于复杂的任务，当循环次数很大时，如果不使用循环语句，根本无法想象。是否使用 while 语句，程序的区别巨大。原则上 while 语句允许程序中可以执行"循环体"语句块无数次。特别地，

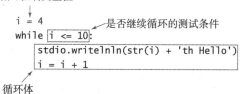

图 1-3-4　程序 1.3.2 的剖析

使用 while 语句可实现在短小的程序中执行冗长的运算。循环结构的概念开启了使用计算机

实现复杂计算的大门，代价是当程序越来越复杂时，程序会越来越难于理解。

程序 1.3.2　第一个循环程序 (tenhellos.py)

```
import stdio

stdio.writeln('1st Hello')                                    i  | 循环控制计数器
stdio.writeln('2nd Hello')
stdio.writeln('3rd Hello')

i = 4
while i <= 10:
    stdio.writeln(str(i) + 'th Hello')
    i = i + 1
```

　　程序 1.3.2 输出 10 次"hello"。程序使用 while 循环结构实现输出功能。输出前 3 行信息后，第 4 行开始仅仅索引号不同，所以可定义一个变量 i，用于保存索引号。i 初始化为 4 后，使用 while 循环结构，在 stdio.writeln() 中使用 i 输出结果，并在每次循环中递增变量 i。当程序输出第 10 个"hello"后，i 变为 11，所以程序循环终止运行。程序 1.3.2 的运行过程和结果如下：

```
% python tenhellos.py
1st Hello
2nd Hello
3rd Hello
4th Hello
5th Hello
6th Hello
7th Hello
8th Hello
9th Hello
10th Hello
```

i	i <= 10	*output*
4	true	4th Hello
5	true	5th Hello
6	true	6th Hello
7	true	7th Hello
8	true	8th Hello
9	true	9th Hello
10	true	10th Hello
11	false	

运行跟踪信息

　　程序 1.3.3（powersoftwo.py）使用 while 语句输出 2 的乘幂的列表。变量 i 既是循环控制计数器，又是用于计算 2 的乘幂的指数。循环体包括三条语句：一条语句用于输出当前 2 的乘幂；一条语句用于计算 2 的下一个乘幂（即当前乘幂乘以 2）；一条语句递增循环控制计数器的值。

　　在计算机科学中，2 的乘幂在许多情况会涉及，读者至少需要熟悉输出表格中的前 10 项。另外，读者至少应该了解这些知识：2^{10} 约等于 1000（thousand），2^{20} 约等于 1 百万（million），2^{30} 约等于 10 亿（billion）。

　　程序 1.3.3 是许多有用计算的原型。通过改变累计值的计算方法以及改变循环控制变量的递增方法，可输出不同功能的列表（具体可参见本节习题第 10 题）。

　　通过仔细检测和研究程序的跟踪信息，可更好地了解使用循环结构程序的行为。例如，程序 powersoftwo.py 的运行跟踪信息应该在每步循环前显示各变量的值以及控制循环的条件表达式的值。跟踪循环运行的信息会比较枯燥，但运行跟踪信息有益于更清晰地展示程序的运行机制。

　　程序 1.3.3 几乎是一个自跟踪程序，因为程序在循环的每一步均输出其各变量的值。在程序中通过增加适当的 stdio.writeln() 语句，可输出其跟踪信息。虽然现代程序设计语言提供用于跟踪的复杂工具，但使用上述"久经考验被证明是可靠"的测试方法依旧简单并且有效。建议读者在最初学习编写循环控制程序的过程中，学会通过添加 stdio.writeln() 语句，以验证程序流程的正确性。

程序 1.3.3　计算 2 的乘幂 (powersoftwo.py)

```
import sys
import stdio

n = int(sys.argv[1])
power = 1
i = 0
while i <= n:
    # Write the ith power of 2.
    stdio.writeln(str(i) + ' ' + str(power))
    power = 2 * power
    i = i + 1
```

n	循环终止值
i	循环控制计数器
power	2 的当前乘幂

程序 1.3.3 接收一个整数命令行参数 n，并输出前 n 个 2 的乘幂列表。循环的每一步递增 i，并使 power 翻倍。程序 1.3.3 的运行过程和结果如下（程序结果仅输出前 3 项和后 3 项，实际结果共应输出 n+1 项）：

```
% python powersoftwo.py 5
0 1
1 2
2 4
3 8
4 16
5 32
```

```
% python powersoftwo.py 29
0 1
1 2
2 4
...
27 134217728
28 268435456
29 536870912
```

程序 1.3.3 的运行跟踪信息（n=29）如表 1-3-2 所示。

表 1-3-2　程序 1.3.3 的运行跟踪信息（n=29）

i	2 的乘幂	i <= n	i	2 的乘幂	i <= n
0	1	true	16	65536	true
1	2	true	17	131072	true
2	4	true	18	262144	true
3	8	true	19	524288	true
4	16	true	20	1048576	true
5	32	true	21	2097152	true
6	64	true	22	4194304	true
7	128	true	23	8388608	true
8	256	true	24	16777216	true
9	512	true	25	33554432	true
10	1024	true	26	67108864	true
11	2048	true	27	134217728	true
12	4096	true	28	268435456	true
13	8192	true	29	536870912	true
14	16384	true	30	1073741824	false
15	32768	true			

更为复杂的 while 循环示例如下：给定一个正整数 n，计算小于或等于 n 的 2 的最大乘幂。例如，如果 n 为 13，则结果为 8 ；如果 n 为 1000，则结果为 512 ；如果 n 为 64，则结果为 64，以此类推。上述功能可通过如下的 while 循环结构来实现：

```
power = 1
while 2*power <= n:
    power = 2*power
```

请读者仔细思考以理解上述简单代码所实现的程序预期功能。读者可通过如下观察帮助理解上述程序：

- power 永远是 2 的乘幂；
- power 永远不会大于 n ；
- power 每步循环都会增大，所以循环必将终止。
- 当循环终止时，2*power 大于 n。

上述推理有助于理解 while 循环结构的工作机制。虽然本书随后编写的很多循环程序会比上例简单，但建议读者验证每步循环结果的正确性。

上述逻辑对所有的循环程序均有效，不管是循环几次的 tenhellos.py，还是循环几十次的 powersoftwo.py，或者是其他循环数百万次的程序。从编写小程序逐渐过渡到编写大程序具有重大的实践意义。请读者牢记，在编写循环结构的程序时，有必要通过增加调试语句跟踪各变量，并使用较少的循环步数运行程序，以检测和理解循环的每一步中各变量值的变化。熟练使用这种测试方式并能确保你程序的正确性后，就可以自信地从程序中删除这些测试语句，从而真正释放计算机的潜能。

[65]

复合赋值语句

在程序编码中，常常需要改变一个变量的值，现代程序设计语言（如 Python）支持复合赋值语句。例如，赋值语句 i = i + 1 可以简写为 i += 1。其他二元运算符，包括 –、* 和 /，也支持复合赋值语句。例如，大多数程序员会使用语句 power *= 2 代替程序 1.3.3 中的语句 power = 2 * power。这种简写语法自 1970 年 C 编程语言提出后被广泛使用，并成为一种标准。这种简写语法经受了时间的考验，用于编写简洁、优雅和易于理解的程序。本书后续程序将尽可能使用这种复合赋值语句。

1.3.4　for 语句

while 语句适用于编写所有风格的应用程序。在讨论更多的应用实例之前，本节先介绍 Python 语言的另一种循环结构：for 语句。for 语句在编写循环结构时提供了更好的灵活性。for 语句与基本 while 语句没有本质区别，但使用 for 语句代替 while 语句，可编写更加紧凑、易于理解的程序。

如前所述，编写程序时常常需要设计循环，该循环使用一个整数变量控制循环迭代的次数。通过初始化一个变量为给定整数，并在循环的每一步递增该变量到较大值，然后测试整数值是否超过预定的最大值以确定是否继续循环。我们称这种循环为“计数循环”。

在 Python 语言中，使用 while 语句实现“计数循环”的代码模式为：

```
<variable> = <start>
while <variable> < <stop>:
```

```
    <block of statements>
    <variable> += 1
```

for 语句提供一种更为简洁的方法来实现"计数循环"。在 Python 语言中，for 语句有若干种语法格式。本节仅讨论其如下的语法模板：

```
for <variable> in range(<start>, <stop>):
    <block of statements>
```

其中，内置函数 range() 的参数 <start> 和 <stop> 必须为整数。使用上述 for 语句形式时，Python 重复执行缩进的语句块。第 1 次循环时，<variable> 的值为 <start>，第 2 次循环时，<variable> 的值为 <start> + 1，以此类推。最后一次循环时，<variable> 的值为 <stop> – 1。简而言之，for 语句循环执行缩进的语句块，<variable> 的取值从 <start> 到 <stop> – 1。例如，tenhellos.py（程序 1.3.2）中的下列语句：

```
i = 4
while i <= 10:
    stdio.writeln(str(i) + 'th Hello')
    i = i + 1
```

可使用 for 语句更简洁地表示为：

```
for i in range(4, 11):
    stdio.writeln(str(i) + 'th Hello')
```

如果 range() 只带一个参数，则该参数为 <stop> 的值，<start> 的默认值为 0。例如，powersoftwo.py（程序 1.3.3）中的 while 循环语句可改写为下列 for 循环语句：

```
power = 1
for i in range(n+1):
    stdio.writeln(str(i) + ' ' + str(power))
    power *= 2
```

for 语句计数循环结构的剖析如图 1-3-5 所示。

选择不同的语法构造实现相同的计算功能取决于程序员的偏好，就像作家创作时在各个同义词中选择，或在主动语态和被动语态之间选择一

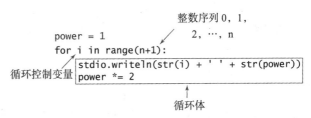

图 1-3-5　for 语句计数循环结构的剖析

样。写文章没有固定规则，编写程序也一样。编程的目标是选择适合于自己，又能实现程序功能，同时还能被他人理解和欣赏的风格。本书一般使用 for 语句实现计数器循环，使用 while 语句实现其他类型的循环。使用 for 语句和 while 语句的典型示例如表 1-3-3 所示。

表 1-3-3 包含若干典型的 Python 循环语句代码片段。一些代码片段前文已经涉及，另一些新的代码片段用于简单计算。读者可在程序中嵌入上述代码片段，程序从命令行接收整数参数 n（如同 powersoftwo.py），并通过运行程序以加深对 Python 循环结构的理解。读者也可以编写类似的循环结构程序，或编写并实现本节后的习题。编写并运行自己的程序是学习和理解程序设计的最好方法。读者必须掌握如何使用循环结构编写程序代码。

表 1-3-3   for 语句和 while 语句的典型示例

功能示例	实现代码

输出前 n+1 个 2 的乘幂的值	```python
	power = 1
	for i in range(n+1):
	    stdio.writeln(str(i) + ' ' + str(power))
	    power *= 2
	``

输出小于或等于 n 的最大的 2 的乘幂的值	```python
	power = 1
	while 2*power <= n:
	    power *= 2
	stdio.writeln(power)
	``

计算并输出 1+2+...+n 的累积和	```python
	total = 0
	for i in range(1, n+1):
	    total += i
	stdio.writeln(total)
	``

计算并输出 n 的阶乘（即 n!=1 × 2 × ... × n）	```python
	product = 1
	for i in range(1, n+1):
	    product *= i
	stdio.writeln(product)
	``

输出 n+1 个函数值列表	```python
	for i in range(n+1):
	    stdio.write(str(i) + ' ')
	    stdio.writeln(2.0 * math.pi * i / n)
	``

输出标尺函数（具体请参见程序 1.2.1（ruler.py））	```python
	ruler = '1'
	stdio.writeln(ruler)
	for i in range(2, n+1):
	    ruler = ruler + ' ' + str(i) + ' ' + ruler
	stdio.writeln(ruler)
	``

68

1.3.5 语句嵌套

if、while 和 for 语句与 Python 的赋值语句以及其他语句类似，所以可以用于任何需要书写语句的地方，即可在一条 if、while 或 for 语句的语句体中嵌套另外一条 if、while 或 for 语句。作为嵌套的第一个示例，divisorpattern.py（程序 1.3.4）的 for 循环语句的循环体为另外一条 for 循环语句（其循环体为一条 if 语句）和一条 stdio.writeln() 语句。程序输出由星号 * 组成的图案，图案模式为对应于第 i 行第 j 列所在的位置，如果 i 整除 j 或者 j 整除 i，则在该位置输出星号 *。

程序 1.3.4 的控制逻辑相对较复杂，其流程图如图 1-3-6 所示。for 循环结构隐藏了细节，所以使用 while 循环结构（参见 1.3 节的习题 15），因为 while 结构使用语句到语句的实现方式，更容易导出流程图。该流程图阐明了在程序中使用有限的简单控制结构的重要性。使用嵌套循环可编写复杂逻辑控制的循环和条件结构的程序，且易于理解。大多数实用程序可使用一到两重嵌套循环实现，本书的许多示例采用与 divisorpattern.py 相同的通用程序结构。

程序代码中使用缩进表示嵌套。再次强调，Python 语言中的缩进语法十分关键，这区别于其他程序设计语言使用花括号或其他标记指示嵌套的方法。在程序 1.3.4 中，我们称 i 循环为外循环，j 循环为内循环。对于外循环的每一次循环，执行一次完整的内循环。如前所述，理解一种新程序构造的最好方法是研究其跟踪信息。

嵌套循环的另一个示例是收入所得税的税率计算程序。如果收入为 0，所得税为 0；如果收入大于 $0 但小于 $8925，所得税为收入的 10%；如果收入大于或等于 $8925，但小于 $36 252，则所得税为收入的 15%；以此类推。可以使用嵌套的 if-else 语句完成计算任务：

程序 1.3.4　第一个嵌套循环示例 (divisorpattern.py)

```
import sys
import stdio

n = int(sys.argv[1])

for i in range(1, n+1):
    # Write the ith line.
    for j in range(1, n+1):
        # Write the jth entry in the ith line.
        if (i % j == 0) or (j % i == 0):
            stdio.write('* ')
        else:
            stdio.write('  ')
    stdio.writeln(i)
```

n	输出的行数和列数
i	行索引
j	列索引

　　程序 1.3.4 接收一个整数命令行参数 n，并输出一个 n 行 n 列的表格。对于第 i 行和第 j 列，如果 i 可以整除 j，或 j 可以整除 i，则在第 i 行和第 j 列输出一个星号（*）。程序使用了嵌套循环，循环控制变量 i 和 j 控制程序的执行。程序 1.3.4 的运行过程和结果如下：

```
% python divisorpattern.py 3
* * *   1
* *     2
*   *   3

% python divisorpattern.py 16
* * * * * * * * * * * * * * * *  1
* *   *   *   *   *   *   *   *   2
*   *     *     *     *     *     3
* *   *         *         *     * 4
*       *         *         *     5
* *   *           *             6
*         *             *         7
* *   *           *             * 8
*       *             *           9
* *       *             *         10
*     *             *             11
* * *   *             *           12
*             *                   13
* *   *           *               14
*         *                     * 15
* *   *         *               * 16
```

i	j	i % j	j % i	output
1	1	0	0	*
1	2	1	0	*
1	3	1	0	*
				1
2	1	0	1	*
2	2	0	0	*
2	3	2	1	
				2
3	1	0	1	*
3	2	1	2	
3	3	0	0	*
				3

运行跟踪信息（n=3）

```
if income < 0.0:
    rate = 0.00
else:
    if income < 8925:
        rate = 0.10
    else:
        if income < 36250:
            rate = 0.15
        else:
            if income < 87850:
                rate = 0.25
            ...
```

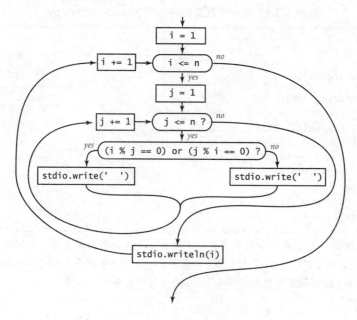

图 1-3-6   divisorpattern.py 程序的流程图

上述代码中，嵌套层次太多，导致代码不容易理解。程序设计常常涉及从互斥的选项中选择，所以需要另外的语法结构以避免过深的嵌套。Python 语言用于该目的的语法构造为 if 语句带任意数量的 else if 语句（置于 else 子句之前）：

```
elif <boolean expression>:
    <block of statements>
```

如果 elif 的语句块仅包含一条语句，则该语句可书写在 elif 的同一行，以提高代码的简洁性和清晰度。使用上述语法构造改写计算收入所得税率的程序如下：

```
if   income <      0: rate = 0.00
elif income <   8925: rate = 0.10
elif income <  36250: rate = 0.15
elif income <  87850: rate = 0.23
elif income < 183250: rate = 0.28
elif income < 398350: rate = 0.33
elif income < 400000: rate = 0.35
else:                 rate = 0.396
```

Python 按顺序从上到下对布尔表达式求值直到其结果为 True，然后执行对应的语句块。注意，如果所有的条件都不满足，则执行最后一个 else 子句（即富人的所得税率）。我们会经常使用上述程序构造。

1.3.6 应用实例

　　程序中的选择结构和循环结构开启了全新的计算世界。为了强调这个事实，接下来我们介绍若干不同的实例。这些实例基于 1.2 节中讨论的数据类型。实例表明使用相同计算机制可实现不同的计算程序。本节的应用实例经过了精心挑选，相信读者通过学习和体会，一定会掌握编写包含循环结构程序的能力。

本节应用实例主要用于数值计算，其中一些例子基于过去若干世纪以来数学家和科学家一直思考的难题。虽然计算机的历史只有大约 50 年，但我们所使用的许多计算方法都基于自古以来积累的丰富数学知识。

1. 有限和（Finite sum）

程序 powersoftwo.py 中使用的计算范式是常用的计算模式之一。程序使用两个变量：一个变量作为控制循环的索引，另一个变量用于计算结果的累计值。

程序 1.3.5（harmonic.py）使用相同的计算范式求解有限和：H_n = 1 + 1/2 + 1/3 + ⋯ + 1/n，如图 1-3-7 所示。这种数称为调和数，是离散数学中常用的数值之一。调和数是对数的离散近似值。其结果也近似于曲线 $y=1/x$ 与坐标轴的面积。程序 1.3.5 也可作为计算模型，用于计算其他累计和（具体参见本节的习题第 16 题）。

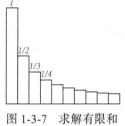

图 1-3-7　求解有限和

〔72〕

程序 1.3.5　调和数 (harmonic.py)

```
import sys
import stdio

n = int(sys.argv[1])

total = 0.0
for i in range(1, n+1):
    # Add the ith term to the sum.
    total += 1.0 / i

stdio.writeln(total)
```

n	求和总项数
i	循环控制变量
total	累积和

程序 1.3.5 接收一个整数命令行参数 n，并输出第 n 个调和数。如果 n 取值很大，则基于数学分析可知结果值近似于 ln(n) + 0.577 21。注：ln(10000) ≈ 9.210 34。程序 1.3.5 的运行过程和结果如下：

```
% python harmonic.py 2
1.5
% python harmonic.py 10
2.9289682539682538
% python harmonic.py 10000
9.787606036044348
```

〔73〕

2. 求平方根（Computing the square root）

Python 的 math 模块中的函数，例如 math.sqrt() 是如何实现的？程序 1.3.6（sqrt.py）展示了计算平方根函数的一种方法。求解平方根方法源自于 4000 多年前巴比伦的迭代计算方法，同时也是 17 世纪由艾萨克·牛顿（Isaac Newton）和约瑟夫·拉弗森（Joseph Raphson）发明的著名牛顿迭代法（Newton's method）的一个特例。在足够的条件下，对于一个给定的函数 $f(x)$，牛顿迭代法是求解函数 $f(x)$ 根（使得 $f(x)=0$ 的 x 值）的有效方法。算法先假定初始解为 t_0。第 i 步假设值为 t_i，在曲线 $y=f(x)$ 上过点 $(t_i, f(t_i))$ 作切线交 x 轴于 t_{i+1}。此过程继续迭代，直到结果趋近于根。迭代计算过程参见图 1-3-8。

计算一个正整数 c 的平方根，等同于求解函数 $f(x)=x^2-c$ 的正数根。作为特例，牛顿迭代法的实现过程可参见程序 sqrt.py（具体参见程序 1.3.6 和本章习题 17）。假定初始值 $t=c$。如果 $t=c/t$，则 t 等于 c 的平方根，计算结束，返回结果；否则，将 t 和 c/t 的平均值赋值给 t，继续迭代。使用牛顿迭代法计算 2 的平方根时，循环迭代 5 次即可获得 15 位的精度。其迭代计算过程参见图 1-3-9。

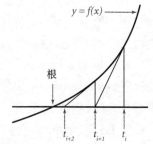

图 1-3-8　求解平方根的牛顿迭代法

牛顿迭代法基于同一迭代算法可有效求解许多类函数（包括无法使用数学分析方法获得根求解公式的函数，此时也无法使用 Python 模块 math 和公式求解）的根，因此在科学计算中占有十分重要的地位。在计算机时代，我们总是想当然地认为可以通过数值分析方法求解任何一个数学函数；而在计算机出现之前，科学家和工程师则需要使用表格进行手工计算。用于手工计算的算法技术必须十分有效，所以使用计算机自动计算时这些算法十分高效。牛顿迭代法就是这些经典算法之一。

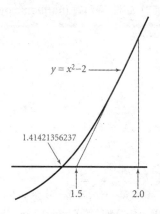

图 1-3-9　求 2 的平方根的牛顿迭代计算过程

求解数学函数的另外一种有效方法是泰勒级数展开（具体可参见本节习题第 37 题和第 38 题），其典型应用是三角函数求值。

程序 1.3.6　牛顿迭代法 (sqrt.py)

```
import sys
import stdio

EPSILON = 1e-15

c = float(sys.argv[1])
t = c
while abs(t - c/t) > (EPSILON * t):
    # Replace t by the average of t and c/t.
    t = (c/t + t) / 2.0

stdio.writeln(t)
```

c	参数
EPSILON	误差容限
t	c 的预估值

程序 1.3.6 接收一个正浮点数命令行参数 c，计算并输出 c 的平方根（精度为 15 位小数）。程序使用牛顿迭代法（具体原理参见正文）计算平方根。程序 1.3.6 的运行过程和结果如下：

```
% python sqrt.py 2.0
1.414213562373095
% python sqrt.py 2544545
1595.1630010754388
```

iteration	*t*	*c/t*
1	2.00000000000	1.0
2	1.50000000000	1.33333333333
3	1.41666666667	1.41176470588
4	1.41421568627	1.41421143847
5	1.41421356237	1.41421356237

运行跟踪信息（c=2.0）

74
~
75

3. 数制转换（Number conversion）

程序 1.3.7（binary.py）接收一个十进制数的命令行参数，输出其对应的二进制（基为2）数值。十进制数转换成二进制数，就是将一个十进制数转换为一系列 2 的乘幂之和。例如，19 的二进制表示为 10011，即 $19=16+2+1=2^4+2^1+2^0$。计算十进制数 n 所对应的二进制表示方法为，按从大到小递减顺序获取小于或等于 n 的 2 的乘幂，以确定二进制分解的乘幂指数（即对应二进制表示的一位）。该过程等同于使用天平称量一个物体的重量，假定天平的砝码为 2 的乘幂。首先找到不超过物体重量的最大砝码；然后依次添加次重的砝码，如果超出物体重量，则移除该砝码，否则保留该砝码，依次类推。每个砝码对应于物体重量的二进制表示中的一位，使用的砝码对应位置为 1，未使用的砝码对应位置为 0。如图 1-3-10 所示。

在程序 binary.py 中，变量 v 对应于当前测试的权重，变量 n 为物体重量的剩余重量（从天平移除一个砝码，相当于 n 减去该砝码的重量）。v 的值基于 2 的乘幂递减。如果 v 大于 n，则程序 binary.py 输出 0；否则输出 1，并从 n 中减去 v。同样，对于循环每一步中 n 和 v，跟踪其变化信息（n<v）并输出每位对应的值，有助于理解程序，如表 1-3-4 所示。从上到下阅读跟踪信息表中最右列的值，得到最终结果 10011，即十进制数 19 的二进制表示。

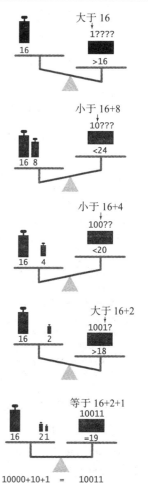

图 1-3-10 使用天平秤模拟十进制数转换成二进制数

表 1-3-4   程序 1.3.7 的跟踪信息表（将十进制 19 转换为二进制）

n	n 的二进制表示	v	v > 0	v 的二进制表示	n < v	输出
19	10011	16	True	10000	False	1
3	0011	8	True	1000	True	0
3	011	4	True	100	True	0
3	01	2	True	10	False	1
1	1	1	True	1	False	1

（续）

n	n 的二进制表示	v	v > 0	v 的二进制表示	n < v	输出
0		0	False			

程序 1.3.7   二进制转换 (binary.py)

```python
import sys
import stdio

n = int(sys.argv[1])
# Compute v as the largest power of 2 <= n.
v = 1
while v <= n // 2:
    v *= 2
# Cast out powers of 2 in decreasing order.
while v > 0:
    if n < v:
        stdio.write(0)
    else:
        stdio.write(1)
        n -= v
    v //= 2

stdio.writeln()
```

v	当前 2 的乘幂
n	当前剩余

程序 1.3.7 接收一个正整数作为命令行参数，并输出其二进制表示，即转换为 2 的乘幂（按从大到小顺序）。程序 1.3.7 的运行过程和结果如下：

```
% python binary.py 19
10011
% python binary.py 255
11111111
% python binary.py 512
100000000
% python binary.py 100000000
101111101011110000100000000
```

当编写计算机程序时，经常会涉及将数据从一种表示转换到另一种常见的表示。转换强调的是抽象（例如使用整数表示一天总共的小时数）和抽象的一种表示（例如整数 24，或者其所对应的二进制 11000）之间的区别。注意，除了这里所说的整数，任何数据（数值、文本、图形、图像、声音、视频、动画等）在计算机中均采用二进制形式存储和表示。

4. 蒙特卡洛模拟（Monte Carlo simulation）

接下来要讨论的实例程序与前面所介绍的程序相比，具有不同的特点，但却代表一种常用的情况，即通过计算机模拟现实世界可能发生的状况，从而帮助人们做出决定。本特例基于一个广为研究的著名的"赌徒破产（gambler's ruin）"问题。假设一个赌徒从给定赌资筹码开始，连续下注一系列的 1 美元的赌注，结果赌徒注定会输光。但如果设定一些限制条件，则会导致不同的结果。例如，假设赌徒在赢的一定数额后离场，则赌徒赢的概率是多大？最终赢或输需要下注多少次？在整个过程中赌徒的筹码最多是多少？赌徒模拟序列参见图 1-3-11 所示。

程序 1.3.8（gambler.py）实现的模拟可以帮助我们回答上述问题。程序使用 random.randrange() 尝试多次模拟一系列下注，直到赌徒破产或目标达到，并跟踪赢的局数和下注的次数。多次运行特定的尝试次数后，程序计算其平均值并输出结果。读者可以尝试使用不同的命令行参数运行该程序（不一定是为下一次进赌场准备），以帮助思考下列问题：程序模拟是否是现实生活中赌局的真实反映？模拟多少次才能保证获得准确结果？运行这种模拟的计算限制是什么？模拟广泛用于经济、科学和工程，类似的问题在所有的模拟中都至关重要。

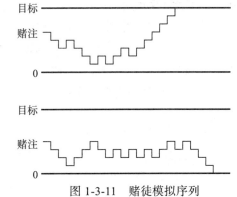

图 1-3-11　赌徒模拟序列

76
~
78

程序 1.3.8　赌徒的破产命运模拟 (gambler.py)

```
import random
import sys
import stdio

stake = int(sys.argv[1])
goal  = int(sys.argv[2])
trials = int(sys.argv[3])

bets = 0
wins = 0
for t in range(trials):
    # Run one experiment.
    cash = stake
    while (cash > 0) and (cash < goal):
        # Simulate one bet.
        bets += 1
        if random.randrange(0, 2) == 0:
            cash += 1
        else:
            cash -= 1
    if cash == goal:
        wins += 1

stdio.writeln(str(100 * wins // trials) + '% wins')
stdio.writeln('Avg # bets: ' + str(bets // trials))
```

stake	初始赌资筹码
goal	离场目标
trials	模拟次数
bets	下注次数
wins	赢的局数
cash	手中的现金

```
% python gambler.py 10 20 1000
50% wins
Avg # bets: 100
% python gambler.py 50 250 100
19% wins
Avg # bets: 11050
% python gambler.py 500 2500 100
21% wins
Avg # bets: 998071
```

程序 1.3.8 接收三个整数命令行参数：take、goal 和 trials。程序模拟次数为 trials，每次模拟从赌资筹码 stake 美元开始，输光（筹码为 0）或完成目标（筹码为 goal）时结束模拟。程序最后输出成功的概率和每次实验的平均下注次数。程序 1.3.8 中，内循环（while 循环结构）模拟赌徒从赌资筹码为 stake 美元开始，进行一系列 1 美元的下注，直至输光或完成目标。程序运行所需时间与总下注次数（模拟次数 trials 乘以平均下注次数）成正比。例如，最后一次实验表明将生成差不多 1 亿个随机数。程序 1.3.8 的运行过程和结果如上。

79

程序 gambler.py 用于验证概率论的经典理论结果，即成功的概率是筹码与目标之比，并且期望的下注次数是筹码与期望收益（目标与赌资筹码之差）的乘积。例如，如果打算去蒙特卡洛赌场尝试着将 500 美元变成 2500 美元，则成功的概率差不多为 20%，但需要 100 万次 1 元的下注！如果希望把 1 美元变成 1000 美元，则成功的概率只有 0.1%，且需要 999 次 1 元的下注（平均次数，但极有可能提前输光）。

模拟和理论分析彼此可以互相验证。在实际应用中，模拟的值可以作为难以使用分析方法求解的复杂问题的推荐结果。例如，假设赌徒意识到没有足够时间完成 100 万次下注，所以决定提前设定下注的最大次数。这种情况下，可以预期赌徒赢得多少钱？通过简单修改程序 1.3.8（具体参见本习题第 24 题）即可解决这个问题，但使用数学分析方法则没有这么简单。

5. 因子分解（Factoring）

素数被定义为大于 1 且只能被 1 和自己本身整除的正整数。一个整数可分解为若干素数之积。例如，3757208 = 2 × 2 × 2 × 7 × 13 × 13 × 397。程序 1.3.9（factors.py）用于将任意给定正整数分解为若干素数之积。与前文讨论的其他程序（使用计算器甚至纸和笔，也可在几分钟内完成计算）不同，本程序如果不借助计算机，素数分解几乎不可能实现。例如，针对数值 287994837222311 进行素数分解，也许很快就能发现因子 17，但即使使用计算器，找到因子 1739347 也需要花费很长时间。

虽然程序 factors.py 的代码简洁且直观，但必须仔细思考以证明对于任意给定正整数其输出结果的正确性。按惯例，可在每重外循环（for 循环结构）的开始位置输出各变量的跟踪信息，以很好地帮助理解程序的运行机制。例如，假设给定正整数为 3757208（即 n 的初始值），内循环（while 循环结构）当 factor 为 2 时，循环三次，所以移除 2 的 3 个因子；对于 factor 为 3、4、5 和 6，循环 0 次，这些数值均不能整除 469651；以此类推。

程序 1.3.9　整数的因子分解（factors.py）

```
import sys
import stdio

n = int(sys.argv[1])

factor = 2
while factor*factor <= n:
    while (n % factor) == 0:
        # Cast out and write factor.
        n //= factor
        stdio.write(str(factor) + ' ')
    factor += 1
    # Any factors of n are greater than or equal to factor.

if n > 1:
    stdio.write(n)
stdio.writeln()
```

| n | 未分解的部分 |
| factor | 候选因子 |

程序 1.3.9 输出任意一个正整数的素数分解因子。程序代码并不复杂，但必须仔细思考以证明其正确性（具体参见正文说明）。程序 1.3.9 的运行过程和结果如下：

```
% python factors.py 3757208
2 2 2 7 13 13 397
% python factors.py 287994837222311
17 1739347 9739789
```

通过输入若干数据跟踪程序可清晰反映程序的基本运行机制。n=3757208 时素数分解因子的跟踪信息参见表 1-3-5 所示。通过推断各循环结构预期的输出，可证明对于所有的输入，程序的行为符合预期。内循环（while 循环结构）用于输出并移除 n 的所有因子。理解程序的关键是在外循环（while 循环结构）每次循环的开始时，存在如下固定不变的条件：n 的因子均不位于 2 和 factor – 1 之间。因而，如果 factor 不是素数，则不是 n 的因子；如果 factor 是素数，则 while 循环结构执行任务，且固定条件保持不变。当 factor * factor 大于 n 时，则停止查找因子，这是因为 n 的因子一定大于或等于 n 的平方根。

一个更直观的实现方法是，可以简单地使用条件（factor < n）作为外循环的终止条件，但会显著影响数值因子分解的效率，即使现代计算机的速度足够高。本节习题第 26 题鼓励读者通过改变终止条件比较程序的运行效率。假设计算机运行速度为每秒数十亿次，则使用终止条件（factor < n），可在几秒钟时间分解 10^9 数量级的正整数；而使用终止条件（factor * factor <= n），可在几秒钟时间分解 10^{18} 数量级的正整数。循环结构提供了解决复杂问题的能力，但使用循环结构的简单程序也可能运行缓慢，所以使用循环结构必须充分考虑程序的性能因素。

一些现代应用（如密码学）常常需要对超大数（例如数百或数千位的数字）进行因子分解。即便对于专家，使用计算机进行这种计算也十分困难。

表 1-3-5　n= 3757208 时素数分解因子的跟踪信息

factor	n	output
2	3757208	2 2 2
3	469651	
4	469651	
5	469651	
6	469651	
7	469651	7
8	67093	
9	67093	
10	67093	
11	67093	
12	67093	
13	67093	13 13
14	397	
15	397	
16	397	
17	397	
18	397	
19	397	
20	397	
		397

1.3.7　循环和中断

在实际应用中，有些循环情况与 for 循环结构或 while 循环结构的语法形式并不完全一致。例如，假设程序需要重复循环执行下列步骤：执行一系列语句，如果满足循环终止条件则退出循环，接着执行其他语句序列。即循环控制条件位于循环的中间部位，而不是循环结构的开始部位。这种结构称为"循环和中断（loop and a half）"，即在满足循环终止条件之 82 前，只执行了部分循环。Python 语言用于循环中断的语句为 break 语句。当 Python 执行 break 语句时，立即跳出 break 语句所在的最内层循环。

例如，考虑在单位圆中生成随机分布坐标点的问题，可调用 random.random() 函数随机生成 x 坐标和 y 坐标，从而随机生成以坐标原点为中心、面积为 2×2 的正方形区间的坐标点，如图 1-3-12 所示。大多数坐标点位于单位圆的范围内，所以我们只需要丢弃单位圆范围外的坐标点即可。如果我们需要生成单位圆内至少一个坐标点，则可使用条件永真

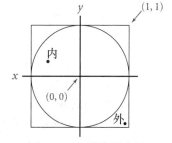

图 1-3-12　单位圆中的随机坐标点

的 while 循环结构，在循环体中随机生成一个 2×2 的正方形区间的坐标点 (x, y)，如果坐标点 (x, y) 位于单位圆内，则使用 break 语句跳出 while 循环结构。程序的代码片段如下：

```
while True:
    x = 1.0 + 2.0*random.random()
    y = 1.0 + 2.0*random.random()
    if x*x + y*y <= 1.0:
        break
```

因为单位圆环的面积为 π，而正方形的面积为 4，所以循环结构的期望执行次数为 $4/\pi$（约等于 1.27）。

有些专家质疑循环结构内部中断的意义，因为如果使用不当，break 语句可能导致循环结构变得复杂。然而，如果没有中断语句，则上例其他实现方法会比较复杂（具体参见本节习题第 30 题）。一些计算机语言提供了另外一种语法（do-while 语句）来解决上述问题。在 Python 语言中，如果需要的话，我们推荐适度地使用 break 语句。

1.3.8 死循环

在程序中使用循环结构时，需要我们思考下列问题：如果 while 循环结构中循环控制条件一直为真，会产生什么后果？基于前文学习的语句，会导致如下两种坏结果。对于每种情况，我们必须掌握相对应的处理方法。

第一种情况，假设循环结构调用语句 stdout.writeln()。例如，假设程序 1.3.2（tenhellos.py）中的循环控制条件为：$i > 3$，而不是 $i <= 10$，如图 1-3-13a 所示，该条件永远为 True。结果会如何呢？ stdout.writeln() 的含义是在标准控制台窗口显示一行数据，所以程序尝试在控制台窗口显示无数行信息。不同计算机系统的标准控制台窗口定向不同，如果某个计算机的标准控制台窗口定向为打印机（即在打印机上打印字符），则程序运行的结果将导致打印纸张用尽，用户必须关闭打印机。如果标准控制台窗口为显示器，则用户必须强制"终止显示"操作。读者尝试修改 tenhellos.py 并运行死循环的 stdout.writeln() 调用前，必须了解如何终止死循环的执行。大多数计算机系统使用快捷键 <Ctrl>+<C> 终止当前程序的运行。

第二种情况，什么事情也不发生，至少没有任何可见事情发生。如果程序包含死循环结构，且循环体不产生任何输出，则程序一直执行，且看不到任何输出结果，如图 1-3-13b) 所示。即程序进入没有响应状态。如果你的程序处于这种情况下，应该检查循环结构，保证终止条件不会导致死循环。死循环的检查不太容易。确定这类错误的一种方法是，可通过插入 stdout.writeln() 语句以产生跟踪信息从而定位错误。如果这些调用陷入死循环，则该方法可减少前文所讨论问题的出现几率，因为至少输出信息可以提供有用的线索。

有时候会无法判断一个循环是死循环还是执行时间比较长。例如，如果使用如下方式"python gambler.py 100000 200000 100"运行程序 1.3.8（gambler.py），则需要等待很长的时间程序才能返回运行结果。本书 4.1 节将讨论如何获取和评估程序的运行时间。

为什么 Python 不能检测死循环并给出警告呢？事实上，一般情况下，Python 无法检测到死循环（你是不是感到很惊奇？）。这种违反直觉的事实恰恰是计算机科学理论的基础结论之一。

```
import stdio
i = 4
while i > 3:
    stdio.write(i)
    stdio.writeln('th Hello')
    i += 1

% python infiniteloop1.py
1st Hello
2nd Hello
3rd Hello
5th Hello
6th Hello
7th Hello
8th Hello
9th Hello
10th Hello
11th Hello
12th Hello
13th Hello
14th Hello
...
```

```
while True:
    x = random.random()
    y = random.random()
    if x*x + y*y >= 2.0:
        break

% python infiniteloop2.py
...
```

a) 有输出结果   b) 无输出结果

图 1-3-13   死循环程序及运行示例

84

1.3.9   小结

表 1-3-6 为本节所有程序的一览表，读者可以作为参考。这些典型的应用程序展示了如何使用 if 语句、while 语句和 for 语句处理内置数据类型以实现计算任务。而这些计算任务非常有助于读者熟悉 Python 的基本控制流程结构。建议读者透彻地学习和理解这些程序，这将非常有助于读者未来 Python 程序设计能力的提高。

表 1-3-6   本节中所有程序的一览表

程序名称	功能描述	语句结构
程序 1.3.1（flip.py）	模拟抛掷硬币	if-else 语句
程序 1.3.2（tenhellos.py）	第一个循环程序	while 循环语句
程序 1.3.3（powersoftwo.py）	计算并输出 2 的乘幂	while 循环语句
程序 1.3.4（divisorpattern.py）	第一个嵌套循环示例	for 循环语句中嵌套另外一条 for 循环语句
程序 1.3.5（harmonic.py）	计算有限和（调和数）	for 循环语句
程序 1.3.6（sqrt.py）	典型迭代算法（牛顿迭代法求平方根）	while 循环语句
程序 1.3.7（binary.py）	数制转换	while 循环语句
程序 1.3.8（gambler.py）	使用嵌套循环实现赌徒的破产命运模拟	for 循环语句中嵌套 while 循环语句
程序 1.3.9（factors.py）	嵌套循环（整数的因子分解）	while 循环语句中嵌套另外一条 while 循环语句

为了更好地学习使用选择结构和循环结构，建议读者反复练习编写和调试使用 if、while 和 for 语句的程序。本节后面的习题提供了很多练习机会，读者可编写这些习题的实现程

序，并运行和测试。所有的程序员都会意识到，程序首次运行的结果往往与期望的不一致，所以必须充分了解程序的架构和每一步的期望结果。首先，使用显式跟踪信息有助于检测对程序的理解和期望的结果。随着经验的积累，读者会发现，在编写循环结构的程序时，学会根据可能产生的跟踪信息进行思考和编程。在进行选择结构和循环结构的程序设计时，读者需要回答下列问题：第一次循环后各变量的值是多少？第二次循环后呢？最后一次循环后呢？循环结构是否可能陷入死循环？

学会循环结构和选择结构是读者通过编程实施计算任务的巨大进步，使用 if、while 和 for 语句，可使简单的顺序结构程序转变为任意复杂的流程控制逻辑程序。在本书后续章节中，将进一步讨论如何处理大量的输入数据，以及如何定义和处理简单数值类型以外的数据类型。本节介绍的 if、while 和 for 语句将在后续程序中占据重要地位。

85

1.3.10　问题和解答

Q. Python 中运算符 = 和 == 之间有什么区别？

A. 本问题之所以再次慎重提出，是为了强调并提醒读者，在条件表达式中应该使用 == 运算符，而不是 = 运算符。赋值语句 x = y，把 y 的值赋给 x；而表达式 x == y，则测试两个变量的当前值是否相等。在一些程序设计语言中，二者的区别可能会导致程序运行结果错误并且极难发现。在 Python 语言中，赋值语句不是表达式。例如，在程序 1.3.8 中，如果将语句 cash == goal 误写为 cash = goal，则编译器将显示下列错误信息：

```
% python gambler.py 10 20 1000
  File "gambler.py", line 21
    if cash = goal:
            ^
SyntaxError: invalid syntax
```

Q. 如果在 if 语句、while 语句和 for 语句中省略冒号 (:)，会导致什么结果？

A. Python 在编译时抛出错误 SyntaxError。

Q. Python 语句块的缩进规则是什么？

A. Python 语句块中所有语句的缩进必须保持一致，否则，Python 将在编译时抛出 IndentationError 错误。Python 程序员通常采用 4 个空格缩进的方案，本书统一采用此缩进方案。

Q. Python 编程时可以使用制表符缩进代码吗？

A. 不可以。在 .py 源代码文件中应该避免使用制表符。然而，许多编辑器允许设置选项，当用户键入 <Tab> 时，自动插入指定数量空白字符到程序中。如果编辑器提供这种选项，则编写 Python 程序时才可以使用制表符缩进。

Q. Python 中一行长代码可以跨多行书写吗？

A. 可以。但由于 Python 代码基于缩进规则，所以需要注意下列情况。如果跨越多行的表达式包括在括号（方括号或花括号）中，则可直接跨行书写。例如，如下语句跨越 3 行：

```
stdio.write(a0 + a1 + a2 + a3 +
            a4 + a5 + a6 + a7 +
            a8 + a9)
```

其他情况下（没有暗示续行的情况），则必须在各行的末尾添加续行符（反斜杠 \）。例如：

```
total = a0 + a1 + a2 + a3 + \
        a4 + a5 + a6 + a7 + \
        a8 + a9
```

Q. 如何实现在某些情况下跳过循环语句中一些语句的执行？如何实现选择语句满足条件时什么也不执行，即语句为空？ Python 语言支持这些功能特点吗？

A. 支持。Python 语言提供了 continue 语句和 pass 语句，分别支持上述两种情况。然而实际使用的情况很少，所以本书没有涉及。另外，Python 语言不支持 switch 语句（多重条件选择语句），虽然大多数其他程序设计语言支持；Python 也不支持 goto 语句（非结构化控制流程）。

Q. 可以在 if 语句或 while 语句中使用非布尔表达式吗？

A. 可以。但不建议使用。求值结果为 0 或空字符串的表达式转换为 False；其他数值和字符串表达式转换为 True。

Q. 是否存在只能使用 for 语句实现但无法使用 while 语句实现的情况？反过来情况是否存在？

A. 我们可以使用 while 语句实现任何循环。到目前为止，for 语句只能实现固定计数的循环；后续小节（1.4、3.3 和 4.4 小节）中，将讨论 for 语句的其他应用情况。

Q. 是否可以使用内置函数 range() 创建步长不为 1 的整数序列？

A. 可以。range() 函数包含第 3 个可选参数 step，其默认值为 1。即 range(start, stop, step) 产生整数序列：start，start + step，start + 2 * step，以此类推。如果 step 为正整数，则序列递增直至 start + i * step >= stop；如果 step 为负整数，则序列递增直至 start + i * step <= stop。例如，range(0, –100, –1) 返回整数序列：0，–1，–2，…，–99。

Q. range() 函数的参数可以为浮点数吗？

A. 不可以。range() 函数的所有参数都必须为整数。

Q. 在 for 循环结构的循环体中可以改变循环控制变量的值吗？

A. 可以。但结果不会影响 range() 函数产生的整数序列。例如，下列循环结构代码片段的结果依旧为输出 0 到 99 之间的 100 个整数。

```
for i in range(100):
    stdio.writeln(i)
    i += 10
```

Q. 在 for 循环结构中，循环执行终止后循环控制变量的值是什么？

A. 循环执行终止后循环控制变量的值是循环过程中最后的值。上例中，循环结束后，i

86
~
88

的值为整数 109。通常，在 for 循环结束后使用其循环控制变量不是良好的程序设计风格，本书不建议使用。

1.3.11 习题

1. 请编写一个程序，实现下列功能：程序带 3 个整数命令行参数，如果三个数相等，则输出 'equal'，否则输出 'not equal'。

2. 请重新改写程序 quadratic.py（程序 1.2.4），使其成为更通用、更健壮的版本：求解一元二次方程 $ax^2 + bx + c = 0$ 的根，当判别式（$b^2 - 4ac$）为负数时显示合适的提示信息，当 a 为 0 时显示提示信息，保证程序正确运行（避免除数为 0）。

3. 请编写一个程序，实现下列功能：程序带两个浮点数命令行参数，如果两个数均位于 0.0 和 1.0 范围之内，则输出 'True'，否则输出 'False'。

4. 请改进 1.2 节创新习题第 22 题所编写的程序，增加适当的代码，检查命令行参数的值是否符合体感温度公式的有效值范围，如果超出有效值范围则输出错误提示信息。

5. 请问运行下列各代码片段后，j 的值为多少？

```
a. j = 0
   for i in range(j, 10):
       j += i
b. j = 0
   for i in range(10):
       j += j
c. for j in range(10):
       j += j
```

6. 请基于程序 tenhellos.py（程序 1.3.2）重新设计并编写程序 hellos.py，实现下列功能：程序带一个命令行参数（整数，表示需要输出的行数。假定参数值小于 1000）。提示：使用表达式 i % 10 和 i % 100，以确定何时使用 st、nd、rd 或 th 来输出第 i 个 Hello。

7. 请编写一个程序 fiveperline.py，实现下列功能：使用一个 for 循环结构和一个 if 语句，输出 1000（包括）到 2000（不包括）之间的整数，每行输出 5 个整数。提示：使用运算符 %。

8. 请改写 1.2 节的习题第 27 题 "均匀分布随机数" 的程序，并编写一个程序 stats.py 实现下列功能：程序带一个命令行参数 n（整数），使用 random.random() 输出 n 个 0 到 1 之间均匀分布的随机数，并输出它们的平均值、最小值和最大值。

9. 标尺函数可使用本节的循环结构实现，实现代码如下：

```
ruler = '1'
stdio.writeln(ruler)
for i in range(2, n+1):
    ruler = ruler + ' ' + str(i) + ' ' + ruler
    stdio.writeln(ruler)
```

请问使用较大的参数 n（例如当 n=100）运行上述程序时，会导致什么结果？

10. 请编写一个程序 functiongrowth.py，实现如下功能：对于 $n = 2$，4，8，16，32，64，…，2048，以列表方式输出其对应的 $\log_2 n$，n，$n\log_e n$，n^2，n^3 和 2^n。提示：可使用制表符（\t 字符）对齐各输出列。

11. 请问执行如下代码后，m 和 n 的值分别为多少？

```
n = 123456789
m = 0
while n != 0:
    m = (10 * m) + (n % 10)
    n /= 10
```

12. 请问下列代码片段的输出结果是什么？

```
f = 0
g = 1
for i in range(16):
    stdio.writeln(f)
    f = f + g
    g = f - g
```

解答：即使对于专家级别的程序员，理解上述代码片段的唯一方法也是跟踪程序的运行。通过跟踪运行，可发现程序的输出结果为：0，1，1，2，3，5，8，13，21，34，55，89，134，233，377 和 610。这些数值是著名的斐波那契数列（Fibonacci sequence）的前 16 个数。斐波那契数列的定义公式为：$F_0 = 0$，$F_1 = 1$，如果 $n > 1$，则 $F_n = F_{n-1} + F_{n-2}$。斐波那契数列应用领域十分广泛，经过几个世纪的研究，其特性已经众所周知。例如，当 n 趋向于无穷大时，斐波那契数列相邻两个数的比值趋向于黄金分割比率 φ（约等于 1.618）。

13. 请编写一个程序，实现如下功能：程序带一个命令行参数 n，输出小于或等于 n 的所有 2 的乘幂。请确保对于所有的数值 n，程序都能正确运行（如果 n 为负数，则什么也不输出）。

14. 请改写 1.2 节的创新习题第 21 题 "连续复利" 的程序，以列表方式输出各月的偿还额及剩余的本金。

15. 请改写 divisorpattern.py（程序 1.3.4），使用 while 循环结构代替 for 循环结构实现程序功能。

16. 与调和数不同，当 n 趋向于无穷大时，系列和 $1/1^2 + 1/2^2 + \cdots + 1/n^2$ 收敛于一个常量（即，常量 $\pi^2/6$，所以此公式可以用于求 π 的值）。请问下列 for 循环结构中，正确计算序列和的是哪一个？假设 n 为整数 1 000 000，total 为初始值为 0.0 的浮点数。

```
a. for i in range(1, n+1):
       total += 1 / (i*i)
b. for i in range(1, n+1):
       total += 1.0 / i*i
c. for i in range(1, n+1):
       total += 1.0 / (i*i)
d. for i in range(1, n+1):
       total += 1.0 / (1.0*i*i)
```

17. 请解释程序 sqrt.py（程序 1.3.6）如何实现牛顿迭代算法以求解 c 的平方根。提示：给定函数 $f(x)$，先假定初始解为 x_0。第 i 步假设值为 x_i，在曲线 $y=f(x)$ 上过点 $(x_i, f(x_i))$ 作切线交 x 轴于 $x_{i+1} = x_i - f(x_i)/f'(x_i)$。其中，一阶导数 $f'(x_i)$ 为切线的斜率。此过程继续迭代，直到结果趋近于根。$x_{i+1} = x_i - f(x_i)/f'(x_i)$ 即为牛顿迭代公式。

18. 请编写一个程序，实现如下功能：程序带两个命令行参数 n 和 k（均为整数），使用牛顿迭代法，输出 n 的 k 次方根（提示：具体参见本节习题第 17 题）。

19. 通过改写 binary.py（程序 1.3.7），编写一个程序 kary.py，实现如下功能：程序带两个命令行参数 i 和 k（均为整数，且假定 k 为 2 到 16 之间的整数），将 i 转换为基数为 k 的数制。如果基数 k 大于 10，则使用字母 A 到 F 分别表示第 11 个到第 16 个数位。

20. 请编写一个程序，实现如下功能：将正整数 n 表示为字符串 s。

解答：基于程序 1.3.7（binary.py），解决方案如下：

```
s = ''
v = 1
while v <= n//2:
    v *= 2
while v > 0:
    if n < v:
        s += '0'
    else:
        s += '1'
        n -= v
    v //= 2
```

更简单的方法是从右到左实现：

```
s = ''
while n > 0:
    s = str(n % 2) + s
    n /= 2
```

请读者仔细研究上述两种方法。

21. 请改写程序 gambler.py（程序 1.3.8），使用两个嵌套的 while 循环结构或两个嵌套的 for 循环结构，代替在 for 循环结构中嵌套 while 循环结构。

22. 请编写一个程序 gamblerplot.py，实现如下功能：跟踪赌徒破产模拟，每次下注后输出一行，每个星号（*）对应于赌徒手中的赌资筹码。

23. 请改写程序 gambler.py（程序 1.3.8），实现如下功能：程序增加一个命令行参数用于指定赌徒每局赢的概率（固定）。通过运行程序研究输赢概率对成功率以及期望的下注局数的影响。尝试与 0.5 比较接近的数 p（例如，0.48）。

24. 请改写程序 gambler.py（程序 1.3.8），实现如下功能：程序增加一个命令行参数用于指定赌徒下注的次数。赌博终止的条件包括三种：目标达到（赢钱）；输光；下注次数用光。最后增加输出，显示终止时赌徒剩下的赌资。额外奖励：下次去蒙特卡洛赌场时，使用本程序做好规划。

25. 请改写程序 factors.py（程序 1.3.9），使得每个素数因子仅输出一次。

26. 请运行 factor.py（程序 1.3.9），测试将终止条件（i * i <= n）修改为（i < n）后对程序的影响。对于两种方法，分别找出在 10 秒钟内程序可结束运行的最大数的位数 n。

27. 请编写一个程序 checkerboard.py，实现如下功能：程序带一个命令行参数 n，使用两重嵌套循环输出一个二维棋盘图案（n 行 n 列，星号 * 和空格间隔）。5 行 5 列的棋盘图案如下所示：

```
* * * * *
 * * * *
* * * * *
 * * * *
* * * * *
```

28. 请编写一个程序 gcd.py，实现如下功能：使用欧几里得算法（Euclid's algorithm）查找两个整数的最大公约数（Greatest Common Divisor，GCD）。欧几里得算法是一种迭代算法：如果 x 大于 y，且 y 可以整除 x，则 x 和 y 的最大公约数为 y；否则 x 和 y 的最大公约数就是 x % y 和 y 的最大公约数。

29. 请编写一个程序 relativelyprime.py，实现如下功能：程序带一个命令行参数 n，输出一个 n 行 n 列的列表：对于第 i 行和第 j 列位置，如果 i 和 j 的最大公约数是 1（即 i 和 j 是互素数，或称互质数），则输出 * 号；否则输出空白符。

30. 请编写一个程序，实现如下功能：产生一个随机分布在单位圆内的坐标点，要求程序不使用 break 语句。并与本节正文提供的实现方法进行比较。

31. 请编写一个程序，实现如下功能：输出球体表面上一个随机点 (a, b, c) 的坐标值。可使用 Marsaglia 方法生成球体表面的点：首先使用本节习题 30 所描述的算法，随机产生一个位于单位圆内的坐标点 (x, y)；然后设置 a 为 $2x\sqrt{1-x^2-y^2}$，b 为 $2\sqrt{1-x^2-y^2}$，c 为 $1-2(x^2+y^2)$。

89
~
94

1.3.12 创新习题

32. 拉马努金的出租车问题（Ramanujan's taxi）。S. Ramanujan 是一个印度数学家，他以对数字的直觉而闻名于世。有一天，英国数学家 G.H. 哈代去医院看望他，哈代记下了他乘坐的出租车牌号 1729，一个非常平凡的数字。关于这个数字，Ramanujan 则认为不平凡："不，哈代！不，哈代！这个数字十分有趣。1729 可以表示为两种两个不同数立方和的最小整数"。请编写一个程序，验证 Ramanujan 的结论。要求程序带一个命令行参数 n，输出所有小于或等于 n 且可以表示为两种两个不同数立方和的所有整数。即查找所有互不相同的正整数 a、b、c 和 d，满足 $a^3 + b^3 = c^3 + d^3$。可使用四个嵌套 for 循环结构。

33. 校验和（Checksum）。国际标准书号（ISBN）是唯一标识一本书的 10 位数字代码。最后一位为检验和，由其他 9 位数字唯一确定，以满足条件 $d_1 + 2d_2 + 3d_3 + \cdots + 10d_{10}$ 的结果为 11 的倍数（其中，d_i 表示从右倒数第 i 位数字）。校验和数字 d_i 可以为 0 到 10 之间的任何值，ISBN 规定使用字母 'X' 表示数字 10。例如，对应于书号 020131452 的校验和为 5，因为在 0 到 10 之间，只有数字 5 满足下列式子中的 x：

$$10 \times 0 + 9 \times 2 + 8 \times 0 + 7 \times 1 + 6 \times 3 + 5 \times 1 + 4 \times 4 + 3 \times 5 + 2 \times 2 + 1 \cdot x$$

使得其结果为 11 的倍数。请编写一个程序，完成如下功能：程序带一个 9 位数字的整数命令行参数，计算其校验和，并输出对应的 ISBN 书号。

34. 素数个数（Counting prime）。请编写一个程序 primecounter.py，实现如下功能：程序带一个命令行参数 n，输出小于或等于 n 的所有素数的个数。请运行程序，输出小于或等于 10 000 000 的素数个数。注：如果程序编写的效率不高，则运行时间可能相当长。后续小节（1.4 节）将讨论一种更高效的计算方法：厄拉多塞筛选法（Sieve of Eratosthenes 筛选法）（具体参见程序 1.4.3）。

35. 2D 随机行走（2D random walk）。二维空间随机行走模拟一个粒子在网格点移动的行为。每一步，随机行走者按独立概率（与上一步不相关）1/4 向北、南、东或西移动。请编写一个程序 randomwalker.py，实现如下功能：程序带一个命令行参数 n，计算从中心点开始，随机行走者将耗费多少步，才能到达 2n*2n 正方形的边缘。

36. 五个数的中值（Median-of-5）。请编写一个程序，实现如下功能：程序带五个不同值的整数作为命令行参数，输出这 5 个数的中值（中值是一系列数的中间值，即在 5 个数中，小于其中两个数，但大于另外两个数的数）。额外奖励：改进解决上述问题所编写的程序，对于任何输入，要求数值比较少于 7 次。

37. 指数函数（Exponential function）。假设 x 为浮点数，请编写一个代码段，使用泰勒级数展开式 $e^x = 1 + x + x^2/2! + x^3/3! + \ldots$，将计算结果赋值给变量 total。

   解答：本习题的目的是让读者了解库函数例如 math.exp() 是如何使用基本运算符来实现的。请实现并运行本程序，并与库函数的结果进行比较。

   我们首先计算其中的一项。假设 x 是浮点数，n 是整数。下列代码段计算 $x^n / n!$ 并把结果赋值给变量 term，其中分子（$n!$）直接使用循环结构计算，分母（x^n）则使用另一个循环结构计算，二者之商赋值给变量 term：

```
num = 1.0
den = 1.0
for i in range(1, n+1):
    num *= x
for i in range(1, n+1):
    den *= i
term = num / den
```

   改进的实现方法则使用一个循环结构：

```
term = 1.0
for i in range(1, n+1):
    term *= x / i
```

   建议使用第二种方法，因为第二种方法不仅简洁优雅，而且可以避免计算超大数据导致的不精确性。例如，当 x = 10 和 n = 100 时，第一种使用两个循环结构的方法将无法正常运行而终止循环，因为 100! 的结果太大而无法使用浮点数精确表示。

   可在 while 循环结构中嵌套另一个 for 循环结构计算 e^x 的值。代码段为：

```
term = 1.0
total = 0.0
n = 1
while total != total + term:
    total += term
    term = 1.0
    for i in range(1, n+1):
        term *= x / i
    n += 1
```

   while 循环结构的循环次数取决于下一项的相对值以及累积和。一旦 total 不再变化，则终止循环（这种方案相对于终止条件 (term > 0) 更有效，可省略许多循环步骤，因为这些循环步骤不会改变 total 的值）。上述代码虽然结果正确，但效率不高，因为内层的 for 循环结构重复计算上一次循环的值。改进的方法是使用上一次循环的项，基于一个 while 循环结构来解决问题。代码段为：

```
term = 1.0
total = 0.0
n = 1
while total != total + term:
```

```
total += term
term *= x/n
n += 1
```

38. 三角函数（Trigonometric function）。请编写两个程序 sine.py 和 cosine.py，分别使用泰勒级数展开式 $\sin x = x - x^3/3! + x^5/5! - \cdots$ 和 $\cos x = 1 - x^2/2! + x^4/4! - \cdots$，计算正弦函数和余弦函数。

39. 实验分析（Experimental analysis）。通过实验运行并测试比较下列四种计算 e^x 方法的相对代价（所消耗的运行时间）：math.exp() 函数和本节习题第 37 题中介绍的三种实现方法，即使用嵌套 for 循环结构的直接方法、使用单个 while 循环结构的改进方法以及使用终止条件（term > 0）的方法。尝试通过反复调整命令行参数，测试在 10 秒内对于各类计算方法计算机可执行的次数。

40. 佩皮斯的问题（Pepys's problem）。1693 年，塞缪尔·佩皮斯（Samuel Pepys）问了艾萨克·牛顿（Isaac Newton）如下一个问题：一个均匀的骰子投掷 6 次，至少可得到 1 点 1 次，而投掷 12 次至少可得到 1 点 2 次。请编写一个程序，帮助牛顿快速回答这个问题。

41. 游戏模拟（Game simulation）。二十世纪七十年代有个著名的游戏节目 Let's Make a Deal，选手面前有 3 扇门，其中有一扇门后是贵重的奖品。当选手选择一扇门后，主持人将打开另外两扇门中的一扇门（当然不会暴露有奖品的门）。选手有一次重新选择未打开的另一扇门的机会。请问，选手是否应该重新选择？直观上看，似乎选手最初选择的门和另一扇未打开的门包含奖品的概率一样，选手没有必要重新选择。请编写一个程序 montehall.py，通过模拟测试直观判断的正确性。程序带一个命令行参数 n，使用两种不同方案（重新选择和不重新选择），模拟 n 次，并分别输出两种方案的成功概率。

42. 人口增长模型（Chaos）。请编写程序，研究如下有关人口增长的简单模型，当然，此模型也可用于研究池塘中的鱼群、试管中的细菌，或其他类似情况下的生物群。假设人口范围从 0（灭绝）到 1（环境允许的最大人口数量）。假设在时间 t，人口数量为 x；在时间 $t + 1$，人口数量为 $rx(1 - x)$。其中参数 r 为繁殖力参数，用以控制人口的增长率。基于不同的繁殖力参数 r，从较小的人口数量开始（例如，$x = 0.01$），研究该模型迭代的结果。请问，当参数 r 取值为多少时，人口总数稳定在 $x = 1 - 1/r$？但当参数 r 取值分别为 3.5、3.8、5 时，人口总数是多少？结果说明了什么问题？

43. 欧拉幂和猜想（Euler's sum-of-powers conjecture）。1769 年，莱昂哈德·欧拉（Leonhard Euler）给出了"费马大定理"（Fermat's Last Theorem。"费马大定理"是困扰数学家们时间最长的费马猜想，所以又被称为"费马最后的定理"）的通用版本，猜想每个大于 2 的整数 n，至少 n 的第 n 次幂需要包含在它自己的第 n 次幂的和中。请编写一个程序，推翻欧拉的幂和猜想（该猜想直到 1967 年还一直成立）：使用一个五重嵌套循环，找到 5 个正整数，使得其中四个整数的 5 次方之和等于第五个整数的 5 次方，即找到五个正整数 a、b、c、d 和 e，满足：$a^5 + b^5 + c^5 + d^5 = e^5$。

95
~
98

1.4 数组

本节将阐述数据结构的概念，并介绍第一种数据结构：数组。数组的主要功能是存储和处理大量的数据。数组在许多数据处理任务中占据重要的地位。数组还对应于广泛应用在自然科学和科学计算编程中的向量和矩阵。本节通过讨论 Python 语言中数组处理的基本特点，使用大量实例说明数组的重要性。

数据结构是一种用于计算机程序处理的数据组织方式。数据结构在计算机程序设计中占据十分重要的地位。本书第 4 章专门阐述各种各样的经典数据结构。

一维数组（或简称数组）是一种用于存储一系列对象（指向对象的引用）的数据结构。存储在数组中的对象称为元素。访问数组中元素的方法是通过对数组元素进行编号，然后通过索引号访问。如果数组中包括 n 个元素，则可将这些元素从 0 编号到 $n-1$。然后，可通过位于索引编号范围（0 到 $n-1$）之间的任何整数 i，唯一地访问数组的第 i 个元素。

二维数组是元素为一维数组的数组。一维数组的元素通过一个整数索引下标访问，二维数组的元素则通过一对整数索引下标来访问：第 1 个索引下标表示行，第 2 个索引下标表示列。

处理大量数据的常用方法是，先将所有的数据存储在一个或多个数组中，然后通过索引下标访问数组的元素，并处理数据。这类数据常见的包括考试分数、股票价格、脱氧核糖核酸、一本书的字符集，这些数据的特点都是包含大量相同数据类型的对象。本书 1.5 节将讨论数据的输入，1.6 节将讨论应用实例。本节则主要讨论数组的基本特点，并介绍数组的应用示例。通过使用实验研究的计算结果值对象填充数组，然后处理数据。

表 1-4-1 为本节所有程序的一览表，读者可以作为参考。

表 1-4-1　本节所有程序的一览表

程序名称	功能描述
程序 1.4.1（sample.py）	无放回抽样
程序 1.4.2（couponcollector.py）	优惠券收集模拟
程序 1.4.3（primesieve.py）	厄拉多塞素数筛选法
程序 1.4.4（selfavoid.py）	自回避随机行走

99
∼
100

1.4.1　Python 中的数组

在 Python 语言中，创建数组最简单的方法是在方括号中放置逗号分隔的字面量。例如，如下代码片段创建一个包含 4 个字符串元素的数组 suits[]：

```
suits = ['Clubs', 'Diamonds', 'Hearts', 'Spades']
```

再如，如下代码片段创建两个数组 x[] 和 y[]，各包含 3 个浮点数元素。

```
x = [0.30, 0.60, 0.10]
y = [0.40, 0.10, 0.50]
```

数组是一个对象，包含结构化的用于快速访问的数据（对象引用）。可以假设数组中指向各元素的对象引用在计算机内存中是连续存储的，这样有助于理解数组，尽管实际情况比较复杂（本书 4.1 节中将详细讨论）。上述代码中定义的数组 suits[] 的示意图如图 1-4-1 所示。

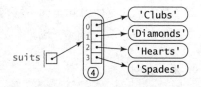

图 1-4-1　数组数据结构

创建一个数组后，在程序中任何需要变量的地方均可引用数组的元素，其语法形式如下：数组名后跟方括号，方括号内指定数组元素所在的整数索引下标。在上例中，suits[1]引用 'Diamonds'；x[0] 引用 0.30；y[2] 引用 0.50 等。注意，x 引用整个数组，而 x[i] 则引用数组的第 i 个元素。在本书正文中，我们使用标记 x[] 表示变量 x 为数组（但在 Python 代码中不能使用 x[]）。

使用数组的显著优点是避免分别定义和使用多个变量。事实上，使用数组索引与在数组上定义和使用附加索引号几乎相同。例如，如果需要处理 8 个浮点数，则可定义 8 个变量 a0、a1、a2、a3、a4、a5、a6 和 a7。定义数十个单独的变量会使程序变得臃肿，而定义数百万个变量则不可能实现。

作为数组应用的代码示例，可使用数组表示向量。可以简单地认为向量是一系列实数，关于向量的细节，将在本书 3.3 节中讨论。两个向量（长度相同）的点积定义为两个向量对应元素的乘积之和。例如，如果数组 x[] 和 y[] 分别表示两个向量，则其点积的计算表达式为：x[0]*y[0] + x[1]*y[1] + x[2]*y[2]。一般而言，给定两个长度为 n 的一维浮点类型数组 x[] 和 y[]，可使用如下 for 循环结构计算其点积： [101]

```
total = 0.0
for i in range(n)
    total += x[i]*y[i]
```

上述计算两个向量点积的代码简洁优雅，所以自然而然被所有的应用程序采纳。下文首先阐述数组编程的一些重要特点，然后进一步讨论其应用实例。计算两个向量点积的代码跟踪信息如表 1-4-2 所示。

表 1-4-2 两个向量点积计算的跟踪信息

i	x[i]	y[i]	x[i]*y[i]	total
				0.00
0	0.30	0.50	0.15	0.15
1	0.60	0.10	0.06	0.21
2	0.10	0.40	0.04	0.25

1. 从 0 开始的索引

数组 a[] 的第 1 个元素为 a[0]，第 2 个元素为 a[1]，以此类推。直观上看，也许更自然的表示方法为使用 a[1] 表示第 1 个元素，a[2] 表示第 2 个元素，以此类推。但从 0 开始的索引具有其自身优点，已被大多数现代程序设计语言作为规范。如果不理解从 0 开始索引的规范，会导致程序中臭名昭著的"差一错误"（off-by one error），这种错误排查十分困难，读者务必仔细。

2. 数组长度

使用 Python 的内置函数 len()，可访问一个数组的长度。len(a) 返回数组 a[] 所包含元素的个数。注意，数组 a[] 的最后一个元素为 a[len(a) – 1]。

3. 在运行时扩展数组的长度

在 Python 语言中，我们可以使用运算符 += 在一个数组后面附加一个元素。例如，如果数组 a[] 的内容为 [1, 2, 3]，则语句 a += [4] 将数组扩展为 [1, 2, 3, 4]。一般而言，通过如下代码片段，可创建一个包含 n 个浮点数且各元素初始值为 0.0 的数组：

```
a = []
for i in range(n)
    a += [0.0]
```

语句 a = [] 创建一个空数组（长度为 0，没有任何元素）；语句 a += [0.0] 则附加一个元素到数组的末端。在 Python 语言中，使用上述方法创建一个数组的耗时与数组的长度成正比（详细信息请参加 4.1 节）。

4. 内存表示

数组是基本的数据结构，所以几乎在所有的计算机中都与内存系统直接对应。指向数组元素的引用在内存中连续存储，所以可简单高效地访问任何数组元素。事实上，我们也可将内存视为一个巨大的数组。在现代计算机系统中，内存在硬件中对应于一系列索引内存地址，通过这些索引可以快速有效地访问内存。当引用计算机内存时，通常使用内存位置索引作为内存地址。也可想象将数组的名称（例如 x）作为存储连续内存块的内存地址，包括数组长度和指向其元素的引用。

为了描述方便起见，假设计算机内存包括 1000 个值，相应的内存地址编号从 000 到 999。假设一个包括 3 个元素的数组 x[] 存储在内存地址 523 到 526 中，其中数组长度存储在内存地址 523 中，指向数组元素的引用则存储在内存地址 524 到 526 中。当程序中使用到 x[i] 时，Python 将生成代码，将数组 x[] 第一个元素的内存地址加上索引值 i 作为 x[i] 所对应的内存地址。数组 x = [0.30, 0.60, 0.10] 的内存表示示意图如图 1-4-2 所示。在图 1-4-2 中，Python 代码 x[2] 将转换为机器语言，以查找内存地址为 524 + 2 = 526 所在的引用。这种简单实用的方法，同样适用于海量内存和大数组（包括 i 取值很大）的情形。这种方法使得访问一个数组元素 i 的引用的操作非常高效，因为仅涉及两个基本操作：计算两个整数之和，然后访问（引用）内存。

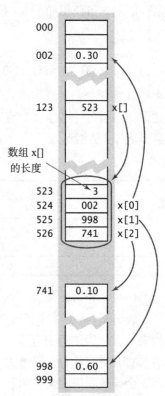

图 1-4-2   数组 x = [0.30, 0.60, 0.10] 的内存表示示意图

5. 数组边界检查

如前所述，使用数组编程时请务必仔细。访问数组元素时必须保证使用合法的索引号。如果创建了一个大小为 n 的数组，但使用大于 n–1 的索引号访问该数组，则程序将在运行时抛出错误：IndexError。（在许多计算机程序设计语言中，系统并不检查这种"缓冲区溢出"条件。这种非检测性错误会导致程序员的调试噩梦，事实上，这类错误未被发现且遗留在最终程序的情况并不少见。更让人意想不到的是，黑客可利用这种错误控制系统甚至他人的个人计算机，以传播病毒、偷窃个人信息以及造成其他恶意破坏。）在程序运行过程中，Python 会提供一些错误信息，初看起来，这些提示似乎令人感到困扰，但是相对于更加安全的程序而言，这点困扰还是微不足道的。

6. 对象的可变性

如果一个对象的值可以改变，则该对象是可变的。数组具有可变性的对象，因为其元

素是可以更改的。例如，如果使用代码 x = [0.30, 0.60, 0.10] 创建了一个数组，则赋值语句
x[1] = 0.99 将数组更改为 [0.30, 0.99, 0.10]。数组元素
被重新赋值操作的对象级别跟踪信息如图 1-4-3 所示。

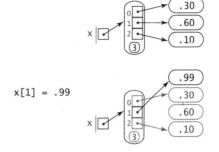

在实际应用中，通常需要编写代码片段，以重新
排列数组中的元素。例如，如下代码将数组 a[] 中各
元素的顺序颠倒排列：

```
n = len(a)
for i in range(n // 2):
    temp = a[i]
    a[i] = a[n-1-i]
    a[n-1-i] = temp
```

图 1-4-3   对象级别跟踪信息
（数组元素被重新赋值）

其中，for 循环结构体中的 3 条赋值语句实现两个数的
交换操作（具体可参见 1.2 节中有关赋值语句的示例）。通过对这段代码非正式跟踪信息的研
究，可理解上例数组的执行逻辑。非正式跟踪信息表如图
1-4-4 所示。其中，假设测试数据为一个包含 7 个元素的整
数数组 [3, 1, 4, 1, 5, 9, 2]。图 1-4-4 在 for 循环结构每次迭
代之后，跟踪输出变量 i 和数组所有 7 个元素的值。

数组对象的可变性是必需的。对象的可变性是数据类型
设计的关键问题之一，具有许多特殊的含义。本节后继内
容将讨论其中的一些含义所在，对象可变性的大多数含义
将在 3.3 节讨论。

i	*a[]*						
	0	*1*	*2*	*3*	*4*	*5*	*6*
	3	1	4	1	5	9	2
0	2	1	4	1	5	9	3
1	2	9	4	1	5	1	3
2	2	9	5	3	4	1	3
	2	9	5	1	4	1	3

图 1-4-4   两个数交换的非
正式跟踪信息表

104

7. 迭代（数组元素的遍历）

数组最基本的运算之一是遍历数组的所有元素。例如，如下代码片段计算一个浮点数数
组的平均值：

```
total = 0.0
for i in range(len(a))
    total += a[i]
average = total / len(a)
```

Python 也支持直接遍历数组 a[]（不使用索引下标），即在 for 语句的 in 关键字后使用数组名。
例如：

```
total = 0.0
for v in a:
    total += v
average = total / len(a)
```

Python 依次将数组的元素赋值给循环控制变量 v，所以代码的功能等同于前面代码。在本书
中，如果需要使用索引下标引用数组元素（如点积和数组倒排序的示例），我们将基于索引
下标遍历数组；而对于仅需依次使用数组元素（如计算平均值的示例）的情况，则基于数组
元素遍历数组，此时不需要使用索引下标。

8. 内置函数

Python 提供若干参数作为数组的内置函数。例如，前文所述的 len() 函数。再如，若数组 a[] 的元素为数值，则函数 sum(a) 计算数组的各元素之和，所以可使用公式 float(sum(a)) / len(a) 计算数组元素平均值，以代替上面讨论的使用循环结构求平均值的方法。其他将数组作为参数的内置函数还包括 min() 和 max()，分别用于计算数组元素的最小值和最大值。

9. 输出数组内容

使用数组为参数的 stdio.write() 或 stdio.writeln() 函数，可输出数组内容。数组输出格式为这样的一行内容：以左方括号开始，后跟一系列的数组元素对象，数组元素之间以逗号和空白符分隔，最后以右方括号结束。每个数组元素对象被转换为字符串输出。如果上述输出格式不能满足用户的要求，还可以使用 for 循环语句分别单独输出数组的各元素。

105

1.4.2　数组别名和拷贝

在使用数组编写程序之前，有必要进一步详细讨论两种基本的数组处理运算。这两种运算的要点比较微妙，但事实上比其表面上看起来更为重要。如果读者一时难以理解本节的技术细节，建议读者先去学习本节后续的数组应用实例程序，再回过头来重新阅读这部分内容，以增强对这些概念的理解，从而为数组的应用打下坚实的基础。

1. 别名

在 Python 语言中，代码中可使用变量引用不同类型的对象，同样可使用变量引用数组。花时间充分理解这种用法十分重要。反思这种情况，可能第一个需要考虑的问题是：如果赋值语句左侧使用了一个数组变量名，结果会怎样？即，如果假设 x[] 和 y[] 是数组，则语句 x = y 会导致什么结果？答案十分简单，与其他 Python 数据类型的使用方法一致：x 和 y 引用同一个数组。读者可能认为 x 和 y 引用两个不同的数组，但实际结果并不是这样。例如，执行如下赋值语句：

```
x = [.30, .60, .10]
y = x
x[1] = .99
```

虽然代码没有直接引用 y[1]，但 y[1] 的结果同样为 .99。当两个变量指向同一个对象时，称之为"别名"，其对象级别跟踪图如图 1-4-5 所示。可变对象的别名会导致程序错误难以排查，所以本书程序中尽量避免使用数组别名（也避免使用其他可变对象的别名）。然而，在本书第 2 章一些情况下，则需要使用数组的别名，所以读者一开始就应该理解数组别名的概念。

106

2. 数组复制和切片

数组操作面临的另一个很自然的问题是：如何复制一个给定的数组 x[] 到副本数组 y[]？数组复制的一种方法是遍历数组 x[]，把数组 x 的每个元素附加到数组 y[]，代码片段如下：

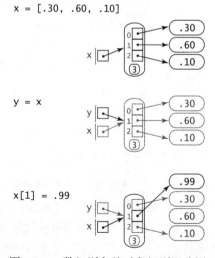

图 1-4-5　数组别名的对象级别跟踪图

```
y = []
for v in x:
    y += [v]
```

执行上述复制操作后，x 和 y 分别指向两个不同的数组。如果改变 x[1] 引用的对象，其结果不会影响 y[1]。上述执行情况的对象级别跟踪信息如图 1-4-6 所示。

在实际应用中，常常需要使用数组复制操作，所以 Python 语言提供了一种通用支持方法：数组切片操作。使用数组切片操作可复制一个数组中任意连续系列的元素到另外一个数组。表达式 a[i:j] 的运算结果为创建一个新的数组，新数组所包含的元素为：a[i], …, a[j–1]。另外，表达式 a[i:j] 中，i 的默认值为 0，j 的默认值为 len(a)，所以：

```
y = x[:]
```

等同于上面复制数组的代码片段。虽然语句 y = x[:] 简洁，但其运行开销很大，消耗的时间与数组 x[] 的长度成正比。

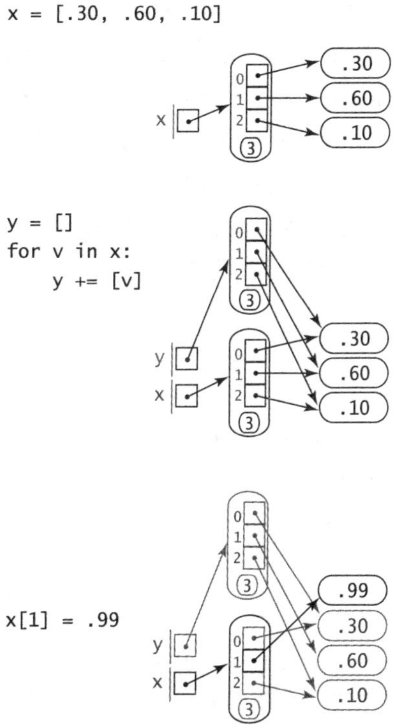

1.4.3 Python 对数组操作提供的系统支持

图 1-4-6 数组复制的对象级别跟踪图

Python 提供各种处理数组的代码形式，本书将简要介绍各种代码形式的背景和应用。本书主要侧重于介绍其中一些用于编写有意义和高效代码的操作。当读者熟悉阅读和编写使用这些基本的操作代码后，将会更好地理解 Python 提供的各种数组处理方法之间的区别。本书将在第 4 章中进一步讨论这个专题。

1. Python 内置的列表数据类型

原则上讲，一个数组支持 4 种核心操作：创建数组、索引访问、索引赋值和迭代遍历。本书使用 Python 的内置列表（list）数据类型表示数组，因为列表数据类型支持这 4 种基本运算操作。本书第 4 章将进一步讨论 Python 列表数据类型支持的其他复杂运算操作，包括用于改变数组长度的数组大小调整运算操作。数组功能十分强大，我们在学习大量数组编程知识的同时，还可以学习编写一些有用的应用程序。Python 程序员一般不区分数组和 Python 列表。但许多其他程序设计语言（例如 Java 和 C）支持内置的固定长度的数组，并支持数组的 4 种核心运算操作（但不提供更复杂的数组大小调整操作）。

2. Python 扩展模块 numpy

程序语言设计的本质是一个简洁性和有效性之间的权衡。尽管计算机似乎拥有每秒执行巨量基本运算的能力，但有时候运行速度依旧会很慢。以 Python 为例，其内置的列表数据类型的运行性能存在严重问题。即使使用数组解决实际问题的简单程序，其运行性能也不十分理想。基于上述原因，科学家和工程师常常使用 Python 的扩展模块 numpy 处理大数组。numpy 模块基于低级别表示方法，从而避免了标准 Python 表示方法导致的低效性。同样，

107

我们将在第 4 章深入讨论程序的运行效能，以帮助读者更好理解如何处理这种情况。本书官网提供 numpy 模块具体使用方法的描述。

3. 本书官网模块 stdarray

本书一开始便介绍了本书的官网模块 stdio，其定义了用于整数、浮点数、字符串和布尔值的输入和输出函数。本书前面小节的示例广泛使用到其中的 stdio.write() 和 stdio.writeln() 函数。stdio 模块是本书官网模块，即 stdio 模块不是 Python 的标准模块，而是我们专门为本书和本书官网设计的内容。本节还将介绍我们设计的另一个官网模块：stdarray 模块，其设计主要用于定义本书广泛使用的数组操作函数。

几乎所有基于数组处理的程序都涉及一个基本操作：创建一个包括 n 个元素的数组，并将数组的每个元素初始化为一个指定值。如前所述，可使用如下 Python 代码实现：

```
a = []
for i in range(n):
    a += [0.0]
```

创建一个给定长度的数组并将数组的所有元素初始化为一个给定值的操作在 Python 程序设计中非常普遍，因此，Python 甚至可以使用一条语句实现上述两个功能：a = [0.0]*n。这个特别速记符号的功能等同于上述代码片段。除了上述两种方法，本书采用的实现代码为：

```
a = stdarray.create1D(n, 0.0)
```

为了保持一致性，stdarray 模块还包括一个 create2D() 函数，将在本节后面讨论。这些"自文档化"函数的名称直接表意，即通过其名称就可清楚地表述代码的功能含义。使用这些函数可避免依赖于 Python 的习语。本书 2.2 节将深入讨论模块库设计的相关问题（即阐述如何自己设计类似于 stdarray 的模块），以帮助读者更好地了解如何处理这类情况。模块 stdarray 中用于创建数组的 API 函数如表 1-4-3 所示。

表 1-4-3　模块 stdarray 中用于创建数组的 API 函数

函数调用	功能描述
stdarray.create1D(n, val)	创建一个包括 n 个元素的一维数组，并将数组的每个元素初始化为指定值 val
stdarray.create2D(m, n, val)	创建一个包括 m 行 n 列（共 m*n 个元素）的二维数组，并将数组的每个元素初始化为指定值 val

前文学习了在 Python 语言中创建数组和访问每个元素的方法，基本了解了 Python 的内置列表数据类型。到目前为止，本文所介绍的数组运算如表 1-4-4 所示，相关的内置函数如表 1-4-5 所示。介绍完数组的基本概念后，下文接着介绍数组应用程序。读者将看到，基于这些理论基础，数组应用程序代码的编写和理解不仅容易，而且可以充分高效地利用计算机资源。

表 1-4-4　数组运算一览表

操　作	运算符	功能描述
索引访问	a[i]	数组 a[] 的第 i 个元素
索引赋值（数组元素赋值）	a[i] = x	将 x 赋值给数组 a[] 的第 i 个元素
迭代遍历	for v in a:	将数组 a[] 的每一个元素赋值给 v

（续）

操 作	运算符	功能描述
切片	a[i:j]	生成一个新的数组 [a[i], a[i+1],…, a[j–1]]。注意，i 的默认值为 0，j 的默认值为 len(a)

表 1-4-5　数组相关的内置函数一览表

操作	函数调用	功能描述
求长度	len(a)	数组 a[] 中的元素个数
求和	sum(a)	数组 a[] 中的各元素之和
求最小值	min(a)	数组 a[] 中各元素的最小值
求最大值	max(a)	数组 a[] 中各元素的最大值

注：对于 sum() 函数，数组各元素必须是数值型数据；对于 min() 和 max() 函数，数组各元素必须是可比较的数据。

关于缩写

本书使用数组表示 Python 列表，因为 Python 列表支持数组的 4 种基本运算操作：创建数组、索引访问、索引赋值和迭代遍历。

1.4.4　一维数组应用实例

本节将讨论若干一维数组的应用实例，这些例子本身也很有趣。

1. 扑克牌的表示

假设我们想编写一个扑克牌游戏的程序，则首先可编写如下代码：

```
SUITS = ['Clubs', 'Diamonds', 'Hearts', 'Spades']
RANKS = ['2', '3', '4', '5', '6', '7', '8', '9', '10',
         'Jack', 'Queen', 'King', 'Ace']
```

例如，我们可使用上述两个数组随机输出一张牌，如梅花 Q，代码片段如下：

```
rank = random.randrange(0, len(RANKS))
suit = random.randrange(0, len(SUITS))
stdio.writeln(RANKS[rank] + ' of ' + SUITS[suit])
```

109 ～ 110

另一种典型的情况是计算并抽取一组值存储到一个数组。例如，使用上述两个数组初始化长度为 52 的数组（代表一副牌）的代码片段如下所示：

```
deck = []
for rank in RANKS:
    for suit in SUITS:
        card = rank + ' of ' + suit
        deck += [card]
```

执行上述代码片段后，按 deck[0] 到 deck[51] 的顺序，输出数组 deck[] 的各元素，每个元素占一行，结果如下：

```
2 of Clubs
2 of Diamonds
2 of Hearts
2 of Spades
```

```
3 of Clubs
3 of Diamonds
...
Ace of Hearts
Ace of Spades
```

2. 交换（Exchange）

程序中常常需要交换数组中的两个元素。继续以扑克牌游戏为例，如下代码片段使用本节前述的方法交换索引下标 i 和 j 的纸牌：

```
temp = deck[i]
deck[i] = deck[j]
deck[j] = temp
```

上述代码片段用于改变元素的顺序，但不改变数组中元素的集合。当 i 和 j 相等时，数组保持不变；当 i 和 j 不相等时，执行代码后，a[i] 和 a[j] 指向不同的位置。例如，如果执行上述代码片段时，i 等于 1，j 等于 4，并基于前文例子中的数组 deck[]，执行结果为：deck[1] 的值为字符串 '3 of Clubs'，deck[4] 的值为字符串 '2 of Diamonds'。

3. 混排（洗牌，Shuffle）

如下代码片段实现扑克牌的洗牌功能：

```
n = len(deck)
for i in range(n):
    r = random.randrange(i, n)
    temp = deck[r]
    deck[r] = deck[i]
    deck[i] = temp
```

从左到右随机从 deck[i] 到 deck[n–1] 抽取一张牌（每张牌抽中的概率相同），并与 deck[i] 交换。上述代码片段比表面看起来更为复杂。首先，基于交换的原则，洗牌前牌的集合与洗牌后牌的集合一致（即扑克牌集合保持不变）。其次，通过从未选择的牌中均匀随机选择一张牌交换，以保证洗牌结果的随机性。事实上，Python 的标准模块 random 中包含一个名为 shuffle() 的函数，其功能是使用均匀随机方法混排一个数组。所以函数调用 random.shuffle(deck) 实现的功能与上述代码一致。

4. 无放回抽样（Sampling without replacement）

也称为"不重置抽样"、"不重复抽样"、"不回置抽样"，是从总体中每抽取一个样本后，不将其再放回总体内，因而任何样本一经抽出，就不会有再被抽取的可能性。在很多情况下，需要从指定集合中随机抽取一个样本，且指定集合的元素在抽取的子样本中至多包含 1 次。常用的例子包括：彩票抽奖时从篮子里抽取一个数字球、从一副牌中抽取一手牌。程序 1.4.1（sample.py）阐述如何抽样，抽样方法采用混排的基本方法。程序带两个命令行参数 m 和 n，创建一个大小为 n 的排列（数值序列 0 到 n–1 的重新排列），其前 m 个元素构成一个随机抽样。

程序 1.4.1 相应的跟踪信息如图 1-4-7 所示。跟踪信息通过在主循环结构的每次迭代之后输出数组 perm[] 的内容（运行示例中，m 和 n 的值分别为 6 和 16）来描述整个过程。如果在指定范围里按均等机会选择 r 的值，则在过程结束时，perm[0] 到 perm[m–1] 为随机抽样（尽管有些元素可能会被移动多次），因为抽样的元素是从未抽样的数据集中按等概率抽取的。

程序 1.4.1　无放回抽样 (sample.py)

```
import random                            m      样本规模大小
import sys                               n      数值取值范围 0 到 n-1
import stdarray                          perm[] 整数系列 0 到 n-1 的随机排列
import stdio
m = int(sys.argv[1])   # Choose this many elements
n = int(sys.argv[2])   # from 0, 1, ..., n-1.

# Initialize array perm = [0, 1, ..., n-1].
perm = stdarray.create1D(n, 0)
for i in range(n):
    perm[i] = i

# Create a random sample of size m in perm[0..m].
for i in range(m):
    r = random.randrange(i, n)

    # Exchange perm[i] and perm[r].
    temp    = perm[r]
    perm[r] = perm[i]
    perm[i] = temp

# Write the results.
for i in range(m):
    stdio.write(str(perm[i]) + ' ')
stdio.writeln()
```

　　程序 1.4.1 接收两个命令行参数 m 和 n，输出整数范围 0 到 n-1 中的随机 m 个数抽样（不重复）。无放回抽样不仅可用于国家和地方彩票抽奖，也广泛用于各种科学应用。如果第一个参数的值小于或等于第二个参数，则结果为整数系列 0 到 n-1 的随机排列；如果第一个参数大于第二个参数，则程序在运行时抛出错误：ValueError。程序 1.4.1 的运行过程和结果如下：

```
% python sample.py 6 16
9 5 13 1 11 8

% python sample.py 10 1000
656 488 298 534 811 97 813 156 424 109

% python sample.py 20 20
6 12 9 8 13 19 0 2 4 5 18 1 14 16 17 3 7 11 10 15
```

i	r	perm[]															
		0	1	2	3	4	5	6	7	8	9	10	11	12	13	14	15
		0	1	2	3	4	5	6	7	8	9	10	11	12	13	14	15
0	9	9	1	2	3	4	5	6	7	8	0	10	11	12	13	14	15
1	5	9	5	2	3	4	1	6	7	8	0	10	11	12	13	14	15
2	13	9	5	13	3	4	1	6	7	8	0	10	11	12	2	14	15
3	5	9	5	13	1	4	3	6	7	8	0	10	11	12	2	14	15
4	11	9	5	13	1	11	3	6	7	8	0	10	4	12	2	14	15
5	8	9	5	13	1	11	8	6	7	3	0	10	4	12	2	14	15
		9	5	13	1	11	8	6	7	3	0	10	4	12	2	14	15

图 1-4-7　程序 1.4.1 的跟踪信息（python sample.py 6 16）

　　在程序中采用了显式计算排列的方法。使用该方法的一个重要原因是这种方法可以编写任何数组的随机采样，使用排列作为索引下标抽取数组的元素。相对于直接改变数组的元素排列，在某种情况下（例如，从公司按字母顺序排列的客户清单中随机抽取样本），该方法更有吸引力。为了探讨其原理，假设希望从一副扑克牌数组 deck[] 中随机抽取一手扑克牌。如上文所示，在程序 sample.py 中，使用 m = 5 和 n = 52 运行测试；将 stdio.write() 替换为 writeln()，并将其参数 perm[i] 替换为 deck[perm[i]]，则输出结果为：

```
3 of Clubs
Jack of Hearts
6 of Spades
Ace of Clubs
10 of Diamonds
```

上述采样方法被广泛用于投票的统计基础研究、科学研究和许多其他应用。抽样统计通过分析大量数据的部分样本，得出统计结果。Python 的标准模块 random 中包含一个抽样函数：给定数组 a[] 和整数 k，调用函数 random.sample(a, k) 将返回一个新数组，新数组包含从数组 a[] 的元素中按均匀随机分布抽取的 k 个样本数据。

　　5. 预计算的值（Precomputed value）

　　数组的另一种应用是保存计算的结果值，以方便下次直接使用。例如，假设编写程序使用调和数实现计算任务（参见程序 1.3.5），最有效的方法是把中间结果值保存到数组。代码片段如下：

```
harmonic = stdarray.create1D(n+1, 0.0)
for i in range(1, n+1):
    harmonic[i] = harmonic[i-1] + 1.0/i
```

注意，代码浪费了数组的一个空间（元素 0），以保证 harmonic[1] 对应于第 1 个调和数 1.0，harmonic[i] 对应于第 i 个调和数。上述预计算值的方法是时间和空间折中的例子：通过空间（用于存储值）换时间（节省时间，因为不需要每次重新计算）。该方法适用于需要反复使用少量值的情况，但对于大量的值则不适用。

　　6. 简化重复代码（Simplifying repetitive code）

　　简化重复代码是数组的另一种简单应用。观察如下代码片段，代码根据给定月份数，输出对应月份的英文简称（其中，1 表示 1 月份 Jan；2 表示 2 月份 Feb，以此类推）：

```
if   m == 1: stdio.writeln('Jan')
elif m == 2: stdio.writeln('Feb')
elif m == 3: stdio.writeln('Mar')
elif m == 4: stdio.writeln('Apr')
...
elif m == 11: stdio.writeln('Nov')
elif m == 12: stdio.writeln('Dec')
```

使用数组存储月份简称的字符串，可以更简洁地实现上述功能。代码片段如下：

```
MONTHS = ['', 'Jan', 'Feb', 'Mar', 'Apr', 'May', 'Jun',
               'Jul', 'Aug', 'Sep', 'Oct', 'Nov', 'Dec']
...
stdio.writeln(MONTHS[m])
```

112
≀
114

如果需要在程序的不同位置根据月份数访问月份的英文简称，则上述方法特别有效。再次提醒，代码中故意浪费第 0 个位置的空间（元素 0），以保证 MONTHS[1] 对应 1 月份的英文简称。

基于上述数组的基本定义和示例，下文将讨论两个应用实例，这两个应用实例针对两个有趣的经典问题，阐述了应用数组实现高效计算的重要性。两个应用实例均表明，使用数组索引有效处理数据具有十分重要的意义，并且可以完成其他方法无法实现的计算。

115

7. 优惠券收集问题（Coupon collector）

假设从一副扑克牌中，随机一张一张抽取扑克牌（允许置换手中的扑克牌）。思考如下问题：如果手中出现 4 种不同花色的扑克牌，至少需要抽取多少张扑克牌？如果按牌面大小手中出现一副扑克牌，则至少要抽取多少张扑克牌？上述问题属于著名的优惠券收集问题（如图 1-4-8 所示），又称卡片收集问题、彩票收集问题、赠券收集问题。一般而言，假设一个贸易卡公司发行 n 张不同的交易卡，每张交易卡的购买概率相同，问需要购买多少张交易卡，才能集齐所有类型的交易卡？

图 1-4-8　优惠券收集问题

程序 1.4.2（couponcollector.py）是一个示例程序，模拟了上述过程，并描述了数组在其中的应用方法。程序带一个命令行参数 n（整数），并调用函数 random.randrange(0, n) 生成随机整数（取值范围 0 到 n–1）序列（参见程序 1.3.8）。每一个值代表一张卡。对于每一张卡，检测这张卡片之前是否被收集到（即是否存在于数组 isCollected[] 中）。程序使用数组 isCollected[] 保存已收集卡片的信息，卡片的值作为数组的索引下标：如果值为 i 的卡片已经被收集，则 isCollected[i] 为 True，否则 isCollected[i] 为 False。当收集到一张值为整数 value 的新卡片时，则可通过检查 isCollected[value] 的取值以判断该类卡片是否曾被收集。计算过程包括保存收集到的不同种类卡片数量、生成的卡片总数量；当收集到的不同种类卡片数量到达 n 时，则输出生成的卡片的总数量。

按惯例，理解一个程序的最好方法是阅读其运行时的各变量的跟踪信息。在程序 couponcollector.py 中，很容易在 while 循环结构的末尾添加一条输出指定变量值跟踪信息的代码。程序 1.4.2 运行命令为"python couponcollector.py 6"时的跟踪信息表如图 1-4-9 所示。其中，使用 F 表示 False、T 表示 True，以简化跟踪表的表示。跟踪使用大数组的程序具有一定的困难：如果程序中包含长度为 n 的数组，则相当于 n 个变量，所以必须一一列举它们。跟踪使用 random.randrange() 的程序也具有一定的困难，因为每次运行程序产生的跟踪信息都不相同。因而，必须仔细检查各变量之间的相关性。例如，上例中变量 collectedCount 的值永远等于数组 isCollected[] 中值为 True 的元素个数。

val	isCollected[] 0 1 2 3 4 5	count	collectedCount
	F F F F F F	0	0
2	F F T F F F	1	1
0	T F T F F F	2	2
4	T F T F T F	3	3
0	T F T F T F	3	4
1	T T T F T F	4	5
2	T T T F T F	4	6
5	T T T F T T	5	7
0	T T T F T T	5	8
1	T T T F T T	5	9
3	T T T T T T	6	10

图 1-4-9　程序 1.4.2 的跟踪信息表
（python couponcollector.py 6）

程序 1.4.2 优惠券收集模拟 (couponcollector.py)

```python
import random
import sys
import stdarray
import stdio

n = int(sys.argv[1])

count = 0
collectedCount = 0
isCollected = stdarray.create1D(n, False)

while collectedCount < n:
    # Generate another coupon.
    value = random.randrange(0, n)
    count += 1
    if not isCollected[value]:
        collectedCount += 1
        isCollected[value] = True

stdio.writeln(count)
```

n	卡片取值（取值范围 0 到 n–1）
count	所收集的卡片数量
collectedCount	所收集的不同卡片数量
isCollected[i]	卡片 i 是否收集
value	当前卡片的取值

程序 1.4.2 接收一个命令行参数 n（整数），输出集齐所有种类（n 种）的卡片需要购买的卡片总数。程序模拟一个优惠券收集问题。程序 1.4.2 的运行过程和结果如下：

```
% python couponcollector.py 1000
6583

% python couponcollector.py 1000
6477

% python couponcollector.py 1000000
12782673
```

优惠券收集器并不是一个简单的问题。例如，科学家常常考虑下列情况，自然界发生的某个序列是否与一个随机序列具有相同特性。如果具有随机特性，则着重于研究随机性本身；否则可进一步研究并找出可能存在的某种有意义的模式。例如，科学家常常使用类似测试确定基因组的哪一部分具有研究意义。测试一个序列是否确实为随机序列的一种有效方法就是优惠券收集器测试方法：在集齐所有值之前，将需要检查的元素个数与对应的均匀分布随机序列的元素个数进行比较。

对于较大的 n，如果不使用数组，根本无法实现模拟优惠券收集器过程；借助数组则使类似问题的解决变得简单。本书将陆续介绍许多类似过程的应用实例。

8. 厄拉多塞素数筛选法（Sieve of Eratosthenes）

素数在数学、计算和密码学等领域中占据重要地位。素数是大于 1 且只能被 1 和其本身整除的整数。素数个数函数 $\pi(n)$ 返回小于或等于 n 的所有素数个数。例如，$\pi(25)=9$，因为小于或等于 25 的所有素数有 9 个：2、3、5、7、11、13、17、19 和 23。该函数在数论中占据核心位置。

当然，也可以使用诸如 factors.py（程序 1.3.9）的程序统计素数个数。特别地，可修改程序 factors.py，设置一个布尔变量，当给定数为素数时布尔变量的值为 True，否则值为

False，以代替输出因子。然后将代码嵌入到为每个素数计数的循环结构中。该方法适用于 *n* 较小的情况，当 *n* 增大时，运行效率会降低。

程序 1.4.3（primesieve.py）是另一种计算 $\pi(n)$ 的方法，采用的技术是厄拉多塞素数筛选法（Sieve of Eratosthenes）。程序使用一个长度为 n 的布尔数组 isPrime[] 记录小于或等于 n 的整数是否为素数。如果 i 是素数，则 isPrime[i] 设置为 True，否则设置为 False。筛选法的工作机制如下：首先，程序初始化数组 isPrime[] 的所有元素为 True，表示所有的整数还未被因子分解；然后，只要满足条件 i < n，程序重复执行如下步骤：

- 查找下一个最小的素数 i，即没有真因子的数。
- 保持 isPrime[i] 为 True，因为 i 没有更小的因子。
- 将索引下标为 i 整数倍的 isPrime[] 所有数组元素的值设置为 False。

116
↓
118

程序 1.4.3　厄拉多塞素数筛选法（primesieve.py）

```
import sys
import stdarray
import stdio

n = int(sys.argv[1])

isPrime = stdarray.create1D(n+1, True)

for i in range(2, n):
    if (isPrime[i]):
        # Mark multiples of i as nonprime.
        for j in range(2, n//i + 1):
            isPrime[i*j] = False

# Count the primes.
count = 0
for i in range(2, n+1):
    if (isPrime[i]):
        count += 1
stdio.writeln(count)
```

n	命令行参数
isPrime[i]	i 是否为素数
count	素数计数器

程序 1.4.3 带一个命令行参数 n，计算小于或等于 n 的素数个数。程序使用了一个布尔数组 isPrime[]，当 i 为素数时，isPrime[i] 设置为 True，否则设置为 False。程序 1.4.3 的运行过程和结果如下：

```
% python primesieve.py 25
9

% python primesieve.py 100
25

% python primesieve.py 10000
1229

% python primesieve.py 1000000
78498

% python primesieve.py 100000000
5761455
```

119

当嵌套 for 循环结构运行结束后，数组 isPrime[] 中，所有非素数索引下标对应的元素都设置为 Fasle，所有素数索引下标对应的元素都设置为 True。注意，程序的循环终止条件可以为 i * i >= n（和 factors.py 保持一致），但这种方法可以省略的开销不大，因为对于较大的数 i，内层的 for 循环几乎不执行。程序最后通过循环，计算小于或等于 n 的素数个数。

按惯例，可以很方便地通过添加代码来输出跟踪信息。对于诸如 primesieve.py 的程序，尤其需要读者格外仔细——因为程序 primesieve.py 包含一个嵌套的 for-if-for 结构，所以必须认真以确保跟踪代码的缩进位置正确无误。程序 1-4-3 的跟踪信息（当 n=25 时）如图 1-4-10 所示。

i	isPrime[]																							
	2	3	4	5	6	7	8	9	10	11	12	13	14	15	16	17	18	19	20	21	22	23	24	25
	T	T	T	T	T	T	T	T	T	T	T	T	T	T	T	T	T	T	T	T	T	T	T	T
2	T	T	F	T	F	T	F	T	F	T	F	T	F	T	F	T	F	T	F	T	F	T	F	T
3	T	T	F	T	F	T	F	F	F	T	F	T	F	F	F	T	F	T	F	F	F	T	F	T
5	T	T	F	T	F	T	F	F	F	T	F	T	F	F	F	T	F	F	F	T	F	F	F	F
	T	T	F	T	F	T	F	F	F	T	F	T	F	F	F	T	F	F	F	T	F	F	F	F

图 1-4-10　程序 1-4-3 的跟踪信息（python primesieve.py 25）

使用程序 primesieve.py，我们可以计算大数 n 的 π(n)，唯一的限制条件是 Python 允许的最大数组长度。这个例子也是一个空间和时间折中的实例。诸如 primesieve.py 的程序在帮助数学家建立数论理论上起着重要的作用，而数论具有许多重要的应用。

1.4.5　二维数组

在许多应用程序中，存储数据的最佳方法是使用表格，即把数组整理为以行和列访问的矩形表格。例如，教师可以使用表格管理学生作业数据，其中行对应于各个学生，列对应于各个作业；科学家可以使用表格管理实验数据，其中行对应于不同的实验，列对应于不同的实验结果；程序员可以使用表格管理用于显示的图像数据，设置表格中的像素为不同的灰度值或颜色值。数值表格的示例如图 1-4-11 所示。

[120]

上述表格数据的数学抽象为矩阵，其对应的数据结构为二维数组。在现实生活中，常常会遇见很多矩阵或二维数组的应用。矩阵在科学、工程和商业领域应用也十分广泛，本书将陆续讲述这些应用实例。与向量和一维数组一样，二维数组很多重要的应用程序包括处理大量的数据，本书在 1.5 节中阐述输入和输出后，再介绍这些应用程序。

99	85	98
98	57	78
92	77	76
94	32	11
99	34	22
90	46	54
76	59	88
92	66	89
97	71	24
89	29	38

行→（第二行 98 57 78）　列↑（第三列）

图 1-4-11　由行和列构成的矩形表格

前文讨论的关于一维数组的知识可直接拓展到二维数组，事实上，一个数组可以包含任何类型的数据，所以其元素也可以为数组！也就是说，二维数组可以作为一维数组的数组来实现，我们接下来将详细阐述。

1. 初始化

在 Python 语言中，创建一个二维数组最简单的方法是在方括号对中包括以逗号分隔的一维数组。例如，下列 2 行 3 列的整数矩阵：

```
18 19 20
21 22 23
```

在 Python 语言中，可使用如下方式表示数组的数组：

```
a = [[18, 19, 20], [21, 22, 23]]
```

上述数组称为 2×3 数组。按惯例，第一维是行数，第二维是列数。Python 的 2×3 数组表示一个包含两个对象的数组，每个对象又分别为一个包含 3 个对象的数组。

一般而言，Python 的 m×n 数组表示一个包含 m 个对象的数组，每个对象又分别为一个包含 n 个对象的数组。例如，如下代码创建一个 m×n 的浮点类型数组 a[][]，数组的所有元素都初始化为 0.0：

```
a = []
for i in range(m):
    row = [0.0] * n
    a += [row]
```

本书官网提供的模块 stdarray 包含了创建并初始化一个二维数组的函数（与创建一维数组类似）：

```
stdarray.create2D(m, n, 0.0)
```

本书创建二维数组时，将采用上述方法。

图 1-4-12 为一个 10×3 的整数数组 a[][]。

2. 索引

如果 a[][] 是二维数组，则 a[i] 引用数组的第 i 行。例如，如果 a[][] 为数组 [[18, 19, 20], [21, 22, 23]]，则 a[1] 为数组 [21, 22, 23]。也可具体引用二维数组的某个特定元素，语法 a[i][j] 引用二维数组 a[][] 第 i 行第 j 列位置的元素对象，在上例中，a[1][0] 的结果为 21。使用嵌套 for 循环结构，可遍历二维数组的所有元素。例如，如下代码输出 m×n 数组 a[][]，每行输出数组的 1 行数据：

```
a = [[99, 85, 98],
     [98, 57, 78],
     [92, 77, 76],
     [94, 32, 11],
     [99, 34, 22],
     [90, 46, 54],
     [76, 59, 88],
     [92, 66, 89],
     [97, 71, 24],
     [89, 29, 38]]
```

图 1-4-12 一个 10×3 的整数数组

```
for i in range(m):
    for j in range(n):
        stdio.write(a[i][j])
        stdio.write(' ')
    stdio.writeln()
```

如下代码实现同样功能，但不使用索引下标：

```
for row in a:
    for v in row:
        stdio.write(v)
        stdio.write(' ')
    stdio.writeln()
```

3. 电子表格

数组的一种常见应用是存储表格数据的电子表格。例如，教师管理 *m* 个学生的 *n* 次考试成绩时，可使用一个 $(m+1)(n+1)$ 数组，保留最后 1 列用于存储每个学生的平均成绩，保留最后 1 行用于存储每次考试的平均成绩。虽然电子表格数据处理通常使用专用的程序，但非常有必要研究其底层代码，作为数组处理的入门知识。通过累计各行数据之和然后除以 n，可计算每个学生的平均成绩（各行的平均值）。按逐行顺序处理矩阵元素的程序代码方法称为行优先顺序。同样，通过累计各列数据之和然后除以 m，可计算每次考试的平均成绩（各列的平均值）。按逐列顺序处理矩阵元素的程序代码方法称为列优先顺序。上述计算的示意图如图 1-4-13 所示。学生成绩记录为浮点数，以允许成绩带小数位。

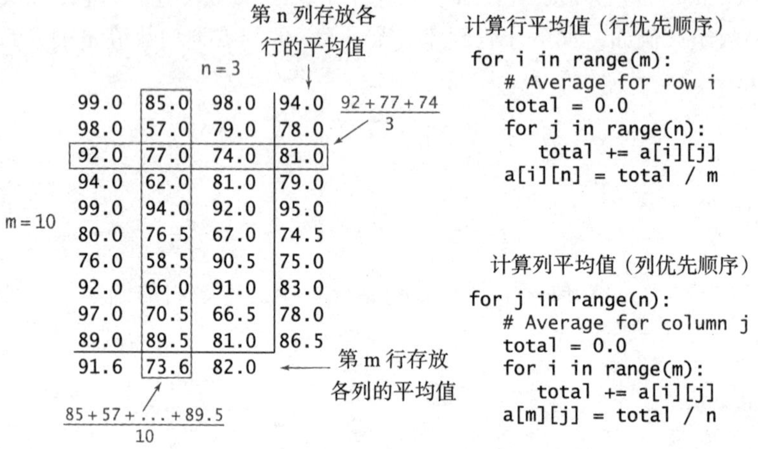

图 1-4-13　典型的电子表格计算

4. 矩阵运算

典型的科学和工程计算机中，通常使用二维数组表示矩阵，然后使用矩阵运算符实现各种数学运算。同样，虽然这些处理一般使用专用程序和库函数实现，但还是有必要理解其内在的计算机逻辑，这样才能更好地掌握数组及其操作。

例如，两个 $n \times n$ 矩阵 a[][] 和 b[][] 的加法运算为：

```python
c = stdarray.create2D(n, n, 0.0)
for i in range(n):
    for j in range(n):
        c[i][j] = a[i][j] + b[i][j]
```

同样，我们可以实现矩阵的乘法运算。矩阵乘法必须理解其运算规则，如果不熟悉或忘记了其运算规则，可阅读如下 Python 代码，n 阶方阵的乘法与其数学定义基本一致。矩阵 a[][] 和矩阵 b[][] 乘积结果的元素 c[i][j] 定义为矩阵 a[][] 的第 i 行与矩阵 b[][] 的第 j 列的点积。

```python
c = stdarray.create2D(n, n, 0.0)
for i in range(n):
    for j in range(n):
        # Compute the dot product of row i and column j
        for k in range(n):
            c[i][j] += a[i][k] * b[k][j]
```

矩阵相加和相乘运算示意图如图 1-4-14 所示。

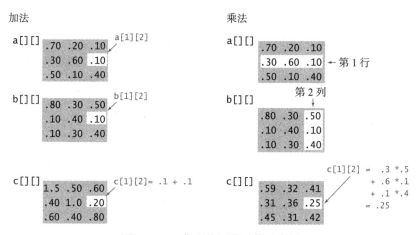

图 1-4-14 典型的矩阵运算示意图

矩阵乘法运算的定义也可拓展到非 n 阶方阵（具体参见本节习题第 17 题）。

5. 矩阵乘法运算的特殊情况

有两种特殊的矩阵乘法运算十分重要。在这些特例中，其中一个矩阵的维数为 1，相当于一个向量。矩阵和向量的乘积定义为：m×n 矩阵与列向量（n×1 矩阵）的乘积结果为一个 m×1 列向量（结果中的每个元素是对应矩阵的行与操作数列向量的点积）。向量与矩阵的乘积定义为：行向量（1×m 矩阵）与 m×n 矩阵的乘积结果为一个 1×n 行向量（结果的每个元素为操作数行向量与对应矩阵列的点积）。

两种特殊情况的矩阵乘法运算示意图如图 1-4-15 所示。

124

```
矩阵和向量的乘积 b[] = a[][]*x[]        向量和矩阵的乘积 c[] = y[]*a[][]
b = stdarray.create1D(m, 0.0)          c = stdarray.create1D(n, 0.0)
for i in range(m):                     for j in range(n):
    for j in range(n):                     for i in range(m):
        b[i] += a[i][j]*x[j]                   c[j] += y[i]*a[i][j]
          数组 a[][] 第 i 行与             数组 a[][] 第 j 列与
          数组 x[] 的点积                  数组 y[] 的点积
```

```
a[][]                              b[]
99.0  85.0  98.0                 94.0
98.0  57.0  79.0                 78.0
92.0  77.0  74.0                 81.0
94.0  62.0  81.0          x[]    79.0
99.0  94.0  92.0        0.33333  95.0
80.0  76.5  67.0        0.33333  74.5  ← 行平均值
76.0  58.5  90.5        0.33333  75.0
92.0  66.0  91.0                 83.0
97.0  70.5  66.5                 78.0
89.0  89.5  81.0                 86.5
```

```
y[]  [ .1 .1 .1 .1 .1 .1 .1 .1 .1 .1 ]
a[][]  99.0  85.0  98.0
       98.0  57.0  79.0
       92.0  77.0  74.0
       94.0  62.0  81.0
       99.0  94.0  92.0
       80.0  76.5  67.0
       76.0  58.5  90.5
       92.0  66.0  91.0
       97.0  70.5  66.5
       89.0  89.5  81.0
c[]  [91.6  73.6  82.0]  ← 列平均值
```

图 1-4-15 两种特殊情况的矩阵乘法运算示意图（其中一个参数为向量）

上述运算提供了许多矩阵运算的简洁方式。例如，m 行 n 列电子表格行平均值的计算，可等同于一个矩阵和向量的乘积，其中行向量包括 n 个值为 1.0/n 的元素；同样 m 行 n 列电子表格列平均值的计算，可以等同于一个向量和矩阵的乘积，其中列向量包括 m 个值为 1.0/m 的元素。本章结尾部分将讨论一个使用向量和矩阵乘积的重要应用实例。

6. 交错数组（Ragged array）

事实上，并不要求二维数组所有行的数组长度相同。二维数组中行数组的长度不同时，称为交错数组（示例程序请参见本节习题第 32 题）。对于交错数组，其处理代码需要仔细设计。例如，如下代码用于输出一个交错数组的内容：

```
for i in range(len(a)):
    for j in range(len(a[i])):
        stdio.write(a[i][j])
        stdio.write(' ')
    stdio.writeln()
```

上述代码可检验读者对 Python 数组的理解，建议花点时间仔细研究学习。本书使用的数组一般为平方数组（即方阵）或矩形数组，其维度分别由变量 m 和 n 决定。如果代码中使用了类似 len(a[i]) 的形式，则清楚表明数组为交错数组。

注意，不使用索引下标的代码，同时也适用于矩形数组和交错数组：

```
for row in a:
    for v in row:
        stdio.write(v)
        stdio.write(' ')
    stdio.writeln()
```

7. 多维数组

二维数组可拓展为任意维度的多维数组。使用数组的数组的数组……，可创建三维数组、四维数组，等等，多维数组元素的访问方式如代码 a[i][j][k] 所示。二维数组是矩阵最自然的表现形式，矩阵广泛应用于科学、数学和工程领域。二维数组也适用于组织大量的数据，是电子表格和许多其他计算机应用程序的关键因素。基于笛卡儿坐标系，二维数组和三维数组是物理世界模型的基础。基于这些自然应用，数组将成为许多有趣并且有用程序的基础，本书将陆续学习这些程序。

1.4.6 二维数组应用实例：自回避随机行走

假设我们把一条狗放置在一个大城市的中心位置，大城市的街道构成我们所熟悉的网格模式。假设城市包括 n 条南北走向的街道和 n 条东西走向的街道，所有的街道均匀分布交叉构成一个网格。这条狗试图逃出城市，在每个交叉路口随机选择方向，但通过狗的灵敏嗅觉不走重复的路。有时候这条狗会走入死胡同，即在某些交叉路口没有选择，必须重走已经走过的交叉路口，请问走入死胡同的概率是多大？这个简单有趣的问题就是著名的"自回避随机行走（self-avoiding random walk）"。自回避随机行走问题在聚合物与统计力学等研究领域具有重要的科学应用价值。例如，该过程模拟一个材料链每个时间单位增长一个单位，直到没有增长的空间。科学家通过了解自回避随机行走的特征来理解这类过程。

狗逃出城市的概率显然与城市的大小有关。在一个较小的 5×5 的城市，狗肯定能够逃出城市显而易见。但是如果城市很大，则狗逃出去的机会是多少呢？我们还对其他的一些参数感兴趣，例如，狗行走的平均长度是多少？狗进入已经行走过的街区而不是剩余街区的平均次数是多少？狗进入同一条街区的次数是多少？这些属性对于研究上述提及的各种应用都有十分重要的意义。

程序 1.4.4（selfavoid.py）模拟自回避随机行走过程。程序使用一个二维布尔数组，数组的每个元素表示一个交叉点。True 表示狗曾经到达该交叉点；False 表示狗未到达该交叉点。

路径的起点为中心点，随机行走到下一个未到达的交叉点，直至进入死胡同，或者成功到达边缘。如图 1-4-16 所示。为了简单起见，代码实现的规则如下：如果随机选择的结果为已经走过的交叉口，则不采取任何行动，希望下一次随机选择会查找到一个新的地方（程序会测试死胡同，如果进入死胡同则终止循环，所以可保证程序正常运行）。

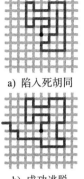

a) 陷入死胡同

注意，代码中展示了一种重要的编程技术，在 while 循环的语句体中使用测试非法语句作为循环终止条件测试。在本程序中，循环终止测试为循环结构中数组越界访问，对应于测试狗是否成功逃出。在循环结构中，死胡同测试的结果是使用 break 语句跳出循环。

b) 成功逃脱

图 1-4-16　自回避
随机行走

从程序的运行结果可以看出，事实令人遗憾：在大城市中，狗陷入死胡同的概率非常大。如果读者对自回避行走感兴趣，可参看本节习题中的几点建议。例如，在自回避随机行走三维实现版本中，狗逃出的概率非常大。虽然这个直观的结果被计算机程序模拟证实，但设计一个数学模型以解释自回避随机行走问题依旧是一个非常著名的公开难题：虽然被广泛研究，依旧找不到一个简洁数学公式用于计算逃脱概率、平均路径长度以及其他重要参数。

[127]

程序 1.4.4　自回避随机行走 (selfavoid.py)

```
import random              n          网格大小
import sys               trials       尝试次数
import stdarray         deadEnds      陷入死胡同的尝试次数
import stdio             a[][]        交叉网格（每个元素表示一个交叉点）
                          x, y        当前位置
n       = int(sys.argv[1])   r        随机数，取值范围为 [1, 5)
trials = int(sys.argv[2])
deadEnds = 0
for t in range(trials):
    a = stdarray.create2D(n, n, False)
    x = n // 2
    y = n // 2
    while (x > 0) and (x < n-1) and (y > 0) and (y < n-1):
        # Check for dead end and make a random move.
        a[x][y] = True
        if a[x-1][y] and a[x+1][y] and a[x][y-1] and a[x][y+1]:
            deadEnds += 1
            break
        r = random.randrange(1, 5)
        if   (r == 1) and (not a[x+1][y]): x += 1
        elif (r == 2) and (not a[x-1][y]): x -= 1
        elif (r == 3) and (not a[x][y+1]): y += 1
        elif (r == 4) and (not a[x][y-1]): y -= 1
stdio.writeln(str(100*deadEnds//trials) + '% dead ends')
```

程序 1.4.4 接收两个整型数据的命令行参数 n 和 trials。程序执行 trials 次试验，每次试验为 n×n 网格的自回避随机行走，输出结果为遇到死胡同的百分比。对于每次行走，创建一个布尔数组，从中心位置开始，直至结果为死胡同或到达边缘。程序 1.4.4 的运行过程和结果如下：

```
% python selfavoid.py 5 100          % python selfavoid.py 5 1000
0% dead ends                         0% dead ends
% python selfavoid.py 20 100         % python selfavoid.py 20 1000
35% dead ends                        32% dead ends
% python selfavoid.py 40 100         % python selfavoid.py 40 1000
80% dead ends                        76% dead ends
% python selfavoid.py 80 100         % python selfavoid.py 80 1000
98% dead ends                        98% dead ends
```

[128]

21×21 网格的自回避随机行走示意图如图 1-4-17 所示。

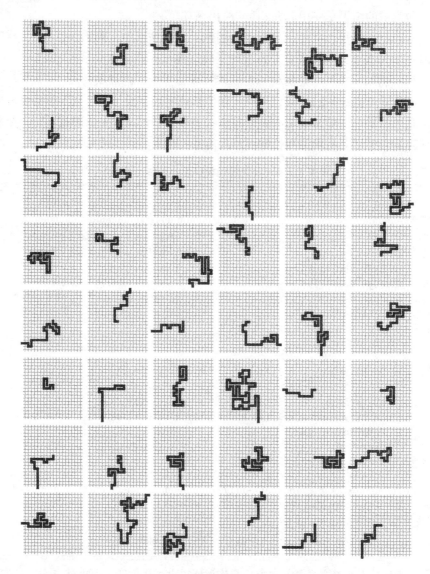

[129]

图 1-4-17 21×21 网格的自回避随机行走示意图

1.4.7 小结

数组是程序的第四种基本构造（前三种基本构造分别为赋值语句、条件语句和循环结构），基本上所有的程序设计语言都支持数组。如本小节的示例程序所示，可使用这四种基本构造编写程序解决各种类型的问题。在下一节中，我们将讨论与程序的交互机制，从而结束基本程序原理的讨论。

数组在我们所讨论的许多程序中具有显著的作用，目前讨论的有关数组的基本运算可满足许多程序设计任务的要求。即使没有直接使用数组（很多时候不需要使用数组），间接也会使用到数组，因为所有计算机的内存在概念上等同于一个数组。

将数组应用于程序设计的主要原因在于数组可以潜在地扩展程序的"状态"规模。程序的状态可以定义为理解程序完成的功能所需的信息。在一个没有数组的程序中，如果你了解变量的值以及下一步将要执行的状态，一般情况下你就可以确定程序下一步将执行的动作。当跟踪程序时，通常跟踪的是程序的状态。当程序中使用了数组，需要跟踪的值的数量将变得巨大（而且，执行每一条语句后这些值都有可能被改变）。因为这种差别，所以编写使用数组的程序比不使用数组的程序具有更大的挑战性。

数组可用于直接表示向量和矩阵，所以可直接应用于科学和工程中许多基本问题的计算。数组还提供了统一的表示方法以处理大数据，所以其在涉及处理大数据的程序中占据关键地位，本书将陆续介绍其相关应用实例。

更重要的是，数组仅仅是冰山一角。数组是一种数据结构的例子，数据结构用于组织数据，进而能够方便和高效地处理数据。第 4 章将进一步深入讨论其他数据结构，包括可变数组、链表、二叉搜索树、哈希表。数组也是我们接触到的第一种集合类型，集合类型用于组织许多元素成为一个数据整体。第 4 章将进一步深入讨论其他集合类型，包括：Python 列表、元组、字典、集合、堆栈和队列（堆栈和队列是集合的两个经典示例）。

130

1.4.8 问题和解答（字符串）

Q. 为什么 Python 的索引下标从 0 而不是从 1 开始？

A. 这个规范起源于机器编程语言，其中数组元素的地址为数组的起始地址与索引值之和。如果数组的索引坐标从 1 开始，则会浪费数组或字符串第一个位置的空间，或者计算数组元素的地址时需要减 1，从而浪费地址计算时间。

Q. 使用负整数索引下标访问数组会导致什么结果？

A. Python 的结果出人意料。给定数组 a[]，索引下标 –i，等同于 len(a) – i。例如，可使用 a[–1] 或 a[len(a) – 1] 访问数组 a[] 的最后一个元素；可使用 a[–len(a)] 或 a[0] 访问数组 a[] 的第一个元素。如果索引下标超出范围 –len(a) 到 len(a) – 1，则 Python 在运行时抛出错误 IndexError。

Q. 为什么切片 a[i:j] 包括 a[i]，但不包括 a[j]？

A. 切片的定义与函数 range() 的定义一致，包含左边界（闭区间），但不包括右边界（开区间）。这种定义方式导致了一些吸引人的特性：j – i 是切片结果子数组的长度（假定没有截断）；a[0:len(a)] 的结果为整个数组；a[i:i] 的结果为空数组；a[i:j] + a[j:k] 的结果等同于子数组 a[i:k]。

Q. 使用表达式 (a == b) 比较两个数组 a[] 和 b[]，会导致什么结果？

A. 不同情况结果不同。如果数组（或多维数组）的元素为数值，且两个数组的长度相同，对应元素值相同，则两个数组相等，结果返回 True。

Q. 如果随机行走不是自回避的，将发生什么情况？

A. 这种情况很好理解。这是 1.3 节中的赌徒破产问题的二维版本。

Q. 使用数组时应该注意哪些陷阱？

A. 请记住，创建数组耗费的时间与数组的长度成正比。所以使用循环结构创建数组时必须谨慎。

1.4.9 习题

1. 请编写程序，实现如下功能：创建一个正好包括 1000 个整数的一维数组 a[]，然后尝试访问 a[1000]。请问运行程序后，将会导致什么结果？

2. 请编写程序，实现如下功能：给定两个长度为 n 的向量（使用一维数组表示），计算两个向量之间的欧几里得距离（Euclidean distance，两个向量对应元素差的平方和的平方根）。

3. 请编写程序，实现如下功能：将一个一维浮点数数组的元素倒排序。要求：不许创建新的数组来存储结果。提示：可参考 1.4.1 节中"对象的可变性"的相关代码交换两个元素。

4. 请指出如下代码片段中的错误：

```
a = []
for i in range(10):
    a[i] = i * i
```

解答：语句 a = [] 创建了一个空数组 a，但是没有附加数据元素到数组 a。所以 a[0]、a[1] 等并不存在。尝试在赋值语句中使用这些元素将在运行时抛出错误 IndexError。

5. 请编写程序，实现如下功能：输出一个二维布尔数组的内容，如果元素值为 True，则输出 *；如果为 False，则输出空格。输出结果包括行号和列号。

6. 请问如下代码片段的输出结果是什么？

```
a = stdarray.create1D(10, 0)
for i in range(10):
    a[i] = 9 - i
for i in range(10):
    a[i] = a[a[i]]
for v in a:
    stdio.writeln(v)
```

7. 请问执行如下程序代码片段后，a[] 的结果是什么？

```
n = 10
a = [0, 1]
for i in range(2, n):
    a += [a[i-1] + a[i-2]]
```

8. 请编写程序 deal.py，实现如下功能：程序带一个命令行参数 n，从混排的一副牌中抽取并输出 n 手牌（每手牌 5 张），以空行分隔。

9. 请编写程序，实现如下功能：创建一个二维数组 b[][]，其结果为一个已知二维数组 a[][] 的拷贝，基于下列三种情况：

   a. a 是方阵数组

   b. a 是矩形数组

   c. a 是交错数组

   满足 b 解决方案必须同时满足 a，满足 c 解决方案必须同时满足 b 和 a。

10. 请编写程序，实现如下功能：输出一个二维数组的转置（行列交换）。例如，针对 1.4.5 节"初始化"中的 10×3 二维电子表格数组，程序的输出结果如下：

    ```
    99  98  92  94  99  90  76  92  97  89
    85  57  77  32  34  46  59  66  71  29
    98  78  76  11  22  54  88  89  24  38
    ```

11. 请编写程序，实现如下功能：转置一个行列相同的二维数组（即方阵数组），要求不创建新的数组。

12. 请编写程序，实现如下功能：创建一个二维数组 b[][]，其结果为一个已知 m 行 n 列数组 a[][] 的转置。

13. 请编写程序，实现如下功能：计算两个布尔方阵数组的点积，使用运算符 or 代替运算符 +，使用运算符 and 代替运算符 *。

14. 请编写程序，实现如下功能：程序带一个整型数据的命令行参数 n，创建一个 n 行 n 列的布尔型方阵数组，满足下列条件：如果 i 和 j 互素（即二者没有共同因子），则 a[i][j] 为 True，否则为 False。然后输出数组（具体方法参见本节习题 5），使用 * 表示 True，使用空格表示 False，输出结果包含行号和列号。提示：使用筛选方法。

15. 请改写 1.4.5 节"电子表格"中的代码片段，实现如下功能：计算每一行的加权平均值，各测试成绩对应的权重值为一个一维数组 weights[]。例如，如果最后一次考试的权重是其他两次考试的 2 倍，则权重值数组为：

    ```
    weights = [.25, .25, .50]
    ```

    注：所有权重值的累积和必须为 1。

16. 请编写程序，实现如下功能：计算两个矩形数组（行列不必相等）的乘积。注：矩阵的点积要求第一个矩阵的列数必须等于第二个矩阵的行数，如果维数不满足上述条件，程序中需输出错误提示信息。

17. 请改写 selfavoid.py（程序 1.4.4），实现如下功能：计算并输出行走路径的平均长度以及死胡同的概率。注意分别统计并输出成功逃出的平均路径长度和平均死胡同路径长度。

18. 请改写 selfavoid.py（程序 1.4.4），实现如下功能：计算并输出包含路径的最小轴向矩形的平均面积。注意分别针对成功逃出的路径和死胡同路径进行计算和输出。

19. 请编写程序，实现如下功能：创建一个 n×n×n 的三维布尔数组，各元素值初始化为 False。

132 ～ 134

1.4.10 创新习题

20. 掷骰子模拟（Dice simulation）。如下代码片段计算两个骰子点数之和的确切概率分布：

```
probabilities = stdarray.create1D(13, 0.0)
for i in range(1, 7):
    for j in range(1, 7):
        probabilities[i+j] += 1.0
for k in range(2, 13):
    probabilities[k] /= 36.0
```

程序运行结束后，probabilities[k] 是点数和为 k 的概率。运行程序模拟 n 次骰子投掷，计算两个 1 到 6 之间随机整数之和的同时，跟踪并记录每个值的发生频率。如果实证结果精确到三位小数精度，则 n 至少需要为多少？

21. 最长平台（Longest plateau）。给定整型数组，请编写程序，查找最长连续相同值的长度和位置，且结果的元素值大于其紧邻的前一个值和紧邻的后一个值。

22. 实证混排检验（Empirical shuffle check）。运行计算实验，以检查我们的洗牌代码（具体参见 1.4.4 节一维数组应用实例）结果的正确性。请编写程序 shuffletest.py，实现如下功能：程序带两个命令行参数 m 和 n，数组 a[] 大小为 m，对数组 a[] 进行 n 次混排，每次混排前数组 a[] 初始化为 a[i] = i。输出 m 行 m 列的表格，其中第 i 行输出 i 出现在位置 j 的次数。数组中所有元素的结果都趋近于 n/m。

23. 不良混排（Bad shuffling）。假设在我们的混排代码（具体参见 1.4.4 节一维数组应用实例）中，使用范围为 0 到 $n-1$ 之间的随机数代替范围 i 到 $n-1$ 之间的随机数。结果表明，混排结果不满足属于 $n!$ 种可能性之一。请使用习题 22 的测试程序进行测试。

24. 音乐随机播放（Music shuffling）。音乐播放机可设置为随机播放模式，随机播放 m 首歌各一次后，然后重复。请编写程序，估计不按顺序播放两首歌的概率（即，歌曲 2 后不播放歌曲 3，歌曲 9 后不播放歌曲 10，等等）。

25. 最小置换（Minima in permutation）。请编写程序，实现如下功能：程序带一个整型命令行参数 n。生成一个随机排列，输出排列，并输出排列中从左到右极小数的数量（一个元素是最小数的次数）。然后编写程序实现如下功能：程序带两个整型命令行参数 m 和 n，生成大小为 n 的数组的 m 个随机排列，输入生成的排列中从左到右极小数的数量平均值。额外奖励：创建一个函数，函数参数为 n，返回数组大小为 n 的从左到右极小数的数量。

26. 倒序排列（Inverse permutation）。请编写程序，实现如下功能：带命令行参数为序列 0 到 $n-1$ 的一个排列，输出其倒排序。（如果排列是一个数组 a[]，则其倒排序为数组 b[]，满足 a[b[i]] = b[a[i]] = i）。请确保输入参数为一个有效的排列。

27. 哈达玛矩阵（Hadamard matrix）。$n \times n$ 哈达玛矩阵 H_n 定义为一个布尔矩阵，满足下列著名特点：任意两行不同元素的个数为 $n/2$。（该特点可用于设计纠错码）。H_1 是包含唯一值 True 的 1×1 矩阵；如果 $n > 1$，则 4 个 H_n 按正方形排列后，再反转右下角 H_n 的所有元素，结果即为 H_{2n}。哈达玛矩阵 H_n 构成示意图如图 1-4-18 所示（其中 T 表示 True，F 表示 False）。

H_1	H_2	H_4
T	T T	T T T T
	T F	T F T F
		T T F F
		T F F T

图 1-4-18　哈达玛阵构成示意图

请编写程序，实现如下功能：程序带一个命令行参数 n，输出 H_n。假设 n 是 2 的乘幂。

28. 谣言（Rumor）。Alice 正在与其他 n 个客人（包括 Bob）开一个派对。Bob 制造了一个关于 Alice 的谣言，并告诉了其中的一个客人。第一次听到这个谣言的客人会立即告诉下一个客人（从除告诉他／她谣言的人和 Alice 以外的所有客人中随机挑选一个人）；如果一个客人（包括 Bob）第二次听到这个谣言，则他／她不会进一步散播这个谣言。请编写程序，估计谣言停止传播前所有的人（除 Alice 外）都听到这个谣言的概率。同时估计听到这个谣言的客人预计数量。

29. 重复值查找（Find a duplicate）。给定一个包含 n 个元素的数组，元素值位于 1 到 n 之间。请编写程序，实现如下功能：判断数组的元素值是否存在重复。要求不使用其他数组，但可改变已知数组的内容。

30. 素数个数（Counting prime）。请比较程序 primesieve.py（程序 1.4.3）的方法与正文中描述的方法（程序 factors.py，即程序 1.3.9）。这是一个空间和时间折中的问题：primesieve.py 运行速度快，但需要长度为 n 的布尔数组；正文中的示例则只需要两个整型变量，但速度很慢。通过运行两个程序，估计在 "python primesieve.py 1000000" 相同的运行时间内，正文程序最大可查找的 n 值为多少？

31. 扫雷游戏（Minesweeper）。请编写程序，实现如下功能：程序带三个命令行参数 m、n 和 p。创建一个 m×n 布尔数组，各元素的占用概率为 p。在扫雷游戏中，占用状态的单元格代表地雷，空单元格代表安全单元格。输出数组，使用星号（*）表示地雷，使用英文句点（.）表示安全单元格。然后，替换安全单元格的内容为邻居单元格中包含的地雷数量（上、下、左、右或对角线），并输出结果。例如，原始数组和变换后的结果数组示例如图 1-4-19 所示：

```
* * . . .         * * 1 0 0
. . . . .         3 3 2 0 0
. * . . .         1 * 1 0 0
a) 原始数组        b) 结果数组
```
图 1-4-19　扫雷游戏数组

通过使用 (m + 2) × (n + 2) 布尔数组，可尽量减少要处理的特殊情况个数。

32. 自回避行走长度（Self-avoiding walk length）。假设网格的大小没有限制。通过实验估计平均行走长度。

33. 三维自回避行走（Three-dimensional self-avoiding walk）。通过实验验证对于三维自回避行走其死胡同的概率为 0；并计算针对不同 n 值的平均行走长度。

34. 随机行走者（Random walker）。假设有 n 个随机行走者，从 $n×n$ 网格的中心位置开始，每次行走一步，每步的行走方向随机（上、下、左、右方向概率相同）。请编写一个程序，帮助制定和测试关于所有网格单元都被走过的总步数的假设。

35. 桥牌每手牌统计（Bridge hand）。在桥牌游戏中，四个选手各有一手 13 张扑克牌。其中一个重要的统计数据是每手牌中不同花色纸牌的数量。例如，5-3-3-2、4-4-3-2 或 4-3-3-3 的概率是多少？请问，5-3-3-2、4-4-3-2 或 4-3-3-3 哪个最有可能出现？请编写一个程序帮助回答上述问题。

36. 生日问题（Birthday problem）。假设人们不停地进入一个空房间，直到房间中有两个人生日相同为止。请问，平均进入多少个人才能有两个人生日相同？请通过实验估计这个数字。假设生日为整数 0 到 364 之间的均匀随机分布。

37. 优惠券收集问题（Coupon collector）。请通过实验验证经典数学的结论：集齐 n 个不同类型优惠券需要购买的优惠券数量大约为 nH_n。例如，如果仔细观察二十一点牌桌上的扑克牌（假设庄家洗好的牌数量足够多），则需要平均等待大约 235 张牌后，才可以看见每一张扑克牌。

38. 鸽尾式洗牌（Riffle shuffle）。请编写程序，实现如下功能：使用 Gilbert–Shannon–Reeds 模型的假洗牌法重新排列一副 n 张的扑克牌。首先，根据二项式分布产生一个随机整数 r：投掷一枚公平硬币 n 次，结果为正面的次数设置为 r；其次，把一副牌一分为二：一半包括 r 张扑克牌，另一半包括 $n - r$ 张扑克牌。重复下列步骤：从两堆牌中，把顶部的纸牌放在一堆新纸牌的下面。如果第一堆牌剩下 n_1 张牌，第二堆牌剩下 n_2 张牌，则从第一堆牌选取一张牌的概率为 $n_1 / (n_1 + n_2)$，从第二堆牌选取一张牌的概率为 $n_2 / (n_1 + n_2)$。研究需要多少次鸽尾式洗牌，才能够把 52 张牌洗成一副均匀混排的扑克牌。

39. 二项式系数（Binomial coefficient）。请编写一个程序，实现如下功能：创建和输出一个二维交错数组 a[n][k]，包含投掷公平硬币 n 次、其中正面 k 次的概率。程序带一个命令行参数以表示 n 的最大取值。这些数据称为二项分布（binomial distribution）：如果行 k 中的各元素乘以 2^n，则结果为按帕斯卡三角形排列的二项式系数（即 $(x+1)^n$ 展开式中 x^k 的系数）。计算方法如下：首先，对于所有的 n，a[n][0] = 0.0，a[1][1] = 1.0；然后，按从左到右顺序计算下一行的值，计算公式为：a[n][k] = (a[n–1][k] + a[n–1][k–1])/2.0。结果示意如表 1-4-6 所示。

表 1-4-6 帕斯卡三角形和二项式系数

帕斯卡三角形	二项分布
1	1
1 1	1/2 1/2
1 2 1	1/4 1/2 1/4
1 3 3 1	1/8 3/8 3/8 1/8
1 4 6 4 1	1/16 1/4 3/8 1/4 1/16

135
~
139

1.5 输入和输出

本节将拓展 Python 程序与外部世界交互的简单抽象模型（命令行参数和标准输出），具体包括标准输入、标准绘图和标准音频。标准输入可便于我们编写程序以处理任意数量的输入数据，并实现与程序的交互；标准绘图可实现图像数据的图形化表示，使得我们不必将所有的数据都编码为文本；标准音频提供了声音功能。这些扩展使用方便，可将读者带入程序设计的新境界。

缩略语 I/O 通常理解为输入 / 输出（input/output），泛指程序与外界通信的所有机制。计算机操作系统控制着与电脑连接的所有物理设备。为了实现标准输入输出抽象，本书使用包含函数的模块实现与操作系统的接口。

前文我们学习了从命令行接收参数，并在控制台窗口输出字符串；本节的目的是为读者提供更加丰富的工具集，以处理和呈现数据。和前文使用的 stdio.write() 和 stdio.writeln() 函数一样，这些函数并不是纯粹的数学函数，其主要功能是于输入设备或输出设备上产生某种"副作用"。我们主要关注如何通过编写程序从这些设备获取信息或写入信息到这些设备。

标准输入输出机制的一个基本功能特点是对于输入或输出数据的大小没有限制。从程序的角度上看，程序可不受限制地输入任意数量的数据或产生任意数量的输出。

标准输入输出机制的一种用途是将程序与计算机外部存储设备上的文件关联起来。将标准输入、标准输出、标准绘图和标准音频与文件关联起来十分容易。这种关联可使你的Python程序方便地实现如下功能：将结果保存或加载到文件以实现数据备份；从文件中读取数据备份；所保存的文件今后也可应用到其他的Python程序或其他的应用程序。

表1-5-1为本节所有程序的一览表，读者可以作为参考。

表 1-5-1　本节所有程序的一览表

程序名称	功能描述
程序 1.5.1（randomseq.py）	生成一个随机系列
程序 1.5.2（twentyquestions.py）	交互式用户输入
程序 1.5.3（average.py）	计算输入流中数值的平均值
程序 1.5.4（rangefilter.py）	一个简单的过滤器
程序 1.5.5（plotfilter.py）	标准输入到绘图过滤器
程序 1.5.6（functiongraph.py）	函数图形
程序 1.5.7（bouncingball.py）	弹跳的小球
程序 1.5.8（playthattune.py）	数字信号处理

140

1.5.1　鸟瞰图

本书Python程序设计采用的传统模型来自于1.1节，这里简单回顾一下该模型。

一个Python程序从命令行参数接收输入数据，并输出一系列字符串。默认时，命令行参数和标准输出均与应用程序（在命令行窗口中所键入的Python命令）关联。我们一般使用通用术语"命令行窗口"泛指这种应用程序。实践证明，这种模型简单直接，非常适合用户与程序以及数据之间的交互。

1. 命令行参数

命令行参数是Python语言的标准组成，用于程序的输入功能。用户在命令行键入的Python程序参数，操作系统将其表示为一个数组sys.argv[]。按惯例，命令行输入参数在Python和操作系统中均被视为字符串，所以如果希望传入的参数为数值，则需要使用转换函数int()或float()，将字符串转换为适合的类型。

2. 标准输出

在程序中，可使用本书官网提供的stdio库中的stdio.write()和stdio.writeln()函数输出数据内容。Python将程序中调用这些函数的结果放入到称为"标准输出"的抽象字符流中。默认时，操作系统将标准输出关联到控制台窗口。到目前为止，本书所有程序的输出内容都显示在控制台窗口中。

程序1.5.1（randomseq.py）使用了上述模型，可作为标准输出示例的第一个参考程序。程序带一个命令行参数n，输出n个取值范围为0到1之间的随机数值。

程序1.5.1通过命令行参数和标准输出的其他三种机制阐述其使用局限性，并引入一个更有用的编程模型。这些机制概述了Python程序中如何将标准输入流和一系列的命令行参数转换为标准输出流、标准绘图流和标准音频流。

程序 1.5.1   生成一个随机系列 (randomseq.py)

```python
import random
import sys
import stdio

n = int(sys.argv[1])
for i in range(n):
    stdio.writeln(random.random())
```

　　程序 1.5.1 接收一个整型命令行参数 n，将 n 个随机浮点数序列（取值范围为 [0,1)）写入标准输出。程序描述了本书到目前为止使用 Python 程序的标准模型。从程序的角度上看，输出序列的长度没有限制。程序 1.5.1 的运行过程和结果如下：

```
% python randomseq.py 1000000
0.879948024484513
0.8698170909139995
0.6358055797752076
0.9546013485661425
...
```

　　3. 标准输入

　　本书官网提供的模块 stdio 中，除了 stdio.write() 和 stdio.writeln() 函数，还定义了若干其他函数。这些函数实现了标准输入的抽象，以补充标准输出的抽象。即 stdio 模块包含程序从标准输入读取数据的函数。程序执行过程中可随时写入数据到标准输出，同样也可随时从标准输入流中读取数据。

　　4. 标准绘图

　　本书官网 stddraw 模块允许在程序中创建绘图。stddraw 模块使用一个简单的图形模型，可以在计算机窗口实现绘图功能，包括绘制点、线和几何图形。stddraw 模块还包含绘制文本、颜色和动画等其他功能。

　　5. 标准音频

　　本书官网提供的 stdaudio 模块允许在程序中创建和处理音频。stdaudio 模块使用一种标准格式将浮点型数组转换为音频。

　　注意，如果需要在程序中使用上述标准输入、标准输出和标准音频模块，则必须把 stdio.py、stddraw.py 和 stdaudio.py 放置在 Python 程序可访问的路径下（具体操作步骤请参见本节后的"问题和解答"）。

　　标准输入和标准输出抽象的历史可追溯到二十世纪七十年代 Unix 操作系统的开发，并在现代计算机系统中以某种形式存在。虽然与其他随后开发的各种机制相比，标准输入和标准输出比较原始，但现代程序员依旧依靠其功能实现程序与数据之间可靠的连接。本书官网研发的模块 stddraw 和 stdaudio 基于早期这种抽象原则的精神，为用户提供输出视觉和听觉的简单方法。

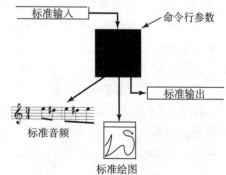

图 1-5-1   Python 程序鸟瞰图（更新版）

Python 程序鸟瞰图（更新版）如图 1-5-1 所示：

1.5.2 标准输出

如 1.2 节所述，应用程序编程接口（API）是提供给客户端的模块库功能特点的描述。模块 stdio 中部分与标准输出相关的 API 如表 1-5-2 所示。其中，我们已经学习和使用了 stdio. write() 和 stdio.writeln() 函数。本节主要讨论 stdio.writef() 函数，该函数可控制输出的格式。该功能源自于二十世纪七十年代的 C 语言，并在现代程序设计语言中保留，因为该功能实用性很强。

表 1-5-2　本书官网提供的 stdio 模块库中与标准输出相关的 API

函数调用	功能描述
stdio.write(x)	将 x 写入标准输出
stdio.writeln(x)	将 x 和换行符写入标准输出（如果不带参数，则仅换行）
stdio.writef(fmt, arg1, ⋯)	根据字符串 fmt 指定的格式将参数 arg1，⋯写入标准输出

[143]

最开始输出浮点数对象时，曾讨论过其精度过长的问题。例如，调用 stdio.write(math. pi) 函数，其输出结果为：3.141592653589793，但可能希望输出 3.14 或 3.14159。stdio. write() 和 stdio.writeln() 函数输出的结果带 16 位小数精度，但有时候只需要输出几位小数的精度。stdio.writef() 函数提供了更灵活、更强大的功能：允许在将数值对象转换为字符串输出时，指定输出的位数和精度。例如，使用 stdio.writef() 函数，通过语句 stdio. writef('%7.5f', math.pi)，使输出结果为 3.14159。

接下来我们将讨论这些语句的意义和操作，以及如何处理其他内置数据类型。

1. 格式化输出基础

stdio.writef() 函数最简单的调用格式是带一个字符串参数，其结果是 stdio.writef() 直接将字符串写入标准输出，所以其功能等同于 stdio.write()。stdio.writef() 第二种常用的调用格式是带两个参数，其中，第一个参数为"格式化字符串"。"格式化字符串"包含如何将第二个参数转换为输出字符串的"转换规范"。"转换规范"的形式为 %w.pc，其中，w 和 p 为小整数，c 为字符，其具体含义如下：

- w 表示字段宽度，即总共输出的字符数量。如果需要输出的字符数量超过（或等于）字段宽度，则忽略字段宽度的限定；否则，输出内容左填充空格以达到字段宽度。如果字段宽度为负整数，则表示输出内容采用右填充空格的方式。

- p 表示输出精度。对于浮点数，精度表示小数点后的数字位数；对于字符串，精度表示输出字符串的字符数。精度不适用于整数。

- c 表示转换代码。输出整数时，使用字符 d；输出浮点数时，使用字符 f；使用科学计数法输出浮点数时，使用字符 e；输出字符串时，使用字符 s。"格式化字符串"可以省略字段宽度和精度，但必须包括转换代码。

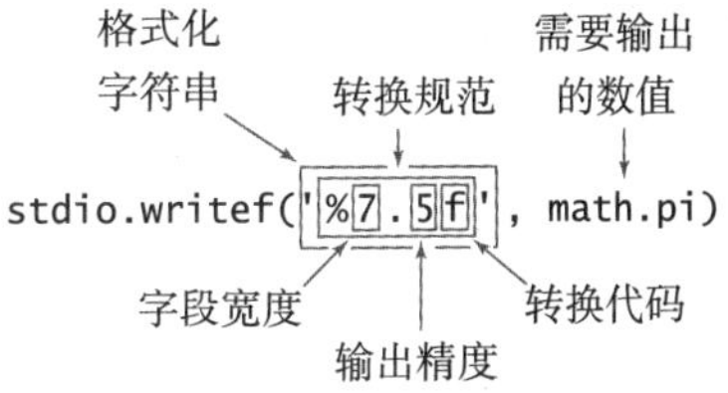

图 1-5-2　格式化输出语句 stdio. writef() 的剖析图

格式化输出语句 stdio.writef() 的剖析图如图 1-5-2 所示。

Python 必须能够将第二个参数转换为"格式化字符串"中指定的转换代码代表的类

[144]

型。对于 s 则没有限制，因为任何数据类型都可以转换为字符串（通过调用 str() 函数）。与之对比，调用 stdio.writef('%12d', 'Hello') 形式的语句则会导致 Python 在运行时抛出错误 TypeError，因为 Python 无法满足将字符串转换为整数的要求。

stdio.writef() 函数常用的"格式化字符串"转换规范如表 1-5-3 所示。更多的选项请参见本书官网相应的内容。

表 1-5-3　stdio.writef() 函数常用的转换规范

数据类型	转换代码	典型字面值	格式化字符串	输出的字符串
int（整数）	d	512	'%14d' '%-14d'	'　　　　　　　512' '512　　　　　　　'
float（浮点数）	f e	1595.1680010754388	'%14.2f' '%.7f' '%14.4e'	'　　　　　1595.17' '1595.1680011' '　　　1.5952e+03'
string（字符串）	s	'Hello, World'	'%14s' '%-14s' '%-14.5s'	'　　Hello, World' 'Hello, World　　' 'Hello　　　　　　　'

其他不属于"格式化字符串"中转换规范的内容将直接写入标准输出。例如，如下语句：

```
stdio.writef('pi is approximately %.2f\n', math.pi)
```

其输出结果为如下一行内容（输出后换行）：

```
pi is approximately 3.14
```

注意，需要在"格式化字符串"中显式包括一个换行字符（\n），以保证 stdio.writef() 输出一个换行。

2. 多个参数

stdio.writef() 函数可以接收两个以上的参数。对应每一个输出内容的参数，"格式化字符串"中必须指定与之对应的转换规范，这些转换规范一般使用其他字符分隔。例如，程序 1.3.6（sqrt.py）的 stdio.write(t) 可用下列语句代替：

145

```
stdio.writef('The square root of %.1f is %.6f', c, t)
```

其输出结果为：

```
The square root of 2.0 is 1.414214
```

下面示例显示偿还贷款程序中，可在内层循环中使用如下语句：

```
format = '%3s  $%6.2f   $%7.2f   $%5.2f\n'
stdio.writef(format, month[i], pay, balance, interest)
```

其输出结果为如下列表中第 2 行开始的内容（具体参见本节习题第 14 题）：

```
     payment   balance  interest
Jan  $299.00   $9742.67  $41.67
Feb  $299.00   $9484.26  $40.59
```

```
Mar   $299.00    $9224.78    $39.52
...
```

相对于使用字符串拼接方式创建输出字符串，格式化输出使用十分方便，其代码更加简洁。本节仅仅介绍了格式化输出的一些基本选项，更多详细的内容请参见本书官网。

1.5.3 标准输入

本书官网提供的模块 stdio 还包含若干用于输入的函数，用于从标准输入流（可能为空，也可能包括一系列由空白符（空格、制表符、换行符等）分隔的值）获取数据。每一个值代表一个整数、一个浮点数、一个布尔值，或一个字符串。标准输入流的一个主要功能特点是程序通过读取值消耗该值，即一旦程序读取了一个值，则不能退回重新读取该值。这种假设比较严格，但该特点反映了一些输入设备的物理特点并简化了抽象的实现。

stdio 模块提供了 13 个用于从标准输入读取数据的函数，其 API 如表 1-5-4 所示。这些函数可分为三大类：用于读取单独符号（token）的函数，一次读取一个，并转换为整数、浮点数、布尔值或字符串；用于一次从标准输入读取一行的函数；用于读取相同类型的一系列值的函数（返回包含系列值的数组）。一般而言，建议根据需要在同一程序中混合使用不同类型的输入函数。基于输入流模型，这些函数的功能是显而易见的（函数名描述了其功能效果），但其准确的操作细节还需要仔细讨论，下文将通过几个例子阐述其细节。 〔146〕

表 1-5-4 本身官网提供的与标准输入相关的 API

函数调用		功能描述
从标准输入读入数据	stdio.isEmpty()	标准输入是否为空（或者仅仅为空白字符）
	stdio.readInt()	读取数据（a token），将其转化为整数，然后返回
	stdio.readFloat()	读取数据（a token），将其转化为浮点数，然后返回
	stdio.readBool()	读取数据（a token），将其转化为布尔值，然后返回
	stdio.readString()	读取数据（a token），然后将其作为字符串返回
从标准输入读入行数据	stdio.hasNextLine()	标准输入是否有下一行数据
	stdio.readLine()	读取下一行数据，然后将其作为字符串返回
从标准输入读入一系列相同数据类型的数据，直至标准输入为空	stdio.readAll()	读取剩下的所有输入，然后将其作为字符串返回
	stdio.readAllInts()	读取剩下的所有数据（tokens），然后将其作为整数数组返回
	stdio.readAllFloats()	读取剩下的所有数据（tokens），然后将其作为浮点数数组返回
	stdio.readAllBools()	读取剩下的所有数据（tokens），然后将其作为布尔数组返回
	stdio.readAllStrings()	读取剩下的所有数据（tokens），然后将其作为字符串数组返回
	stdio.readAllLines()	读取剩下的所有行数据，然后将其作为字符串数组返回

注：1. 一个 token 是指非空白字符的最大数据序列。
　　2. 在读入以 token 为单位的数据之前，将忽略任意前导空白字符。
　　3. 当不能从标准输入读取下一数据（可能因为再无输入数据，或者输入数据与所期望的类型不匹配）时，将引发读入输入数据的函数运行时错误。 〔147〕

1. 类型输入

在命令行中通过 python 命令调用 Python 程序时，实际上执行下面三步操作：（1）发出命令，以启动执行程序；（2）确定命令行参数的值；（3）开始定义标准输入流。用户在控制台窗口的命令行中键入的字符序列即构成标准输入流。用户输入字符时，即与程序实现交互。程序等待用户创建标准输入流。例如，如下程序 addints.py 带一个整型命令行参数 n，并从标准输入中读取 n 个整型数值，计算这些数值之和，并把求和结果写入标准输出：

```
import sys
import stdio
n = int(sys.argv[1])
total = 0
for i in range(n):
    total += stdio.readInt()
stdio.writeln('Sum is ' + str(total))
```

如果用户在控制台窗口键入命令：python addints.py 4，按回车键，程序即开始运行。程序接收命令行参数，将变量 total 初始化为 0，进入 for 循环结构，最后调用 stdio.readInt() 函数，并等待用户键入一个整数。假设第一个要输入的值为 144，则可依次键入 1、4、4，此时程序没有任何反应，因为程序无法判断是否结束整数的输入，但最后按回车键确认完成整数输入后，stdio.readInt() 函数立即返回值 144，程序将其累加到变量 total 中，然后继续调用 stdio.readInt() 函数。同样，程序没有任何反应，直至用户键入第 2 个值：如果用户依次键入 2、3、3，并按回车键结束数值的输入，则 stdio.readInt() 函数返回值 233，程序又将其累加到变量 total 中。如果用户按上述方法输入四个数值后，程序不再等待用户输入更多的数值，而是按要求输出累计和。在命令行跟踪信息中，用户键入的文本使用粗体突出显示，以区别其他程序输出的信息。

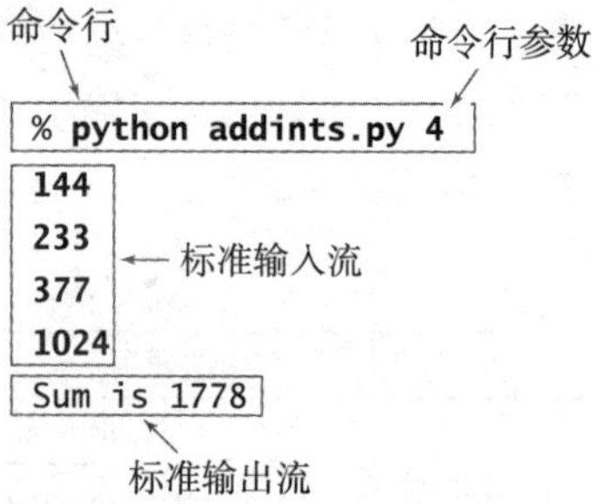

python 命令的剖析图如图 1-5-3 所示。

图 1-5-3　命令程序的剖析图

[148]

2. 输入格式

stdio.readInt() 函数要求整数值形式的输入，如果在标准输入键入 abc、12.2，或者 True，则 Python 在运行时抛出错误：ValueError。不同类型的格式与 Python 程序中其对应类型的字面量格式相同。为了方便起见，stdio 将连续空白字符串视为一个空白字符，并可用于分隔不同的数值。不同数值之间的空白字符数量不限。多个数值可在同一行键入，以制表符分隔；也可在多行输入（除非命令行控制台一次处理一行标准输入，此时程序等待用户键入回车键，然后发送一行的所有数值到标准输入）。不同类型的值可通过输入流混合输入，但如果程序期望特定类型的数据，则输入流必须提供与对应值的类型相匹配的数据。

3. 交互式用户输入

程序 1.5.2（twentyquestions.py）是一个与用户交互的简单程序示例。程序生成一个随机整数，并给出提示让用户猜测该数字（注意，使用二分查找法，最多 20 次猜测必定可以获得结果。具体请参见 4.2 节）。该示例程序与前文其他程序的本质区别在于，用户可在程序执行过程中改变其控制流程。在早期的计算应用程序中，这种功能十分重要。然而现代程序中很少编写这种类似的程序，因为现代程序一般使用图形用户界面接收用户输入，具体请参见本书第 3 章。即使像 twentyquestions.py 这样简单的程序也可以表明，编写支持用户交互的程序潜在地存在一定困难，因为必须考虑各种可能的用户输入。

程序 1.5.2　交互式用户输入（twentyquestions.py）

```
import random
import stdio

RANGE = 1000000

secret = random.randrange(1, RANGE+1)
stdio.write('I am thinking of a secret number between 1 and ')
stdio.writeln(RANGE)

guess = 0
while guess != secret:
    # Solicit one guess and provide one answer.
    stdio.write('What is your guess? ')
    guess = stdio.readInt()

    if   (guess < secret): stdio.writeln('Too low')
    elif (guess > secret): stdio.writeln('Too high')
    else:                  stdio.writeln('You win!')
```

secret	秘密值
guess	用户猜测的值

　　程序 1.5.2 产生一个取值范围为 1 到 1 000 000（一百万）之间的随机数。程序不断从标准输入读取用户的猜测值，同时根据每次的猜测结果输出"Too low"或"Too high"的提示信息到标准输出。如果用户的猜测值正确，则输出"You win!"的提示信息到标准输出。至多猜测 20 次，就一定能够正确猜对结果。程序 1.5.2 的运行过程和结果如下：

```
% python twentyquestions.py
I am thinking of a secret number between 1 and 1000000
What is your guess? 500000
Too high
What is your guess? 250000
Too low
What is your guess? 375000
Too high
What is your guess? 312500
Too high
What is your guess? 300500
Too low
...
```

4. 处理任意长度的输入流

　　一般情况下，输入流是有限的，程序从输入流中读取数据直至输入流为空。但输入流的大小没有限制，有些程序仅仅处理所有的输入数据而已。下一个程序示例 average.py（程序 1.5.3），从标准输入读取一系列实数，计算并输出其平均值。程序阐述了使用标准输入流的一个关键属性：程序无法确定输入流的长度。用户键入所有数值，程序计算其平均值。读取各数值前，程序调用函数 stdio.isEmpty() 检查输入流中是否存在剩余数值。

　　程序如何指示输入流中没有剩余的数据呢？按惯例，通过键入一个特殊字符系列作为文件结束系列。不幸的是，不同现代操作系统的控制台程序用于文件结束的特殊字符系列规定各不相同。本书采用 <Ctrl-d>（许多系统要求行末尾包括 <Ctrl-d>）；其他常用的规范包括同一行末尾的 <Ctrl-z>。

　　事实上，一般很少直接在标准输入中一个一个地键入数值，而是把输入数据保存在文件

149
∼
150

中，具体请参见程序 1.5.3，以及正文中相关的解释说明。

虽然 average.py 是一个简单的程序，但却代表了一种全新的、意义深远的编程能力：通过标准输入，可编写程序处理数量不限的数据。正如读者所见，编写类似程序是众多数据处理应用程序的有效途径之一。

相对于命令行参数模型，标准输入跨越了一大步（其两种优点可参见程序 twentyquestions. py 和 average.py 中的应用描述）。首先，用户可与程序进行交互，而使用命令行参数时只能在程序运行前为程序提供数据。其次，可读取大量数据，而使用命令行参数时只能键入命令行允许长度的数据。事实上，如程序 average.py 所述，程序可处理的数据总量可以潜在地不受限制，基于这种假设，许多程序可以变得十分简单。使用标准输入的第三个原因是，操作系统可重定向标准输入的源，从而不必键入所有的输入。下文将详细讨论实现重定向和管道的机制。

程序 1.5.3　计算输入流中数值的平均值 (average.py)

```
import stdio

total = 0.0
count = 0
while not stdio.isEmpty():
    value = stdio.readFloat()
    total += value
    count += 1
avg = total / count

stdio.writeln('Average is ' + str(avg))
```

| count | 所读入数据的计数 |
| total | 累积和 |

程序 1.5.3 从标准输入流中读取浮点数直至文件结尾，然后计算并输出这些浮点数的平均值到标准输出。从某种角度上讲，输入流的大小没有任何限制。程序 1.5.3 的运行过程和结果如下（第一次运行直接输入，以 Ctrl-d 结束输入流文件；后续运行使用重定向和管道通过 data.txt 文件提供 100 000 个数值给程序 average.py。重定向和管道将在下一节中讨论）：

```
% python average.py
10.0 5.0 6.0
3.0
7.0 32.0
<Ctrl-d>
Average is 10.5
```

```
% python ramdomseq.py 1000 > data.txt
% python average.py < data.txt
Average is 0.510473676174824

% python randomseq.py 1000 | python average.py
Average is 0.50499417963857
```

1.5.4　重定向和管道

对于许多应用程序，通过在控制台窗体键入数据作为输入流并不可行，因为这样的话，应用程序的处理能力将受限于我们所键入的数据总量（包括键入速度）。同样，在很多情况下，要求保存写入标准输出流的数据到文件，以便今后使用。为了克服上述限制，接着我们将强调如下理念，即标准输入是一种抽象：程序仅仅要求其提供输入，却不会依赖于输入流的数据源。标准输出是类似的抽象，这些抽象的能力源自于我们可通过操作系统为标准输入或标准输出指定不同的源，例如一个文件、一个网络、一个程序等。所有的现代操作系统都实现了上述功能机制。

1. 重定向标准输出到一个文件

通过在执行程序的命令后面添加重定向指令，我们可将标准输出重定向到一个文件。程序将标准输出的结果写入指定文件，以用于永久存储或以后为其他程序提供输入。例如：

151 ~ 152

```
% python randomseq.py 1000 > data.txt
```

指定标准输出流不是控制台窗口，而是写入名为 data.txt 的文本文件中。每次调用函数 stdio.write()、stdio.writeln() 或 stdio.writef() 时，将文本附加到 data.txt 文件的末尾。在上例中，最终运行结果是 data.txt 文件包括 1000 个随机值。控制台窗口没有任何输出显示，所有的输出直接写入符号 ">" 后指定的文件中。信息保存到文件中可供以后使用。注意，重定向机制完全依赖于标准输出抽象，与抽象的不同实现无关。重定向机制不要求修改程序 randomseq.py（程序 1.5.1）。

一旦我们花费大量精力获得了数据结果，往往希望保存结果以便今后能参考使用，使用重新定向机制可以保存所有程序的输出到文本文件。在现代操作系统中，我们也可以使用操作系统提供的复制/粘贴或者其他类似的功能保存一些信息，但复制/粘贴功能不适用于大量数据的情况。与之对比，重定向则是特别设计以适用于处理海量数据的情况。

重定向标准输出到文本文件的示意图如图 1-5-4 所示。

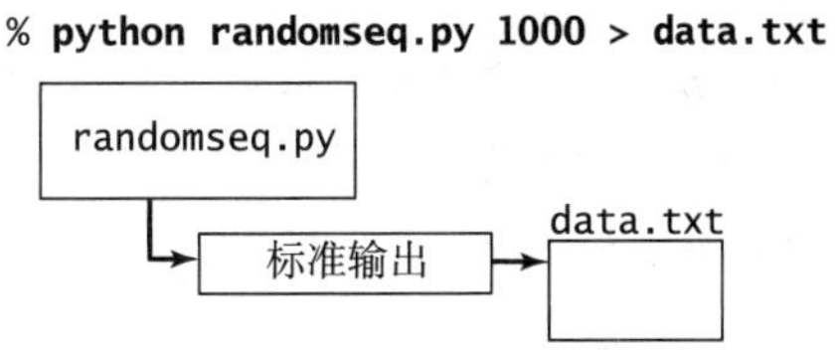

```
% python randomseq.py 1000 > data.txt
```

randomseq.py → 标准输出 → data.txt

图 1-5-4　重定向标准输出到文本文件的示意图

2. 重定向文件到标准输入

我们还可以重定向标准输入，使得程序从文件中读取输入数据，以代替从控制台程序中读取输入数据。例如：

```
% python average.py < data.txt
```

程序从文件 data.txt 中读取一系列数值，计算它们的平均值。特别地，符号 "<" 指示操作系统通过从文本文件 data.txt 读取数据来实现标准输入，而不是等待用户在控制台窗口键入数据。当程序中调用函数 stdio.readFloat() 时，操作系统从文件中读取数据。可使用任何应用程序创建文件 data.txt，包括 Python 程序，计算机中几乎所有的应用程序都可以创建文本文件。重定向文件到标准输入的功能使得用户可以创建 "数据驱动的代码"，即可改变程序处理的数据，而不用修改程序本身。我们将数据保存在文件中，通过编写程序从标准输入中读取数据。

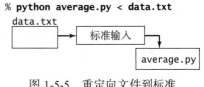

```
% python average.py < data.txt
```

data.txt → 标准输入 → average.py

图 1-5-5　重定向文件到标准输入的示意图

153

重定向文件到标准输入的示意图如图 1-5-5 所示。

3. 连接两个程序

实现标准输入和标准输出抽象的最灵活方式是指定一个程序的输出为另一程序的输入，这种机制称之为管道（piping）。例如：

```
% python randomseq.py 1000 | python average.py
```

指定程序 randomseq.py 的标准输出和程序 average.py 的标准输入流为同一个流。结果类似于 randomseq.py 程序生成数值到控制台窗口，而 average.py 从控制台窗口接收数据。上例执行命令与下列两行执行命令的结果等同：

```
% python randomseq.py 1000 > data.txt
% python average.py < data.txt
```

如果使用管道，则不会创建文件 data.txt。这种区别意义深远，因为消除了输入流和输出流可处理的数据大小的限制。例如，运行程序时，可使用 1000000000 代替 1000，即使计算机可能没有足够的存储空间保存 10 亿个数据（但是，我们仍然需要一定的时间来处理这些数据）。

当 randomseq.py 调用 stdio.writeln() 函数时，一个字符串被添加到流的结尾；当 average.py 调用 stdio.readFloat() 函数时，一个字符串从流的头部被清除。两个动作执行的先后次序取决于操作系统：可能先运行 randomseq.py 产生若干输出数据，然后运行 average.py 消费输出的数值；也可能先运行 average.py 等待输出数据，然后运行 randomseq.py 产生 average.py 等待的输出数据。最终运行结果保持一致，但程序基于标准输入和标准输出的抽象，所以读者无须考虑这些细节。通过管道连接一个程序的输出到另一个程序的输入的示意图如图 1-5-6 所示。

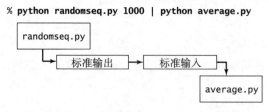

图 1-5-6   通过管道连接一个程序的输出到另一个程序的输入的示意图

4. 过滤器

管道是最早的 Unix 系统（20 世纪 70 年代）的核心功能，由于其对不同程序间的通信进行了简单化抽象，所以依旧存在于现代操作系统中。这种抽象的有力证明在于，目前许多 Unix 程序依旧被用于处理比想象大成千上万倍的文件。通过调用函数，用户可与其他 Python 程序通信，然而标准输入和标准输出还允许用户与使用其他语言、在不同时间编写的程序进行通信。用户使用标准输入和标准输出，意味着在遵循与外部世界的简单接口约定。

对于许多常用任务，一个比较方便的处理方式是，将每个程序视为一个过滤器，过滤器通过某种形式将标准输入流转换为标准输出流，然后使用管道作为命令行机制将这些程序串联起来。例如，rangefilter.py（程序 1.5.4）带两个命令行参数，将来自于标准输入中位于指定范围的值写入标准输出。读者可将标准输入想象为来自于某测量仪器的测量数据，而过滤器则用于丢弃超出当前实验目的范围的无用数据。

为 Unix 系统设计的若干过滤器在现代操作系统中依旧作为命令行命令使用，只不过命名可能有所不同。例如，sort 过滤器从标准输入读取文本行，并按从小到大升序排序后写入标准输出：

```
% python randomseq.py 9 | sort
0.0472650078535
0.0681950168757
0.0967410236589
0.0974385525393
0.118855769243
0.46604926859
0.522853708616
0.599692836211
0.685576779833
```

我们将在 4.2 节阐述排序。第二个实用的过滤器为 grep, 用于从标准输入中抽取与指定模式相匹配的文本行并写入标准输出。例如, 如果键入如下命令:

```
% grep lo < rangefilter.py
```

155

将返回 rangefilter.py 文件中所有包含 'lo' 的行:

```
lo = int(sys.argv[1])
    if (value >= lo) and (value <= hi):
```

程序员常常使用诸如 grep 的工具, 以快速查找变量名或语言使用细节。

程序 1.5.4 一个简单的过滤器 (rangefilter.py)

```
import sys
import stdio

lo = int(sys.argv[1])
hi = int(sys.argv[2])

while not stdio.isEmpty():
    # Process one integer.
    value = stdio.readInt()
    if (value >= lo) and (value <= hi):
        stdio.write(str(value) + ' ')
stdio.writeln()
```

lo	取值范围的下限
hi	取值范围的上限
value	当前数值

　　程序 1.5.4 接收两个整型命令行参数 lo 和 hi, 然后从标准输入读取一系列整数直至文件结束, 并将位于取值范围 lo (包括) 到 hi (包括) 之间的所有整数写入标准输出。因此, 本程序可视为一个过滤器 (具体阐述请参见正文)。本程序对流的长度没有任何限制。程序 1.5.4 的运行过程和结果如下:

```
% more rangedata.txt
3 1 4 1 5 9 2 6 5 3 5 8 9 7 9 3 2 3 8 4 6 2 6 4 3 3 8 3 2 7 9

% python rangefilter.py 5 9 < rangedata.txt
5 9 6 5 5 8 9 7 9 8 6 6 8 7 9

% python rangefilter.py 100 400
358 1330 55 165 689 1014 3066 387 575 843 203 48 292 877 65 998
358 165 387 203 292
<Ctrl-d>
```

第三个实用的过滤器是 more，用于从标准输入（或作为命令行参数指定的文件）读取数据，并在控制台窗口一次显示整屏信息。例如，如果键入命令：

```
% python randomseq.py 1000 | more
```

控制台窗口一次将显示整屏数值，然后等待用户按空格键，再接着显示下一屏后续内容。

术语"过滤器"可能容易让人产生误解：过滤器通常指类似于程序 rangefilter.py 的功能，将标准输入的一部分写入标准输出。而目前大多数情况下，过滤器泛指所有从标准输入读取数据并写入标准输出的程序。

5. 多重流

许多常用任务为了满足多个目的，需要编写程序从多个源获取输入，或者产生输出结果到多个目标。本书 3.1 节讨论了模块 instream.py 和 outstream.py，它们是 stdio.py 模块的推广，支持多个输入流和输出流。这些模块提供重定向这些流的功能，不仅可以从文件中读取或写入数据，还可以从任意网页中读取数据。

读取和处理海量数据在许多计算程序中占据重要位置。科学家需要分析来自一系列实验的数据，股票经纪人希望分析最近股票交易数据以获得有用信息，或者某个学生需要维护其音乐和电影的收藏信息。类似的实例不胜枚举，按规范这类实例一般统称为数据驱动程序。标准输出、标准输入、重定向和管道提供了使用 Python 程序编写数据驱动程序的能力。我们可从 Web 或其他标准设备中收集数据到计算机文件中，然后使用重定向和管道将数据和程序连接起来。

156
~
157

1.5.5 标准绘图

到目前为止，我们的输入和输出抽象主要关注文本的输入和输出。本节介绍产生绘图作为输出的抽象。该模块简单易用，允许用户充分利用视觉媒体来处理更多信息，而如果仅仅使用文本，是不可能实现这些功能的。

标准绘图十分简单：假定存在一个抽象的绘图设备，可用于在二维画布上绘制线条和点，然后把"画布"显示到标准绘图窗口的屏幕上。这个抽象的绘图设备可响应 stddraw 模块中函数组成的绘图命令。

stddraw 模块的 API 包含两种类型的函数：绘图函数，用于绘图设备采取动作（如绘制一条直线，绘制一个点）；控制函数，用于控制绘图的显示方式，设置诸如画笔大小、坐标标度等参数。

1. 绘制图形

用于绘制图形的基本函数的 API 如表 1-5-5 所示。与标准输入和标准输出函数类似，绘制函数也几乎其义自明：stddraw.line() 用于绘制连接给定参数的两个坐标点的线段；stddraw.point() 用于绘制给定参数的坐标点。默认的坐标标度为单位正方形（所有的坐标位于 0 到 1 之间）。坐标点 (0.0, 0.0) 位于左下角，坐标点 (1.0, 1.0) 位于右上角，即对应于直角坐标系的第一象限。默认设置选项为在白色背景中绘制黑色线条和黑色点。

表 1-5-5　本书官网用于绘制图形的基本函数的 API

函数调用	功能描述
stddraw.line(x0, y0, x1, y1)	从点 (x0, y0) 到点 (x1, y1) 绘制一条直线
stddraw.point(x, y)	在坐标 (x, y) 上绘制一个点
stddraw.show()	在标准绘图窗口绘制图形（并等待直至用户关闭绘图窗口）

控制函数 stddraw.show() 的说明稍显复杂。当程序调用诸如 stddraw.line() 或 stddraw.point() 等绘图函数时，stddraw 使用称为"背景画布"（background canvas）的抽象。"背景画布"仅存在于计算机内存，并不会显示。所有的点、线条等，不直接绘制到标准绘图窗口中，而是绘制在"背景画布"上。仅当调用 stddraw.show() 函数时，绘制在"背景画布"上的图像才会复制到标准绘图窗口，标准绘图窗口会一直显示，直到用户关闭标准绘图窗口。一般通过单击窗口标题栏的 Close（关闭）按钮关闭标准绘图窗口。

为什么 stddraw 需要使用"背景画布"？其主要原因在于使用两块画布代替一块画布可使 stddraw 更高效。在许多计算机系统中，使用增量方式显示所创建的复杂图形将导致不可忍受的缓慢速度。在计算机图形学中，该技术称为"双缓冲"技术。

使用 stddraw 模块绘制图形的典型程序结构可总结如下：

- 导入 stddraw 模块。
- 调用诸如 stddraw.line() 和 stddraw.point() 等绘图函数，在"背景画布"上绘制图形。
- 调用 stddraw.show() 函数，在标准绘图窗口显示"背景画布"，直至用户关闭标准绘图窗口。

使用 stddraw 模块绘制一条直线的命令和示意图如图 1-5-7 所示。

请读者铭记下列事实：所有的绘制均基于"背景画布"。通常，一个程序创建绘制图形，最后通过调用 stddraw.show() 函数完成绘制。只有调用 stddraw.show() 函数后，用户才能看见绘制的图形。

接下来将通过若干示例，向读者打开一个编程的新世界，即摆脱在程序中仅能够通过文本与用户通信的限制。

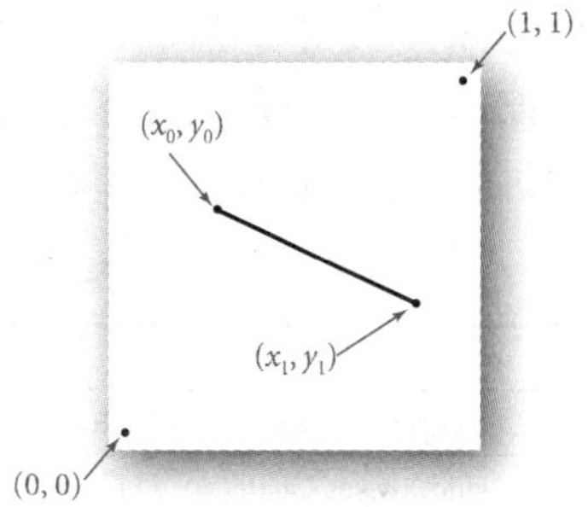

```
import stddraw
stddraw.line(x0, y0, x1, y1)
stddraw.show()
```

图 1-5-7　使用 stddraw 模块绘制一条直线的命令和示意图

2. 第一个绘图程序

与第一个 Python 文本程序"Hello, World"对应，第一个绘图程序则使用 stddraw 绘制一个三角形，三角形中间包括一个点。通过绘制三条线可构成一个三角形：一条线从左下角的坐标点 (0, 0) 到坐标点 (1, 0)；一条线从坐标点 (1, 0) 到坐标点 $(1/2, \sqrt{3}/2)$；一条线从坐标点 $(1/2, \sqrt{3}/2)$ 返回到坐标点 (0, 0)。最后在三角形的中心点位置绘制一个点。从本书官网成功下载并运行测试 triangle.py 程序后，读者可以自行编写包含绘制线条和点的绘图程序。这种能力着实为你编程的输出增加了一个新的维度。

使用计算机绘制图形时，可及时获得反馈（结果图形），因此可据此快速优化和改进程序。使用计算机程序，可创建手工无法想象和绘制的各种图形。特别地，数值数据通过显示为图像，将大大增强其表现力。在讨论若干其他绘制命令后，我们将讲述一些图形应用程序。

第一个图形应用程序的代码以及所绘制的图形如图 1-5-8 所示。

3. 保存图形

我们可将标准绘图窗口画布保存到一个文件，从而能够打印图形，或者与其他人分享图形。要保存图形，请鼠标右击窗口画布任意位置（通常当 stddraw 进入等待状态，即程序调用 stddraw.show() 函数之后），stddraw 将显示一个文件对话框，允许用户指定一个文件名。用户在对话框中输入一个文件名后，单击"保存（Save）"按钮，stddraw 把窗口画布保存到指定名称的文件中。文件名的后缀必须为 .jpg（以 JPEG 格式保存窗口画布）或 .png（以便携式网络图像（Portable Network Graphic）格式保存窗口画布）。本章即使用这种机制将图形应用示例程序所生成的图形保存到图像文件中。

4. 控制命令

标准绘图的默认坐标系是单位正方形，但常常需要使用其他标度进行绘图。例如，典型的情况是使用某种范围的 x 坐标或者 y 坐标，或者 x 坐标和 y 坐标。同样，也常常需要绘制不同粗细的线条，以及绘制不同大小的点。为了实现上述目标，stddraw 提供了如表 1-5-6 所示的函数。

```
import math
import stddraw

t = math.sqrt(3.0) / 2.0
stddraw.line(0.0, 0.0, 1.0, 0.0)
stddraw.line(1.0, 0.0, 0.5, t)
stddraw.line(0.5, t, 0.0, 0.0)
stddraw.point(0.5, t/3.0)
stddraw.show()
```

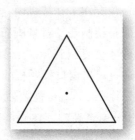

图 1-5-8 第一个图形应用
程序代码及图形

表 1-5-6 本书官网提供的设置绘图参数控制函数的 API

函数调用	功能描述
stddraw.setCanvasSize(w, h)	设置画布大小为 w×h 像素（w 和 h 默认为 512）
stddraw.setXscale(x0, x1)	设置画布的 x 坐标范围为 (x0, x1)。x0 默认为 0，x1 默认为 1
stddraw.setYscale(y0, y1)	设置画布的 y 坐标范围为 (y0, y1)。y0 默认为 0，y1 默认为 1
stddraw.setPenRadius(r)	设置画笔的半径为 r（r 默认为 0.005）

例如，调用函数 stddraw.setXscale(0, n)，将设置绘图设备使用 0 到 n 范围之间的 x 坐标系。请注意调用的顺序：

```
stddraw.setXscale(x0, x1)
stddraw.setYscale(y0, y1)
```

上述代码设置绘图坐标系为矩形范围框：其左下角坐标为 (x_0, y_0)，右上角坐标为 (x_1, y_1)。如果使用整数坐标系，则 Python 自动将其转换为浮点数。坐标标度使用的简单示例代码和示意图如图 1-5-9 所示。

缩放是图形学中常用的简单转换。本章讨论的几个典型应用程序使用了缩放技术，以直接匹配图形和数据。

```
import stddraw
n = 50
stddraw.setXscale(0, n)
stddraw.setYscale(0, n)
for i in range(n+1):
    stddraw.line(0, n-i, i, 0)
stddraw.show()
```

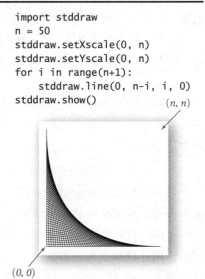

图 1-5-9 坐标标度示例代码和示意图

画笔是圆形的，如果设置画笔的半径为 r，则绘制一个点，其结果为一个半径为 r 的圆点。同样，线条的粗细为 2r，并且末端为圆头。默认的画笔半径为 0.005，且与坐标系标度无关。默认的画笔半径大约为默认窗口宽度的 1/200。如果在水平方向或垂直方向等间距绘制 100 个圆点，则正好可以看到各个圆点；但如果绘制 200 个圆点，则结果看起来是一条直线。通过调用函数 stddraw.setPenRadius(.025)，可设置线条粗细和圆点的大小为标准值 0.005 的 5 倍。要绘制最小可能半径的圆点（典型显示器上的一个像素点），请设置画笔半径为 0.0。

160
～
161

5. 使用标准绘图过滤数据

标准绘图的一种简单应用是绘制数据，即从标准输入过滤数据到标准图形。程序 1.5.5（plotfilter.py）就是这样的过滤器：程序读取通过 (x, y) 坐标定义的一系列坐标点，并绘制各坐标点。程序遵循如下约定，从标准输入读取的前 4 个数值构成坐标范围矩形框，所以可直接设定缩放比例，而无须在读取所有的数据后才能够确定缩放比例（类似数据文件通常遵循这种约定）。

与目前为止示例程序局限于标准输出的表现形式相比较，这种绘制点的图形表示形式更具表达性（也更紧凑）。相对于坐标列表数据，plotfilter.py 绘制的图像更易于发现和推理各城市的特征（例如，人口分布中心）。每当我们处理代表客观物理世界的数据时，可视化图像表示往往是一种用于显示输出的最有意义的途径。程序 1.5.5 表明，创建一幅这样的图像其实非常简单容易。

6. 绘制函数图形

stddraw 的另一个重要应用是绘制实验数据或数学函数的值。例如，假定需要绘制函数 $y = \sin(4x) + \sin(20x)$ 位于区间 $[0, \pi]$ 范围的值。实现该任务需要使用采样的技术原型：在该区间中的坐标点数量有无限个，所以必须在区间中选择有限个数据点用于计算函数的值。通过选择一系列的 x 值，然后基于所选的每个 x 值计算函数 y 的值，从而实现函数采样。最后通过使用直线连接相邻的各点，可绘制函数的分段线性逼近图形（piecewise linear approximation）。最简单的方法是按等间隔取 x 的值：预先设置采样大小，x 坐标的间隔由区间大小除以采样大小所得的商决定。为了保证绘制值位于画布的可视范围，x 轴按区间间隔缩放，y 轴按对应于区间范围的函数最大值和最小值进行缩放。程序 1.5.6（functiongraph.py）为上述过程的 Python 代码。

所绘制函数曲线的光滑度取决于函数的特点和采样大小。如果采样数量太小，则函数的表现结果有可能不准确（不仅光滑度不理想，还可能丢失主要的波动数据，如示例 1-5-6 结果所示）。如果采样数量太大，则绘制图形可能非常耗时，因为有些函数的计算十分耗时。（在 2.4 节中，我们将讲述精确绘制光滑曲线的一种有效方法）。使用上述技术方法，我们可以绘制任意所选的函数：指定要绘制函数的 x 区间，按等间隔计算函数的值，并把结果保存到一个数组中，然后确定和设置 y 轴缩放，最后绘制线段。

程序 1.5.5   标准输入到绘图过滤器（plotfilter.py）

```
import stddraw
import stdio

# Read and set the x- and y-scales.
x0 = stdio.readFloat()
y0 = stdio.readFloat()
x1 = stdio.readFloat()
y1 = stdio.readFloat()
stddraw.setXscale(x0, x1)
stddraw.setYscale(y0, y1)

# Read and plot the points.
stddraw.setPenRadius(0.0)
while not stdio.isEmpty():
    x = stdio.readFloat()
    y = stdio.readFloat()
    stddraw.point(x, y)

stddraw.show()
```

x0	左边界（左下角 x 坐标）
y0	底边界（左下角 y 坐标）
x1	右边界（右上角 x 坐标）
y1	顶边界（右上角 y 坐标）
x, y	当前点的 x 和 y 坐标

　　程序 1.5.5 从标准输入读取 x 缩放比例（x 轴标度）和 y 缩放比例（y 轴标度），并据此配置 stddraw 画布。然后从标准输入读取坐标点直至文件结束，并在标准绘图上绘制这些坐标点。本书官网提供的文件 usa.txt 包括人口大于 500 的美国城市的坐标。类似文件 usa.txt 中的数据，具有可视性特征。程序 1.5.5 的运行过程和结果如下：

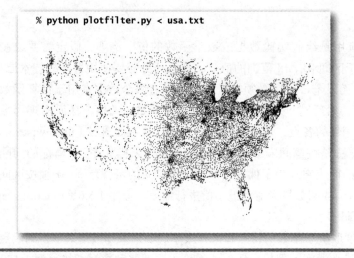

```
% python plotfilter.py < usa.txt
```

7. 图形的轮廓和填充

　　本书官网提供的 stddraw 模块还包含绘制圆形、矩形、任意多边形的函数。每种形状定义一种轮廓。如果函数名仅仅为形状名，则使用画笔绘制其轮廓；如果函数名以 filled 开始，然后跟形状名，则结果不是绘制形状的轮廓，而是填充形状。stddraw 模块中绘制形状相关函数的 API 如表 1-5-7 所示。

表 1-5-7   本书官网绘制形状相关函数的 API

函数调用	功能描述
stddraw.circle(x, y, r)	绘制以点 (x, y) 为圆心，r 为半径的圆
stddraw.square(x, y, r)	绘制以点 (x, y) 为中心，边长为 2r 的正方形

（续）

函数调用	功能描述
stddraw.rectangle(x, y, w, h)	绘制左下角坐标为 (x, y)，宽为 w，高为 h 的长方形
stddraw.polygon(x, y)	绘制以各坐标点 $(x[i], y[i])$ 互连的多边形

　　注：如果函数名以 filled 开始，然后跟形状名，即 filledCircle()、filledSquare()、filledRectangle() 以及 filledPolygon()，不仅仅绘制形状的轮廓，而且填充形状。

程序 1.5.6　函数图形（functiongraph.py）

```
import math
import sys
import stdarray
import stddraw

n = int(sys.argv[1])

x = stdarray.create1D(n+1, 0.0)
y = stdarray.create1D(n+1, 0.0)
for i in range(n+1):
    x[i] = math.pi * i / n
    y[i] = math.sin(4.0*x[i]) + math.sin(20.0*x[i])
stddraw.setXscale(0, math.pi)
stddraw.setYscale(-2.0, +2.0)
for i in range(n):
    stddraw.line(x[i], y[i], x[i+1], y[i+1])
stddraw.show()
```

n	采样样本总数
x[]	x 坐标数组
y[]	y 坐标数组

　　程序 1.5.6 接收一个整型命令行参数 n，通过在区间 $x=0$ 到 $x=\pi$ 之间采样 n+1 个点并绘制 n 个线段的方式，绘制函数 $y = \sin(4x) + \sin(20x)$ 的分段线性逼近图形。程序 1.5.6 的运行过程和结果如下。示例运行结果表明，采样数量的选择十分关键，如果采样数量只有 20，则会丢失函数曲线的大部分波动。

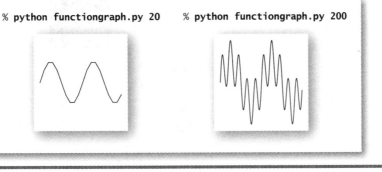

　　函数 stddraw.circle() 和 stddraw.filledCircle() 的参数用于指定圆的半径 r 和圆心的坐标，绘制基于圆心 (x, y)，半径为 r 的圆。函数 stddraw.square() 和 stddraw.filledSquare() 的参数用于指定边长 2r 和中心位置坐标，绘制基于中心位置 (x, y)，边长为 2r 的正方形。函数 stddraw.polygon() 和 stddraw.filledPolygon() 的参数用于指定多边形的一系列顶点坐标，绘制连接各顶点线段所构成的多边形，包括最后一个顶点到第一个顶点之间的线段（构成封闭图形）。如果读者需要绘制圆形和正方形以外的其他图形，可使用多边形绘制图形。请读者阅

读如下代码，猜测所绘制图形的形状，以检验自己的理解程度。

162
～
165

```
xd = [x-r, x, x+r, x]
yd = [y, y+r, y, y-r]
stddraw.polygon(xd, yd)
```

上述代码的运行结果无从知晓，因为没有调用 stddraw.show() 函数，所以没有显示结果（绘制结果位于背景画布，用户不可见）。如果调用了 stddraw.show() 函数，则结果为绘制以点 (x, y) 为中心的菱形（一个旋转的正方形）。其他的示例代码及其绘制结果如图 1-5-10 所示。

```
import stddraw
stddraw.circle(x, y, r)
stddraw.show()
```

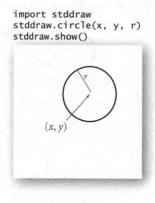

```
import stddraw
stddraw.square(x, y, r)
stddraw.show()
```

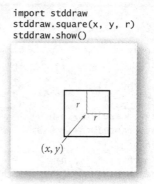

```
import stddraw
x = [x0, x1, x2, x3]
y = [y0, y1, y2, y3]
stddraw.polygon(x, y)
stddraw.show()
```

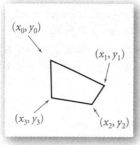

```
import stddraw
stddraw.square(.2, .8, .1)
stddraw.filledSquare(.8, .8, .2)
stddraw.circle(.8, .2, .2)
xd = [.1, .2, .3, .2]
yd = [.2, .3, .2, .1]
stddraw.filledPolygon(xd, yd)
stddraw.text(.2, .5, 'black text')
stddraw.setPenColor(stddraw.WHITE)
stddraw.text(.8, .8, 'white text')
stddraw.show()
```

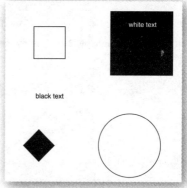

图 1-5-10　标准绘图示例代码及其绘制结果

8. 文本和颜色

有时候，需要在绘制的图形中添加注释，或高亮显示部分元素。stddraw 模块提供了一个用于绘制文本的函数，两个用于设置与文本关联的参数属性的函数，一个用于改变画笔墨水颜色的函数。stddraw 模块中绘制文本和填充颜色相关函数的 API 如表 1-5-8 所示。虽然本书较少使用这些功能，但这些功能很实用，特别适用于在计算机屏幕上绘制图形。本书官网提供了其用法的大量实例。

表 1-5-8　本书官网绘制文本和填充颜色相关函数的 API

函数调用	功能描述
stddraw.text(x, y, s)	以点 (x, y) 为中心、绘制字符串 s
stddraw.setPenColor(color)	设置画笔颜色为 color（color 默认值为 stddraw.BLACK）
stddraw.setFontFamily(font)	设置字体为 font（font 默认值为 'Helvetica'）
stddraw.setFontSize(size)	设置字体大小为 size（size 默认值为 12）

在代码中，颜色和字体使用了将在 3.1 节中学习的类型，在这之前，读者可以忽略 stddraw 中的实现细节。可用的画笔颜色包括：BLACK、BLUE、CYAN、DARK_GRAY、GRAY、GREEN、LIGHT_GRAY、MAGENTA、ORANGE、PINK、RED、WHITE 和 YELLOW，它们都是定义在 stddraw 模块中的常量。例如，函数调用 stddraw.setPenColor(stddraw.GRAY) 将画笔墨水颜色设置为灰色。默认的墨水颜色为 stddraw.BLACK。stddraw 模块的默认字体可满足绝大多数绘制要求（读者可以从本书官网查找到有关如何使用其他字体的信息）。例如，可调用这些函数标注所绘制的函数图，以高亮显示相关值，读者还将发现，编写类似函数以标注绘图内容的其他部分也非常实用。

使用形状、颜色和文本等基本工具，我们可以创建令人眼花缭乱的各种图像，但读者必须谨慎使用。这些工具的使用常常面临设计挑战，而且与现代图形库的标准相比，stddraw 命令比较简单原始，所以创建一幅漂亮的图像往往需要超出想象的额外代码。

166 ≀ 167

1.5.6　动画

如果调用 stddraw.show() 函数时为其指定一个参数，则 stddraw.show() 的调用不再是程序的最后一个动作：stddraw.show() 函数将复制背景画布到标准绘图窗口，并持续显示指定数值（单位为毫秒）的时间。读者马上就会感受到，使用该功能（配合删除或清除背景画布的功能）可提供动态改变标准绘图窗口中的图像等有趣效果的无限可能性。这些效果可提供绚丽的视觉效果。接下来本书将给出其中一个示例（程序 1.5.7）。本书官网提供了更多的示例，可增强读者的想象力。本书官网提供的动画函数的 API 如表 1-5-9 所示。

表 1-5-9　本书官网提供的用于动画函数的 API

函数调用	功能描述
stddraw.clear(color)	清除画布，并使用颜色 color 为每个像素点涂色
stddraw.show(t)	显示标准绘图窗口中的图形

本书动画示例为弹跳的小球。与第一个 Python 文本程序"Hello, World"对应，第一个动画程序创建一个在画布上移动的黑色小球。假设小球位于坐标点 (r_x, r_y)，如果我们需要将其移动到附近的新位置，例如 $(r_x + 0.01, r_y + 0.02)$，其实现方法包括以下三个步骤：

- 清除背景画布。
- 在新的坐标位置绘制一个黑色的小球。
- 显示绘制的结果，并等待一小段时间。

通过在整个位置坐标点序列（在示例中，这些位置坐标点序列构成一条直线）上重复上述步骤，可创建移动的动画视觉效果。函数 stddraw.show() 的参数指定显示等待的时间间隔，可用于控制小球移动的速度。模拟小球运动的效果图如图 1-5-11 所示。

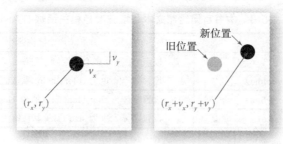

图 1-5-11　模拟小球运动的效果图

程序 1.5.7　弹跳的小球（bouncingball.py）

```
import stddraw

stddraw.setXscale(-1.0, 1.0)
stddraw.setYscale(-1.0, 1.0)

DT = 20.0
RADIUS = 0.05
rx = 0.480
ry = 0.860
vx = 0.015
vy = 0.023

while True:
    # Update ball position and draw it there.
    if abs(rx + vx) + RADIUS > 1.0: vx = -vx
    if abs(ry + vy) + RADIUS > 1.0: vy = -vy
    rx = rx + vx
    ry = ry + vy

    stddraw.clear(stddraw.GRAY)
    stddraw.filledCircle(rx, ry, RADIUS)
    stddraw.show(DT)
```

DT	等待时间
RADIUS	小球半径
rx, ry	小球所在位置坐标
vx, vy	小球移动速度（每次偏移量）

程序 1.5.7 在标准绘图中绘制一个弹跳的小球。即模拟一个小球在单位框中弹跳的动作。小球在接触到边界时遵循弹性碰撞规律。如果设置显示等待时间为 20 毫秒，则小球在屏幕上的显示可保持一致，虽然许多小球按黑白颜色交替显示。通过修改代码，可从命令行参数接收显示等待时间 dt，从而实现控制小球的移动速度。程序 1.5.7 的运行过程和结果（结果为修改后的代码，其中 stddraw.clear() 函数位于循环之外，参见本节习题第 34 题）如下图所示。

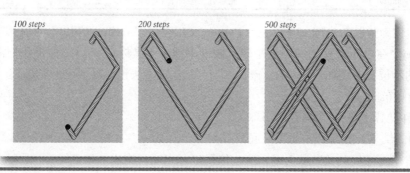

程序 1.5.7（bouncingball.py）实现了在位于中心位置的 2×2 正方形框中创建小球移动视觉效果的步骤。小球的当前位置为 (r_x, r_y)，每一步 r_x 增加 v_x、r_y 增加 v_y，计算下一个新坐标点的位置。既然 (v_x, v_y) 是每一步小球移动的固定长度，所以其代表小球移动的"速度"。为了避免小球越界，我们遵循弹性碰撞规律模拟小球在接触到边界时的运动轨迹。弹性碰撞规律的实现十分简单：当小球碰撞到垂直墙面时，改变其 x 方向的速度 v_x 为 $-v_x$；当小球碰撞到水平墙面时，改变其 y 方向的速度 v_y 为 $-v_y$。当然，读者需要从官网下载程序代码到本地计算机，通过运行观察动画效果。

在印刷的纸张上无法观察运动的图像，所以需要通过修改 bouncingball.py 代码显示小球的移动轨迹（具体请参见本节习题第 34 题）。

鼓励读者通过修改程序 bouncingball.py 的各种参数以熟悉计算机动画，例如，绘制更大的球、让小球移动速度更快或更慢。通过实验比较模拟的速度与显示器实际显示速度的区别。为了实现最大的灵活性，可修改程序 bouncingball.py，以从命令行接收所有的参数。

标准图形通过增加"一图胜千言"的图像组件，显著地增强了程序设计模型的功能。标准图形是更好地向外部世界展示程序的自然抽象。使用标准图形，我们可以方便地绘制函数图形，可视化显示科学和工程中常用的数据。本书将通过实例陆续展示标准图形在这些领域的应用。充分理解后面的几个应用实例，将有助于读者今后的学习和工作。本书官网和习题提供了更多的应用实例，可帮助读者开启使用 stddraw 模块解决各种问题和面临各种挑战的大门。例如，如何绘制一个包括 n 个顶点的星形？如何模拟真实小球的弹跳运动（考虑重力的影响）？读者将发现实现这些以及其他任务并不困难。

170

1.5.7 标准音频

最后介绍的基本输出抽象为 stdaudio 模块，可用于播放、操作和合成音频。你可能以前使用过计算机来处理音乐，本节将介绍通过编写程序来处理音乐。同时，读者将学习一些著名和重要的计算机科学和科学计算领域的概念：数字信号处理。本书仅仅粗略涉及这个很有趣的主题，但读者会发现其内在的概念其实十分简单。

1. 标准 A 音（Concert A）

声音是受分子的震动产生的感知，即耳膜的震动产生的感知。所以，理解声音的关键是震荡。可能理解音乐的最简单开始是讨论高于中 C 调的音符 A，称为标准 A 音。这个音符为一个正弦波，每秒振荡 440 次。函数 $\sin(t)$ 重复间隔为 2π，所以如果 t 的测量单位为秒，则绘制函数 $\sin(2\pi t \times 440)$，结果曲线每秒振荡 440 次。当我们通过拨动吉他琴弦、吹小号或者将一个小圆锥放置在扬声器上振动来演奏音符 A，该正弦曲线是我们听见和辨识标准 A 音的主要部分。频率的单位是赫兹（hertz，即每秒的周期数）。如果让频率加倍或减半，则音乐升高或降低八度。例如，880 赫兹比标准 A 音高一个八度，而 110 赫兹比标准 A 音低两个八度。作为参考，人耳能够辨识的频率范围大约为 20 赫兹到 20 000 赫兹。声音的幅度（y 值）对应于音量大小。绘制曲线时幅度的范围取值为 -1 到 $+1$，假设记录或播放声音的设备可按比例缩放音量，就如同通过旋转音量按钮进一步控制音量大小一样。音符、频率和波形的关系如图 1-5-12 所示。

2. 其他音符

一个简单的数学公式可刻画半音音阶上其他音符的特征。半音音阶上包含 12 个音符，在对数（对数的底为 2）刻度上均匀分布。给定音符上的第 i 个音符频率计算公式为：给定音符的频率乘以 2 的 (*i*/12) 次幂。换言之，半音音阶上一个音符的频率是其前一个音符的频率乘以 2 的 1/12 次方（约为 1.06）。基于上述信息足够创建音乐。例如，如果要弹奏儿童歌曲 Frère Jacques（雅各兄弟，法语版两只老虎），只需要循环弹奏音符 *A B C#A* 各半秒钟，以产生相应频率的正弦波。

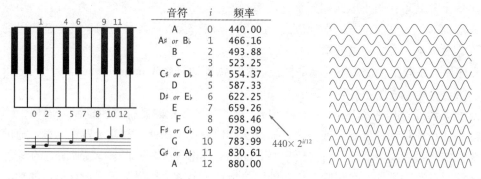

音符	*i*	频率
A	0	440.00
A♯ or B♭	1	466.16
B	2	493.88
C	3	523.25
C♯ or D♭	4	554.37
D	5	587.33
D♯ or E♭	6	622.25
E	7	659.26
F	8	698.46
F♯ or G♭	9	739.99
G	10	783.99
G♯ or A♭	11	830.61
A	12	880.00

$440 \times 2^{i/12}$

图 1-5-12　音符、频率和波形的关系

3. 采样

对于数字音频，可采用绘制函数图形的同样方法，按等间隔采样后表示曲线。通常采用足够大的采样频率以保证精确绘制曲线，常用的数字音频采样频率为每秒 44 100 个样本。针对标准 *A* 音，该采样频率对应于每个正弦波的绘制周期采样点数约为 100。因为采样方式为等间隔，所以只需要计算各采样点的 *y* 坐标。正弦波形的采样参见图 1-5-13。实现方法十分简单：声音使用一个数值数组表示（取值范围为 –1 到 +1 之间的浮点数）。本书官网声音模块（stdaudio）中的 stdaudio.playSamples() 函数接收一个浮点型数组作为参数，在计算机上播放浮点型数组所表示的声音。

例如，假设需要播放 10 秒钟标准 *A* 音的音乐。基于 44 100 赫兹的采样频率，则需要大小为 441 001 个浮点值的数组。使用 for 循环结构，分别在采样点 t = 0 / 44100, 1 / 44100, 2 / 44100, 3 / 44100, ……, 441000 / 44100 上，对函数 $\sin(2\pi t \times 440)$ 进行采样，并填充数组。采样并填充数组后，就可以使用 stdaudio. playSamples() 函数进行播放。相关代码如下：

```
SPS = 44100            # samples per second
hz = 440.0             # concert A
duration = 10.0        # ten seconds
n = int(SPS * duration)

a = stdarray.create1D(n+1)
for i in range(n+1):
```

1/40 second (various sample rates)

5,512 samples/second, 137 samples

11,025 samples/second, 275 samples

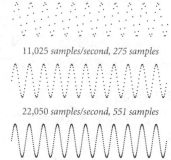

22,050 samples/second, 551 samples

44,100 samples/second, 1,102 samples

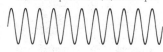

44,100 samples/second (various times)

1/40 second, 1,102 samples

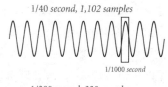

1/1000 second

1/200 second, 220 samples

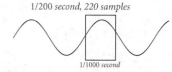

1/1000 second

1/1000 second, 44 samples

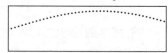

图 1-5-13　对正弦波形的采样

```
        a[i] = math.sin(2.0 * math.pi * i * hz / SPS)
    stdaudio.playSamples(a)
    stdaudio.wait()
```

与第一个 Python 文本程序"Hello, World"对应，上述程序为第一个音频程序。一旦读者熟悉使用上述程序在计算机上播放音符，就可以编写自己的程序播放其他音符，并进一步制作音乐。创建音符和绘制振荡曲线的区别仅仅在于输出设备。事实上，可同时把相同的数据输出到标准绘图和标准音频，实现非常有趣的可视化效果（具体参见本节习题第 27 题）。

4. 保存到文件

音乐会占据计算机大量的空间。当采样频率为 44 100 赫兹时，4 分钟的音乐包括 $4 \times 60 \times 441\,000 = 1\,058\,400$ 个数据。因而，通常采用二进制格式表示对应歌曲的数据以节省空间，来代替用标准输入和标准输出的字符串格式表示的方式。近年来，大量的音频格式不断涌现，stdaudio 模块使用 .wav 格式。有关 .wav 格式的信息，可查找本书官网。但读者一般不需要知道其细节，stdaudio 模块将负责转换。使用 stdaudio 模块可播放 .wav 文件，编写程序创建和操作浮点数数组，从 .wav 文件中读取数据，写入数据到 .wav 文件。

程序 1.5.8（playthattune.py）演示了使用 stdaudio 模块中的函数创建音乐的简单方法。程序从标准输入接收音符，基于标准 A 音的半音音阶进行索引，然后在标准音频中播放。在程序技术方案的基础上，可进行各种拓展，具体请参见习题。

本书把 stdaudio 模块作为程序工具库的基本工具，因为音频处理在科学计算中已成为人们熟知的重要应用之一。数字信号处理的商业应用程序不仅对现代社会影响深远，而且其背后的科学和技术把物理和计算机进行了有机结合。本书后续章节将详细讨论数字信号处理（例如，在 2.1 节将讨论如何创建比程序 playthattune.py 生成的单纯声音更为复杂的音乐）。

171
〜
173

本书官网提供的用于创建声音的函数 API 如表 1-5-10 所示。

表 1-5-10　本书官网提供的用于创建声音的函数的 API

函数调用	功能描述
stdaudio.playFile(filename)	播放存放在 filename.wav 文件中的所有声音样本
stdaudio.playSamples(a)	播放存放在浮点数数组 a[] 中的声音样本
stdaudio.playSample(x)	播放存放在浮点数 x 中的声音样本
stdaudio.save(filename, a)	将存放在浮点数数组 a[] 中的所有声音样本保存到 filename.wav 文件中
stdaudio.read(filename)	读取 filename.wav 文件中的所有声音样本并存放在浮点数数组 a[] 中返回
stdaudio.wait()	等待当前正在播放的声音播放完（对于每个程序，必须作为对 stdaudio 模块的最后一条调用语句）

1.5.8　小结

输入 / 输出（I/O）充分表明了抽象的强大之处，因为不用修改程序，标准输入、标准输出、标准绘图和标准音频就可以在不同的时间绑定到不同的物理设备。虽然物理设备可能大相径庭，但我们可以不依赖于特定设备的特征编写输入 / 输出的程序。在本书后续的章节中，几乎所有的示例程序都会调用 stdio、stddraw 或 stdaudio 模块中的函数，读者编写程序时也会使用到这些函数。使用这些模块的一个重要优点在于，根本无需修改程序就可以切换到新的、更快更便宜、容量更大的设备。在这种情况下，连接的细节通过操作系统和本书官网模块来实现。在现代系统中，新的设备常常提供软件自动为操作系统和 Python 解决这些细节。

程序 1.5.8   数字信号处理 (playthattune.py)

```
import math                                    pitch        音高（与标准 A 音的距离）
import stdarray                              duration     音调播放持续时间
import stdaudio                                hz         频率
import stdio                                    n         样本总数
                                            samples[]     采样的正弦波样本
SPS = 44100
CONCERT_A = 440.0

while not stdio.isEmpty():
    pitch = stdio.readInt()
    duration = stdio.readFloat()
    hz = CONCERT_A * (2 ** (pitch / 12.0))
    n = int(SPS * duration)
    samples = stdarray.create1D(n+1, 0.0)
    for i in range(n+1):
        samples[i] = math.sin(2.0 * math.pi * i * hz / SPS)
    stdaudio.playSamples(samples)
stdaudio.wait()
```

程序 1.5.8 从标准输入中读取声音采样数据，并在标准音频中播放声音。程序采用数据驱动模式，演奏半音音阶上纯粹的音调，在标准输入指定其音高（与标准 A 音的距离）和时长（以秒为单位）。客户端测试程序从标准输入读取音符，基于采样频率 44 100 赫兹，通过采样对应指定频率和时长的正弦波创建一个数组；最后调用函数 stdaudio.playSamples() 播放各个音符。程序 1.5.8 的测试运行过程和结果如下：

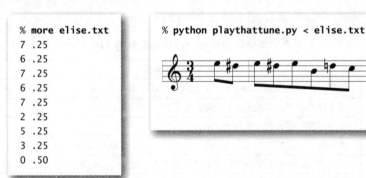

```
% more elise.txt              % python playthattune.py < elise.txt
7 .25
6 .25
7 .25
6 .25
7 .25
2 .25
5 .25
3 .25
0 .50
```

从概念上讲，标准输入、标准输出、标准绘图和标准音频流的最重要特征之一就是**无限性**：从程序的角度上看，其长度没有任何限制。这个观点将赋予程序更长的有效生命力（因为程序对技术的变更相对不敏感，而比较在意程序本身内置的一些限制）。这也与图灵机有关，图灵机是一种抽象设备模型，由计算机理论科学家研制，帮助我们理解真实计算机能力的基本限制。图灵机模型的一个基本思想和特点是将有限的离散设备作用于无限的输入和输出。

174
≀
175

1.5.9 问题和解答

Q. 如何下载并安装本书官网模块 stdio、stddraw 和 stdaudio 以供 Python 使用？

A. 如果按照本书官网的安装步骤安装 Python 编程环境，则可保证这些模块正确安装且可用。注意，从本书官网下载文件 stddraw.py 和 stdaudio.py，并放置在使用该模块程序的同一个目录下，不能保证其可用性，因为这些模块依赖于名为 Pygame 的库（模块的集合）来支持图形和音频。

Q. 是否存在处理标准输出的标准 Python 模块？

A. 事实上，Python 语言内置了这些功能。在 Python 2 中，我们可以使用 print 语句输出数据到 stdout。在 Python 3 中，没有 print 语句，但可使用 print() 函数代替，以实现相同的功能。

Q. 为什么采用本书官网提供的 stdio 模块将数据写入标准输出，而不是直接使用 Python 提供的相关功能？

A. 我们的目标是编写适用于所有版本 Python 的代码（尽可能）。例如，如果在程序中使用 print 语句，则意味着程序只能在 Python 2 中运行，在 Python 3 中则不能运行。如果使用 stdio 中的函数，则只需要保证库函数的正确性。

Q. 请阐述 Python 中标准输入的实现。

A. Python 2 和 Python 3 中与函数 stdio.readLine() 对应的功能各不相同，并且没有与 stdio.readInt() 函数相类似的功能。通过使用 stdio 模块，我们可以充分利用这些高级功能编写程序，并且所编写的程序可适用于不同的 Python 版本。

Q. 请阐述 Python 中绘图和音频功能的实现。

A. Python 语言不包括音频库。Python 语言包括一个名为 Tkinter 的图形库，可用于绘制图形，但对于本书的部分图形应用实例其速度相当缓慢。我们提供的 stddraw 和 stdaudio 模块基于 Pygame 库构建，提供了简单易用的 API 函数。

Q. 如果调用函数 stdio.writef() 时使用格式化字符串 %2.4f 输出浮点数，结果为小数点前保留 2 位数字，小数点后保留 4 位数字，上述理解是否正确？

A. 不正确。格式化字符串 %2.4f 仅指定小数点后保留 4 位数字。格式化字符串中小数点前的数字用于指定整个字段的宽度。可使用格式化字符串 %7.2f 指定总共 7 位字符宽度，其中小数点前 4 位数字、小数点本身 1 位、小数点后 2 位数字。

Q. 函数 stdio.writef() 还包括哪些转换代码？

A. 对于整数，可使用 o 表示八进制，x 表示十六进制。还包含用于日期和时间的许多转换代码，详细信息请参见本书官网。

Q. 程序可以重新读取标准输入的数据吗？

A. 不可以。标准输入的数据只能读取一次。同样，也不能取消调用函数 stdio.writeln() 输出的内容。

Q. 如果程序尝试从已经耗尽的标准输入中读取数据，会产生什么后果？

A. Python 将在运行时抛出错误 EOFError。通过调用函数 stdio.isEmpty() 和 stdio.hasNextLine()，可检查标准输入是否存在更多的可用输入数据，以避免运行时错误。

Q. 为什么函数调用 stddraw.square(x, y, r) 绘制一个宽度为 2r 而不是 r 的正方形？

A. 这样设计的目的主要是与函数 stddraw.circle(x, y, r) 保持一致，其中第 3 个参数为圆的半径，而不是直径。在 stddraw.square(x, y, r) 中，r 对应于正方形最大内切圆的半径。

Q. 程序中如果调用 stddraw.show(0)，会导致什么结果？

A. 该函数调用会通知 stddraw 模块将背景画布复制到标准绘图窗口，然后等待 0 毫秒（即不等待）后继续。如果你需要按计算机支持的最快速率运行动画，则可使用上述方法调用函数。

Q. 使用模块 stddraw 可绘制圆以外的曲线吗？

A. 我们不得不在某个地方画一条线（双关语，即我们必须取舍），所以模块 stddraw 仅支持绘制正文中所阐述的基本形状。如果要绘制其他形状，可采用逐点绘制的方式，具体可参见书后的习题，但不直接支持其他形状的填充绘制。

Q. 为 playthattune.py（程序 1.5.8）准备输入文件时，可否使用负整数弹奏比标准 A 音低的音符？

A. 可以。事实上，我们选择标准 A 音作为基准 0 是随意的。一个称为 "MIDI 调制标准" 的流行标准规定从标准 A 音降 5 个八度的 C 开始。按惯例，标准 A 音为 69，所以并不需要使用负数。

Q. 如果尝试将频率为 30 000 赫兹（及以上）的正弦波进行音频化，为什么会从标准音频中听到啸叫音？

A. 奈奎斯特频率（Nyquist frequency）定义为采样频率的一半，表示可再生的最大频率。对于标准音频，采样频率为 44 100Hz，奈奎斯特频率为 22 050Hz。

1.5.10　习题

1. 请编写一个程序，实现如下功能：从标准输入读取整数（用户输入多少个整数，则读取多少个整数），然后在标准输出中输出所输入整数的最大值和最小值。

2. 改写习题 1 的程序，保证用户输入的整数为正整数（如果用户输入的值不是正整数，提示用户输入一个正整数）。

3. 请编写一个程序，实现如下功能：程序从命令行接收一个整型参数 n，从标准输入读取 n 个浮点数，然后在标准输出中输出其平均值、标准差（各元素与平均值差的平方和，再取平方根后除以 n）。

4. 请修改习题 3 的程序，创建一个过滤器，在标准输出中输出所有比平均值至少大 1.5 倍标准方差的浮点数。

5. 请编写一个程序，实现如下功能：读取一个整数序列，输出最大的连续重复整数序列以及其长度。例如，如果输入为：1 2 2 1 5 1 1 7 7 7 7 1 1，则程序应该输出 "Longest run: 4 consecutive 7s"。

6. 请编写一个程序，实现如下功能：读取一个整数序列，删除序列中的连续重复数，输出结果序列。例如，如果输入为：1 2 2 1 5 1 1 7 7 7 7 1 1 1 1 1 1 1 1，则程序应该输出结果：1 2 1 5 1 7 1。

7. 请编写一个程序，实现如下功能：程序接收一个命令行参数 n，从标准输入读取取值范围为 1 到 n 之间的 N–1 个不同的整数，并确定丢失的是哪一个整数。

8. 请编写一个程序，实现如下功能：程序从标准输入读取若干正实数，分别输出其几何平均值和调和平均值。其中，n 个正整数 $x_1, x_2, \cdots, x_n$ 的几何平均值定义为 $(x_1 \cdot x_2 \cdot \cdots \cdot x_n)^{1/n}$，调和平均值定义为 $(1/x_1 + 1/x_2 + \cdots + 1/x_n) / (1/n)$。提示：计算几何平均值时，可以考虑使用对数避免溢出。

9. 假设文件 in.txt 包含两个字符串 F 和 F，请阅读如下程序（dragon.py）：

```
import stdio
dragon = stdio.readString()
nogard = stdio.readString()
stdio.write(dragon + 'L' + nogard)
stdio.write(' ')
stdio.write(dragon + 'R' + nogard)
stdio.writeln()
```

则如下命令的输出结果是什么（具体可参见 1.2 节习题第 35 题）？

```
python dragon.py < in.txt | python dragon.py | python dragon.py
```

10. 编写一个过滤器程序 tenperline.py，实现如下功能：读取取值范围为 0 到 99 之间的一系列整数，并输出这些整数（每行输出 10 个整数，列对齐）。然后再编写一个程序 randomintseq.py，实现如下功能：程序带两个命令行参数 m 和 n，输出 n 个取值范围为 0 到 m–1 之间的随机整数。使用如下命令测试编写的程序：

```
python randomintseq.py 200 100 | python tenperline.py.
```

11. 请编写一个程序，实现如下功能：从标准输入中读取文本，输出文本中包含的单词个数。为了本习题简单起见，假设单词为空格分隔的一系列连续非空白字符。

12. 请编写一个程序，实现如下功能：从标准输入读取若干行数据，每行数据包含一个名称和两个整数；然后使用 writef() 函数按表格形式输出所读取的行数据内容，表格各列包括如下内容：名称、数值 1、数值 2、第一个数与第二个数的商（精确到三位小数）。此程序可用于制作棒球运动员的击球率或学生成绩的表格。

13. 请问下列情况下，哪些需要保存从标准输入读取的值（例如，保存到一个数组），哪些可以仅使用少数几个变量的过滤器实现？假设每种情况下，数据输入来自于标准输入，并且包含 n 个取值范围为 0 到 1 之间的浮点数。
    - 输出最大和最小浮点数。
    - 输出第 k 个最小浮点数。
    - 输出浮点数的平方和。
    - 输出 n 个浮点数的平均值。
    - 输出大于平均值的浮点数所占百分比。
    - 按升序输出 n 个浮点数。
    - 按随机顺序输出 n 个浮点数。

14. 请编写一个程序，实现如下功能：程序带 3 个命令行参数，分别为贷款年数、贷款额（本金）、利率（请参见 1.2 节习题第 21 题），按表格形式输出月还款额、剩余本金、偿还的贷款利息。

15. 请编写一个程序，实现如下功能：程序带 3 个命令行参数 x、y 和 z，从标准输入读取一系列坐标点 (x_i, y_i, z_i)，输出离坐标点 (x, y, z) 最近的坐标点。提示，坐标点 (x, y, z) 和 (x_i, y_i, z_i) 之间距离的平方为：$(x - x_i)^2 + (y - y_i)^2 + (z - z_i)^2$。为了程序效率，建议不要使用 math.sqrt() 函数或运算符 **。

16. 请编写一个程序，实现如下功能：给定一系列物体的位置和质量，计算其质心。质心为 n 个物体的平均质量位置。假设位置和质量由三元组 (x_i, y_i, m_i) 给定，则质心 (x, y, m) 的计算公式为：

$$m = m_1 + m_2 + \cdots + m_n$$
$$x = (m_1 x_1 + \cdots + m_n x_n) / m$$
$$y = (m_1 y_1 + \cdots + m_n y_n) / m$$

17. 请编写一个程序，实现如下功能：程序读取一系列取值范围为 –1 和 +1 之间的实数，输出其平均幅度、平均功率和零交叉点的数目。平均幅度定义为各数值绝对值的平均值；平均功率定义为各数值平方的平均值；零交叉点的数目定义为数值从严格负数到严格正数或从严格正数到严格负数的次数。这三个统计量广泛用于分析数字信号。

18. 请编写一个程序，实现如下功能：程序带一个命令行参数 n，绘制一个 n×n 的红黑格子相间的棋盘。左下角的格子填充为红色。

19. 请编写一个程序，实现如下功能：程序带一个整型命令行参数 n 和一个浮点型命令行参数 p（取值范围为 0 到 1 之间），在一个圆周上等间隔绘制 n 个点，然后按概率 p 在任意两对点之间绘制一条连接线条（灰色）。程序运行参数和效果如图 1-5-14 所示。

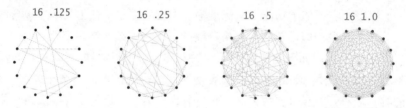

图 1-5-14　习题 19 程序运行参数和效果

20. 请编写一个程序，绘制扑克牌形状：红桃（heart）、黑桃（spade）、梅花（club）和方块（diamond）。其中，红桃（heart）的绘制方法如下：先绘制一个方块（diamond），然后在其左上角和右上角的边上分别绘制一个半圆。

21. 请编写一个程序，实现如下功能：程序带一个命令行参数 n。绘制一朵带 n 个花瓣（如果 n 为奇数）或 2n 个花瓣（如果 n 为偶数）的"花"。绘制方法如下：对于位于区间 0 到 2π 之间的 θ（弧度），绘制函数 $r = \sin(n\theta)$ 的极坐标 (r, θ)。程序运行参数和效果如图 1-5-15 所示。

22. 请编写一个程序，实现如下功能：程序带一个字符串命令行参数 s，在屏幕上显示为旗帜风格，从左到右移动，当字符串到达右边界时再从头开始循环移动。增加一个命令行参数，以控制其移动速度。

图 1-5-15   习题 21 程序运行参数和效果

23. 请改写 playthattune.py（程序 1.5.8），增加两个命令行参数，用于控制音量（每个采样结果值乘以音量参数）和播放速率（每个音符的持续时间乘以播放速率参数）。

24. 请编写一个程序，实现如下功能：程序接收两个命令行参数，一个为 .wav 格式文件的文件名，一个为播放速率 r。按指定播放速率 r 播放指定的音频文件。首先，使用 stdaudio.read() 函数读取文件内容到一个数组 a[]。如果 r = 1，则播放 a[]；否则，创建一个新的数组 b[]，其大小为 r 乘以 a.length。如果 r < 1，则通过采样原始数据填充数组 b[]；如果 r > 1，则通过原始数据插值法填充数组 b[]。最后播放数组 b[]。

25. 请编写一个程序，实现如下功能：使用 stddraw 模块创建如图 1-5-16 所示的各图案。

图 1-5-16   习题 25 程序的运行效果

26. 请编写一个程序 circles.py，实现如下功能：在单位正方形中的随机位置绘制随机大小的填充圆形，创建如图 1-5-17 所示的图案。程序带四个参数：要绘制的圆的个数、圆为黑色的概率、最小半径、最大半径。

 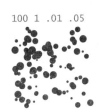 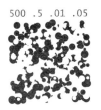 

图 1-5-17   习题 26 程序的运行参数和运行效果

1.5.11   创新习题

27. 音频可视化（Visualizing audio）。请修改程序 playthattune.py（程序 1.5.8），发送音频数据到标准绘图，从而在播放音频时可观察音频的波形。尝试在绘制画布上绘制多条曲线，以同步声音和图像。

28. 统计轮询（Statistical polling）。在收集某些政治投票的统计数据时，获得一个公正的登记选民样本十分重要。假设一个文件中包含 n 个登记选民的数据，每个选民占一行。请编写一个过滤器程序，输出大小为 m 的随机样本（具体请参见 sample.py，程序 1.4.1）。

29. 地形分析（Terrain analysis）。假设地形数据表示为一个二维网格海拔高度数据（单位为米）。峰值（peak）是一个网格点，其四个相邻的单元格（左、右、上、下）的海拔值低于峰值点的海拔值。请编写一个程序 peak.py，实现如下功能：从标准输入读取地形数据，在标准输出中输出该地形峰值的个数。

30. 直方图（Histogram）。假设标准输入流为一系列浮点数。请编写一个程序，实现如下功能：程序带一个整型命令行参数 n 和两个浮点型命令行参数 lo 和 hi。使用 stddraw 模块绘制输入流中数字计数的直方图，直方图按 (lo, hi) 等间隔分为 n 个区间，统计各区间范围内数值的计数。

31. 万花尺（Spirograph）。请编写一个程序，实现如下功能：程序带 3 个命令行参数 R、r 和 a，绘制万花尺图。万花尺图（技术上称为外摆线 epicycloid，又称圆外旋轮线）是在一个半径为 R 的固定圆中滚动一个半径为 r 的小圆所形成的曲线。如果画笔位置距离滚动的小圆中心为 $(r+a)$，则在时间 t，结果曲线位置的计算方程为：

$$x(t) = (R + r) \cos (t) - (r + a) \cos ((R + r)t / r)$$
$$y(t) = (R + r) \sin (t) - (r + a) \sin ((R + r)t / r)$$

作为一款畅销玩具，万花尺绘制的曲线十分流行。玩具包含边缘带齿轮的圆盘，圆盘中间有小孔，可插入笔绘制各种美不胜收的图案。

32. 时钟（Clock）。请编写一个程序，实现如下功能：程序显示一个模拟时钟的秒针、分针和时针的动画。通过调用函数 stddraw.show(1000)，大约每秒钟刷新屏幕显示一次。

33. 示波器（Oscilloscope）。请编写一个程序，实现如下功能：程序模拟示波器的输出，产生利萨如模式（Lissajous pattern）。这些模式图案以法国物理学家朱尔斯 A. 利萨如（Jules A. Lissajous）命名。他的研究表明，当两个相互垂直的周期扰动同时发生时，结果产生该模式图案。假设输入为正弦波，则可使用如下参数方程描述该曲线：

$$x(t) = A_x \sin (w_x t + \theta_x)$$
$$y(t) = A_y \sin (w_y t + \theta_y)$$

程序带六个命令行参数：A_x 和 A_y（振幅）；w_x 和 w_y（角速度）；θ_x 和 θ_y（相位因子）。

34. 带跟踪轨迹的弹跳小球（Bouncing ball with track）。请修改程序 bouncingball.py（程序 1.5.7），产生如正文所示的结果图像，在灰色背景上显示小球的跟踪运动轨迹。

35. 带重力作用的弹跳小球（Bouncing ball with gravity）。请修改程序 bouncingball.py（程序 1.5.7），加入垂直方向的重力效果。增加调用 stdaudio.playFile() 函数，当小球触碰到墙壁时发出一种声音效果，当小球触碰到地板时，则发出另一种声音效果。

36. 随机曲调（Random tune）。请编写一个程序，实现如下功能：使用 stdaudio 播放随机曲调。尝试一直按键，整个过程赋予高概率值，重复播放，或者其他一些规则以得到合理的曲调。

37. 地板图案（Tile pattern）。请使用本节习题第 25 题的解答，编写一个程序 tilepattern.py，实现如下功能：程序带一个命令行参数 n，使用所选择的地板图案，绘制一个 n×n 图案。增加第 2 个命令行参数，用于指定方格图案的选项。增加第 3 个命令行参数，用于颜色的选择。使用如图 1-5-18 的图案作为参考起点，充分发挥自己的创造能力，设计地板的图案。注：这些图案都是古老的图案，在许多古代（以及现代）建筑物中都有应用。

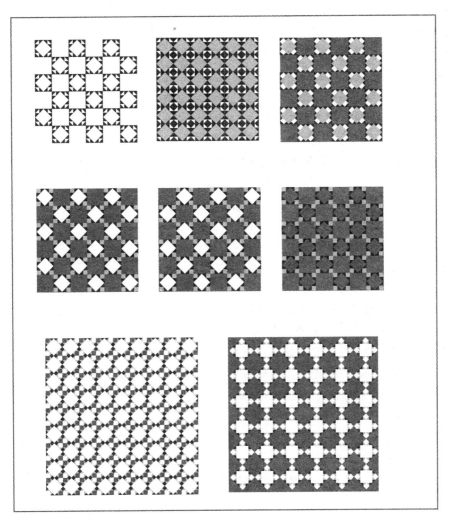

图 1-5-18　习题 37 程序的参考地板图案（彩图见彩插）

1.6　应用案例：随机 Web 冲浪模型

Web 通信已成为人们日常生活中不可分割的一部分。自从 Web 发展伊始，Web 通信就成为 Web 结构科学研究的一部分，而且一直是一个热门研究领域。下面我们将讨论一个 Web 的简单模型，该模型被证明是理解 Web 基本特征的非常有效的途径。该模型的许多变种被广泛使用，并且已经成为爆炸式发展的 Web 搜索应用程序的关键因素之一。

该模型被称为随机冲浪模型（random surfer model），其描述十分简单。假定 Web 包含固定数量的网页（page），每个网页包含规定数量的超链接（link），每个超链接指向其他网页。研究的目标为一个人（随机冲浪者）随机从一个页面到另一个页面之间的行为，可通过在地址栏键入网页地址或单击当前页面中的超链接跳转到下一个页面。网页和超链接示意图如图 1-6-1 所示。

Web 模型背后的基本数学模型称为图（graph），有关图的详细信息将在本书最后讨论

（4.5 节中）。处理图的细节也将推延到 4.5 节。目前我们专注于概率模型的相关计算。概率模型之所以被广泛研究，是因为其可精确描述随机冲浪者的行为。

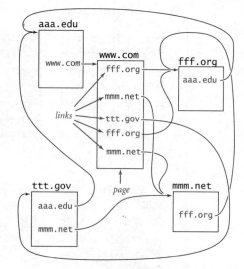

图 1-6-1　网页和超链接示意图

研究随机冲浪模型的第一步是构建更精确的描述模型，其关键之处在于定义从一个页面随机到一个页面的含义。如下的直觉"90-10 法则"包含了跳转到一个新页面的两种方法：其一，假定整个上网期间 90% 的时间，随机冲浪者通过随机单击当前页面的超链接（选择每个超链接的概率相同）跳转到下一个页面；其二，剩下的 10% 时间，随机冲浪者通过在地址栏输入随机地址（选择每个页面的概率相同）跳转到下一个页面。

[188]

读者可能会立刻发现该模型的缺陷，因为根据以往的上网经验，现实世界中 Web 冲浪者的行为并没有这么简单，因为：

- 人们选择超链接或页面的概率并不相同。
- 实际上不可能直接访问 Web 上的所有页面。
- 90-10（或其他比例）的拆分比例仅仅是一个猜测。
- 没有考虑浏览器的"后退"按钮或书签功能。
- 研究的范围仅局限于 Web 的较小样本。

尽管存在上述缺陷，该模型的内容足够丰富，计算机科学家通过研究该模型，掌握了大量关于 Web 的特征信息。例如，使用该模型研究如图 1-6-1 的简单例子，可以回答随机冲浪者访问概率最大的页面是哪个的问题。

人们使用 Web 的行为或多或少与随机冲浪者类似，所以研究随机冲浪者的种种行为，可帮助人们构建 Web 基础架构和 Web 应用程序。该模型是理解亿万网民 Web 浏览经历的有效工具。本节将使用本章学习的基本编程工具来研究该模型及其应用。

表 1-6-1 为本节所有程序的一览表，读者可以作为参考。

表 1-6-1　本节所有程序的一览表

程序名称	功能描述
程序 1.6.1（transition.py）	计算转换矩阵
程序 1.6.2（randomsurfer.py）	模拟随机冲浪者
程序 1.6.3（markov.py）	混合马尔可夫链

1.6.1　输入格式

我们的目的是研究随机冲浪者在不同 Web 模型上的行为，而不仅仅局限于我们的模型。因而，我们将编写"数据驱动代码"，即数据保存在文件中，并且编写从标准输入读取数据的程序。这种方法的第一步需要定义输入文件的格式，即定义输入文件的信息结构。可定义任何合适的输入格式，没有什么强行限制。

在本书后面章节中，我们将学习如何在 Python 程序中读取 Web 页面（3.1 节），如何将名称转换为数值（4.4 节），以及其他有效的图处理技术。目前为止，我们假设 Web 页面的数量为 n，标号为 0 到 $n-1$。超链接则表述为这些编号的有序对，有序对的第一个编号指定包含超链接的页面，第二个编号则指定超链接指向的页面。基于上述规定，随机冲浪者问题最直接的输入格式可定义为一个输入流，包含一个整数（值为 n），随后是一系列整数对（表示所有的超链接）。基于 stdio 模块提供的输入函数处理空白字符的方式，一个超链接可占一行，也可以多个超链接占一行。随机冲浪者输入格式示意图如图 1-6-2 所示。

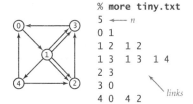

图 1-6-2　随机冲浪者输入格式示意图

1.6.2　转换矩阵

我们使用一个二维矩阵（也称为转换矩阵，Transition matrix）全面地指定随机冲浪者的行为。如果 Web 页面的数量为 n，则定义一个 $n \times n$ 的矩阵，对应于第 i 行第 j 列的元素为随机冲浪者从页面 i 跳转到页面 j 的概率。程序的第一个任务是编写代码，从给定输入读取数据，并构建其对应的转换矩阵。如果采用"90-10 法则"，则计算方法并不复杂。具体三个实现步骤如下：

- 读取数值 n，然后创建两个数组：linkCounts[][] 和 outDegrees[]。
- 读取超链接以及累计和，使得 linkCounts[i][j] 累计从 i 到 j 的超链接数量，outDegrees[i] 累计从 i 到任意页面的超链接数量。
- 使用"90-10 法则"计算概率。

前两步操作比较简单，第三步实际上也并不很难：如果存在从 i 到 j 的超链接（假设随机选择超链接的概率为 0.9），则结果为 linkCounts[i][j] 乘以（0.90/outDegrees[i]），然后各元素再加上 0.10/n（即假设跳转到随机页面的概率为 0.1）。程序 1.6.1（transition.py）实现了上述计算任务：程序为一个过滤器，将一个 Web 模型的超链接列表转换为一个转换矩阵的表现形式。

转换矩阵之所以重要，是因为其每一行均表示一个离散概率分布，即给定跳转到下一个页面的概率，则其元素可完全确定随机冲浪者的下一步移动行为。特别注意，转换矩阵所有元素的和为 1（即冲浪者肯定会跳转到某个页面）。

程序 transition.py 的输出定义了另外一种文件格式——浮点型矩阵：行数和列数，以及矩阵的元素的值。接下来我们可以编写代码，以读取和处理转换矩阵。转换矩阵计算示意图如图 1-6-3 所示。

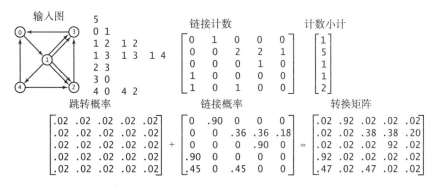

图 1-6-3　转换矩阵计算示意图

程序 1.6.1　计算转换矩阵（transition.py）

```
import stdarray
import stdio

n = stdio.readInt()

linkCounts = stdarray.create2D(n, n, 0)
outDegrees = stdarray.create1D(n, 0)

while not stdio.isEmpty():
    # Accumulate link counts.
    i = stdio.readInt()
    j = stdio.readInt()
    outDegrees[i] += 1
    linkCounts[i][j] += 1

stdio.writeln(str(n) + ' ' + str(n))

for i in range(n):
    # Write probability distribution for row i.
    for j in range(n):
        # Write probability for column j.
        p = (0.90 * linkCounts[i][j] / outDegrees[i]) + (0.10 / n)
        stdio.writef('%8.5f', p)
    stdio.writeln()
```

n	页面数量
linkCounts[i][j]	从页面 i 到页面 j 的超链接数量
outDegrees[i]	页面 i 包含的超链接数量
p	转换概率

　　程序 1.6.1 是一个过滤器，程序从标准输入读取超链接数据，把对应的转换矩阵写入标准输出。程序首先处理输入，累计各页面的超链接数量。然后使用 "90-10 法则" 计算转换矩阵（具体可参见正文）。程序假设所有的页面都可被访问到，即其 outdegrees 不为 0（参见本节习题第 3 题）。程序 1.6.1 的运行过程和结果如下：

```
% more tiny.txt
5
0 1
1 2  1 2
1 3  1 3  1 4
2 3
3 0
4 0  4 2
```

```
% python transition.py < tiny.txt
5 5
 0.02000 0.92000 0.02000 0.02000 0.02000
 0.02000 0.02000 0.38000 0.38000 0.20000
 0.02000 0.02000 0.02000 0.92000 0.02000
 0.92000 0.02000 0.02000 0.02000 0.02000
 0.47000 0.02000 0.47000 0.02000 0.02000
```

1.6.3　模拟

　　给定转换矩阵，模拟随机冲浪者行为所需的代码出人意料的简单，实现代码参见 randomsurfer.py（程序 1.6.2）。程序读取一个转换矩阵，根据规则进行 Web 冲浪。从页面 0 开始，移动跳转的页面数量由命令行参数指定。程序累计访问每个页面的次数，每个页面的访问次数除以全部访问页面的数量，结果为随机冲浪者访问该页面的概率。这个概率称为 "页面排名（the page's rank）"。换言之，randomsurfer.py 程序计算所有页面排名的估计值。

　　1. 一步随机移动

　　计算的关键是随机移动，随机移动由转换矩阵指定。程序通过变量 page 保存冲浪者的当前位置。矩阵 p[][] 第 page 行的各元素值指定了冲浪者跳转到页面 j 的概率。换言之，当冲浪者位于第 page 个页面，则程序的任务是基于转换矩阵第 page 行的概率分布（即一维数组 p[page]），产生一个取值范围为 0 到 n − 1 之间的随机数。如何实现这个任务呢？程序使用 random.random() 函数产生一个取值范围为 0 到 1 之间的随机浮点数，但如何基于这个浮点数实现跳转到一个随机页面呢？一种解决方法是设想第 page 行的概率定义为在区间 (0, 1) 中 n 个区间的集合，每个区间的概率对应于区间长度。随机值 r 位于其中一个区间，其概率由区间长度精确指定。实现上述推断的代码如下：

```
total = 0.0
for j in range(0, n)
    total += p[page][j]
    if r < total:
        page = j
        break
```

变量 total 跟踪在行数组 p[page] 中定义的区间端点，for 循环结构用于查找包含随机值 r 所在的区间。例如，假设在示例中冲浪者的当前位置为页面 4，转换概率分布为 0.47、0.02、0.47、0.02 和 0.02，变量 total 取值来自 0.0、0.47、0.49、0.96、0.98 和 1.0。这些值表明概率定义了 5 个区间：(0, 0.47)、(0.47, 0.49)、(0.49, 0.96)、(0.96, 0.98) 和 (0.98, 1)，分别对应 192

每一个页面。现在，假设 random.random() 函数返回结果值为 0.71，从 0 到 1 到 2 到结束点递增 j 的值，表明 0.71 位于区间 (0.49, 0.96)，所以冲浪者跳转到第 3 个页面（页面 2）。程序接着按同样的计算方法计算 p[2]，从而实现冲浪者的页面跳转。如果 n 的取值比较大，我们使用二分查找算法以显著提高计算速度（具体请参见 4.2 节习题第 35 题）。典型情况下，模拟可能需要大量的页面跳

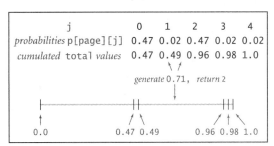

图 1-6-4　基于离散概率分布生成一个
随机整数的示意图

转，所以在这种情况下，提高查找效率十分必要。基于离散概率分布生成一个随机整数的示意图如图 1-6-4 所示。

2. 马尔可夫链（Markov chain）

描述冲浪者行为的随机过程称为"马尔可夫链"，俄罗斯数学家安德雷·马尔可夫在二十世纪初期发现了这个概念，所以该随机过程以其名字命名。马尔可夫链具有许多著名和有用的特征，因此被广为研究，而且应用十分广泛。例如，读者可能会思考 randomsurfer.py 程序中随机冲浪者为什么从页面 0 开始，而不是如期望地随机选择一个页面开始。根据马尔可夫链的基本极限定理，冲浪者可以从任意位置开始，因为无论从所有页面中的哪个页面开始，随机冲浪者访问特定页面的概率最终会相同。不管冲浪者的起始位置如何，随机过程最终会趋于稳定，且进一步的页面跳转访问不会增加更多的信息。这种现象称为混合（mixing）。虽然该现象乍看似乎与直观逻辑不大符合，但它解释了在一个看似混乱的局面中的连贯行为。当前 Web 浏览情境表明当网络冲浪足够长时间后，Web 呈现的状态将趋向于一致的概念。

并不是所有的马尔可夫链都具有这种混合特性。例如，如果在我们的 Web 模型中去掉随机跳转（通过地址栏跳转），一些 Web 页面的配置可给冲浪者带来困难。实际上，在 Web

中存在一系列称为蜘蛛陷阱（spider trap）的页面集，这些页面设计的目的是吸引进入超链接，但没有跳转超链接。如果没有随机跳转（通过地址栏跳转）功能，冲浪者可能会被蜘蛛陷阱困扰住。"90-10 法则"的主要目的是保证混合特性，并且消除诸如"蜘蛛陷阱"之类的异常。

程序 1.6.2　模拟随机冲浪者（randomsurfer.py）

```
import random
import sys
import stdarray
import stdio

moves = int(sys.argv[1])

n = stdio.readInt()
stdio.readInt()        # Not needed (another n).
p = stdarray.create2D(n, n, 0.0)
for i in range(n):
    for j in range(n):
        p[i][j] = stdio.readFloat()

hits = stdarray.create1D(n, 0)
page = 0  # Start at page 0.
for i in range(moves):
    r = random.random()         # Compute a random page
    total = 0.0                 # according to distribution
    for j in range(0, n):       # in row p[page] (see text).
        total += p[page][j]     #
        if r < total:           #
            page = j            #
            break               #
    hits[page] += 1

for v in hits:
    stdio.writef('%8.5f', 1.0 * v / moves)
stdio.writeln()
```

moves	跳转页面数
n	总页面数量
page	当前页面
p[i][j]	冲浪者从页面 i 跳转到页面 j 的概率
hits[i]	页面 i 的被冲浪者访问的次数

　　程序 1.6.2 使用一个转换矩阵来模拟随机冲浪者的行为。程序接收一个表示跳转步数的命令行参数，读取转换矩阵，基于转换矩阵执行指定步数的跳转，输出各页面的相对点击率。计算的关键是随机移动到下一个页面（具体说明请参见正文）。程序 1.6.2 的运行过程和结果如下：

```
% python transition.py < tiny.txt | python randomsurfer.py 100
 0.24000 0.23000 0.16000 0.25000 0.12000
% python transition.py < tiny.txt | python randomsurfer.py 10000
 0.27280 0.26530 0.14820 0.24830 0.06540
% python transition.py < tiny.txt | python randomsurfer.py 1000000
0.27324 0.26568 0.14581 0.24737 0.06790
```

3. 页面排名

193
∼
194

　　程序 randomsurfer.py 的模拟十分直观：循环指定次数的页面跳转，即随机在图中移动。基于混合现象理论，增加循环的次数将增加冲浪者访问各页面概率（页面排名）估计值的精确度。程序结果与你最初直观预测到的结果是否一致？你可能猜测页面 4 的页面排名最低，但你是否猜到了页面 0 和页面 1 的页面排名比页面 3 要高？如果读者需要了解哪个网页的页面排名最高，则需要更多的精确度和准确率。程序 randomsurfer.py 需要 10^d 次页面跳转才能获得 d 位小数点位置的精确度，并且需要更多的页面跳转才能使结果稳定在准确值。

在我们的例子中，需要成千上万次迭代才能使结果的精确度达到两位小数，需要数以百万次迭代才能使结果达到 3 位准确度（具体请参见本节习题第 5 题）。最终结果为：页面 0 的页面排名为 27.3%，超过页面 1 的 26.6%。针对如此小的问题模型，出现如此细微的差距确实非常出人意料。如果你的猜测结果为冲浪者最终停留在页面 0 的可能性最大，那恭喜你答对了！

基于各种原因，Web 的准确页面排名在实践中具有重要价值。首先，基于页面排名排列网页以匹配搜索条件的 Web 搜索比其他方法更能满足用户的期望。其次，页面排名的可信度和可靠度导致基于页面排名的大量 Web 广告费用的投入。即便在我们简单的例子中，页面排名结果也会说服那些广告商将四倍于页面 4 的广告费用投放在页面 0 上。计算机页面排名是一个数学问题，一个有趣的计算机科学难题，也是一个巨大的商机，三位一体。

4. 直方图的可视化表示

借助 stddraw 模块，可以很容易地创建一个可视化表示，展现随机冲浪者的访问频率如何收敛到页面排名。如果在标准绘图窗口按适当比例缩放 x 坐标和 y 坐标，并在 randomsurfer.py 程序的随机跳转循环中添加如下代码：

```
if i % 1000 == 0:
    stddraw.clear()
    for k in range(n):
        stddraw.filledRectangle(k - 0.25, 0.0, 0.5, hits[k])
    stddraw.show(10)
```

如果运行程序，实现 100 万次跳转，将获得最终趋于稳定的页面排名的频率直方图（程序中的常量 1000 和 10 的取值没有限定，读者运行代码时可修改其值）。用户一旦熟悉了该工具，在研究一个新模型时很可能会每次都使用到这个工具（处理较大模型时，可能需要稍微修改一下代码）。页面排名直方图表示的示意图如图 1-6-5 所示。

5. 研究其他模型

程序 randomsurfer.py 和 transition.py 均为基于数据驱动的精彩例子。用户仅需创建一个类似 tiny.txt 的文件，文件内容以一个整

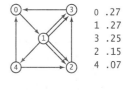

0	.27
1	.27
3	.25
2	.15
4	.07

图 1-6-5　页面排名直方图表示的示意图

数 n 开始，然后指定取值范围为 0 到 $n-1$ 之间的整数对，以表示超链接连接的页面，即可方便地创建数据模型。建议读者基于本节习题中所提及的不同数据模型来运行测试程序。当然，读者也可以创建自己的模型做进一步的研究。如果读者对页面排名的运行机制感兴趣，可基于此计算更好地了解为什么一个页面比另一个页面排名更高。哪类页面的排名可能会比较高？是那些包含较多超链接的页面，还是包含较少超链接的页面？本节后面的习题提供了许多研究随机冲浪者行为的机会。

由于程序 randomsurfer.py 使用标准输入，读者也可以编写简单程序产生大量输入数据的模型，将其输出结果通过管道连接到程序 randomsurfer.py，从而在大型模型上研究随机冲浪者问题。这种灵活性是使用标准输入和标准输出的重要原因。

通过直接模拟随机冲浪者的行为来了解 Web 的结构非常具有吸引力，但也存在一定的局限性。请读者思考下列问题：上述方法是否可以计算包含数以百万计（或数十亿计）Web 页面和超链接的 Web 模型的页面排名？对于这个问题，我们可以做出快速回答：不可以！因为我们甚至无法存储如此巨大数量网页的转换矩阵。包含数以百万计网页的转换矩阵的元素个数将会达到万亿的数量级。你的计算机是否有如此巨大的存储空间呢？那么请问，是否可以使用 randomsurfer.py 程序查找较小 Web 模型（例如包含数千个网页）的页面排名呢？要回答这个问题，可尝试多次运行模拟程序，记录下多次试验的结果并解释。事实上，我们在许多科学问题上都使用了该方法，例如，赌徒破产问题（程序 1.3.8）。2.4 节也将进一步讨论类似的问题。但这种方法非常耗时，因为需要大量的实验次数才能够获得期望的精确度。即使对于上文的小示例，我们发现要获得精度到 3 或 4 位小数位数的页面排名结果，也需要数以百万次的循环迭代。对于大模型，要获得准确的估值精度，其需要的迭代次数将是天文数字。

195
～
196

1.6.4　混合马尔可夫链

这里要提醒读者的是，页面排名是 Web 模型的属性，而不是计算的特定方法。也就是说，randomsurfer.py 程序只是计算页面排名的一种方法。幸运的是，基于成熟数学领域的简单计算模型提供了一个远比模拟计算页面排名问题更有效的方法。该方法基于二维矩阵的基本数学运算（具体可参见 1.4 节）。

1. 马尔可夫链自乘（Squaring a Markov chain）

通过两次跳转，随机冲浪者从页面 i 跳转到页面 j 的概率是多少？第一次跳转到一个中间页面 k，所以针对所有可能的页面 k，先计算从页面 i 到 k 的概率，然后计算从页面 k 到 j 的概率，最后累计计算结果值。在本书的 Web 模型示例中，通过两次跳转从页面 1 跳转到页面 2 的概率计算方法为：从页面 1 到 0 再到 2 概率（0.02×0.02），加上从页面 1 到 1 再到 2 的概率（0.02×0.38），加上从页面 1 到 2 再到 2 的概率（0.38×0.02），加上从页面 1 到 3 再到 2 的概率（0.38×0.02），加上从页面 1 到 4 再到 2 的概率（0.20×0.47），合计结果为 0.1172。这个计算过程适用于其他的页面对。

在矩阵乘法定义时曾涉及这种计算：结果矩阵的第 i 行第 j 列的元素为原始矩阵第 i 行和第 j 列的点积。换言之，矩阵 p[][] 与自身乘积的结果为一个矩阵，结果矩阵的第 i 行第 j 列元素的值是随机冲浪者通过两次跳转从页面 i 到页面 j 的概率。马尔可夫链自乘的示意图如图 1-6-6 所示。

研究两次跳转转换矩阵的元素，将有助于我们更好地理解随机冲浪者的移动行为。例如，方阵的最大元素位于 2 行 0 列，表明冲浪者位于页面 2 时，有 1 个到页面 3 的链接，页面 3 只有 1 个到页面 0 的链接。所以，从页面 2 开始，冲浪者经过两次跳转，结果到页面 0 的可能性最大。其他两次跳转路径包含多个选择，因而可能性比较小。值得注意的是，这是精确计算（仅受限于 Python 的浮点精度）；与之对比，程序 randomsurfer.py 产生的结果为估值，所以需要多次迭代以获取更为准确的估值。

2. 乘幂方法

通过矩阵 p[][] 乘以本身两次，可计算三次跳转的概率；如果要计算四次跳转的概率，则再乘 p[][] 一次，以此类推。然而，矩阵乘法的计算代价非常高昂，实际上我们感兴趣的是向量 – 矩阵的计算。例如，在我们的示例中，计算始于向量：

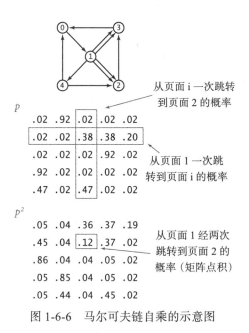

图 1-6-6   马尔可夫链自乘的示意图

[1.0 0.0 0.0 0.0 0.0]

该向量指定从页面 0 开始跳转的随机冲浪者。把该向量与转换矩阵相乘，结果为另一向量：

[.02 .92 .02 .02 .02]

该向量为冲浪者经过一次跳转到达各页面的概率。如果再次把结果向量乘以转换矩阵，得到如下第三个结果向量：

[.05 .04 .36 .37 .19]

该向量为冲浪者经过两次跳转到达各页面的概率。例如，经过两次跳转从页面 0 到 2 的概率计算方法为：从页面 0 到 0 再到 2 的概率（0.02×0.02），加上从页面 0 到 1 再到 2 的概率（0.92×0.38），加上从页面 0 到 2 再到 2 的概率（0.02×0.02），加上从页面 0 到 3 再到 2 的概率（0.02×0.02），加上从页面 0 到 4 再到 2 的概率（0.02×0.47），最终累计结果为 0.36。通过这些初始计算，模式十分明了：经过 t 步跳转，随机冲浪者到达各页面的概率向量为经过 $t-1$ 步跳转后，随机冲浪者到达各页面的概率向量与转换矩阵的乘积。根据马尔可夫链的基本极限定理，不管从哪个页面开始，这个过程都将收敛到相同的向量。换言之，经过足够数量的移动步数，冲浪者到达任何给定页面的概率与起始页面无关。

    程序 1.6.3（markov.py）是一种可用于检查我们示例收敛性的实现代码。例如，程序 markov.py 的计算结果与 randomsurfer.py 相同（页面排名精度为小数点后两位数），然而计算量仅为 20 次向量 – 矩阵乘积，而 randomsurfer.py 则需要成千上万次迭代计算。增加 20 次向量 – 矩阵乘法运算量，结果精度可达到小数点后 3 位数。而为了达到同样精度，randomsurfer.py 程序则需要数以百万计的迭代次数。通过增加若干次向量 – 矩阵乘法，可获取更大的精度（具体可参见本节习题第 6 题）。使用乘幂方法计算页面排名的示意图如图 1-6-7 所示。

197
≀
198

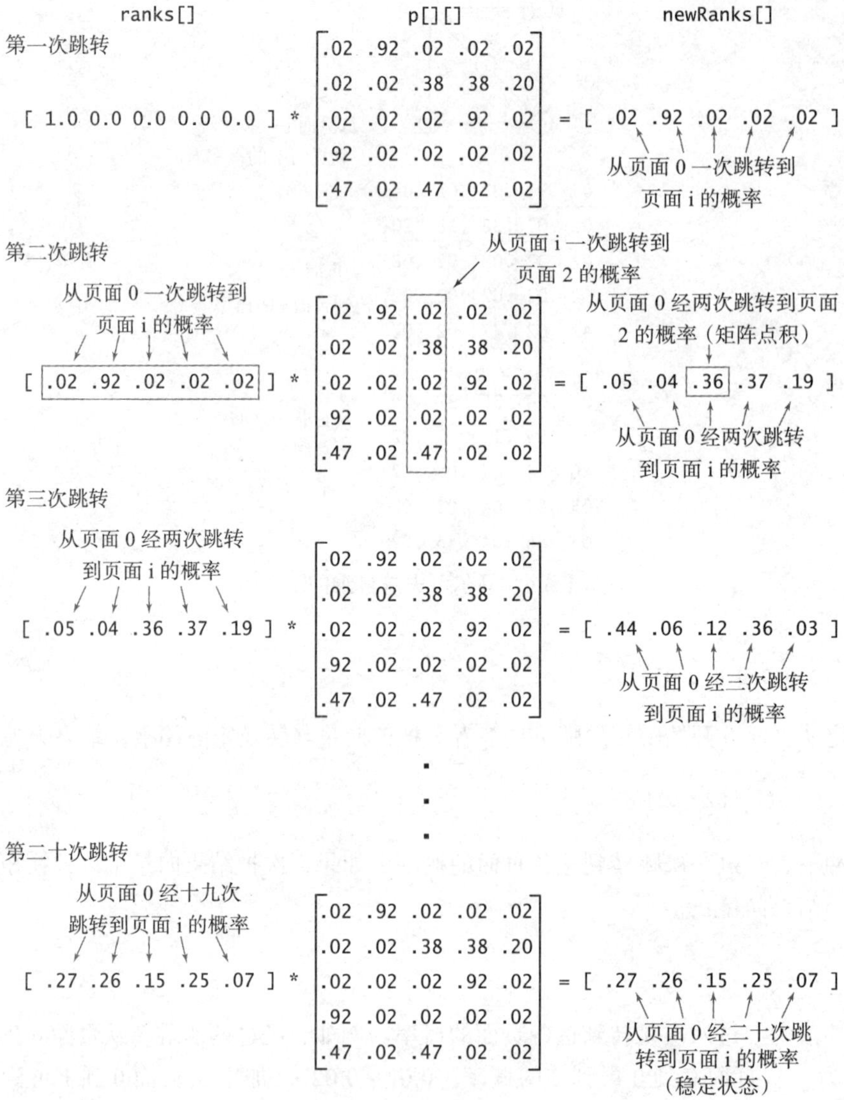

图 1-6-7 使用乘幂方法计算页面排名的示意图

程序 1.6.3 混合马尔可夫链（markov.py）

```
import sys
import stdarray
import stdio

moves = int(sys.argv[1])
n = stdio.readInt()
stdio.readInt()

p = stdarray.create2D(n, n, 0.0)
for i in range(n):
    for j in range(n):
        p[i][j] = stdio.readFloat()

ranks = stdarray.create1D(n, 0.0)
```

moves	迭代次数
n	页面数量
p[][]	转换矩阵
ranks[]	页面排名
newRanks[]	新页面排名

```
ranks[0] = 1.0
for i in range(moves):
    newRanks = stdarray.create1D(n, 0.0)
    for j in range(n):
        for k in range(n):
            newRanks[j] += ranks[k] * p[k][j]
    ranks = newRanks

for i in range(n):
    stdio.writef('%8.5f', ranks[i])
stdio.writeln()
```

程序 1.6.3 接收一个命令行参数 moves（整数），从标准输入读取一个转换矩阵，通过 moves 次向量 – 矩阵乘法运算，计算一个随机冲浪者经过 moves 步跳转到达各页面的概率。最后在标准输出中输出页面排名。程序 1.6.3 的运行过程和结果如下：

```
% python transition.py < tiny.txt | python markov.py 20
  0.27245 0.26515 0.14669 0.24764 0.06806

% python transition.py < tiny.txt | python markov.py 40
  0.27303 0.26573 0.14618 0.24723 0.06783
```

大数据模型带直方图的页面排名如图 1-6-8 所示。

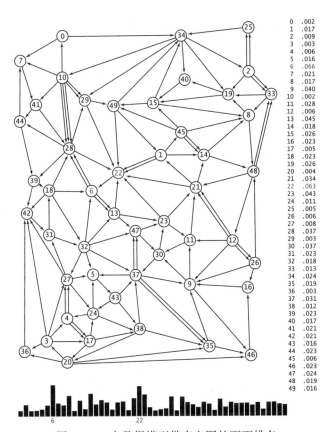

图 1-6-8　大数据模型带直方图的页面排名

马尔可夫链被广为深入地研究，但其对互联网的影响直到 1998 年才真正显现。1998 年，两个研究生谢尔盖·布林（Sergey Brin）和劳伦斯·佩奇（Lawrence Page）大胆地创建了一个马尔可夫链计算一个随机冲浪者访问整个互联网各页面的概率。他们的研究成果引发了 Web 搜索的革命浪潮，是 Google（这两位研究生创立的非常成功的 Web 搜索公司）搜索页面排名的基础。特别地，Google 会周期性地重新计算随机冲浪者访问各页面的概率。当用户使用关键字进行搜索时，返回按其页面排名排序的相关搜索结果。这种页面排名现在占主导地位，因为它们在某种程度上对应于典型的互联网用户期望，可为典型的搜索提供可靠的相关网页结果。

基于互联网海量的网页数量，所涉及的计算非常耗时，但计算结果具有显著的效益，因而值得花费时间和精力进行计算。虽然 markov.py 程序在模拟随机冲浪者行为上十分高效，但真正用于计算对应于整个互联网所有页面的超大矩阵的概率值，则依旧相对迟缓。通过改进的图的数据结构，可改进其计算算法（具体请参见本书第 4 章）。

1.6.5　经验总结

开发一个完整的随机冲浪者模型超出了本书的范围。相反，本书的目的在于展示一个具体的应用案例。相对于前面我们学习过的那些针对特定概念教学的短小程序代码，该案例的代码量相对多了一些。我们可以从本案例中吸取到什么经验呢？

1. 完整的计算模型

内置的数据类型，再结合选择结构、循环结构、数组、标准输入 / 输出等的使用，可以帮助我们解决各种有趣的问题。诚然，本节的案例是一个基本的理论计算机科学的实现方案，但这个模型足以用于在任何合理的计算设备上执行指定的任何计算。在接下来的两章中，我们将通过讨论两个关键的方法来扩展该模型，以大幅度减少开发大型和复杂的程序所需的时间和精力。

2. 数据驱动代码十分流行

使用标准输入流和标准输出流以及保存数据到文件的概念十分强大。用户可以通过编写过滤器，将一种类型的输入转换为另一种类型；通过编写生成器，可以产生用于研究的海量信息输入文件；通过编写程序，可处理各种类型的模型。用户可以保存数据用于存档或今后的使用。用户还可以处理来自其他源（不管是来自科研设备，还是来自远程网站）的数据，并将处理结果保存到一个文件。数据驱动代码的概念既简单又灵活，是支持上述各类行为（输入、输出、存储等）的有效方法。

3. 精度可能是难以捉摸的

由于程序可以输出达到许多小数点后精度的数值，所以很多人会认为程序可以产生精准的结果，其实这个观念是错误的。大多数时候，我们所面临的最困难的挑战是如何确保答案的精确性。

4. 均匀分布随机数仅仅只是一个开始

当我们非正式地讨论随机行为时，比起 random.random() 函数所产生的"每个值的概率相同"的结果模型，我们常常会面临更为复杂的情况。我们所考虑的许多问题涉及遵循其他分布规律的随机数，例如 randomsurfer.py 程序的结果。

5. 效率问题

同样，还有一个认识误区："计算机的运行速度非常快，可以完成任何计算任务"。某些问题需要更多的计算能力。第 4 章有专题讨论如何全面评估用户所编写的程序性能，目前我们不会讨论有关程序性能和效率的细节，但读者必须牢记，编写程序时或多或少需要一些性能需求方面的观念。

通过本节的示例，或许读者深刻地体会到（调试程序是解决复杂问题程序的最大困难）。本书提供的完善代码屏蔽了需要调试的过程，但一个程序产品往往涉及长时间的开发过程，包括测试、修正错误、使用不同输入测试运行程序。一般而言，在本书的正文中，我们尽量避免描述错误代码以及其修改过程，因为阐述过于枯燥且导致过度强调错误代码。在本书习题和官网中，读者可找到若干错误程序代码及其调试说明的例子。

203

1.6.6 习题

1. 请修改程序 transition.py，接收一个命令行参数作为跳转概率（the leap probability）。使用你编写的改进程序，检测从"90-10 法则"切换到"80-20 法则"或"95-5 法则"后，页面排名的结果。

2. 请修改程序 transition.py，忽略多个超链接的影响效果。也就是说，如果从一个页面有多个超链接指向另一个页面，则视为一个超链接。请创建一个例子，验证这种修改对页面排名的影响。

3. 请修改程序 transition.py，处理包含没有超链接的页面，通过使用值 $1/n$ 填充与这类页面相对应的行。

4. 在程序 randomsurfer.py 中，如果行 p[page] 各元素的概率累积和不为 1，将导致用于生成随机移动的代码运行失败。请解释这种情况下会发生什么，并给出修复这个问题的方法。

5. 对于程序 randomsurfer.py 和模型 tiny.txt，使用因子 10 之内的数值，如果需要计算页面排名的结果精度达到 4 位小数和 5 位小数，请确定分别需要多少次迭代次数？

6. 对于程序 markov.py 和模型 tiny.txt，如果需要计算页面排名的结果精度达到 3 位小数、4 位小数和 5 位小数，请确定分别需要多少次迭代次数？

7. 请从本书官网下载模型 medium.txt（模型为正文的网页模型，规模为 50 个页面），并添加从页面 23 到其他所有页面的超链接。运行并观测对页面排名的影响，并解释结果。

8. 在模型 medium.txt（参见习题 7）中，请增加从其他所有页面到页面 23 的超链接。运行并观测对页面排名的影响，并解释结果。

9. 假设在模型 medium.txt 中，你所在的当前页面是 23。请问，是否存在这样的超链接，在你所在页面中增加指向其他页面的超链接会**提升**你所在页面的排名？

10. 假设在模型 medium.txt 中，你所在的当前页面是 23。请问，是否存在这样的超链接，在你所在页面中增加指向其他页面的超链接会**降低**你所在页面的排名？

11. 请使用程序 transition.py 和 randomsurfer.py，确定如图 1-6-9 所示的 8 个页面的网页模型的转换概率。

12. 请使用程序 transition.py 和 markov.py，确定如图 1-6-9 所示的 8 个页面的网页模型的转换概率。

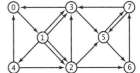

图 1-6-9　8 个页面的
网页模型

204
～
205

1.6.7 创新习题

13. 矩阵自乘（Matrix squaring）。请编写一个类似于 markov.py 的程序，通过不断地进行矩阵自乘的方法计算页面排名，即计算序列 p，p^2，p^4，p^8，p^{16}，以此类推。验证矩阵的所有行均收敛于相同的值。

14. 随机网络（Random web）。请编写一个生成器程序，为 transition.py 程序生成随机 Web 网络模型。程序带两个命令行参数：页面数量 n、超链接数量 m，在标准输出中输出 n，随后跟 m 个随机整数对（取值范围为 0 到 n–1 之间）。（4.5 节将讨论如何构建更真实的 Web 模型。）

15. 主干页面和权威页面（Hub and authority）。请修改习题 14 中编写的生成器程序，增加固定数量的主干页面（hub），主干页面定义为：10% 的页面（随机选择）包含指向主干页面的超链接。再增加固定数量的权威页面（authority），权威页面定义为：包含指向其他 10% 页面（随机选择）的超链接。请分别计算两种情况下的页面排名。请问，主干页面和权威页面哪一种页面排名比较高？

16. 页面排名（Page rank）。请设计一个页面和超链接数组，其中指向排名最高页面的超链接比指向其他页面的超链接要少。

17. 点击时间（Hitting time）。一个页面的点击时间定义为随机冲浪者访问该页面的平均跳转次数。请使用 Web 模型 tiny.txt，运行实验来估计页面点击时间。比较页面的点击时间和页面排名，推断二者之间关系的假设，并在 Web 模型 medium.txt 上测试你的假设。

18. 覆盖时间（Cover time）。请编写一个程序，估计从任一随机页面开始，随机冲浪者至少访问每个页面一次所需的时间。

19. 图形化模拟（Graphical simulation）。请创建一个图形化模拟程序，其中点表示页面，其大小与该页的页面排名成正比。程序设计为数据驱动模式，并设计一个文件格式，包含所需绘制的各页面的位置坐标。请使用 Web 模型 medium.txt 测试所编写的程序。

函数和模块

本章主要讨论程序的另一种结构：函数（function）。针对程序流程控制而言，函数的影响力与选择结构和循环结构一样深远。函数允许程序的控制在不同的代码片段之间切换。函数的重要意义在于可以在程序中清晰地分离不同的任务，而且还为代码复用提供了一个通用的机制。定义和使用函数是 Python 程序设计的重要组成部分。

如果程序中包含多个函数，则可将这些函数分组包含在模块（module）中。通过使用模块，我们可以将计算任务分解为大小合理的子任务。本章将学习如何构建自定义模块，以及学习如何在称为模块化编程（modular programming）的程序设计风格中使用模块。特别地，本章将讨论用于产生随机数的模块，用于分析数据的模块以及用于数组输入 / 输出的模块。模块的定义和使用大大扩展了程序本身所提供的操作功能。

本章还将特别讨论那些可以把控制转换到自身的函数，即函数自己调用本身，此过程称为递归（recursion）调用。初次接触递归时，读者可能会感觉其违反直觉，但递归可帮助用户开发解决复杂问题的简单程序。对于这些复杂的问题，如果不借助递归功能，使用其他方法实现则非常困难。

在计算任务中，任何时候只要可以清晰地分离任务，则建议使用函数分离任务。我们将在本章中反复强调这个程序设计理念，并在本章结尾以一个实例说明一个复杂的编程任务如何分解为若干小的子任务，然后独立开发子任务并实现与其他子任务交互的模块。在整个章节中，我们将充分使用本章之前开发的函数和模块，从而强调模块化编程的实用性。

2.1 定义函数

表 2-1-1 为 2.1 节所有程序的一览表，读者可以作为参考。

表 2-1-1 本节中所有程序的一览表

程序名称	功能描述
程序 2.1.1（harmonicf.py）	调和数（改进版）
程序 2.1.2（gauss.py）	高斯函数
程序 2.1.3（coupon.py）	优惠券收集器（改进版）
程序 2.1.4（playthattunedeluxe.py）	数字信号处理（改进版）

自本书一开始，我们编写的程序代码其实已涉及调用 Python 函数，例如，通过调用 stdio.writeln() 函数输出字符串；调用函数 str() 和 int() 等进行类型转换；调用函数如 math. sqrt() 等进行数学计算；调用 stdio、stddraw 和 stdaudio 模块中的所有函数。本节将学习如何定义和调用用户自定义函数。

在数学上，函数定义为从一种类型的输入值（定义域）到另一种类型的输出值（值域）的映射。例如，平方函数 $f(x) = x^2$ 将 2 映射到 4，将 3 映射到 9，将 4 映射到 16，以此类推。首先，我们将从熟悉的数学函数开始，定义和实现数学函数的 Python 函数。Python 的 math 模块中实现了许多常用的标准数学函数，但科学家和工程师要使用的函数种类繁多，不可能全部包括在 Python 的 math 模块中。从本节开始，我们将学习如何实现和使用用户自定义函数。

随后，我们将学习和实现数学函数以外的其他 Python 函数：Python 函数的定义域和值域可以为字符串类型或其他类型，并且函数中可以包含输出的功能。本节还将讨论如何使用 Python 函数组织程序，以简化复杂程序的开发任务。

从现在开始，我们采用通用术语"函数"表示 Python 函数或数学函数，具体指代可根据上下文进行判断。只有当上下文需要进一步明确时，才会采用更明确的术语表示。

函数支持一个将影响你编程方法的关键概念：在计算任务中，任何时候只要可以清晰地分离任务，则建议使用函数分离任务。我们将在本节中反复强调这个观点，并在本章（包括本书）其他部分强化这个观念。当你撰写论文时，通常将内容分成不同的段落。同样，在编写程序时，我们将程序分成不同的函数。将一个大任务分离成多个小任务在程序设计中比在撰写论文时更加重要。因为将大任务分离成多个小任务将会大大方便调试、维护和重用，这些都是开发成功软件的关键所在。

210

2.1.1 调用和定义函数

通过之前程序中对函数的使用，可以很容易理解调用一个 Python 函数的效果。例如，当程序包含代码 math.sqrt(a–b) 时，其效果等同于把该代码替换为通过传递参数 a–b 调用 Python 函数 math.sqrt() 产生的返回值。这种使用方法十分直观，一般无须说明。如果你想知道系统如何实现该调用效果，则需要了解该调用过程所包含的程序控制流程。通过函数调用实现程序流程控制，其深远意义等同于选择结构和循环结构。

在 Python 程序中，可使用 def 语句定义函数。def 语句指定函数签名，随后跟着构成函数体的一系列语句。我们稍后将讨论其细节。这里先通过介绍一个简单示例，阐述函数如何影响程序的控制流程。我们的第一个例子程序 2.1.1（harmonicf.py），包括一个名为 harmonic() 的函数，函数带一个参数 n，计算第 n 阶调和数（具体参见程序 1.3.5）。程序同样说明了一个 Python 程序的典型结构包括如下三个部分：

- 一系列 import 语句。
- 一系列函数定义。
- 任意数量的全局代码，即程序的主体。

程序 2.1.1 包含两个 import 语句、1 个函数定义、4 行全局代码。通过在命令行中键入 python harmonicf.py 并按回车键调用执行程序时，Python 开始执行全局代码。在全局代码中调用了之前定义的函数 harmonic()。

相对于最初实现的计算调和数的程序（程序 1.3.5），harmonicf.py 中的实现更有可取之处。因为 harmonicf.py 清晰地把程序的两个主要任务分开来：计算调和数、与用户交互。（为了描述，程序 2.1.1 中与用户交互的部分比程序 1.3.5 更为复杂）。在计算任务中，任何时候只要可以清晰地分离任务，则建议使用函数分离任务。接下来，我们将详细讨论 harmonicf.

py 程序如何实现这个目标。

1. 控制流程

命令行命令"python harmonicf.py 1 2 3"的控制流程图如图 2-1-1 所示。

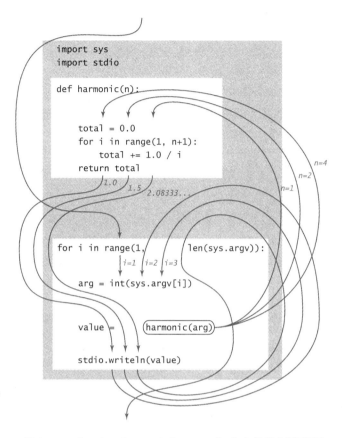

图 2-1-1 "python harmonicf.py 1 2 3"命令的控制流程图

首先，Python 处理 import 语句，从而保证所有定义在模块 sys 和 stdio 中的功能在程序中可用。然后，Python 处理函数定义 harmonic()（第 4 行至第 8 行），但不会执行函数，仅当调用函数时 Python 才会执行函数。然后，Python 执行第 1 条全局代码（在函数定义之后）for 语句，程序正常执行直至 Python 开始调用语句 " value = harmonic(arg)"，开始使用参数 arg=1 对表达式 harmonic(arg) 求值。从而把控制权切换到函数 harmonic()，即控制流程传递到函数定义中的代码。Python 把函数"参数"变量 n 初始化为 1，"局部"变量 total 初始化为 0.0，然后执行 harmonic() 中的 for 循环结构，for 循环迭代 1 次，此时 total 为 1.0，结束 for 循环，然后 Python 执行 harmonic() 定义末尾处的 return 语句，导致程序控制流程跳转到调用语句 " value = harmonic(arg)"，继续主程序的执行，此时表达式 harmonic(arg) 被替换为 1.0。即 Python 把 1.0 赋值给变量 value，并将其写入标准输出。然后，Python 开始下一次迭代过程，第 2 次调用 harmonic() 函数，此时函数定义中的 n 被初始化为 2，结果输出 1.5。上述过程第 3 次迭代时，参数 arg（然后是 n）等于 4，结果输出 2.083333333333333。最后，for 循环结构终止，整个程序执行过程也宣告结束。流程图 2-1-1 表明，即使这样简单的函数调用也包括复杂的流程控制。

程序 2.1.1   调和数（改进版 harmonicf.py）

```
import sys
import stdio

def harmonic(n):
    total = 0.0
    for i in range(1, n+1):
        total += 1.0 / i
    return total

for i in range(1, len(sys.argv)):
    arg = int(sys.argv[i])
    value = harmonic(arg)
    stdio.writeln(value)
```

n	形式参数变量
i	循环索引
total	返回值

i	实际参数索引
arg	命令行参数
value	调和数

程序 2.1.1 向标准输出写入命令行参数指定的调和数。程序定义了一个函数 harmonic()，根据给定的整型参数 n，调用函数计算第 n 阶调和数：$1 + 1/2 + 1/3 + \cdots + 1/n$。程序 2.1.1 的运行过程和结果如下：

```
% python harmonicf.py 1 2 4
1.0
1.5
2.083333333333333
```

```
% python harmonicf.py 10 100 1000 10000
2.9289682539682538
5.187377517639621
7.485470860550343
9.787606036044348
```

关于缩写

我们继续采用 1.2 节中介绍的关于函数和函数调用的缩写。例如，可以用缩略语"函数调用 harmonic(2) 返回值 1.5"，代替更精确但却冗长的描述："当传递一个 int 类型对象且值为 2 的引用到函数 harmonic() 时，函数返回 1 个 float 类型对象且值为 1.5 的引用。"在给定的上下文中，我们尽量使用简洁的描述语言，只要能够准确表述原意即可。

2. 非正式函数调用 / 返回值跟踪信息

跟踪函数调用控制流程的一个最简单方法是假定每个程序在调用时输出自己的函数名和各参数值，并在返回时输出返回值，调用函数后采用缩进显示输出格式，返回值的输出格式则取消缩进。函数跟踪信息增强了程序跟踪过程，程序跟踪过程通过输出各变量值实现。实际上自 1.2 节开始，我们就一直使用这种程序跟踪方式。命令行命令"python harmonicf.py 1 2 4"的非正式函数调用 / 返回值跟踪信息示意图如图 2-1-2 所示。通过缩进的输出格式，可显示控制流程，帮助我们检查各函数的执行效果是否符合预期。总而言之，在程序的适当位置通过增加语句 stdio. writef() 跟踪程序的控制流程，是理解程序工作过

```
i = 1
arg = 1
harmonic(1)
    total = 0.0
    total = 1.0
    return 1.0
value = 1.0
i = 2
arg = 2
harmonic(2)
    total = 0.0
    total = 1.0
    total = 1.5
    return 1.5
value = 1.5
i = 3
arg = 4
harmonic(4)
    total = 0.0
    total = 1.0
    total = 1.5
    total = 1.8333333333333333
    total = 2.083333333333333
    return 2.083333333333333
value = 2.083333333333333
```

图 2-1-2   "python harmonicf.py 1 2 4"命令的非正式函数调用 / 返回值跟踪信息示意图

程的一个不错的方法。如果函数返回值符合预期，则不必跟踪函数的每个细节，这样可节省大量工作。

在本章后继部分，我们的程序设计将重点关注如何创建和使用函数，所以有必要详细讨论有关函数的基本特性，特别是函数相关的术语。明确这些基本概念后，我们将学习若干函数实现和应用的实例。

3. 基本术语

如前所述，有必要区分抽象的基本概念与 Python 语言的实现机制（例如，Python 语言的 if 语句实现选择结构，while 语句实现循环结构等）。函数的抽象概念源自于数学函数，Python 语言包括了与其对应的语法构造。其对应关系总结如表 2-1-2 所示。虽然这些形式化概念已经被数学家使用几个世纪（也被程序员采用了几十年），但我们不会深入讨论其对应关系的内涵细节，我们主要关注其中有助于程序设计的基本概念。

表 2-1-2　函数概念和 Python 语言语法构造的对应关系

函数概念	Python 语法构造	功能描述
函数	函数	映射
输入值	实际参数	函数的输入
输出值	返回值	函数的输出
公式	函数体	函数定义
独立变量	形式参数变量	输入值的符号占位符

当在定义数学函数的公式（例如，$f(x) = 1 + x + x^2$）中使用的符号名称时，符号 x 表示某个输入值的占位符，将会被替换成输入值以计算输出值。在 Python 语言中，我们使用"形式参数变量（parameter variable）"表示符号占位符，而函数计算求值时使用的具体输入值则称为实际参数（argument）。

4. 函数定义

函数定义的第 1 行称为函数签名（signature），用于指定函数名称（function name）以及函数的每个形式参数变量名称。函数签名包括关键字 def、函数名、一系列包括在括号中的零或多个形式参数变量名、一个英文冒号，其中括号中的形式参数变量采用逗号分隔。紧跟函数签名后的缩进代码定义函数体（function body）。函数体可包含第 1 章讨论的所有类型的语句。函数体中还可以包含一条 return 语句，用于将控制权返回到程序的调用点，并返回计算的结果，即返回值（return value）。函数体还可定义局部变量（local variable），局部变量仅在其定义的函数中可用。函数定义的剖析图如图 2-1-3 所示。

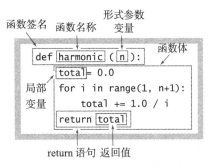

图 2-1-3　函数定义的剖析图

5. 函数调用

如前所述，一个 Python 函数调用就是函数名，随后紧跟着包含在括号中以逗号分隔的实际参数。Python 函数调用方法与传统的数学函数调用方法完全一致。如 1.2 节所述，实际参数可以是表达式，表达式求值后，其计算结果值作为输入值传递给函数。当函数调用结束后，返回值代替函数调用，函数调用效果（返回值）等同于一个变量的值（可能包含在表达式中）。函数调用的剖析图如图 2-1-4 所示。

6. 多个参数

与数学函数对应，一个 Python 函数也可包含
1 个以上的形式参数变量，所以可使用多个实际
参数调用。函数签名中以逗号分隔形式列举每个
形式参数变量名。例如，下面的函数计算两个直
角边分别为 a 和 b 的直角三角形的斜边长度：

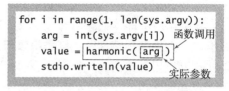

图 2-1-4　函数调用的剖析图

```
def hypot(a, b)
    return math.sqrt(a*a + b*b)
```

7. 多个函数

在一个 .py 文件中，我们可以定义任意多个函数。各函数相互独立，除非它们之间彼此
调用。函数在文件中定义的位置与顺序无关。例如：

```
def square(x):
    return x*x

def hypot(a, b):
    return math.sqrt(square(a) + square(b))
```

但是，函数的定义位置必须位于调用该函数的全局代码之前。基于上述原因，典型的
Python 程序结构依次包含：（1）import 语句；（2）函数定义；（3）全局代码。

8. 多条 return 语句

return 语句可以放置在函数中任何需要的位置，当执行到第一个 return 语句时，程序返
回调用程序。例如，下面判断一个数是否为素数的函数中使用了多个 return 语句：

```
def isPrime(n):
    if n < 2: return False
    i = 2
    while i*i <= n:
        if n % i == 0: return False
        i += 1
    return True
```

9. 单一返回值

214
～
216

一个 Python 函数仅返回一个值给调用者（更精确地说，返回一个指向一个对象的引用）。
然而，这个限定并没有那么严格，因为除了数值、布尔值和字符串，Python 数据类型还可以
包含多个数据信息。例如，本节后面将学习将数组作为函数返回值。

10. 变量作用范围

变量的作用范围指可以直接访问该变量的一系列语句。函数的局部变量和形式参数变量
的作用范围局限于函数本身；在全局代码中定义的变量（称之为全局变量，global variable），
其作用范围局限于包含该变量的 .py 文件。因而，全局代码不能引用一个函数的局部变量或
形式参数变量；一个函数也不能引用在另一个函数中定义的局部变量或形式参数变量。如果
在一个函数中定义的局部变量（或形式参数变量）与全局变量重名（例如，程序 2.1.1 中的变

量 i），则局部变量（或形式参数变量）优先，即函数中定义的变量是指局部变量（或形式参数变量），而不是全局变量。

设计软件的一个指导原则为：定义变量的作用范围越小越好。使用函数的一个重要原因在于，修改函数的内容不会影响程序其他不相关的部分。所以，尽管在函数中的代码可以引用全局变量，但强烈建议不要在函数中引用全局变量：调用者应该使用函数形式参数变量实现与其函数的所有通信；而函数则应该使用函数的 return 语句实现与其调用者的所有通信。在 2.2 节中，我们将讨论如何移除大部分全局代码，从而限制变量的作用范围，消除潜在的、意想不到的相互作用。局部变量和形式参数变量的作用范围如图 2-1-5 所示。

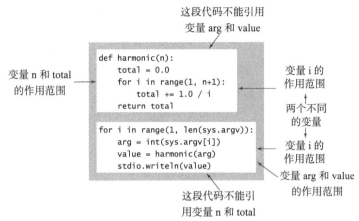

图 2-1-5　局部变量和形式参数变量的作用范围

11. 默认参数

在 Python 函数中，通过指定默认值，可以指定一个参数为可选参数。函数调用时，如果省略了可选参数，则 Python 使用其默认值代替。我们已经遇到了这一特性的几个实例。例如，math.log(x, b) 返回底为 b 的 x 的对数。如果省略了第 2 个参数，则 b 的默认值为 math.e，即 math.log(x) 返回 x 的自然对数。看起来 math 模块包括两个不同的对数函数，但事实上只有一个对数函数，对数函数带一个可选参数和一个默认值。

217

在自定义函数中，通过在函数签名中的参数变量名后使用等号和默认值，指定该形式参数变量为带默认值的可选参数。在函数签名中，可以指定多个可选参数，但所有的可选参数都必须定义在必选参数之后。

例如，关于求解第 n 个阶数为 r 的广义调和数的问题：$H_{n,r} = 1 + 1/2^r + 1/3^r + \cdots + 1/n^r$。例如，$H_{1,2} = 1$，$H_{2,2} = 5/4$，$H_{3,2} = 49/36$。广义调和数与数论中的黎曼 ζ 函数（zeta function）密切相关。请注意，$r=1$ 时的第 n 个广义调和数等于第 n 个调和数。因此，r 可作为函数的第二个参数，当调用函数时可使用 1 作为 r 的默认值。所以可以使用 $r=1$ 定义函数签名：

```
def harmonic(n, r=1):
    total = 0.0
    for i in range(1, n+1):
        total += 1.0 / (i ** r)
    return total
```

基于上述函数定义，harmonic(2, 2) 的返回值为 1.25，harmonic(2, 1) 和 harmonic(2) 的返回值均为 1.5。在客户端看来，似乎存在两个不同的函数，一个函数带一个参数，另一个函数带两个参数，但在内部代码则使用同一种实现方法。

12. 函数的副作用

在数学意义上，一个函数把一个或多个输入值映射为输出值。在计算机程序设计中，大多数函数符合这种模型：函数接收一个或多个参数，其唯一目的是返回一个值。一个纯函数（pure function）定义为：给定同样的实际参数，其返回值唯一，且不会产生其他可观察到的副作用，例如读取消耗输入、产生输出、改变系统的状态等。本节到目前为止所讨论的函数均为纯函数。

然后，在计算机程序设计中，定义产生副作用的函数有时也有用处。事实上，经常会定义一些主要目的为产生副作用的函数。在这些函数中，显式的 return 语句是可选的：当 Python 执行完函数的最后一条语句后，将控制权返回给调用者。没有指定返回值的函数，其返回值为特殊值 None，一般被忽略。

例如，函数 stdio.write() 的副作用为向标准输出写入给定的参数值（该函数就没有指定的返回值）。同样，如下函数的副作用是在标准绘图中绘制一个三角形（该函数也没有指定的返回值）：

```
def drawTriangle(x0, y0, x1, y1, x2, y2):
    stddraw.line(x0, y0, x1, y1)
    stddraw.line(x1, y1, x2, y2)
    stddraw.line(x2, y2, x0, y0)
```

编写同时产生副作用和返回值的函数通常被认为是不良编程风格。但有一个例外，即读取函数。例如，stdio.readInt() 函数既返回一个值（一个整数），又产生副作用（从标准输入中读取一个整数）。

13. 类型检查

在数学意义上，函数定义时既要指定定义域也要指定值域。例如，对于调和数函数，定义域为正整数，值域为正实数。在 Python 语言中，不用指定形式参数变量的类型，也不用指定返回值的类型。只要 Python 能够完成函数中的所有运算操作，Python 就会执行完函数并返回结果值。

如果由于给定对象的类型不匹配，Python 无法完成一个运算操作，Python 将抛出一个运行错误并指出错误类型。例如，如果使用 int 类型参数值调用前文定义的 square() 函数，则结果为 int 类型值；如果使用 float 类型参数值调用，则结果为 float 类型值；但是如果使用字符串类型参数值调用，则 Python 在运行时抛出错误 TypeError。

Python 语言的一个流行特点就是这种灵活性（称之为多态性 polymorphism）。多态性允许用户定义一个函数，但适用于不同类型的对象。但当使用未预料的类型参数调用函数时，多态性可能导致意外错误。原则上，我们可以增加代码以检测这种类型的错误，也可以仔细指定函数运行所需要的参数类型。但与大多数 Python 程序员一样，本书没有采用这种方法。本书的原则是，用户调用函数时必须理解并保证传入正确类型的参数值。本书实现的函数均采用这种设计理念，遵循 Python 的多态性倾向。我们将在 3.3 节进一步讨论这个问题的细节。

表 2-1-3 总结了前文所讨论的有关函数定义的概念和实现的典型代码。建议读者仔细重新阅读这些例子，以检查自己的理解程度。

表 2-1-3　函数定义的概念和实现的典型代码

函数功能	实现代码
素数检测函数	```def isPrime(n): if n < 2: return False i = 2 while i*i <= n: if n % i == 0: return False i += 1 return True```
计算直角三角形的斜边长度	```def hypot(a, b) return math.sqrt(a*a + b*b)```
广义调和数	```def harmonic(n, r=1): total = 0.0 for i in range(1, n+1): total += 1.0 / (i ** r) return total```
绘制三角形	```def drawTriangle(x0, y0, x1, y1, x2, y2): stddraw.line(x0, y0, x1, y1) stddraw.line(x1, y1, x2, y2) stddraw.line(x2, y2, x0, y0)```

2.1.2　实现数学函数

为什么不直接使用 Python 标准模块和扩展模块中定义的内置函数？例如，为了计算直角三角形的斜边长度，为什么不直接使用 math.hypot()，而要定义自己的 hypot() 函数？事实上，如果需要使用的函数已经存在，我们会直接使用它们（因为标准模块和扩展模块中的函数更快速和准确）。然而，实际应用中我们想使用的函数不计其数，而 Python 标准模块和扩展模块中定义的函数只占有限的少部分。如果要使用的函数没有在 Python 标准模块和扩展模块中定义，用户就必须自己定义所需的函数。

例如，下面讨论与许多美国准大学生们相关的一个熟悉且重要的应用程序代码。在过去的一年中，大约有一百万学生参加了学术能力考试（Scholastic Aptitude Test，SAT）。考试分为两个主要部分：批判性阅读和数学。每一部分的分数范围从 200（最低）到 800（最高），所以总分的范围从 400 到 1600。很多大学基于这些分数做重要决定。例如，全国大学生运动协会（National Collegiate Athletic Association，NCAA）以及很多大学都要求学生运动员的综合成绩至少为 820（总分 1600），而某些学术奖学金的申请标准最低要求 1500（总分 1600）。那有多少百分比的考生不符合运动员的标准？又多少百分比的考生符合奖学金的申请标准？

两个统计函数可以使我们准确地计算并回答上述问题。标准正态（高斯）概率密度函数（The standard normal (Gaussian) probability density function）的特征是钟型曲线，其定义公式为：$\varphi(x)=e^{-x^2/2}/\sqrt{2\pi}$。标准正态（高斯）累积分布函数（The standard normal (Gaussian) cumulative distribution function）$\Phi(z)$ 定义为函数 $\varphi(x)$ 下、x 轴之上、垂线 $x=z$ 之左的区域面积。

220

这些统计函数在科学、工程和金融方面扮演着重要角色，因为它们是自然世界的准确模型，而且是理解实验误差的基础。众所周知，这些函数可以精确地描述我们示例中考试成绩的分布，作为均值函数（成绩的平均值）和标准差（成绩与均值之差平方的平均值，再取平方根），每年都会发布这些信息。给定考试成绩的平均值 μ 和标准差 σ，考试成绩低于给定值 z 的学生人数百分比近似为函数 $\Phi(z, \mu, \sigma)$ $= \Phi((z - \mu)/\sigma)$。但是在 Python 的 math 模块中，并不存在用于计算 φ 和 Φ 的函数，所以我们将编程实现这两个函数。高斯概率函数示意图如图 2-1-6 所示。

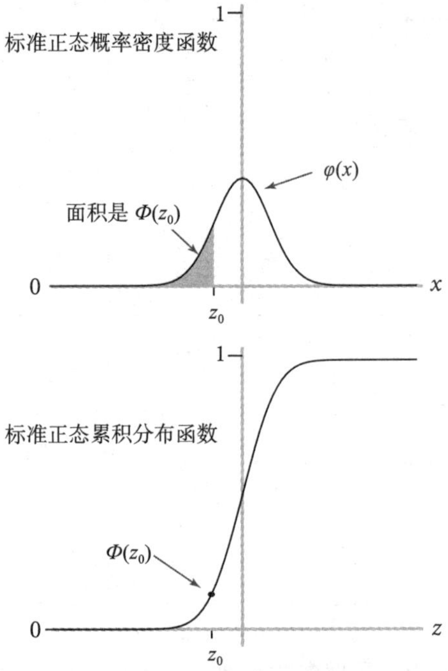

图 2-1-6　高斯概率函数示意图

1. 封闭形式

在最简单的情况下，函数可以使用一个封闭形式的数学公式定义，所以可使用 Python 的 math 模块中的函数来实现。上述计算 φ 就属于这种情况，math 模块中包含计算指数和平方根的函数（还包括常量 π）。所以在 gauss.py（程序 2.1.2）中，我们编写了一个名为 pdf() 的函数，非常容易地实现了 φ 函数相对应的数学定义。为了方便，gauss.py 中使用默认参数 $\mu=0$ 和 $\sigma=1$，实际上计算 $\varphi(x, \mu, \sigma) = \varphi((x - \mu)/\sigma)/\sigma$。

2. 非封闭形式

如果函数不能使用简单的公式定义，则需要使用更为复杂的算法计算函数的值。上述 Φ 的计算就属于这种情况，函数 Φ 没有封闭形式的表达式。计算函数值的算法有时候使用泰勒级数近似法，但为数学函数设计可靠准确的实现是科学和艺术的结合，需谨慎对待。可以借鉴和充分利用过去几个世纪来积累的数学知识。经过研究，实现 Φ 具有许多不同的方法。例如，基于 Φ 和 φ 比例的泰勒级数近似是计算函数 Φ 的一个有效基础：

$$\Phi(z) = 1/2 + \varphi(z) (z + z^3/3 + z^5/(3 \cdot 5) + z^7/(3 \cdot 5 \cdot 7)+\cdots)$$

上述公式的 Python 实现代码为函数 cdf()（请参见程序 2.1.2）。对于 z 取值比较小的情况，函数值非常接近于 0，所以代码直接返回 0。而对于 z 取值比较大的情况，函数值非常接近于 1，所以代码直接返回 1；其他情况时，使用泰勒级数不断增加项直至累计和收敛。同样，为了方便，程序 2.1.2 实际上计算 $\Phi(z, \mu, \sigma) = \Phi((z - \mu)/\sigma)$，使用默认值 $\mu=0$ 和 $\sigma=1$。

在命令行使用适当的参数运行程序 gauss.py，结果表明，当均值为 1019、标准差为 209 时，该年度中 17% 的考生没有达到运动员的成绩标准，1% 的考生有资格申请学术奖学金。

在科学和工程领域，计算各种数学函数占据重要的中心位置。在许多重要的应用中，有些函数可以使用 Python 的 math 模块中定义的函数来实现，例如 pdf() 函数；另一些函数则可使用泰勒级数近似或其他公式计算，例如 cdf() 函数。事实上，对类似计算的支持在计算机系统和编程语言的演化中占据重要位置。

程序 2.1.2　高斯函数（gauss.py）

```
import math
import sys
import stdio

def pdf(x, mu=0.0, sigma=1.0):
    x = float(x - mu) / sigma
    return math.exp(-x*x/2.0) / math.sqrt(2.0*math.pi) / sigma

def cdf(z, mu=0.0, sigma=1.0):
    z = float(z - mu) / sigma
    if z < -8.0: return 0.0
    if z > +8.0: return 1.0
    total = 0.0
    term = z
    i = 3
    while total != total + term:
        total += term
        term *= z * z / i
        i += 2
    return 0.5 + total * pdf(z)

z     = float(sys.argv[1])
mu    = float(sys.argv[2])
sigma = float(sys.argv[3])
stdio.writeln(cdf(z, mu, sigma))
```

total	累计和
term	当前项

　　程序 2.1.2 实现了高斯（正态）概率密度（pdf）和累积分布函数（cdf），这两个函数在 Python 的 math 模块中均没有被实现。其中，pdf() 函数直接使用其定义的公式来实现，而 cdf() 函数则使用泰勒级数并调用 pdf() 函数实现（具体请参见正文说明以及 1.3 节习题的第 36 题）。注意，如果要在其他程序中使用上述代码，请参见 guassian.py（程序 2.2.1），其程序设计考虑到可重用性。程序 2.1.2 的运行过程和结果如下：

```
% python gauss.py  820 1019 209
0.17050966869132106
% python gauss.py 1500 1019 209
0.9893164837383885
```

223

2.1.3　使用函数组织代码

　　除了对数学函数求值外，函数接收输入值并计算输出值的过程可作为任何计算中组织控制流程的一种通用技术方法。原则（在计算任务中，任何时候只要可以清晰地分离任务，则建议使用函数分离任务）是所有程序员编写程序的一个非常重要的原则，这个原则是所有优秀程序员的一个主要引导力。

　　函数是表述计算任务最通用和最自然的方法。事实上，自 1.1 节开始，Python 程序的"鸟瞰图"可等同于函数：我们可以将一个 Python 程序想象为一个把命令行参数转换为输出字符串的函数。这种视图在不同的计算层面进行了自我表述。特别地，一般情况下可采用函数更自然地表述一个具有较长代码的程序，而不是将程序视为一系列 Python 赋值语句、选择结构语句和循环结构语句。借助定义函数的能力，通过在程序中适当的位置定义函数，我们可以更好地组织程序代码。

例如，coupon.py（程序 2.1.3）是 couponcollector.py（程序 1.4.2）的改进版本，coupon.py 更好地分割了计算的不同组成部分。通过仔细研究程序 1.4.2，读者可以发现程序包括三个不同的任务：

- 给定优惠券的数量 n，计算一个随机优惠券值。
- 给定 n，进行优惠券收集实验。
- 从命令行参数获取参数 n，然后计算并输出结果。

程序 2.1.3 重新组织了代码，以反映整个计算中这三个任务的具体实施。前两个任务通过函数来实现，第三个任务为全局代码。

程序代码按上述结构组织后，我们可以改变函数 getCoupon() 的代码（例如，可能希望通过不同的概率分布抽取随机数），或改变全局代码（例如，我们可能希望接收多个输入参数，或者多次运行试验），而无须担忧这些修改的结果会影响到函数 collect()。

程序 2.1.3   优惠券收集器（改进版 coupon.py）

```
import random
import sys
import stdarray
import stdio

def getCoupon(n):
    return random.randrange(0, n)

def collect(n):
    isCollected = stdarray.create1D(n, False)
    count = 0
    collectedCount = 0
    while collectedCount < n:
        value = getCoupon(n)
        count += 1
        if not isCollected[value]:
            collectedCount += 1
            isCollected[value] = True
    return count

n = int(sys.argv[1])
result = collect(n)
stdio.writeln(result)
```

n	优惠券值的数量（0 到 n–1）
isCollected[i]	优惠券 i 是否被收集
count	收集到优惠券的数量
collectedCount	收集到的不同优惠券的数量
value	当前优惠券的值

程序 2.1.3 是程序 1.4.2 的改进版本，程序描述了把计算封装为函数的编程风格。程序的效果等同于 couponcollector.py，但把代码更好地分离为三个组成部分：生成一个取值范围为 0 到 $n–1$ 之间的随机整数；运行收集实验；管理输入和输出（I/O）。程序 2.1.3 的运行过程和结果如下：

```
% python coupon.py 1000
6522
% python coupon.py 1000
6481
% python coupon.py 1000000
12783771
```

使用函数可分离收集实验中不同部分的实现，即实现封装。典型地，程序包括许多独立的组成部分，所以将程序分离成多个不同函数可获得更多的优势。在讨论若干其他实例之后，我们将进一步讨论其优点。读者肯定能够体会到，程序中的计算最好可以分解为不同的函数，正如在撰写论文时，为了表述一个思想，最好将其分解为不同的段落。**在计算任务中，任何时候只要可以清晰地分离任务，则建议使用函数分离任务。**

224
2
225

2.1.4 传递参数和返回值

下面将讨论 Python 语言中向函数传递参数和从函数返回值的特殊机制。虽然这些机制概念上十分简单，但有必要花时间透彻理解，因为其影响效果非常深远。理解参数传递和返回值的原理机制是学习任何一门新的程序设计语言的关键。在 Python 语言中，不可变性（immutability）和别名（aliasing）的概念扮演着重要的角色。

1. 通过对象引用实现调用

在函数体中的任何位置都可以使用形式参数变量，这和使用局部变量一样。形式参数变量和局部变量的唯一区别在于，Python 使用调用代码传递对应的实际参数来初始化形式参数变量。我们称这种方法为"通过对象引用实现调用（call by object reference）"。（更常见的说法称之为"值调用"，这里的值通常为对象引用，而不是对象的值）这种调用的一种后果是，如果一个参数变量指向一个可变对象，在函数中又想改变该对象的值，则在调用代码中，该对象的值也被改变（因为二者指向同一个对象）。下面将探究这种方法的后果。

2. 不可变性和别名

如 1.4 节所述，数组是可变（mutable）数据类型，因为我们可以改变数组元素的值。相反地，一个数据类型是不可变的（immutable），是指该数据类型对象的值不可以被更改。前文学习的其他数据类型（int、float、str 和 bool）都是不可变的。对于不可变数据类型，有些操作表面上看起来修改了对象的值，但实际上创建了一个新的对象，一个简单例子如图 2-1-7 所示。

首先，语句 i = 99 创建了一个整数对象 99，并把指向该对象的引用赋值给变量 i。然后执行语句 j = i，把 i（一个对象引用）赋值给 j，所以变量 i 和 j 都引用（指向）同一个对象，即整数对象 99。如果两个变量指向同一个对象，则两个变量互为别名。然后，执行语句 j += 1，其结果是 j 引用一个值为 100 的对象，但语句并没有将已存在的值为 99 的整型对象的值改变为 100。实际上，因为 int 对象为不可变对象，所以没有语句可以改变一个既存整型对象的值。事实

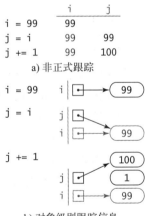

图 2-1-7　整数的不可变性

226

上，该语句创建一个新的整数对象 1，加上整数 99 并创建另一个新的整型对象 100，并把指向该整数的对象引用赋值给变量 j。但是 i 依旧指向原来的 99。注意，新建的整数 1 最终没有被引用，系统将负责内存垃圾清理，程序代码中无须考虑。整型、浮点型、字符串类型和布尔类型的不变性是 Python 语言的基础理论。我们将在 3.3 节中，详细讨论这种方法的优点和缺点。

3. 整数、浮点数和字符串作为参数

在 Python 语言中，关于函数参数传递必须铭记的关键点是，无论用户在什么时候传递

实际参数给一个函数，实际参数和函数的形式参数互为别名。在实际应用中，这是 Python 语言别名的主要用途，理解其效果是十分重要的。为了描述方便，假设需要定义一个函数，用于递增一个整数（我们的讨论同样适用于其他更为复杂的函数调用）。Python 语言的初学者可能会尝试编写如下函数定义：

```python
def inc(j):
    j += 1
```

然后期望通过调用函数 inc(i) 以递增整数 i。类似这样的代码在其他程序设计语言中可能会起作用，但在 Python 语言中无效。其运行如图 2-1-8 所示。首先，语句 i = 99 把指向整数 99 的对象引用赋值给全局变量 i。然后，语句 inc(i) 把 i（即对象引用）传递给函数 inc()，即对象引用被赋值给形式参数变量 j，此时 i 和 j 互为别名。如前所示，函数 inc() 的语句 j += 1 不会改变整数 99，而是创建一个新的整数 100，并把其对象引用赋值给变量 j。但是，当函数 inc() 调用结束返回到调用者后，其形式参数变量 j 超出了作用范围，而变量 i 依旧指向整数 99。

上述示例表明，在 Python 语言中，一个函数无法改变一个整型对象的值（即函数无法产生副作用）。要递增变量 i，我们可以使用如下代码：

|227|

```python
def inc(j):
    j += 1
    return j
```

然后使用赋值语句调用函数 "i = inc(i)"。

	i	j
i = 99	99	
inc(i)	99	99
j += 1	99	100
(after return)	99	100

a) 非正式跟踪信息

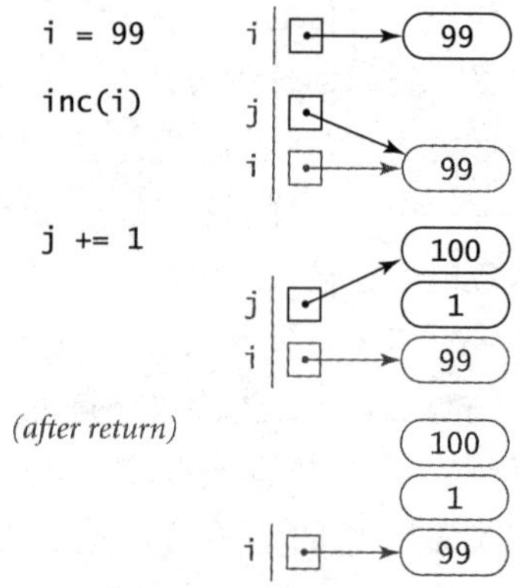

b) 对象级别跟踪信息

图 2-1-8   函数调用别名示意图

上述情况同样适用于所有的不可变数据类型对象。一个函数无法改变一个整数、浮点数、布尔值或字符串的值。

4. 数组作为参数

如果函数使用数组作为参数，则该函数可实现操作任意数量对象的功能。例如，如下函数计算一个浮点型或整数型数组的均值（平均值）：

```python
def mean(a):
    total = 0.0
    for v in a:
        total += v
    return total / len(a)
```

自本书开始我们就已经使用数组作为参数。例如，根据惯例，Python 收集命令行中 python 命令后键入的字符串到数组 sys.argv[]，并隐式使用该字符串数组作为实际参数调用全局代码。

5. 数组的副作用

数组是可变类型，所以函数常常使用数组作为参数，以产生副作用（例如，改变数组元素的排序方式）。这类函数的一个典型例子是交换给定数组的两个指定下标的元素值。1.4 节开始讨论的示例可修改如下：

```
def exchange(a, i, j):
    temp = a[i]
    a[i] = a[j]
    a[j] = temp
```

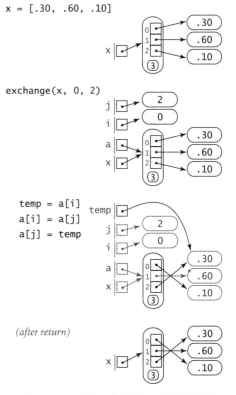

上述实现很明显源自 Python 数组的表示。exchange() 函数的第一个参数变量为数组引用，而不是数组的所有元素：当传递一个数组作为函数的实际参数时，可以直接操作该数组（而不是该数组的副本）。该函数的正式跟踪信息如图 2-1-9 所示。请读者仔细研读，以充分理解 Python 函数调用的机制。

函数使用数组作为参数并产生副作用的第二个典型例子是随机混排一个数组中的各元素，可改写 1.4 节讨论的示例（以及前文定义的 exchange() 函数）为如下代码：

```
def shuffle(a):
    n = len(a)
    for i in range(n):
        r = random.randrange(i, n)
        exchange(a, i, r)
```

图 2-1-9 交换一个数组中的两个元素

巧合的是，Python 标准库函数 random.shuffle() 实现同样的功能。在 4.2 节中，我们将讨论对数组排序（重新按指定顺序排列数组元素）的另一个示例程序。

6. 数组作为返回值

一个对数组实现排序、混排或其他修改作为参数的函数无须返回数组的引用，因为函数修改的是数组本身，而不是数组的副本。但很多情况下，函数需要返回一个数组。其主要作用是函数创建一个数组，用于返回多个相同类型的数据对象给用户。

作为示例，请阅读如下程序，函数返回一个随机浮点数数组：

```
def randomarray(n):
    a = stdarray.create1D(n)
    for i in range(n):
        a[i] = random.random()
    return a
```

228
∼
229

在本章的后继小节，我们将开发许多使用这种类似方法返回大量数据的函数。表 2-1-4 通过典型的数组处理函数，总结前文讨论的数组作为函数参数的知识点。

表 2-1-4 实现数组作为参数的函数典型代码

函数功能	实现代码

数组各元素的均值	```python
	def mean(a):
	    total = 0.0
	    for v in a:
	        total += v
	    return total / len(a)
	``

长度相等的两个向量的点积	```python
	def dot(a, b):
	    total = 0
	    for i in range(len(a)):
	        total += a[i] * b[i]
	    return total
	``

交换数组中两个元素的值	```python
	def exchange(a, i, j):
	    temp = a[i]
	    a[i] = a[j]
	    a[j] = temp
	``

输出一个一维数组的长度以及其各元素的值	```python
	def write1D(a):
	    stdio.writeln(len(a))
	    for v in a:
	        stdio.writeln(v)
	``

创建一个二维浮点数数组，从标准输入读取数组的维数和数组各元素的值，并将读取的数据赋值给数组	```python
	def readFloat2D():
	    m = stdio.readInt()
	    n = stdio.readInt()
	    a = stdarray.create2D(m, n, 0.0)
	    for i in range(m):
	        for j in range(n):
	            a[i][j] = stdio.readFloat()
	    return a
	``

230

2.1.5 实例：声波的叠加

如 1.5 节所述，我们研究的简单语音模型需要进一步"润色"，以产生类似于乐器发出的声音。润色的方法有很多种，其中一种方法是使用函数，我们可以将函数系统地应用于 1.5 节中产生的简单正弦波上，以产生更为复杂的声波。为了描述如何使用函数有效地解决复杂而有趣的计算问题，下面我们将讨论一个实现与 playthattune.py（程序 1.5.8）相同功能的程序，但在每个音符之上八度和之下八度分别增加了和声以产生更逼真的声音效果。

1. 和弦与和声

类似标准 A 音的音符声调单一，听起来不太悦耳，因为我们习惯的声音大多包含其他许多成分。吉他弦上的声音与乐器的木质部分、你所在房间的墙壁等通过回声相呼应。我们可以认为这种效果等同于修改基本的正弦波。例如，绝大多数乐器产生和声（不同八度下的同一个音符，且音量较轻），你也可以通过和弦产生音乐（同时产生多个音符）。通过叠加可组合多个声音：把多个声波简单地叠加在一起，并通过调整幅度以保证结果位于区间 −1 和 +1 之间。结果表明，当我们使用这种方法叠加多个不同频率的正弦波时，会产生任意复杂的波形。

事实上，作为十九世纪某个数学家引以为豪的结论，认为任何光滑的周期性函数可以表示为若干正弦波和余弦波之和，这就是著名的傅里叶级数。这种数学观点对应的概念在于，我们可以使用乐器或人声创建大量的音乐，所有的音乐都是由不同的振荡曲线组合而成。任何一个声音都对应一条曲线，同样任何一条曲线都对应一个声音，所以可通过叠加创建任意的复合曲线。通过叠加波形创建复合声音的示意图如图 2-1-10 所示。

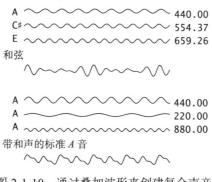

图 2-1-10　通过叠加波形来创建复合声音

231

2. 声波计算

在 1.5 节，我们已经了解如何使用数值数组表示声波，即表示其采样点的值。现在，我们使用类似的数组作为函数的返回值和参数，以创建声波数组。例如，如下函数带两个参数：频率（以赫兹为单位）和时长（以秒为单位），返回一个表示声波的数组（更精确地讲，一个使用标准采样频率 44 100 赫兹（即每秒采样 44 100 个样本）对特定波形进行采样得到的声波数组）。

```python
def tone(hz, duration, sps=44100):
    n = int(sps * duration)
    a = stdarray.create1D(n+1, 0.0)
    for i in range(n+1):
        a[i] = math.sin(2.0 * math.pi * i * hz / sps)
    return a
```

所返回的数组的大小与时长有关：数组包括 sps * duration 个浮点数（每 10 秒大约 50 万个浮点数）。但是现在我们可以将该数组（函数 tone() 的返回值）视为一个单一实体，并编写程序处理声波，具体请参见程序 2.1.4。

3. 加权叠加

由于声波表示为在相同采样点的采样值的数值数组，所以其叠加运算十分简单：各采样点的值累加后产生叠加结果。为了获得更精细的控制，我们还为参与叠加的两个波形指定了相对权重，实现的函数如下：

```python
def superpose(a, b, aWeight, bWeight):
    c = stdarray.create1D(len(a), 0.0)
    for i in range(len(a)):
        c[i] = aWeight*a[i] + bWeight*b[i]
    return c
```

（上述代码假设 a[] 和 b[] 的长度相同。）例如，假设我们希望数组 a[] 表示的声波效果是数组 b[] 表示的声波效果的三倍，则调用方法为"superpose(a, b, 0.75, 0.25)"。图 2-1-11 显示了如何通过调用该函数两次以增加和声到基调（先叠加和声，然后把结果和原始波形再

232 叠加，使原始音调的权重是每个和声的两倍）。只要权值为正，且所有的权重之和为1，则 superpose() 函数可保持所有波形叠加结果位于区域范围 –1 和 +1 之间。

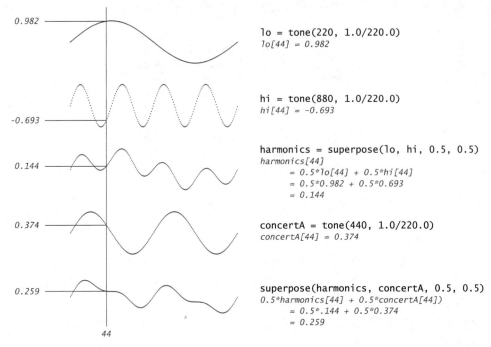

图 2-1-11   标准 A 音中添加和声（采样频率为 44 100 样本 / 秒，采样时长 1/220 秒）

程序 2.1.4（playthattunedeluxe.py）是基于上述概念的一个应用程序，用于创建比程序 1.5.8 更为真实的音效。程序的实现过程使用函数把计算分解成以下四个部分：

- 给定频率和时长，创建一个单纯的音调。
- 给定两个声波和相对权重，叠加两个声波。
- 给定一个音高和时长，创建一个带和声的音调。
233 - 从标准输入中读取和播放一系列音高 / 时长对。

上述任务都适合于采用函数来实现各自功能，且各函数互相依存。每个函数都有良好的定义和直观的实现。这些函数（包括 stdaudio）中，声音都表示为一系列保存在数组中的离散值，对应于按采样频率 44 100 赫兹对声波进行的采样值。

到目前为止，函数的使用局限于记述方便性。例如，在程序 2.1.1、程序 2.1.2 和程序 2.1.3 中，控制流程简单，每个函数仅被调用一次。与之对比，程序 2.1.4 则是通过定义函数有效组织程序更有说服力的示例，因为每个函数被调用了多次。例如，如图 2-1-12 所示，函数 note() 调用函数 tone() 三次，调用函数 superpose() 两次。如果不使用函数，则需要 tone() 和 superpose() 中代码的多个拷贝；通过函数，可直接按近似于应用程序的概念完成任务。和循环结构一样，函数具有简单但深远的效果：一系列的语句（函数定义中的语句）可在程序执行过程中被多次调用执行，每次全局代码调用函数，都执行函数中定义的一系列语句。

程序 2.1.4　数字信号处理（改进版 playthattunedeluxe.py）

```
import math
import stdarray
import stdaudio
import stdio

def superpose(a, b, aWeight, bWeight):
    c = stdarray.create1D(len(a), 0.0)
    for i in range(len(a)):
        c[i] = aWeight*a[i] + bWeight*b[i]
    return c

def tone(hz, duration, sps=44100):
    n = int(sps * duration)
    a = stdarray.create1D(n+1, 0.0)
    for i in range(n+1):
        a[i] = math.sin(2.0 * math.pi * i * hz / sps)
    return a

def note(pitch, duration):
    hz = 440.0 * (2.0 ** (pitch / 12.0))
    lo = tone(hz/2, duration)
    hi = tone(2*hz, duration)
    harmonics = superpose(lo, hi, 0.5, 0.5)
    a = tone(hz, duration)
    return superpose(harmonics, a, 0.5, 0.5)

while not stdio.isEmpty():
    pitch = stdio.readInt()
    duration = stdio.readFloat()
    a = note(pitch, duration)
    stdaudio.playSamples(a)
stdaudio.wait()
```

hz	频率
lo[]	低和声
hi[]	高和声
h[]	叠加和声
a[]	单纯的音调

程序 2.1.4 读取声波采样值，通过叠加和声润色装饰声音，以创建比程序 1.5.8 中更为真实的音调，最后在标准音频中播放结果声音。程序 2.1.4 的运行过程和结果如下：

```
% python playthattunedeluxe.py < elise.txt
```

```
% more elise.txt
7 .125   6 .125
7 .125   6 .125   7 .125
2 .125   5 .125   3 .125
0 .25
```

函数十分重要，因为它赋予了我们在程序中扩展 Python 语言的能力。一旦实现并调试完函数，如 harmonic()、pdf()、cdf()、mean()、exchange()、shuffle()、isPrime()、superpose()、tone() 和 note() 等，我们就可以在程序中使用这些函数，几乎就像它们是 Python 内置功能一样。这种灵活性开启了一个全新的编程世界。使用函数之前，你可以认为 Python 程序由一系列语句组成。使用函数之后，我们则应该将 Python 程序看作一系列可相互调用的函数。读者所熟悉的语句到语句的控制流程在函数内部实现，程序的控制流程则提升到更高层面，即由函数调用和返回值决定。这种能力可帮助人们关注应用程序调用的操作，而不仅仅限于 Python 内置的操作。

在计算任务中，任何时候只要可以清晰地分离任务，则建议使用函数分离任务。本节的示例（以及本书其他章节的示例）清晰地阐述了遵循此定律的优越性。借助函数，我们可以实现如下功能：

- 把一长系列的语句分解为独立的部分。
- 代码重用，而不需复制代码。
- 在更高的概念层面上处理任务（例如声波）。

相对于仅仅使用 Python 赋值语句、选择结构和循环结构编写的很长代码的程序，使用函数的观念可以帮助人们更容易理解、维护和调试程序。在下一节中，我们将讨论使用定义在其他文件中的函数，这将把我们带到编程的另一个层面。

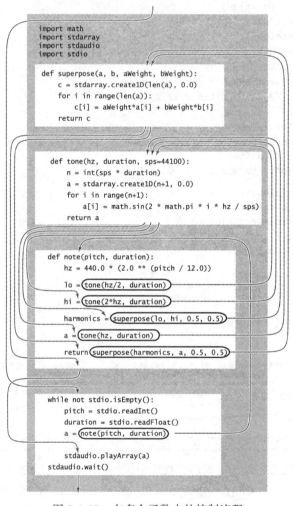

图 2-1-12　在多个函数中的控制流程

2.1.6　问题和解答

Q. 在一个函数中可以使用不指定值的 return 语句吗？

A. 可以。从技术层面上讲，此时函数返回一个 None 对象。None 对象是 NoneType 类型的唯一值。

Q. 如果一个函数的一个控制流程导致执行一条 return 语句，而另一个控制流程执行到函数体的结束部分，会导致什么结果？

A. 这种函数属于不良的编程风格。这种函数会给函数调用者带来严重负担：调用者必须了解什么情况下函数返回一个值，什么情况下函数返回 None。

Q. 如果在函数体的 return 语句后编写代码，会导致什么结果？

A. 一旦运行到 return 语句，程序会把控制返回给调用者。所以，函数体中位于 return 语句后的所有代码都是没有意义的，这些代码永远不会被执行。在 Python 语言中，定义这种函数是合法的，但属于一种不良的编程风格。

Q. 如果在同一个 .py 文件中定义了两个相同名称的函数（但参数个数可能不同），会导致什么结果？

A. 这是很多其他程序设计语言中的函数重载（function overloading）功能。但 Python 语言是不支持函数重载的编程语言。在 Python 中，第二个函数定义将覆盖第一个函数定义。Python 语言的函数重载通常使用默认参数来实现。

Q. 如果在不同的文件中定义了两个相同名称的函数，会导致什么结果？

A. 没有问题。例如，一个良好的设计可能是在 gauss.py 文件中包含一个名为 pdf() 函数，用于计算高斯概率密度函数；而在 cauchy.py 文件中包含另一个名为 pdf() 函数，用于计算柯西概率密度函数（Cauchy probability density function）。在 2.2 节中，我们将学习如何调用不同 .py 文件中的函数。

Q. 一个函数是否可以改变一个形式参数变量绑定的对象？

A. 可以。在函数中形式参数变量可以位于赋值语句的左侧。然而，大多数 Python 程序员认为这是一种不良的编程风格。请注意这种赋值语句对客户端程序没有任何影响。

Q. 有关函数副作用和可变对象的问题比较复杂。请问这些问题真的十分重要吗？

A. 是的，非常重要。在大型系统中，如何控制副作用可能是一个程序员最重要的工作之一。请读者务必花时间理解传递数组（可变对象）和传递整数、浮点数、布尔值、字符串（这些都是不可变对象）的区别，这十分必要。同样的机制将适用于其他所有的数据类型，我们将在第 3 章具体讨论。

Q. 如何实现传递一个数组给函数，且保证函数不能改变数组的元素？

A. 没有直接的实现方法。在 3.3 节中，我们将构建一个包装（wrapper）数据类型，通过传递一个包装数据类型的对象实现相同的效果。我们还可以使用 Python 内置的元组（tuple）数据类型。元组表示不可变的系列对象。

Q. 可以使用一个可变对象作为函数可选参数的默认值吗？

A. 可以。但这样做可能导致无法预期的行为。Python 在函数定义时（而不是每次调用函数时）对默认参数只求值一次。所以，如果函数体修改了一个默认参数，则后续的函数调用会使用修改后的值。如果通过调用一个不纯粹的函数来初始化默认值，也会出现类似的问题。例如，当 Python 执行完如下代码片段：

```
def append(a=[], x=random.random()):
    a += [x]
    return a

b = append()
c = append()
```

数组 b[] 和 c[] 为同一个长度为 2（而不是 1）的数组的别名，数组包含 1 个重复了两次的浮点数（而不是两个不同的浮点数）。

2.1.7　习题

1. 请编写一个函数 max3()，实现如下功能：接收三个整型或浮点型的参数，返回最大值。

2. 请编写一个函数 odd()，实现如下功能：接收三个布尔型的参数，如果参数中有 1 个或者 3 个 True，则返回 True，否则返回 False。

3. 请编写一个函数 majority()，实现如下功能：接收三个布尔型的参数，如果至少两个或两个以上的参数为 True，则返回 True，否则返回 False。要求不许使用 if 语句。

4. 请编写一个函数 areTriangular()，实现如下功能：接收三个数值参数，如果三个数值可构成三角形的三条边（即任意一条边的长度小于另外两条边的和）则返回 True，否则返回 False。

5. 请编写一个函数 sigmoid()，实现如下功能：接收一个浮点型的参数 x，返回公式 $1/(1+e^{-x})$ 计算结果的浮点值。

6. 请编写一个函数 lg()，实现如下功能：接收一个整型的参数 n，返回底为 2 的 n 的对数。可以使用 Python 的 math 模块。

7. 请编写一个函数 lg()，实现如下功能：接收一个整型的参数，返回不大于以 2 为底 n 的对数的最大整数。不允许使用 Python 的 math 模块。

8. 请编写一个函数 signum()，实现如下功能：接收一个浮点型的参数 n，如果 n 小于 0，则返回 −1；如果 n 等于 0，则返回 0；如果 n 大于 0，则返回 +1。

9. 请阅读如下函数定义 duplicate()：

```
def duplicate(s):
    t = s + s
```

请问下列代码片段的输出结果是什么？

```
s = 'Hello'
s = duplicate(s)
t = 'Bye'
t = duplicate(duplicate(duplicate(t)))
stdio.writeln(s + t)
```

10. 请阅读如下函数定义 cube()：

```
def cube(i):
    i = i * i * i
```

请问如下 while 循环结构的循环次数是多少？

```
i = 0
while i < 1000:
    cube(i)
    i += 1
```

解答：正好 1000 次。调用函数 cube() 对客户端代码没有任何影响。函数改变了形式参数变量 i 的值，但这个改变对 while 循环结构中的变量 i 没有任何影响，因为它们是不同的变量。如果在代码中把函数调用 cube(i) 替换为语句 i = i * i * i（也许这就是你想要的运算），则循环结构循环 5 次，在每次循环的开始 i 取值分别为 0、1、2、9、730。

11. 请问如下代码片段的输出结果是什么？

```
for i in range(5):
    stdio.write(i)
for j in range(5):
    stdio.write(i)
```

解答：0123444444。请注意第二段代码调用函数 stdio.write() 时使用变量 i，而不是 j。与其他许多编程语言类似的循环结构不同，在 Python 语言中，当第一个 for 循环结构终止后，变量 i 的值为 4，且保留在有效范围之内。

12. 如下计算校验和（checksum）的公式被广泛用于银行和信用卡公司，以检验账号的合法性：

$$d_0 + f(d_1) + d_2 + f(d_3) + d_4 + f(d_5) + \cdots = 0 \ (\mathrm{mod}\ 10)$$

其中，d_i 是账号的十进制数字，$f(d)$ 是 $2d$ 的各数位之和（例如，$f(7) = 5$，因为 $2 \times 7 = 14$，而 $1 + 4 = 5$）。例如，17327 有效，因为 $1 + 5 + 3 + 4 + 7 = 20$，结果是 10 的倍数。请实现这个函数 $f()$，并编写一个程序，实现如下功能：接收一个 10 位整型的命令行参数，输出 11 位有效账号。11 位有效账号由给定的 10 位整数加上最后一位检验和组成。

13. 分别给定两颗星星赤纬（declination）和赤经（right ascension）的角度 (d_1, a_1) 和 (d_2, a_2)，它们所对弧（subtend）的角度计算公式为：

$$2 \arcsin((\sin^2(d/2) + \cos (d_1)\cos(d_2)\sin^2(a/2))^{1/2})$$

其中，a_1 和 a_2 是 −180 度和 180 度之间的角，d_1 和 d_2 是 −90 度到 90 度之间的角，$a = a_2 - a_1$，并且 $d = d_2 - d_1$。请编写一个程序，实现如下功能：接收两颗星星赤纬和赤经的角度作为命令行参数，计算并输出这两颗星星所对弧的角度。提示：注意需要将角度转换为弧度。

14. 请编写一个函数 readBool2D()，实现如下功能：从标准输入中读取一个元素值为 0 和 1 的二维矩阵（带维度）到一个布尔型数组。

解答：函数体与正文表 2-1-4 中二维浮点型数组的函数实现基本相同：

```
def readBool2D():
    m = stdio.readInt()
    n = stdio.readInt()
    a = stdarray.create2D(m, n, False)
    for i in range(m):
        for j in range(n):
            a[i][j] = stdio.readBool()
    return a
```

15. 请编写一个函数，实现如下功能：接收一个数组参数 a[]，注意确保数组的每个元素值均为正浮点数。重新调整数组元素的大小，使得各元素的值在 0 和 1 之间（通过各元素与最小值之差除以最大值与最小值之差进行数据范围的调整）。可以使用内置的函数 max()和 min()。

16. 请编写一个函数 histogram()，实现如下功能：接收一个整型数组 a[] 和一个整数 m 作为参数，返回一个长度为 m 的数组，其第 i 个元素为整数 i 在数组 a[] 中出现的次数。假设数组 a[] 中各元素值的取值范围为 0 到 m−1，以便返回的结果数组的所有值之和应该等于 len(a)。

17. 请组合本节的代码和 1.4 节的代码编写一个程序，实现如下功能：接收一个整型的命令行参数 n，从随机混排的牌堆中选择并输出 *n* 手牌，每手牌包含 5 张牌。每手牌以空行分隔。每张牌占一行，输出内容为牌的名称如：Ace of Clubs。

18. 请编写一个函数 multiply()，实现如下功能：接收两个相同维度的方阵作为参数，返回两个方阵的乘积（相同维度的另一个方阵）。额外加分：修改程序以适用于下列情况，即第一个矩阵的列数等于第二个矩阵的行数。

19. 请编写一个函数 any()，实现如下功能：接收一个布尔型数组作为命令行参数，如果数组中的任一元素为 True，则返回结果 True，否则返回 False。请编写函数 all()，实现如下功能：接收一个布尔型数组作为参数，如果数组中的所有元素为 True，则返回结果 True，否则返回 False。请注意，all() 和 any() 是 Python 内置函数；本习题的目的是通过创建自己的版本以更好地理解这两个函数的含义。

20. 请编写函数 getCoupon() 的另一个版本，让模型更好地适应当 *n* 张优惠券中的一张属于十分稀有的情况：随机选择一个值，按概率 $1/(1000n)$ 返回该值，并且返回其他具有相同概率的值。额外加分：请思考并给出解答，这种改变对优惠券收集器函数的平均值有什么影响？

239
~
242
21. 请修改程序 playthattune.py，实现如下功能：叠加与各音符相差两个八度的和声，权重设置为一个八度和声的一半。

2.1.8 创新习题

22. 生日问题（Birthday problem）。编写一个使用适当函数的程序，以研究生日问题（具体请参见 1.4 节习题第 35 题）。

23. 欧拉函数（Euler's totient function）。欧拉函数是数论中的一个十分重要的函数：$\varphi(n)$ 定义为少于或等于 *n* 的数中与 *n* 互质（即与 *n* 之间除 1 以外没有其他的公因子）的正整数的数目。请编写一个函数，实现如下功能：接收一个整数参数 *n*，返回 $\varphi(n)$。可按如下步骤编写全局代码：从命令行接收一个整型的参数，调用函数，然后输出结果。

24. 调和数（Harmonic number）。请编写一个程序 harmonic.py，实现如下功能：定义三个函数 harmonic()、harmonicSmall() 和 harmonicLarge()，计算调和数。harmonicSmall() 函数仅仅计算累计和（参见程序 2.1.1）；harmonicLarge() 函数使用近似公式：$H_n = \log_e(n) + \gamma + 1(2n) - 1/(12n^2) + 1/(120n^4)$（其中，数值 $\gamma = 0.577215664901532$，称为欧拉常数）；对于 harmonic() 函数，如果 $n < 100$，则调用 harmonicSmall()，否则调用 harmonicLarge()。

25. 高斯随机值（Gaussian random value）。请编写一个程序，尝试运行如下函数，函数通过高斯分布生成随机变量，函数基于在单位圆中产生一个随机点的算法，并使用 Box-Muller 公式（参见程序 1.2.24）的一种形式。

```
def gaussian():
    r = 0.0
    while (r >= 1.0) or (r == 0.0):
        x = -1.0  + 2.0 * random.random()
        y = -1.0  + 2.0 * random.random()
        r = x*x + y*y
    return x * math.sqrt(-2.0 * math.log(r) / r)
```

程序带一个命令行参数 n，产生 n 个随机数值，使用一个包含 20 个整数的数组统计位于区间 $i * .05$ 到 $(i + 1) * .05$（i 从 0 到 19）中随机数的数目。然后使用 stddraw 模块绘制这些值，将绘制的结果与一般的钟型曲线相比较。注意：这种方法比 1.2 节习题第 24 题中的方法更快更准确。虽然包括一重循环，但循环的次数平均只有 $4/\pi$（约为 1.273）次。这就降低了对先验函数调用的整体预期数目。

26. 二分查找（Binary search）。在 4.2 节我们将详细研究的一个通用函数就是累积分布函数如 cdf() 的反函数。这类函数从 (0, 0) 到 (1, 1) 是连续且非递减的。要查找 x_0 满足 $f(x_0) = y_0$，首先检测 $f(0.5)$，如果结果大于 y_0，则 x_0 位于 0 和 0.5 之间，否则 x_0 位于 0.5 和 1 之间。不管属于哪一种情况，包含 x_0 的区间长度减半。通过迭代，可计算获得满足给定误差的 x_0。请在程序 gauss.py 中增加一个函数 cdfInverse()，使用二分查找计算反函数。修改全局代码，程序从命令行接收第三个参数 p，参数 p 是位于 0 到 100 之间的数值。给定前两个命令行参数为指定年份 SAT 考试成绩的均值和标准差，如果一个学生要取得前百分之 p 的成绩，请计算并输出该学生需要获得的最低分数。

27. 布莱克 – 斯科尔斯期权计价公式（Black-Scholes option valuation）。布莱克 - 斯科尔斯公式计算欧式期权（金融资产在期权有效期内无红利）的理论价值。公式中给定了所交易金融资产现价 s，期权交割价格 x，连续复利无风险利率 r，股票连续复利回报率（波动率）的标准方差 σ，以及期权有效期 t（以年为单位）。布莱克 – 斯科尔斯计算公式为：$s\Phi(a) – xe^{-rt}\Phi(b)$，其中，$\Phi(z)$ 是高斯累积分布函数，$a = (\ln(s/x) + (r + \sigma^2/2)t)/(\sigma\sqrt{t})$，并且 $b = a – \sigma\sqrt{t}$。请编写一个程序，实现如下功能：接收 s、x、r、sigma 以及 t 作为五个命令行参数，计算并输出布莱克 - 斯科尔斯期权定价结果。

28. 隐含波动率（Implied volatility）。通常情况下，波动率在布莱克 - 斯科尔斯公式中是未知值。请编写一个程序，实现如下功能：接收 s、x、r、t 以及欧式期权当前价值作为五个命令行参数，使用二分查找法（具体参见 1.2 节习题第 26 题）计算并输出布莱克 - 斯科尔斯期权定价公式中股票波动率的标准方差 σ。

29. 霍纳法（Horner's method）。请编写一个程序 horner.py，实现如下功能：编写函数 evaluate(x, a)，计算多项式 $a(x)$ 的值，其中，$a(x)$ 的系数为数组 a[] 中的各元素。

$$a(x)=a_0+a_1x^1+a_2x^2+\cdots+a_{n-2}x^{n-2}+a_{n-1}x^{n-1}$$

使用霍纳法，一种有效的计算方法是使用如下建议的括号表达式：

$$a_0 + x(a_1 + x(a_2 + \cdots + x(a_{n-2} + xa_{n-1})\cdots))$$

请编写一个函数 exp()，调用函数 evaluate() 以求解 e^x 的近似值，使用泰勒级数展开式的前 n 项：$e^x = 1 + x + x^2/2! + x^3/3! + \cdots$。从命令行接收一个参数 x，并把计算结果与 math.exp(x) 的结果进行比较。

30. 本福德定律（Benford's law）。美国天文学家西蒙·纽科姆（Simon Newcomb）通过观察一本关于编制对数表的书，发现了一个奇怪现象：开始页比结束页肮脏得多。他怀疑科学家针对以 1 开始的数字的计算比以 8 或 9 开始的数字更多，并提出第一个数字定律（首位数定律）的假定，即在一般情况下，开始的数字为 1（约 30%）的可能性比为 9（小于 4%）的可能性要大。这种现象被称为本福德定律，现在常用于统计检验。例如，国税局（IRS）法务会计依靠本福德定律来发现税务欺诈。请编写一个程序，实现如下功能：从标准输入读取一系列整数，列出以数字 1 ~ 9 开头的数值的个数，把计算过程分解为一系列适当的函数。然后使用所编写的程序验证本福德定律，可使用本地计算机或互联网上的数据。然后，再编写一个程序，通过生成取值范围为 \$1.00 到 \$1000.00 之间遵循相同概率分布的随机金额以挫败国税局（IRS）。

31. 二项分布（Binomial distribution）。请编写一个函数 binomial()，实现如下功能：接收一个整型参数 n、一个整型参数 k 以及一个浮点型参数 p，使用如下公式，计算投掷 n 次有偏硬币（正面的概率为 p）获得正好 k 次正面的概率：

$$f(k, n, p) = p^k (1-p)^{n-k} n! / (k!(n-k)!)$$

提示：为了避免计算超大整数，先计算 $x = \ln f(k, n, p)$，然后返回 e^x。在全局代码中，从命令行接收参数 n 和 p，并检测所有 k（取值范围为 0 到 n）的总和近似为 1。同时，将计算的结果值与其正态近似值相比较：

$$f(k, n, p) \approx \Phi(k+1/2, np, \sqrt{np(1-p)}) - \Phi(k-1/2, np, \sqrt{np(1-p)})$$

32. 基于二项分布的优惠券收集器（Coupon collecting from a binomial distribution）。请编写另一个版本的 getCoupon() 函数，返回优惠券的值，要求使用习题第 31 题中编写的 binomial() 函数，并假设二项分布中的概率 $p = 1/2$。提示：先生成一个取值范围为 0 和 1 之间均匀分布的随机数，然后返回满足下列条件的最小的 k：对于所有的 $j < k$，$f(j, n, p)$ 之和大于 x。额外加分：请提出一种用于描述在这个假设下的优惠券收集函数行为的假设。

33. 和弦（Chord）。请编写另一个版本的 playthattunedeluxe.py，可处理带和弦的歌曲（3 个或 3 个以上的音符，包括和声）。请设计一种输入格式，允许用户为每个和弦指定不同的时长，并为和弦中的每个音符指定不同的振幅权重值。请创建不同的测试文件，使用各种不同的和弦及和声来测试所编写的程序，并据此创建另一个版本的 Für Elise（致爱丽丝）。

34. 邮政条形码（Postal barcode）。美国邮政系统用于邮寄邮件的条形码（参见图 2-1-13）定义如下：在邮政编码中，每一个十进制数字都使用一系列三个半高的和两个全高的条码进行编码。条形码的开始和结束均为全高的条码（称为护栏），包括一个校验位（跟在第 5 位 ZIP 码或 ZIP+4 之后），检验位为原始数字之和除以 10 的余数。请定义如下函数：

• 使用 stddraw 模块绘制一个半高或全高的条码。

• 给定一个十进制数字，绘制其一系列条码。

• 计算校验位。

同时定义全局代码，从命令行读取 5 位（或 9 位）数字的 ZIP 码作为命令行参数，绘制其对应的邮政条形码。

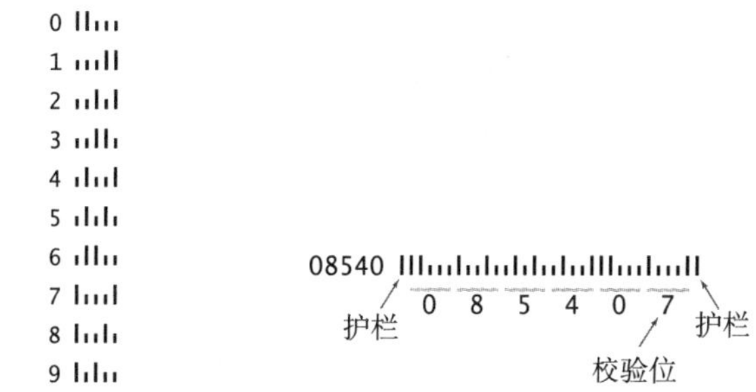

```
0 ||...
1 ...||
2 .||.|
3 .|||.
4 .||.|
5 .|.|.
6 .|||.
7 |...|
8 |..|.
9 |.|..
```

08540 |||...|.|.|.|.|.||.||...|.||

```
    0   8   5   4   0   7
护栏                          护栏
                    校验位
```

a) 各数字的编码   b) 示例邮编的编码

图 2-1-13 美国邮政系统中的条形码

35. 日历（Calendar）。请编写一个程序 cal.py，实现如下功能：程序带两个命令行参数 m 和 y，输出年份为 y，月份为 m 的月历。输出格式的示例如下：

```
% python cal.py 2 2015
February 2015
 S  M Tu  W Th  F  S
 1  2  3  4  5  6  7
 8  9 10 11 12 13 14
15 16 17 18 19 20 21
22 23 24 25 26 27 28
```

提示：请参见 leapyear.py（程序 1.2.5）和 1.2 节习题第 26 题。

36. 傅里叶尖峰（Fourier spike）。请编写一个程序，实现如下功能：程序带一个命令行参数 n，绘制如下函数：

$$(\cos(t) + \cos(2t) + \cos(3t) + \cdots + \cos(Nt)) / N$$

绘制区间 t 为 -10 到 10（单位为弧度），500 个均匀采样点。分别使用 $n = 5$ 和 $n = 500$ 运行所编写的程序。注意：用户可观察到计算的总和收敛到一个尖峰（除了一个值外，其他各处都为 0）。此属性是"任何光滑函数可以表示为正弦波叠加"的理论的一种证明基础。

243 ~ 247

2.2 模块和客户端

到目前为止我们编写的程序所包含的 Python 代码都位于一个单独的 .py 文件中。对于大型程序，则没有必须把所有的代码位于一个单独源文件中的限制。幸运的是，Python 可以很容易地调用在其他文件中定义的函数。这种能力具有如下两个重要意义。

首先，代码重用成为可能。一个程序也通过直接调用方法，来使用已经编写并调试完毕的代码，而不用拷贝源代码。定义可重用代码的能力是现代程序设计语言最基本的组成部分。这相当于扩展了 Python，用户可定义并使用自己基于数据的运算和操作。

其次，模块化程序设计成为可能。程序不仅可以拆分为函数（具体参见 2.1 节），还可以将函数保存在不同的源文件中，并按应用程序的需求进行分组。模块化程序设计十分重要，它允许我们一次编写和调试一个大型程序的一部分，将每个编写好的部分保存在独立的文件中供以后使用，且无须再次关注已编写好的部分的细节。用户可以编写在任何程序中使用的函数模块，各模块保存在独立的文件之中，模块中的函数可以被其他任何程序调用。Python 的 math 模块以及本书官网提供的用于输入 / 输出的模块 std* 即属于我们使用过的模块实例。更为重要的是，我们很快就会了解到，定义自己的模块十分容易。定义模块并在多个程序中使用自定义模块的能力是编写解决复杂任务程序的关键。

在本书最开始，我们学习并了解到 Python 程序可看作一系列语句；通过 2.1 节的学习，我们又明白，Python 程序可看作一系列函数（包括全局代码）；通过本节学习，我们又知道，Python 程序可看作一系列文件，每个文件都是一个独立的模块，每个模块可以包括若干函数。因为每个函数都可以调用其他模块中的函数，所有的代码可看作相互调用的函数组成的网络。在编程时我们就可以考虑通过把程序任务分解为模块，每个模块单独实现并调试，以管理程序开发的复杂度。

表 2-2-1 为本节所有程序的一览表，读者可以作为参考。

表 2-2-1   本节中所有程序的一览表

程序名称	功能描述
程序 2.2.1（gaussian.py）	高斯分布函数模块
程序 2.2.2（gaussiantable.py）	高斯分布函数客户端示例
程序 2.2.3（stdrandom.py）	随机数模块
程序 2.2.4（ifs.py）	迭代函数过程
程序 2.2.5（stdstats.py）	数据分析模块
程序 2.2.6（stdstats.py）	绘制数值
程序 2.2.7（bernoulli.py）	伯努利试验

248

2.2.1   使用其他程序中的函数

如果要在一个程序中调用位于另一个程序中定义的函数，其调用方法与调用模块 std* 和 Python 模块 math 和 random 中函数的机制一致。本节将阐述这种基本的 Python 语言机制。首先，我们将区分以下两种类型的 Python 程序：

- 模块（module）。模块包含可被其他程序调用的函数。
- 客户端（client）。客户端是调用其他模块中的函数的程序。

一个程序可以同时为模块和客户端。上述术语仅仅强调一个程序的某种特殊功能。

创建和使用一个模块一般需要五个（简单）步骤：在客户端中导入模块；在客户端限定函数调用；编写模块的测试客户端；删除模块的全局代码；使得模块可被客户端使用。接下来我们将依次讨论这五个步骤。在讨论的过程中，我们将使用 module.py 表示模块的名称；使用 client.py 表示客户端的名称。在随后的讨论中，我们将通过一个实例（模块 gaussian.py）阐述创建和使用模块的完整过程：模块 gaussian.py（程序 2.2.1）是程序 gauss.py（程序 2.1.2）的模块化版本，用于计算高斯分布函数；客户端程序 gaussiantable.py（程序 2.2.2）则使用模块计算和输出值的列表。

1. 在客户端中导入模块

要使用模块，请在 client.py 中编写 " import module " 语句（注意，没有后缀 .py）。import 语句的目的是通知 Python，客户端的代码可能会调用定义在 module.py 中的一个或多个函数。在我们的示例中，客户端 gaussiantable.py 包含语句 import gaussian，所以在

gaussiantable.py 中可调用定义在 gaussian.py 中的任何函数。在大多数 Python 代码中（包括本书的所有程序），import 语句位于程序的最开始位置，导入标准模块的所有 import 语句则位于用户自定义模块的前面。

2. 在客户端中限定函数调用到模块

在其他任何 Python 程序（客户端）中，如果要调用定义在模块 module.py 中的函数，可键入模块名 module，然后键入点运算符 (.)，再键入函数名。读者已经熟悉这种函数调用方式，例如 stdio.writeln() 和 math.sqrt()。在我们的示例中，客户端 gaussiantable.py 使用语句 gaussian.cdf(score, mu, sigma) 调用定义在模块 gaussian.py 中的函数 cdf()。

249

程序 2.2.1　高斯分布函数模块（gaussian.py）

```python
import math
import sys
import stdio

def pdf(x, mu=0.0, sigma=1.0):
    x = float(x - mu) / sigma
    return math.exp(-x*x/2.0) / math.sqrt(2.0*math.pi) / sigma

def cdf(z, mu=0.0, sigma=1.0):
    z = float(z - mu) / sigma
    if z < -8.0: return 0.0
    if z > +8.0: return 1.0
    total = 0.0
    term = z
    i = 3
    while total != total + term:
        total += term
        term *= z * z / i
        i += 2
    return 0.5 + total * pdf(z)

def main():
    z     = float(sys.argv[1])
    mu    = float(sys.argv[2])
    sigma = float(sys.argv[3])
    stdio.writeln(cdf(z, mu, sigma))

if __name__ == '__main__': main()
```

```
% python gaussian.py  820 1019 209
0.17050966869132106
% python gaussian.py 1500 1019 209
0.9893164837383885
% python gaussian.py 1500 1025 231
0.9801220907365491
```

程序 2.2.1 把 gauss.py（程序 2.1.2）中的 pdf() 和 cdf() 函数重新封装为一个模块，以便位于其他文件中的客户端使用，例如 gaussiantable.py（程序 2.2.2）。程序还定义了一个测试客户端 main() 函数，接收三个浮点型命令行参数：z、mu 和 signma，并使用这些参数测试 pdf() 和 cdf() 函数。程序 2.2.1 的运行过程和结果如上：

250

3. 在模块中编写测试客户端

优秀的程序员已经坚持了几十年的最佳编程实践，那就是编写代码以测试模块中各函数的功能并且将测试代码包括在模块内。Python 语言长久以来的传统是把测试代码放置在名为 main() 的函数中。在上述示例中，gaussian.py 模块包含一个函数 main()，该函数接收三个命令行参数，然后调用模块中的函数，最后在标准输出中写入结果。

程序 2.2.2   高斯分布函数客户端示例（gaussiantable.py）

```
import sys
import stdio
import gaussian

mu         = float(sys.argv[1])
sigma      = float(sys.argv[2])

for score in range(400, 1600+1, 100):
    percent = gaussian.cdf(score, mu, sigma)
    stdio.writef('%4d  %.4f\n', score, percent)
```

程序 2.2.2 是模块 gaussian（以及 sys 和 stdio）的客户端，输出 SAT 考试中低于某个分数值学生百分比的列表，假定考试成绩遵循给定均值和标准差的高斯分布。程序阐述了如何调用其他模块中的函数：首先导入模块，然后使用全限定名称（模块名 . 函数名）调用其他模块中的函数。在程序中，代码调用了 gaussian.py（程序 2.2.1）中的函数 cdf()。程序 2.2.2 的运行过程和结果如下：

```
% python gaussiantable.py 1019 209
 400   0.0015
 500   0.0065
 600   0.0225
 700   0.0635
 800   0.1474
 900   0.2845
1000   0.4638
1100   0.6508
1200   0.8068
1300   0.9106
1400   0.9658
1500   0.9893
1600   0.9973
```

4. 在模块中消除全局代码

Python 的 import 语句会执行导入模块中的所有全局代码（包括函数定义和任意全局代码）。因为 Python 每次导入模块时都会执行这些全局代码，所以在模块中不能遗留全局代码（这些测试代码常常向标准输出写入内容）。替代的方法是，将测试代码放置在 main() 函数中，并指定当且仅当从命令行执行程序时 Python 才会调用测试函数 main()，使用的方法如下：

```
if __name__ == '__main__': main()
```

通常，上述代码指示 Python 当 .py 文件从命令行直接执行时（而不是通过 import 语句）调用 main()。其效果是当通过命令行命令 python module.py 调试模块时，才会执行定义在 module.py 中的 main() 函数。而在客户端使用模块时，import 导入模块过程则不会执行 main() 函数。

5. 使得模块可被客户端调用

当 Python 处理 client.py 程序中的 import module 语句时，需要能够找到程序文件 module.py。当模块不是 Python 内置或者标准模块时，Python 首先在与程序 client.py 相同的目录中查找模块文件。所以，最简单的方法是把客户端程序文件和模块文件放置在相同目录下。本节后的"问题和解答"部分描述了另一种解决方案。

总而言之，通过一条 import gaussian 语句，可在其他程序中使用 gaussian.py 模块。与之对比，客户端 gaussiantable.py 中包含任意全局代码，其目的并不是用于其他程序，而是适用于在交互模式下的代码。我们使用术语"脚本（script）"描述这类代码。模块和脚本之间没有太多区别：Python 程序员开始一般编写脚本程序，最终通过移除其中的全局代码实现模块化。

251
~
252

> **关于缩写**
>
> 从现在开始，我们将保留术语"模块"特指一个 Python 编写的，可在其他 Python 程序中复用其功能的 .py 文件（所以模块中不包含全局代码）。而术语"脚本"则特指那些不以复用为目的（因为脚本中包含任意全局代码）的 .py 文件，虽然大多数时候也称之为程序。当然，我们也常常会将"模块"或者"脚本"统称为"程序"。

6. 模块化程序设计

通过定义多个文件，每一个文件为一个包含多个函数的独立模块，这种对程序设计的潜在影响是程序设计风格的另一个深刻变革。通常，我们称这种方法为"模块化程序设计（modular programming）"。我们独立开发和调试一个应用程序的函数，然后使用这些函数。本节将通过许多描述性的示例帮助读者适应这种观念。

假设自己编写的每个程序都会在将来某个时候被使用，你很快就会发现自己拥有各种有用的工具。模块化程序设计的视角就是，将每一个计算问题的解决方案作为我们计算环境的附加值。

例如，假设需要在未来的应用程序中求解高斯累积分布函数。为什么不可以通过从原始的 gauss.py 中复制和粘贴代码来实现 cdf() 的功能呢？事实上没有问题，但复制和粘贴的方式产生两处相同的代码，从而导致维护困难。如果今后需要修正或改进代码，则需要同时修改两处代码。然而，如果采用模块化程序设计方法，则仅仅需要把 guass.py（程序 2.1.2）转换为 gaussian.py（程序 2.2.1）。然后在其他程序中可先通过 import module 语句导入模块，并通过"module."加函数名的方法调用模块中的任何函数。

模块化程序设计对 Python 控制流程的影响是十分深远的。即使对于简单的示例（如图 2-2-1 所示），控制流程从 gaussiantable.py 脚本跳转到 gaussian.py 中的 cdf() 函数，接着跳转到 gaussian.py 中的 pdf() 函数，再接着跳转到 Python 的 math 模块中的 exp() 函数，最后跳转到 Python 的 math 模块中的 sqrt() 函数，然后返回到 gaussian.py 中的 pdf() 函数，再返回到 gaussian.py 中的 cdf() 函数，最后返回到 gaussiantable.py。在典型的模块化应用程序中，控制流程在不同的模块之间跳转，具体可参见本节后续的示例。每个模块都很实用，会被许多其他模块和脚本程序调用。

253

模块化程序设计的核心优点以及每个程序员应该使用模块化程序设计的原因在于，模块化程序设计鼓励我们把计算任务分解为较小的部分，以方便独立排错和测试。一般而言，编写任何程序时，都应该采用合适的方法把计算任务分解为可管理的部分，然后分别实现各部分，以便其他程序使用。这种思维方式会产生重要和富有成效的好处，即使对于小程序也一样。无论从你自己，还是从别人的角度上看，都会深深感受到模块化程序设计可以大大节省重新编写和调试代码的精力。

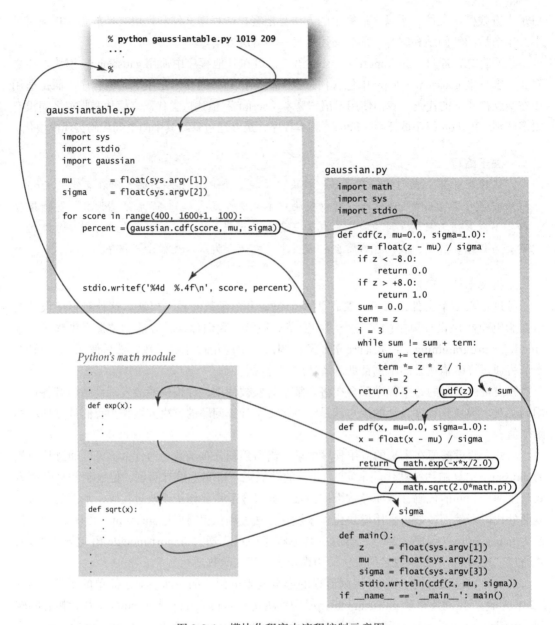

图 2-2-1　模块化程序中流程控制示意图

在本书中，任何包含重用函数的程序都会被模块化。实现和使用模块能够快速增殖程序。对于程序员而言，将模块进行适当地包装供以后使用是一个非常有价值的目标。

2.2.2　模块化程序设计的抽象概念

Python 语言程序设计一个最重要的特点是预定义的海量函数，事实上成千上万个 Python 模块可供编程使用。本节则关注一个更为重要的观念：用户可自定义模块，自定义模块实际上是包含若干互相关联的函数的 Python 文件，这些函数可被其他程序使用。一个 Python 模块（或模块库）不可能包含给定计算所需要的所有函数，所以创建自定义模块是解决复杂计算问题的关键步骤。要管理这个过程，我们采用一种经过时间考验的方法，这种方法为我们的开发提供了很大的灵活性。接下来，我们将依次阐述作为该方法基础的三个抽象概念。

1. 实现（Implementation）

我们采用通用术语"实现"来描述实现重用的若干函数的代码。一个 Python 模块就是一种实现：若干函数的集合使用名称 module 表示，并保存在一个 module.py 文件中。例如，如前所述，程序 gaussian.py 就是一种实现。选择若干合适的函数组合并予以实现是一种设计艺术，这是开发一个大型程序的核心挑战。

模块设计的指导性原则是：**为客户端提供需要的函数，不要包含其他多余内容**。实现包含大量函数的模块会成为一个负担，而缺少重要函数的模块对客户端而言没有必要。前文已经包含遵循上述原则的许多示例。例如，Python 的 math 模块中就不包含正割函数、余割函数和余切函数，因为这些函数很容易通过函数 math.sin()、math.cos() 和 math.tan() 的计算得到。

2. 客户端（Client）

我们使用通用术语"客户端"表示使用一个实现的程序。一个调用定义在文件名为 module.py 中函数的 Python 程序（脚本程序或模块）就是模块 module 的一个客户端。例如，如前所述，gaussiantable.py 就是 gaussian.py 的客户端。典型地，一个模块可以有多个客户端，所有用户编写的调用 math.sqrt() 的程序都是 Python 的 math 模块的客户端。实现一个新的模块时，必须清楚模块将为客户端做什么。

3. 应用程序编程接口（API）

程序员通常认为在客户端和实现之间的契约（contract）是一个明确的规范，规定"实现"的具体功能是什么。这种方法可保证代码的重用性。用户可编写 Python 模块 math 和 random 以及其他标准模块的客户端程序，因为存在一个非正式的契约（描述函数作用的非正式自然语言），以及可用函数签名的精确规范。将两者结合起来，就统称为"应用程序编程接口（API）"。同样的机制也适用于用户自定义的模块。API 允许任何客户端直接使用模块，而无须检测模块中定义的代码，例如使用直接模块 math 和 random。当编写一个新模块时，我们都会提供 API。例如，gaussian.py 模块的 API 如表 2-2-2 所示。其中，mu 的默认值为 0.0，sigma 的默认值为 1.0。

表 2-2-2 gaussian.py 模块的 API

函数调用	功能描述
gaussian.pdf(x, mu, sigma)	高斯概率密度函数 $\varphi(x, \mu, \sigma)$
gaussian.cdf(z, mu, sigma)	高斯累积分布函数 $\Phi(x, \mu, \sigma)$

一个 API 应该包含多少信息？这是一个模糊的概念，是程序员和计算机科学教育者之间热烈争论的一个话题。我们可以在 API 中包含尽可能多的信息，但是（与所有的契约一样），运行包含的信息量是有限制的。本书遵循的原则与设计指导原则保持一致：为客户端程序员提供必要的信息即可。相对于提供实现的详细信息，这个原则可提供更大的灵活性。事实上，任何多余的信息将隐含扩展契约，而这并没有必要。模块化程序设计的抽象概念示意图如图 2-2-2 所示。

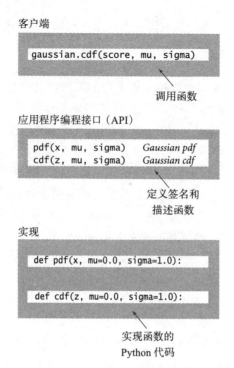

客户端

```
gaussian.cdf(score, mu, sigma)
```

调用函数

应用程序编程接口（API）

```
pdf(x, mu, sigma)    Gaussian pdf
cdf(z, mu, sigma)    Gaussian cdf
```

定义签名和
描述函数

实现

```
def pdf(x, mu=0.0, sigma=1.0):

def cdf(z, mu=0.0, sigma=1.0):
```

实现函数的
Python 代码

图 2-2-2　模块化程序设计的抽象概念示意图

4. 私有函数（Private function）

有时候需要在模块中定义辅助函数，辅助函数不能被客户端直接调用，称为私有函数。根据惯例，Python 程序员使用下划线开始的函数名作为私有函数。例如，如下代码片段是 gaussian.py 中 pdf() 函数的另一种实现，函数调用了私有函数 _phi()：

```
def _phi(x):
    return math.exp(-x*x/2.0) / math.sqrt(2*math.pi)

def pdf(x, mu=0.0, sigma=1.0):
    return _phi(float((x - mu) / sigma)) / sigma
```

API 中一般不包括私有函数，因为私有函数不属于客户端和模块实现之间的契约。事实上，以下划线开始的函数名指示客户端不要直接调用这些函数。（遗憾的是，Python 语言没有强制不允许调用私有函数的机制。）

5. 库（Library）

库是若干相关模块的集合。例如，Python 包括一个标准库（包括模块 random 和 math 等）和许多扩展库（例如，用于科学计算的 NumPy，用于图像和声音处理的 Pygame 等）。同样，本书官网提供了一个库（包含模块 stdio 和 stddraw 等）。贯穿全书，我们将讨论各种读者可能感兴趣的模块和库。当读者获得更多的 Python 编程经验之后，相信一定能够更好地应对大量可用的库。

256
~
257

6. 文档（Documentation）

通过 Python 交互式的内置函数 help()，可查看标准库、扩展库和本书官网模块的所有 API。具体操作方法如图 2-2-3 所示，首先键入 python（即可进入交互式 Python）；然后键入语句 import module（目的是导入模块）；最后键入 help(module)，以查看指定 module 的

API。Python 标准库和扩展库中模块的 API 还存在另一种形式：Python 在线帮助，详细信息请参照本书官网。本书前文讨论了部分 Python 模块和本书官网模块的 API。特别地，1.5 节提供了 stdio、stddraw 和 stdaudio 模块的 API；1.4 节提供了 stdarray 模块的部分 API。

```
% python
...
>>> import stddraw
>>> help(stddraw)

Help on module stddraw:

NAME
    stddraw - stddraw.py

FILE
    .../stddraw.py

DESCRIPTION
    The stddraw module defines functions that allow the user
    to create a drawing. A drawing appears on the canvas.
    The canvas appears in the window.

FUNCTIONS
    circle(x, y, r)
        Draw a circle of radius r centered at (x, y).

    filledCircle(x, y, r)
        Draw a filled circle of radius r centered at (x, y).

    filledPolygon(x, y)
        Draw a filled polygon with coordinates (x[i], y[i]).
...
```

图 2-2-3　在交互式 Python 中访问 API

258

　　每个 Python 模块和每个用户自己编写的模块都是 API 的一种实现，未被实现的 API 没有任何使用价值，如果没有客户端，实现的模块也没有意义。开发一种实现的目标是遵循某种契约。通常有很多实现方法。通过 API 将客户端代码和实现代码分离的思想，给我们替换新的实现或改进实现的自由。这是几十年来一直为程序员提供很好服务的一个强有力的观念。

　　接下来将讨论我们的 stdrandom 模块（用于生成随机数）、stdarray 模块（用于一维数组和二维数组）以及 stdstats 模块（用于统计计算）的 API。我们将讨论这些模块中一些函数的实现，以便读者学习实现自己的模块。但是，我们不会展示所有的实现，事实上也没有必要，正如没有必要阐述 Python 的 math 模块中所有函数的实现细节一样。我们还将描述这些模块的一些有趣的客户端。讨论这些模块有以下两个方面的目的：首先，这些模块为用户开发更为复杂的客户端程序提供了丰富的编程环境；其次，这些模块可作为学习例子，帮助读者开发自定义模块，编写自己的模块化程序。

2.2.3　随机数

前文已经编写了若干使用 Python 的 random 模块的程序，但对于特定的应用程序，我们的代码常常使用特定惯用方法以提供所需的某种类型的随机性。例如，在 1.4 节中，我们学习了用于随机混排一个数组的代码。在 1.6 节中，我们学习了基于离散分布随机绘图的代码。

为了有效地重用实现这些惯用方法的代码，从现在开始，我们将使用 stdrandom 模块（程序 2.2.3），该模块包含基于不同概率分布产生随机数的函数，以及一个生成数组混排的函数。模块中包含函数的 API 如表 2-2-3 所示。这些函数都是我们熟知的函数，所以 API 中的简单描述足以说明其用途。当然，如果要使用这些函数，客户端必须包含一个 import 语句。同时还必须使得 stdrandom.py 可为 Python 使用，解决方法是：将该文件放置在与客户端程序相同的目录下，或者使用操作系统的路径机制进行设置（具体请参见本节后的"问题和解答"）。

表 2-2-3　stdrandom 模块的 API

函数调用	功能描述
uniformInt(lo, hi)	取值范围在 [lo, hi) 之间的均匀随机整数
uniformFloat(lo, hi)	取值范围在 [lo, hi) 之间的均匀随机浮点数
bernoulli(p)	事件发生（True）的次数。假设事件发生的概率为 p（p 默认值为 0.5）
binomial(n, p)	抛掷 n 次硬币，其中正面向上的次数。假设正面向上的概率为 p（p 默认值为 0.5）
gaussian(mu, sigma)	正态分布随机数，其中均值为 mu（默认值为 0.0），标准方差为 sigma（默认值为 0.5）
discrete(a)	概率正比于数组 a[i] 的离散值 i
shuffle(a)	随机混排数组 a[]

通过收集所有这些使用 random 模块生成各种类型随机数的函数到一个文件（stdrandom.py），我们就可以把生成随机数的注意力集中在这个文件上（并复用该文件的代码），而不用在使用这些函数的每个程序间扩散代码。每个使用这些函数的程序比直接调用函数 random.random() 更为清晰，因为从 stdrandom 中选择不同函数的目的更明确。在某些情况下，实现的代码可用于其他应用程序，也可用于其他 Python 库。在实际应用中，也可使用这些实现（事实上，本书官网代码可能与程序 2.2.3 不同）。清晰地阐明自定义 API 可赋予我们修改实现的自由，且保证客户端代码无须修改。

1. API 设计

我们对于传递给 stdrandom 模块中每个函数的参数对象做了一定的假设。例如，假设客户端程序传递给 stdrandom.bernoulli() 的参数为取值范围从 0.0 到 1.0 之间的浮点数；假设传递给 stdrandom.discrete() 的参数为非负数值的数组（不能全部为 0）。这种假设是客户端与模式实现之间契约的一部分。我们努力设计出这样的模块，以保证契约清晰、语义明确，且避免太多细节。正如大多数任务的程序设计，一个良好的 API 设计常常是多次尝试的结果，伴随着多种可能性。在设计 API 时我们要格外谨慎，因为改变一个 API 往往会涉及所有客户端和模块实现代码的修改。我们的设计目标是"清晰地表述客户端对 API 的需求，并将其与代码分离"。这种实践方法可避免修改代码，也可修改实现以获取更有效、更准确的结果。

程序 2.2.3　随机数模块（stdrandom.py）

```
import math
import random

def uniformInt(lo, hi):
    return random.randrange(lo, hi)

def uniformFloat(lo, hi):
    return random.uniform(lo, hi)

def bernoulli(p=0.5):
    return random.random() < p

def binomial(n, p=0.5):
    heads = 0
    for i in range(n):
        if bernoulli(p): heads += 1
    return heads

def gaussian(mu=0.0, sigma=1.0):
    # See Exercise 2.1.25.

def discrete(a):
    r = uniformFloat(0.0, sum(a))
    subtotal = 0.0
    for i in range(len(a)):
        subtotal += a[i]
        if subtotal > r: return i

def shuffle(a):
    # See Exercise 2.2.13.
```

```
% python stdrandom.py 5
90 26.36076 False 47 8.79269 0
13 18.02210 False 55 9.03992 1
58 56.41176 True  51 8.80501 0
29 16.68454 False 58 8.90827 0
85 86.24712 True  47 8.95228 0
```

　　程序 2.2.3 作为一个模块，定义了实现各种随机数的函数：在给定区间均匀分布的整数或浮点数，随机布尔值（伯努利 Bernoulli），从二项分布抽取的随机整数，从高斯分布抽取的随机浮点数，从给定离散分布抽取的随机整数以及随机混排一个数组。程序 2.2.3 的运行过程和结果如上：

261

2. 单元测试（Unit testing）

　　我们实现的 stdrandom 没有引用任何特定的客户端，然而程序设计的最佳实践是至少包含一个基本测试客户端函数 main()，并且至少完成如下功能：

- 运行所有的代码。
- 证明代码运行正常。
- 从命令行接收参数，以运行测试的灵活性。

虽然其目的并不是客户端，但我们使用 main() 函数进行调试、测试、改进模块中的函数。这种实践方法称为"单元测试"。例如, stdrandom 的一个基本测试客户端如图 2-2-4 所示（我们省略了 shuffle() 函数的测试，具体请参加 1.4 节习题第 22 题）。如程序 2.2.1 所示，当通过键入 "python stdrandom.py 10" 调用该函数时，结果不出意外：第一列为均匀分布在整数范围 0 到 99 之间的数值；第二列为均匀分布在 10.0 到 99.0 之间的浮点数；第三列的值约一半为 True；第四列的数值接近 50；第五列数值的平均值约等于 9.0, 且不会远离 9.0；最后一列的数值不会远离 50% 0s、30% 1s、10% 2s 和 10% 3s。如果觉得运行结果似乎不妥，可通过键入 " python stdrandom.py 100" 以查看更多结果。通常而言，如果库使用得越广泛，单元测试做得越详尽，就越能完善 main() 函数的功能。

```
def main():
    trials = int(sys.argv[1])
    for i in range(trials):
        stdio.writef('%2d '   , uniformInt(10, 100))
        stdio.writef('%8.5f ', uniformFloat(10.0, 99.0))
        stdio.writef('%5s '   , bernoulli(0.5))
        stdio.writef('%2d '   , binomial(100, 0.5))
        stdio.writef('%7.5f ', gaussian(9.0, 0.2))
        stdio.writef('%1d '   , discrete([5, 3, 1, 1]))
        stdio.writeln()

if __name__ == '__main__':  main()
```

图 2-2-4　stdrandom 模块的基本测试客户端

　　适当的单元测试本身就是一个重要的编程挑战。在这种特殊情况下，有必要在独立的客户端实施更为详尽的单元测试，以检查所生成的数值与引用分布生成的真正随机值相比具有相同的属性（具体参见本章习题第 2 题）。注意，关于 stdrandom 模块中函数生成的数值是否与真正随机数具有相同的特征，专家们对其进行单元测试的最好方法依旧存在争论。

　　编写测试客户端的一个有效方法是使用 stddraw 编写一个数据可视化的客户端，以便快速指示程序的行为与期望的一致。在当前的场景下，绘制大量 x 和 y 坐标随机分布数的点，其结果模式可显示随机分布的内在特征。更为重要的是，如果生成随机数的代码存在错误，则在结果图形中很容易被发现。测试 stdrandom.gaussian() 的一个示例脚本及其结果如图 2-2-5 所示：

　　3. 压力测试（Stress testing）

　　一种广泛使用的模块如 stdrandom 还应该接受压力测试。通过压力测试，可确保它不会意外失败，

```
import sys
import stddraw
import stdrandom

trials = int(sys.argv[1])
stddraw.setPenRadius(0.0)
for i in range(trials):
    x = stdrandom.gaussian(0.5, 0.2)
    y = stdrandom.gaussian(0.5, 0.2)
    stddraw.point(x, y)
stddraw.show()
```

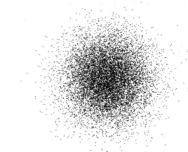

图 2-2-5　stdrandom.gaussian()
的测试客户端

即使在客户不遵照契约，或做出一些不存在假设的情况下。Python 的标准模块都已经接受过类似测试，通过逐行仔细检查代码，推断在某些条件下是否会导致故障。如果某些数组元素为负，stdrandom.discrete() 会导致什么结果？如果参数是一个长度为 0 的数组，会导致什么结果？如果 stdrandom.uniform() 的第 2 个参数小于（或等于）第一个参数，会导致什么结果？任何想到的问题都必须考虑到。这些条件有时称为边界条件（corner case）。你肯定会碰到一个对边界条件要求比较严格的老师或导师。有了经验，大多数程序员都学会尽早处理这些边界条件，以避免将来不愉快的调试过程。再次强调，一个合适的方法是作为一个独立的客户端进行压力测试。

2.2.4　数组处理 API

　　在 1.4 节中，我们学习了用于创建指定长度的一维数组和指定行数列数的二维数组的实

用函数。因而，我们介绍了本书官网库中的 stdarray 模块，具体介绍了模块中用于创建和初始化数组的函数：stdarray.create1D() 和 stdarray.create2D()。

另外，我们看到并将继续看到，有很多示例希望能够从标准输入读取数据到一个数组，或把一个数组的值写入标准输出。因此，我们在模块 stdarray 中包括了从标准输入中读取整数、浮点数、布尔值到数组的函数，以及把数组值写入标准输出的函数，从而实现了与 stdio 模块的互补。stdarray 模块的 API 如表 2-2-4 所示。

表 2-2-4 stdarray 模块的 API

函数调用	功能描述
create1D(n, val)	创建一个长度为 n、每个元素都初始化为 val 的一维数组
create2D(m, n, val)	创建一个 m×n、每个元素都初始化为 val 的二维数组
readInt1D()	创建一个整型一维数组，并且从标准输入读取各元素的值
readInt2D()	创建一个整型二维数组，并且从标准输入读取各元素的值
readFloat1D()	创建一个浮点数型一维数组，并且从标准输入读取各元素的值
readFloat2D()	创建一个浮点数型二维数组，并且从标准输入读取各元素的值
readBool1D()	创建一个布尔型一维数组，并且从标准输入读取各元素的值
readBool2D()	创建一个布尔型二维数组，并且从标准输入读取各元素的值
write1D(a)	将一维数组 a[] 写入标准输出
write2D(a)	将二维数组 a[] 写入标准输出

注：1. 一维数组的格式是一个整数 n，随后跟 n 个元素。
　　2. 二维数组的格式是两个整数 m 和 n，随后跟 m×n 个元素的值，按照行优先顺序排列。
　　3. 布尔数组的值输出为 0 和 1 而不是通常的 False 和 True。

同样，通过交互式 Python，首先键入 import stdarray，然后键入 help(stdarray)，可在线直接获取 API 的帮助信息。

读取和输出数组的函数必须遵循某种文件格式。为了简单和一致起见，我们采用的规范对应于数组在标准输入出现的顺序，包括维度、按指定顺序出现的元素值，具体描述参见表 2-2-5。read*() 函数接收这种格式的数据，write*() 函数输出这个格式的数据。同时，我们很容易基于其他数据源创建这个格式的数据文件。 [264]

表 2-2-5 数组的文件格式

数据类型	数组维度	Python 数组初始化	文件
浮点数	一维数组	[0.01, 0.85, 0.07, 0.07]	4 .01 .85 .07 .07
	二维数组	[[0.00, 0.00, 0.500], [0.85, 0.04, −0.075], [0.20, −0.26, 0.400], [−0.15, 0.28, 0.575]]	4 3 .00 .00 .500 .85 .04 −.075 .20 −.26 .400 −.15 .28 .575
布尔类型	一维数组	[False, True, True]	3 0 1 1
	二维数组	[[False, True, False], [True, False, True], [True, False, True], [False, True, False]]	4 3 0 1 0 1 0 1 1 0 1 0 1 0

对于布尔型数组，我们的文件格式使用 0 和 1 代替 False 和 True。这个规定对于大数组更为经济节约。更为重要的是，采用 0 和 1 模式的文件格式的数据更容易阅读，具体请参加2.4 节。

实现这些函数的方法直接明了，具体可参见 1.4 节和 2.1 节中有关数组处理的代码。我们省略了模块的实现过程，因为前文已经学习了这些基本代码。如果读者感兴趣，可在本书官网的 stdarray.py 文件中找到实现的完整代码。

把所有的函数封装在一个文件 stdarray.py 中，这样允许我们很方便地重用代码，在以后编写客户端程序时无须再考虑创建、输出、读取数组的细节。另外，客户端通过调用函数而不是包含这些代码，可保证客户端程序的紧凑性和可读性。

2.2.5 迭代函数系统

科学家发现，通过简单的计算过程，可获得出人意料的复杂视觉图形。借助 stdrandom、stddraw 和 stdarray 模块，我们可以方便地研究这种系统的行为。

1. 谢尔宾斯基三角形（Sierpinski triangle）

作为第一个例子，我们考虑如下简单过程：一开始，在给定等边三角形的一个顶点绘制一个点；然后在三个顶点中随机选择一个顶点，并在前一个绘制点与随机选择的顶点之间连线的中点位置绘制一个点。重复上述过程。每次循环过程，均随机从三角形的顶点中选择一个，并将前一个连线的中点作为下一个绘制点。因为每次的选择都随机，所以绘制的点应该具有随机点的某些特征。通过若干次迭代后，其结果如图 2-2-6 所示。

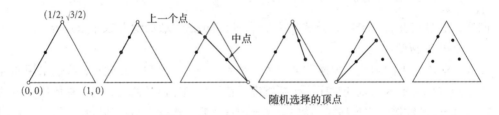

图 2-2-6　随机过程

为了研究上述过程的大量迭代结果，可编写如下脚本代码，以遵循指定规则绘制 n 个点：

```
cx = [0.000, 1.000, 0.500]
cy = [0.000, 0.000, 0.866]
x = 0.0
y = 0.0
for i in range(n):
    r = stdrandom.uniformInt(0, 3)
    x = (x + cx[r]) / 2.0
    y = (y + cy[r]) / 2.0
    stddraw.point(x, y)
stddraw.show()
```

我们使用数组 cx[] 和 cy[] 分别存储三角形顶点的 x 坐标和 y 坐标。使用 stdrandom.uniformInt() 函数从这些数组中随机选择一个索引下标 r，即随机选择的顶点坐标为 (cx[r], cy[r])。从点 (x, y) 到随机选择的顶点之间线段的中点的 x 坐标为：(x + cx[r]) / 2.0，类似的

计算表达式可计算 y 坐标。通过调用 stddraw.point() 函数，并将该代码放置在循环中可完成实现。值得注意的是，尽管过程具有随机性，但经过大量的迭代后，最终的形状大致相同！这种形状称为"谢尔宾斯基三角形"（具体参见 2.3 节习题第 27 题），如图 2-2-7 所示。理解为什么这样一个随机过程会产生一个如此有规则的图形是一个有趣的问题。

图 2-2-7   随机过程产生的谢尔宾斯基三角形

2. 巴恩斯利蕨（Barnsley fern）

为了增加神秘性，我们可以在同一个游戏中使用不同的规则制作出具有显著差异的多样化图片。其中一个突出的例子就是众所周知的巴恩斯利蕨。可使用相同的过程生成巴恩斯利蕨，但这次我们使用如表 2-2-6 所示的公式。在每一步中，我们根据指定的概率去选择不同的公式来更新 x 和 y 的坐标（1% 的概率使用第一对公式，85% 的概率使用第二对公式，以此类推）。

表 2-2-6   巴恩斯利蕨公式表

概率	x 坐标的更新公式	y 坐标的更新公式
1%	$x =$　　　　0.500	$y =$　　　　$0.16y$
85%	$x = 0.85x + 0.04y + 0.075$	$y = -0.04x + 0.85y + 0.180$
7%	$x = 0.20x - 0.26y + 0.400$	$y = 0.23x + 0.22y + 0.045$
7%	$x = -0.15x + 0.28y + 0.575$	$y = 0.26x + 0.24y - 0.086$

我们可编写类似于"谢尔宾斯基三角形"的代码来实现这些迭代规则，但是矩阵处理提供了统一的方法，可使处理一系列规则的代码通用化。假设有 m 种不同的转换，从 $1 \times m$ 向量中通过 stdrandom.discrete() 函数选择。对于每种转换，定义了更新 x 坐标和 y 坐标的方程，所以可使用两个 $m \times 3$ 的矩阵保存方程的系数，一个用于 x 坐标，另一个用于 y 坐标。

程序 2.2.4（ifs.py）实现了上述计算的一个数据驱动的程序版本。该程序提供了无限的探索可能性：程序根据所输入的参数进行迭代。输入参数包括一个向量，定义了概率分布；两个矩阵则分别定义用于更新 x 坐标和 y 坐标的方程系数。对于给定方程的系数，即使每一步我们随机选择更新方程，每次运行计算的结果图形大致相同：图像与在森林中的一种蕨类惊人地相像，而不是计算机随机过程产生的随机图像。巴恩斯利蕨的生成如图 2-2-8 所示。

上述这个简单的小程序（程序 2.2.4）具有这样神奇的功能：从标准输入接收少量的参数，然后根据给定的不同数据，在标准绘图中生成"谢尔宾斯基三角形"和"巴恩斯利蕨"（以及很多很多其他图像），这些输出结果的确令人瞠目结舌！因为编码简单且结果神奇，所以这种计算在图像合成中非常有用，可在利用计算机生成的电影和游戏中产生各种效果逼真的图像。

267

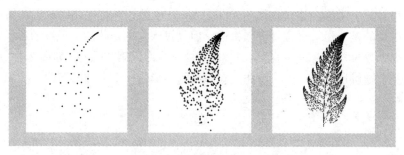

图 2-2-8   巴恩斯利蕨的生成

也许更重要的是，通过如此简单的方法即可产生如此逼真的图像，为我们提出了一个有
趣的科学问题：计算到底揭示了什么自然规律？而自然规律又揭示了什么计算原理？

程序 2.2.4   迭代函数过程（ifs.py）

```
import sys
import stdarray
import stddraw
import stdrandom

n = int(sys.argv[1])                                            n                 迭代步数
probabilities = stdarray.readFloat1D()          probabilities[]   概率
cx = stdarray.readFloat2D()                            cx[][]             x 坐标的系数
cy = stdarray.readFloat2D()                            cy[][]             y 坐标的系数
x = 0.0                                                                  x, y               当前点
y = 0.0
stddraw.setPenRadius(0.0)
for i in range(n):
    r = stdrandom.discrete(probabilities)
    x0 = cx[r][0]*x + cx[r][1]*y + cx[r][2]
    y0 = cy[r][0]*x + cy[r][1]*y + cy[r][2]
    x = x0
    y = y0
    stddraw.point(x, y)
stddraw.show()
```

程序 2.2.4 属于数据驱动脚本程序，它是 stdarray、stdrandom 和 stddraw 模块的客户端。程序
从标准输入接收一个 $1 \times m$ 向量（概率值）和两个 $m \times 3$ 矩阵（分别用于更新 x 坐标和 y 坐标的方
程系数），然后基于输入参数所定义的函数系统进行迭代，并把结果的点集合绘制在标准绘图上。
有趣的是，代码没有使用到 m。程序 2.2.4 的运行过程和结果如下：

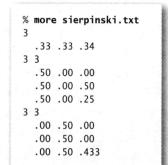

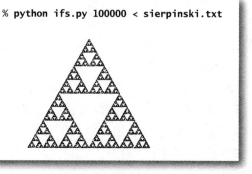

```
% more barnsley.txt
4
  .01 .85 .07 .07
4 3
  .00   .00   .500
  .85   .04   .075
  .20  -.26   .400
 -.15   .28   .575
4 3
  .00   .16   .000
 -.04   .85   .180
  .23   .22   .045
  .26   .24  -.086
```

% python ifs.py 100000 < barnsley.txt

```
% more tree.txt
6
  .1 .1 .2 .2 .2 .2
6 3
  .00   .00   .550
 -.05   .00   .525
  .46  -.15   .270
  .47  -.15   .265
  .43   .26   .290
  .42   .26   .290
6 3
  .00   .60   .000
 -.50   .00   .750
  .39   .38   .105
  .17   .42   .465
 -.25   .45   .625
 -.35   .31   .525
```

% python ifs.py 100000 < tree.txt

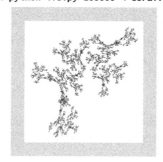
% python ifs.py 100000 < coral.txt

```
% more coral.txt
3
  .40 .15 .45
3 3
  .3077 -.5315  .8863
  .3077 -.0769  .2166
  .0000  .5455  .0106
3 3
 -.4615 -.2937 1.0962
  .1538 -.4476  .3384
  .6923 -.1958  .3808
```

270

2.2.6 标准统计

接下来，我们将讨论一个模块，该模块包含源自科学和工程中各种各样应用的数学计算和基本可视化工具集合（标准 Python 模块并没有完全实现这些功能）。这些计算与理解一系列数值的统计特性有关。这个模块具有很强的实用性，例如，可适用于执行一系列科学实验以产生一个定量值的测量结果。现代科学家面临的最重要的挑战之一就是如何正确分析这些数据，而计算在这类分析中扮演着日益重要的角色。这些基本数据分析函数的实现并不困难，表 2-2-7 总结了其 API。

1. 基本统计

假设有 n 个测量值 x_0，x_1，$\cdots$，x_{n-1}。这些测量值的平均值也称之为均值（mean）。其定义公式为：$\mu = (x_0 + x_1 + \cdots + x_{n-1}) / n$，是测试值的估计值。大家感兴趣的统计量还包括：最小值（minimum）、最大值（maximum）、中值（median，假设测量值按顺序排列，如果 n 为奇数，则中值为中间的测量值；如果 n 为偶数，则中值为中间两个测量值的平均值）。另一个感兴趣的统计量为样本方差（sample variance），其定义公式为：

$$\sigma^2 = ((x_0 - \mu)^2 + (x_1 - \mu)^2 + \cdots + (x_{n-1} - \mu)^2) / (n - 1)$$

以及样本标准差（sample standard deviation），即样本方差的平方根。stdstats 模块的 API 如
表 2-2-7 所示。

表 2-2-7   stdstats 模块的 API

函数调用	功能描述
mean(a)	数值数组 a[] 中各元素的平均值
var(a)	数值数组 a[] 中各元素的样本方差
stddev(a)	数值数组 a[] 中各元素的样本标准差
median(a)	数值数组 a[] 中各元素的中值
plotPoints(a)	数值数组 a[] 中各元素的点图
plotLines(a)	数值数组 a[] 中各元素的线图
plotBars(a)	数值数组 a[] 中各元素的条形图

271   程序 2.2.5（stdstats.py）是用于计算这些基本统计量的模块（实现中值的高效计算相对于
其他统计量而言比较复杂，我们将在 4.2 节讨论 median() 的实现）。stdstats 模块的测试客户
端 main() 函数从标准输入读取数值到一个数组，然后调用各函数。如同模块 stdrandom，统
计模块也有更为广泛的测试需求。典型地，当我们调试或测试模块中的新函数时，我们会相
应修改测试代码，每次测试一个函数。一个成熟且广泛使用的模块，如 stdstats，也需要一
个压力测试客户端，针对任何修改都需要进行详尽的测试。如果读者对类似客户端的内容感
兴趣，可在本书官网提供的 stdstats 中找到相关内容（同时可参见本节习题第 2 题）。大多数
资深程序员会告诉你，花在做单元测试和压力测试的任何时间都将物超所值。

2. 绘图

stddraw 模块的一个重要功能就是帮助我们以可视化的方法观察数据，而不仅仅依赖数
据表格。一个典型的情况是，我们进行实验，把实验数据保存到一个数组，然后把结果与模
型进行比较，模型可能是描述数据的一个数学函数。为了促进这种典型过程，即一个变量
值均匀分布的情况，我们的 stdstats 模块定义了若干可用于绘制一个数组数据的函数。程序
2.2.6 是模块 stdstats 中函数 plotPoints()、plotLines() 和 plotBars() 的一种实现。这些函数在
绘图窗口的相等间隔区域中显示参数数组中各元素的值，各数值点可使用线段（line）连接，
或者使用圆形（point）填充，或者使用到 x 轴的条形（bar）表示。所有的数值点的 x 坐标为
i、y 坐标为 a[i]，可分别使用填充圆形、连接线段或条形样式。数据根据 x 轴缩放以适应绘
图窗口（以便数值点在 x 轴上均匀分布），y 轴的缩放由客户端控制。

这些函数的目的并不是提供通用绘制模块。事实上，读者可以设想所有需要增加的功
能：不同类型的点、坐标轴标签、颜色，以及其他现代绘图系统中包括的功能。一些情况
下，需要的函数远比这些函数复杂。模块 stdstats 的目的是通过向用户展示如何定义用于完
成这些任务的模块，来介绍数据分析的相关知识。事实上，该模块已证明其实用性，我们已
经使用这些绘图函数生成了本书的图形，以描述函数图形、声波以及实验结果。接下来，我
们将讨论若干使用示例。

程序 2.2.5   数据分析模块（stdstats.py）

```python
import math
import stdarray
import stddraw
import stdio

def mean(a):
    return sum(a) / float(len(a))

def var(a):
    mu = mean(a)
    total = 0.0
    for x in a:
        total += (x - mu) * (x - mu)
    return total / (len(a) - 1)

def stddev(a):
    return math.sqrt(var(a))

def median(a):
    # See Exercise 4.2.16.

# See Program 2.2.6 for plotting functions.

def main():
    a = stdarray.readFloat1D()
    stdio.writef('   mean %7.3f\n', mean(a))
    stdio.writef('std dev %7.3f\n', stddev(a))
    stdio.writef(' median %7.3f\n', median(a))

if __name__ == '__main__': main()
```

程序 2.2.5 模块实现了用于计算客户端数组中数值的最小值、最大值、均值、方差、标准差的函数。绘图函数请参见程序 2.2.6。程序 2.2.5 的运行过程和结果如下：

```
% more tiny1D.txt
7
3.0 1.0 4.0 7.0 8.0 9.0 6.0
```

```
% python stdstats.py < tiny1D.txt
   mean   5.429
std dev   2.878
 median   6.000
```

272
≀
273

3. 绘制函数图形

可使用 stdstats.plot*() 函数绘制任何函数的图形：选择一个用于绘制函数的 x 区间，在选定的区间等间隔计算函数的值并保存在一个数组中，确定并设置 y 轴缩放系数，然后调用 stdstats.plotLines() 或其他 plot*() 函数绘制图形。绘制函数图形的代码和结果如图 2-2-9 所示。

所绘制曲线的光滑度取决于函数的特征以及绘制点数量的多少。正如第一次接触模块 stddraw 时讨论的内容，必须确保足够的

```python
n = int(sys.argv[1])
a = stdarray.create1D(n+1, 0.0)
for i in range(n+1):
    a[i] = gaussian.pdf(-4.0 + 8.0 * i / n)
stdstats.plotPoints(a)
stdstats.plotLines(a)
stddraw.show()
```

图 2-2-9   绘制函数图形的代码和结果

采样点数量以捕捉到函数的波动。在 2.4 节中，我们将讨论另一个绘制函数的方法，在该方法中采样点不是等间隔的。通常，缩放 y 轴的值是有必要的（x 轴的缩放由 stdstats 函数自动完成）。例如，要绘制一个正弦函数，需缩放 y 轴的值以适应 −1 到 +1 的数据范围。一般地，可通过调用函数 stddraw.setYscale(min(a), max(a))，实现 y 轴的缩放。

程序 2.2.6　绘制数值（stdstats.py）

```
def plotPoints(a):
    n = len(a)
    stddraw.setXscale(0, n-1)
    stddraw.setPenRadius(1.0 / (3.0 * n))
    for i in range(n):
        stddraw.point(i, a[i])

def plotLines(a):
    n = len(a)
    stddraw.setXscale(0, n-1)
    stddraw.setPenRadius(0.0)
    for i in range(1, n):
        stddraw.line(i-1, a[i-1], i, a[i])

def plotBars(a):
    n = len(a)
    stddraw.setXscale(0, n-1)
    for i in range(n):
        stddraw.filledRectangle(i-0.25, 0.0, 0.5, a[i])
```

　　程序 2.2.6 模块实现了 stdstats.py（程序 2.2.5）中的用于绘制数据的三个函数。给定一个数组 a[]，这些函数分别使用填充圆形、连接线段和条形样式来绘制点 (i, a[i])。客户端需要调用函数 stddraw.show()。程序 2.2.6 的运行代码和绘制结果如下：

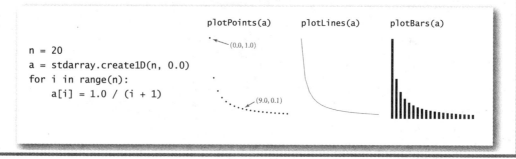

4. 绘制声波

　　stdaudio 模块和 stdstats 绘制函数均使用包含等间隔采样值的数组，因此绘制声波十分简单。1.5 节中的声波图以及本节开始部分的图形，都是先通过 y 轴缩放以保证曲线的合理显示，然后使用 stdstats.plotPoints() 函数绘制数值点。绘制声波的代码和绘制结果如图 2-2-10 所示。正如读者所见，这样的绘制曲线可用于直接洞察音频处理效果。当使用 stdaudio 模块播放音频时还可以同时绘制声波，这种效果虽然可以产生奇妙的效果，但完成这个任务具有一定的挑战性，因为需要处理海量的数据（具体请参见 1.5 节习题第 27 题）。

```
def tone(hz, t):
    # See Program 2.4.7
stddraw.setYscale(-6.0, 6.0)
hi = tone(440, 0.01)
stdstats.plotPoints(hi)
stddraw.show()
```

图 2-2-10　绘制声波的代码和绘制结果

5. 绘制实验结果

我们可以在同一个图形中绘制多个图形。一种典型的用途是将实验结果与理论模型相比较。例如，bernoulli.py（程序 2.2.7）统计抛掷 n 次硬币时正面出现的次数，并将结果与预测的高斯（正态）分布函数进行比较。根据概率论，其结果为二项分布，与均值为 $n/2$ 且标准差为 $\sqrt{n}/2$ 的高斯概率密度函数 φ 高度近似。实验的次数越多，其近似度越高。bernoulli.py 绘制的结果图形如图 2-2-11 所示，该图简洁地显示了实验的结果，并有效地验证了理论模型。这个示例是科学方法到应用程序编程的原型，贯穿全书我们经常使用此原型。建议读者每当进行实验时也应该使用这种原型。如果存在可以解释实验结果的有效理论模型，则可通过可视化绘图方式将实验结果和理论模型相比较，以实现二者的相互验证。

程序 2.2.7　伯努利试验（bernoulli.py）

```
import sys
import math
import stdarray
import stddraw
import stdrandom
import stdstats
import gaussian

n      = int(sys.argv[1])
trials = int(sys.argv[2])

freq = stdarray.create1D(n+1, 0)
for t in range(trials):
    heads = stdrandom.binomial(n, 0.5)
    freq[heads] += 1

norm = stdarray.create1D(n+1, 0.0)
for i in range(n+1):
    norm[i] = 1.0 * freq[i] / trials

phi = stdarray.create1D(n+1, 0.0)
stddev = math.sqrt(n)/2.0
for i in range(n+1):
    phi[i] = gaussian.pdf(i, n/2.0, stddev)

stddraw.setCanvasSize(1000, 400)
stddraw.setYscale(0, 1.1 * max(max(norm), max(phi)))
stdstats.plotBars(norm)
stdstats.plotLines(phi)
stddraw.show()
```

n	每次试验抛掷硬币的次数
trials	试验次数
freq[]	试验结果
norm[]	正态化结果
phi[]	高斯模型

　　程序 2.2.7 脚本程序提供了一个令人信服的可视化证据，表明抛掷 n 次硬币时正面出现的次数遵循高斯分布。程序 2.2.7 的运行过程和结果如下：

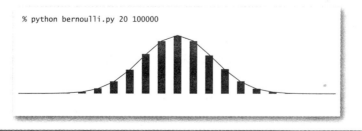

% python bernoulli.py 20 100000

这些例子用于说明使用一个设计良好的函数模型对于数据分析的可能性。一些扩展和其他想法将在习题中进一步讨论。读者将发现 stdstats 模块对于基本图形的绘制非常有用，鼓励读者尝试这些实现，并通过修改或增加函数以创建自定义模块，从而绘制满足自己设计需求的图形。随着读者编程视野的不断扩展，一定会自然而然地使用不同的想法来开发满足自己需求的工具。

276
~
277

2.2.7　模块化程序设计

我们所开发的模块描述了一种称为"模块化程序设计"的编程风格。当编写一个新程序以解决一个新问题时，代码不是包含在一个文件中，而是把每个大任务分解为更小的易于管理的子任务，然后独立实现并调试解决各子任务的代码。在计算任务中，任何时候只要可以清晰地分离任务，则建议使用函数分离任务。Python 支持这种任务分离，允许用户在模块中独立开发函数，模块随后可被客户端使用。因而，通过用户定义的重要子任务的模块，随后被客户端使用，Python 有效地支持了模块化程序设计。

前文的迭代函数系统脚本程序 ifs.py（程序 2.2.4）展示了模块化程序设计的概念，因为该程序的计算相对复杂，所以通过若干相对独立且相互交互的模块实现。程序使用了模块 stdrandom 和 stdarray，以及读者熟知的模块 sys 和 stddraw 中的函数。如果把 ifs.py 需要的所有代码放置在一个单独的文件中，则会导致需要维护和调试一个代码量比较大的程序文件。而使用模块化程序设计，则可通过研究和使用迭代函数系统，确保数组被正确读取，随机数生成器可正确产生随机值，因为这些代码所要完成的任务已在独立的模块中实现和测试。本节中的模块和脚本一览如表 2-2-8 所示。

表 2-2-8　本节中的模块和脚本一览表

模块 / 脚本	功能描述
gaussian	高斯分布函数
stdrandom	生成随机数的函数
stdarray	数组的输入和输出函数
ifs	迭代函数系统的客户端程序
stdstats	数据分析函数
bernoulli	伯努利各种试验的客户端程序

类似地，bernoulli.py（程序 2.2.7）也展示了模块化程序设计的概念。该程序是模块 gaussian、sys、math、stdrandom、stdarray、stddraw 和 stdstats 的客户端。同样，我们可依赖于这些模块中的函数产生预期的结果，因为这些模块是系统模块或前面已经编写、调试和使用过的模块。

为了描述一个模块化程序中各模块之间的关系，我们可以绘制一个模块依赖关系图（dependency graph）。如果第一个模块使用第二个模块中定义的功能，则两个模块的名称通过一个箭头相连接。模块依赖关系图十分重要，因为正确开发和维护程序过程中，理解各模块之间的关系十分必要。程序 ifs.py 和 bernoulli.py 及其使用的模块依赖关系图如图 2-2-11 所示。

278

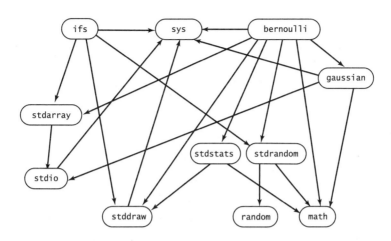

图 2-2-11　本节中客户端和模块之间的依赖关系图

贯穿本书，我们将强调模块化程序设计，因为模块化程序设计包括许多重要的优越性，被视为现代编程的最基本概念。模块化程序设计的优越性包括：

- 可编写合理规模或超大系统的程序。
- 调试可限制在少量的代码范围。
- 可重用代码，而无须重复实现。
- 维护（以及改进）代码会更容易。

这些优越性和重要性是毋庸置疑的，所以下面我们将逐一展开阐述。

1. 合理规模大小的程序

不存在复杂到无法分解为小的子任务的大型任务。如果你发现一个程序的代码超过几个页面，则有必要问自己如下的问题：是否存在可以单独实现的子任务？这些子任务是否可以逻辑性地组合到一个单独的模块中？将来是否有其他客户端会使用这些代码？另一方面，如果你发现存在大量小的模块，你也必须问自己如下的问题：是否存在一组逻辑上关联的属于同一模块的一系列子任务？是否每个模块都会被多个客户端使用？关于模块的规模大小没有 279 必须遵守的规则：一个极其重要的抽象的实现可能仅包含几行代码，而另一个包含大量函数的模块可能包含几百行代码。

2. 调试

当代码行数和交互变量增多时，快速跟踪程序会变得越来越困难。跟踪具有数百个变量的程序要求跟踪数百个对象，而且任何语句都有可能影响任何变量或被任何变量影响。针对成百上千或成千上万行代码实行跟踪是不可能完成的任务。使用模块化程序设计，同时遵循我们的"尽可能使变量的作用范围局部化"的指导原则，就可以大大限制调试时需要考虑的可能性。客户端和实现之间契约的思想也十分重要。一旦我们认为某个实现满足了设计需求，就可以在此前提下调试其所有的客户端。

3. 代码重用

一旦实现了诸如 stdrandom 和 stdstats 之类的模块，我们就无须重新编写用于计算均值、标准差或用于生成随机数的代码，只需要简单地重用那些已经编写好的代码即可。另外，我们也不需要复制代码，因为任何模块可引用其他模块中的任何函数。

4. 维护

正如好的文章需要不断润色一样，一个好的程序也需要不断改进。而模块化程序设计可以促进持续改进用户所编写的 Python 程序的过程，因为每改进一个模块，意味着所有使用该模块的客户端同时被改进。通常解决一个特定问题可以使用不同方法。借助模块化程序设计，可以实现不同版本，并独立尝试。只要客户端程序仅仅依赖于 API 文档中记述的行为，则客户端无须修改就可以使用新的模块实现。更重要的是，开发一个新的客户端时，你可能发现一些模块中的错误。而基于模块化程序设计，修改了该错误后，本质上就相当于修改了所有该模块客户端的同样错误。

[280]

如果遇到旧程序（或一个老程序员编写的新程序！），则很有可能发现一个规模巨大的模块，包含超过多页的一长串语句，其中每条语句都能引用程序中的变量。此类规模巨大的模块的理解、维护和调试都十分困难。然而，此类旧程序在计算基础设施（例如，一些核电站和银行）中往往占据核心位置，负责维护这些程序的程序员甚至不能准确理解程序，从而无法使用现代语言重新实现这些代码！通过模块化程序设计的支持，现代语言如 Python 通过分别在独立的文件中开发一系列函数集，可帮助我们避免这种情况的发生。

在不同文件共享函数的能力在以下两个方面从根本上拓展了计算机编程模型。首先，实现了代码重用，而无须维护代码的多个拷贝。其次，允许我们将程序组织为规模大小易于管理的文件，以便独立测试和调试，从而强有力地支持我们提出的基本理念：在计算任务中，任何时候只要可以清晰地分离任务，则建议分离任务。

在本节中，我们对 1.5 节中的库 std* 进行了补充，还提供了包括 gaussian、stdarray、stdrandom 和 stdstats 等在内的其他一些库，以供用户使用。而且，我们通过若干客户端程序演示了这些库的使用方法。这些工具基于源自科学项目和工程任务的基本数学概念。我们的目标不仅仅是提供工具，同时还阐释创建自己工具的便捷性。解决复杂问题时，大多数现代程序员问的第一个问题是："我需要什么工具？"如果所需的工具不存在或不方便获取时，则第二个问题是："实现这些工具有多困难呢？"要成为一个优秀的程序员，当需要某个软件工具时，你就必须要有足够的信心创建所需要的软件工具，而且必须要有足够的智慧懂得何时适合从现有的模块中寻求参考解决方案。

学习了模块和模块化程序设计的概念之后，读者可进一步学习一个更完整的现代计算机编程模型：面向对象的程序设计，这是第 3 章讨论的主题。借助面向对象的程序设计，我们就可以构建函数模块，并利用函数模块中的副作用（在严格的可控状态下）大大扩展 Python 编程模型。在进入面向对象的程序设计领域之前，在本节我们还将讨论程序可调用自身的思想的深刻影响（2.3 节），以及相对前文那些简单的客户端而言，一个更广泛的关于模块化程序设计的案例研究。

[281]

2.2.8　问题和解答

Q. 如何使得模块如 gaussian 或 stdrandom 可被 Python 程序使用？

A. 最简单的方法是从本书官网下载 gaussian.py，并把该文件放置在与客户端程序相同的目录下。然而，这种方法可能会导致在不同的目录下包含多个 gaussian.py 拷贝，从而导致代码维护困难。另一种方法是把 gaussian.py 放置在一个独立的目录中，然后配置 PYTHONPATH 环境变量以包含这个目录。本书官网提供如何在操作系统中设置

PYTHONPATH 环境变量的具体操作步骤。如果按照本书官网的安装步骤安装 Python 编程环境，则可保证我们所有的标准模块（包括 stdio、stddraw、stdarray、stdrandom 以及 stdstats）正确安装且可使用。

Q. 当试图导入 gaussian 模块时，却出现如下错误，请问是什么原因？

```
ImportError: No module named gaussian
```

A. 你没有设置 gaussian 模块以使得在 Python 中可用。参见上一个问题的解答。

Q. 当试图调用 gaussian.pdf() 函数时，却导致如下错误，请问是什么原因？

```
NameError: name 'gaussian' is not defined
```

A. 程序中忘记了 import gaussian 语句。

Q. 是否存在一个关键字用于标示一个 .py 文件为模块（而不是脚本程序）？
A. 不存在。从技术上而言，关键点在于避免使用任意全局代码，具体方法可参见本节之前讨论的模式。如果一个 .py 文件中没有使用任意全局代码，则该 .py 文件可被导入到其他 .py 文件中，此时我们称之为模块。实际上，此观点存在一点点概念的跳跃：创建一个用于运行的 .py 文件是一回事（可能在今后使用不同数据运行该程序）；而创建一个将来供其他模块使用的 .py 文件则是另一回事；创建一个将来供其他用户使用的 .py 文件则又是另一回事。

Q. 如何为一个已经使用了一段时间的模块开发一个新的版本？
A. 必须小心谨慎。任何针对 API 的修改都有可能导致客户端程序无法正确运行，所以建议最好在单独的目录中工作。当然，采用这种方法意味着修改代码的一个拷贝。如果修改一个包括众多客户端的模块，则可能面临一些公司发布软件新版本时所面临的困难。如果你仅仅想在一个模块中增加若干函数，则可放心大胆地去做，增加函数通常没有什么危险。

Q. 如何判断一个模块实现是否正确？为什么不能自动检测模块实现是否符合 API？
A. 我们使用非正式规范，因为编写详细规范与编写程序没有太大区别。另外，理论计算机科学的一个基本原则表明，这样做甚至不能解决基本的问题，因为在一般情况下没有办法检查两个不同的程序是否执行相同的计算。

Q. 运行本节的程序后，我们发现在文件目录中存在后缀为 .pyc 的文件。例如，当通过命令行命令"python gaussiantable.py"执行程序后，发现 Python 自动创建了一个名为 gaussian.pyc 的文件。这些 .pyc 文件是什么？
A. 如 1.1 节所述，当 Python 执行一个程序时，Python 将程序编译成更易于执行的内部形式代码（非人工可读），即字节码（bytecode）。当第一次导入模块时，Python 编译代码并把结果保存到一个 .pyc 文件中。这会导致模块的载入速度更快，因为 Python 无须每次重新编译（但不会提高程序的运行速度）。可随时删除 .pyc 文件，Python 会在适当的时候重新生成这些文件。不删除 .pyc 文件也不会有任何问题，因为如果当 Python 生成相应的 .pyc 文件后再编辑 .py 文件，Python 会自动重新生成 .pyc 文件。

2.2.9 习题

1. 请编写一个模块，实现如下功能：基于如下定义的双曲三角函数 $\sinh(x) = (e^x - e^{-x}) / 2$ 和 $\cosh(x) = (e^x + e^{-x}) / 2$，其中，$\tanh(x)$、$\coth(x)$、$\mathrm{sech}(x)$ 和 $\mathrm{csch}(x)$ 的定义请参见标准的三角函数定义。

2. 请编写一个 stdstats 和 stdrandom 模块的测试客户端，用于检查这两个模块中的所有函数（shuffle() 函数除外，具体请参见 1.4 节习题第 22 题）是否按预期运行。程序接收 1 个命令行参数 n，使用模块 stdrandom 中的每个函数产生 n 个随机数值，然后输出其统计值。额外加分：通过将它们与数学分析的结果进行比较，以证明结果的正确性。

3. 请开发一个用于模块 stdrandom 压力测试的客户端程序。特别注意函数 discrete()。例如，概率是否非负？所有的概率是否都为 0？

4. 请编写一个函数，函数的参数为：浮点数 ymin 和 ymax（其中 ymin 小于 ymax）、浮点型数组 a[]，对数组 a[] 中的所有元素进行线性缩放，以保证数组元素的所有值都位于 ymin 和 ymax 之间。

5. 请编写 gaussian 和 stdstats 模块的一个客户端程序，探讨改变高斯分布曲线的均值和标准差的影响。创建一个曲线图形，均值固定但标准差可变；创建另一个曲线图形，标准差固定但均值可变。

6. 请在模块 stdrandom 中增加一个函数 maxwellBoltzmann()，返回带参数 σ，遵循麦克斯韦 – 玻耳兹曼分布（Maxwell-Boltzmann distribution）的随机值。为了产生该值，返回三个均值为 0、标准差为 σ 的高斯随机变量平方和的平方根。（理想气体中分子的速度符合麦克斯韦 – 玻耳兹曼的分布）

7. 请修改程序 bernoulli.py 以实现条状图的动画模拟，每次实验后重新绘制图形，从而可观察到图形逐渐收敛到标准正态分布。

8. 请修改程序 bernoulli.py，程序带一个额外的命令行参数 p，用于指定投掷有偏硬币结果为正面的概率 p。运行实验以体验对应于有偏硬币投掷结果的分布。请务必尝试 p 的值接近于 0 或者接近于 1 的情况。

9. 请编写一个模块 matrix.py，实现如表 2-2-9 所示的用于向量和矩阵的 API（具体参见 1.4 节）。

表 2-2-9 向量和矩阵的 API

函数调用	功能描述
rand(m, n)	创建一个 m×n 的矩阵，其各元素为 0 到 1 之间的随机浮点数
identity(n)	创建一个 n×n 的单位矩阵
dot(v1, v2)	两个向量 v1 和 v2 的点积
transpose(m)	矩阵 m 的转置
add(m1, m2)	矩阵 m1 和 m2 的和
subtract(m1, m2)	矩阵 m1 和 m2 的差
multiplyMM(m1, m2)	矩阵 m1 和 m2 的乘积
multiplyMV(m, v)	矩阵 m 和向量 v 的乘积
multiplyVM(v, m)	向量 v 和矩阵 m 的乘积

可使用如下代码作为测试客户端，代码执行与 markov.py（程序 1.6.3）相同的计算：

```
moves = int(sys.argv[1])
p = stdarray.readFloat2D()
ranks = stdarray.create1D(len(p), 0.0)
ranks[0] = 1.0
for i in range(moves):
    ranks = matrix.multiplyVM(ranks, p)
stdarray.write1D(ranks)
```

在实际应用中，数学家和科学家则采用成熟的库如 NumPy（或专门用于矩阵处理的语言如 Matlab）以解决类似的任务。相对于读者自己开发的库，这些库或工具更高效、准确和健壮。有关 NumPy 的具体使用信息请参见本书官网。

10. 请编写一个模块 matrix.py 的客户端程序，实现 1.6 节中描述的 markov.py 的一个版本，要求程序基于矩阵自乘，而不是通过迭代向量 - 矩阵乘积。

11. 请重新编写程序 randomsurfer.py（程序 1.6.2），要求使用模块 stdarray 和 stdrandom。部分解决方案：

```
...
p = stdarray.readFloat2D()
page = 0   # Start at page 0.
hits = stdarray.create1D(n, 0)
for i in range(moves):
    page = stdrandom.discrete(p[page])
    hits[page] += 1
...
```

12. 请在 stdrandom.py 模块中增加一个函数 exp()，函数带一个参数 λ，返回一个率参数为 λ 的指数分布的随机数：如果 λ 是区间 0 到 1 之间均匀分布的随机数，则率参数为 λ 的指数分布的随机数为 $-\ln x/\lambda$。

13. 请实现模块 stdrandom.py 中的 shuffle() 函数，函数带一个数组参数，实现数组元素的混排。请使用 1.4 节中描述的混排算法。

284
∼
286

2.2.10 创新习题

14. 赛克文骰子（Sicherman dice）。假设有两个六面的骰子，一个骰子的六个面为 1、3、4、5、6、8，另一个骰子的面为 1、2、2、3、3、4。请编写程序，比较投掷这两个骰子和两个标准骰子的点数和的各值出现的概率。请使用模块 stdrandom 和 stdstats。

15. 掷骰子（Crap）。以下是一个掷骰子游戏中通过注（pass bet）的规则。投掷两个六面的骰子，假设 x 为结果点数之和。

- 如果 x 为 7 或者 11，则玩家赢。
- 如果 x 为 2、3 或者 12，则玩家输。

否则，重复投掷两个骰子直至结果点数之和为 x 或 7。

- 如果结果点数之和为 x，则玩家赢。
- 如果结果点数为 7，则玩家输。

请编写一个模块化程序，估计赢得通过注的概率。修改程序以处理灌铅的骰子，假设投掷灌铅骰子结果点数为 1 的概率 p 来自于命令行参数，结果点数为 6 的概率是 1/6 减去概率 p，结果点数为 2 到 5 的概率均等。提示：使用 stdrandom.discrete() 函数。

16. 动态直方图（Dynamic histogram）。假设标准输入流为一系列浮点数。请编写一个程序，实现如下功能：程序从命令行接收一个整型参数 n 和两个浮点型参数 l、r，使用 stdstats 绘制标准输入流中数值位于由 (l, r) 等间隔分隔的 n 个区间中计数的直方图。使用你的程序，在 2.2 节习题第 2 题的解决方案代码中增加代码，绘制由每个函数生成的数值分布直方图，n 来自命令行参数。

17. 杜克图（Tukey plot）。杜克图用于推广直方图的数据可视化，适用于给定区间的每个整数关联一系列 y 值的情况。对于区间中的每个整数 i，我们计算相关联的一系列 y 值的均值、标准差、第十个百分位数、第九十个百分位数。绘制一条垂线，其 x 坐标为 i，y 坐标从第十个百分位到第九十个百分位；然后以线段为中心绘制一个窄边矩形，从低于均值的一个标准差到高于均值的一个标准差。假设标准输入流的数据为一系列数据对：数据对的第一个数值为整数，第二个数值为浮点数。编写一个模块 stdstats 和 stddraw 的客户端，程序从命令行接收一个整型参数 n，假设标准输入流中所有整数的取值范围为 0 到 n–1，使用标准图形绘制数据的杜克图。

18. IFS。尝试使用不同的输入运行测试 ifs.py，参照谢尔宾斯基三角形、巴恩斯利蕨或正文中的其他示例，创建自己的设计图案。建议一开始可通过修改给定输入的少部分内容进行实验。

19. IFS 矩阵实现（IFS matrix implementation）。请编写 ifs.py 的一个版本，使用 matrix. multiplyMV() 函数（具体请参见本章习题第 9 题）代替方程来计算 x 和 y 的新值。

20. 压力测试（Stress Test）。请编写一个模块 stdstats 压力测试的客户端程序。可与同学协作，一个人编写代码，另一个人测试。

21. 赌徒破产（Gambler's ruin）。请编写一个模块 stdrandom 的客户端程序，研究赌徒破产问题（具体请参见程序 1.3.8 和 1.3 节习题第 23 题）。

22. 整数属性模块（Module for properties of integer）。基于本书讨论的关于整数计算属性的函数编写一个模块。包括判断给定整数是否为素数的函数；两个整数是否互质的函数；求给定整数的所有因子的函数；两个整数的最大公约数和最小公倍数的函数；欧拉函数（具体请参见 2.1 节习题第 23 题）；以及其他你认为有用的函数。请创建一个 API，一个用于压力测试的客户端程序，以及本书前文若干习题解答的客户端程序。

23. 投票机（Voting machine）。请编写一个 stdrandom 模块的客户端程序（包括其自身的函数），用于研究如下问题：假设在 1 亿选民的人口中，51% 的选票投给候选人 A，49% 的选票投给候选人 B。然而，投票机有时候会出错，假设 5% 的时间会产生错误的答案。假设错误独立且随机，请问 5% 的错误率是否会导致票数接近的选举结果无效？最大可承受的错误率是多少？

24. 扑克牌分析（Poker analysis）。请编写一个 stdrandom 和 stdstats 模块的客户端程序（包含其自身的函数），通过模拟估计一手五张牌中获得一对（两张相同点数的牌）、两对（两张相同点数的牌，加另外两张相同点数的牌）、三条（三张同一点数的牌）、满堂红（除有三张同点牌外，加一对的一手牌），以及同花（五张同一花色的牌）的概率大小。把程序分解成合适的函数，并证明设计的有效性。额外加分：客户端程序中请增加模拟估计一手五张牌中获得顺子（五张顺连的牌）和同花顺（同一花色，顺序的牌）的概率大小。

25. 音乐模块（Music module）。请基于 playthattunedeluxe.py（程序 2.1.4）中的函数开发一

个模块，此模块可用于编写创建和处理歌曲的客户端程序。

26. 动画绘制图形（Animated plot）。请编写一个程序，实现如下功能：程序带一个命令行参数 m，创建一个基于标准输入的最近的 m 个浮点数的条形图。请使用在 bouncingball.py（程序 1.5.7）中使用的动画技术：不断调用 clear() 函数，绘制图形，最后调用 show() 函数。每当程序读取一个新的数值，将重新绘制整个图形。因为图形的大部分内容不会改变，只是稍微左移，所以程序将产生一个固定窗口根据不同的输入值动态移动的效果。使用你编写的程序绘制大量时间相关的数据文件，例如股票价格。

27. 数组绘制模块（Array plot module）。请开发自定义绘制函数，用于改进模块 stdstats 中的函数。要求具有创新性！尝试保证绘图模块在将来的一些应用程序中也有用。

287
≀
289

2.3 递归

从另一个函数中调用一个函数的想法即可表明存在函数调用本身的可能性。Python 以及其他大多数现代程序设计语言的函数调用机制都支持这种可能性，称之为递归（recursion）。本节将学习针对各种不同问题优雅而有效的递归解决方案实例。一旦你习惯了这个想法，就会发现递归是一个强大、通用的程序设计技术，具有许多引人注目的特性。递归是本书中经常使用的一种基本工具。相对于不使用递归的程序，递归程序通常更加简洁，且更容易理解。只有少数的程序员能够在日常的代码中经常使用递归，但使用一个优雅的递归程序解决问题对每个程序员而言（当然包括你！）是一个令人满意的经验。

递归远远不只是一种编程技术。在许多环境中，它是描述自然界的有用方法。例如，如图 2-3-1 的递归树和自然界一棵真正的树非常相像，并且具有自然递归描述的特性。许多现象都可以使用递归模型完美地描述。特别地，递归在计算机科学中占据重要位置。递归提供了一个简单的计算模型，即任何事情都可以通过任何计算机进行计算；递归可帮助我们组织和分析程序；递归是解决许多关键而重要的计算应用程序的关键，这些应用程序的范围十分广泛，从组合查找到支持信息处理的树结构，到用于信号处理的快速傅里叶变换等。

图 2-3-1 自然界的递归模型

推崇递归的一个重要的原因是，递归提供了一个直接的方法来建立简单的数学模型，可以用来证明有关程序的重要事实。我们经常使用的证明技术称为数学归纳法（mathematical induction）。一般情况下，我们避免在这本书中阐述详细的数学证明，但在这一节中，详细的数学证明可帮助我们理解递归的概念，并努力使我们确信递归程序会达到预期的效果。图 2-3-2 是递归图像示例。

表 2-3-1 为本节所有程序的一览表，读者可以作为参考。

表 2-3-1 本节中所有程序的一览表

程序名称	功能描述
程序 2.3.1（euclid.py）	欧几里得算法
程序 2.3.2（towersofhanoi.py）	汉诺塔问题
程序 2.3.3（beckett.py）	格雷码
程序 2.3.4（htree.py）	递归图形
程序 2.3.5（brownian.py）	布朗桥

290

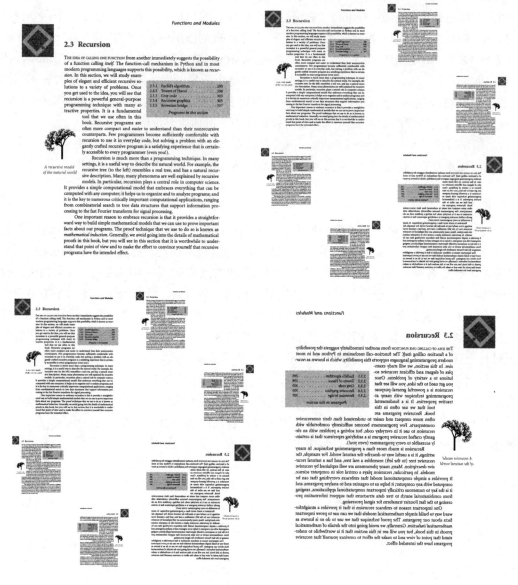

图 2-3-2　递归图像示例

2.3.1　你的第一个递归程序

对应于"Hello, World"的递归程序（大多数程序员实现的第一个递归程序）为阶乘函数。正整数 n 的阶乘定义为：

$$n! = n \times (n-1) \times (n-2) \times \cdots \times 2 \times 1$$

换而言之，$n!$ 是所有小于或等于 n 的正整数的乘积。$n!$ 的结果如表 2-3-2 所示。

很显然，可以使用 for 循环结构很容易地计算 $n!$，但更简单的方法是采用如下递归函数：

```
def factorial(n)
    if n == 1: return 1
    return n * factorial(n-1)
```

上述函数自己调用自己以获得预期结果。可证明当 n 为 1 时，factorial() 返回 1 = 1!。先假设函数可正确计算如下值：

$$(n-1)! = (n-1) \times (n-2) \times \cdots \times 2 \times 1$$

然后，函数可正确计算如下值：

$$n! = n \times (n-1)!$$
$$= n \times (n-1) \times (n-2) \times \cdots \times 2 \times 1$$

为了计算 factorial(5)，递归函数需要先计算 factorial(4)；为了计算 factorial(4)，递归函数需要先计算 factorial(3)；以此类推。这个过程不断重复，直至计算 factorial(1)，而 factorial(1) 直接返回值 1。然后，factorial(2) 把返回值乘以 2，即返回 2；factorial(3) 把返回值乘以 3，即返回 6，以此类推。正如跟踪其他任何一系列函数调用一样，我们可跟踪该计算的过程。factorial() 的函数调用跟踪过程如图 2-3-3 所示。既然我们把所有的函数调用看作调用独立代码的副本，所以代码是递归的事实就变得不重要了。

我们实现的 factorial() 展示了每个递归函数必须包括的两个主要部分。基本情况（base case，即结束条件，表示递归的终止条件）用于返回函数值，此时不做任何后续的递归调用。基于一个或多个特殊参数，函数可直接求值而无须递归。例如，对于 factorial()，基本情况为 n 等于 1。归约步骤（reduction step，即递归步骤）是递归函数的核心部分，把一个（或多个）参数值函数的求值与另一个（或多个）参数值函数关联。例如，对于 factorial()，其归约步骤为 n * factorial(n−1)。所有的递归函数都必须包含这两个部分。另外，一系列的参数值必须逐渐收敛到基本情况。例如，对于 factorial()，每次递归调用参数值 n 均递减 1，所以一系列参数值收敛到基本情况（n=1）。

针对诸如 factorial() 这样短小的程序，如果我们将归约步骤放置在 else 子句中，则程序会更加清晰。然而，对于所有的递归函数并不是必须有这种约定，特别是对于复杂的函数，else 子句需要缩进代码（即缩进归约步骤代码）。作为替代方法，我们采用的约定是把基本情况语句作为第一个语句，以 return 结束。剩余的代码则作为归约步骤的代码。

同样的方法适用于定义各种类型的函数。例如，如下的递归函数：

```
def harmonic(n):
    if n == 1: return 1.0
    return harmonic(n-1) + 1.0/n
```

上述递归函数是计算调和数（具体参见程序 1.3.5）的有效函数。当 n 取值较小时，调和数的计算基于如下方程：

表 2-3-2　$n!$ 的结果

n	$n!$
1	1
2	2
3	6
4	24
5	120
6	720
7	5040
8	40320
9	362880
10	3628800
11	39916800
12	479001600
13	6227020800
14	87178291200
15	1307674368000
16	20922789888000
17	355687428096000
18	6402373705728000
19	121645100408832000
20	2432902008176640000

```
factorial(5)
  factorial(4)
    factorial(3)
      factorial(2)
        factorial(1)
          return 1
        return 2*1 = 2
      return 3*2 = 6
    return 4*6 = 24
  return 5*24 = 120
```

图 2-3-3　factorial() 的函数
调用跟踪过程

$$H_n = 1 + 1/2 + \cdots + 1/n$$
$$= (1 + 1/2 + \cdots + 1/(n-1)) + 1/n = H_{n-1} + 1/n$$

292
?
293
事实上，这种方法对于计算基于公式的任何离散和十分有效，可使用短短几行代码实现。像这样的递归程序看起来像循环结构，但递归可以帮助我们更好地理解此类计算。

2.3.2　数学归纳法

递归程序设计与数学归纳法直接相关。数学归纳法是用于证明离散函数有关结论的技术。

使用数学归纳法证明一个包含整数 n（假设存在无穷多的数值 n）的命题为真包括如下两个步骤：

1. 基本情况：首先证明对于某个或某些特定值的 n（通常 $n=1$）命题成立。

2. 归纳步骤（证明的核心部分）：假设对于所有小于 n 的正整数命题成立，那么可以据此推导出对于整数 n 的命题也成立。

这种证明足以说明对于所有的正整数 n 而言命题成立，因为我们从基本情况开始命题的证明，然后对于每个较大的整数，逐一证明命题的正确性。

我们采用数学归纳法证明我们的第一个命题：任意小于或等于 n 的正整数的和为 $n(n+1)/2$。也即对于所有的 n（$n \geq 1$），请证明以下等式成立：

$$1 + 2 + 3 \cdots + (n-1) + n = n(n+1)/2$$

对于 $n=1$ 的情况（基本情况），显然该等式成立，因为 $1=1$。

如果假设对于小于 n 的所有整数命题成立，特别地，对于 $n-1$ 的情况命题成立，即有：

$$1 + 2 + 3 \cdots + (n-1) = (n-1)n/2$$

然后，将上述等式左边和右边均加上 n，计算并简化后得到所期望的等式（归纳步骤），也即：

$$1 + 2 + 3 \cdots + (n-1) + n = (n-1)n/2 + n = n(n+1)/2$$

每次在编写递归函数时，我们都需要一个数学归纳等式以确保函数满足期望的结果。归纳和递归之间的相关性是不证自明的。这两个术语的区别仅仅在于观点不同而已：在递归函数中，我们的目的是通过归约到小的问题来获取计算的结果，所以我们使用术语"归约步骤"；而在归纳证明中，我们的目的是为大问题建立命题的真实性，所以我们使用术语"归纳步骤"。

当我们编写递归函数时，通常不会提供一个完整、正式的证明过程以产生所期望的结果，但我们会依赖于这种证明的存在性。我们经常会借助非正式的归纳证明以确保递归函数如期运作。例如，上一节讨论了一个非正式的证明，表明 factorial(n) 可以计算所有小于或294等于 n 的正整数的乘积。

2.3.3　欧几里得算法

两个正整数的最大公约数（greatest common divisor，gcd）是可以被这两个整数整除的最大整数。例如，102 和 68 的最大公约数为 34，因为 102 和 68 都是 34 的倍数，但没有比 34 更大的整数可以同时被 102 和 68 整除。你可能想起在学习分式约分化简时，曾经学习过最大公约数。例如，对于分式 68/102，通过分子和分母都除以 34(68 和 102 的最大公约数)，可将其约分化简为 2/3。查找大整数的最大公约数是许多商业化应用程序(包括著名的 RSA 公钥密码体制)中的重要问题。

对于正整数 p 和 q，我们可以使用如下属性有效地计算其最大公约数：

如果 $p > q$，则 p 和 q 的最大公约数等于 q 和 $p \% q$ 的最大公约数。

为了证明上述事实，首先 p 和 q 的最大公约数等于 q 和 $p - q$ 的最大公约数，因为一个数只有同时能被 q 和 $p - q$ 整除时，才可以同时被 p 和 q 整除。同样，q 和 $p - 2q$，q 和 $p - 3q$，以此类推，其最大公约数均相同。而计算 $p \% q$ 的一种方法就是从 p 中不断减去 q，直至得到一个小于 q 的整数为止。

euclid.py（程序 2.3.1）中的 gcd() 函数是一个简洁的递归函数，其归约步骤基于上述属性。基本情况为：当 q 等于 0 时，gcd(p, 0) = p。通过观察，发现每次递归调用时因为 p % q < q，即第二个参数的值严格递减，所以可以保证归约步骤会收敛到基本情况。如果 p < q，则第一次递归调用交换这两个参数。事实上，对于每次第二个递归调用，第二个参数的值至少减小 2 的倍数，因此，该参数值的序列会快速收敛到基本情况（具体请参见本节习题第 13 题）。用于计算最大公约数问题的递归方法称为欧几里得算法，欧几里得算法是最古老的算法之一，迄今已有 2000 多年的历史。

程序 2.3.1　欧几里得算法（euclid.py）

```
import sys
import stdio

def gcd(p, q):
    if q == 0: return p
    return gcd(q, p % q)

def main():
    p = int(sys.argv[1])
    q = int(sys.argv[2])
    stdio.writeln(gcd(p, q))

if __name__ == '__main__': main()
```

```
% python euclid.py 1440 408
24
% python euclid.py 314159 271828
1
```

程序 2.3.1 接收两个正整数命令行参数，使用欧几里得算法的递归实现，计算两个整数的最大公约数。程序 2.3.1 的运行过程和结果如上：

gcd() 的函数调用跟踪过程（求 1440 和 408 的最大公约数 24）如图 2-3-4 所示。

```
gcd(1440, 408)
   gcd(408, 216)
      gcd(216, 24)
         gcd(192, 24)
            gcd(24, 0)
            return 24
         return 24
      return 24
   return 24
return 24
```

图 2-3-4　gcd() 的函数调用跟踪过程

2.3.4　汉诺塔

如果没有讨论著名的汉诺塔（又称河内塔）问题，则递归的讨论就不能算完整。所谓汉诺塔问题，就是假设有 3 根柱子和 n 个圆盘，圆盘可套在圆柱上。圆盘大小各不相同，最初按从大到小的顺序依次排列在一个圆柱上，最大的圆盘（圆盘 n）在最底部，最小的圆盘（圆盘 1）在最顶部。要求按下列规则把所有 n 个圆盘移动到另一个圆柱上：

- 一次只能移动一个圆盘。

• 不能把大的圆盘放置在小的圆盘之上。

传说一些和尚要在 3 根钻石柱和 64 个黄金圆盘上完成这个任务，所消耗的时间会直到世界末日。问题是，如果遵循上述规则，这些和尚如何才能够完成这个任务？

要解决这个问题，我们的目标是发出一系列移动圆盘的指令。我们假设圆柱排成一行，每条指令移动一个指定号码的圆盘向左或向右。如果一个圆盘位于左侧圆柱，则向左移动意味着回绕到右侧圆柱。如果一个圆盘位于右侧圆柱，则向右移动意味着回绕到左侧圆柱。如果所有的圆盘都位于一根圆柱，则有两种可能的移动方法（向左或向右移动最小圆盘）。否则，有三种移动方法（向左或向右移动最小圆盘，或在其他两个圆柱之间执行一次合法移动）。在每次移动中选择一种合法的移动以完成目标是一个需要精心计划的跳转。递归则正好提供了我们需要的计划，其思想如下：首先移动上面 $n-1$ 个圆盘到一根空的圆柱，然后移动最大的圆盘到另一根空的圆柱（不与其他小的圆盘冲突），最后将 $n-1$ 个圆盘移动到最大圆盘的圆柱上即可完成任务。如图 2-3-5 所示。为了简化移动指令，我们规定向左或向右（带回绕）移动圆盘。带回绕移动圆盘的意思是：从最左侧的圆柱再向左移动圆盘意味着将圆盘移动到最右侧圆柱上；从最右侧的圆柱再向右移动圆盘意味着将圆盘移动到最左侧圆柱上。

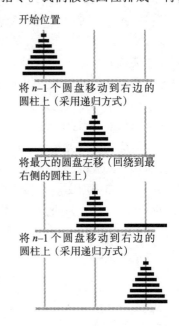

开始位置

将 $n-1$ 个圆盘移动到右边的圆柱上（采用递归方式）

将最大的圆盘左移（回绕到最右侧的圆柱上）

将 $n-1$ 个圆盘移动到右边的圆柱上（采用递归方式）

图 2-3-5   汉诺塔问题的递归实现

程序 2.3.2（towersofhanoi.py）是上述策略的直接实现。程序从命令行读取参数 n，输出 n 个圆盘的汉诺塔问题的解决方案。递归函数 moves() 输出一系列移动指令，向左移动圆盘（如果参数 left 为 True）或向右移动圆盘（如果参数 left 为 False）。递归函数遵循上文讨论的方案。

2.3.5   函数调用树

为了更好地理解包括多个递归调用的模块化程序（如 towersofhanoi.py）的运行过程，我们采用一种称为"函数调用树"的可视化表示方法。特别地，每一个函数调用表示为一个树节点，使用一个圆圈表示，圆圈中标记函数调用的参数的值。在每个树节点的下面，我们画出对应各个函数调用（按从左到右的顺序）的子节点，并使用连线连接树节点和其子节点。函数调用树图中包含了我们理解程序行为所需的所有信息，它包含了每次函数调用的树节点。

我们可以使用函数调用树来理解任何模块化程序的行为。函数调用树特别适用于揭示递归程序的行为。例如，程序 towersofhanoi.py 中对应于函数调用 move() 的函数调用树（如图 2-3-6 所示）很容易被构建。开始绘制一个树节点，标记为从命令行接收的参数。第一个参数为需要移动的圆盘数量（实际上是需要移动的圆盘的标签），第二个参数为移动的方向。为了清晰起见，我们使用左箭头（←）或右箭头（→）表述圆盘移动的方向（一个布尔值，值为 True 则左移，值为 Flase 则右移）。然后在该树节点的下面绘制两个子树节点，子节点的圆盘数量递减 1，移动的方向左右切换。重复上述过程，直至所有树节点的第一个参数值为 1，且没有子树节点。这些树节点对应于没有进一步递归调用的 move() 调用。

程序 2.3.2　汉诺塔问题（towersofhanoi.py）

```
import sys
import stdio

def moves(n, left):
    if n == 0: return
    moves(n-1, not left)
    if left:
        stdio.writeln(str(n) + ' left')
    else:
        stdio.writeln(str(n) + ' right')
    moves(n-1, not left)

n = int(sys.argv[1])
moves(n, True)
```

n	圆盘数量
left	圆盘移动方向

　　程序 2.3.2 输出汉诺塔问题的移动指令。递归函数 move() 输出向左移动 n 个圆盘需要的移动指令（如果 left 为 True）或向右移动 n 个圆盘的指令（如果 left 为 False）。程序 2.3.2 的运行过程和结果如下：

```
% python towersofhanoi.py 1
1 left


% python towersofhanoi.py 2
1 right
2 left
1 right


% python towersofhanoi.py 3
1 left
2 right
1 left
3 left
1 left
2 right
1 left
```

```
% python towersofhanoi.py 4
1 right
2 left
1 right
3 right
1 right
2 left
1 right
4 left
1 right
2 left
1 right
3 right
1 right
2 left
1 right
```

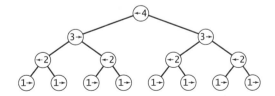

图 2-3-6　程序 towersofhanoi.py 中函数调用 move(4, true) 的函数调用树

　　请仔细研究如图 2-3-6 所示的函数调用树，并与其相应的函数调用跟踪信息（如图 2-3-7 所示）比较。通过比较可以发现，函数调用树其实就是函数跟踪信息的一种简洁表示。特别地，从左到右的节点标签内容即是解决问题的移动指令。

此外，当你研究函数调用树时，会注意到以下几个模式，包括：

- 每隔一次移动均涉及最小的圆盘。
- 每个圆盘移动的方向保持一致。

这些观察彼此相关，因为它们给出了一个不需要递归的问题的解决方案（甚至不需要计算机）：每隔一次移动均涉及最小的圆盘（包括第一次和最后一次），而每次交错移动是不涉及最小圆盘的唯一合法移动。我们采用数学归纳法可以证明该策略产生的结果与递归程序的结果相同。很多世纪以前，在没有计算机的年代，也许和尚们采用的正是这种策略。

函数调用树对于理解递归调用至关重要，因为函数调用树就是典型的递归对象。作为一个抽象的数学模型，树在许多应用程序中扮演着十分重要的角色。在第 4 章中，我们将讨论利用树作为计算模型，以构建用于高效处理的数据结构。

2.3.6 指数时间

使用递归的一个优点在于，我们可以开发能够证明递归程序行为重要特征的数学模型。例如，对于汉诺塔问题，我们可以估计到世界末日的时间长短（假设传说是真的）。这不仅仅可以证明实际上世界末日还很远（即使传说是真的），而且可以帮助我们避免编写运行时间过长的程序。

对于汉诺塔问题，其数学模型十分简单：如果定义函数 $T(n)$，表示程序 towersofhanoi.py 中把 n 个圆盘从一个圆柱移动到另一个圆柱所需的移动指令数，则从递归代码可立即看出 $T(n)$ 必须满足下列方程：

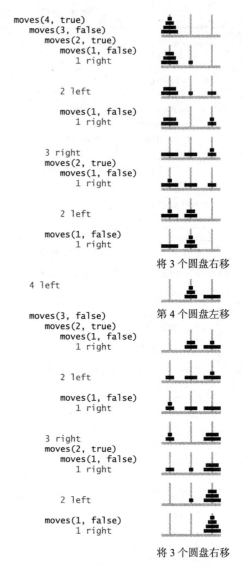

图 2-3-7　程序 towersofhanoi.py 中函数调用 move(4, true) 的函数调用跟踪信息

$$T(n) = 2\,T(n-1) + 1,\ \text{对于}\ n > 1,\ \text{且}\ T(1) = 1$$

上述方程在离散数学中称为递推关系式（recurrence relation）。在研究递归程序时自然会产生递推关系式。递推关系式常常被用于推导各种感兴趣的量化封闭形式的表达式。对于 $T(n)$，通过初始值 $T(1) = 1$，进而可推导出 $T(2) = 3$、$T(3) = 7$、$T(4) = 15$，即 $T(n) = 2^n - 1$。使用递推关系式，通过数学归纳法可证明上述等式成立：

- 基本情况：$T(1) = 2^n - 1 = 1$
- 归纳（递推）步骤：假设 $T(n-1) = 2^{n-1} - 1$，则 $T(n) = 2\,(2^{n-1} - 1) + 1 = 2^n - 1$

因而，通过推导，对于所有 $n > 0$，$T(n) = 2^n - 1$。圆盘移动的最小可能步骤同样满足上述递推关系（具体参见本节习题第 11 题）。

通过 $T(n)$ 的值，估计完成圆盘所有移动步骤所需的时间。如果和尚移动圆盘的速率为每秒一个圆盘，则完成 20 个圆盘的移动问题需要一个星期以上的时间，完成 30 个圆盘的移动问题需要 34 年以上的时间，完成 40 个圆盘的移动问题需要 348 个世纪以上的时间（假设不犯任何错误）。完成 64 个圆盘的移动问题需要 58 亿个世纪以上的时间。由于和尚无法借助程序 2.3.2，所以他们可能无法如此快速地移动圆盘，也无法迅速准确推断下一个移动步骤，因而世界末日的时间也许更为遥远。

即使计算机也无法匹敌指数式增长。每秒可执行 10 亿次运算操作的计算机完成 2^{64} 的操作也需要数个世纪的时间，迄今为止没有计算机能计算 2^{1000} 次运算操作。这个教训具有深刻的意义，用户可以轻而易举地编写简单短小但可能需要指数级运行时间的程序，而当尝试使用较大的 n 运行程序时，程序运行的时间将非常漫长。初学者常常对此基本事实持怀疑态度，所以在此有必要重新思考一下这个问题。为了证明事实的正确性，先去掉 towersofhanoi.py 中的 stdio.writeln() 语句，然后使用从 20 开始递增的 n 来运行程序。读者可以很容易地发现每次 n 递增 1，运行程序所耗费的时间将会加倍，很快你就会失去等待程序完成的耐心。如果对于某个 n 值，等待程序运行结束的时间为 1 个小时；则对于 $n+5$，你等待的时间会大于 1 天；对于 $n+10$，你等待的时间会大于 1 个月；对于 $n+20$，你等待的时间会大于 1 个世纪（没有人有足够的耐心等待那么长的时间）。你计算机的运算速度也无法满足运行使用 Python 编写的每一个简单的程序，即使程序看起来是那么简单！请注意程序的运行时间可能会达到指数级别。指数级增长示例图参见图 2-3-8。

我们常常对如何预测程序的运行时间感兴趣。在 4.1 节中，我们将讨论使用那些曾经使用过的相同过程来帮助估计其他程序的运行时间。

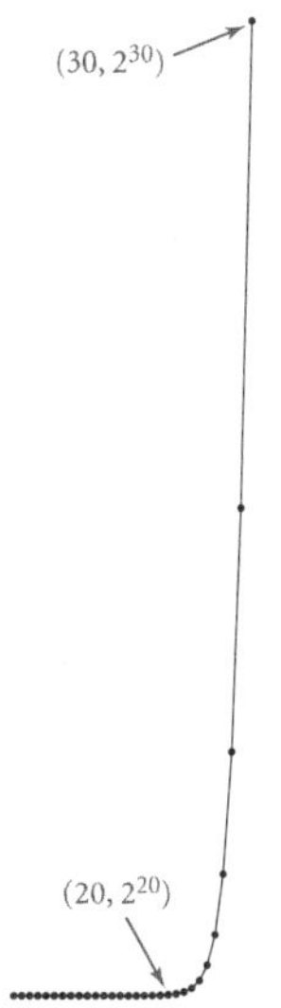

295 ∼ 300

图 2-3-8　指数级增长

2.3.7　格雷码

汉诺塔问题并不是游戏，其本质上与对数值和离散对象进行操作的基本算法相关联。作为例子，我们将讨论格雷码——一个数学抽象问题，并具有诸多方面的应用。

剧作家塞缪尔·贝克特（Samuel Beckett），其代表作是"等待戈多"（Waiting for Godot），曾撰写了一个剧本 Quad，剧本做了如下设置：从一个空旷舞台开始，每次只允许一个演员进入或退出舞台，以便每个演员集合的子集只在舞台上出现一次，请问贝克特将如何为该剧本生成舞台指令？

表示 n 个离散对象子集的一种方法是使用 n 位字符串。对于贝克特的问题，我们使用一个 4 位的字符串，从右到左的位分别编号为 1 到 n，如果某一位为 1 则表示该演员在舞台上，如图 2-3-9 所示。例如，字符串 0 1 0 1 对应于演员 3 和 1 在舞台上的一幕。这种表示很容易证明一个基本事实，即 n 个对象不同子集的个数正好等于 2^n。Quad 剧本包含 4 个演员，所以一共有 $2^4 = 16$ 个不

编码	子集	舞台指令
0 0 0 0	空集	
0 0 0 1	1	enter 1
0 0 1 1	2 1	enter 2
0 0 1 0	2	exit 1
0 1 1 0	3 2	enter 3
0 1 1 1	3 2 1	enter 1
0 1 0 1	3 1	exit 2
0 1 0 0	3	exit 1
1 1 0 0	4 3	enter 4
1 1 0 1	4 3 1	enter 1
1 1 1 1	4 3 2 1	enter 2
1 1 1 0	4 3 2	exit 1
1 0 1 0	4 2	exit 3
1 0 1 1	4 2 1	enter 1
1 0 0 1	4 1	exit 2
1 0 0 0	4	exit 1

图　2-3-9

同的剧幕。我们的任务就是产生舞台指令。

[301] 　　一个 n 位二进制的格雷码就是一个包括 2^n 种不同情况的列表，每种情况的 n 位二进制数与其上一种情况的 n 位二进制数正好相差一位。格雷码正好适用于贝克特问题，因为某一个二进制位从 0 转变到 1 正好对应于一个演员进场；某一个二进制位从 1 转变到 0 则对应于一个演员退场。

　　那我们如何生成格雷码呢？一个类似于汉诺塔的递归方案十分有效。n 位二进制表示的格雷码可递归定义如下：

- n 位格雷码中的前 2^{n-1} 个代码字等于 $n-1$ 位格雷码的代码字，按顺序书写，加前缀 0。
- n 位格雷码中的后 2^{n-1} 个代码字等于 $n-1$ 位格雷码的代码字，按逆序书写，加前缀 1。

0 位格雷码定义为空，所以 1 位格雷码为 0 和 1。根据递归定义，通过归纳法可以证明 n 位二进制表示的格雷码满足所规定的属性：任意两个相邻的代码字只有一个二进制数位不同。还可以通过归纳假设证明如下结论：对于上半部分的最后一个代码字和下半部分的第一个代码字，这两个代码字仅仅在第一个二进制数位上不同。2 位、3 位和 4 位格雷码如图 2-3-10 所示。

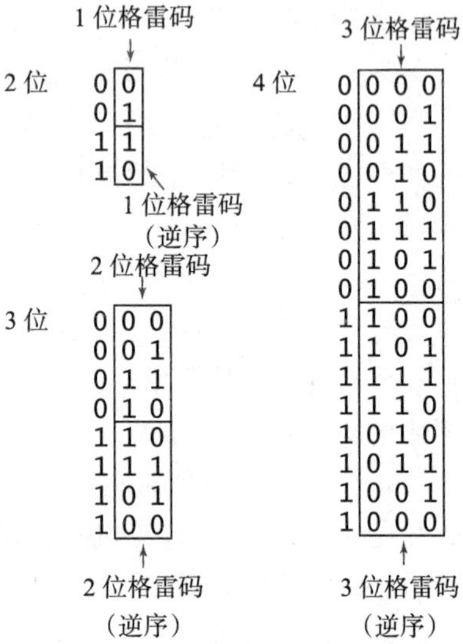

　　通过仔细思考，上述递归定义可实现为 beckett.py（程序 2.3.3），用于输出贝克特的舞台指令。程序与 towersofhanoi.py 非常相像。事实上，除了命名不同，区别只是每次递归调用的第二个参数值不同而已。

图 2-3-10　2 位、3 位和 4 位格雷码

　　正如 towersofhanoi.py 程序中的圆盘移动指令，beckett.py 程序中的 enter 和 exit 指令也是冗余的，因为只有当一个演员在舞台上才能发出 exit 指令，也只有一个演员角色不在舞台上才能发出 enter 指令。事实上 beckett.py 和 towersofhanoi.py 都直接包括我们在 ruler.py（程序 1.2.1）中讨论的 ruler 函数。如果没有冗余的指令，两个程序均实现一个简单的递归函数，对于任何给定的命令行参数值，可以使用递归函数输出 ruler 函数的值。

　　格雷码被广泛应用于许多领域，从模数转换到实验设计。格雷码曾被用于脉冲编码通
[302] 信、逻辑电路的小型化、超立方体结构，甚至被建议用于整理图书馆的书架。

2.3.8　递归图形

　　简单的递归绘图方案可以产生非常复杂的图像。递归绘图不仅与许多应用有关，而且还可以提供一个诱人的平台，用于帮助我们更好地理解递归程序的各种特性，因为我们可以生动形象地观察递归图形的生成过程。

　　作为第一个简单例子，我们定义了一个 n 阶 H- 树。基本情况是对于 $n = 0$，什么也不绘制。归约（递归）步骤是在一个单位正方形内绘制如下内容：

- 绘制构成字母 H 的三条线段。
- 绘制 4 个 $n-1$ 阶 H- 树，分别连接到 H 的四个顶点。

附加条件是 $n-1$ 阶 H- 树的大小减半，且居中绘制在 H 的四个顶点上。程序 2.3.4（htree.py）

接收命令行参数 n，并绘制 n 阶的 H- 树。1 阶、2 阶和 3 阶的 H- 树如图 2-3-11 所示。

程序 2.3.3　格雷码 (beckett.py)

```
import sys
import stdio

def moves(n, enter):
    if n == 0: return
    moves(n-1, True)
    if enter:
        stdio.writeln('enter ' + str(n))
    else:
        stdio.writeln('exit  ' + str(n))
    moves(n-1, False)
n = int(sys.argv[1])
moves(n, True)
```

n	演员总人数
enter	舞台指令

　　程序 2.3.3 接收一个命令行参数 n（整数），使用递归函数输出包含 n 个演员的贝克特舞台指令
（二进制表示的格雷码表示位的位置变化）。位的位置改变可使用 ruler 函数精确描述，当然每个演
员轮流进入或退出舞台。程序 2.3.3 的运行过程和结果如下：

```
% python beckett.py 1
enter 1

% python beckett.py 2
enter 1
enter 2
exit  1

% python beckett.py 3
enter 1
enter 2
exit  1
enter 3
enter 1
exit  2
exit  1
```

```
% python beckett.py 4
enter 1
enter 2
exit  1
enter 3
enter 1
exit  2
exit  1
enter 4
enter 1
enter 2
exit  1
enter 3
enter 1
exit  2
exit  1
```

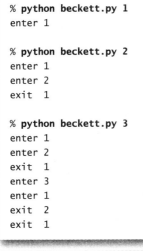

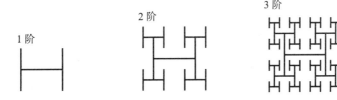

图 2-3-11　1 阶、2 阶和 3 阶的 H- 树

　　类似的绘图有许多实际应用。例如，假设一家电缆公司需要为分布在某个地区的所有家
庭布置电缆线。一个合理的方案就是使用 H 树使得信号到达适当数量遍及区域分布的中心
位置，然后使用电缆连通各家庭到最近的中心位置。设计集成电路芯片中电源或信号分布的

计算机设计者也面临同样问题。

程序 2.3.4　递归图形（htree.py）

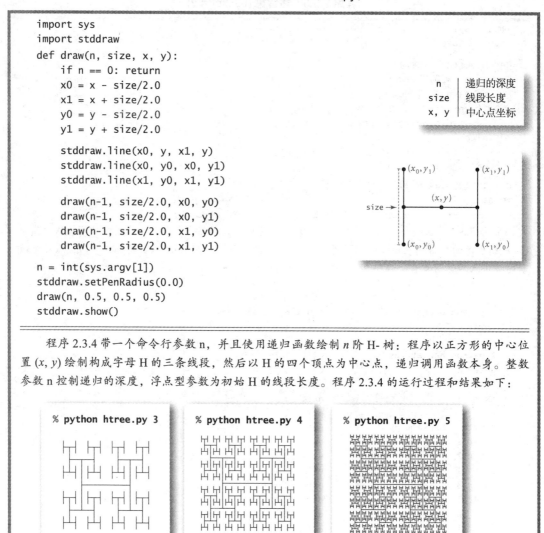

```
import sys
import stddraw
def draw(n, size, x, y):
    if n == 0: return
    x0 = x - size/2.0
    x1 = x + size/2.0
    y0 = y - size/2.0
    y1 = y + size/2.0

    stddraw.line(x0, y, x1, y)
    stddraw.line(x0, y0, x0, y1)
    stddraw.line(x1, y0, x1, y1)

    draw(n-1, size/2.0, x0, y0)
    draw(n-1, size/2.0, x0, y1)
    draw(n-1, size/2.0, x1, y0)
    draw(n-1, size/2.0, x1, y1)

n = int(sys.argv[1])
stddraw.setPenRadius(0.0)
draw(n, 0.5, 0.5, 0.5)
stddraw.show()
```

n	递归的深度
size	线段长度
x, y	中心点坐标

　　程序 2.3.4 带一个命令行参数 n，并且使用递归函数绘制 n 阶 H- 树：程序以正方形的中心位置 (x, y) 绘制构成字母 H 的三条线段，然后以 H 的四个顶点为中心点，递归调用函数本身。整数参数 n 控制递归的深度，浮点型参数为初始 H 的线段长度。程序 2.3.4 的运行过程和结果如下：

```
% python htree.py 3
```

```
% python htree.py 4
```

```
% python htree.py 5
```

　　H- 树为指数增长。n 阶 H- 树连接 4^n 个中心，所以当 $n = 10$ 时，需要绘制的线段超过 1 百万条。当 $n = 15$ 时，需要绘制的线段超过 10 亿条。当 $n = 30$ 时，程序肯定无法正常结束。

　　本章习题第 14 题要求修改程序 htree.py，实现 H- 树绘制过程的动画。如果在计算机上运行该程序 1 分钟左右来完成绘制，你可以通过观察 H- 树绘制过程的动画，有机会深入理解递归程序的本质。因为通过动画，你可以观察到 H 形状的出现以及如何逐渐形成最终的 H- 树。一种更具指导意义的习题源自这样的事实：相同的绘制结果与 draw() 和 stddraw. line() 递归调用出现的先后顺序无关。我们可以通过调整调用的先后顺序，观察线段在不断显现图形中出现的位置效果（具体参见本节习题第 14 题）。

2.3.9　布朗桥

　　H- 树是分形图形的一个简单示例。分形图形是一种几何形状，可分解为多个部分，每个部分是（或近似是）原始图形的一个缩小版本。使用递归函数可以很容易地创建分形图形，科学家、数学家和程序员从不同的角度研究分形图形。本书前文已经多次涉及分形图形，例如，ifs.py（程序 2.2.4）。

分形图形的研究在艺术表现、经济分析、科学发现等领域扮演着重要和持久的角色。艺术家和科学家使用分形图形构建（而不是使用传统的几何模型描述）自然界中复杂形状的紧致模型，包括云、植物、山脉、河床、人类皮肤等。经济学家也使用分形图形构建经济指标的函数图形模型。

分形布朗运动（Fractional Brownian motion，又称分数布朗运动）是一个数学模型，用于创建自然界许多凹凸不平形状的逼真分形模型。分形布朗运动还用于计算金融以及包括洋流和神经细胞膜在内的许多自然现象研究。计算给定模型的精确分形图形是一个十分困难的挑战，但使用递归函数计算其近似模型则并没有那么困难。本节将讨论一个简单示例，关于模型的更多的信息可以参见本书官网。

程序 2.3.5（brownian.py）绘制一个函数图形，近似于分形布朗运动的一个简单例子，称为布朗桥。我们可以把该图形想象为连接两个点 (x_0, y_0) 和 (x_1, y_1) 之间的随机行走，受控于若干参数。程序的实现基于中点偏移法（midpoint displacement method），中点偏移法是在区间 $[x_0, x_1]$ 之间绘制图形的一种递归方案，如图 2-3-12 所示。递归的基本情况是绘制两个端点之间的一条直线。归约步骤是将区间一分为二，执行下列操作：

- 计算区间的中点 (x_m, y_m)。
- 把中点的 y 坐标增加一个随机分量 δ，δ 抽取满足均值为 0 和指定偏差的高斯分布。
- 重复子区间，把偏差除以指定的缩放因子 β。

曲线的形状受控于两个参数：波动性（volatility，偏差的初始值）控制图形偏离连接两个点之间直线的幅度。赫斯特指数（Hurst exponent）则控制曲线的光滑度。我们使用 H 表示赫斯特指数，每次迭代将偏差除以 β（$\beta = 2^{2H}$）。当 H 等于 1/2 时（每次迭代除以 2），则曲线为一个布朗桥：赌徒破产问题的连续版本（具体请参见程序 1.3.8）。当 $0 < H < 1/2$ 时，偏移呈现递增趋势，结果得到比较粗糙的曲线。当 $1/2 < H < 2$ 时，偏移呈现递减趋势，结果得到比较光滑的曲线。值 $2 - H$ 称为曲线的分形维度（fractal dimension）。 306

波动性和区间的初始端点与缩放和位置相关。brownian.py 的全局代码允许用户采用不同的光滑度参数 H 进行实验。如果 H 值大于 1/2，则绘图结果看起来像山脉风景的地平线。如果 H 值小于 1/2，则绘图结果与股票指数比较类似。

如果拓展中点偏移法到二维空间，则产生的分形图形称为等离子体云（plasma cloud）。要绘制一个矩形的等离子体云，我们可采用的递归模型如下。基本情况为使用指定颜色绘制一个矩形。归约步骤为在每个象限使用高斯分布随机数平均扰动的颜色绘制等离子体云。等离子体云绘制效果如图 2-3-13 所示。

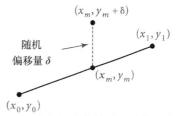

图 2-3-12　布朗桥中点偏移法计算示意图

程序 2.3.5　布朗桥（brownian.py）

```python
import math
import sys
import stddraw
import stdrandom

def curve(x0, y0, x1, y1, var, beta, n=7):
    if n == 0:
        stddraw.line(x0, y0, x1, y1)
        return

    xm = (x0 + x1) / 2.0
    ym = (y0 + y1) / 2.0
    delta = stdrandom.gaussian(0.0, math.sqrt(var))
    curve(x0, y0, xm, ym+delta, var/beta, beta, n-1)
    curve(xm, ym+delta, x1, y1, var/beta, beta, n-1)

hurstExponent = float(sys.argv[1])
stddraw.setPenRadius(0.0)
beta = 2.0 ** (2.0 * hurstExponent)
curve(0.0, 0.5, 1.0, 0.5, 0.01, beta)
stddraw.show()
```

n	递归深度
x0, y0	左端点
x1, y1	右端点
xm, ym	中点
delta	偏移量
var	偏差
beta	光滑度

　　程序 2.3.5 通过在迭代函数中增加一个小的随机数（满足高斯分布），在窗口的中心位置绘制布朗桥。如果不在迭代函数中增加随机数，则会绘制一条直线。命令行参数就是赫斯特指数，用于控制曲线的光滑度，递归函数使用赫斯特指数计算用于调整高斯分布偏差的 beta 因子。程序 2.3.5 的运行过程和结果如下：

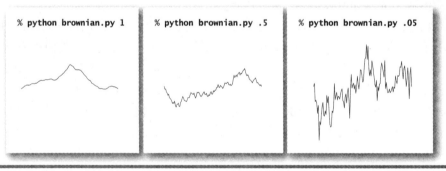

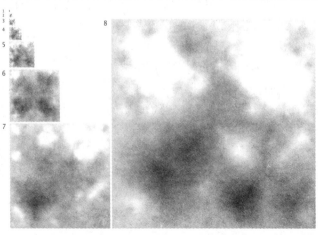

图 2-3-13　等离子体云

使用与程序 brownian.py 中相同的波动性和光滑度控制，我们可以生成超级逼真的合成云。我们还可以使用相同的代码生成合成地形（采用颜色值作为海拔高度）。该方案的不同变种广泛用于娱乐行业，为电影和计算机游戏生成背景布景。

2.3.10 递归的陷阱

现在，你也许相信递归可以帮助你编写简洁和优雅的程序。但当你开始编写自己的递归程序时，则需要留意可能触发的几个常见陷阱。我们已经详细地讨论了其中一个陷阱（递归程序的运行时间可能指数增长）。一旦发现，这些问题通常并不难以克服，但编写递归函数必须小心谨慎，避免发生这些错误。

1. 缺少基本情况

请阅读下列递归函数代码，该函数用于计算调和数，但是缺少基本情况：

```python
def harmonic(n):
    return harmonic(n-1) + 1.0/n
```

如果运行调用该函数的客户端程序，则递归函数将重复调用自己，永远不会返回，即程序永远不会终止。读者也许遇见过死循环，运行死循环程序时程序没有反应（或者程序不停地输出内容）。在无限递归时，结果则不同，因为系统一直会跟踪每个递归调用（使用称之为堆栈的数据结构机制，我们将在 4.3 节详细讨论）。尝试运行无限递归函数的最终结果是系统耗尽内存。最终，Python 会抛出错误 RuntimeError，并报告错误信息 “maximum recursion depth exceeded（超过最大递归深度）”。当运行一个递归程序时，你总是应该试图说服自己，通过基于数学归纳法的非正式论证，证明自己所编写的程序可以达到预期的效果。这样做还可以尽早发现 “缺少基本情况” 的错误。

2. 不能保证收敛

另一个常见的问题是在递归函数中，递归调用解决的子问题的规模不小于原始问题。例如，如下函数当参数 n 为 1 以外的值时将进入无限递归调用循环：

```python
def harmonic(n):
    if n = 1: return 1.0
    return harmonic(n) + 1.0/n
```

309

类似的错误很容易被发现，但如果同一问题有若干差别细微的版本，则可能较难识别各版本之间的区别。

3. 过量的内存需求

如果一个函数在返回之前递归调用自己的次数太多，则 Python 用于保存递归调用所需的内存可能无法满足，从而导致 “maximum depth exceeded”（超过最大递归深度）运行时错误。要了解用于递归调用的内存到底有多少，可以通过使用计算调和数的递归函数运行一个小的实验，不断增加 n 的值（假设从 1000 开始，每次增加 10 的倍数）：

```python
def harmonic(n):
    if n == 1: return 1.0
    return harmonic(n-1) + 1.0/n
```

当系统抛出运行时错误 “maximum recursion depth exceeded” 时，可能你对 Python 用于实现递归所需的内存量会有一点概念了。作为对比，读者可使用巨大的 n 值来运行程序 1.3.5

计算 H_n，但仅使用一点点的空间进行测试。

4. 过量重计算

一旦理解了由于过量重计算问题，即使简单的递归函数也可能耗费指数级别的运行时间（其实并不必要），那么编写简单的递归函数解决复杂问题的冲动也许会平息。即使在最简单的递归函数中，这种情况也可能存在，所以我们必须学会如何避免。例如，如下的斐波那契数列：

$$0, 1, 1, 2, 3, 5, 8, 13, 21, 34, 55, 89, 144, 233, 377, \cdots$$

斐波那契数列的递推公式为：$F_0 = 0$，$F_1 = 1$，当 $n \geqslant 2$ 时，$F_n = F_{n-1} + F_{n-2}$。斐波那契数列具有许多有趣的特征，可应用于许多领域。一个初级程序员可能会使用如下的递归函数实现上述斐波那契数列的计算：

```
def fib(n):
    if n == 0: return 0
    if n == 1: return 1
    return fib(n-1) + fib(n-2)
```

310

上述递归函数的效率非常低下，强烈建议不要使用！ 初级程序员常常拒绝相信这个事实，并期望计算机运行速度足够快，可以运行类似的代码，从而获取所需的答案。那就让我们尝试计算 fib(50)，以验证你的计算机是否足够快。我们通过讨论函数如何计算 fib(7) = 13 的过程（参见图 2-3-14），来观察运行过程中计算的浪费。递归函数首先计算 fib(6) = 8 和 fib(5) = 5。为了计算 fib(6)，则再一次递归计算 fib(5) = 5 和 fib(4) = 3。事情很快会变得越来越糟糕，因为在两次计算 fib(5) 时，函数均忽略已经计算完 fib(4) 的事实，以此类推。事实上，通过归纳法可证明，该程序计算 fib(n) 时计算 fib(1) 的次数正好为 F_n（具体参见本节习题第 12 题）。重新计算的失误按指数级别的速度增长。例如，要计算 fib(200)，上述粗糙的递归函数需要计算 fib(1) 的次数为 $F_{200} > 10^{43}$！无法想象世界上存在这样的计算机可以完成如此巨大的计算量。**请务必小心，因为程序可能需要指数级别的运行时间。** 许多可以自然表述并使用递归函数实现的计算就属于此类情况。千万不要掉进这个陷阱，尝试编写并运行此类程序。

下面是一个警告：一种称为记忆（memoization）的系统技术可帮助我们避免此类陷阱，同时利用递归计算的紧凑优点。在"记忆技术"中，我们使用一个数组保存已计算的值，所以可以在需要时查找并返回这些计算值，仅针对少量新的值进行递归调用。这种技术称为**动态编程**（dynamic programming）。动态编程是组织计算研究的一种技术，读者

311 可以在算法课程或运筹学课程中学习到相关知识。

```
fib(7)
   fib(6)
      fib(5)
         fib(4)
            fib(3)
               fib(2)
                  fib(1)
                     return 1
                  fib(0)
                     return 0
                  return 1
               fib(1)
                  return 1
               return 2
            fib(2)
               fib(1)
                  return 1
               fib(0)
                  return 0
               return 1
            return 3
         fib(3)
            fib(2)
               fib(1)
                  return 1
               fib(0)
                  return 0
               return 1
            fib(1)
               return 1
            return 2
         return 5
      fib(4)
         fib(3)
            fib(2)
               .
               .
               .
```

图 2-3-14   计算斐波那契数列的错误方法

2.3.11 展望

不使用递归的程序员将会失去两个机会。首先，递归可以实现复杂问题的紧凑解决方案。其次，递归解决方案可以保证程序的运行结果符合预期。在早期的计算中，递归函数的运行开销在一些系统中无法承受，所以许多人避免使用递归。但在诸如 Python 的现代计算系统中，递归往往是首选方法。

如果读者对 Python 如何设法实现独立运行同一代码的多个拷贝的秘密感兴趣，请放心我们将在第 4 章讨论这个问题。读者可能会诧异于该解决方案的简洁性。在高级编程语言（如 Python）出现之前，对于那些会较好地利用递归实现程序设计任务的程序员而言，其实现也是很容易的。事实上，读者可能会惊异地发现，仅仅使用第 1 章讨论的基本循环结构、选择结构和数组编程模型，也可以编写与本章功能相当的程序。

递归方法使得我们更加确信并充分证明了程序可以按预期效果运行的思想。递归方法和数学归纳法的自然联系十分重要。对于日常的编程，我们主要关注程序的正确性，以及节省跟踪错误信息所需的时间和精力。在现代应用程序中，安全和隐私问题使得正确性成为程序设计最基础的部分。如果程序员无法确信一个应用程序的运行结果符合预期，又如何能够保证用户保存的个人数据的隐秘性和安全性呢？

递归函数真正阐明了详细表述抽象的力量。对大多数人而言，尽管一个函数具有调用自己的能力初看有些不可思议，但我们讨论的许多实例很好地证明了掌握递归是理解和开拓计算的基本，也是理解和研究自然现象中计算角色的基本。

自从二十世纪后期计算机出现并成为日常生活的主角以来，递归是程序设计模块中最后一个用于帮助构建计算架构的内容。基于模块函数构建的程序包含对内置数据类型的语句、选择结构、循环结构和函数调用（包括递归调用）的操作，可以解决各种各样的重要应用问题。在下一节中，我们将强调这一点，并通过一个大型应用程序回顾这些概念和知识点。在第 3 章和第 4 章中，我们将拓展这些观念，从而进入占据现代计算领域的更为广阔的程序设计方式。

312

2.3.12 问题和解答

Q. 是否存在只能使用循环迭代才能解决的问题？

A. 不是的。所有的循环结构都可以替代为递归函数，尽管递归版本可能需要更多的内存。

Q. 是否存在只能使用递归才能解决的问题？

A. 不是的。所有的递归函数都可以替代为对应的循环迭代结构。在 4.3 节中，我们将讨论编译器如何使用称之为堆栈的数据结构为函数调用生成代码。

Q. 编程时应该使用递归函数还是循环结构？

A. 没有什么硬性规定一定要使用哪种方法，但最好选择那些更为简洁、更容易理解、更有效的代码结构。

Q. 除了要注意递归代码会导致大量空间消耗和大量再计算消耗外，关于递归，还有哪些需要注意的事项？

A. 在递归代码中创建数组时，必须十分小心谨慎。使用递归代码创建的数组所占用的
空间将急剧累积增加，同时用于内存管理的时间总量也会急剧增加。

2.3.13 习题

1. 请问如果使用负整数值 n 调用 factorial() 会导致什么情况？如果使用一个比较大的值，例如 35，调用 factorial()，会导致什么情况？

2. 请编写一个递归函数，用于计算 $\ln(n!)$ 的值。

3. 请给出调用函数 ex233(6) 的运行结果（一系列整数）。

```
def ex233(n):
    if n <= 0: return
    stdio.writeln(n)
    ex233(n-2)
    ex233(n-3)
    stdio.writeln(n)
```

4. 请给出调用函数 ex234(6) 的结果值。

```
def ex234(n):
    if n <= 0: return ''
    return ex234(n-3) + str(n) + ex234(n-2) + str(n)
```

5. 请指出如下递归函数的错误：

```
def ex235(n):
    s = ex233(n-3) + str(n) + ex235(n-2) + str(n)
    if n <= 0: return ''
    return s
```

   参考解答：该递归函数将永远无法收敛到基本情况。调用 ex235(3) 将导致调用 ex235(0)、ex235(−3)、ex235(−6)，以此类推。最终会导致运行时错误："maximum depth exceeded"。

6. 给定四个正整数 a、b、c、d，请解释 gcd(gcd(a, b), gcd(c, d)) 的计算结果。

7. 请解释整数和除数对如下欧几里得函数的影响。

```
def gcdlike(p, q):
    if q == 0: return p == 1
    return gcdlike(q, p % q)
```

8. 请阅读如下递归函数：

```
def mystery(a, b):
    if b == 0:
        return 0
    if b % 2 == 0:
        return mystery(a+a, b/2)
    return mystery(a+a, b/2) + a
```

   请问 mystery(2, 25) 和 mystery(3, 11) 的结果值分别为多少？如果给定正整数 a 和 b，请描述 mystery(a, b) 计算的结果。把程序中的 + 改成 *，return 0 改成 return 1，请回答同样的问题。

9. 请编写程序 rules.py 的递归版本，使用 stddraw 模块绘制一个标尺各子刻度的相对长度

（参见程序 1.2.1）。

10. 假设 $T(1) = 1$，n 为 2 的幂，请编写程序实现如下递归关系。

- $T(n) = T(n/2) + 1$
- $T(n) = 2T(n/2) + 1$
- $T(n) = 2T(n/2) + n$
- $T(n) = 4T(n/2) + 3$

11. 请通过归纳法证明求解汉诺塔问题所需的最少移动步数与本书中递归解决方案的移动步数一致。

12. 请通过归纳法证明本书中求解斐波那契数列的递归程序在计算 fib(n) 时递归调用 fib(1) 的次数为 F_n。

13. 请证明递归函数 gcd() 的第二个参数每次递归调用时递减的速率最少为 2 的倍数，并证明 gcd(p, q) 的最大递归调用次数为 $2\log 2n + 1$，其中 n 为 p 和 q 的最大值。

14. 请修改程序 htree.py（程序 2.3.4），实现 H- 树的绘制动画，绘制参数以及绘制效果如图 2-3-15 所示。

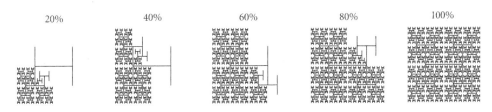

图 2-3-15   H- 树的绘制参数和绘制效果

然后，重新排列递归调用的次序（以及基本情况），观察绘制结果动画，并解释每个绘制结果。

314 ～ 316

2.3.14   创新习题

15. 二进制表示（Binary representation）。请编写一个程序，实现如下功能：程序带一个正整数命令行参数 n（十进制），输出其二进制表示。请回顾 binary.py（程序 1.3.7，我们采用减去 2 的幂的方法）。本题采用如下更简单的替代方法：重复把 n 除以 2 然后反向读取所有的余数（即辗转相除法）。首先，编写一个 while 循环结构完成除以 2 的计算任务，并顺序输出各二进制位。然后，使用递归方法按正确顺序输出各二进制位。

16. A4 纸（A4 paper）。基于 ISO 格式，纸张的宽高比为 2 的平方根比 1。A0 纸张的面积为 1 平方米。A1 为 A0 在垂直方向平分为二；A2 为 A1 在水平方向平分为二，以此类推。请编写一个程序，实现如下功能：程序带一个命令行参数 n，使用 stddraw 模块显示如何把一张 A0 纸平分成 2^n 块。

17. 排列（Permutation）。请编写一个程序 permutations.py，实现如下功能：程序带一个命令行参数 n，输出从字母 a 开始的 n 个字符的所有 $n!$ 种排列（假设 n 不大于 26）。n 个元素的排列是其 $n!$ 种可能元素排列顺序的一种。例如，当 $n = 3$ 时，程序的输出结果如下。程序不用考虑输出排列的先后顺序。

bca cba cab acb bac abc

18. 元素个数为 *k* 的排列（Permutation of size k）。请修改习题 17 的程序，实现如下功能：程序带两个命令行参数 *n* 和 *k*，输出 *n* 个元素中包含 *k* 个元素的所有排列。这种排列的总数为 $P(n, k) = n! / (n–k)!$。例如，当 *k* = 2 且 *n* = 4 时，其输出结果如下所示。程序不用考虑输出排列的先后顺序。

ab ac ad ba bc bd ca cb cd da db dc

19. 组合（Combination）。请编写一个程序 combinations.py，实现如下功能：程序带一个命令行参数 *n*，输出 2^n 种任意长度的组合。*n* 个元素的组合是 *n* 个元素的一个子集，与元素的位置无关。例如，当 *n* = 3 时，程序的输出结果如下。

a ab abc ac b bc c

注意：程序需要输出一个空的字符串（大小为 0 的子集）。

20. 元素个数为 *k* 的组合（Combination of size k）。请修改习题 19 的程序，实现如下功能：程序带两个命令行参数 *n* 和 *k*，输出 *n* 个元素中大小为 *k* 的所有组合。这种组合的总数为：$C(n, k) = n! / (k!(n–k)!)$。例如，当 *n* = 5 且 *k* = 3 时，其输出结果如下所示。

abc abd abe acd ace ade bcd bce bde cde

21. 汉明距离（Hamming distance）。两个长度为 n 的二进制位字符串（简称位串）的汉明距离定义为两个位串之间不同位的个数。请编写一个程序，实现如下功能：带两个命令行参数，整数 k 和位串 s，输出与 s 的汉明距离为 k 的所有位串。例如，如果 k 为 2，s 为 0000，则程序的输出结果为：

0011 0101 0110 1001 1010 1100

提示：选择位串 s 中 n 位的 k 位反转。

22. 递归正方形（Recursive square）。请编写一个程序，产生如图 2-3-16 所示的各种递归图案模式。各正方形的大小比为 2.2:1。绘制一个填充阴影的正方形方法是：先绘制一个灰色填充的正方形，然后绘制一个无填充的黑色矩形框。

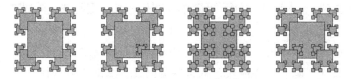

图 2-3-16　递归正方形图案

23. 翻煎饼（Pancake flipping）。假设在一个烤盘里有 *n* 张不同大小的煎饼。你的目标是重新按从小到大顺序排列煎饼，即最大的煎饼位于底部，最小的煎饼位于顶部。只允许翻转最上面的 *k* 个煎饼。请设计一个递归方案以按正确顺序排列煎饼，要求最多使用 $2n – 3$ 次翻转。

24. 格雷码（Gray code）。请修改 beckett.py（程序 2.3.3），输出格雷码（而不仅仅是二进制位的位置序列的改变）。

25. 汉诺塔变体（Towers of Hanoi variant）。请思考如下汉诺塔变体问题。假设有 2*n* 个大小依次递增的圆盘放置在三个圆柱上。最初，所有编号为奇数的圆盘（1，3，···，2n – 1）放置在最左边圆柱上，从上到下按编号递增顺序排列；而编号为偶数的圆盘（2，4，···，2n）则放置在最右边圆柱上。请编写一个程序，实现如下功能：输出移动指令，将最左边圆柱上奇数编号的圆盘移动到最右边圆柱上，而最右边圆柱上偶数编号的圆盘移动到最左边圆柱上。要求遵循与汉诺塔相同的移动规则。

26. 汉诺塔动画（Animated towers of Hanoi）。请使用 stddraw 模块实现汉诺塔问题解决方案的动画模拟，大约每秒钟移动一个圆盘。

27. 谢尔宾斯基三角形（Sierpinski triangle）。请编写一个递归程序，绘制谢尔宾斯基三角形（如图 2-3-17 所示。具体请参见程序 2.2.4）。和程序 htree.py 一样，请使用命令行参数控制递归的深度 order。

order 1　　　　order 2　　　　order 3

图 2-3-17　递归深度分别为 1、2、3 的谢尔宾斯基三角形

28. 二项分布（Binomial distribution）。请估计使用如下代码计算 binomial(100, 50) 的递归调用次数。

```python
def binomial(n, k):
    if (n == 0) or (k == 0): return 1.0
    if (n < 0) or (k < 0): return 0.0
    return (binomial(n-1, k) + binomial(n-1, k-1)) / 2.0
```

请基于记忆技术，开发一个更好的实现版本。提示：具体请参见 1.4 节习题第 39 题。

29. 一个奇怪的函数（A strange function）。请阅读如下的 McCarthy's 91 函数：

```python
def mcCarthy(n):
    if n > 100: return n - 10
    return mcCarthy(mcCarthy(n+11))
```

请不使用计算机来确定 mcCarthy(50) 的结果值，并给出使用 mcCarthy() 计算相同结果时的递归调用次数。对于任何正整数 n，可否证明递归最终可收敛到基本情况？如果不能收敛，请给出一个 n 的值，此时递归函数进入无限递归循环。

30. 柯拉茨函数（Collatz function）。请阅读如下递归函数，这个递归函数与数论中一个非常著名、至今还未解决的，被称为"柯拉茨问题（Collatz problem）"有关，也称之为 3n + 1 问题：

```python
def collatz(n):
    stdio.write(str(n) + ' ')
    if n == 1: return
    if n % 2 == 0:
        collatz(n // 2)
    else:
        collatz(3*n + 1)
```

例如，调用 collatz(7)，将调用 17 次函数，最终输出结果为包含 17 个整数的序列：

7 22 11 34 17 52 26 13 40 20 10 5 16 8 4 2 1

请编写一个程序，实现如下功能：程序带一个命令行参数 m，返回所有对于 $n < m$，collatz(n) 的递归调用次数最大的结果值。这个未解决的问题在于，对于所有的正整数值 n，无法判断递归函数是否可以正常结束（数学归纳法也无能为力，因为其中一个递归调用的参数值太大）。请基于记忆技术，开发一个更好的实现版本。

31. 等离子云（Plasma cloud）。请编写一个程序，实现如下功能：使用递归绘制等离子云，采用本书正文中建议的方法。

32. 递归树（Recursive tree）。请编写一个程序 tree.py，实现如下功能：程序带一个命令行参数 n，生成树型递归模型。当 n 为 1、2、3、4 和 8 时，其结果如图 2-3-18 所示。

图 2-3-18　递归树运行结果

33. 布朗岛（Brownian island）。伯努瓦·曼德布洛特（Benoit B. Mandelbrot）曾经提出了一个著名的问题：英国的海岸线有多长？请修改 brownian.py（程序 2.3.5），实现绘制布朗岛的程序 brownianisland.py，布朗岛的海岸线与大不列颠岛相似。程序的修改方法十分简单：首先，修改 curve() 函数，增加一个高斯随机变量到 x 坐标和 y 坐标。然后，修改全局代码从画布的中心位置绘制一条曲线，曲线最后再返回到画布中心位置。通过提供不同的参数进行测试，使得最终程序绘制的岛屿形状效果逼真。当 Hurst 指数值为 0.76 时的程序运行效果如图 2-3-19 所示。

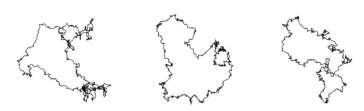

317
～
321

图 2-3-19　Hurst 指数值为 0.76 时布朗岛的运行效果

2.4　案例研究：渗透原理

到目前为止，我们所讨论的编程工具使得我们有能力去尝试解决所有的重要问题。本节通过一个案例总结函数与模块的知识点：开发一个用于解决十分有趣的科学问题的程序。本节的主要目的是通过一个具体问题解决过程中可能面临的各种挑战，复习已经学习的知识点，并阐述可被广泛采用的程序设计风格。

我们采用的示例将程序设计技术应用在一个简单的模型上，该模型被科学家和工程师广泛应用于各种领域。我们讨论非常实用的蒙特卡洛模拟方法，以研究一个称为渗透原理（percolation）的自然科学模型。我们的研究不仅仅在材料科学和地质学上十分重要，而且也解释了许多其他自然现象。

术语"蒙特卡洛模拟"用于泛指通过各种计算技术，采用随机性进行多次试验（称为模拟），以估计一个未知量的过程。前文已经讨论了在其他场景中使用蒙特卡洛模拟的情况，例如，赌徒破产和优惠券收集器问题。我们依赖于概率和统计的规律，而不是开发一个完整的数学模型或测量一个实验所有可能的结果。

读者将通过本案例学习到一定的关于渗透原理的知识，但我们的焦点是开发一个用于解决计算任务的模块化程序。我们确定可以独立解决的子任务，努力找出关键的底层抽象，并思考如下的问题：是否存在可以帮助解决问题的特定子任务？这些特定子任务的基本特征是什么？解决这些特定子任务基本特征的方案是否也适用于其他问题？思考这些问题会带来显著的优点，因为它们将帮助我们开发更容易创建、调试和重用的软件，以便我们可以更快速地解决所关注的主要问题。表 2-4-1 为本节所有程序的一览表，读者可以作为参考。

表 2-4-1　本节中所有程序的一览表

程序名称	功能描述
程序 2.4.1 (percolation0.py)	渗透原理脚手架代码
程序 2.4.2 (percolationv.py)	垂直渗透系统检测
程序 2.4.3 (percolationio.py)	渗透系统输入 / 输出
程序 2.4.4 (visualizev.py)	可视化显示客户端
程序 2.4.5 (estimatev.py)	渗透概率估计
程序 2.4.6 (percolation.py)	渗透检测
程序 2.4.7 (percplot.py)	自适应绘制图形客户端

322

2.4.1　渗透原理

通常，一个系统局部之间的相互作用也反映其全局特性。例如，一个电气工程师可能对由随机分布的绝缘和金属材料组成的复合系统感兴趣：如果复合系统是一个电导体，则哪部分的材料需要为金属材料？另一个例子是，一个地质学家可能对一个具有地表水（或地底层含油）的多孔地质感兴趣。在什么情况下，地表水可以渗透到底部（或油向地表喷出）？科学家基于上述情况定义了一个抽象过程，称为渗透原理。它已被广泛研究，而且被证明是一个精确的模型，可以应用于令人眼花缭乱的各种应用中，包括绝缘材料、多孔物质、森林火灾传播、传染病传播、互联网研究演变等。

为了简单起见，我们从二维开始，把系统建模为一个 $n \times n$ 的网格。每个网格的状态可以为阻塞的（blocked）或流通的（open）。流通网格初始为空（empty）。全连通网格（full site）是一个流通网格，可以通过级联的邻居（上、下、左、右）流通网格连接到一个位于顶部行的流通网格。如果在底部行存在一个全连通网格，则称该系统为可渗透的。换言之，一个可渗透的系统是指如果在连接顶部行的所有网格注入，则注入的物质会通过某种过程渗透到底部行的某些流通网格。对于绝缘 / 金属材料例子而言，流通网格对应于金属材料，所以可渗透系统存在从顶部到底部的金属路径，即全连通网格导电。对于多孔物质而言，流通网格对应于水可流动的空间，因而可渗透系统允许水通过流通网格从顶部流向底部。一个

8×8 网格的渗透示意图如图 2-4-1 所示。

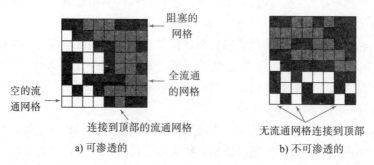

图 2-4-1　8×8 网格的渗透（彩图见彩插）

　　针对一个著名的科学问题，研究者思考了如下问题：如果一个网格系统的网格独立设置并且为流通网格，其空置概率为 p（因此封闭概率为 $1-p$），则整个系统为可渗透系统的概率为多少？尽管经过了几十年的科学研究，仍然没有得出关于这个问题的数学解决方案。我们 |323| 的任务是编写一个计算机程序帮助研究这个问题。

2.4.2　基本脚手架代码

　　如果要通过一个 Python 程序解决渗透问题，我们将面临许多决策和挑战，最终实现的代码将比前文讨论的程序多得多。我们的目标是阐述增量式的程序设计风格，即独立编写模块以解决问题的某一部分，通过基于设计的小型计算架构以及根据进程不断构建来建立信心。

　　第一步是确定数据的表示。数据的表示将对后续编写的代码产生深远的影响，所以必须慎之又慎。很多情况下，我们使用一种选定的数据处理任务时，中途会发现问题，从而不得不推翻以前的选择，重新使用一种新的数据表示方式。

　　对于渗透原理问题，一种有效的数据表示方法是使用一个 $n×n$ 的矩阵。一种方案是使用编码 0 代表空网格、1 代表阻塞网格、2 代表全连通网格。另外，请注意我们通常使用如下问题来描述网格：网格是流通网格还是阻塞网格？网格是全连通网格还是空网格？元素的这种特性表明，我们可以采用一个 $n×n$ 矩阵，元素要么为真要么为假。在计算机科学中，这种类型的矩阵称为布尔矩阵（boolean matrix）。

　　布尔矩阵是基本的数学对象，具有广泛的应用。Python 没有提供对布尔矩阵操作的直接支持，但我们可以使用 stdarray 模块中的函数读取和输出布尔矩阵。这种选择阐述了程序设计中经常涉及的一个基本原则：构建一个更通用工具的努力通常会获得丰厚的回报。相对于特别的表示，使用其自然抽象（如布尔矩阵）更为可取。在本案例中，使用布尔矩阵代替整数矩阵，将使得程序代码更加容易理解。

　　最后，我们需要使用随机数据，同时我们需要读取和输出文件，因为纯粹的随机输入将导致程序调试的困难，从而影响效率。使用随机数据，每次运行程序时获取的数据均不相同。然而修改完一个错误之后，我们常常希望使用相同的输入进行测试，以检查修改的结果是否正确有效。因而，最佳方法是使用特定的测试样例，并以特定格式保存在文件（存储格式为矩阵维数，随后跟一系列按行优先顺序排列的 0 和 1 的值）中，通过 stdarray. readBool2D() 读取数据。

当开始解决一个新问题时，如果涉及多个文件，则建议创建一个新的文件夹（目录），以单独把这些文件与其他文件隔离开。例如，可以创建一个名为percolation的目录，以存放本节编写的代码文件。然后，在正式考虑渗透原理之前，可以实现和调试基本代码，用于读取和输出渗透原理系统，创建测试文件，检查文件与代码的兼容性等。这些类型的代码，有时候称之为脚手架代码（scaffolding），实现起来简单直接，但必须在开始解决主要问题之前编写完成，以免分散解决主要问题的注意力。

接下来我们讨论测试一个布尔矩阵是否可以代表一个可渗透系统的代码。可以参考如下的解释帮助理解，我们可以认为任务模拟了从上面注满了水时产生的后果（水是否会流动到底部？）。我们第一个设计决策是实现一个 flow() 函数，函数接收一个布尔矩阵 isOpen[][]（指示哪些网格为流通网格）作为其参数，返回另一个布尔矩阵 isFull[][]（指示哪些网格是全连通网格）。目前，我们无须考虑如何实现该函数，我们的目的在于如何组织计算。同样，客户端代码可以调用 percolates() 函数，检查 flow() 返回的结果——布尔矩阵是否在底部存在全连通网格。

程序 2.4.1（percolation0.py）总结了这些实现决策。该程序并没有实现任何有趣的计算，但通过运行和调试这些代码，我们可以开始思考如何真正地解决这个问题。一个不执行具体计算的函数（例如 flow()），有时候被称为存根（stub）函数。存根函数允许我们在所需要的上下文中测试和调试 percolates() 和 main()。我们将类似于程序 2.4.1 的代码称为脚手架代码。正如建筑工人在建造房子时使用的脚手架一样，脚手架代码提供给我们开发程序所需的支持。一开始通过尽可能完整地实现和调试脚手架代码，将为构建解决手头问题的代码提供一个坚实的基础。通常，与建筑工地类似，当最终实现完成后，我们通常还会拆除脚手架代码（或使用更好的替代品）。

2.4.3　垂直渗透

给定一个表示流通网格的布尔矩阵，我们如何判断其是否表示一个可渗透系统呢？我们将在本节最后看到，这种计算与计算机科学中的一个基本问题直接相关联。目前，我们将讨论该问题的一个简化版本，称之为垂直渗透系统。

简化的方法是将关注限制为垂直连接路径。如果存在这样的路径连接顶部到底部，则称系统沿该路径垂直渗透（即该系统本身垂直渗透）。一个 8×8 网格的垂直渗透如图 2-4-2 所示。

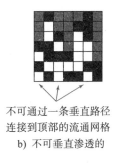

可通过一条垂直路径　　　　　　不可通过一条垂直路径
连接到顶部的网格　　　　　　连接到顶部的流通网格
a) 可垂直渗透的　　　　　　　b) 不可垂直渗透的

图 2-4-2　垂直渗透（彩图见彩插）

如果我们讨论沙子在水泥地面中渗透的情况，这种限制也许符合直觉。然而，如果讨论水在水泥地面渗透的情况或导电体的情况，这种限制不符合直觉。垂直渗透系统尽管比较简单，但具有其自身的意义，因为该系统提出了很多不同的数学问题。这种限制是否会带来本质的区别？我们所期望的垂直渗透路径到底有多少？

程序 2.4.1　渗透原理脚手架代码（percolation0.py）

```python
import stdarray
import stdio

def flow(isOpen):
    n = len(isOpen)
    isFull = stdarray.create2D(n, n, False)
    # Percolation flow computation goes here.
    # See Program 2.4.2 and Program 2.4.6.
    return isFull

def percolates(isOpen):
    isFull = flow(isOpen)
    n = len(isFull)
    for j in range(n):
        if isFull[n-1][j]: return True
    return False

def main():
    isOpen = stdarray.readBool2D()
    stdarray.write2D(flow(isOpen))
    stdio.writeln(percolates(isOpen))

if __name__ == '__main__': main()
```

n	系统大小（n×n）
isFull[][]	全连通网格
isOpen[][]	流通网格

为了研究渗透原理，我们编写了程序 2.4.1，用于处理与计算相关的所有任务。其中，主要函数 flow() 返回一个二维矩阵，表示全连通网格。辅助函数 percolates() 检查返回结果矩阵的底部行，以确定系统是否可渗透。测试客户端从标准输入读取一个布尔二维矩阵，然后调用函数 flow() 和 percolates()，并返回并输出最终结果。程序 2.4.1 的运行过程和结果如下：

```
% more test5.txt
5 5
0 1 1 0 1
0 0 1 1 1
1 1 0 1 1
1 0 0 0 1
0 1 1 1 1
```

```
% python percolation0.py < test5.txt
5 5
0 0 0 0 0
0 0 0 0 0
0 0 0 0 0
0 0 0 0 0
0 0 0 0 0
False
```

确定网格是否包括连通到顶部的垂直路径的计算十分简单，垂直渗透计算示意图如图 2-4-3 所示。我们使用渗透系统的顶部行元素来初始化结果矩阵的顶部行，其中全连通网格对应于流通网格。然后从顶部到底部，通过检查渗透系统中相对应的行，依次填充结果矩阵的每一行。处理从顶部到底部进行，如果 isOpen[][] 中对应的网格垂直连通到上一行的全连通网格，则填充 isFull[][] 的对应元素为 True。程序 2.4.2（percolationv.py）与 percolation0. py 基本一致，除了用于返回全连通网格布尔矩阵的函数 flow() 的实现方法（如果通过垂直路径连通到顶部，则返回 True，否则返回 False）。

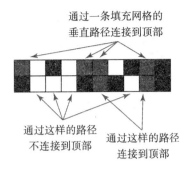

通过一条填充网格的
垂直路径连接到顶部

通过这样的路径
不连接到顶部

通过这样的路径
连接到顶部

图 2-4-3　垂直渗透计算示意图（彩图见彩插）

程序 2.4.2　垂直渗透系统检测（percolationv.py）

```
# Same as percolation0.py except replace flow() with this:

def flow(isOpen):
    n = len(isOpen)
    isFull = stdarray.create2D(n, n, False)
    for j in range(n):
        isFull[0][j] = isOpen[0][j]
    for i in range(1, n):
        for j in range(n):
            if isOpen[i][j] and isFull[i-1][j]:
                isFull[i][j] = True
    return isFull
```

n	系统大小（n×n）
isFull[][]	全连通网格
isOpen[][]	流通网格

将程序 2.4.1 [○] 中的存根函数替换为这个 flow() 函数，其结果就是垂直渗透系统问题的解决方案，从而实现我们所期望的测试案例（具体阐述请见正文）。程序 2.4.2 的运行过程和结果如下：

```
% more test5.txt
5 5
0 1 1 0 1
0 0 1 1 1
1 1 0 1 1
1 0 0 0 1
0 1 1 1 1
```

```
% python percolationv.py < test5.txt
5 5
0 1 1 0 1
0 0 1 0 1
0 0 0 0 1
0 0 0 0 1
0 0 0 0 1
True
```

2.4.4　测试

　　在确信代码的功能运行正常后，还需要在更多的测试案例上运行测试，以解决我们提出的科学问题。此时，最初的脚手架代码用处就不大了，因为在标准输入和标准输出使用 0 和 1 表示大型布尔矩阵，并且需要维护大量的测试用例，会显得信息混乱，十分不明智。作为替代，我们将自动生成测试用例，并据此观察代码的运行过程，以确保结果与期望相一致。特别地，为了确保代码的正确性，以及更好地理解渗透系统原理，我们接下来的目标包括：

- 使用大型随机布尔矩阵测试我们的代码。
- 给定一个空置概率 p，估计渗透系统的概率。

○　原著误为程序 2.4.2。——译者注

326
～
328
要实现上述目标，我们需要比已经使用的脚手架程序更为复杂的新客户端程序来运行程序。基于模块化程序设计风格，我们将独立编写客户端模块，而无须修改渗透系统的代码。

1. 蒙特卡洛模拟

我们希望代码可以在任何布尔矩阵上运行。另外，我们感兴趣的科学问题往往涉及随机布尔矩阵。所以，我们编写了一个函数 random()，带两个参数 n 和 p，生成一个 n×n 的随机布尔矩阵，矩阵各元素为 True 的概率是 p。前文基于若干特殊测试样例调试了我们的代码，接下来我们将使用该函数测试大型随机系统。这些大型测试样例可能会导致一些额外错误，所以必须仔细检查运行结果。然后，在小型系统上调试代码后，我们就可以建立起一定的信心。消除明显错误之后，专注新的错误将相对容易。

2. 数据可视化

如果使用 stddraw 模块实现程序的输出，则大型问题的调试将会变得相对容易。相应地，我们开发了一个函数 draw()，以可视化显示布尔矩阵的内容，即把标准绘图窗口分成小的正方形，每个小的正方形表示一个网格。为了灵活性，我们包含了第二个参数，用于指定需要填充哪个正方形，以对应 True 的元素，或者对应 False 的元素。读者将观察到，这个函数可帮助我们观测大型问题案例的运行结果。使用 draw() 函数，以不同颜色绘制表示阻塞或全连通网格的矩阵，可获得渗透原理可视化表示的惊人效果。

借助这些工具，在大型布尔矩阵上测试我们的渗透原理代码是非常直观的。程序 2.4.3（percolationio.py）是一个小模块，包含上述的两个函数，分别用于测试渗透原理代码的输入和输出。程序 2.4.4（visualizev.py）是一个客户端脚本程序，从命令行接收如下参数：渗透系统大小、概率、测试次数，然后运行指定的测试次数，创建一个新的随机布尔矩阵，显示每次运行渗透计算的结果，每两次测试之间将暂停一小段时间。

我们最终的目标是计算渗透原理概率的准确估计，也许需要运行大量的测试。无论如何，这些工具都会帮助我们通过研究大型测试样例更加熟悉问题（同时会确保代码运行的正确性）。如果使用中等规模参数 n（50 到 100）和不同的概率值 p 运行 visualizev.py，读者很快会对使用该程序回答一些关于渗透原理的问题感兴趣。很明显，当概率值 p 较小时，系统通常不会渗透；当概率值 p 很大时，系统通常会渗透。如果概率值 p 为中间值，系统是否会
329
渗透？当规模参数 n 增大时，系统的行为会不会改变？

程序 2.4.3　渗透系统输入 / 输出（percolationio.py）

```python
import sys
import stdarray
import stddraw
import stdio
import stdrandom

def random(n, p):
    a = stdarray.create2D(n, n, False)
    for i in range(n):
        for j in range(n):
            a[i][j] = stdrandom.bernoulli(p)
    return a

def draw(a, which):
    n = len(a)
    stddraw.setXscale(-1, n)
```

```
        stddraw.setYscale(-1, n)
        for i in range(n):
            for j in range(n):
                if a[i][j] == which:
                    stddraw.filledSquare(j, n-i-1, 0.5)
    def main():
        n = int(sys.argv[1])
        p = float(sys.argv[2])
        test = random(n, p)
        draw(test, False)
        stddraw.show()

    if __name__ == '__main__': main()
```

% python percolationio.py 10 0.8

这些辅助函数有助于渗透原理的测试。函数调用 random(n, p) 创建一个 n×n 的布尔矩阵，矩阵各元素为 True 的概率是 p。函数调用 draw(test, False) 产生给定二维数组在标准绘图窗口的可视化显示，其中填充的正方形对应于矩阵中值为 False 的元素。程序 2.4.3 的运行过程和结果如上：

330

程序 2.4.4　可视化显示客户端（visualizev.py）

```
import sys
import stddraw
import percolationv
import percolationio

n = int(sys.argv[1])
p = float(sys.argv[2])
trials = int(sys.argv[3])

for i in range(trials):
    isOpen = percolationio.random(n, p)
    stddraw.clear()
    stddraw.setPenColor(stddraw.BLACK)
    percolationio.draw(isOpen, False)
    stddraw.setPenColor(stddraw.BLUE)
    isFull = percolationv.flow(isOpen)
    percolationio.draw(isFull, True)
    stddraw.show(1000.0)
stddraw.show()
```

n	系统大小（n×n）
p	网格的空置概率
trials	程序运行次数
isOpen[][]	流通网格
isFull[][]	全连通网格

客户端程序 2.4.4 从命令行接收如下参数：n、p 和 trials，然后生成一个 n×n 大小的布尔矩阵，其中网格的空置概率为 p。计算渗透路径，并在标准绘图窗口绘制结果。绘制图像的方法可提高代码运行结果的正确性，同时可帮助直观理解渗透系统的原理。程序 2.4.4 的运行过程和结果如下（彩图见彩插）：

% python visualizev.py 20 0.95 1

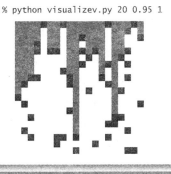

% python visualizev.py 20 0.95 1

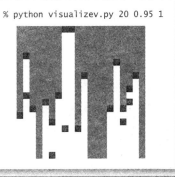

331

2.4.5 估计概率

我们程序开发过程的下一步是编写代码以估计一个随机系统渗透的概率，我们称该量值为渗透概率（percolation probability）。通过运行多次试验，就可估计渗透概率。该情况与掷硬币（请参见程序 2.2.7）一致，与投掷一个硬币不同的是，我们生成一个随机系统，并检查其是否渗透。

程序 2.4.5(estimatev.py) 把该计算过程封装为一个函数 evaluate()，给定一个 n×n 系统，假设空置概率为 p，则函数通过生成一个给定数量的随机系统并计算系统渗透的比例，来返回该系统渗透概率的估计值。函数 evaluate() 带三个参数：n、p 和 trials。

程序 2.4.5 渗透概率估计（estimatev.py）

```
import sys
import stdio
import percolationv
import percolationio

def evaluate(n, p, trials):
    count = 0
    for i in range(trials):
        isOpen = percolationio.random(n, p)
        if (percolationv.percolates(isOpen)):
            count += 1
    return 1.0 * count / trials

def main():
    n = int(sys.argv[1])
    p = float(sys.argv[2])
    trials = int(sys.argv[3])
    q = evaluate(n, p, trials)
    stdio.writeln(q)

if __name__ == '__main__': main()
```

n	系统大小（n×n）
p	网格的空置概率
trials	程序运行次数
isOpen[][]	流通网格
q	渗透概率

为了估计一个系统的渗透概率，我们生成了 n×n 系统，假设其网格空置概率为 p，并计算其渗透的比例。这是一个伯努利过程（Bernoulli process），与掷硬币一致（参见程序 2.2.6）。增加实验次数将提高估计值的精度。如果网格空置概率 p 接近于 0 或接近于 1，则需要的实验次数无须太多。程序 2.4.5 的运行过程和结果如下：

```
% python estimatev.py 20 .75 10
0.0
% python estimatev.py 20 .95 10
1.0
% python estimatev.py 20 .85 10
0.7
```

```
% python estimatev.py 20 .85 1000
0.564
% python estimatev.py 20 .85 1000
0.561
% python estimatev.py 40 .85 100
0.11
```

为了获得渗透概率的准确估计值，我们需要多少次的实验？这个问题可以通过概率论和统计学的基本方法来回答，但是超出了本书的讨论范围，然而我们还是可以通过计算经验以获取该问题的体会。尝试运行几次 estimatev.py，读者将发现，如果网格空置概率 p 接近于 0 或接近于 1，则需要的实验次数无须太多。但对于某些 p 值，为了获取渗透概率估计值两位小数的精度，有可能需要进行多达 1 万次的实验。为了更详细地研究这种情况，我们可以修改 estimatev.py，以输出类似 bernoulli.py（程序 2.2.7）的结果，通过绘制数据点的直方图以便观察值的分布（具体请参见本节习题第 11 题）。

使用 estimatev.evaluate() 意味着我们所执行的计算在数量上的一次飞跃。出乎意料地，运行数以千计的实验成为可能。强烈建议尝试运行 evaluate() 之前，彻底调试我们的渗透函数。同时，读者还必须考虑到完成计算需要一定的时间。估计程序运行时间的基本方法将在 4.1 节中讨论，但是这些程序的结构足够简单，所以可以快速估算其运行时间，并通过运行程序加以验证。每次实验包括 n^2 个网格，所以 estimatev.evaluate() 的总运行时间与 n^2 乘以运行次数成正比。如果增加运行次数 10 倍（以获得更好的精度），运行时间也将增大 10 倍。如果把 n 增大 10 倍（以研究更大系统的渗透原理），则运行时间增大约 100 倍。

针对包含数以亿计的网格系统，运行该程序以确定渗透概率，是否可以获取多位数字精度？答案是否定的，因为没有任何一台计算机的运算速度可以使用 estimatev.evaluate() 满足上述要求。而且，在研究渗透原理的科学实验中，n 的值也许更大。我们希望基于我们的模拟建立一个形式化假设，以期在一个更大的系统上测试，但不精确地模拟与现实世界一一对应的系统。这种简化是科学的基础。

332
~
333

建议读者从本书官网下载程序 estimatev.py，体会渗透概率和运行所需的总时间。通过尝试，读者不仅可更好地理解渗透系统原理，还可以测试我们所描述的模型应用于渗透过程模拟的运行时间的假设。

一个网格空置概率为 p 的垂直渗透系统的渗透概率是多少？垂直渗透系统足够简单，所以基本概率模型可以产生一个渗透概率的准确公式，并借助程序 estimatev.py 验证我们的实验结果。由于研究垂直渗透系统的唯一理由是其作为用于开发研究渗透系统方法的支撑软件的起点，所以我们把垂直渗透系统的进一步研究留作习题（请参见本节习题第 13 题）。接下来直接进入我们所要研究的主要问题。

2.4.6　渗透原理的递归解决方案

如何测试一个系统在一般情况下，即从顶部网格开始到底部网格任一路径（而不仅仅局限于垂直情况）是否渗透？

很显然，我们可以使用一个基于深度优先搜索（depth-first search）的经典递归方案的紧凑程序来解决这个问题。程序 2.4.6（percolation.py）是 flow() 的一种实现，用于基于一个带 4 个参数的递归函数 _flow() 计算路径矩阵 isFull[][]。递归函数所带的参数包括：网格空置矩阵 isOpen[][]，路径矩阵 isFull[][]，以及通过行索引 i 和列索引 j 指定的网格位置。递归的基本情况是一种满足下列条件的直接返回的递归调用（我们称这种调用为空调用，null call）：

- i 或者 j 超出二维数组的边界。
- 网格为阻塞状态（isOpen[i][j] 为 False）。
- 该网格已经标记为全连通状态（isFull[i][j] 为 True）

归约步骤标记网格为填充状态（filled），并为其四个邻居调用递归函数：isOpen[i+1][j]、isOpen[i][j+1]、isOpen[i][j–1] 和 isOpen[i–1][j]。为了实现 flow() 函数，我们针对顶部行的每个网格分别调用递归函数 _flow()。递归总会终止，因为每个递归调用要么是空调用，要么标记一个新的网格为全连通状态。通过基于归纳法的参数（和递归程序一样）表明一个网格标记为全连通状态的充分必要条件是，该网格为流通状态且可通过一系列流通邻居网格连

334

接到顶部行的一个网格。

程序 2.4.6　渗透检测（percolation.py）

```
# Same as percolation0.py except replace flow() with this code:
def _flow(isOpen, isFull, i, j):
    n = len(isFull)
    if (i < 0) or (i >= n): return
    if (j < 0) or (j >= n): return
    if not isOpen[i][j]:    return
    if isFull[i][j]:        return

    isFull[i][j] = True
    _flow(isOpen, isFull, i+1, j  )   # Down.
    _flow(isOpen, isFull, i  , j+1)   # Right.
    _flow(isOpen, isFull, i  , j-1)   # Left.
    _flow(isOpen, isFull, i-1, j  )   # Up.

def flow(isOpen):
    n = len(isOpen)
    isFull = stdarray.create2D(n, n, False)
    for j in range(n):
        _flow(isOpen, isFull, 0, j)
    return isFull
```

n	系统大小（n×n）
isOpen[][]	流通网格
isFull[][]	全连通网格
i, j	当前网格的行、列

　　使用本程序中实现的函数替换程序 2.4.1 中的 flow() 函数，可获得渗透原理问题的一个基于深度优先搜索的解决方案。调用 _flow(isOpen, isFull, i, j) 可以把满足下列条件的网格所对应的 isFull[][] 中的元素设置为 True，即从 isOpen[i][j] 开始，通过一条流通网格路径可到达任何网格。带一个参数的 flow() 函数为顶部行的每个网格调用递归函数。程序 2.4.6 的运行过程和结果如下：

```
% more test8.txt
8 8
0 0 1 1 1 0 0 0
1 0 0 1 1 1 1 1
1 1 1 0 0 1 1 0
0 0 1 1 0 1 1 1
0 1 1 1 0 1 1 0
0 1 0 0 0 0 1 1
1 0 1 0 1 1 1 1
1 1 1 1 0 1 0 0
```

```
% python percolation.py < test8.txt
8 8
0 0 1 1 1 0 0 0
0 0 0 1 1 1 1 1
0 0 0 0 0 1 1 0
0 0 0 0 0 1 1 1
0 0 0 0 0 1 1 0
0 0 0 0 0 0 1 1
0 0 0 0 1 1 1 1
0 0 0 0 0 1 0 0
True
```

　　基于一个小的测试样例跟踪 _flow() 的操作是一个检查过程动态性的指导性练习，其结果如图 2-4-4 所示。函数针对每个可以通过流通网格路径从顶部到达某网格的网格调用其本身。本示例表明，简单的递归程序可屏蔽使用其他方法所产生的相当复杂的计算。该函数是经典深度优先算法的一个特例，具有许多重要的应用。

　　通过该算法和使用前文开发的工具脚本（如 visualizev.py 和 estimatev.py），我们可以实现可视化运行试验。具体实现方法如下：首先，复制文件 visualizev.py 以创建一个新的文件 visualize.py，然后编辑 visualize.py，将其中的两个 percolationv 对象实例替换为 percolation。同样地，我们可以通过复制文件 estimatev.py 创建一个新的文件 estimate.py，然后编辑其内容。（为了节省篇幅，visualize.py 和 estimate.py 在本书中不展开阐述，读者可以在本书官网中下载并查看其代码。）通过运行，并尝试不同的 n 和 p 值，读者将很快发现如下规律：当 p 比较大时，系统通常具有渗透性；而当 p 比较小时，通常不具有渗透性；存在一个 p 值（特别是当 n 增加时），当 p 大于该值时，系统通常（大多数时候）具有渗透性，当 p 小于该值时，系统通常（大多数时候）不具有渗透性，参见图 2-4-5。

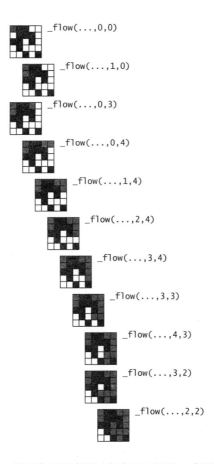

图 2-4-4　递归渗透示意图（省略了空调用，彩图见彩插）

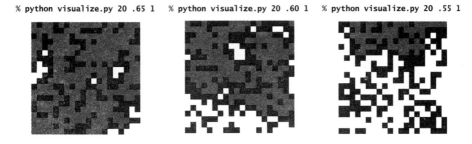

图 2-4-5　当网格空置概率减少时渗透率随之减小（彩图见彩插）

通过在简单的垂直渗透系统中调试 visualizev.py 和 estimatev.py，可保证其正确用于研究渗透系统，从而转向研究感兴趣的实际科学问题。请注意，如果需要研究两个版本的渗透系统，则可以分别编写 percolationv 和 percolation 的客户端，调用 flow() 函数比较二者的结果。

2.4.7　自适应绘制图形

为了更加深入地研究渗透原理，程序开发的下一步可以编写一个程序，用于绘制给定 n 值时渗透概率 q 与网格空置概率 p 的函数图形。也许产生此类图形的最佳方法是首先推导出函数的数学方程，然后基于方程式绘制图形。然而，对于渗透原理，迄今为止还没有人能够推导出这样的方程，所以替代的选项是使用蒙特卡洛方法，即运行模拟并绘制结果。

随即而来，我们将面临许多决策。应该基于多少 p 值计算和估计渗透概率？我们将选择哪一个 p 值？这些计算的目标精度为多少？这些决策构成了实验设计问题。尽管我们希望对任何给定的 n 值可以立即产生曲线的准确再现，但计算成本可能十分高昂。例如，首先我们想到要使用 stdstats.py（程序 2.2.5）绘制，比方说 100 到 1000 个等间隔点。但是，正如读者已经通过程序 estimate.py 了解到，要计算每个点足够精度的渗透概率可能需要花费几秒钟甚至更长时间，所以整个绘制过程可能需要几分钟、几个小时或更长时间。另外，很明显许多计算时间纯属浪费，因为我们知道对于小的 p 值结果为 0，对于大的 p 值结果为 1。我们可以倾向于花费更多的时间计算中间值 p。但问题是如何实现呢？

336
≀
337

程序 2.4.7（percplot.py）实现了一个递归的方法，广泛适用于类似问题。其基本思想十分简单：我们选择 x 坐标值之间的最短路径（称为间距容限，gap tolerance），能够容忍的 y 坐标的最小误差（称为误差容限，error tolerance），以及我们想要测试的每个点的实验次数。递归函数绘制一条位于给定 x 区间 $[x_0, x_1]$ 中从 (x_0, y_0) 到 (x_1, y_1) 的直线。对于我们所研究的问题，从 $(0, 0)$ 到 $(1, 1)$ 绘制图形。基本情况（如果 x_0 和 x_1 之间的距离小于间距容限，或两个端点连线中点与函数值之间的距离小于误差容限）则简单地绘制一条从点 (x_0, y_0) 到点 (x_1, y_1) 的直线。归约步骤则（递归地）绘制曲线的左右部分，从 (x_0, y_0) 到 (x_m, y_m) 以及从 (x_m, y_m) 到 (x_1, y_1)。自适应绘图示意图如图 2-4-6 所示。

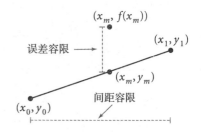

图 2-4-6　自适应绘图示意图

percplot.py 中的代码相对比较简单，可产生十分漂亮的曲线，且计算代价相对较小。python percplot.py 运行过程的调用跟踪如图 2-4-7 所示。

我们可使用该程序研究不同 n 值曲线的形状，也可以选择较小的容限值以确保曲线更接近于实际值。原则上可推导出逼近的精确数学描述，但是在探索和实验的过程中也许不适合考虑太多细节，因为我们的目标仅仅是开发一个可以被科学实验检测的关于渗透原理的假设。

事实上，percplot.py 产生的曲线与假设非常吻合，即存在一个阈值（大约为 0.593）：如果 p 大于该阈值，则系统几乎肯定可渗透；如果 p 小于该阈值，则系统几乎肯定不会渗透。当 n 递增时，该曲线接近于一个步进的函数，阈值从 0 到 1 变化，这种现象称之相变（phase transition），存在于许多物理系统中。

程序 percplot.py 的简单输出形式掩盖了其背后海量的计算。例如，对于 $n = 100$，所绘制的曲线有 18 个点，每个结果需要 1 万次实验，每次实验包含 n^2 个网格。产生和测试每个网格包含几行代码，所以每个点要执行数十亿的语句。我们可以从该实验观察中吸取两点教训。首先，我们必须确保执行数十亿次的任何一行代码的正确性，所以需要使用渐进的方法从易到难开发和调试程序代码。其次，也许我们会对更大的系统感兴趣，我们仍需要在计算科学中做进一步研究，以便能够处理更大的案例，即开发运行更快、效率更高的算法和框架，关注它们的性能特点。

程序 2.4.7   自适应绘制图形客户端（percplot.py）

```
import sys
import stddraw
import estimate

def curve(n, x0, y0, x1, y1, trials=10000, gap=0.01, err=0.0025):
    xm = (x0 + x1) / 2.0
    ym = (y0 + y1) / 2.0
    fxm = estimate.evaluate(n, xm, trials)
    if (x1 - x0 < gap) or (abs(ym - fxm) < err):
        stddraw.line(x0, y0, x1, y1)
        stddraw.show(0.0)
        return
    curve(n, x0, y0, xm, fxm)
    stddraw.filledCircle(xm, fxm, 0.005)
    stddraw.show(0.0)
    curve(n, xm, fxm, x1, y1)

n = int(sys.argv[1])
stddraw.setPenRadius(0.0)
curve(n, 0.0, 0.0, 1.0, 1.0)
stddraw.show()
```

n	系统大小（n×n）
x0, y0	左端点
x1, y1	右端点
xm, ym	中点
fxm	中点的值
trials	程序运行次数
gap	间距容限
err	误差容限

　　程序 2.4.7 从命令行接收一个整数参数 n，然后运行试验，构建一个自适应绘图，显示对于一个 n×n 的系统，网格空置概率（控制变量）与渗透概率（实验观察结果）之间的关系。程序 2.4.7 的运行过程和结果如下：

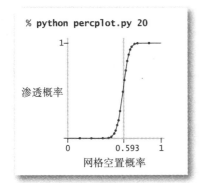

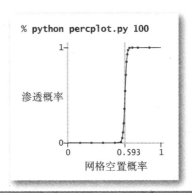

　　基于软件重用的思想，我们只要通过实现不同的 flow() 函数，就可以研究各种各样的渗透问题。例如，如果从程序 2.4.6 递归函数 _flow() 的实现中删除最后一条递归调用语句，则该程序测试一种称为定向渗透（directed percolation）的渗透原理，其中向上的路径不被考虑。定向渗透示意图如图 2-4-8 所示。这种模型适用于液体从多孔岩石渗透的情况，该情况下重力占主导作用，但不适用于电气连通的情况。如果使用两种不同的实现函数运行 percplot.py，你是否会发现其中的区别（具体请参见本节习题第 5 题）？

　　对于物理建模的情况，例如水流经过多孔物质，我们需要使用三维矩阵。在三维矩阵问题中，是否存在相同的阈值？如果存在，阈值的大小是多少？深度优先搜索可有效用于该问题的研究，尽管增加一个维度，需要更加关注用于确定系统是否渗透的计算开销（具体请参见本节习题第 21 题）。科学家还研究了更为复杂的晶格结构（lattice structure），晶格结构不适合使用多维矩阵建模，在 4.5 节中我们将研究如何对类似的数据结构建模。

```
percplot.curve()
   estimate.evaluate()
      percolation.random()
         stdrandom.bernoulli()
            ⋮
            ⋮ n² times
         stdrandom.bernoulli()
      percolation.percolates()
         flow()
            _flow()
               ⋮
               ⋮ between n and n² times
            _flow()

      ⋮ trials times
      percolation.random()
         stdrandom.bernoulli()
            ⋮
            ⋮ n² times
         stdrandom.bernoulli()
      percolation.percolates()
         flow()
            _flow()
               ⋮
               ⋮ between n and n² times
            _flow()
      ⋮ trials times
   ⋮
   ⋮ once for each point
   estimate.evaluate()
      percolation.random()
         stdrandom.bernoulli()
            ⋮
            ⋮ n² times
         stdrandom.bernoulli()
      percolation.percolates()
         flow()
            _flow()
               ⋮
               ⋮ between n and n² times
            _flow()
      ⋮ trials times
      percolation.random()
         stdrandom.bernoulli()
            ⋮
            ⋮ n² times
         stdrandom.bernoulli()
      percolation.percolates()
         flow()
            _flow()
               ⋮
               ⋮ between n and n² times
            _flow()
```

图 2-4-7   python percplot.py 运行过程的调用跟踪

a) 可渗透   b) 不可渗透

图 2-4-8   定向渗透（无向上的路径）示意图（彩图见彩插）

在硅片上研究渗透原理十分有趣，因为没有人能够从数学上推导出若干自然模型的阈值。科学家发现该阈值的唯一方法，就是我们在本节学习的蒙特卡罗模拟方法。科学家必须通过实验判断渗透模型是否能够反映自然界观察到的结果，如果不可以，则可能需要重新修正模型（例如，使用一个不同的晶格结构）。渗透原理是本节描述的越来越多的计算机科学问题中的一个例子，是科学过程一个必不可少的部分。

338
～
340

2.4.8 经验总结

我们可以通过坐下来设计和实现一个单独的程序来研究渗透原理的问题。该程序可能包含数百行代码，产生类似程序 2.4.7 绘制的图形。在早期的计算时代，程序员别无选择只能通过编写这种程序，并花费大量的时间用于剔除错误和修正设计方案。随着现代程序设计工具（如 Python）的出现，我们可以采取更佳的方法，例如使用本章提出的增量式模块程序设计风格，并牢记学习过程中的一些经验和教训。

1. 错误预期

你编写的任何有趣的代码片段都至少存在一个或两个错误。通过在小的、容易理解的测试用例上运行短小的代码片段，可以更容易地剔除错误，从而定位到错误时更容易修正。一旦程序调试完毕，即可使用模块作为任何客户端的构成组件。

2. 减小模块的规模

我们一次能关注的代码规模通常为几十行，所以建议用户在编写程序时，把代码分离成规模较小的代码。一些包含相互关联的函数集合的模块最终可以扩展为数百行代码。当然，也可以使用较小规模的文件。

3. 限制交互

在一个设计良好的模块化程序中，大多数模块应该仅仅依赖于少数其他模块。特别地，一个调用大量其他模块的模块，应该分离为若干小模块。还需要特别注意那些被大量其他模块调用的模块（应该只是少数），因为如果修改该模块的 API，则必须相应修改其所有的客户端程序。模块依赖案例分析如图 2-4-9 所示。

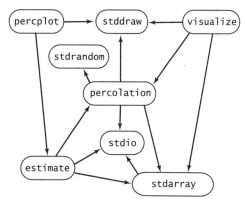

图 2-4-9　模块依赖案例分析

4. 逐步开发代码

实现每个小模块时，我们都应该进行仔细运行和调试，这样才可以保证任何时间处理的不确定代码规模在数十行之内。如果把所有代码放置在一个大模块中，则很难确保它们不包含错误。尽早运行代码可迫使用户尽快思考 I/O 格式、问题示例的本质以及其他问题。我们可以通过思考这些问题和调试相关代码，逐渐积累编程经验，以使今后开发的代码更加高效。

341

5. 解决简单问题

一些有用的解决方案比没有解决方案要好，所以典型的方法是从解决问题最简单的代码开始，例如从研究垂直渗透系统开始。这个实现是不断完善和改进过程的第一步，通过检查各种测试用例和开发支持软件（例如程序 visualize.py 和 estimate.py），可开发一个更完整的解决方案，以充分理解问题。

6. 考虑采用递归方案

递归是现代程序设计语言中值得信赖且不可或缺的工具。如果读者对程序 percplot.py 和 percolation.py 的简洁与优雅心存疑虑，建议读者尝试开发一个非递归的程序来测试一个系统是否渗透，然后重新考虑这个问题。

7. 构建适当的工具

很显然，percolationio.py 中的可视化函数 draw() 和随机布尔矩阵生成函数 random() 可用于许多其他应用程序。percplot.py 中的自适应函数 curve() 也是如此。把这些函数组织到相应的模块非常简单。事实上，与实现专用于渗透系统的这些函数相比，实现这些函数的通用版本并不会增加难度（也许更加容易）。

8. 尽可能重用软件

我们所实现的模块 stdio、stdrandom 和 stddraw 可简化本节开发代码的过程，开发垂直渗透系统后，我们也可以立即在渗透系统中重用诸如 estimate.py 和 visualize.py 等程序。一旦编写了若干这种类型的程序，读者将发现这些程序的各种开发版本可用于其他蒙特卡洛模拟或实验数据分析问题。

本节案例研究的主要目的在于证明模块化程序设计的作用超出想象。尽管没有一种编程方法是解决所有问题的灵丹妙药，但本节我们阐述的工具和方法有助于用户解决复杂的程序设计任务，而使用其他方法，这些复杂的任务根本就无法解决。

模块化程序设计的成功还仅仅是一个开始。现代化程序设计系统更依赖于灵活的编程模型，而不仅仅依赖于本书所阐述的将函数集成为模块的方法。在接下来的两章中，我们将研发这种更灵活的模型，并提供许多相应的例子以阐明其实用性。

342
~
343

2.4.9 问题和解答（字符串）

Q. 当编辑程序 visualize.py 和 estimate.py 时，将所有 percolation 替换为 percolationv（或其他你想研究的模块）的方法似乎很麻烦。是否可以采用其他方法，以避免这种操作？

A. 可以。最直接的方法是把多个名为 percolation.py 的文件放置在不同的子目录中。然后从其中一个子目录拷贝所需要的 percolation.py 到工作目录中，从而选择一个特定的实现。另一种方法是使用 Python 的 import as 语句定义一个指向特定模块的标识符：

```
import percolationv as percolation
```

随后，所有对 percolation.percolates() 的调用将使用定义在 percolationv.py 中的函数代替定义在 percolation.py 中的函数。在这种情况下，替换仅仅涉及修改源代码中的一行代码。

Q. 递归函数 flow() 的实现方法让我很困扰。请问如何才能够更好地理解其工作原理？

A. 请在你自己编写的小型例子上运行测试该函数，并尝试添加指令以输出函数调用的跟踪信息。通过运行几次测试，读者将会理解该函数总是可以填充连接到起点的网格。

Q. 请问是否存在简单的非递归的方法？

A. 确实存在几个已知的方法可执行相同的基本计算。我们将在本书结尾（4.5 节）重新讨论这个问题。同时，如果读者感兴趣的话，尝试开发一个 flow() 函数的非递归实现显然是一个有指导性意义的练习。

　　Q. 为了绘制一个简单的函数图形，程序 2.4.7（percplot.py）似乎包括海量的计算。请问是否存在其他更好的方法？

　　A. 最好的策略是阈值的数学证明，但迄今为止，其推导过程还困惑着科学家们。　|344|

2.4.10　习题

1. 请编写一个程序，实现如下功能：程序带一个命令行参数 n。创建一个 n×n 布尔矩阵，如果 i 和 j 互质，则将位于第 i 行和第 j 列的元素设置为 True。然后在标准绘图中显示 n×n 布尔矩阵（具体可参见 1.4 节的习题第 14 题）。然后编写一个类似的程序，绘制一个 n 阶哈达玛矩阵（具体可参见 1.4 节的习题第 27 题）。再编写另一个程序，绘制满足如下条件的矩阵：如果 $(1 + x)^i$ 中 x^j 的系数（二项式系数）为奇数，则将第 n 行和第 j 列的元素设置为 True。读者也许会对后者产生的图案感到惊奇。

2. 请为 percolationIO.py 编写一个 write() 函数，阻塞网格输出 1，流通网格输出 0，全连通网格输出 *。

3. 给定如下输入，请给出 percolation.py 的递归调用：

```
3 3
1 0 1
0 0 0
1 1 0
```

4. 请为 percolation.py 编写一个类似于 visualize.py 的客户端程序，实现如下功能：从命令行接收参数 n，执行 n 次试验，网格空置概率 p 从 0 递增到 1（按给定增量，增量也是从命令行接收的参数）。

5. 请编写一个程序 percolationd.py，用于测试定向渗透原理（删除程序 2.4.6 中递归函数 _flow() 的最后一条递归调用语句，具体请参见正文中的描述），然后使用 percplot.py（可做适量的修改）绘制定向渗透概率与网格空置概率的函数图形。

6. 请编写一个 percolation.py 和 percolationd.py 的客户端程序，实现如下功能：从命令行接收一个网格空置概率的参数 p，输出系统渗透但不向下渗透的概率估计。请运行足够多次数的实验，以保证估计值精度为 3 位小数。

7. 当 percolation.py 应用于没有阻塞网格的系统时，请描述其网格标记的顺序。最后标记的网格是什么？递归的深度是多少？

8. 请修改程序 percolation.py，动画模拟流计算，显示网格逐一被填充的过程。检查上一道习题的答案。

9. 尝试使用 percplot.py 绘制不同数学函数的曲线（仅仅通过将 estimate.evaluate() 替换为所需求值的函数表达式）。尝试函数 sin(x) + cos(10*x)，观察绘制图形自适应震荡曲线。尝试绘制自己感兴趣的三到四个函数。

10. 请修改程序 percolation.py，计算在流计算中递归的最大深度。绘制期望值与网格空置概率 p 的函数。如果将递归调用的顺序颠倒过来，请问结果将如何变化？

11. 请修改程序 estimate.py，产生类似 bernoulli.py 的输出结果（程序 2.2.7）。额外奖励：使用你的程序验证数据遵循高斯（正态）分布的假设。

12. 请修改程序 percolationio.py、estimate.py、percolation.py 和 visualize.py，用于处理 m × n
网格和 m × n 布尔矩阵。使用可选参数，当仅指定一个维度时，m 的默认值为 n。

2.4.11　创新习题

13. 垂直渗透系统（Vertical percolation）。请证明一个网格空置概率为 p 的 $n \times n$ 渗透系统，
其垂直渗透概率为 $1 - (1 - p^n)^n$，并使用 estimate.py 验证不同 n 值下的分析结果。

14. 矩形渗透系统（Rectangular percolation system）。请修改本节的程序代码，允许读者
研究矩形系统的渗透原理。比较宽高比为 2 : 1 与宽高比为 1 : 2 的矩形渗透系统的概
率绘图。

15. 自适应绘图（Adaptive plotting）。请修改 percplot.py，从命令行接收控制参数（间距容
限、误差容限、程序运行次数），使用不同的参数值测试并研究它们对曲线质量以及计算
成本的影响。简单描述其原因。

16. 渗透阈值（Percolation threshold）。请编写一个 percolation.py 客户端程序，使用二分查
找法估计其阈值（请参见 2.1 节的习题第 26 题）。

17. 非递归定向渗透原理（Nonrecursive directed percolation）。请编写一个非递归程序，测试
定向渗透系统原理，和我们的垂直渗透系统代码一样从顶部到底部移动。实现的解决方
案请基于如下计算规则：如果当前行流通网格的相邻子行中的任意网格可以连接到前一
行的某个全连通网格，则该子行中的所有网格都是全连通网格。定向渗透计算示意图如
图 2-4-10 所示。

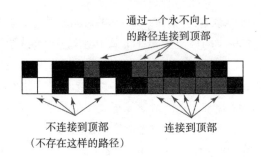

图 2-4-10　定向渗透计算示意图（彩图见彩插）

18. 快速渗透测试（Fast percolation test）。请修改程序 2.4.6 中的递归函数 _flow()，在它在底
部行查找到一个网格（不再填充其他网格）后就立即返回。提示：可使用一个参数 done，
一旦抵达底部行网格，则设置该参数为 True，否则设置为 False。请大致估计上述修改
对运行 percplot.py 程序的性能提高因子。使用一个 n 值，使得程序运行时间至少为几秒
钟但小于几分钟。注意：除非 _flow() 中的第一次递归调用为
当前网格下面的网格，否则性能提高无效。

19. 键渗透（Bond percolation）。请编写一个研究渗透系统原理的模
块化程序，假定网格边界提供连通性。也即一条边可以是未连
接（empty）或已连接（full），如果存在从顶部到底部的全连通
边（full edge）路径，则系统渗透。键渗透系统示意图如图 2-4-
11 所示。注意，这个问题已经通过分析法得以解决，所以你的模拟程序应该验证其假

设：当 n 趋向于较大值时，渗透系统的阈值趋向于 1/2。

20. 三角形网格上的键渗透（Bond percolation on a triangular grid）。请编写一个模块化程序，研究三角形网格上的键渗透系统原理，该系统由 $2n^2$ 个等边三角形组成一个 $n \times n$ 的菱形网格形状。三角形网格上的键渗透系统示意图如图 2-4-12 所示。与上一道习题一样，网格边界提供连通性。每个内部点包含 6 条边连接，边界上的点包含 4 条边连接，而角上的点包含两条边连接。

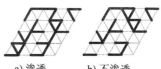

a) 渗透   b) 不渗透

图 2-4-12   三角形网格上的键渗透系统示意图

21. 三维系统渗透原理（Percolation in three dimension）。请实现模块 percolation3d.py 和 percolation3dio.py（用于输入 / 输出和随机数生成）以研究三维立方体的渗透原理，拓展本章研究的二维渗透系统。一个三维渗透系统是一个 $n \times n \times n$ 单位立体网格，网格的流通概率为 p，网格的阻塞概率为 $1-p$。路径可将一个流通立方体连接到任意一个相邻面（除边界外都有六个邻居）的流通立方体。如果存在一条从底部平面的任意流通网格到顶部平面的任意流通网格的路径，则称系统渗透。使用类似程序 2.4.6 中的递归函数 _flow()，但是递归调用为八次而不是四次。使用尽可能大的 n 值，绘制渗透概率和网格空置概率的曲线图。请确保使用渐进的方法开发程序，按照本节强调的方法和步骤。

22. 生命游戏（Game of life）。请实现一个模块 life.py，模拟康威生命游戏（Conway's game of life，又称康威生命演化、生命棋、细胞自动机、元胞自动机等）。设想一个布尔矩阵对应于一个细胞系统，每个细胞都有两个状态：存活或死亡。游戏根据其邻居（各个方向的相邻单元，包括对角线）的值检查和更新各细胞状态。存活的细胞保持存活状态，死亡的细胞保持死亡状态。下列情况除外：

- 一个死亡的细胞，如果正好包含三个存活状态的邻居，则转换为存活状态。
- 一个存活的细胞，如果正好包含一个存活状态的邻居，则转换为死亡状态。
- 一个存活的细胞，如果包含超过三个存活状态的邻居，则转换为死亡状态。

使用一个著名的模式（滑翔机，glider）测试你的程序，滑翔机模式如图 2-4-13 所示，该模式每隔四代下移和右移一步。然后尝试两个滑翔机模式碰撞的情况。然后再尝试一个随机布尔矩阵，或使用本书官网提供的模式。生命游戏被广泛研究，并与计算机科学的基础相关（更多信息请参见本书官网）。

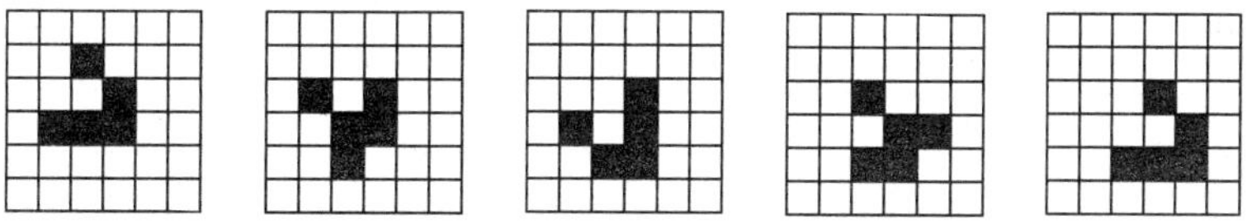

a) 时间 t b) 时间 $t+1$ c) 时间 $t+2$ d) 时间 $t+3$ e) 时间 $t+4$

图 2-4-13   滑翔机的五代示意图

面向对象的程序设计

实现高效编程从概念上讲十分简单。到目前为止，我们已经学习了如何使用内置数据类型，接下来在本章将学习如何使用、创建和设计高级数据类型。

抽象是某种事物的简化描述，抓住事物本质的同时忽略其他细节。在科学、工程和程序设计领域，人们一直在努力通过抽象的方法去了解复杂的系统。在 Python 程序设计中，采用的是面向对象的程序设计（object-oriented programming）方法，即把大型和复杂的程序分解为一系列交互的元素或对象。面向对象程序设计的思想源自于对现实世界的实体进行建模（在软件中）的方法，例如电子、人、建筑物或太阳系等实体，并逐渐扩展到对抽象实体，例如位、数值、颜色、图像或程序等进行建模。

正如 1.2 节所述，一个数据类型是一系列值的集合以及定义在这些值上的一系列操作的集合。在 Python 语言中，许多数据类型（如 int 和 float）的值和操作是预定义的。在面向对象的程序设计中，我们通过编写代码创建新的数据类型。

定义新的数据类型并处理包含数据类型值的对象的能力也称为数据抽象（data abstraction）。数据抽象将导致模块化程序设计风格，自然而然地拓展了函数抽象程序设计风格，而函数抽象程序设计风格则是第 2 章的基础。数据类型允许我们将数据和其上的函数操作分离。本章我们遵循的程序设计理念是：**在一个计算中，当数据和相关的计算任务可以清楚地分开时，则必须分开。**

3.1 使用数据类型

表 3-1-1 为本节所有程序的一览表，读者可以作为参考。

表 3-1-1　本节中所有程序的一览表

程序名称	功能描述
程序 3.1.1（potentialgene.py）	识别潜在基因
程序 3.1.2（chargeclient.py）	带电粒子客户端程序
程序 3.1.3（alberssquares.py）	亚伯斯正方形
程序 3.1.4（luminance.py）	亮度模块
程序 3.1.5（grayscale.py）	将彩色图像转换为灰度图像
程序 3.1.6（scale.py）	图像缩放
程序 3.1.7（fade.py）	淡入淡出效果
程序 3.1.8（potential.py）	电势的可视化显示
程序 3.1.9（cat.py）	拼接文件
程序 3.1.10（stockquote.py）	股票行情的 Web 信息抓取
程序 3.1.11（split.py）	分割文件

组织数据进行处理是开发计算机程序的一个重要步骤。Python 程序设计以各种数据类型为基础，这些数据类型的设计可以支持面向对象的程序设计，即一种代码和数据相结合的程序设计风格。

读者肯定已经注意到，在本书的前两章，所有的程序都局限于数值、布尔值和字符串的运算操作。当然，主要原因是到目前为止我们涉及的 Python 数据类型包括 int、float、bool 和 str，它们通过我们所熟悉的运算符操作数值、布尔值和字符串。在本章中，我们开始讨论其他数据类型。

我们首先讨论 str 数据类型对象的一些新的运算操作，同时介绍面向对象的程序设计概念，因为这些新的运算操作大多以对对象进行操作的方法（method）实现。方法与函数十分类似，只是方法的调用必须显式地关联一个指定的对象。接下来我们通过基因组学的一个字符串处理应用程序，阐述通过方法实现的程序设计风格。

在 3.2 节，我们将进一步讨论一个更为重要的知识点，即定义自定义数据类型以实现各种数据抽象。自定义数据类型的能力是现代程序设计的关键部分。没有任何模块库可满足所有的应用程序需求，因此程序员必须按惯例编写满足自己需求的数据类型。

在本节中，我们主要关注使用现有数据类型的客户端程序，从而为读者提供理解这些新概念的具体参考点，并阐述其应用范围。我们将介绍通过一个数据类型创建对象的构造方法（constructor），以及用于操作对象值的各种方法。我们还将讨论处理电荷、颜色、图像、文件和 Web 页面的程序，本节涉及的内容相对于前文基于内置数据类型的程序设计是一次大的飞跃。 352

3.1.1 方法

在 1.2 节中，我们了解到一个数据类型是一系列值的集合以及定义在这些值上的一系列操作的集合，并且学习了有关 Python 内置数据类型 int、bool、float 和 str 的详细信息。同时了解到 Python 程序中所有的数据都表示为对象以及对象之间的联系。从那以后，我们专注于使用与内置数据类型关联的运算操作处理这些数据类型的对象来编写程序。因此，我们采用了选择结构、循环结构和函数来编写大型程序，实现操作到操作的流程控制。在本节中，我们将把这些概念有机地结合在一起。

在前文涉及的程序中，我们使用了内置运算符，例如 +、−、*、/ 和 []，实现数据类型的运算操作。现在我们将介绍一个更为普遍的实现数据类型运算操作的新方法。方法是与特定对象（即与对象的数据类型）关联的函数。也就是说，方法对应于数据类型的运算操作。

调用方法的语法是使用变量名，后跟一个点运算符（.），然后跟方法名，随后再跟实参列表。实参列表以逗号分隔，并放在括号中。例如，Python 的内置数据类型 int 包含一个名为 bit_length() 的方法，所以通过如下语句，可以确定一个 int 值的二进制表示的位数：

```
x = 3 ** 100
bits = x.bit_length()
stdio.writeln(bits)
```

上述代码片段在标准输出写入 159，表示 3^{100}（一个超大整数）对应的二进制数占 159 个二进制位。

方法的调用语法和行为与函数调用的语法和行为几乎一样。例如，一个方法可以带任意多个参数，这些参数作为对象引用进行传递，最后方法返回一个值给调用者。同样，与函数调用一致，一个方法调用也是一个表达式，所以我们可以在程序中任何可以使用表达式的地方使用方法调用。二者的主要区别在于语法不同：通过使用指定的对象和点运算符调用方法。

在面向对象的程序设计中，相对于函数调用语法，我们通常更倾向于方法调用语法，因为方法调用强调对象的作用。几十年来，这种方法被证明是开发程序的一种富有成效的方法，尤其适合于构建和理解现实世界的模型。

353

方法和函数的区别

函数和方法最主要的区别在于方法与特定的对象关联。我们可以认为这个特定的对象是传递给函数的除了通常方法参数外的一个额外参数。在客户端程序代码中，通过点运算符左侧的名称，可区分方法调用和函数调用：函数调用通常使用一个模块名，而方法调用通常使用一个变量名。两者的区别示意图如图 3-1-1 所示，表 3-1-2 总结了两者之间的区别。

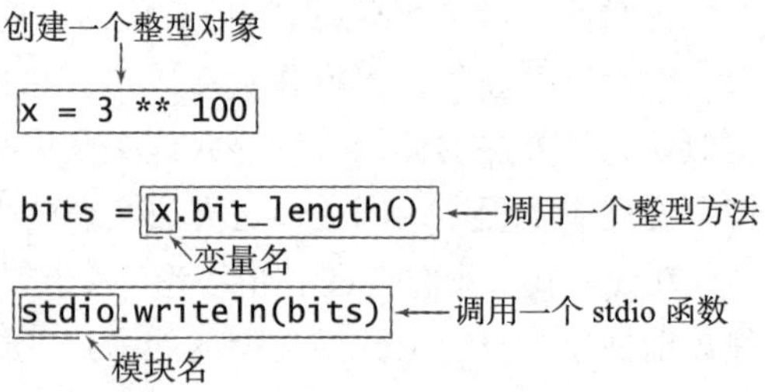

图 3-1-1　先调用方法然后调用函数示意图

表 3-1-2　方法调用和函数调用

	方法	函数
调用样例	x.bit_length()	stdio.writeln(bits)
使用方式	变量名	模块名
参数	对象引用和参数	参数
主要目的	操作对象值	计算返回值

3.1.2　字符串处理

出于需求，本书一开始就使用 str 数据类型为我们的程序创建可读的输出内容。使用 str 的经验表明，**使用一个数据类型时无须理解其具体实现**（由于其重要性，这是本书将反复强调的程序设计理念之一）。我们已经知道 str 的值由一系列字符组成，通过拼接运算可连接两个 str 值，从而产生一个 str 类型结果值。

Python 的 str 数据类型包括其他许多运算操作，其 API 如表 3-1-3 所示。str 是 Python 语言最重要的数据类型之一，因为字符串处理是许多计算应用程序的关键。字符串是编译和执行 Python 程序以及执行其他许多关键计算的核心。它们也是许多商业系统关键的信息处理系统的基础。日常生活中人们使用字符串撰写邮件、博客，进行聊天或准备出版的文档。字

354　符串是若干科学发展领域（特别是分子生物学）的重要成分。

仔细阅读表 3-1-3，我们发现 str 的 API 中的运算操作可以分为如下三个类别：

- 内置运算符：+、+=、[]、[:]、in、not in 以及比较运算符，其特征是使用特别的符号和语法。
- 内置函数：len()，使用标准函数调用语法。
- 方法：upper()、startswith()、find() 等，在 API 中使用变量名跟点运算符区分。

从现在起，本书所有的 API 将分为上述三个类别。接下来，我们依次讨论其用法。

表 3-1-3   Python 内置的 str 数据类型的 API（部分内容）

基本操作	功能描述
len(s)	字符串 s 的长度
s + t	拼接两个字符串 s 和 t，生成一个字符串
s += t	拼接两个字符串 s 和 t，并将拼接结果赋值给 s
s[i]	字符串 s 的第 i 个字符
s[i:j]	字符串 s 的第 i 个到第 (j−1) 个字符。i 默认为 0，j 默认为 len(s)
s[i:j:k]	字符串 s 从 i 到 j 的切片，步长为 k
s < t	字符串 s 是否小于字符串 t
s <= t	字符串 s 是否小于或等于字符串 t
s == t	字符串 s 是否等于字符串 t
s != t	字符串 s 是否不等于字符串 t
s >= t	字符串 s 是否大于或等于字符串 t
s > t	字符串 s 是否大于字符串 t
s in t	字符串 s 是否是字符串 t 的子字符串
s not in t	字符串 s 是否不是字符串 t 的子字符串
s.count(t)	子字符串 t 在字符串 s 中出现的次数
s.find(t, start)	在字符串 s 搜索指定的字符串 t，返回第一次出现的索引下标。如果找不到则返回 −1。从指定的 start（默认为 0）索引开始查找
s.upper()	将字符串 s 中所有的小写字母转换为大写字母后，返回 s 的副本
s.lower()	将字符串 s 中所有的大写字母转换为小写字母后，返回 s 的副本
s.startswith(t)	字符串 s 是否以字符串 t 开头
s.endswith(t)	字符串 s 是否以字符串 t 结尾
s.strip()	去除字符串 s 开始和结尾的所有空格后，返回 s 的副本
s.replace(old, new)	将字符串 s 中所有的 old 替换为 new 后，返回 s 的副本
s.split(delimiter)	按指定字符 delimiter（默认为空格）分割字符串 s 后，返回 s 的子字符串数组
delimiter.join(a)	拼接 a[] 中的字符串，各字符串之间以 delimiter 分隔

1. 内置运算符

如果一个运算符（或函数）可应用于多个数据类型，则称为具有多态性（polymorphic）。多态性是 Python 程序设计中的一个重要功能特点，若干内置的运算符支持多态性，允许用户使用熟悉的运算符编写简洁的代码以处理任何数据类型。我们已经使用过运算符 + 用于数值加法、字符串拼接等运算。表 3-1-3 中的 API 表明运算符 [] 可用于数组运算，从字符串中抽取一个字符。[:] 运算符可用于从字符串中抽取一个子串。并不是所有的数据类型都提供所有的运算符实现，例如，字符串数据类型没有定义运算符 /，因为两个字符串的除法没有任何意义。字符串运算符的示例如表 3-1-4 所示。其中，假设 a = 'now is '，b = 'the time'，c = 'to'。

2. 内置函数

Python 还内置了若干多态性函数，例如 len() 函数，它们可用于多种数据类型。如果一个数据类型实现了该函数，Python 会自动根据参数的数据类型调用其实现。多态性函数与多态性运算符类似，但不使用特别的语法。

3. 方法

为了方便起见，本书包括了内置运算符和内置函数（为了符合 Python 规范），然而创建数据类型的主要精力在开发用于操作对象值的方法上，例如，upper()、startswith()、find() 以及 str API 中列举的其他方法。

事实上，三种运算操作的实现方法是一致的，具体请参见 3.2 节。Python 自动将内置运算符和内置函数映射到特殊方法，特殊方法约定使用名称前后带双下划线的命名规则。例如，s + t 等价于方法调用 s.__add__(t)，而 len(s) 等价于函数调用 s.__len__()。我们从不在客户端程序中使用双下划线的命名方式，但可以使用双下划线的命名方式实现特殊方法，具体请参见 3.2 节。

```
a = 'now is '
b = 'the time '
c = 'to'
```

表 3-1-4　字符串运算符的示例

调用	返回值
`len(a)`	7
`a[4]`	`'i'`
`a[2:5]`	`'w i'`
`c.upper()`	`'TO'`
`b.startswith('the')`	True
`a.find('is')`	4
`a + c`	`'now is to'`
`b.replace('t','T')`	`'The Time '`
`a.split()`	`['now','is']`
`b == c`	False
`a.strip()`	`'now is'`

表 3-1-5 列举了若干简单的字符串处理应用示例，用于描述 Python 的 str 数据类型的不同运算操作。注意，示例仅仅是基本介绍，我们接下来将讨论更为复杂的客户端应用程序。

表 3-1-5　典型的字符串处理代码

代码功能	代码片段
DNA 翻译为 mRNA（用 'U' 替换 'T'）	```def translate(dna):
dna = dna.upper()
rna = dna.replace('T', 'U')
return rna```
字符串 s 是否为回文	```def isPalindrome(s):
n = len(s)
for i in range(n // 2):
if s[i] != s[n-1-i]:
return False
return True```
从命令行参数中抽取文件主名和扩展名	```s = sys.argv[1]
dot = s.find('.')
base = s[:dot]
extension = s[dot+1:]```
从标准输入中读取数据，输出所有包含指定字符串（由命令行参数指定）的数据行	```query = sys.argv[1]
while stdio.hasNextLine():
s = stdio.readLine()
if query in s:
stdio.writeln(s)```
字符串数组是否按从小到大的顺序（升序）排序	```def isSorted(a):
for i in range(1, len(a)):
if a[i] < a[i-1]:
return False
return True```

3.1.3 字符串处理应用：基因组学

为了获得更多的字符串处理经验，我们将简单概述基因组学领域，然后讨论一个程序，生物信息学家可以使用该程序发现潜在的基因。生物学家使用一个简单的模型来表示生命的构造，其中，字母 A、C、T 和 G 分别代表生物体 DNA 的四个碱基。在每个生命体中，这些基本构成部分出现在称之为基因组的长序列（每个染色体一个序列）中。理解基因组的特性是理解其在生物体中存活过程的关键。许多已知生物（包括人类基因）的基因序列数目大约包括 30 亿个碱基。自从该序列被确定以后，科学家已经开始编写计算机程序研究其结构。无论是实验方法还是计算方法，字符串处理是目前分子生物学中最重要的研究方法之一。

基因预测（Gene prediction）

基因是基因组的一个子串，是理解生命过程至关重要的表现功能单元。基因由一系列的密码子组成，每个密码子是由一系列代表氨基酸的三个碱基组成的序列。起始密码子 ATG 标示基因的开始，任何终止密码子 TAG、TAA 或 TGA 则标示基因的结束（在基因的其他位置不允许出现任何终止密码子）。分析基因组的第一步就是要找出它的潜在基因，这是一个字符串的处理问题，可使用 Python 的 str 数据类型解决。

程序 3.1.1（potentialgene.py）是一个作为第一步的程序。程序接收一个 DNA 序列作为命令行参数，并基于下列准则确定其是否对应一个潜在的基因：基因长度为 3 的倍数，以起始密码子开始，以终止密码子结束，当中没有干扰的终止密码子。为了做出判断，程序综合使用字符串、内置运算符以及内置函数的方法。

虽然定义基因的规则比我们设置的要复杂，但程序 potentialgene.py 演示了程序设计基本知识如何帮助科学家更有效地研究基因序列。

在目前的情况下，我们关注的是 str 数据类型的作用，即一个重要抽象的良好封装，可用于客户端程序。Python 的语言机制（从多态函数和操作符，到操作对象值的方法）可以帮助我们实现这个目标。接下来，我们将继续讨论其他实例。

358

3.1.4 用户自定义数据类型

作为自定义数据类型的运行示例，我们将讨论一个用于带电粒子的数据类型 Charge。具体来说，我们感兴趣的是采用库仑定律（Coulomb's law）的二维模型，即带电粒子在给定位置点的电势可表示为：$V = kq / r$，其中，q 为电荷量，r 表示给定位置点与电荷之间的距离，$k = 8.99 \times 10^9$ N m^2/C^2（k 是一个常量，称之为静电常数或库仑常数）。平面中带电粒子的库仑定律如图 3-1-2 所示。

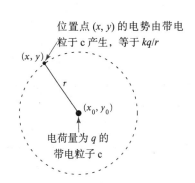

图 3-1-2　平面中带电粒子的库仑定律

为了保持一致性，我们采用 SI（Système International d'Unités，国际单位制）：在公式中，N 表示牛顿（力），m 表示米（距离），C 表示库仑（电荷）。当存在多个带电粒子时，在给定位置点的电势等于各个带电粒子产生的电势之和。我们的目标是给定一系列带电粒子，计算一个平面中不同位置点的电势。为了实现目标，我们编写程序创建和操作 Charge 对象。

程序 3.1.1   识别潜在基因（potentialgene.py）

```python
import sys
import stdio

def isPotentialGene(dna):
    # number of bases is a multiple of 3
    if (len(dna) % 3) != 0: return False

    # starts with start codon
    if not dna.startswith('ATG'): return False

    # no intervening stop codons
    for i in range(len(dna) - 3):
        if i % 3 == 0:
            if dna[i:i+3] == 'TAA': return False
            if dna[i:i+3] == 'TAG': return False
            if dna[i:i+3] == 'TGA': return False

    # ends with a stop codon
    if dna.endswith('TAA'): return True
    if dna.endswith('TAG'): return True
    if dna.endswith('TGA'): return True

    return False
dna = sys.argv[1]
stdio.writeln(isPotentialGene(dna))
```

程序 3.1.1 接收一个正整数命令行参数：一个 DNA 序列。然后确定序列是否对应一个潜在的基因：长度为 3 的倍数，以起始密码子（ATG）开始，以终止密码子（TAA、TAG 或 TGA）结束，并且没有干扰的终止密码子。程序 3.1.1 的运行过程和结果如下：

```
% python potentialgene.py ATGCGCCTGCGTCTGTACTAG
True

% python potentialgene.py ATGCGCTGCGTCTGTACTAG
False
```

1. 应用程序编程接口（API）

为了实现我们承诺的程序设计理念——使用一个数据类型时无须理解其具体实现，我们在表 3-1-6 中通过列举 Charge 数据类型的 API 运算操作指定其行为，其实现则在 3.2 节中具体阐述。

表 3-1-6   用户自定义的 Charge 数据类型的 API

运算操作	功能描述
Charge(x0, y0, q0)	在给定位置点 (x0, y0) 创建一个新的电荷量为 q0 的 charge
c.potentialAt(x, y)	电荷 c 在位置点 (x, y) 的电势
str(c)	'q0 at (x0, y0)' （电荷 c 的字符串表示方式）

对于表 3-1-6 第二行中的函数，其名称与数据类型的名称相同，称之为构造函数。客户端通过调用构造函数创建一个新的对象。每次调用 Charge 构造函数将创建一个新的 Charge 对象。表 3-1-6 中最后两行内容定义了数据类型的运算操作。第一个操作是方法 potentialAt()，用于计算并返回电荷在给定位置点 (x, y) 产生的电势。第二个操作是内置函数 str()，用于返

回带电粒子的字符串表示。接下来，我们将讨论如何在客户端使用 Charge 数据类型。

2. 文件命名规则

我们将定义用户自定义数据类型的代码保存在一个 .py 文件中。按惯例，每个数据类型定义在一个独立的 .py 文件中，文件名与数据类型相同（但不大写）。因而，Charge 数据类型位于 charge.py 文件中。为了使用 Charge 数据类型编写客户端程序，我们在客户端程序 .py 文件的顶部增加如下 import 语句：

```
from charge import Charge
```

请注意，使用用户自定义数据类型的 import 语句格式不同于使用函数的 import 语句格式。像往常一样，必须保证 charge.py 可用于 Python，所以，可将 charge.py 文件放置在与客户端代码相同的目录中，或使用操作系统的路径环境变量进行设置（具体请参见 2.2 节中的"问题和解答"）。

3. 创建对象

要创建一个用户自定义数据类型的对象，可调用其构造函数指示 Python 创建一个新的独立对象。构造函数的调用就像调用一个函数，使用数据类型的名称，随后指定构造函数的参数。构造函数的参数在括号中，并通过逗号分隔。例如，Charge(x0, y0, q0) 使用位置点 (x0, y0) 和电荷值 q0 创建一个新的 Charge 对象，返回一个指向新对象的对象引用。通常，通过调用构造函数创建一个新对象的同时，会在同一行代码中设置该对象引用给一个变量，如图 3-1-3 所示。一旦创建了对象，则值 x0、y0 和 q0 即属于该对象。通常，为新建的变量和对象绘制一个如图 3-1-3 所示的内存图非常有助于我们理解对象。

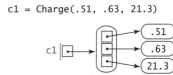

```
c1 = Charge(.51, .63, 21.3)
```

图 3-1-3   创建一个 Charge 对象 c1

```
c1 = Charge(.51, .63, 21.3)
c2 = Charge(.13, .94, 85.9)
c3 = Charge(.51, .63, 21.3)
c4 = c2
```

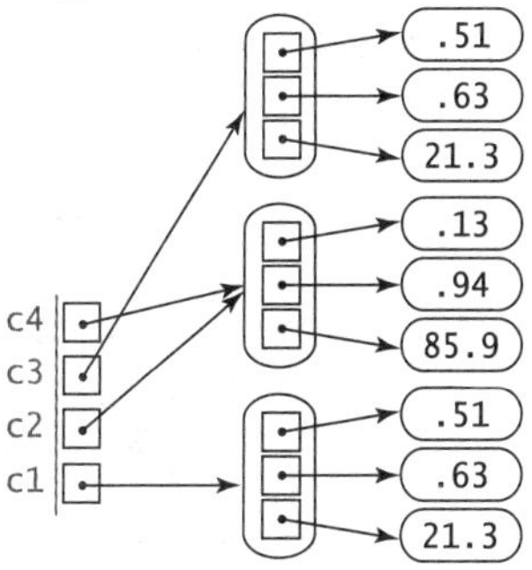

可以创建同一个数据类型任意数量的对象。回顾 1.2 节的内容，每个对象都有其独立的标识、类型和值。因而，两个位于计算机内存不同位置的对象，其类型可能相同，值也可能相同。例如，如图 3-1-4 中代码创建了三个不同的 Charge 对象。变量 c1 和 c3 指向不同的对象，尽管这两个对象存储相同的值。换言之，c1 和 c3 指向的对象相等（也就是说这两个对象的类型相同，且存储相同的值），但并不是同一个对象（即它们的标识不同，因为它们位于计算机内存中的不同位置）。作为对比，c2 和 c4 指向同一个对象，它们互为别名。

图 3-1-4   指向 3 个 Charge 对象的 4 个变量

4. 调用方法

如本节一开始所述，我们通常使用一个变量以标示与我们所调用的方法相关联的对象。例如，方法调用"c1.potentialAt(.20, .50)"，将返回一个浮点数，表示由 c1 指向的 Charge 对象在位置点 (0.20, 0.50) 产生的电势。位置点和电荷之间的距离为 0.34，因而电势为 $8.99 \times 10^9 \times 0.51 / 0.34 = 1.35 \times 10^{10}$。

5. 字符串表示

在数据类型的实现中，通常有必要包含一个把对象值转换为字符串的运算操作。Python

有一个内置函数 str() 用于此目的，在本书一开始就被用来把整数和浮点数转换为用于输出的字符串。因为 Charge API 包含一个 str() 实现，所以任何客户端均可调用 str() 函数以获取一个 Charge 对象的字符串表示。在我们的例子中，通过调用 str(c1) 返回字符串 '21.3 at (0.51, 0.63)'。转换的本质完全在于其实现方法，但通常的实现方法是将字符串的对象值编码为人类可阅读的格式。在 3.2 节中讨论字符串的实现时，我们将探讨其内在的实现机制。

上述机制归纳总结为客户端程序 chargeclient.py（程序 3.1.2），程序从命令行接收一个位置坐标点，创建两个 Charge 对象，计算其在指定位置点由两个电荷产生的电势之和。代码描述了开发一个抽象模型的思想（用于带电粒子），并实现抽象的代码（将在 3.2 节讨论）和使用抽象的代码分离。这是本书的一个转折点：虽然我们还没有看到其实现代码，但事实上到目前为止，本书编写的所有代码都基于定义和调用实现数据类型操作的方法。

361
~
362

程序 3.1.2　带电粒子客户端程序（chargeclient.py）

```
import sys
import stdio
from charge import Charge

x = float(sys.argv[1])                                    x, y   查询位置点
y = float(sys.argv[2])                                    c1     第一个电荷
c1 = Charge(.51, .63, 21.3)                               c2     第二个电荷
c2 = Charge(.13, .94, 81.9)                               v1     由电荷 c1 产生的电势
v1 = c1.potentialAt(x, y)                                 v2     由电荷 c2 产生的电势
v2 = c2.potentialAt(x, y)
stdio.writef('potential at (%.2f, %.2f) due to\n', x, y)
stdio.writeln('  ' + str(c1) + ' and')
stdio.writeln('  ' + str(c2))
stdio.writef('is %.2e\n', v1+v2)
```

　　程序 3.1.2 是一个面向对象的客户端程序，程序接收一个命令行参数：位置点坐标 (x, y)，并基于固定位置和电荷值，创建两个 Charge 对象 c1 和 c2，然后向标准输出写入由两个电荷在给定位置点 (x, y) 产生的电势。指定位置点 (x, y) 的电势等于两个电荷 c1 和 c2 在给定位置点 (x, y) 产生的电势之和。程序 3.1.2 的运行过程、示意图和结果如下：

```
% python chargeclient.py .2 .5
potential at (0.20, 0.50) due to
   21.3 at (0.51, 0.63) and
   81.9 at (0.13, 0.94)
is 2.22e+12
% python chargeclient.py .51 .94
potential at (0.51, 0.94) due to
   21.3 at (0.51, 0.63) and
   81.9 at (0.13, 0.94)
is 2.56+12
```

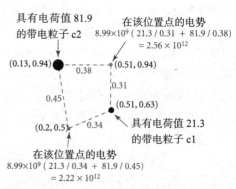

363

　　前文涉及的内容是面向对象程序设计的基础，所以这里非常有必要做一下总结。在概念层面上，一个数据类型是一系列值的集合和定义在这些值上的一系列操作的集合。在具体层面上，我们使用数据类型来创建对象。一个对象具有三个基本属性：标识、类型和值（或状态）。

• 标识（identity）：一个对象的标识是其在计算机内存中的存储位置，用于唯一标识该对象。

- 类型（type）：一个对象的类型完全指定对象的行为，即该对象支持的一系列运算操作。
- 值（value 或状态 state）：一个对象的值（或状态）是对象当前表示的数据类型的值。

在面向对象程序设计中，我们通过调用构造函数来创建对象，然后通过调用对象的方法操作对象的值。在 Python 中，我们通过对象引用来访问对象。一个对象引用是指向一个对象内存位置（标识）的名称。

著名的比利时艺术家勒内·马格里特（René Magritte）在其画作《形象的叛逆》（The Treachery of Images）中捕获了引用的概念，如图 3-1-5 所示，画中绘制了一个烟斗，烟斗下面是说明文字：ceci n'est pas une pipe（这不是一个烟斗）。我们可以理解说明文字的意思为：画中的烟斗不是真实的烟斗，只是一个烟斗的图像。也许马格里特的意思是：说明文字既不是一个烟斗，也不是一个烟斗的图像，仅仅是一个说明文字。在当前的上下文中，这幅图像强调了一种思想，即一个指向对象的引用仅仅是一个引用，引用不是对象本身。

图 3-1-5　一个烟斗的图像

6. 用户自定义数据类型和内置数据类型的相同之处

在大多数情况下，用户自定义的数据类型（即标准库、扩展库、本书官网库中的数据类型，以及其他用户自定义数据类型）与内置数据类型（例如，int、float、bool 和 str）没有任何不同。任何数据类型的对象均可以用于：

- 赋值语句中
- 作为数组的元素
- 作为方法或函数的参数或返回值
- 作为内置运算符（例如，+、−、*、/、+=、<、<=、>、>=、==、!=、[] 和 [:]）的操作数
- 作为内置函数（例如，str() 和 len()）的参数

这些能力使我们可以创建优雅和易于理解的客户端程序，使用自然的方式直接操作数据。这在前文的 str 客户端程序 potentialgene.py 以及本节其后小节的其他示例中体现。

7. 用户自定义数据类型和内置数据类型的不同之处

内置数据类型在 Python 中拥有特殊地位，特别是从如下几点考虑：

- 可直接使用内置数据类型而无须通过 import 语句导入。
- Python 为创建内置数据类型的对象提供了特殊的语法。例如，字面量 123 创建一个 int 对象；表达式 ['Hello', 'World'] 创建一个数组，其元素为 str 对象。作为对比，创建一个用户自定义数据类型的对象，则需要调用一个构造函数。
- 按惯例，内置数据类型以小写字母开始，而用户自定义数据类型则以大写字母开始。
- Python 为内置的算术数据类型提供自动类型转换，例如从 int 转换为 float。
- Python 为内置数据类型的转换提供了内置函数，包括 int()、float()、bool() 和 str() 等。

为了展示面向对象程序设计的强大能力，接下来我们讨论几个实例。我们讨论这几个实例的主要目的在于使读者习惯使用抽象进行定义和计算的设计理念。同时我们将开发若干通用的数据类型，本书其他部分将采用这些数据类型。首先，我们讨论熟知的图像处理世界，我们将处理 Color 和 Picture 对象。它们都是典型的抽象，我们可以把它们简化为基本数据

364

类型，这样就可以编写程序处理图像，实现诸如从数码照相机捕获图像并在显示器上查看的功能。我们还将发现，图像处理对于计算机视觉学至关重要。然后，我们回顾输入 / 输出的主题，扩展本书官网 stdio 模块提供的功能。特别是我们将讨论允许用户编写直接处理 Web 页面和计算机文件的 Python 程序的抽象。

3.1.5　颜色

颜色是由电磁辐射引起的眼睛的感觉。因为在计算机中经常需要查看和处理彩色图像，所以颜色是计算机图形学中一个广泛应用的抽象。在专业印刷、打印、Web 等领域，处理颜色是一个复杂的任务。例如，彩色图像的呈现在很大程度上取决于所使用介质的存在方式。我们的 Color 数据类型定义在模块 color.py 中，将创意设计师确定所需颜色的复杂问题，演变为计算机系统忠实地呈现所需颜色的问题。Color 数据类型的 API 如表 3-1-7 所示。

表 3-1-7　Color 数据类型（color.py）的 API

运算操作	功能描述
Color(r, g, b)	创建一种红、绿、蓝分量值分别为 r、g、b 的新颜色
c.getRed()	获取颜色 c 的红分量值
c.getGreen()	获取颜色 c 的绿分量值
c.getBlue()	获取颜色 c 的蓝分量值
str(c)	'(R, G, B)'（颜色 c 的字符串表示）

Color 使用 RGB 颜色模型表示颜色值，即一种颜色由三个取值范围从 0 到 255 的整数确定，分别表示颜色的红、绿、蓝分量的强度。其他颜色值通过混合红、绿、蓝分量获得。使用这种模型，可表示 256^3（大约 1670 万）种不同的颜色。据科学家估计，人类肉眼可辨识的颜色只有约一千万种。几种 RGB 颜色值如表 3-1-8 所示。

表 3-1-8　常用的颜色值

red	green	blue	颜色
255	0	0	red（红）
0	255	0	green（绿）
0	0	255	blue（蓝）
0	0	0	black（黑）
100	100	100	dark gray（深灰色）
255	255	255	white（白）
255	255	0	yellow（黄）
255	0	255	magenta（品红）
9	90	166	用户自定义的一种蓝色

Color 包含一个带 3 个整数参数的构造函数，所以可以编写如下代码分别创建纯红和纯蓝颜色值：

```
red  = color.Color(255,  0,  0)
blue = color.Color( 0,   0, 255)
```

自 1.5 节开始，我们就开始使用模块 stddraw 中的颜色，但仅仅局限于若干预定义颜色，例如，stddraw.BLACK、stddraw.RED 和 stddraw.PINK。从现在开始，数百万的颜色可供用户使用。

程序 3.1.3（alberssquares.py）是 Color 和 stddraw 的客户端程序，用于各种与颜色有关的实验。程序从命令行接收两个颜色，并显示颜色，显示格式使用颜色理论学家约瑟夫·亚伯斯（Josef Albers）于二十世纪六十年代开发的格式，约瑟夫·亚伯斯改变了人们思考色彩的方式。

我们的主要目的是使用 Color 作为阐述面向对象程序设计的一个例子。如果使用不同的参数尝试运行该程序，我们将发现，即使像 alberssquares.py 一样的简单程序，也是研究色彩交互有用和有趣的方式。同时，我们也可以开发若干实用的工具，用于编写处理颜色的程序。接下来，我们选择一个颜色属性作为示例，证明编写面向对象的代码来处理抽象概念（如颜色）是一种方便、实用的方法。

程序 3.1.3　亚伯斯正方形（alberssquares.py）

```
import sys
import stddraw
from color import Color

r1 = int(sys.argv[1])
g1 = int(sys.argv[2])
b1 = int(sys.argv[3])
c1 = Color(r1, g1, b1)

r2 = int(sys.argv[4])
g2 = int(sys.argv[5])
b2 = int(sys.argv[6])
c2 = Color(r2, g2, b2)

stddraw.setPenColor(c1)
stddraw.filledSquare(.25, .5, .2)
stddraw.setPenColor(c2)
stddraw.filledSquare(.25, .5, .1)

stddraw.setPenColor(c2)
stddraw.filledSquare(.75, .5, .2)
stddraw.setPenColor(c1)
stddraw.filledSquare(.75, .5, .1)

stddraw.show()
```

r1, g1, b1	RGB 值
c1	第一个颜色
r2, g2, b2	RGB 值
c2	第二个颜色

程序 3.1.3 从命令行接收两个 RGB 方式的参数值作为需要显示的颜色信息，并采用颜色理论学家约瑟夫·亚伯斯于二十世纪六十年代开发的格式显示两种颜色。程序 3.1.3 的运行过程和结果如下（彩图见彩插）：

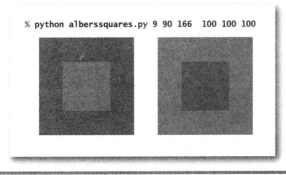
% python alberssquares.py 9 90 166 100 100 100

1. 亮度（Luminance）

现代显示设备（如 LCD 监视器、LED TV、手机屏幕）上的图像质量依赖于一种颜色属性，称为单色亮度（monochrome luminance）或有效亮度。亮度的标准公式来自于眼睛对红、绿、蓝的敏感度，它是三种颜色分量强度的线性组合方程：如果一种颜色的红、绿、蓝三色分量值分别为 r、g 和 b，则其亮度的定义公式为：

$$Y = 0.299\,r + 0.587g + 0.114b$$

由于系数为正且系数之和为 1，而各颜色分量的取值范围为 0 到 255 的整数，所以亮度为取值范围从 0 到 255 之间的实数。

2. 灰度（Grayscale）

当三种颜色分量的强度相同时，RGB 颜色模型具有一种属性，即结果颜色是位于黑（全 0）到白（全 255）之间的灰度颜色。灰度颜色示例如图 3-1-6。如果要在黑白报纸（或书籍）上印刷一幅彩色图像，则必须使用函数将其转换为灰度图像。将彩色图像转换为灰度图像最简单的方法是将红、绿、蓝分量值替换成与其单色亮度值相同的颜色。

367 ～ 368

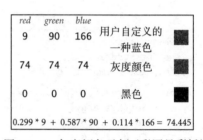

图 3-1-6　灰度颜色示例（彩图见彩插）

3. 颜色兼容性（Color compatibility）

亮度值同时也是确定两种颜色是否兼容的关键要素。两种颜色兼容性是指在以一种颜色为背景时另一种颜色的可阅读性。一种被广泛使用的经验法则是，前景色和背景色的亮度差至少应该是 128。例如，白色背景上的黑色文本，其亮度差为 255，而蓝色背景上的黑色文本，其亮度差为 74。颜色兼容性示例如图 3-1-7 所示。这个法则在广告设计、路标、网站和其他应用程序中十分重要。程序 3.1.4（luminance.py）是一个用于将一种颜色转换为灰度，并测试两种颜色是否兼容的模块，例如在 stddraw 应用程序中使用颜色。luminance()、toGray() 和 areCompatible() 是

图 3-1-7　颜色兼容性示例图（彩图见彩插）

luminance.py 中的函数，描述了使用数据类型组织信息的实用程序。使用数据类型 Color 并传递对象作为参数，而不是传递三种颜色分量强度值，将使实现更加简单。如果不使用 Color 数据类型，则函数需要返回多个值，使程序显得比较笨拙且容易出错。

颜色抽象的重要性不仅仅在于可以直接使用，还可以用于构建包含 Color 值的高级数据类型。接下来，我们将通过开发一个构建在颜色抽象上的数据类型阐述这个观点，该数据类型可用于编写处理数字图像的程序。

369

3.1.6　数字图像处理

你肯定熟悉照片的概念。从技术上而言，照片可以定义为通过对电磁辐射的可见光波长的收集和聚焦，构成一个场景在某个时间点的二维图像。技术定义超出了我们所研究的范围，值得注意的是摄影的历史是一个技术发展的历史。在上个世纪，摄影基于化学过程，但它的未来是基于计算的。移动设备其实就是一个带镜头和感光器件的、能以数字形式捕获图像的计算机，而计算机的照片编辑软件则允许处理这些图像。用户可以

剪裁、放大或缩小图像，调整其对比度，增加或减少图像的亮度，消除红眼，以及执行其他许多操作。给定一个简单的捕捉数字图像思想的基本数据类型，许多诸如此类的操作实现非常容易。

程序 3.1.4　亮度模块（luminance.py）

```
import sys
import stdio
from color import Color
def luminance(c):
    red   = c.getRed()
    green = c.getGreen()

    blue  = c.getBlue()
    return .299*red + .587*green + .114*blue

def toGray(c):
    y = int(round(luminance(c)))
    return Color(y, y, y)                        y │颜色 c 的亮度

def areCompatible(c1, c2):
    return abs(luminance(c1) - luminance(c2)) >= 128.0

def main():
    r1 = int(sys.argv[1])
    g1 = int(sys.argv[2])
    b1 = int(sys.argv[3])
    r2 = int(sys.argv[4])
    g2 = int(sys.argv[5])
    b2 = int(sys.argv[6])
    c1 = Color(r1, g1, b1)                        c1 │第一个颜色
    c2 = Color(r2, g2, b2)                        c2 │第二个颜色
    stdio.writeln(areCompatible(c1, c2))

if __name__ == '__main__': main()
```

程序 3.1.4 模块包含用于颜色处理的三个重要函数：亮度、将颜色转换为灰度、前景色和背景色兼容性测试。程序 3.1.4 的运行过程和结果如下：

```
% python luminance.py 232 232 232    0   0   0
True
% python luminance.py   9  90 166  232 232 232
True
% python luminance.py   9  90 166    0   0   0
False
```

1. 数字图像

前文我们已经使用模块 stddraw 在计算机屏幕的一个窗口中绘制几何对象（点、线段、圆、正方形）。处理数字图像需要哪些系列值？针对这些值需要执行哪些操作？计算机显示器的基本抽象和数字照片一致，同样非常简单：数字图像是一个像素（图片元素）的矩形网格，其中每个像素单独定义一种颜色。数字图像的剖析图如图 3-1-8 所示。数字图像有时称为光栅或位图图像，与之对比，使用 stddraw 产生的图像则被称为矢量图形。

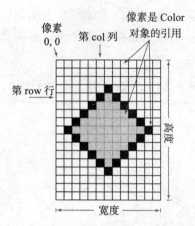

图 3-1-8　数字图像的剖析图（彩图见彩插）

　　我们使用定义在模块 picture.py 中的 Picture 数据类型实现数字图像抽象。图像系列值为元素值是 Color 数据类型的二维数组，其操作包括：创建一幅图像（可以是给定宽度和高度的空白图像，或者是通过给定图像文件初始化的图像）；设置某个像素的颜色为给定的颜色；返回给定像素的颜色；返回图像的宽度和高度；在计算机屏幕的窗口中显示图像；将图像保存到一个文件。详细的 API 请参见表 3-1-9。

370
〜
371

表 3-1-9　Picture 数据类型（定义在模块 picture.py 中）的 API

运算操作	功能描述
Picture(w, h)	创建一个给定宽度 w 和高度 h 的像素数组，并初始化为空白图像
Picture(filename)	通过给定图像文件创建并初始化一幅新的图像
pic.save(filename)	将图像 pic 保存到文件 filename 中
pic.width()	获取图像 pic 的宽度
pic.height()	获取图像 pic 的高度
pic.get(col, row)	获取图像 pic 中像素点 (col, row) 的 Color 颜色值
pic.set(col, row, c)	设置图像 pic 中像素点 (col, row) 的 Color 颜色值为 c

注：表 3-1-9 中的文件名必须以 .png 或者 .jpg 为扩展名，也即文件格式只能是 .png 或者 .jpg 文件。

　　按惯例，(0, 0) 表示左上角的像素，所以图像的排列顺序与矩阵相同（相对地，stddraw 模块采用的规则是点 (0, 0) 位于左下角，因此绘图的方向与笛卡儿坐标系的方式保持一致）。大多数图像处理程序其实就是过滤器，即先扫描源图像中的像素并将其作为一个二维数组，然后执行某种计算以确定目标图像每个像素的颜色值。所支持的文件格式是广为使用的 .png 和 .jpg 格式，所以用户可以编写程序来处理自己的照片，并把处理后的照片用于相簿或网站。数据类型 Picture 连同数据类型 Color 一起为我们打开了图像处理的大门。

　　因为实现了 save() 方法，所以我们可以保存图像，从而可以使用通常的查看图像的方式查看创建的图像。另外，stddraw 模块支持 picture() 函数，允许用户在标准绘图窗口绘制一个给定的 Picture 对象，与其他对象例如线段、矩形、圆一样。用于显示一个 Picture 对象的 API 如表 3-1-10 所示。

表 3-1-10 　显示一个 Picture 对象的 API

运算操作	功能描述
stddraw.picture(pic, x, y)	以点 (x, y) 为中心，显示 stddraw 模块中的 pic

注：表 3-1-10 中的 x 和 y 默认是标准输出画布的中心位置。

372

2. 灰度图像

在本书官网中包括大量的彩色图像示例。本书描述的所有方法均适用于全彩色图像，但课本中所有的示例图像均为灰度图像。因而，我们的首要任务是编写一个程序，用于将彩色图像转换为灰度图像。这个任务是一个典型的图像处理原型任务。源图像中的每一个像素，对应于目标图像中一个不同颜色值的像素。程序 3.1.5（grayscale.py）是一个过滤器，从命令行接收一个图像文件名，产生该图像文件的灰度图像版本。程序创建一个新的 Picture 对象，并初始化为彩色图像，然后设置每个像素的颜色值为一个新的 Color 值，新的 Color 值使用 luminance.py（程序 3.1.4）中的 toGray() 函数计算对应于源图像像素点的灰度值。

程序 3.1.5　将彩色图像转换为灰度图像（grayscale.py）

```
import sys
import stddraw
import luminance
from picture import Picture

pic = Picture(sys.argv[1])

for col in range(pic.width()):
    for row in range(pic.height()):
        pixel = pic.get(col, row)
        gray = luminance.toGray(pixel)
        pic.set(col, row, gray)

stddraw.setCanvasSize(pic.width(), pic.height())
stddraw.picture(pic)
stddraw.show()
```

pic	图像源文件
col, row	像素坐标
pixel	像素颜色值
gray	像素灰度值

程序 3.1.5 是一个简单的图像处理客户端程序。程序首先接收一个图像文件名作为命令行参数，通过该图像文件创建并初始化一个 Picture 对象。然后通过创建每个像素颜色的灰度值并重置该颜色的像素，将图像中的每个像素转换为灰度。最后，显示转换后的图像。在运行结果右侧的图像中可以看见像素点，因为图像是从低分辨率图像放大而来（请参见前文图像缩放的内容）。程序 3.1.5 的运行过程和结果如下：

% python grayscale.py mandrill.jpg

% python grayscale.py darwin.jpg

3. 缩放

图像处理最常用的任务之一是放大或缩小图像。这种称为缩放（scaling）的基本操作的示例包括：制作用于聊天室或手机的缩略图照片；调整高分辨率照片的大小以适应印刷或 Web 页面的特定空间；放大卫星图像或使用显微镜拍摄的图像。在光学系统中，我们仅仅通过调整镜头就可以达到所需的缩放大小，但在数字图像中，则需要做更多的工作。

在某些情况下，实现策略非常简单清晰。例如，如果目标图像的大小为源图像的一半（在每一个维度），可以简单地通过选择一半像素来实现，也即删除一半的行和列。这种技术称为采样（sampling）。如果目标图像的大小为源图像的一倍（在每一个维度），可设置目标图像的相邻四个像素为源图像同一个像素的颜色。注意，缩小图像会导致丢失信息，所以如果先把图像缩小一半，然后再放大一半，通常结果图像与源图像会不一致。数字图像缩放的示意图如图 3-1-9 所示。

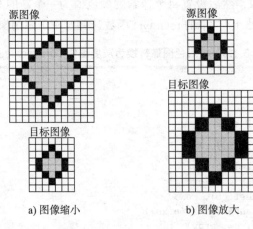

a) 图像缩小　　　　　　　　　　　b) 图像放大

图 3-1-9　数字图像缩放的示意图（彩图见彩插）

一个简单的方案同样适用于图像的放大和缩小。我们的目标是创建目标图像，所以从逐一处理目标图像的每个像素开始，通过缩放每个像素的坐标以确定源图像中哪个像素的颜色可以赋值给目标图像的像素。假设源图像的宽度和高度分别为 w_s 和 h_s，目标图像的宽度和高度分别为 w_t 和 h_t，则列索引坐标的缩放比例为 w_s/w_t，行索引坐标的缩放比例为 h_s/h_t。也就是说，目标图像列 c 和行 r 的像素颜色对应于源图像列 $c \times w_s/w_t$ 和行 $r \times h_s/h_t$ 处的像素颜色。例如，如果我们要将一幅图像的大小缩小一半，则缩放比例为 2，所以目标图像列 4 和行 6 处的像素颜色对应于源图像列 8 和行 12 处的像素颜色。如果要将一幅图像的大小放大一倍，则缩放比例为 1/2，所以目标图像列 4 和行 6 处的像素颜色对应于源图像列 2 和行 3 处的像素颜色。程序 3.1.6（scale.py）是该简单方案的一种实现。更加复杂的方案可能适合来自旧网页或旧相机的低分辨率图像。例如，把图像缩小一半，可以将源图像四个相邻点的平均值作为目标图像的一个像素点。目前大多数应用程序中的图像通常为高分辨率图像，程序 scale.py 采用的简单方法对处理高分辨率图像非常有效。

把目标图像每个像素的颜色值作为源图像指定像素的函数来计算颜色值的基本思想，同样是各种图像处理任务的有效方法。接下来，我们将讨论两个示例，更多的示例请参见习题和本书官网。

程序 3.1.6　图像缩放（scale.py）

```
import sys
import stddraw
from picture import Picture

file = sys.argv[1]
wT = int(sys.argv[2])
hT = int(sys.argv[3])

source = Picture(file)
target = Picture(wT, hT)

for colT in range(wT):
    for rowT in range(hT):
        colS = colT * source.width()  // wT
        rowS = rowT * source.height() // hT
        target.set(colT, rowT, source.get(colS, rowS))

stddraw.setCanvasSize(wT, hT)
stddraw.picture(target)
stddraw.show()
```

wT, hT	目标图像大小
source	源图像
target	目标图像
colT, rowT	目标图像像素坐标
colS, rowS	源图像像素坐标

程序 3.1.6 接收三个命令参数：一个格式为 .jpg 或 .png 的图像文件名和两个整数 wT 和 hT，显示缩放到宽度为 wT，高度为 hT 的图像。程序 3.1.6 的运行过程和结果如下：

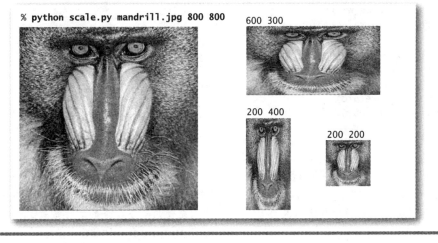

4. 淡入淡出效果（Fade effect）

接下来我们讨论一个十分有趣的图像处理示例，在一系列离散步骤中，将一个图像转换成其他样子，这种转变有时被称为淡入淡出效果。程序 3.1.7（fade.py）是一个 Picture、Color 和 stddraw 的客户端程序，程序使用线性插值法实现淡入淡出效果。程序计算 $n-1$ 幅中间图像，第 t 幅图像的每个像素是源图像和目标图像中相对应像素的加权平均值。函数 blend() 实现了插值：源图像像素的颜色值的权重系数为 $1 - t/n$，目标图像像素的颜色值的权重系数为 t/n（当 t 为 0 时，为源图像；当 t 为 n 时，为目标图像）。这种简单的计算方法可以产生令人吃惊的效果。当在计算机上运行 fade.py 时，变化将动态呈现。请读者尝试使用自己的照片库运行测试程序并观察图像的变化。注意程序 fade.py 假设两幅图像的宽度和高度相同。如果两幅图像的大小不同，可以使用程序 scale.py 缩放其中一幅或两幅图像的大小，然后再使用程序 fade.py 运行测试。

程序 3.1.7　淡入淡出效果（fade.py）

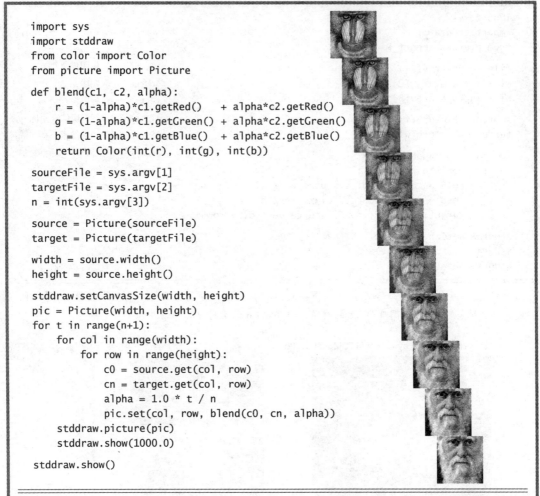

```
import sys
import stddraw
from color import Color
from picture import Picture

def blend(c1, c2, alpha):
    r = (1-alpha)*c1.getRed()   + alpha*c2.getRed()
    g = (1-alpha)*c1.getGreen() + alpha*c2.getGreen()
    b = (1-alpha)*c1.getBlue()  + alpha*c2.getBlue()
    return Color(int(r), int(g), int(b))

sourceFile = sys.argv[1]
targetFile = sys.argv[2]
n = int(sys.argv[3])

source = Picture(sourceFile)
target = Picture(targetFile)

width = source.width()
height = source.height()

stddraw.setCanvasSize(width, height)
pic = Picture(width, height)
for t in range(n+1):
    for col in range(width):
        for row in range(height):
            c0 = source.get(col, row)
            cn = target.get(col, row)
            alpha = 1.0 * t / n
            pic.set(col, row, blend(c0, cn, alpha))
    stddraw.picture(pic)
    stddraw.show(1000.0)

stddraw.show()
```

　　为了将一幅图像通过 $n-1$ 个中间步骤淡入淡出到另一幅图像，我们设置第 t 幅图像的每个像素是源图像和目标图像相对应像素的加权平均值。其中，源图像像素的颜色值的权重系数为 $1-t/n$，目标图像像素的颜色值的权重系数为 t/n。转换示例是使用如下命令的运行结果：`python fade.py mandrill.jpg darwin.jpg 9`。程序 3.1.7 的运行过程和结果如上：

377

5. 电势值可视化显示

　　图像处理同样适用于科学可视化。作为一个例子，我们将讨论 Picture 客户端程序，用于可视化显示一个 Charge 对象的属性，Charge 对象即为在本节开始部分定义的数据类型。程序 3.1.8（potential.py）用于可视化显示一系列带电粒子产生的电势值。首先，potential.py 程序创建一个带电粒子的数组，各元素值来自于标准输入。然后，程序创建一个 Picture 对象，并设置图像每个像素的灰度值正比于对应点的电势值。其核心计算方法十分简单：对于每一个像素，首先计算其在单位正方形内相对应的位置点坐标 (x, y) 值，然后调用函数 potentialAt() 计算每个电荷在该位置点的电势，累计所有的电势并返回结果值。通过适当的赋值语句将电势值赋给灰度值（适当缩放以保证灰度值的范围为 0 到 255），我们得到了电势的惊人视觉呈现，可以帮助人们很好地理解粒子间的相互作用。虽然使用 stddraw 模块中的

filledSquare() 函数可产生同样的图像，但 Picture 数据类型可以更精确地控制屏幕上每个像素的颜色。同样的基本方法也适用于其他设置，具体请参见本书官网提供的若干示例。

程序 3.1.8　电势的可视化显示（potential.py）

```
import stddraw
import stdio
import stdarray
from charge import Charge
from color import Color
from picture import Picture

n = stdio.readInt()
charges = stdarray.create1D(n)
for i in range(n):
    x0 = stdio.readFloat()
    y0 = stdio.readFloat()
    q0 = stdio.readFloat()
    charges[i] = Charge(x0, y0, q0)

pic = Picture()
for col in range(pic.width()):
    for row in range(pic.height()):
        x = 1.0 * col / pic.width()
        y = 1.0 * row / pic.height()
        v = 0.0
        for i in range(n):
            v += charges[i].potentialAt(x, y)
        v = (255 / 2.0) + (v / 2.0e10)
        if   v < 0:    gray = 0
        elif v > 255:  gray = 255
        else:          gray = int(v)
        color = Color(gray, gray, gray)
        pic.set(col, pic.height()-1-row, color)

stddraw.setCanvasSize(pic.width(), pic.height())
stddraw.picture(pic)
stddraw.show()
```

n	带电粒子数量
charges[]	带电粒子数组
x0, y0	带电粒子位置
q0	电荷值

col, row	像素坐标
x, y	单位正方形中的点
gray	缩放后的电势值
color	像素颜色

程序 3.1.8 从标准输入读取一系列值，据此创建一个带电粒子数组，并设置一幅图像每个像素的灰度值正比于对应点总的电势值，然后显示结果图像。程序 3.1.8 的运行过程和结果如下：

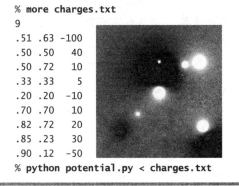

```
% more charges.txt
9
.51 .63 -100
.50 .50   40
.50 .72   10
.33 .33    5
.20 .20  -10
.70 .70   10
.82 .72   20
.85 .23   30
.90 .12  -50
% python potential.py < charges.txt
```

程序 potential.py 中的代码值得我们再次回顾，因为代码很好地阐释了数据抽象和面向对象程序设计的概念。我们的目标是创建一幅图像以显示带电粒子间的相互作用，而我们的代码精确地反映了这个过程：创建一幅图像，使用 Picture 对象表示图像（图像通过 Color 对象操作）；使用 Charge 对象表示带电粒子。当需要获取一个 Charge 对象的信息时，可以调用该 Charge 对象的相应方法。当需要创建一个 Color 对象时，则可以使用一个 Color 构造函数。当需要设置一个像素时，可以直接使用该 Picture 对象的相应方法。这些数据类型各自独立开发，然而在一个客户端使用则十分简单且自然。接下来，我们将讨论若干其他例子，在阐述更广泛的数据抽象的同时，为我们的基本编程模型创建若干有用的数据类型。

3.1.7 输入和输出（进一步讨论）

在 1.5 节中，我们学习了使用 stdio 模块读取和输出数值和文本。读者肯定已经体会到在程序中通过这些实用机制获取和输出信息的好处。使用 stdio 模块的方便性在于其"标准"约定使得在程序的任何地方都可访问这些功能。但这些"标准"约定的一个不足之处是访问文件依赖于操作系统的管道和重定向机制，并且任何给定程序只能访问一个输入文件和一个输出文件。通过面向对象的程序设计，我们可以定义与 stdio 模块相同的机制，但是允许在一个程序中同时使用多个输入流和输出流。改进版的 Python 程序鸟瞰图如图 3-1-10 所示。

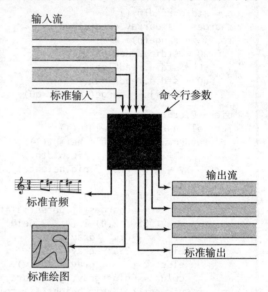

图 3-1-10 Python 程序鸟瞰图（改进版）

特别地，我们将在本节分别定义用于输入流和输出流的数据类型 InStream 和 OutStream。按惯例，必须保证 instream.py 和 outstream.py 可以用于 Python，实现方法是：要么将这两个文件放置在与客户端代码相同的目录中，要么使用操作系统的路径环境变量进行设置（具体请参见 2.2 节的"问题和解答"）。

使用数据类型 InStream 和 OutStream 的目的是在 Python 程序中提供解决许多常用数据处理任务的灵活性。我们可以很容易地创建每个数据类型的多个对象，将数据流连接到不同的数据源和数据目标，而不是仅仅限制于一个输入流和一个输出流。我们还可以灵活地设置变量来引用这些对象，将它们作为参数传递给函数或方法，或从函数或方法返回值，并创建它们的数组，操作它们就像我们操作任何数据类型的对象一样。在介绍其 API 之后，我们将讨论若干应用实例。

1. 输入流数据类型

定义在模块 instream.py 中的数据类型 InStream 是 stdio 中读取功能的更通用版本，支持从文件、网站以及标准输入流读取数值和文本。其 API 如表 3-1-11 所示。

不仅仅局限于一种抽象输入流（标准输入），InStream 数据类型还允许用户直接指定一个输入流的源。而且，数据源可以为文件或网站。当使用一个字符串参数调用 InStream 构造函数时，构造函数首先尝试在本地计算机中查找对应该名称的文件。如果找不到该文件，则假定字符串参数表示一个网站名称，并尝试连接到该网站（如果指定网站不存在，则在运行时抛出 IOError 错误）。在这两种情况下，指定的文件或网站成为输入数据源，用于创建 InStream 对象，并且使用 read*() 方法从对应的流读取输入数据。

表 3-1-11　数据类型 InStream（在模块 instream.py 中）的 API

	运算操作	功能描述
	InStream(filename)	创建一个新的输入流，并从指定的文件名 filename 进行初始化。如果没有参数，则默认为标准输入
从标准输入读取单个数据（a token）的方法	s.isEmpty()	判断 s 是否为空（是否仅仅包含空白字符）
	s.readInt()	从 s 中读取一个数据，并将其转换为整数，然后返回
	s.readFloat()	从 s 中读取一个数据，并将其转换为浮点数，然后返回
	s.readBool()	从 s 中读取一个数据，并将其转换为布尔值，然后返回
	s.readString()	从 s 中读取一个数据，并将其转换为字符串，然后返回
从标准输入读取行数据的方法	s.hasNextLine()	是否还有下一行数据
	s.readLine()	从 s 中读取下一行数据，然后作为字符串返回

　　注：1. 一个 token 是指非空白字符的最大数据序列。

　　　　2. 数据类型 InStream 类似于标准输入，同时也支持 readAll() 方法（具体请参见 1.5 节）。　381

　　这种设计使得在同一个程序中处理多个文件成为可能。此外，直接访问网络的能力可以将整个网络作为程序的潜在输入。例如，允许用户处理由其他人提供和维护的数据。这种类型的数据遍布整个 Web。科学家现在会定期上传测量结果或实验结果的数据文件，从基因组和蛋白质序列，到卫星照片和天文观测；金融服务公司，如证券交易所，也会定期发布关于股票和其他金融方面的详细信息；政府部门发表选票结果信息等。现在我们可以编写 Python 程序直接读取此类文件。InStream 数据类型提供了充分利用各种可用数据源的极大灵活性。

　　2. 输出流数据类型

　　同样，定义在模块 outstream.py 中的数据类型 OutStream 是 stdio 中输出功能的更通用版本，支持写入字符串到各种不同的输出流，包括标准输出和文件。其 API 如表 3-1-12 所示，对应于 stdio 中相应的方法。在调用 OutStream 构造函数时指定一个文件名作为其参数，可以指定用于输出的文件。OutStream 将参数字符串解释为本地计算机上的一个新文件，并将结果写入该文件。如果调用 OutStream 构造函数时没有指定任何参数，则结果写入标准输出。

表 3-1-12　数据类型 OutStream（在模块 outstream.py 中）的 API

运算操作	功能描述
OutStream(filename)	创建一个新的输出流，并指定用于输出结果的文件名。如果不带参数，则默认将结果写入标准输出
out.write(x)	将 x 写入 out
out.writeln(x)	将 x 写入 out，然后换行。x 默认为空串
out.writef(fmt, arg1, …)	根据格式化字符串 fmt 所指定的格式，将参数 arg1，…写入 out

382

　　3. 文件拼接和过滤

　　程序 3.1.9（cat.py）是 InStream 和 OutStream 的客户端示例程序。程序使用多个输入流，将多个输入文件拼接成一个单独的输出文件。有些操作系统提供一个称为 cat 的命令行程序实现这种功能。然而，Python 程序实现的类似功能也许更有效，因为 Python 中可修改程序以使用不同方式过滤输入文件：忽略无关信息、改变格式、选择部分数据等。程序中讨论了其中一种处理的示例，其他的处理示例请参见习题。

程序 3.1.9 拼接文件（cat.py）

```
import sys
from instream import InStream
from outstream import OutStream

inFilenames = sys.argv[1:len(sys.argv)-1]
outFilename = sys.argv[len(sys.argv)-1]

outstream = OutStream(outFilename)
for filename in inFilenames:
    instream = InStream(filename)
    s = instream.readAll()
    outstream.write(s)
```

outstream	输出流
filename	当前文件名
instream	当前输入流
s	当前文件的内容

　　程序 3.1.9 创建一个输出文件。输出文件名由程序的最后一个命令行参数指定。输出文件的内容是一系列输入文件内容的拼接。一系列输入文件名由程序除最后一个以外的其他命令行参数指定。程序 3.1.9 的运行过程和结果如下：

```
% more in1.txt
This is
% more in2.txt
a tiny
test.
```

```
% python cat.py in1.txt in2.txt out.txt
% more out.txt
This is
a tiny
test.
```

4. Web 信息抓取（Screen scraping）

　　InStream（用于通过 Web 网页创建一个输入流）和 str（用于提供处理文本字符串的强大工具）的结合，使得 Python 程序可以直接访问整个 Web，而无须通过操作系统或浏览器。一个编程范例被称为 Web 信息抓取：其目的是通过一个程序而无须通过浏览器的浏览和搜索功能，即可从一个网页提取信息。要实现这个目标，可以充分利用许多网页被定义为高度结构化的文本文件的特点（因为网页就是计算机程序创建的文本文件！）。浏览器具有允许用户查看正在浏览的网页的源代码功能，通过查看源代码，可以猜测其结果。

　　假设我们以一个股票交易代码为命令行参数，输出其当前的交易价格。由金融服务公司和互联网服务提供商在网络上发布股票信息。例如，通过浏览网址 http://finance.yahoo.com/q?s=goog，可查看代号为 goog 的公司股票价格。和许多网页一样，其名称包含一个参数（goog）。我们可以将其替换为其他股票代码，以获得其他公司金融信息的网页。另外，类似于网络上的其他文件，引用文件也是一个文本文件，使用一种称为 HTML 的格式语言编写。来源于 Web 的 HTML 代码参见图 3-1-11。从一个 Python 程序的角度看，可以看作通过一个 InStream 对象访问的 str 值。我们可以使用浏览器下载该文件的源代码，也可使用如下命令将源文件保存到计算机的本地文件 mycopy.txt 中（尽管没有必要这么做）：

```
python cat.py "http://finance.yahoo.com/q?s=goog" mycopy.txt
```

现在，假设 goog 的交易价格为 \$1100.62。如果在源代码文件中搜索字符串 '1100.62'，你将发现股票价格将出现在 HTML 代码中的某个位置。如图 3-1-11 所示。用户无须了解 HTML 的详细信息，只要弄清楚股票价格出现的上下文即可。在上述情况下，我们可以发现股票价格包含在子字符串 <span id="yfs_l84goog"> 以及 </span> 中。

　　使用 str 数据类型的 find() 方法和字符串切片方法，可以很容易地抽取股票价格信息，具体请参见 stockquote.py（程序 3.1.10）。该程序依赖于 http://finance.yahoo.com 所使用的 Web 页面格式，如果其页面格式发生变化，则 stockquote.py 可能无法正常工作。事实上，当读者阅读本书时，该 Web 页面的格式有可能已经发生变化。然而，修改程序以适应变化的页面格式并不困难。读者可以通过不同的方式修改 stockquote.py，以实现不同的设想。例如，可以实现周期性地抓取股票价格并绘制股票图，计算移动平均值，或将结果保存到一个文件以供后续分析使用。当然，同样的技术也适用于所有的 Web 数据源，更多信息请参见本节后面的习题和本书官网。

```
...
(GOOG)</h2> <span class="rtq_
exch"><span class="rtq_dash">-</span>
NMS  </span><span class="wl_sign">
</span></div></div>
<div class="yfi_rt_quote_summary_rt_top
sigfig_promo_1"><div>
<span class="time_rtq_ticker">
<span id="yfs_184goog">1,100.62</span>
</span> <span class="down_r time_rtq_
content"><span id="yfs_c63_goog">
...
```

图 3-1-11　来源于 Web 的 HTML 代码

程序 3.1.10　股票行情的 Web 信息抓取（stockquote.py）

```
import sys
import stdio
from instream import InStream

def _readHTML(stockSymbol):
    WEBSITE = 'http://finance.yahoo.com/q?s='
    page = InStream(WEBSITE + stockSymbol)
    html = page.readAll()
    return html

def priceOf(stockSymbol):
    html = _readHTML(stockSymbol)
    trade = html.find('yfs_184', 0)
    beg = html.find('>', trade)
    end = html.find('</span>', beg)
    price = html[beg+1:end]
    price = price.replace(',', '')
    return float(price)

def main():
    stockSymbol = sys.argv[1]
    price = priceOf(stockSymbol)
    stdio.writef('%.2f\n', price)

if __name__ == '__main__': main()
```

page	输入流
html	页面的内容
trade	yfs_184 索引
beg	trade 索引后的 ">" 符号
end	beg 后的 </span>
price	当前股票价格

程序 3.1.10 接收一个股票代号作为命令行参数，在标准输出中写入该股票的当前股票价格，当前股票价格来自于网站 http://finance.yahoo.com 上提供的实时信息。程序使用了字符串切片方法以及 find() 和 replace() 方法。程序 3.1.10 的运行过程和结果如下：

```
% python stockquote.py goog
1100.62
% python stockquote.py adbe
70.51
```

5. 抽取数据

可以同时维护多个输入流和输出流的能力提供了处理不同数据源大量数据的灵活性。我们将讨论一个实例。假设一个科学家或财务分析师拥有保存在电子表格程序中的海量数据。通常，电子表格是包含大量行和相对少的列的表格。用户感兴趣的可能并不是电子表格中的全部数据，而是少数几列数据。我们可以使用电子表格程序进行计算（使用电子表格程序的目的就是用于计算），然而电子表格程序的灵活性不如 Python 程序。针对这种情况的解决方法是把电子表格的数据导出到一个文本文件，并使用特定的字符分隔各列，然后编写一个 Python 程序从输入流中读取该文本文件。一种标准的最佳解决方案是使用英文逗号作为分隔符：每行数据占一行，每行的列数据项以逗号分隔。这种类型的文件称为逗号分隔文件（comma-separated-value）或 .csv 文件。借助 Python 数据类型 str 的 split() 方法，可以实现逐行读取数据并分离各数据项。我们将在本书中讨论若干采用此方法的实例。程序 3.1.11（split.py）是 InStream 和 OutStream 的客户端程序，进一步实现了如下功能：程序创建多个输出流，每个文件对应一列数据。

程序 3.1.11　分割文件（split.py）

```python
import sys
import stdarray
from instream import InStream
from outstream import OutStream

basename = sys.argv[1]
n = int(sys.argv[2])

instream = InStream(basename + '.csv')
out = stdarray.create1D(n)

for i in range(n):
    out[i] = OutStream(basename + str(i) + '.txt')

while instream.hasNextLine():
    line = instream.readLine()
    fields = line.split(',')
    for i in range(n):
        out[i].writeln(fields[i])
```

basename	csv 文件名
n	字段数
instream	输入流
out[]	输出流
line	当前行
fields[]	当前行的值

　　程序 3.1.11 使用多个输出流，将一个 .csv 文件分割为多个单独的文件，每个逗号分隔的字段分为一个文件。程序接收两个命令行参数：字符串 basename 和整数 n，将文件名为 basename.csv 的文件按字段（以逗号分隔）分割为 n 个单独的文件：basename0.txt、basename1.txt，以此类推。程序 3.1.11 的运行过程和结果如下：

```
% more djia.csv
...
31-Oct-29,264.97,7150000,273.51
30-Oct-29,230.98,10730000,258.47
29-Oct-29,252.38,16410000,230.07
28-Oct-29,295.18,9210000,260.64
25-Oct-29,299.47,5920000,301.22
24-Oct-29,305.85,12900000,299.47
23-Oct-29,326.51,6370000,305.85
22-Oct-29,322.03,4130000,326.51
21-Oct-29,323.87,6090000,320.91
...
```

```
% python split.py djia 4

% more djia2.txt
...
7150000
10730000
16410000
9210000
5920000
12900000
6370000
4130000
6090000
...
```

　　这些例子是处理文本文件功能的有力证明，其中可以使用多个输入流和输出流以及直接访问 Web 页面。Web 页面基于 HTML 编写，所以可以被任何可读取字符串的程序访问。之所以采用文本格式（如 .csv 文件）代替依赖于具体程序的数据格式，是为了允许更多的人群使用简单的程序（如 split.py）访问数据。

384
～
387

3.1.8 内存管理

到目前为止，我们已经讨论了若干面向对象的数据类型（str、Charge、Color、Picture、InStream 和 Outstream）的实例以及使用它们的客户端程序。我们本该详细讨论 Python 在提供这些程序支持方面所面临的挑战和困难，但为了扩大应用范围，Python 无须初级程序员了解这些细节。然而适当了解系统的内部运行机制，有时候将有助于编写正确、有效和高性能的面向对象的程序。

在 Python 中，通过调用构造函数创建对象。每次创建一个对象时，Python 为该对象预留一段内存。但是什么时候以及如何销毁对象，使其占用的内存可被释放并重用呢？接下来我们将简单讨论这个问题。

1. 孤立对象（Orphaned object）

允许绑定一个变量到不同对象的能力可能导致一个程序创建的对象不再被引用的情况。例如，如图 3-1-12 所示的三条赋值语句。执行完第三条语句之后，不仅 c1 和 c2 指向同一个 Charge 对象（位置坐标为（.51，.63）且电荷为 21.3 的对象），而且最初创建并初始化给 c2 的对象将不再被任何变量引用。引用该对象的唯一变量为 c2，但第三条赋值语句覆盖了该引用，结果没有任何引用指向该对象。这种类型的对象称为孤立对象。当变量超出了其作用范围，其指向的对象也会变成孤立对象。Python 程序员很少关心孤立对象，因为系统会自动重用其占据的内存，接下来将讨论其实现机制。

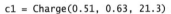

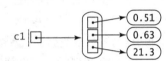

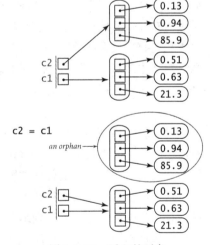

图 3-1-12　孤立的对象

2. 内存管理

程序常常创建大量的对象，但在给定时间一般只需要使用其中少量的一部分。因此，程序设计语言和系统需要一种机制创建对象（并分配内存），当对象成为孤立对象时则需要一种机制销毁对象（并释放内存）。大多数程序设计系统在创建变量时负责为变量分配内存，当变量超出作用范围时负责释放变量所占据的内存。对象的内存管理则更为复杂：当创建一个对象时，Python 为其分配内存，但 Python 无法准确判断释放与一个对象相关联的内存的时间点，因为只有程序运行时的动态性才能够确定一个对象什么时候会成为孤立对象从而需要被销毁。系统无法预测一个程序的运行操作，因此必须监控系统的运行从而采取相应的措施。

3. 内存泄漏（Memory leak）

在许多计算机语言中（例如 C 和 C++），由程序员负责维护内存的分配和释放。这样的工作非常麻烦且非常容易出错。例如，假设一个程序释放了一个对象所占据的内存，但是接着引用该对象（也许在程序相当靠后的位置）。而同时，系统也许把相同的内存重新分配用于其他用途……从而会导致各种各样的灾难。

另一种潜在的问题是，程序员可能忘记去释放孤立对象所占据的内存空间。这种错误称为内存泄漏，其结果将导致孤立对象所占用的内存空间不断增加（这些内存却不能被重复使用）。这将导致系统性能降低，就好像计算机的内存被泄漏。读者也许经历过系统的响应越来越慢从而必须重新启动计算机的情况，这种行为发生的常见原因就是某个应用程序的内存泄漏。

4. 垃圾回收（Garbage collection）

Python 的一个著名功能特点是自动内存管理。其设计思想是解放程序员管理内存的责任，通过跟踪孤立对象，并返回其占用的内存到空闲的内存池。这种内存回收的方法称为垃圾回收，Python 的类型系统可以保证有效和自动地实现垃圾回收操作。垃圾回收是一个旧的设计理念，很多人依旧在讨论"自动垃圾回收的开销"与"不必担心内存管理的便利性"之间的利弊权衡问题。然而，其他很多人（包括 Python 和 Java 程序员）则非常享受不必担心内存管理和内存泄漏所带来的好处。

为了方便参考，我们在表 3-1-13 中总结了本节讨论的数据类型。我们选择这些数据类型以帮助读者理解数据类型和面向对象程序设计的基本特性。

一个数据类型是一系列值的集合以及定义在这些值上的一系列操作的集合。使用内置的数值数据类型，可以处理少量简单的值。颜色、图像、字符串和输入 / 输出流则是高级数据类型，表示数据抽象的适用性的广度。**使用一个数据类型时无须理解其具体实现**。每个数据类型（Python 的标准模块和扩展模块中包含成百上千个数据类型，在后续章节将学习如何创建自定义数据类型）通过 API 提供其使用信息。客户端程序创建对象并赋予

表 3-1-13　本节讨论的数据类型

数据类型	功能描述
str	字符序列
Charge	电荷
Color	颜色
Picture	数字图像
InStream	输入流
OutStream	输出流

对象相应数据类型的值，调用方法操作这些值。我们使用第 1 章和第 2 章中学习的基本语句和控制结构编写客户端程序，然而现在我们还可以使用大量的数据类型，而不仅仅局限于已经熟悉的内置数据类型。通过学习，读者将会发现使用各种数据类型的能力将拓展程序设计的视野。

Charge 示例演示了如何修改一个或多个数据类型，以满足应用程序的需求。这种能力具有深远的意义，也是下一节的讨论主题。相对于没有利用数据抽象的程序，良好设计和实现的数据类型可以使客户端程序清晰简洁，易于开发和维护。本节实现的客户端程序有力地证明了这一点。另外，我们将在下一节学习到，实现数据类型其实就是读者已经学习的基本程序设计技巧的简单应用。特别地，解决大型和复杂的应用就变成了一个理解数据和应用在其上的操作过程，然后编写程序直接反映以上的理解。一旦读者学习到这种实现方法，可能会惊讶为什么有的程序员竟然不有效地利用数据抽象去开发大型的应用程序。

3.1.9　问题和解答

Q. 当我们调用一个指定对象并没有定义的方法时，会导致什么后果？

A. Python 在运行时抛出错误 AttributeError。

Q. 当输出一个不是字符串的对象 x 时，为什么使用 stdio.writeln(x) 而不是 stdio.writeln(str(x))？

A. 为了方便，当需要一个字符串对象时，stdio.writeln() 函数会自动调用内置函数 str()。

Q. 请阅读程序 potential.py（程序 3.1.8），代码中通过调用 stdarray.create1D() 创建了一个 Charge 对象的数组，但仅传递了一个参数（元素的个数）。为什么 stdarray.create1D() 不是传递两个参数：元素的个数以及各元素的初始值？

A. 如果没有指定初始值，则 stdarray.create1D() 和 stdarray.create2D() 均会使用一个特殊的值 None，None 表示空对象。调用 stdarray.create1D() 之后，potential.py 设置每个数组元素指向一个新的 Charge 对象。

Q. 请问是否可以使用字面量或其他表达式调用一个方法？

A. 可以。从客户端角度上看，可以使用任何表达式来调用一个方法。当 Python 执行方法调用时，首先计算表达式的值，然后调用计算结果对象所对应的方法。例如，'python'.upper() 返回结果 'PYTHON' ⊖；而 (3 ** 100).bit_length() 返回结果 159。然而，使用整数字面量时需要额外注意。例如，1023.bit_length() 会抛出错误 SyntaxError，因为 Python 把 1023. 解释为一个浮点数，替代方法是使用 (1023).bit_length()。

Q. 请问是否可以在一个表达式中将几个字符串方法级联在一起使用？

A. 可以。例如，表达式 s.strip().lower() 的结果符合预期。即首先创建一个新的字符串，结果为 s 的拷贝，但去除前后空白字符，然后将剩余的字符全部转换为小写。表达式可以正常工作，这是因为：（1）每个方法均返回一个字符串结果；（2）点运算符（.）为左结合运算符，所以 Python 从左到右依次调用方法。

Q. 为什么三原色为红、绿、蓝，而不是红、黄、蓝？

A. 理论上，任何三种包含每个主颜色某些分量的颜色都可以起作用，但是目前为止，广泛使用 RGB 和 CMYK 这两种不同的颜色模型：RGB 适用于电视荧幕、计算机监视器和数码照相机；CMYK 则适用于印刷（具体请参见 1.2 节习题第 29 题）。CMYK 包含黄色分量（靛青、品红、黄和黑）。两种颜色方案都有各自的实用性。对于印刷，因为印刷颜料会吸收颜色，当存在两种不同的颜料时，吸收的颜色越多反射的颜色越少。作为对比，视频显示器发出颜色，所以当存在两种不同颜色像素时，更多的颜色发光。

Q. 在 grayscale.py（程序 3.1.5）中创建成千上万个 Color 对象是否合适？因为看起来存在浪费。

A. 所有的程序设计语言在创建对象时都有一定的代价。在 grayscale.py 中，代价还可以忍受，因为创建 Color 对象需要的时间相对于显示图像的时间实在是微不足道。

Q. 一个数据类型可否包含两个名称相同但参数个数不同的方法（或构造函数）？

A. 不可以。与函数一样，不允许定义两个同名的方法（或构造函数）。与函数一致，方法（或构造函数）可使用带默认值的可选参数。这就是 Picture 数据类型看似包含了两个构造函数的实现方法。

391 ～ 392

3.1.10 习题

1. 请编写一个程序，程序带一个浮点数命令行参数 w，创建 4 个 Charge 对象，每个 Charge 对象位于与位置点 (0.5, 0.5) 在四个基本方向上相距 w 的位置，请输出位置点 (0.25, 0.25) 的电势。

⊖ 原文结果错误，误为 'Python'。——译者注

2. 请编写一个程序，程序带 3 个整型命令行参数，取值范围从 0 到 255，分别表示一个颜色的红、绿、蓝分量值，创建一个该颜色的 256×256 图像，并显示该图像。

3. 请修改程序 alberssquares.py（程序 3.1.3），实现如下功能：程序带 9 个命令行参数，指定三种颜色，然后绘制六个正方形，显示所有 Albers 正方形。其中，大正方形采用一种颜色绘制，小正方形则采用另一种颜色绘制。

4. 请编写一个程序，程序带一个灰度图像文件名作为其命令行参数，使用 stddraw 模块绘制灰度图像 256 个灰度值出现频率的直方图。

5. 请编写一个程序，程序带一个图像文件名作为其命令行参数，实现图像的水平翻转。

6. 请编写一个程序，程序带一个图像文件名作为其命令行参数。创建三幅图像，一幅仅包括原始图像的红色分量，一幅仅包括原始图像的绿色分量，一幅仅包括原始图像的蓝色分量。

7. 请编写一个程序，程序带一个图像文件名作为其命令行参数。输出包含所有非白色像素最小包围框（平行于 x 轴和 y 轴的矩形）的左下角和右上角的像素坐标。

8. 请编写一个程序，程序带两个命令行参数：一个图像文件名和位于图像之内的一个矩形的像素坐标。从标准输入读取若干 Color 值（颜色值使用三个整数表示）。请作为过滤器，从输入的 Color 值中，筛选并输出与矩形框中所有的前景色 / 背景色相兼容的颜色（此类过滤器可用于为文本选择一种颜色以标记一幅图像）。

9. 请编写一个函数 isValidDNA()，带一个字符串参数，当且仅当字符串参数完全由字符 A、C、T 和 G 组成时，返回 True。

10. 请编写一个函数 complementWC()，带一个 DNA 字符串参数，返回其互补碱基，即 A 和 T 互换，C 和 G 互换。1953 年 Watson 和 Crick 提出了 DNA 的双螺旋结构模型，即 DNA 分子由两条多核苷酸链组成，这两条核苷酸链通过碱基的互补配对相互缠绕形成一种双螺旋结构。特殊性就是碱基互补配对，也就是 A 和 T 互换，C 和 G 互换。

11. 请编写一个函数 palindromeWC()，带一个 DNA 字符串参数。如果 DNA 字符串为一个 Watson–Crick 互补碱基回文形式，则返回 True，否则返回 False。Watson–Crick 互补碱基回文是一个 DNA 序列，是 Watson–Crick 互补碱基序列的逆序形式。

12. 请编写一个程序，检测一个 ISBN 号是否有效（具体参见 1.3 节习题第 33 题）。请注意 ISBN 号码中可能会在任意位置出现连字符 (-)。

13. 请问如下代码片段的输出结果是什么？

```
s = 'Hello World'
s.upper()
s[6:11]
stdio.writeln(s)
```

解答：'Hello World'. 字符串对象是不可变对象，一个字符串方法返回一个新的具有某个合适值的 str 对象，但不会改变用于调用方法的原字符串的值。因此，上述代码忽略返回的对象，仅仅输出原始字符串。如果要更新 s，可编写代码 s = s.upper() 和 s = s[6:11]。

14. 如果字符串 s 循环移动若干位置后与字符串 t 匹配，则称 s 为 t 的循环移位。例如，ACTGACG 和 TGACGAC 互为循环移位。检测这种条件在基因序列研究中十分重要。请编写一个程序，检查给定的两个字符串 s 和 t 是否互为循环移位。提示：可使用 in 运算符和字符串连接。

15. 给定代表一个网站 URL 的字符串，请编写代码片段以确定其域名类型。例如，本书官网

URL http://introcs.cs.princeton.edu/python 的域名为 edu。

16. 请编写一个函数，函数带一个域名为参数，返回其反序域名（句点间字符串的反序）。例如，introcs.cs.princeton.edu 的反序域名为 edu.princeton.cs.introcs。这种计算可应用于 Web 日志分析（具体请参见 4.2 节的习题第 33 题）。

17. 请问如下递归函数返回的结果是什么？

```python
def mystery(s):
    n = len(s)
    if (n <= 1): return s
    a = s[0 : n//2]
    b = s[n//2 : n]
    return mystery(b) + mystery(a)
```

18. 请编写另一个版本的 potentialgene.py（程序 3.1.1），查找在一个很长的 DNA 字符串中包含的潜在基因。请增加一个命令行参数，以允许用户指定一个潜在基因的最小长度。

19. 请编写一个程序，带两个命令行参数：开始字符串和结束字符串。输出一个给定字符串中以开始字符串开始，结束字符串结束的所有子字符串。注意：请考虑重叠的情况。

20. 请编写一个过滤器，从标准输入流读取文本，删除所有仅包含空白字符的行，然后将结果输出到一个输出流。

21. 请修改程序 potential.py（程序 3.1.8），程序带一个整型命令行参数 n，在单位正方形内产生 n 个随机 Charge 对象，各 Charge 对象的电势值遵循均值为 50，标准差为 10 的高斯分布。

22. 请修改程序 stockquote.py（程序 3.1.10），程序带多个股票代码作为命令行参数。

23. 程序 split.py（程序 3.1.11）中的示例文件 djia.csv 包括有记录以来所有的道琼斯股票市场日均值、日期、最高价、成交量和最低价。请从本书官网下载该文件，并编写一个程序，按从命令行参数接收的参数比例绘制股票价格和成交量图。

24. 请编写一个程序 merge.py，程序从命令行接收若干参数：分隔字符串和任意数量的文件名。以指定的字符串作为分隔符，拼接每个文件相应的行的内容，并将结果写入标准输出，从而实现 split.py 的相反操作（程序 3.1.11）。

25. 查找一个发布本地区当前气温的网站，请编写一个 Web 信息抓取程序 weather.py，以便通过命令 "python weather.py 邮政编码"，来获取指定邮政编码所在地区的天气预报信息。

393 ～ 396

3.1.11 创新习题

26. 图像滤波（Picture filtering）。请编写一个模块 rawpicture.py，包含 read() 函数和 write() 函数，分别用于标准输入和标准输出。其中，write() 函数带一个 Picture 对象作为参数，输出指定的图像到标准输出，使用的输出格式为：如果图像的大小为 w × h，则输出 w，然后输出 h，接着输出 w*h 个代表像素颜色值的三个整数元组，按行优先顺序输出。read() 函数不带参数，从标准输入按上述图像格式读取一幅图像，创建并返回一个 Picture 对象。注意：图像滤波所占用的磁盘空间比图像文件要大得多，因为标准图像文件格式通常会压缩数据从而占用较少的磁盘空间。

27. 印度爱经密码（Kama Sutra cipher）。请编写一个过滤器 KamaSutra，带两个字符串命令行参数（作为密钥字符串），读取标准输入，根据密钥字符串替换每一个字母，然后将结果写入标准输出。这种操作是已知最早的密码系统的基础。密钥字符串的限制条件是其长度必须相等，且标准输入的所有字母必须包含在其中一个字符串中。例如，如果输入全部为大写字母，且密钥字符串为：THEQUICKBROWN 和 FXJMPSVRLZYDG，则对应的密钥表为：

```
T H E Q U I C K B R O W N
F X J M P S V L A Z Y D G
```

把输入字符转换为输出字符的替换规则为：F 替换为 T、T 替换为 F、H 替换为 X、X 替换为 H，以此类推。通过将每个字符替换为对应的字符从而实现信息的加密。例如，明文信息 MEET AT ELEVEN 加密为 QJJF BF JKJCJG。收到密文的人可以使用相同的密钥解密出原始明文。

28. 安全口令验证（Safe password verification）。请编写一个函数，带一个字符串参数，如果满足如下条件，则返回 True，否则返回 False：
    - 长度至少为 8 个字符
    - 至少包含一个数字（0 ~ 9）
    - 至少包含一个大写字母
    - 至少包含一个小写字母
    - 至少包含一个非字母、非数字字符

    类似的检测通常用于 Web 密码验证。

29. 音频可视化（Sound visualization）。请编写一个程序，使用 stdaudio 模块和 Picture 数据类型创建一个显示正在播放的音频文件的二维彩色视觉效果。请读者发挥自己的创造力。

30. 颜色研究（Color study）。请编写一个程序，显示如图 3-1-13 所示的颜色研究图，表示 Albers 正方形，对应于 256 级蓝色（按行优先顺序从蓝色显示到白色）和灰度（按列优先顺序从黑色显示到白色）。

31. 熵（Entropy）。信息熵（又称香农熵）用于度量输入字符串的信息内容，在信息理论和数据压缩中起着奠基石的作用。给定一个包含 n 个字符的字符串，设 f_c 为字符 c 的出现频率。$p_c = f_c / n$ 为 c 在一个随机字符串中出现概率的估计值。信息熵定义为字符串中所有字符的 $-p_c \log_2 p_c$ 之和。信息熵用于度量一个字符串的信

图 3-1-13　颜色的研究（彩图见彩插）

息内容：如果每个字符出现的次数相同，则信息熵为最小值。请编写一个程序，计算一个从标准输入读取的字符串的信息熵，并将结果写入标准输出。分别针对你经常阅读的一个网页、最近撰写的一篇论文、从网站上查找到的果蝇基因组，运行并测试该程序。

32. 最小电势（Minimize potential）。请编写一个函数，带一个正电势的 Charge 对象数组为参数，查找一个位置点，该点的电势在单位正方形内其他任意点电势的 1% 以内。请编写一个测试客户端，分别使用正文中的测试数据（charges.txt），以及本节习题第 21 题所生成的随机 Charge 对象数组，调用所编写的函数，输出查找到的位置点坐标和电荷值。

33. 幻灯片放映（Slide show）。请编写一个程序，从命令行接收若干图像文件名作为命令行参数，采用幻灯片（时间间隔为 2 秒钟）的方式显示图像。使用淡入淡出的效果实现两个图片之间从图片渐变到黑色，然后从黑色渐变到图片的效果。

34. 地板图案（Tile）。请编写一个程序，从命令行接收一个图像文件名称和两个整数 m 和 n 作为参数，创建 m × n 个地板图案效果。

35. 旋转过滤器（Rotation filter）。请编写一个程序，程序接收两个命令行参数（一个图像文件的名称和一个实数 θ）。逆时针旋转图像 θ 度。运行效果如图 3-1-14a 所示。为了实现旋转，请复制源图像文件中的像素 (s_i, s_j) 到目标图像的像素 (t_i, t_j)，坐标的计算公式如下所示：

$$t_i = (s_i - c_i)\cos\theta - (s_j - c_j)\sin\theta + c_i$$
$$t_j = (s_i - c_i)\sin\theta + (s_j - c_j)\cos\theta + c_j$$

其中，(c_i, c_j) 是图像的中心位置坐标。

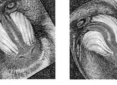

a) 旋转 30 度　　　　b) 漩涡过滤器

36. 旋涡过滤器（Swirl filter）。请创建一个旋涡过滤器程序，实现本节习题第 35 题类似的旋转效果，但不同之处在于，角度的改变是像素到中心距离的函数。运行效果如图 3-1-14b 所示。使用本节习题第 35 题中同样的公式，但计算 θ 作为 (s_i, s_j) 的函数，特别地，$\pi/256$ 乘以像素到中心点的位置。

c) 波形过滤器　　　　d) 玻璃过滤器

图 3-1-14　各种过滤器习题的运行结果图

37. 波形过滤器（Wave filter）。请编写一个类似习题第 35 题和第 36 题的过滤器，创建一种波形效果，通过复制源图像文件每个像素 (s_i, s_j) 的颜色到目标图像像素 (t_i, t_j)，其中，$t_i = s_i$，$t_j = s_j + 20\sin(2\pi s_i/64)$。运行效果如图 3-1-14c 所示。请增加代码，从命令行接收两个参数：幅度（对应图中的 20）、频率（对应图中的 64）。使用不同的参数值运行测试程序。

38. 玻璃过滤器（Glass filter）。请编写一个程序，从命令行接收一个图像文件的名称作为命令行参数，并应用玻璃过滤器效果：设置每个像素 p 的颜色为一个随机邻居像素的颜色（邻居像素的坐标点位置距离 p 的坐标点位置在 5 个像素之内）。运行效果如图 3-1-14d 所示。

39. 图像变形（Morph）。正文中 fade.py（程序 3.1.7）的示例图像文件在垂直方向没有对齐（mandrill 中嘴的位置比 Darwin 中嘴的位置要低得多）。请修改程序，增加垂直方向的转换，使转换更加平滑。

40. 聚集（Cluster）。请编写一个程序，从命令行接收一个图像文件的名称作为其命令行参数，使用 stddraw 模块创建并显示一幅使用填充圆覆盖兼容区域的图像。首先，扫描图像以确定背景颜色（占一半像素的主导颜色）。使用深度优先查找算法（具体请参见程序 2.4.6）查找与背景色前景兼容的一系列连续像素。科学家可使用该程序研究自然现象，例如飞行中的鸟群，或者运动中的粒子。请读者拍摄一张在台球桌上若干小球的照片，使用程序识别各球以及它们的位置。

41. 数字变焦（Digital zoom）。请编写一个程序 zoom.py，从命令行接收四个参数：一个图像文件的文件名、三个浮点数 s、x 和 y。显示输入图像某一部分的放大结果。数值的范围均在 0 到 1 之间，其中 s 为缩放比例，(x, y) 为输出图像中心点的相对坐标。使用该程序缩放你宠物和朋友的照片，或者你计算机上的任何图像。运行效果如图 3-1-15 所示。

© 2014 Janine Dietz

a) % python zoom.py boy.jpg 1 0.5 0.5　　b) % python zoom.py boy.jpg 0.5 0.5 0.5　　c) % python zoom.py boy.jpg 0.2 0.48 0.5

图 3-1-15　数码变焦运行效果图

3.2 创建数据类型

原则上，仅使用内置数据类型我们就可编写所有的程序。然而，正如上一节所述，在更高抽象层面编写程序会更加便利。因而，在 Python 的标准和扩展库中，定义了许多其他的数据类型。但是，我们肯定不能期望这些模块定义所有我们想要使用的数据类型，所以非常有必要定义自定义数据类型。本节的目标是阐述如何在 Python 中构建自定义数据类型。

一个数据类型是一系列值的集合以及定义在这些值上的一系列操作的集合。在 Python 中，我们使用类实现一个数据类型。API 规定了需要实现的操作，但用户可以自由选择任何方便的表示值。将一个数据类型实现为一个 Python 类，与实现一个包含若干函数的函数模块没有很大区别。最主要的区别是我们在方法中使用关联值（以实例变量的形式），每个方法的调用与某个对象关联。

为了加强基本概念，我们首先定义在 3.1 节中介绍的带电粒子的数据类型。然后，我们将通过若干示例（从复数到股票账户，包括若干后续章节将使用的许多软件工具）阐述定义类的过程。实用的客户程序是各种数据类型价值的最好证明和体现，所以我们将讨论若干客户端程序，其中包含一个示例，用于描绘著名而又奇妙的曼德布洛特集合（Mandelbrot set）。

定义一个数据类型的过程被称为数据抽象（不同于函数抽象风格是第 2 章的基础）。我们关注数据和实现基于数据的操作。在计算任务中，任何时候只要可以清晰地分离任务，则建议分离任务。对物理对象或数学进行建模抽象非常直观且实用，但数据抽象的真正强大之处在于允许我们对任何可以精确描述的事物进行建模。读者一旦熟悉这种编程风格，就将发现数据抽象的使用能自然而然地帮助我们解决任意复杂度的编程挑战。表 3-2-1 为本节所有程序的一览表，读者可以作为参考。

表 3-2-1   本节中所有程序的一览表

程序名称	功能描述
程序 3.2.1（charge.py）	带电粒子
程序 3.2.2（stopwatch.py）	秒表
程序 3.2.3（histogram.py）	直方图
程序 3.2.4（turtle.py）	海龟绘图
程序 3.2.5（spiral.py）	等角螺线
程序 3.2.6（complex.py）	复数
程序 3.2.7（mandelbrot.py）	曼德布洛特集合
程序 3.2.8（stockaccount.py）	股票账户

401
～
402

3.2.1 数据类型的基本元素

为了描述把一个数据类型实现为一个 Python 类的过程，我们现在将详细讨论 3.1 节中 Charge 数据类型的实现。我们已经讨论了相应的客户端程序，用于展示该数据类型的实用性（具体请参见程序 3.1.2 和程序 3.1.8）。现在我们将关注其实现细节。所有用户开发的数据类型实现均包括与这个示例相同的基本元素。

1. API

应用程序编程接口是与所有客户端之间的契约，因而也是所有实现的起始点。为了强调 API 对于实现的重要性，我们在表 3-2-2 中再一次罗列了 Charge 数据类型的 API。为了把 Charge 数据类型实现为一个 Python 类，我们需要定义数据类型的值，编写代码以使用指定数据类型的值初始化一个新的 Charge 对象，实现操作这些值的两个方法。当面临为某些应用程序创建一个全新的数据类型的问题时，首要步骤是开发其 API。这个步骤属于设计任务，将在 3.3 节中讨论。我们已经了解了 API 作为客户端使用数据类型的规范，现在将讨论 API 如何实现数据类型的规范。

表 3-2-2　用户自定义的 Charge 数据类型的 API

运算操作	功能描述
Charge(x0, y0, q0)	在给定位置点 (x0, y0) 创建一个新的电荷量为 q_0 的 charge
c.potentialAt(x, y)	电荷 c 在位置点 (x, y) 的电势
str(c)	'q0 at (x0, y0)'（电荷 c 的字符串表示方式）

2. 类（Class）

在 Python 语言中，我们把一个数据类型实现为一个类。我们已经了解到，按 Python 规范，一个数据类型的代码存储在一个单独的文件中，其文件名为类名的小写，后缀为 .py。因而，我们把 Charge 类的代码存储在一个名为 charge.py 的文件中。为了定义一个类，使用关键字 class，后跟类名，然后再跟冒号，最后跟一系列方法定义。我们的类遵循惯例，定义一个数据类型的三个关键功能：一个构造函数、若干实例变量和若干方法，接下来将分别展开讨论。由于这些功能彼此交错，所以讨论的内容在某种程度上会相互引用，所以最好的阅读方法是先依次阅读三个部分，然后重新阅读一遍，这样可以得到更多的启发和领悟。 403

3. 构造函数（Constructor）

构造函数用于创建一个指定类型的对象并返回该对象的引用。对于我们的示例，如下的客户端代码：

```
c = Charge(x0, y0, q0)
```

将创建并初始化一个新的 Charge 对象。Python 为对象创建提供了一个灵活且通用的机制，但是我们采用了该机制的一个简单子集，以更好地适应我们的程序设计风格。特别地，在本书中，每个数据类型定义了一个特殊方法 __init__()，用于定义和初始化实例变量，实例变量将在稍后讨论。名称前后的双下划线暗示其"特殊"，我们将介绍其他特殊方法。

当客户端调用一个构造函数时，Python 的默认构造过程将创建一个指定类型的新对象，调用 __init__() 方法以定义和初始化实例变量，并返回指向新对象的一个引用。在本书中，我们把 __init__() 作为数据类型的构造函数，尽管技术上该函数仅仅是对象创建过程中相关部分的内容。

Charge 类型的 __init__() 实现如图 3-2-1 所示。__init__() 是一个方法，所以第一行为函数签名，包含：关键字 def、其名称（__init__）、参数变量列表，以及一个冒号。按惯例，第一个参数变量的名称为 self。作为 Python 默认对象创建过程，当 __init()__ 被调用时，self 参数变

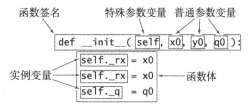

图 3-2-1　构造函数的剖析图

量的值指向新建的对象。来自客户端的普通参数变量跟随在变量 self 之后。剩余的代码行是构造函数的函数体。本书遵循的规范为 __init()__ 包含通过定义和初始化实例变量以初始化新建对象的代码。

4. 实例变量（Instance variable）

一个数据类型是一系列值的集合以及定义在这些值上的一系列操作的集合。在 Python 中，实例变量用于实现值。一个实例变量属于一个类的特定实例，即一个特定对象。在本书中，我们遵循规范，**只能在构造函数中**定义和初始化一个新建对象的实例变量。按 Python 404

程序的标准规范，实例变量名以下划线开始。在我们的实现中，读者可在构造函数中查看所有的实例变量。例如，图 3-2-2 中 __init__() 的实现表明，Charge 包含三个实例变量 _rx、_ry 和 _q。当创建一个新对象时，__init__() 方法的 self 参数变量的值是该新建对象的引用。采用与调用 Charge c 的方法一样的语法 c.potentialAt()，引用一个 Charge 对象 self 的实例变量可通过语法 self._rx 实现。因而，Charge 的 __init__() 构造函数中的三条语句分别为新建对象定义和初始化了实例变量：_rx、_ry 和 _q。

5. 对象创建详细过程

创建和初始化一个对象的内存示意图（如图 3-2-2）详细表述了客户端使用如下代码创建一个新的 Charge 对象时事件的精确序列：

    c1 = Charge(0.51, 0.63, 21.3)

- Python 创建对象，并调用 __init__() 构造函数，初始化构造函数的 self 参数变量为新建对象的引用，初始化 x0 参数变量为 0.51 的引用，初始化 y0 参数变量为 0.63 的引用，初始化 q0 参数变量为 21.3 的引用。
- 构造函数定义和初始化 self 引用的新建对象的实例变量：_rx、_ry 和 _q。
- 当构造函数执行完毕，Python 自动把执行新建对象的 self 引用返回给客户端。
- 客户端把引用赋值给变量 c1。

当 __init__() 结束后，参数变量 x0、y0 和 q0 将超出作用范围，但其引用的对象依旧可以通过新建对象的实例变量进行访问。

6. 方法（Method）

一个数据类型是一系列值的集合以及定义在这些值上的一系列操作的集合。在 Python 中，方法（或实例方法）用于实现数据类型的运算操作，运算操作与特定对象关联。为了定义方法，我们编写与第 2 章中学习的定义函数类似的代码，其（主要）区别在于在方法中还可以访问实例变量。例如，Charge 数据类型的 potentialAt() 方法的代码定义如图 3-2-3 所示。代码的第一行为方法签名：关键字 def，方法名称，包含在括号中的参数名称，一个冒号。所以每个方法的第一个参数变量名为 self。

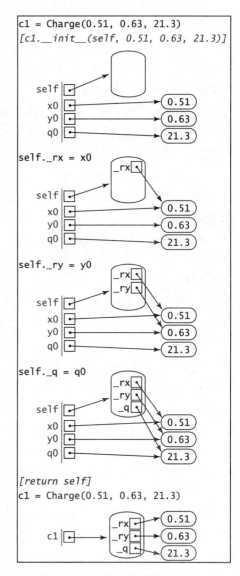

图 3-2-2　创建和初始化一个对象

当客户端调用一个方法时，Python 自动设置 self 参数变量为指向当前操作的对象的引用，即用于**调用方法的对象**。例如，如果客户端通过代码 c.potentialAt(x, y) 调用方法，则 __potentialAt__() 方法的 self 参数变量的值设置为 c。来自客户端的普通参数变量（例子中的 x 和 y）跟随在特殊参数变量 self 之后。其余的代码构成 potentialAt() 方法的函数体。

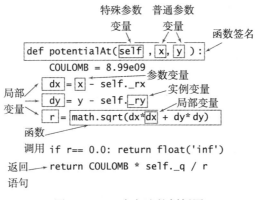

图 3-2-3　一个方法的剖析图

7. 方法中的变量

为了理解方法的实现，首先应该了解方法通常包含的三种类型的变量，这一点十分重要。这三种类型的变量分别为：

- self 对象的实例变量
- 方法的参数变量
- 局部变量

实例变量与读者熟知的参数变量和局部变量有着显著的差异：在给定时间，每个局部变量或参数变量对应一个唯一的值，但是每个实例变量则可能对应多个值——数据类型的每个对象实例对应一个值。这种处理不存在二义性，因为每次调用一个方法时，会通过一个对象进行调用，实现代码则可以直接通过 self 参数变量引用该对象的实例变量。**请读者务必理解这三种类型变量之间的区别**，这也是面向对象程序设计的一个关键所在。三种类型变量之间区别的总结如表 3-2-3 所示。

405
～
406

表 3-2-3　方法中的三种变量

变量名称	变量用途	应用示例	作用范围
参数变量	将参数从客户端传递到方法	self, x, y	方法中
实例变量	数据类型的值	_rx, _ry	类中
局部变量	方法中临时使用	dx, dy	方法中

在我们的示例中，potentialAt() 通过 self 引用的对象的实例变量 _rx、_ry 和 _q，参数变量 x 和 y，以及局部变量 COULOMB、dx、dy 和 r 这三类变量计算和返回一个值。作为例子，请阅读如下语句：

```
dx = x - self._rx
```

该语句使用所有三种类型的变量。理解了三种类型变量的区别后，请读者重新阅读程序，理解 potentialAt() 的工作原理。

8. 方法即函数

一个方法是定义在类中与一个对象关联的特殊类型函数。因为方法就是函数，所以一个方法可接收任意数量的参数，通过默认参数指定可选参数，并且返回值到调用者。在我们的示例中，potentialAt() 接收两个普通参数，返回一个浮点数到客户端。函数和方法的主要区别在于，方法与一个指定的对象关联，可以直接访问其实例变量。事实上，我们在本节稍后将通过更多的实例，进一步阐明方法的最终目的是改变实例变量的值，而不是返回一个值到客户端。

9. 内置函数

Charge API 中的第三种运算为内置函数 str(c)。按 Python 规范，str(c) 函数调用将自动转换为一个标准方法调用 c.__str()__。因而，为了支持该运算操作，我们实现了特殊方法 __str__()，将那些与调用对象关联的实例变量字符串进行串联，作为所需的结果返回。Python 在运行时知道各对象的类型，所以 Python 可判断调用哪个 __str__() 方法，即定义在调用对象对应的类中的 __str__() 方法。

<u>407</u>

10. 私有性（Privacy）

客户端应该仅通过其 API 中列举的方法访问一个数据类型。有时候，在实现时定义一些辅助方法可能会更方便，而这些辅助方法应该不被客户端直接调用。特殊方法 __str__() 就是一个典型的例子。正如 2.2 节中关于私有函数的阐述，标准 Python 的约定是以前缀下划线方式命名这些方法。前缀下划线用于强调并告知客户端不应该直接调用该私有方法。同样，以前缀下划线命名的实例变量也指示客户端不应该直接访问此类的私有实例变量。尽管 Python 中并没有特别的语言规范强制执行这些约定，但大多数 Python 程序员认为这些是神圣且应该严格自觉遵守的约定。

以上是 Python 中将数据类型实现为类必须理解的基本内容。我们将讨论每种数据类型的实现（Python 类），包括实例变量、构造函数和方法。在我们开发的每种数据类型中，我们均遵循相同的步骤。为了完成一个计算目标，我们不应该纠结于下一步需要采取的具体动作（开始学习编程时经常这样做），而应该重点考虑客户端的需求，然后在数据类型中实现这些需求。程序 3.2.1 是 Charge 数据类型的完整实现，程序包括我们讨论的所有功能。请注意，charge.py 程序还包括一个测试客户端。在模块中每个数据类型实现的同时，还包括一个相应的测试客户端，这是一个良好的程序设计习惯。

11. 小结

我们把前面阐述的关于创建一个新的数据类型的 3 个基本步骤总结如下。

创建一个数据类型的第一步是设计其 API。API 的目的是把客户端与实现分离开，从而促进模块化程序设计。设计 API 时有两个目标：首先，我们希望客户端代码清晰和正确。事实上，最终完成 API 设计之前，建议先编写一些客户端代码，以确保所设计的数据类型操作符合客户端的需求。其次，我们必须能够实现这些运算操作。很显然，设计根本无法实现的运算操作是毫无意义的行为。

创建一个数据类型的第二步是实现一个 Python 类以满足其 API 规范。首先，编写构造函数以定义和初始化实例变量。其次，编写方法处理实例变量以实现所需的功能。在 Python 中，我们通常需要实现三种类型的方法。

<u>408</u>

- 为了实现一个构造函数，我们实现一个特殊方法 __init__()，其第一个参数变量为 self，随后跟构造函数的普通参数变量。
- 为了实现一个方法，我们实现一个指定名称的函数，其第一个参数变量为 self，随后跟构造函数的普通参数变量。
- 为了实现一个内置函数，我们实现一个函数名的前后均带双下划线的特殊方法，其第一个参数变量为 self。

程序 3.2.1　带电粒子（charge.py）

```
import math
import sys
import stdio

class Charge:                                               实例变量
    def __init__(self, x0, y0, q0):
        self._rx = x0                                    _rx  x 坐标
        self._ry = y0                                    _ry  y 坐标
        self._q = q0                                     _q   电荷值

    def potentialAt(self, x, y):
        COULOMB = 8.99e09                          COULOMB  库仑常数
        dx = x - self._rx                          dx, dy   距离查询点的偏移地址
        dy = y - self._ry                              r    距离查询点的距离
        r = math.sqrt(dx*dx + dy*dy)
        if r == 0.0: return float('inf')
        return COULOMB * self._q / r

    def __str__(self):
        result = str(self._q) + ' at ('
        result += str(self._rx) + ', ' + str(self._ry) + ')'
        return result
def main():
    x = float(sys.argv[1])
    y = float(sys.argv[2])                             x, y   查询点
    c = Charge(.51, .63, 21.3)                           c     电荷
    stdio.writeln(c)
    stdio.writeln(c.potentialAt(x, y))

if __name__ == '__main__': main()
```

　　程序 3.2.1 是我们定义的数据类型带电粒子 Charge 的实现，包含每个数据类型的基本组成部分：实例变量 _rx、_ry 和 _q，构造函数 __init__()，方法 potentialAt() 和 __str__()，以及一个测试客户端 main()（具体还可以参见程序 3.1.1）。程序 3.2.1 的运行过程和结果如下：

```
% python charge.py .5 .5
21.3 at (0.51, 0.63)
1468638248194.164
```

Charge 数据类型的示例如表 3-2-4 所示。在三种情况下，我们使用 self 访问调用对象的实例变量，使用参数变量或局部变量计算结果，并将结果值返回给调用者。

表 3-2-4　Python 中数据类型实现的方法总结表

运算操作	调用示例（在客户端代码中）	签名（在实现代码中）
构造函数	c = Charge(x0, y0, q0)	__init__(self, x0, y0, q0)
方法	c.potentialAt(x, y)	potentialAt(self, x, y)
内置函数	str(c)	__str__(self)

　　创建一个数据类型的第三步是编写一个测试客户端，以验证和测试前两步的设计和实现是否正确。

图 3-2-4 总结了前文讨论中所涉及的术语。请读者务必仔细研究，因为这些术语将在本书后续章节广泛使用。

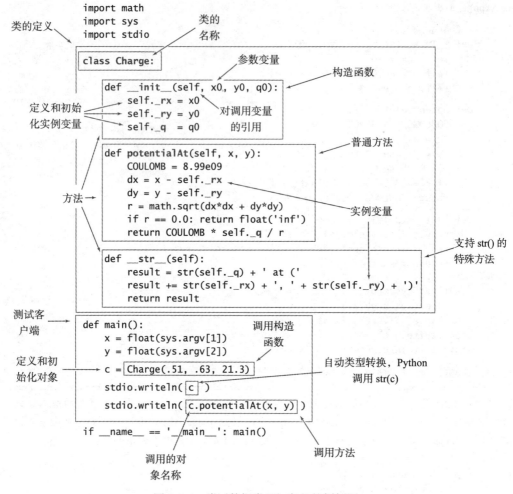

图 3-2-4　类（数据类型）定义的剖析图

接下来，我们将使用上述基本步骤创建若干有趣的数据类型和客户端。每个实例从 API 设计开始，然后讨论其实现，最后是客户端。建议读者认真完成本节后面的习题，这些习题也将帮助读者获取更多创建数据类型的经验。3.3 节将对设计过程和相应的语言机制做进一步的阐述和总结。

定义数据类型的值是什么？针对这些值客户端可以执行哪些操作？确定了这些基本问题后，我们就可以创建新的数据类型，然后像使用内置数据类型一样，使用自定义数据类型编写客户端应用程序。

409
～
411

3.2.2　秒表

面向对象程序设计的一个特点是，通过创建抽象编程对象，就可以轻松地对现实世界中的对象进行建模。作为一个简单的程序示例，stopwatch.py（程序 3.2.2）实现了 Stopwatch 数据类型，定义了如表 3-2-5 所示的 API。

表 3-2-5   自定义 Stopwatch 数据类型的 API

运算操作	功能描述
Stopwatch()	创建一个新的秒表（从零开始计时）
watch.elapsedTime()	自秒表创建以来所经过的时间（以秒为单位）

换言之，Stopwatch 对象是一个老式秒表的精简版本。创建一个 Stopwatch 对象后，秒表开始运行，通过调用方法 elapsedTime()，我们就可以查询秒表已经运行的时间。用户也可以添加各种花哨的功能到 Stopwatch——任何你能够想象到的东西，例如，铃声或口哨声之类的功能。你是否希望可以重置秒表？开始或停止秒表？包括一个单圈计时器？增加这些功能其实是十分容易的（具体请参见本节习题第 11 题）。

程序 3.2.2   秒表（stopwatch.py）

```
import math
import sys
import time
import stdio

class Stopwatch:
    def __init__(self):
        self._start = time.time()
    def elapsedTime(self):
        return time.time() - self._start

def main():
    n = int(sys.argv[1])

    total1 = 0.0
    watch1 = Stopwatch()
    for i in range(1, n+1):
        total1 += i**2
    time1 = watch1.elapsedTime()

    total2 = 0.0
    watch2 = Stopwatch()
    for i in range(1, n+1):
        total2 += i*i
    time2 = watch2.elapsedTime()

    stdio.writeln(total1/total2)
    stdio.writeln(time1/time2)

if __name__ == '__main__': main()
```

实例变量
_start ｜秒表的创建时间

程序 3.2.2 模块定义了一个类 Stopwatch，实现了一种数据类型，可以用于比较性能关键方法的运行时间（具体请参见 4.1 节）。测试客户端从命令行接收一个整数参数 n，比较使用两种不同的数值平方方法（i**2 或 i*i）计算数值 1~n 的平方和所需要的时间消耗。测试结果表明，i*i 比 i**2 大约快三倍。程序 3.2.2 的运行过程和结果如下：

```
% python stopwatch.py 1000000
1.0
3.179422835633626
```

程序 stopwatch.py 中的实现利用了 Python 的 time 模块中的 time() 函数，time() 返回一

个表示当前时间（以秒为单位）的浮点数（典型地，自 1970 年 1 月 1 日 UTC 所经过的秒数）。Stopwatch 数据类型的实现也非常简单。一个 Stopwatch 对象保存其创建时间到一个实例变量中，每当用户调用其 elapsedTime() 方法时，将返回该时间与当前时间的差值到客户端。实际上，Stopwatch 对象本身并不计时（你计算机的内部系统时钟为所有的 Stopwatch 对象计时），其表象好像是 Stopwatch 对象在为客户端计时。为什么客户端不直接使用 time.time() 呢？我们当然可以在客户端直接使用 time.time()，但是使用更高层面的 Stopwatch 抽象，可使得客户端程序更加容易理解和维护。

测试客户端是一个典型实现，首先创建两个 Stopwatch 对象，然后使用它们来测量两种不同计算的运行时间，最后输出运行时间的比值。

412
～
413

自最初若干运行程序开始，就一直存在一个问题：解决问题的一种实现方法是否比另一种实现方法更佳？这个问题在程序开发中占据基础地位。在 4.1 节中，我们将开发一个科学的方法，以理解计算的消耗代价。Stopwatch 在该方法中是有用的工具。

3.2.3 直方图

程序 3.2.3（histogram.py）定义了一个数据类型 Histogram，使用不同高度的条块图形化表示数据的分布，这种图形称为直方图。Histogram 对象维护一个数组数据，该数组用于存储在给定区间整数值的发生频率。Histogram 使用 stdstats.plotBars() 来显示系列值的直方图。其 API 如表 3-2-6 所示。

表 3-2-6   用户自定义的数据类型 Histogram 的 API

运算操作	功能描述
Histogram(n)	根据整数值 0，1，…，n–1 创建一个新的 Histogram 对象
h.addDataPoint(i)	将整数 i 的发生频率添加到 Histogram 对象 h 中
h.draw()	在标准绘图上绘制 h

借助这种简单的数据类型，我们可以体会到第 2 章讨论的模块化程序设计的好处，以及数据分离的优点。Histogram 客户端程序无须维护数据（甚至无须了解其表示方式），只需创建一个 Histogram 对象并调用其 addDataPoint() 方法即可。

研究本示例代码和其他示例代码时，最好仔细考虑客户端代码。我们实现的每一个类本质上拓展了 Python 语言，允许我们创建新建数据类型的对象，并操作这些对象。从概念上而言，所有客户端程序与读者学习的第一个使用内置数据类型的程序一致。现在，我们有能力为客户端代码定义其需要的任何数据类型和操作。

在本案例中，Histogram 的使用实际上增强了客户端代码的可阅读性，因为 addDataPoint() 调用侧重于被研究的数据。如果不使用 Histogram，则不得不混合创建直方图的代码与相关计算的代码，结果会导致程序不容易理解和维护。在计算任务中，任何时候只要可以清晰地分离任务，则建议分离它们。

了解了数据类型在客户端代码中的使用方法之后，就可以开始考虑其实现。实现的一种特征是实例变量（数据类型的值）。Histogram 维护一个数组，该数组包含各个点的频率。其draw() 方法缩放绘图（以便最高的条形适合于画布的高度）并绘制频率。

414

程序 3.2.3　直方图（histogram.py）

```
import sys
import stdarray
import stddraw
import stdrandom
import stdstats
class Histogram:
    def __init__(self, n):
        self._freq = stdarray.create1D(n, 0)

    def addDataPoint(self, i):
        self._freq[i] += 1

    def draw(self):
        stddraw.setYscale(0, max(self._freq))
        stdstats.plotBars(self._freq)


def main():
    n      = int(sys.argv[1])
    p      = float(sys.argv[2])
    trials = int(sys.argv[3])
    histogram = Histogram(n+1)
    for t in range(trials):
        heads = bernoulli.binomial(n, p)
        histogram.addDataPoint(heads)
    stddraw.setCanvasSize(500, 200)
    histogram.draw()
    stddraw.show()
if __name__ == '__main__': main()
```

实例变量	
_freq[]	频率计数

　　程序 3.2.3 模块定义了一个类 Histogram，实现了一种数据类型用于创建动态直方图。频率计数值保存在一个名为 _freq 的实例变量数组中。测试客户端程序接收一个整数 n、一个浮点数 p 和一个整数 trials 作为命令行参数。程序进行 trials 次试验，每次统计一个有偏硬币（正面的概率为 p，负面的概率为 1–p）被抛掷 n 次后正面向上的次数。然后在标准绘图上绘制统计结果。程序 3.2.3 的运行过程和结果如下：

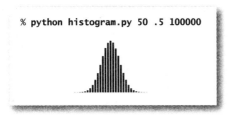

415

3.2.4　海龟绘图

　　在计算任务中，任何时候只要可以清晰地分离任务，则建议分离它们。在面向对象的程序设计中，我们拓展该设计理念以包括任务的状态。少量的状态将大大有助于简化计算过程。接下来我们将讨论海龟绘图（Turtle graphic），其基于数据类型的 API 定义如表 3-2-7 所示。

表 3-2-7   用户自定义数据类型 Turtle 的 API

运算操作	功能描述
Turtle(x0, y0, a0)	在坐标点 (x0, y0) 创建一个面向 a0 度（与 x 轴的夹角）方向的新海龟
t.turnLeft(delta)	指示 t 向左旋转（逆时针）delta 度
t.goForward(step)	指示 t 向前移动 step 距离，并绘制一条直线

假定一只海龟生活在一个单元正方形内，当它移动时会绘制直线。海龟可以沿直线移动指定的距离，也可以向左旋转（逆时针）一个指定的角度。根据 API，当我们创建一个海龟时，我们把其放置在一个指定的位置点上，面向一个指定的方向。然后，通过给海龟发出 goForward() 和 turnLeft() 命令创建一个绘制图形。海龟的第一步代码以及示意图如图 3-2-5 所示。

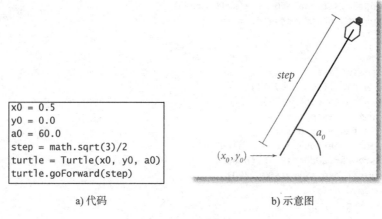

```
x0 = 0.5
y0 = 0.0
a0 = 60.0
step = math.sqrt(3)/2
turtle = Turtle(x0, y0, a0)
turtle.goForward(step)
```

a) 代码   b) 示意图

图 3-2-5   海龟的第一步

例如，为了绘制一个三角形，我们创建一个海龟，位于位置点 (0, 0.5)，面向与 x 轴逆时针旋转 60 度角的方向，然后指示其向前移动一步并逆时针旋转 120 度，然后再向前移动一步，逆时针旋转 120 度，最后再向前移动一步，完成三角形的绘制。如图 3-2-6 所示。

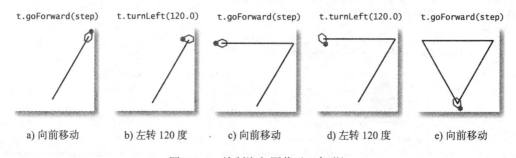

a) 向前移动   b) 左转 120 度   c) 向前移动   d) 左转 120 度   e) 向前移动

图 3-2-6   绘制海龟图像（三角形）

事实上，我们即将讨论的所有 Turtle 客户端都是简单地创建一个海龟，然后交错发出一系列移动和旋转指令，只是移动的长短和旋转的角度各不相同而已。读者稍后将发现，这个简单的模型允许我们创建任意复杂的图像，其应用十分广泛。

定义在程序 3.2.4（turtle.py）的 Turtle 类是其 API 的一种实现，程序使用了模块 stddraw。Turtle 类包含三个实例变量：海龟的位置坐标点（x, y）、其当前面对的方向（x 轴逆时针旋转角度，极坐标角度）。Turtle 类实现了用于更新这些实例变量的两个方法，所以 Turtle 对象是可变对象。这些更新方法的实现十分简单：turnLeft(delta) 把当前角度递增 delta，goForward(step) 把当前的 x 坐标递增 step 乘以当前角度的余弦值，把当前的 y 坐标递增 step 乘以当前角度的正弦值。海龟坐标（三角学）计算如图 3-2-7 所示。

程序 3.2.4　海龟绘图（turtle.py）

```
import math
import sys
import stddraw

class Turtle:
    def __init__(self, x0, y0, a0):
        self._x = x0
        self._y = y0
        self._angle = a0

    def turnLeft(self, delta):
        self._angle += delta

    def goForward(self, step):
        oldx = self._x
        oldy = self._y
        self._x += step * math.cos(math.radians(self._angle))
        self._y += step * math.sin(math.radians(self._angle))
        stddraw.line(oldx, oldy, self._x, self._y)

def main():
    n = int(sys.argv[1])
    step = math.sin(math.radians(180.0/n))
    turtle = Turtle(.5, .0, 180.0/n)
    for i in range(n):
        turtle.goForward(step)
        turtle.turnLeft(360.0/n)
    stddraw.show()

if __name__ == '__main__': main()
```

实例变量
_x, _y | 坐标位置（位于单位正方形之内）
_angle | 极坐标角度（单位为度）

　　程序 3.2.4 实现的数据类型支持海龟绘图，经常用于简化图形的绘制过程。程序 3.2.4 的运行过程和结果如下：

% python turtle.py 3

% python turtle.py 7

% python turtle.py 1000

　　Turtle 的测试客户端接收一个整数 n 作为命令行参数，绘制一个边数为 n 的正多边形。如果读者对初等解析几何感兴趣，请自己验证结果的正确性。不管是否进行验证，请读者思考一个问题：如何计算一个多边形所有点的坐标？海龟绘图实现方法的简洁性非常具有吸引力。简而言之，海龟绘图可以作为描述各种几何形状的抽象。例如，通过把 n 设置得足够大，我们可以获得一个圆的精确近似。

Turtle 的使用与其他对象的使用方法完全一致。程序可以通过创建一个 Turtle 对象数组，将其作为参数传递给函数等。我们的示例将演示其能力并证明创建类似 Turtle 的数据类型非常简单且实用。针对各种几何形状（例如正多边形），可以计算各顶点的坐标，然后通过绘制连接各顶点的直线完成图形的绘制。但是读者可以发现，使用 Turtle 的实现方法更简单。海龟绘图证明了数据抽象的价值。

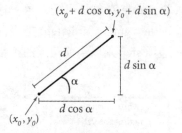

图 3-2-7　海龟坐标的计算

3.2.5　递归图形

阶数为 0 的科赫曲线（Koch curve）是一条直线。通过如下方法，可以产生一条阶数为 n 的科赫曲线：绘制一条阶数为 $n-1$ 的科赫曲线；向左旋转 60 度，绘制第二条阶数为 $n-1$ 的科赫曲线；向右旋转 120 度（left－120 度），绘制第三条阶数为 $n-1$ 的科赫曲线；向左旋转 60 度，绘制第四条阶数为 $n-1$ 的科赫曲线。这些递归指令很显然可以通过海龟绘图客户端代码实现。通过适当的修改，类似的递归方案被证明非常适合于对自然界中自相似的模式（例如，雪花）进行建模。

如图 3-2-8a 所示的客户端代码十分简单并且容易理解（除了步长的值）。如果仔细阅读前几个示例，读者将发现（并且可以通过归纳法证明），阶数为 n 的曲线的宽度是 3^n 乘以步长，所以设置步长为 $1/3^n$，结果曲线的宽度为 1。同样，阶数为 n 的曲线的步数 4^n，所以如果 n 比较大，则 koch.py 无法正常结束。

```python
import sys
import stddraw
from turtle import Turtle
def koch(n, step, turtle):
    if n == 0:
        turtle.goForward(step)
        return
    koch(n-1, step, turtle)
    turtle.turnLeft(60.0)
    koch(n-1, step, turtle)
    turtle.turnLeft(-120.0)
    koch(n-1, step, turtle)
    turtle.turnLeft(60.0)
    koch(n-1, step, turtle)
n = int(sys.argv[1])
stddraw.setPenRadius(0.0)
step = 3.0 ** -n
turtle = Turtle(0.0, 0.0, 0.0)
koch(n, step, turtle)
stddraw.show()
```

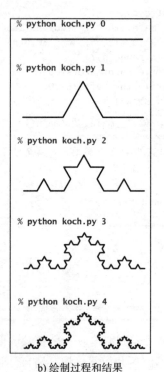

a) 代码　　　　b) 绘制过程和结果

图 3-2-8　使用海龟绘图绘制科赫曲线

在各种领域，不同文化背景的数学家、科学家和艺术家研究和开发了大量类似科赫曲线的递归图案。在本案例中，我们关注的是海龟绘图抽象可以大大简化绘制递归图形的客户端代码。

1. 等角螺线（Spira mirabilis）

经过 4^n 步绘制一条科赫曲线后，也许海龟有些累了（或许仅仅因为懒惰）。因而，假设海龟的步长每次按一个小的常量因子（接近于 1）递减，则绘制结果会发生怎样的变化？特别地，修改程序 3.2.4 中的多边形绘制测试客户端将会产生一个称为对数螺旋（logarithmic spiral）的图像，该曲线在自然界很多环境下存在。

程序 3.2.5（spiral.py）是对数螺旋曲线的一种实现。程序指示海龟交错前行和转向，直到自己环绕自己一定次数，其步长每次按一个常量因子（接近于 1）递减。客户端脚本代码接收三个命令行参数，用于控制螺旋曲线的形状和本质。从程序中的 4 个例子可以看出，曲线路径以螺旋方式进入绘制中心。建议读者使用不同参数测试 spiral.py，以加深理解各参数如何控制螺旋曲线的行为。

程序 3.2.5　等角螺线 (spiral.py)

```
import math
import sys
import stddraw
from turtle import Turtle

n = int(sys.argv[1])
wraps = int(sys.argv[2])
decay = float(sys.argv[3])
angle = 360.0 / n

step = math.sin(math.radians(angle/2.0))
turtle = Turtle(0.5, 0, angle/2.0)

stddraw.setPenRadius(0)
for i in range(wraps * n):
    step /= decay
    turtle.goForward(step)
    turtle.turnLeft(angle)
stddraw.show()
```

n	边的数量
wraps	环绕计数
step	步长
decay	递减因子
angle	旋转量
step	步长
turtle	懒惰的海龟

程序 3.2.5 是程序 3.2.4 中测试客户端的修改版本，程序在每一步递减步长，环绕给定次数。n 的值控制形状；wraps 的值控制范围；decay 的值控制螺旋的本质。程序 3.2.5 的运行过程和结果如下：

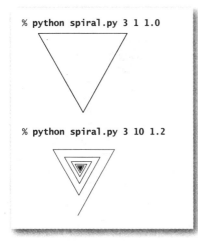

```
% python spiral.py 3 1 1.0
```

```
% python spiral.py 3 10 1.2
```

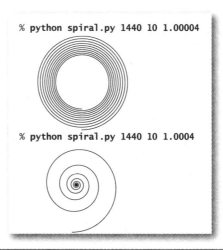

```
% python spiral.py 1440 10 1.00004
```

```
% python spiral.py 1440 10 1.0004
```

对数螺线最初由勒内·笛卡儿（René Descartes）于 1638 年提出。雅各布·贝努利（Jacob Bernoulli）为其数学性质倾倒，将其命名为等角螺线（神奇的螺旋），甚至要求把它刻在自己的墓碑上。许多人也认为它是"神奇的"，因为这种精确曲线清楚地存在于各种各样的自然现象中。图 3-2-9 描述了三个示例：一个鹦鹉螺的贝壳，一个螺旋星系的旋臂，一个热带风暴云的形成图。科学家还观察到，老鹰接近猎物时的曲线和带电粒子垂直向均匀磁场移动的曲线都是螺旋曲线。

科学探究的一个目标是为复杂的自然现象提供一个简单但精确的模型。我们不知疲倦的海龟经受住了考验！

Photo: Chris 73 (CC-by-SA license)　　　Photo: NASA and ESA　　　Photo: NASA

a) 鹦鹉螺壳　　　　　b) 螺旋星系　　　　　c) 热带风暴云

图 3-2-9　自然界的等角螺线示例

2. 布朗运动（Brownian motion）

现在假设不止一只海龟而是有很多只。相应地，请读者想象一只失去方向感的海龟（同样遵循其标准交错转向和前行规则）在每一步之前随机转向。同样，很容易绘制该海龟经过数以百万步后的路径，而这样的路径在自然界很多情况下存在。1827 年，植物学家罗伯特·布朗（Robert Brown）通过显微镜观察到，从花粉中弹出的微小颗粒浸入水中后，其随机运动的方式类似于上述迷失方向的海龟的运动方式。这种过程后来成为著名的布朗运动，并导致阿尔伯特·爱因斯坦（Albert Einstein）对物质原子本性的洞察。一只醉龟的布朗运动如图 3-2-10 所示。一群醉龟的布朗运动如图 3-2-11 所示。

```
import sys
import stddraw
import stdrandom
from turtle import Turtle

trials = int(sys.argv[1])
step = float(sys.argv[2])
stddraw.setPenRadius(0.0)
turtle = Turtle(0.5, 0.5, 0.0)
for t in range(trials):
    angle = stdrandom.uniformFloat(0.0, 360.0)
    turtle.turnLeft(angle)
    turtle.goForward(step)
    stddraw.show(0)
stddraw.show()
```

% python drunk.py 10000 .01

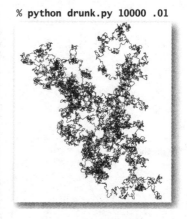

a) 代码　　　　　　　　　　b) 运行过程和运行效果

图 3-2-10　一只醉龟的布朗运动（沿随机方向游走指定距离）

```
import sys
import stdarray
import stddraw
import stdrandom
from turtle import Turtle

n = int(sys.argv[1])
trials = int(sys.argv[2])
step = float(sys.argv[3])
stddraw.setPenRadius(0.0)
turtles = stdarray.create1D(n)
for i in range(n):
    x = stdrandom.uniformFloat(0.0, 1.0)
    y = stdrandom.uniformFloat(0.0, 1.0)
    turtles[i] = Turtle(x, y, 0.0)
for t in range(trials):
    for i in range(n):
        angle = stdrandom.uniformFloat(0.0, 360.0)
        turtles[i].turnLeft(angle)
        turtles[i].goForward(step)
        stddraw.show(0)
stddraw.show()
```

a) 代码

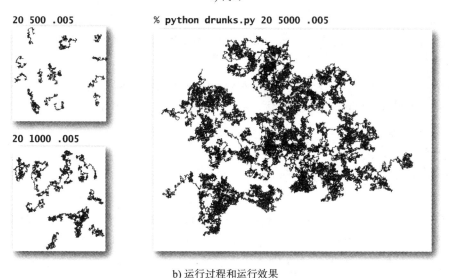

b) 运行过程和运行效果

图 3-2-11　一群醉龟的布朗运动

现在再假设海龟有小伙伴，小伙伴的数量也很多。当它们游荡足够长的时间后，它们的路径合并在一起并成为一个单独的不可分割的路径。现在，天体物理学家使用这种模式去了解遥远星系的观测特性。

海龟绘图最初由西蒙·派珀特（Seymour Papert）博士于 20 世纪 60 年代在麻省理工学院开发，作为一个教育程序设计语言 Logo 的一部分，Logo 语言至今仍在玩具中使用。然而，正如上述的若干科学示例表明，海龟绘图不是玩具。例如，海龟绘图是 PostScript 的基础，PostScript 是一种用于创建大多数报纸、杂志和书籍的印刷页面的程序设计语言。在本节的情况下，Turtle 是典型的面向对象的编程实例，表明了少量的保存状态（使用对象而不仅仅是函数的数据抽象）可以大大简化计算过程。

3.2.6 复数

复数是一种 $x + y$i 形式的数值，其中 x 和 y 为实数，i 为 –1 的平方根。x 称为复数的实部，y 称为复数的虚部。该术语来源于 –1 的平方根为虚数的概念，因为没有任何实数对应于该值。复数是一种典型的数学抽象：不管人们是否相信 –1 的平方根有实际意义，复数可以帮助我们理解自然界。复数被广泛应用于应用数学，在科学和工程的许多分支中扮演着重要的角色。复数还被用于对各种类型的物理系统进行建模，从电路到声波到电磁场。这些模型往往需要大量涉及操作复数的计算。复数运算基于规范的数学运算，所以我们需要编写计算机程序以实现这些计算。简而言之，我们需要一种新的数据类型。

没有任何一种语言可以提供给我们可能需要的所有数学抽象的实现，但是自定义数据类型的能力不仅仅赋予我们编写程序实现操作抽象（例如复数、多项式、向量、矩阵）的能力，还赋予我们新的抽象思维的自由。

Python 语言提供了复数 complex（注意首字母为小写的 c）数据类型。然而，由于开发复数的数据类型是面向对象程序设计的一个典型例子，我们将讨论自己的 Complex（注意首字母为大写的 C）数据类型。实现复数的过程可以帮助我们思考一些关于数学抽象的数据类型方面的有趣问题。

对于基本运算所需的复数运算，通过应用代数的交换律、结合律和分配律（以及等式 $i^2 = -1$）实现复数的加法和乘法运算，计算复数的模数，返回复数的实部和虚部。其计算公式如下：

- 加法（Addition）：$(x+y$i$) + (v+w$i$) = (x+v) + (y+w)$i
- 乘法（Multiplication）：$(x + y$i$) (v + w$i$) = (xv - yw) + (yv + xw)$ i
- 模数（Magnitude）：$|x + y$i$| = \sqrt{x^2 + y^2}$
- 实部（Real part）：$\text{Re}(x + y$i$) = x$
- 虚部（Imaginary part）：$\text{Im}(x + y$i$) = y$

424

例如，如果 $a = 3 + 4$i，$b = -2 + 3$i，则 $a + b = 1 + 7$i，$a\,b = -18 + $i，$\text{Re}(a) = 3$，$\text{Im}(a) = 4$，$|a| = 5$。

基于上述基本定义，实现复数的数据类型的方案十分清晰明了。按惯例，我们将从定义数据类型运算操作的 API 开始。为了简单起见，在课本正文中我们将注意力集中在 API 中的基本运算，在本节习题第 18 题中则考虑其他可能支持的几个有用运算操作。除了类型名称的首字母为大写 C，表 3-2-8 中的 API 同样被 Python 内置数据类型 complex 实现。

表 3-2-8 用户自定义的 Complex 数据类型的 API

客户端操作	特殊方法	功能描述
Complex(x, y)	__init__(self, re, im)	新建一个 Complex 对象，其值为 x+yi
a.re()		复数 a 的实部
a.im()		复数 a 的虚部
a + b	__add__(self, other)	复数 a 和 b 之和
a * b	__mul__(self, other)	复数 a 和 b 之积
abs(a)	__abs__(self)	计算复数的模数
str(a)	__str__(self)	'x + yi'，复数 a 的字符串表示方式

1. 特殊方法

如何实现数据类型运算操作以便客户端可以通过算术运算符（例如，＋和＊）调用？对应的解决方法是特别为此设计的一系列 Python 特殊方法。例如，当 Python 解析客户端代码中的表达式 a ＋ b 时，将其替代为方法调用 a.__add__(b)。同样，Python 把表达式 a ＊ b 替换为方法调用 a.__mul__(b)。因此，我们只需要实现用于加法和乘法执行期望操作的特殊方法 __add__() 和 __mul__() 即可。其原理机制与 Charge 数据类型中支持内置函数 str() 的 __str__() 实现机制一致，只是实现算术运算的特殊方法带两个参数而已。表 3-2-8 中的 API 包含额外的一列，用于匹配客户端操作到特殊方法。通常情况下，我们在 API 中省略这一列，因为这些名称是与客户端无关的标准。Python 的特殊方法列表是可扩展的，我们将在 3.3 节进一步讨论。

Complex（程序 3.2.6）是实现上述 API 的类。程序代码包含与 Charge 类型相同的组件（所有的 Python 数据类型实现）：实例变量（_re 和 _im）、一个构造函数、若干方法，以及一个测试客户端。测试客户端首先设置 z_0 为 1 ＋ i，然后设置 z 为 z_0，并对如下表达式求值：

$$z = z^2 + z_0 = (1 + i)^2 + (1 + i) = (1 + 2i - 1) + (1 + i) = 1 + 3i$$
$$z = z^2 + z_0 = (1 + 3i)^2 + (1 + i) = (1 + 6i - 9) + (1 + i) = -7 + 7i$$

程序代码非常直观简洁，与本章前述的代码类似。

2. 访问对象的实例变量

__add__() 和 __mul__() 的实现需要访问两个对象中的值：作为参数传递的对象和调用方法的对象（即 self 引用的对象）。当客户端调用 a.__add__(b) 时，参数变量 self 设置为引用与 a 相同对象的参数，参数变量 other 则设置为与 b 相同对象的参数。我们可以使用 self._re 和 self._im 访问对象 a 的实例变量。为了访问对象 b 的实例变量，可以使用代码 other._re 和 other._im。按惯例，实例变量为私有变量，所以在其他类中不能直接访问实例变量。在相同类的另一个对象中访问其实例变量并不违反私有策略。

3. 不可变性

当创建一个 Complex 对象时，其中两个实例变量将被设置，并且在对象的整个生命周期不会变化。即 Complex 是不可变对象。我们将在 3.3 节中讨论这种设计思想的优点。

复数是应用数学中复杂计算的基础，应用十分广泛。尽管存在 Python 内置数据类型 complex，我们开发 Complex 的主要理由是通过一种简单但真实设置的方法演示 Python 内置函数的使用。在实际应用中，建议读者使用内置数据类型 complex，除非需要额外的功能。

为了体验复数计算的本质和复数抽象的应用，接下来我们将讨论一个 complex（或 Complex）客户端的著名例子。

3.2.7 曼德布洛特集合

曼德布洛特集合（Mandelbrot set）是一个由本华·曼德博布洛特（Benoît Mandelbrot）发现的一个特殊的复数集合，具有许多引人入胜的特性。它是一个分形图案，与本书讨论的巴恩斯利蕨、谢尔宾斯基三角形、布朗桥、科赫曲线、醉海龟，以及其他递归（自相似）图案和程序相关。这种类型的图案存在于各种各样的自然现象中，这些模型和程序在现代科学中十分重要。

程序 3.2.6　复数（complex.py）

```
import math
import stdio

class Complex:
    def __init__(self, re=0, im=0):
        self._re = re
        self._im = im

    def re(self): return self._re
    def im(self): return self._im

    def __add__(self, other):
        re = self._re + other._re
        im = self._im + other._im
        return Complex(re, im)

    def __mul__(self, other):
        re = self._re * other._re - self._im * other._im
        im = self._re * other._im + self._im * other._re
        return Complex(re, im)

    def __abs__(self):
        return math.sqrt(self._re*self._re + self._im*self._im)

    def __str__(self):
        return str(self._re) + ' + ' + str(self._im) + 'i'

def main():
    z0 = Complex(1.0, 1.0)
    z = z0
    z = z*z + z0
    z = z*z + z0
    stdio.writeln(z)

if __name__ == '__main__': main()
```

实例变量
_re｜实部
_im｜虚部

　　程序 3.2.6 实现的数据类型允许我们编写 Python 程序执行复数运算。程序 3.2.6 的运行过程和结果如下：

```
% python complex.py
-7.0 + 7.0i
```

　　曼德布洛特集合中的点集不能使用单一的数学方程来描述。作为替代，可以用一种算法定义，因此，一个完美的候补方案是复数客户端：我们通过编写一个绘制图形的程序研究曼德布洛特集合。

　　确定一个复数 z_0 是否属于曼德布洛特集合的规则看似十分简单。考虑一系列复数：z_0，z_1，z_2，$\cdots$，z_t，$\cdots$，其中 $z_{t+1} = (z_t)^2 + z_0$。例如，表 3-2-9 列举了对应于 $z_0 = 1 + i$ 序列的前几项：

表 3-2-9　曼德布洛特集合的计算

t	z_t	$(z_t)^2$	$(z_t)^2 + z_0$
0	1+i	$1+2i+i^2=2i$	$2i + (1+i) = 1+3i$
1	1+3i	$1+6i+9i^2 = -8+6i$	$-8+6i + (1+i) = -7+7i$
2	−7+7i	$49-98i+49i^2 = -98i$	$-98i + (1+i) = 1-97i$

现在，如果序列 $|z_i|$ 发散到无穷大，则 z_0 不属于曼德布洛特集。如果序列有边界，则 z_0 属于曼德布洛特集。对于许多点，测试十分简单。但对于大多数其他点，测试需要更多的计算量，如表 3-2-10 所示。

表 3-2-10　曼德布洛特集合的前几项

z_0	$0 + 0i$	$2 + 0i$	$1 + i$	$0 + i$	$-0.5 + 0i$	$-0.10 - 0.64i$
z_1	0	6	$1 + 3i$	$-1 + i$	-0.25	$-0.30 - 0.77i$
z_2	0	36	$-7 + 7i$	$-i$	-0.44	$-0.40 - 0.18i$
z_3	0	1446	$1 - 97i$	$-1 + i$	-0.31	$0.23 - 0.50i$
z_4	0	2090918	$-9407 - 193i$	$-i$	-0.40	$-0.09 - 0.87i$
$\vdots$	$\vdots$	$\vdots$	$\vdots$	$\vdots$	$\vdots$	$\vdots$
in set?	yes	no	no	yes	yes	yes

427 ~ 428

为了简单起见，表 3-2-10 中最右侧两列数据的精度仅保留了两位小数。在某些情况下，我们可以证明数值是否属于曼德布洛特集。例如，$0 + 0i$ 很显然属于曼德布洛特集（因为序列中所有数的模数都为 0），而 $2 + 0i$ 很显然不属于曼德布洛特集（因为序列中数的模数为 2 的乘幂，从而发散）。在其他情况下，其增长显而易见。例如，$1 + i$ 看起来不属于曼德布洛特集。其他序列也展示了其周期性行为特征。例如，$0 + i$ 的序列在 $-1 + i$ 和 $-i$ 之间交替变化。有些序列则经过很长时间之后，其数值的模数才开始变大。

为了可视化观察曼德布洛特集，我们对复数点进行采样，采样方法与绘制实数值函数的采样方法一致。每个复数 $x + yi$ 对应于一个平面上的坐标点 (x, y)，所以可以按照如下方法绘制其结果：对于一个给定的精度 n，我们在一个给定的正方形中定义一个均匀分布的 $n \times n$ 像素网格，如果对应点属于曼德布洛特集，则绘制一个黑色的像素，否则绘制一个白色的像素。绘制结果是一个奇怪而又神奇的图案，所有黑色点连接在一起，大致位于中心点 $-1/2 + 0i$ 的 2×2 的正方形之内。n 值越大，图像产生的分辨率越高，但代价是需要更多的计算量。通过仔细观察，可以发现所绘制图形的自相似性，如图 3-2-12 所示。例如，自相似的附属物一样的球状图案出现在黑色心形区域的轮廓上，大小类似于程序 1.2.1 简单的标尺函数。当我们放大近心形的边缘，出现了微小的自相似心形图（如图 3-2-13 所示）！

但是如何精确地产生这种绘图呢？事实上，没有人知道准确的答案，因为没有一个简单的测试可使我们得出一个点是否属于曼德布洛特集的结论。

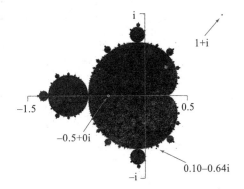

图 3-2-12　曼德布洛特集的可视化图形

给定一个复数点，我们可以计算其序列的开始几项，但也许无法判断该序列是否有边界。存在一个简单的数学测试，可以用于准确判断一个点不属于曼德布洛特集：如果序列中任何一个数的模数超过了 2（例如，$1 + 3i$），则该序列肯定发散。

429

程序 3.2.7（mandelbrot.py）使用上述测试方法来绘制曼德布洛特集的可视化表示图形。由于曼德布洛特集的点并不能仅仅使用黑和白两种颜色表示，所以我们在可视化图形中使用了灰度值。计算的基础是函数 mandel()。该函数带一个复数参数 z0 和一个整数参数 limit，从 z0 开始计算曼德布洛特迭代序列，返回模数保持小于（或等于）2 的迭代次数，直到给定上限。

   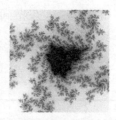

a) 512 .1015 –.633 1.0   b) 512 .1015 –.633 .10   c) 512 .1015 –.633 .01   d) 512 .1015 –.633 .001

图 3-2-13 曼德布洛特集的放大

程序 3.2.7 曼德布洛特集（mandelbrot.py）

```
import sys
import stddraw
from color import Color
from picture import Picture
def mandel(z0, limit):
    z = z0
    for i in range(limit):
        if abs(z) > 2.0: return i
        z = z*z + z0
    return limit

n    = int(sys.argv[1])
xc   = float(sys.argv[2])
yc   = float(sys.argv[3])
size = float(sys.argv[4])

pic = Picture(n, n)
for col in range(n):
    for row in range(n):
        x0 = xc - size/2 + size*col/n
        y0 = yc - size/2 + size*row/n
        z0 = complex(x0, y0)
        gray = 255 - mandel(z0, 255)
        color = Color(gray, gray, gray)
        pic.set(col, n-1-row, color)

stddraw.setCanvasSize(n, n)
stddraw.picture(pic)
stddraw.show()
```

x0, y0	正方形中的点
z0	x0 + y0 i
limit	迭代次数上限
xc, yc	正方形的中心点
size	正方形的大小 size × size
n	网格的大小 n × n 像素
pic	输出的图像
color	输出的像素颜色

% python mandelbrot.py 512 -.5 0 2

程序 3.2.7 接收三个命令行参数：指定 n × n 网格、中心点 (xc, yc) 和正方形区域 size，生成一幅数字图像，显示在均匀分布像素的 n × n 网格区域的曼德布洛特集数据采样的结果。程序为每个像素设置一个灰度颜色值，灰度值由计算曼德布洛特序列值的迭代次数决定，即相应的复数值超过 2.0 时的迭代次数，最大为 255 次。程序 3.2.7 的运行过程和结果如上：

对于每一个像素，mandelbrot.py 程序的主脚本计算对应于该像素点的 z0，然后通过计算 255 – mandel(z0, 255) 创建该像素点的灰度颜色值。任何不为黑的像素点对应不属于曼德布洛特集的点，因为其序列中值的模数大于 2（因而会发散到无穷大）。黑色像素点（灰度值为 0）对应我们假定属于曼德布洛特集的点，因为在 255 次迭代中其模数保持小于（或等于）2，虽然这一点我们并不能百分百地确定。

这个简单程序产生的复杂图像十分显著，即使放大平面图像的一部分也是如此。如果要获得更奇妙的图像，我们可以使用颜色进行绘制（具体请参见本节习题第 32 题）。另外，曼德布洛特集通过迭代一个函数（$z^2 + z_0$）而来，我们也可以通过研究其他函数获取其特性。

程序代码的简洁性屏蔽了计算的复杂性。在 512×512 大小的图像中，大约有 25 万个像素，所有的黑色像素点需要 255 次迭代。因此，为了产生一幅图像，程序 mandelbrot.py 需要数以亿计的复数运算操作。因而，程序采用了 Python 内置的 complex 数据类型，该数据类型肯定比我们刚刚讨论的 Complex 数据类型更加高效（具体请参见本节习题第 14 题）。

尽管研究是十分有趣，但我们研究曼德布洛特集的主要兴趣在于阐述在计算过程中使用纯粹抽象的数据类型是程序设计活动中自然且有用的方法。mandelbrot.py 中客户端的代码是计算的一种简单和自然的表达方法，这种方法非常有利于在 Python 中设计、实现和使用数据类型。

430 ∼ 431

3.2.8　商业数据处理

面向对象程序设计的开发动力之一是用于商业数据处理的大量可靠软件的需求。作为说明，我们接下来将讨论一个数据类型的例子，该数据类型可以用于金融机构跟踪客户信息。

假设一个证券经纪人需要维护客户账户信息，包括各种股票的份额。也就是说，证券经纪人需要处理的一系列数据包括：客户姓名、持有不同股票的数量、每种股票的代码和份额和手头的现金数量。为了处理一个账户信息，证券经纪人至少需要定义在表 3-2-11 中 API 包含的运算操作：

表 3-2-11　自定义数据类型 Account 的 API

运算操作	功能描述
Stock Account (filename)	从文件 filename 中的数据创建一个新的账户
c.valueOf()	账户 c 的总值
c.buy(amount, symbol)	在账户 c 中添加股票代码为 symbol、股票份额为 amount 的股票信息，同时将账户中的现金数量减去成本
c.sell(amount, symbol)	在账户 c 中减去股票代码为 symbol、股票份额为 amount 的股票信息，同时将收益添加到账户的现金数量中
c.write(filename)	将账户 c 写入文件 filename 中
c.writeReport()	将账户 c 的详细报表写入标准输出（手头的现金数量加上所有的股票及其价值信息）

很显然，证券经纪人需要买入股票、卖出股票、为客户提供报表，但理解此类数据处理的首要任务是考虑 API 中的 StockAccount() 构造函数和 write() 方法。客户信息必须长久保存，所以需要保存到一个文件或数据库。为了处理一个账户，客户端程序必须从对应的文件中读取信息；根据需求处理信息；并且如果信息发生更改，则将信息写入文件，并保存文字供以后使用。为了实现此类处理，我们需要一种用于账户信息的文件格式和内部表述方式（或数据结构）。这种情况与第 1 章讨论的矩阵处理类似，矩阵处理定义了一种文件格式（行数和列数，后跟按行优先顺序排列的元素）和一种内部表示（Python 二维矩阵），以帮助我们编写随机冲浪者和其他应用程序。

432

作为一个（古怪）运行的例子，我们设想证券经纪人持有阿兰·图灵（Alan Turing）软件公司一个小的股票投资组合。作为题外话，被称为计算机科学之父的阿兰·图灵一生丰富多彩，值得进一步研究。在他生平的许多事情中，他从事过有助于第二次世界大战结束的计算密码学研究。他为现代理论计算机科学发展奠定了基础，设计和制造了第一台计算机。他还是人工智能研究的先驱者。也许可以假设，在上个世纪中期，作为学术研究者，不管阿兰·图灵的财务状况如何，只要他投资小部分资产，就可足够乐观地估计其对当代计算软件的潜在巨大影响。

　　1. 文件格式

　　现代系统通常使用文本文件（即使是数据）减少程序对格式的依赖。为了简单起见，我们使用直接表示方法，罗列账户持有者的姓名（字符串）、现金余额（浮点数）、持有股票的数量（整数），随后每个股票信息占一行（包括股票份额和股票代码），示例如图 3-2-14 所示。使用如 < 名称 > 和 < 股票份额 > 等标签来标记信息是一种明智的选择，这样可以进一步减少程序对数据的依赖性。但为了简洁起见，示例中没有使用标签。

```
% more turing.txt
Turing, Alan
10.24
4
100 ADBE
 25 GOOG
 97 IBM
250 MSFT
```

图 3-2-14　账户信息文件格式

　　2. 数据结构

　　为了表示 Python 程序处理的信息，我们定义了一个数据类型并使用实例变量来组织信息。实例变量指定了信息的类型，并提供了代码中需要引用的结构。例如，为了实现 StockAccount，我们使用了如下的实例变量：

- 一个表示账户名称的字符串
- 一个表示现金余额的浮点数
- 一个表示股票数量的整数
- 一个表示股票代码的字符串数组
- 一个表示股票份额的整数数组

433

我们在 StockAccount 的实例变量声明中直接反映这些选择的变量，它们定义在程序 3.2.8 中。数组 _stocks[] 和 _shares[] 被称为平行数组。对于给定的索引 i，_stocks[i] 表示股票代码，_shares[i] 表示账户中该股票的持有份额。一种替代的设计方案是，为股票定义一个独立的数据类型，在 StockAccount 中创建该数据类型的对象数组以操作每种股票的信息。

　　StockAccount 类中包含一个构造函数，用于读取一个文件并创建一个账户的内部表示。StockAccount 类中还包含一个方法 valueOf()，使用 stockquote.py（程序 3.2.10）从网站上获取每个股票的价格。为了给客户提供周期性的详细报表，证券经纪人可使用如下 StockAccount 中的 writeReport() 代码：

```python
def writeReport(self):
    stdio.writeln(self._name)
    total = self._cash
    for i in range(self._n):
        amount = self._shares[i]
        price = stockquote.priceOf(self._stocks[i])
        total += amount * price
        stdio.writef('%4d  %4s ', amount, self._stocks[i])
        stdio.writef('  %7.2f   %9.2f\n', price, amount*price)
    stdio.writef('%21s %10.2f\n', 'Cash:', self._cash)
    stdio.writef('%21s %10.2f\n', 'Total:', total)
```

另一方面，这个客户端还演示了一种计算模式，该计算模式是二十世纪五十年代计算进化的主要驱动因素之一。银行和其他公司购买早期电脑主要是因为需要做这种财务报告。例如，格式化输出正是为这样的应用开发的。另一方面，这个客户端是现代以网络为中心计算的一个示例，即直接从网站获取信息，而不通过 Web 浏览器。

buy() 和 sell() 的实现需要使用在 4.4 节中介绍的基本原理机制，所以我们将其延后到 4.4 节习题第 39 题讨论。除了这些基本方法，实现这些设计理念的实际应用程序可能会使用若干其他客户端。例如，一个证券经纪人可能需要为所有的账户创建一个数组，然后修改这些账户信息，并通过网站实际提交这些交易。当然，实现这种功能的代码需要非常谨慎！ |434|

程序 3.2.8　股票账户（stockaccount.py）

```python
import sys
import stdarray
import stdio
import stockquote
from instream import InStream

class StockAccount:
    def __init__(self, filename):
        instream = InStream(filename)
        self._name = instream.readLine()
        self._cash = instream.readFloat()
        self._n = instream.readInt()
        self._shares = stdarray.create1D(self._n, 0)
        self._stocks = stdarray.create1D(self._n, 0)
        for i in range(self._n):
            self._shares[i] = instream.readInt()
            self._stocks[i] = instream.readString()

    def valueOf(self):
        total = self._cash
        for i in range(self._n):
            price = stockquote.priceOf(self._stocks[i])
            amount = self._shares[i]
            total += amount * price
        return total

def main():
    acct = StockAccount(sys.argv[1])
    acct.writeReport()

if __name__ == '__main__': main()
```

实例变量	
_name	客户名称
_cash	现金余额
_n	股票数量
_shares[]	股票持有份额
_stocks[]	股票代码

instream	输入流

程序 3.2.8 中定义的类用于处理账户信息，描述了面向对象的程序设计用于商业数据处理的典型应用。writeReport() 方法请参见正文。write() 方法请参见本节习题第 20 题。buy() 和 sell() 方法请参见 4.4 节习题第 39 题。程序 3.2.8 的运行过程和结果如下：

```
% python stockaccount.py turing.txt
Turing, Alan
100  ADBE    70.56    7056.00
 25  GOOG   502.30   12557.50
 97   IBM   156.54   15184.38
250  MSFT    45.68   11420.00
              Cash:      10.24
             Total:   46228.12
```

当你在第 2 章学会了如何定义在一个程序（或在其他程序）中的多个地方使用的函数后，你便从单一文件中简单语句序列的程序世界进入到模块化编程的世界，总结成我们的设计理念就是：在计算任务中，任何时候只要可以清晰地分离任务，则建议分离任务。与之对比，本章介绍的数据类型则引导读者从少量内置数据类型的世界进入可以自定义数据类型的世界。这种新能力意义深远，极大地扩展了读者的程序设计范围和能力。与函数的概念一样，一旦学会了实现和使用数据类型，将发现不使用自定义数据类型的程序十分粗糙原始。

然而，面向对象的程序设计不仅仅是结构化数据。面向对象的程序设计可以把数据和相关子任务通过运算操作关联起来，从而实现数据操作，并保存在一个独立的模块中。对于面向对象的程序设计，我们的设计理念是：在计算任务中，任何时候只要可以清晰地分离数据和相关操作，则建议分离数据和相关操作。

我们讨论的例子是面向对象的程序设计可以广泛应用于各种编程活动的有力证据。不管是试图设计和构造一个物理对象，开发一个软件系统，理解自然世界，还是处理信息，关键的首要步骤是定义适当的抽象，例如物理对象的几何描述、软件系统的模块化设计、自然世界的数学模型以及信息的数据结构。当我们需要编写程序来处理良好定义的抽象概念时，我们可以把抽象实现为 Python 类的数据类型，然后编写程序来创建和操作该数据类型的对象。

每当我们开发一个类，并使用其他类创建和操作由该类定义的数据类型的对象时，我们就是在更高的抽象层面上编写程序。在下一节，我们将讨论这种程序设计方法内在的设计挑战。

436

3.2.9 问题和解答

Q. 是否可以在一个文件中定义一个类，其类名与文件名无关？是否可以在一个单独的 .py 文件中定义多个类？

A. 都可以。但是基于程序设计风格考虑，本书没有采取这种方式。在第 4 章中，我们将遇见这些适合这些功能特色的少数情况。

Q. 技术上，如果 __init__() 不是一个构造函数，那么它是什么？

A. Python 中存在另外一个特殊函数 __new__()。创建一个对象时，Python 首先调用 __new__()，然后再调用 __init__()。对于本书涉及的程序，__new__() 的默认实现可满足我们的目的要求，所以没有展开讨论。

Q. 是否每个类都需要有一个构造函数？

A. 是的。如果类中没有定义构造函数，那么 Python 会自动提供一个默认构造函数（没有参数）。按我们的设计规范，这种类型的数据结构没有任何意义，因为它没有实例变量。

Q. 当引用实例变量时，为什么需要使用 self 显式引用？

A. 语法上，Python 需要以某种方式知道将值赋给局部变量还是实例变量。在其他许多程序设计语言中（例如 C++ 和 Java），用户显式定义数据类型的实例变量，所以不存在二义性。在 Python 语言中，self 变量本身可帮助程序员分辨代码是引用局部变量还是实例变量。

Q. 假设在一个数据类型中没有包括 __str__() 方法的实现，当调用 str() 或 stdio.writeln() 使用该数据类型的一个对象时会发生什么情况？

A. Python 提供了一种默认实现，返回包含对象类型和标识（内存地址）的字符串。默认实现似乎作用不大，所以用户通常需要自定义实现。

Q. 除了参数变量、局部变量和实例变量，是否还存在其他类型的变量？

A. 是的。请回忆第 1 章，可以在全局代码中，在函数、类或方法之外，定义全局变量。全局变量的作用范围是整个 .py 文件。在现代编程设计中，我们强调尽量缩小变量的作用范围，所以很少使用全局变量（除了在不以重用为目的的短小脚本代码中）。Python 还支持类变量，即定义在类中，但不在方法体中定义的变量。每个类变量被该类的所有对象共有。与之对比，对于实例变量，每个对象都有自己的独立副本。类变量具有特殊功用，但本书没有使用类变量。

Q. 本书使用的复杂命名方式是否为 Python 命名规范？

A. 是的。许多其他程序设计语言都遵循已定义的命名规范。本书涉及的命名规范总结如下：

- 变量名称以小写字母开始。
- 常量名称以大写字母开始
- 实例变量名称以下划线和小写字母开始。
- 方法名称以小写字母开始
- 特殊方法名称以双下划线和小写字母开始，以下双划线结束。
- 用户自定义类名称以大写字母开始。
- 脚本或模块保存在一个文件中，其文件名为小写字母且后缀为 .py。

虽然这些规范大多数不是 Python 语言的一部分，但很多 Python 程序员把它们作为 Python 语言的一部分对待。读者也许感到困惑：既然这些规范十分重要，为什么不包括在 Python 语言中？这个问题值得思考。有些程序员热衷于此类规范，也许有一天会遇见一位老师、上司或同事坚持认为你必须遵循某种程序设计风格，所以你可能不得不和他们保持一致。事实上，许多 Python 程序员使用下划线分隔多单词变量而不是使用大写字母的方式，例如，使用 is_prime 和 hurst_exponent 代替 isPrime 和 hurstExponent。

Q. 如何指定一个 complex 数据类型的字面量？

A. 在数值字面量后面添加字符 j 可以产生一个虚数（其实部为 0）。我们可以在数值字面量后添加这个字符以指定一个复数，例如，3 + 7j。选择 j 来代替 i 符合工程上的惯用原则。请注意，j 不是复数字面量，作为替代方法，必须指定 1j。

Q. 正文中提到 mandelbrot.py 创建了数以亿计的 complex 对象。请问这种对象创建过程是否会使程序变慢？

A. 是的。但不会缓慢到无法生成绘图。我们的目标是保证程序的可读性，以及易于编程和可维护。通过复数抽象限制范围可以帮助我们实现上述目标。如果基于某种原因需要显著提高 mandelbrot.py 的速度，那么建议不使用复数抽象，而直接使用数值不是对象的低级语言。一般而言，Python 语言并不是以性能为目的的优化的。我们将在第 4 章重新讨论这个问题。

Q. complex.py（程序 3.2.6）中的 __add__(self, other) 方法引用参数变量 other 的实例变量是否存在问题？这些实例变量不是私有的吗？

A. 对于 Python 程序员而言，成员私有性是相对特定类而言，而不是针对特定对象。因而，一个方法可以访问同一个类的任何对象的实例变量。Python 没有规定"超级私密"命名规范，限定用户只能访问调用对象的实例变量。调用 other 的实例变量存在一定的风险，因为粗心的客户端可能会传递非 Complex 类型的参数，此时程序将调用（无法预知）另一个类的一个实例变量！使用可变类型对象，甚至可以（无法预知）修改或创建另一个类中的实例变量！

Q. 如果方法本质上是函数，是否可以使用函数调用语法调用一个方法？

A. 可以。既可以使用方法调用语法，也可以使用函数调用语法调用定义在一个类中的函数。例如，如果 c 是类型 Charge 的一个对象，则函数调用 Charge.potentialAt(c, x, y) 等价于方法调用 c.potentialAt(x, y)。在面向对象的程序设计中，我们更倾向于方法调用语法，以强调对象的概念，也可避免在函数调用中引用类的名称。

437
~
439

3.2.10 习题

1. 请阅读如下关于矩形（与坐标轴平行）的数据类型的实现代码，使用矩形中心点坐标位置、宽度以及高度表述矩形。矩形的表示和运算操作示意图如图 3-2-15 所示。

```python
class Rectangle:
    # Create rectangle with center (x, y),
    # width w, and height h.

    def __init__(self, x, y, w, h):
        self._x = x
        self._y = y
        self._width  = w
        self._height = h

    # The area of self.
    def area(self):
        return self._width * self._height

    # The perimeter of self.
    def perimeter(self):
        ...

    # True if self intersects other; False otherwise.
    def intersects(self, other):
        ...

    # True if self contains other; False otherwise.
    def contains(self, other):
        ...

    # Draw self on stddraw.
    def draw(self):
        ...
```

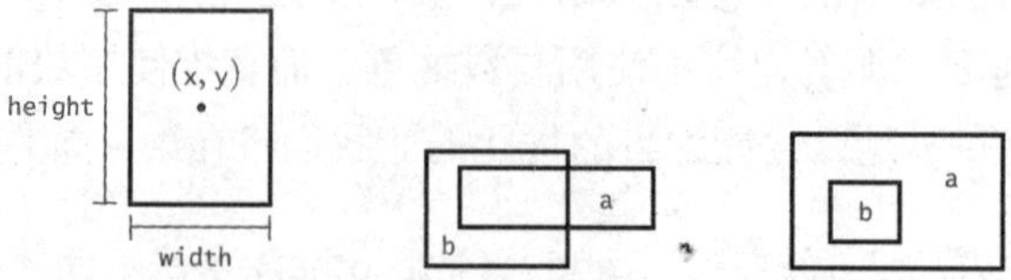

a) 矩形的表示   b) 矩形的交   c) 矩形的包含

图 3-2-15 矩形的表示和运算

请编写该数据类型的 API，完成该类的实现代码，包括：perimeter()、intersects()、contains() 和 draw()。注意，将重合线视为相交，因而，a.intersects(a) 的结果为 True，a.contains(a) 的结果为 True。

2. 请编写一个 Rectangle 的测试客户端程序，程序带 3 个命令行参数：n、lo 和 hi。生成 n 个随机矩形，其宽度和高度均分布在 lo 和 hi 之间。在标准绘图窗口绘制这些矩形，并在标准输出中输出其面积平均值和周长平均值。

3. 在本节习题第 2 题的测试客户端程序中增加代码，计算彼此相交或包含的矩形对的平均数量。

4. 请编写本节习题第 1 题中 Rectangle API 的一种实现，使用矩形的左下角坐标和右上角坐标表示矩形。保持 API 不变。

5. 请指出如下代码片段中的错误：

```
class Charge:
    def __init__(self, x0, y0, q0):
        _rx = x0
        _ry = y0
        _q = q0
...
```

解答：构造函数中的赋值语句创建了局部变量 _rx、_ry 和 _q，并分别赋值为参数变量的值，但从来没有被使用。当构造函数执行完毕后，这些变量就超出了作用范围，即消失不可用。正确的方法是，构造函数应该创建实例变量，在每个实例变量前附加 self，随后跟英文句点和下划线，修正代码如下所示：

```
class Charge:
    def __init__(self, x0, y0, q0):
        self._rx = x0
        self._ry = y0
        self._q = q0
...
```

Python 语言中下划线并不是严格必需的，但在本书中，我们遵循标准 Python 编程规范，使用下划线表示实例变量的私有性。

6. 请创建一个数据类型 Location，使用经度和纬度表示地球上的一个位置。包含一个计算距离的方法 distanceTo()，使用大圆距离方法计算距离（具体请参见 1.2 节习题第 30 题）。

7. Python 在其标准模块 fraction.py 中提供了一个数据类型 Fraction，用于实现有理数。请读者实现该数据类型的一个自定义版本。特别地，基于如表 3-2-12 所示的有理数数据类型的 API 编写一种实现。

表 3-2-12　用户自定义的有理数数据类型的 API

客户端操作	特殊方法	功能描述
Rational(x, y)	__init__(self)	创建一个值为 x/y 的新的有理数对象
a + b	__add__(self, b)	a 和 b 之和
a − b	__sub__(self, b)	a 和 b 之差
a * b	__mul__(self, b)	a 和 b 之积
abs(a)	__abs__(self)	a 的模数（绝对值）
str(a)	__str__(self)	'x/y'（a 的字符串表示形式）

请使用 euclid.gcd()（程序 2.3.1）确保分子和分母没有公因子。请包含一个测试客户端程序，测试所有的方法。

8. 一个区间（interval）定义为在一条线段上大于或等于 left 但小于或等于 right 的所有点的集合。特别地，当 right 小于 left 时，区间为空集。请编写一个数据类型 Interval，实现如表 3-2-13 所示的 API。请包含一个测试客户端（作为过滤器），从命令行接收一个浮点数 x 作为命令行参数，在标准输出端输出如下内容：（1）标准输入中所有包含 x 的区间（每个区间由一个浮点数对组成）；（2）标准输入中所有互为交集的区间对。

表 3-2-13　用户自定义的 Interval 数据类型的 API

客户端操作	功能描述
Interval(left, right)	新建一个端点分别为 left 和 right 的 Interval 对象
a.contains(b)	区间 a 是否包含区间 b
a.intersects(b)	区间 a 和区间 b 是否相交
str(a)	'[left, right]'（区间 a 的字符串表示方式）

9. 请编写一个本节习题第 1 题中 Rectangle 的 API 的实现，建议利用 Interval 以简化和清晰表达实现代码。

10. 请编写一个数据类型 Point，实现如表 3-2-14 所示的 API。请包含一个自己设计的客户端程序。

表 3-2-14　用户自定义的 Point 数据类型的 API

客户端操作	功能描述
Point(x, y)	新建一个坐标点为 (x, y) 的 Point 对象
a.distanceTo(b)	点 a 和点 b 之间的欧几里得距离
str(a)	'(x, y)'（点 a 的字符串表示方式）

11. 请在 Stopwatch 中添加代码，以允许客户端停止和重新开始秒表。

12. 请利用 Stopwatch 比较使用不同方法计算调和数的时间开销：使用 for 循环结构（请参见程序 1.3.5）的方法对比使用递归的方法（请参见 2.3 节）。

13. 请修改 turtle.py 中的测试客户端程序代码，产生的 n 个点的星形，其中 n 为奇数。

14. 请编写 mandelbrot.py 的一个版本，使用用户自定义的 Complex 数据类型代替 Python 内置的 complex 数据类型，如正文所述。然后使用 Stopwatch 计算两个程序运行时间的比值。

15. 请修改 complex.py 中的 __str__() 方法，以便使用传统格式输出复数。例如，复数 3 − i 输出为 3 − i，而不是 3.0 + −1.0i。值 3 输出格式为 3，而不是 3.0 + 0.0i。复数 3i 输出为 3i，而不是 0.0 + 3.0i。

16. 请编写一个 complex 的客户端程序，程序带三个浮点数命令行参数 a、b 和 c，输出方程 $ax^2 + bx + c=0$ 的复数根。

17. 请编写一个 complex 的客户端程序 Roots，程序从命令行接收三个参数：浮点数 a、b 和整数 n，输出 a + bi 的 n 次方根。注意，如果读者不熟悉复数根的求值方法，请跳过这道习题。

18. 请实现如表 3-2-15 所示的复数 Complex 的 API。

表 3-2-15   复数 Complex 的 API

客户端操作	特殊方法	功能描述
a.theta()		复数 a 的极角（相）
a.conjugate()		a 的共轭复数
a – b	__sub__(self, b)	复数 a 和 b 的差
a / b	__truediv__(self, b)	复数 a 和 b 的商
a ** b	__pow__(self, b)	复数 a 的 b 次幂

请包含一个测试客户端程序，测试所有实现的方法。

19. 请查找一个 complex 数，条件是 mandel() 返回大于 100 的迭代次数，然后放大该数，参照正文中的示例。

20. 请在 stockaccount.py 中实现方法 write()，该方法接收一个文件名作为参数，输出账户内容信息到该文件，使用正文中指定的文件格式。

440
∼
444

3.2.11   创新习题

21. 可变电荷（Mutable charge）。请修改 Charge，使得电荷值 q0 可以改变，即增加一个带一个浮点数参数的方法 increaseCharge()，把给定值添加到 q0。编写一个客户端程序初始化数组：

```
a = stdarray.create1D(3)
a[0] = charge.Charge(.4, .6, 50)
a[1] = charge.Charge(.5, .5, -5)
a[2] = charge.Charge(.6, .6, 50)
```

然后显示如果缓慢减少 a[1] 电荷值后的结果，如图 3-2-16 所示。通过如下循环结构代码实现图像的计算：

```
for t in range(100):
    # Compute the picture p.
    stddraw.clear()
    stddraw.picture(p)
    stddraw.show(0)
    a[1].increaseCharge(-2.0)
```

a) –5   b) –55   c) –105   d) –155   e) –205

图 3-2-16   可变电荷示意图

22. 复数计时（Complex timing）。请编写一个 Stopwatch 的客户端程序，比较 mandelbrot.py 中使用 complex 方法和直接操作两个浮点数的方法执行计算任务的时间开销。特别地，请创建一个 mandelbrot.py 的程序版本，仅仅执行计算（删除与 Picture 相关的代码），然后创建不使用 complex 的程序版本，并计算它们运行时间的比值。

23. 四元数（Quaternion）。1843 年，威廉·汉密尔顿爵士（Sir William Hamilton）发现一种

复数的延伸，称之为四元数。四元数是一个向量 $\boldsymbol{a} = (a_0, a_1, a_2, a_3)$，其计算公式为：

- 模数：$|\boldsymbol{a}| = \sqrt{a_0^2 + a_1^2 + a_2^2 + a_3^2}$
- 共轭：$\boldsymbol{a}$ 的共轭复数为 $(a_0, -a_1, -a_2, -a_3)$
- 转置（倒数）：$\boldsymbol{a}^{-1} = (a_0/|\boldsymbol{a}|^2, -a_1/|\boldsymbol{a}|^2, -a_2/|\boldsymbol{a}|^2, -a_3/|\boldsymbol{a}|^2)$
- 加法：$\boldsymbol{a} + \boldsymbol{b} = (a_0 + b_0, a_1 + b_1, a_2 + b_2, a_3 + b_3)$
- 乘法：$\boldsymbol{a} * \boldsymbol{b} = (a_0b_0 - a_1b_1 - a_2b_2 - a_3b_3, \ a_0b_1 - a_1b_0 + a_2b_3 - a_3b_2, \ a_0b_2 - a_1b_3 + a_2b_0 + a_3b_1, \ a_0b_3 + a_1b_2 - a_2b_1 + a_3b_0)$
- 除法：$\boldsymbol{a} / \boldsymbol{b} = \boldsymbol{a}\boldsymbol{b}^{-1}$

请为四元数创建一个数据类型，并创建一个测试客户端程序以测试代码。四元数把旋转的概念从三维空间推广到四维空间。它们被用于计算机图形学、控制理论、信号处理和轨道力学。

24. 龙形曲线（Dragon curve）。请编写一个递归的 Turtle 客户端程序 Dragon，绘制龙形曲线（具体请参见 1.2 节习题第 32 题和 1.5 节习题第 9 题）。程序运行过程和结果参见图 3-2-17。

% python dragon.py 15

图 3-2-17　龙形曲线的运行过程和运行结果

解答：龙形曲线最初由 NASA 三个物理学家发现，被马丁·加德纳（Martin Gardner）在 20 世纪 60 年代推广，后来被迈克尔·克莱顿（Michael Crichton）用于名为"侏罗纪公园（Jurassic Park）"的书和电影之中。本习题可通过十分简单紧凑的代码实现，基于一对直接从 1.2 节习题第 32 题中得到的相互作用的递归函数。其中一个函数 dragon() 用于绘制期望的龙形曲线，而另外一个函数 nogard() 则用于反方向绘制曲线。有关详细信息，请参见本书官网。

25. 希尔伯特曲线（Hilbert curve）。一个空间填充曲线是在单位正方形中经过每一个点的连续曲线。数学家戴维·希尔伯特（David Hilbert）在第十九世纪末定义了空间填充曲线。请编写一个 Turtle 客户端程序创建这种递归图案。希尔伯特曲线的绘制结果参见图 3-2-18。

部分解答：请参见上一道习题。需要编写一对方法：hilbert() 用于遍历希尔伯特曲线，treblih() 则用于反方向遍历希尔伯特曲线。有关详细信息，请参见本书官网。

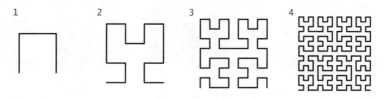

图 3-2-18　希尔伯特曲线的绘制结果

26. Gosper 海岛（Gosper island）。请编写一个递归的 Turtle 客户端程序，产生如图 3-2-19 所示的递归图案。

27. 数据分析（Data analysis）。请编写一个数据类型，用于运行实验，其控制变量为范围 [0, n) 之间的一个整数，因变量为一个浮点数。例如，研究带一个整数参数的程序的运行时间会涉及此类试验。使用杜克绘图（Tukey plot）可视化显示此类数据的统计值（具体请参见 2.2 节习题第 17 题）。实现如表 3-2-16 所示的 API。

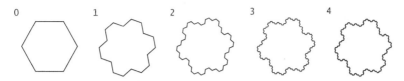

图 3-2-19   Gosper 海岛的绘制结果

表 3-2-16   用户自定义数据类型 Data 的 API

客户端操作	功能描述
Data(n)	为取值在 [0, n) 的 n 个整数值新建一个 Data 对象
d.addDataPoint(i, x)	将横坐标为 i 纵坐标为 x 的数据点添加到 d 中
d.plot()	在标准绘图窗口绘制 d
d.plotTukey()	在标准绘图窗口显示 d 的杜克图

可以使用 stdstats 模块中的函数进行统计计算和绘制图形。使用 stddraw 模块以便客户端程序对 plot() 和 plotTukey() 采用不同颜色绘制（例如，所有的点为浅灰色，杜克图绘制则使用黑色）。编写一个测试客户端程序，当网格大小增加时，绘制渗透原理实验（具体请参见 2.4 节）的运行测试结果（渗透概率）。

28. 元素（Element）。请编写一个数据类型 Element，用于化学元素周期表中的元素。在数据类型的值中包含元素、原子序数、符号、原子量以及这些值的访问方法。然后再编写一个数据类型 PeriodicTable，从一个文件中读取这些值，创建一个 Element 对象矩阵（可以从本书官网获取该文件及其格式的描述），程序响应来自标准输入的查询，用户可键入一个分子式，例如 H_2O，程序响应并输出分子量。请分别为两种数据类型开发相应的 API 及其实现。

29. 股票价格（Stock price）。本书官网中的文件 djia.csv 包括有记录以来道琼斯工业平均指数所有的股票收盘价格，使用逗号分隔文件格式。请编写一个数据类型 Entry，保存表格中的一项，每项包含如下各值：日期、开盘价、最高价、最低价、收盘价等。然后再编写一个数据类型 Table，从文件中读取数据，然后创建一个 Entry 对象的数组，提供计算任意时间跨度平均值的方法。最后，创建有趣的 Table 客户端程序，产生数据的绘制图形。请读者发挥自己的创造力。

30. 牛顿迭代法解方程之混沌情况（Chaos with Newton's method）。多项式 $f(z) = z^4 - 1$ 有 4 个根：1、-1、i 和 -i。我们可以在复数平面上使用牛顿迭代法求解多项式的根：$z_{k+1} = z_k - f(z_k) / f'(z_k)$。其中，$f(z) = z^4 - 1$，$f'(z) = 4z^3$。该方法根据初始点 z_0 收敛于四个根之一。请编写一个 Complex 客户端程序 Newton，程序带一个命令行参数 n。对于一个 $n \times n$ 的 Picture 图像数据，程序将其所有像素赋予白、红、绿或者蓝颜色值。通过将像素的复数点映射到以原点为中心、边长为 2 的正方形的按规律间隔的网格中，并根据相应点收敛于这 4 个根的哪一个根而对每个像素着色（如果 100 次迭代后仍然不收敛则赋予像素点黑色）。

31. 等势面（Equipotential surface）。等势面是电势均为相同 V 值的所有点的集合。给定若干点电荷，通过绘制等势面（也称为等高线图）有助于可视化电势。请编写一个程序

equipotential.py，通过计算各像素点的电势并检查对应点的电势是否位于 5V 的倍数值的一个像素之内，每隔 5V 绘制一条线。请注意：该系统的一个简单近似解决方案来自于程序 3.1.8，通过混合各像素的颜色值，以代替正比于灰度值的颜色。例如，在创建颜色前插入代码"if (g != 255): g = g * 17 % 256"，可创建如图 3-2-20 所示的等势面图。请解释其工作原理，并实现自己的版本。

32. 曼德布洛特集彩色绘图（Color Mandelbrot plot）。请创建一个文件，包括 256 个整数三元组，表示一些有趣的 Color 值，然后使用这些值代替灰度值以绘制 mandelbrot.py 中的各像素。读取这些值，并创建包含 256 个 Color 值的数组，然后使用 mandel() 的返回值作为数组索引下标。请通过试验曼德布洛特集中不同位置的不同颜色选择，来创建精彩绝伦的图像。mandel.txt 示例文件请参见本书官网。

图 3-2-20　插入代码"if (g != 255): g = g * 17 % 256"后创建的等势面图

33. 朱利亚集合（Julia set）。复数 c 的朱利亚集合是与曼德布洛特函数相关的点集。与 z 固定、c 变化不同，我们固定 c，让 z 变化。点 z 如果对于修改后的曼德布洛特函数有界，则属于朱利亚集合。如果序列发散到无穷大，则不属于朱利亚集合。所有相关的点位于以原点为中心的 4×4 的框内。当且仅当 c 属于曼德布洛特集时，c 的朱利亚集合才相连。请编写一个程序 colorjulia.py，从命令行接收两个参数 a 和 b，使用上一道习题所描述的色彩表方法，绘制 $c = a + bi$ 的朱利亚集合的彩色图像。

34. 最大赢家和最大输家（Biggest winner and biggest loser）。请编写一个 StockAccount 的客户端程序，构建一个 StockAccount 对象的数组，计算每个账户的总价值，输出价值最大和价值最小账户的报表信息。假定账户的数据保存在一个单独的文件之中，文件中包含每个账户的信息，其格式如正文所述。

445
~
449

3.3　设计数据类型

创建数据类型的能力使得每个程序员都成为一个语言设计者。我们将不再局限于一种语言内置的数据类型及相关操作，因为我们可以很容易地创建自己的数据类型并编写相应的客户端程序。例如，Python 没有内置的带电粒子的功能，但是我们可以充分利用抽象性，定义一个 Charge 数据类型，并编写相应的客户端程序。即使 Python 已经具备某种功能，我们也可以根据自己的需求进行剪裁。例如，我们可以使用本书官网提供的模块，代替 Python 语言的相关模块，提供给软件开发人员使用。

基于上述观点，编写一个程序的首要任务就是尽量理解我们需要的数据类型。理解的过程就是一个设计任务。在本节中，作为任何程序开发的关键步骤，我们特别关注 API 的开发。我们需要考虑不同的选择方案，理解其对客户端和实现的影响，并不断优化设计方案，以在客户端需求和实现方法的可能性之间寻求平衡。

如果读者选修了系统编程的课程，那么会了解这种设计任务是构建大型系统的关键行为，Python 及其他类似语言包含强大的高层机制，支持编写大型程序时的代码重用。许多这些机制面向构建大型系统的专家，但其一般方法也适用于所有的程序员，其中一些机制适用于编写小型程序。

在本节中，我们将讨论封装、不可变性和继承，特别是这些设计理念在数据类型设计中的应用，以实现模块化程序设计，提高调试、编写清晰和正确代码的效率。

在本节的最后，我们将讨论用于在运行时检查设计假设与实际条件的 Python 机制。这些功能在帮助开发可靠软件的过程中有着不可估量的价值。

表 3-3-1 为本节所有程序的一览表，读者可以作为参考。

表 3-3-1　本节中所有程序的一览表

程序名称	功能描述
程序 3.3.1（complexpolar.py）	复数
程序 3.3.2（counter.py）	计数器
程序 3.3.3（vector.py）	空间向量
程序 3.3.4（sketch.py）	文档摘要
程序 3.3.5（comparedocuments.py）	文档相似性检测

450

3.3.1　设计 API

在 3.1 节中，我们编写了使用 API 的客户端程序。在 3.2 节中，我们实现了 API。现在我们讨论设计 API 面临的挑战。按上述顺序和重点讨论这些主题是比较恰当的，因为程序设计花费的大部分时间主要是编写客户端程序。而设计一个良好 API 的主要目的是简化客户端代码。

通常，构建软件最重要和最具挑战性的步骤是设计 API。这个任务需要不断实践、仔细考虑和多次迭代。然而，任何花费在设计一个良好 API 上的时间都是值得的，它可以节省调试的时间，支持代码重用。

编写小型程序时描述 API 也许会显得小题大做，但是应该考虑到你所编写的每个程序也许将来某一天需要重用。不是说你知道将重用该代码，而是因为很可能需要重用某些代码，但只是目前无法确定是哪些代码。面向对象的数据类型抽象如图 3-3-1 所示。

1. 标准

通过其他领域，我们可以很容易地理解符合 API 标准的重要性。从火车铁轨，到螺纹螺母和螺栓，从 MP3 到 DVD，到无线电频率，到 Internet 标准，我们了解到遵循一个常用的标准接口可以促进一种技术的广泛应用。Python 本身就是另一个例子：用户编写的程序是 Python 虚拟机的客户端，Python 虚拟机是在众多硬件和软件平台上实现的标准接口。通过使用 API 把客户端和实现分隔开来，我们所编写程序的标准接口使我们收益颇丰。

客户端程序

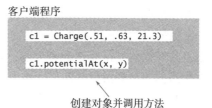

创建对象并调用方法

API

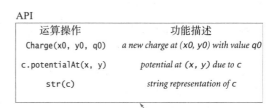

定义签名并描述方法

实现

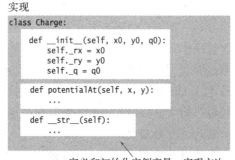

定义和初始化实例变量；实现方法

图 3-3-1　面向对象的数据类型抽象

451

2. 规范问题（Specification problem）

数据类型的 API 包含若干方法和这些方法所提供功能的简洁描述。理想情况下，API 应该准确描述所有可能参数的行为，包括其副作用，然后编写软件检查其实现是否满足规范要求。遗憾的是，一种称为"规范问题（specification problem）"的理论计算机科学的一种基本结论表明：这种目标事实上**无法实现**。简而言之，这种类型的规范说明应该使用形式语言描述，例如程序设计语言。另外，确定两个程序是否执行相同计算的问题在数学上被证明**不可能**。（如果读者对此观点感兴趣，可以通过学习一门称为"理论计算机科学"的课程，理解计算的本质，从而了解无解问题本质的更多信息。）因此，我们采取借助示例的非形式化方式描述 API，就如正文中所有例子的描述方式一样。

3. 宽接口（Wide interface）

"宽接口"是指拥有数量众多方法的接口。设计一个 API 需要遵循的一个重要原则是**避免宽接口**。API 的大小一般会随时间自然而然地增长，因为很容易向一个既存的 API 中增加方法，然而移除方法但又要保证不破坏既存客户端则十分困难。在某种情况下，宽接口也是合理的，例如，在广泛使用的内置数据类型（例如 str）中。不同的技术可以帮助减少一个接口的有效宽度。例如，仅在模块中包含功能上相互正交的方法就是一种技术方案，例如 Python 的 math 模块中包含方法 sin()、cos() 和 tan()，但不包括 sec()。

4. 从客户端代码开始

开发一个数据类型的主要目的之一是简化客户端代码。因此，当开始设计一个 API 的时候，就注意客户端代码显得非常合情合理。大多数时候，这样做没有任何问题，因为起初开发一个数据类型的典型理由就是简化开始变得笨拙的客户端代码。当你发现对某些客户端代码不满意的时候，一种改进方法就是在更高的层面上（不包括代码细节）编写一个更好的版本，根据你思考问题的方式表达计算过程。或者，如果你已经编写了描述计算过程的简洁注释说明，一种可能的起点是考虑把这些注释说明转换为代码的可行性。

请牢记有关数据类型的设计理念：在计算任务中，任何时候只要可以清晰地分离数据和相关操作，则建议分离数据和相关操作。不管基于什么，通常明智的做法是在实现之前编写客户端代码（并且开发 API）。更好的建议是编写两个客户端程序。从客户端代码开始是一种保证开发和实现一个数据类型价值的方法。

5. 避免对表示方式的依赖

通常情况下，当开发一个 API 的时候，我们在心中会考虑其表示方式。毕竟，一种数据类型就是一系列值的集合以及定义在这些值上的一系列操作的集合，在不知道值的前提下讨论运算操作没有太大意义。然而，这与确定值的表示是不同的概念。我们使用数据类型的一个目的是通过避免细节和独立于特定表示以简化客户端代码。例如，我们的客户端程序 Picture 和 stdaudio 分别用于图像和声音的抽象表示。这些抽象 API 的主要价值在于允许客户端代码忽略大量的细节，这些细节则在这些抽象的标准表示中体现。

6. 设计 API 的陷阱

一个 API 也许很难实现，意味着实现十分困难甚至不可能开发，或者太难以至于不便使用。使用 API 编写客户端代码比不使用 API 的代码更加复杂。一个 API 也可能"太窄"，漏掉了客户端需要的方法，或者"太宽"，包含客户端不需要的大量方法。一个 API 也许"太通用"，提供了没有用处的抽象，或者"太专用"，提供的抽象太详尽或太扩散以至于毫无用处。上述思想有时候也可以总结成另一种设计理念：**为客户端提供其所需的方法，仅此而已。**

当你第一次开始编程时，通过键入 helloworld.py，观察输出结果，而无须理解更多细节。从那时起，你通过模仿本书代码学习程序设计，并最终开发自己的代码以解决各种各样的问题。设计 API 的过程也是如此。本书、本书官网以及 Python 在线文档包含很多 API，读者可以学习研究和使用，以增加开发和设计自己 API 的信心。 453

3.3.2 封装

将客户端和实现分离开从而隐藏信息的过程称为"封装（Encapsulation）"。实现的细节对于客户端不可见，实现代码也无从知晓客户端代码的细节，事实上客户端代码可能后来才编写。

读者有可能已经猜测到，我们在数据类型的实现中已经实践过封装。在 3.1 节，我们从如下设计理念开始：**使用一个数据类型时无须理解其具体实现**。这种设计理念描述了封装的主要优点。我们认为其非常重要，所以以采用设计数据类型的方式而不是别的方式来阐述其概念。现在，我们将详细讨论实现封装的三个主要理由。使用封装的主要目的包括：

- 实现模块化程序设计
- 提高调试效率
- 使代码更加清晰简洁

这些功能是相辅相成的（相对于仅使用内置数据类型的代码，良好设计的模块代码更容易调试和理解）。

1. 模块化程序设计

自第 2 章学习函数开始，开发的模块编程风格强调了一种程序设计理念，即把大型程序分离成小的模块，以便独立地开发和调试。这种方法通过将程序修改的影响局限于局部范围，增强了软件的弹性。通过使用数据类型替代的新实现，提高了性能和精度，改进了内存占用，更提高了代码的重用。模块化程序设计成功的关键在于保持模块间的独立性。我们可以假定客户端无须知道其实现细节，只要遵循 API 即可。

2. 修改 API

当使用标准模块时，通常可以受益于封装的程序设计理念。例如，新的 Python 版本常常可能包含各种不同数据类型或定义函数的模块的新实现。有一个强烈和不变的提高数据类型实现的动机，即所有的客户端可以潜在地受益于改进的实现版本。但是，Python 的 API 很少会改变。一旦发生改变，将在 Python 社区中产生沉重的代价，所有的人都需要更新其客户端代码。作为一个极端的例子，考虑 Python 2 到 Python 3 中关于整数运算符"/"含义的变化（具体请参见本书 1.2.3 节中关于 Python 2 的注意事项）。虽然其改变具有一定的好 454 处，但实际上 int 数据类型 API 的改变（改变运算符"/"的行为）要求检查和调试所有使用整数运算符的程序！有些人估计这个改变可能推迟 Python 3 被广泛接受的时间长达 10 年之久。这种情况引发我们的另一种程序设计理念：**一旦众多数量的客户端在使用一个模块，请千万不要随意改变其 API。**

3. 改变实现

考虑程序 3.3.1（complexpolar.py）定义的类 Complex。其名称和 API 与程序 3.3.6 中的

类 Complex 相同，但使用了一种不同的复数表示方式。定义在 complex.py 中的 Complex 类使用直角坐标系表示，其中，通过实例变量 _re 和 _im 将一个复数表示为 $x + yi$。定义在 complexpolar.py 中的 Complex 类则使用极坐标系表示，如图 3-3-2 所示。其中，通过实例变量 _r 和 _theta 将一个复数表示为 $r(\cos\theta + i\sin\theta)$。在极坐标系中，我们称 r 为极径（magnitude），θ 为极角（polar angle）。

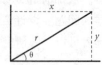

极坐标的优点在于复数的某些运算操作使用极坐标会更加方便。在直角坐标系中，加法和减法运算更加容易实现。在极坐标系中，乘法和除法运算则比较容易实现。在 4.1 节中我们将会了解到，不同的方法，其性能差异往往十分显著。

图 3-3-2 极坐标系
表示方法

程序 3.3.1 复数（complexpolar.py）

```
import math
import stdio
class Complex:
    def __init__(self, re=0, im=0):
        self._r     = math.hypot(im, re)          实例变量
        self._theta = math.atan2(im, re)           _r    │ 极径
                                                  _theta │ 极角
    def re(self): return self._r * math.cos(self._theta)
    def im(self): return self._r * math.sin(self._theta)

    def __add__(self, other):
        re = self.re() + other.re()
        im = self.im() + other.im()
        return Complex(re, im)

    def __mul__(self, other):
        c = Complex()
        c._r = self._r * other._r
        c._theta = self._theta + other._theta
        return c

    def __abs__(self): return self.r

    def __str__(self):
        return str(self.re()) + ' + ' + str(self.im()) + 'i'
def main():
    z0 = Complex(1.0, 1.0)
    z = z0
    z = z*z + z0
    z = z*z + z0
    stdio.writeln(z)

if __name__ == '__main__': main()
```

程序 3.3.1 的数据类型实现了与程序 3.2.6 相同的 API。程序使用了相同的方法，但所使用的实例变量不同。由于实例变量是私有变量，所以该程序可代替程序 3.2.6，而无须修改任何客户端代码（除了修改 import 语句）。程序 3.3.1 的运行过程和结果如下：

```
% python complexpolar.py
-7.000000000000002 + 7.000000000000003i
```

　　封装的程序设计理念在于，我们可以使用一个程序代替另一个程序（不管基于什么原因），而无须修改客户端代码，除了修改 import 语句以使用 complexpolar 代替 complex。由客户端选择具体使用哪一种实现。原则上对于客户端的影响和差异应该仅仅在性能特征上。这种能力在许多方面都十分重要。其中一个重要理由是允许我们持续改进软件：当我们开发了一个更好的实现数据类型的方法时，所有的客户端将因此受益。每当安装一个软件系统的新版本（包括 Python 本身）时，我们就会立即从中受益。

4. 私有性

　　许多程序设计语言提供强制封装的支持。例如，Java 提供了 private 访问修饰符。当声明一个实例变量（或方法）为 private 时，不允许所有的客户端（其他模块中的代码）直接访问修饰符修饰的实例变量（或方法）。结果就是，客户端只能通过其公有方法和构造函数（即类的 API）访问类。

　　Python 不提供 private 访问修饰符，这意味着客户端可以直接访问所有的实例变量、方法和函数。然而，Python 编程社区提出了一个相关规范：如果一个实例变量、方法或函数的名称以下划线开始，那么客户端应该把该实例变量、方法或函数作为私有变量。通过这种命名规范，客户端被告知不应该直接访问名称以下划线开始的实例变量、方法或函数。

　　遵循以下划线开始命名的规范的程序员可以修改私有变量和方法的实现（或者使用不同的私有实例变量），同时保证所有遵循这种规范的客户端不受影响。例如，定义在 complex.py（程序 3.2.6）中的 Complex 类，如果实例变量 _re 和 _im（注意，以下划线开始的命名表示这些实例变量为私有变量）的名称改为 re 和 im（注意，其命名没有以下划线开始，表示这些实例变量为公有变量），那么客户端可以编写代码直接访问它们。如果 z 是一个引用 Complex 对象的变量，那么客户端可使用 z.re 和 z.im 引用其实例变量。但是，所有使用类似方法的客户端代码则依赖于 API 的特定实现，违背了封装的基本原则。切换到一个不同的实现，例如程序 3.3.1 的实现，将使客户端失效。

　　为了避免类似的情况，本书中进一步规定，我们实现的类中的所有实例变量都为私有变量。我们强烈建议读者也遵循这种原则，即客户端没有理由直接访问一个实例变量。接下来，我们将讨论违反这种规范的一些后果。

5. 规划未来

　　众多例子表明，许多严重的后果可以直接追溯到程序员没有封装其数据类型。

- Y2K 问题（Y2K problem）。在上一个千年，许多程序仅使用两位数字表示年份，以节省存储空间。这些程序无法区分 1990 年和 2000 年。当 2000 年 1 月 1 日临近时，程序员开始争分夺秒修正这种错误，以避免被许多专家预测的灾难性错误。

- 邮政编码（ZIP code）。在 1963 年，美国邮政服务（USPS）开始使用 5 位的邮政编码以改进邮件的分发和投递工作。程序员编写程序时假定邮政编码将永远保持 5 位。在 1983 年，USPS 推出了一种称为 ZIP+4 的扩展邮政编码，新邮政编码包含原始的 5 位邮政编码并附加额外的 4 位数字。

- IPv4 与 IPv6。互联网协议（IP）是用于电子设备在 Internet 上交换数据的标准。每个设备被赋予一个唯一的整数或地址。IPv4 使用 32 位地址，支持大约 43 亿个地址。由于 Internet 的爆炸性增长，一个新版本的 IPv6 使用 128 位地址，支持 2^{128} 个地址。

在上述案例中，如果程序没有正确地封装数据，则数据内部的改变（为了适应新的标准）将使得大量的客户端代码失效（因为依赖于旧标准）。上述每个案例对应的修改费用估计高达数亿美元！这就是没有正确封装一个数值所带来的巨大代价。这些困境似乎离你比较遥远，但是可以确信，任何程序员（包括你自己）如果没有充分利用数据封装的预防措施，当标准改变时，必将承担因此修复失效代码所需的大量时间和精力的风险。

我们的规范是，所有的实例变量都是私有变量，以避免上述问题。如果你在实现数据类型（例如，年份、邮政编码、IP 地址，或其他任何数据）时采用了这种规范，那么可以修改其内部表示而不会影响客户端的运行。数据类型实现对数据的具体表示和对象存储数据了如指掌。客户端仅仅引用一个对象，无须知晓具体的实现细节。

6. 限制潜在的错误

封装还可以帮助程序员确保其代码运行结果符合预期。例如，考虑一个恐怖的案例：在 2000 年美国总统大选时，位于佛罗里达州沃卢西亚县（Volusia County，Florida）的电子投票机显示，阿尔·戈尔（Al Gore）获得的选票为负 16 022。其原因是在投票机软件中没有正确地封装计数器变量！为了理解这个问题，我们讨论实现如表 3-3-2 所示 API 的 Counter（程序 3.3.2）。这种抽象适用于许多情境，例如，电子投票机。

表 3-3-2　用户自定义的 Counter 数据类型的 API

运算操作	功能描述
Counter(id, maxCount)	创建一个名为 id、初始化为 0 的新计数器。计数器最大值为 maxCount
c.increment()	如果计数器值不等于 maxCount，那么计数器递增 1
c.value()	计数器 c 的值
str(c)	'id: value'（计数器 c 的字符串表示方式）

458

Counter 封装了一个整数，并确保其唯一的运算操作是将该整数递增 1。因而，其结果永远不会为负数。数据封装的目标是限制数据的运算操作。数据封装还隔离数据的操作。例如，我们可以用一个日志功能增加新的实现，以便 counter.increment() 记录每次投票的时间戳或其他信息，这些信息可用于一致性检查。但是最主要的问题在于 Python 的规范无法阻止恶意的客户端代码。例如，可以在投票机的某处编写如下客户端代码：

```
counter = Counter('Volusia', VOTERS_IN_VOLUSIA_COUNTY)
counter._count = -16022;
```

在一种强制封装的程序设计语言中，类似代码无法通过编译。如果没有类似的保护，则戈尔的选票计数为负数。正确的封装还远不是投票安全问题的完整解决方案，但它是一个好的开端。基于这种原因，安全专家一般认为 Python 用于这些应用并不安全。

7. 代码清晰度（Code clarity）

精确地指定数据类型可以提高设计，因为它可以使客户端代码更清晰地表述计算过程。在 3.1 节和 3.2 节中已经接触到许多类似的客户端代码例子，从带电粒子到图像，再到复数。良好设计的一个关键之处在于可以观察到使用适当抽象编写的代码几乎是自说明的。

贯穿全书，我们强调了封装的优点。在设计数据类型的情景中，我们再次进行总结。封装可以实现模块化程序设计，允许我们：

- 独立开发客户端和实现代码
- 替换使用改进的实现版本而不会影响客户端
- 支持尚未编写的客户端（任何客户端都可以编写基于 API 的代码）

封装还可以进行分离数据类型的操作，从而导致下列可能性：

- 在实现代码中增加一致性检查和其他调试工具
- 使客户端代码更加清晰

一个正确实现的数据类型（被封装的）扩展了 Python 语言，允许任何客户端程序使用它。

程序 3.3.2 计数器（counter.py）

```
import sys
import stdarray
import stdio
import stdrandom
class Counter:
    def __init__(self, id, maxCount):
        self._name = id
        self._maxCount = maxCount
        self._count = 0
    def increment(self):
        if self._count < self._maxCount:
            self._count += 1
    def value(self):
        return self._count
    def __str__(self):
        return self._name + ': ' + str(self._count)
def main():
    n = int(sys.argv[1])
    p = float(sys.argv[2])
    heads = Counter('Heads', n)
    tails = Counter('Tails', n)
    for i in range(n):
        if stdrandom.bernoulli(p): heads.increment()
        else:                      tails.increment()
    stdio.writeln(heads)
    stdio.writeln(tails)
if __name__ == '__main__': main()
```

实例变量
_name	计数器名称
_maxCount	计数器最大取值
_count	计数值

程序 3.3.2 中定义的类封装了一个简单的整数计数器，赋予其一个字符串名称，并初始化为 0。当客户端代码每次调用 increment() 时，递增 1。当客户端代码调用 value() 时，返回计数值。当客户端代码调用 str() 时，返回其名称和值。程序 3.3.2 的运行过程和结果如下：

```
% python counter.py 1000000 .75
Heads: 750056
Tails: 249944
```

459
～
460

3.3.3 不可变性

如果对象的数据类型值一旦创建就不可更改，则称该对象为不可变对象。不可变数据类型，如 Python 字符串，其所有的对象均不可变。作为对比，可变数据类型，如 Python 的列表 / 数组，其所有对象包含的值被设计为可更改。本章讨论的数据类型中，Charge、Color 和 Complex 均为不可变数据类型，Picture、Histogram、Turtle、StockAccount 和 Counter 则为可变数据类型。本书所涉及的部分可变数据类型和不可变数据类型可参见表 3-3-3。是否让一个数据类型不可变是一个基本的设计决策，取决于正在开发的应用程序。

1. 不可变数据类型（Immutable data type）

许多数据类型的目的是封装不会更改的数据。例如，一个实现了 Complex 客户端的程序员很可能希望编写代码 z = z0，因而设置两个变量引用同一个 Complex 对象，其方式与浮点数和整数相同。但如果 Complex 是可变的，则 z 在执行赋值语句 z = z0 之后改变了，z0 将同时改变（因为它们是别名，即两者引用同一个对象）。从概念上讲，改变 z 的值将改变 z0 的值！这种预期之外的结果称为别名错误（aliasing bug），许多面向对象程序设计的新手一开始很难理解。实现不可变类型的一个主要理由是在赋值语句中可以使用不可变对象，且可以作为参数和函数返回值，而无须担忧它们值的改变。

表 3-3-3　可变数据类型和不可变数据类型

可变数据类型	不可变数据类型
Picture	Charge
Histogram	Color
Turtle	Complex
StockAccount	str
Counter	int
list	float
	bool
	complex

2. 可变数据类型

对于其他许多数据类型，数据抽象的目的是封装可更改的数据。程序 3.3.4（turtle.py）中定义的 Turtle 类就是一个例子。我们使用 Turtle 的理由是减轻客户端程序跟踪变化值的责任。同样，对于 Picture、Histogram、StockAccount、Counter 和 Python 的列表 / 数组等数据类型，我们均期望其值可更改。在客户端程序中，我们将一个 Turtle 作为一个参数传递给函数或方法。例如程序 koch.py，我们希望海龟的位置和方向可以随之改变。

3. 数组和字符串

作为一个客户端程序员，当使用 Python 列表 / 数组（可变对象）和 Python 字符串（不可变对象）时，你已经了解到它们的区别。当一个字符串传递到一个方法 / 函数时，无须担心方法 / 函数会改变字符串的值。而作为对比，当你将一个数组传递给一个方法 / 函数时，方法 / 函数可以随意改变数组元素的值。Python 字符串为不可变对象是因为通常我们不希望改变 str 的值。Python 数组为可变对象是因为我们常常需要改变数组元素的值。有时也存在希望字符串可变和数组不可变的情况，我们将在本节最后部分讨论。

4. 不可变对象的优点

一般而言，不可变数据类型更容易使用且一般不会误用，因为可改变对象值的代码范围相对于可变对象要窄。使用不可变数据类型的代码更容易调试，因为更容易保证对象一致的状态。当使用可变数据类型时，必须经常考虑什么地方以及什么对象值将发生改变。

5. 不可变代价

不可变对象的不足之处在于必须为每一个值创建一个新的对象。例如，当使用 Complex 数据类型时，表达式 z = z*z + z0 涉及创建第三个对象（用于保存值 z*z），然后以 + 运算符使用该对象（无须保存该对象的显式引用）并创建第四个对象以保存值 z*z + z0，最后把结果对象赋值给 z（因而最初 z 引用的对象成为孤立对象）。诸如 mandelbrot.py（程序 3.2.7）的程序也创建了大量类似的中间对象。但是，这种代价通常是可控的，因为 Python 的内存管理一般会优化这种情况。

6. 强制不可变

一些程序设计语言包含对强制不可变的直接支持。例如，Java 支持 final 修饰符，用于永远不会改变的实例变量，表示其值不会改变，这样可以防止误修改，使程序更容易调试。

在 Python 语言中可以模拟这种行为，但这种代码最好留给专家解决。在本书中，我们可以采用的最佳方法是陈述我们的意图，那就是保持一个数据类型不可变，并确保在实现代码中不修改任何对象的值（这些通常并没有你想象得那么简单）。

7. 防御拷贝（Defensive copy）

假设我们希望开发一个不可变数据类型 Vector，其构造函数带一个浮点数数组参数以初始化一个实例变量。考虑如下尝试：

```
class Vector:
    def __init__(self, a):
        self._coords = a   # array of coordinates
    ...
```

上述代码使得 Vector 为可变数据类型。客户端程序可创建一个 Vector 对象，指定数组中的元素，并在创建 Vector 之后修改其元素（绕过 API）：

```
a = [3.0, 4.0]
v = new Vector(a)
a[0] = 17.0  # bypasses the public API
```

实例变量 _coords 标记为私有变量（通过名称前的下划线），但 Vector 是可变的，因为实现代码中的引用指向与客户端相同的数组。如果客户端代码改变了该数组的一个元素，那么客户端也会改变 Vector 对象。

为了确保包含可变类型实例变量的数据类型的不可变性，其实现代码应该拷贝实例变量，称之为"防御拷贝"。回顾 1.4 节，表达式 a[:] 创建数组 a[] 的一个拷贝。因此，如下代码创建了一个防御拷贝：

```
class Vector:
    def __init__(self, a):
        self._coords = a[:]   # array of coordinates
    ...
```

接下来，我们将讨论这种数据类型的完整实现。

在任何数据类型的设计中都应该考虑不可变性问题。在理想状况下，应该在一个数据类型的 API 中指定其是否可变，以便客户端知道对象值不可更改。实现一个不可变类型可能是一种负担。对于复杂的类型，创建防御拷贝是一种挑战，而确保没有方法修改对象值是另一种挑战。

3.3.4 实例：空间向量

为了在实用的数学抽象情境中阐述上述设计理念，我们将讨论一种向量数据类型。与复数类似，向量抽象的基本概念众所周知，因为它已经在应用数学中占据重要地位超过 100 多年时间。称为线性代数的数学领域主要研究向量的属性。线性代数是具有广泛应用的丰富和成功的理论，在社会科学和自然科学的各个领域占据重要的地位。全面讨论线性代数显然超出本书的范围，但是若干重要应用基于基本和熟知的计算，所以贯穿全书我们将涉及向量和线性代数（例如，1.6 节随机冲浪者的例子就基于线性代数）。因而，有必要将这种抽象封装为一个数据类型。

空间向量（spatial vector）是一个抽象实体，包含一个长度（或称大小）和一个方向，如

图 3-3-3 所示。空间向量提供了描述物理世界属性（例如力、速度、动量、加速度）的一种
自然方法。指定一个向量的一种标准方法是在一个直角坐标系中
从原点指向一个点的箭头：向量方向是从原点到点的射线方向；
向量大小是箭头的长度（从原点到点的距离）。要指定一个向量，
只需要指定一个点。

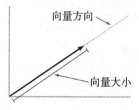

图 3-3-3   一个空间向量

上述概念可以拓展到任何数量维度的空间：一个 n 个实数的有
序列表（一个 n 维空间点的坐标）足以指定一个 n 维空间的向量。
按惯例，我们使用黑斜体字母表示一个向量，在括号内的以逗号
分隔的数值或索引变量名称（同一个字母的斜体）表示向量值。例如，我们可使用 x 表示向
量 $(x_0, x_1, \cdots, x_{n-1})$，使用 y 表示向量 $(y_0, y_1, \cdots, y_{n-1})$。

1. API

向量的基本运算包括：两个向量的加法、一个向量乘以一个标量（一个实数）、计算两个
向量的点积、计算向量大小和方向。其定义如下：

- 加法（Addition）：$x + y = (x_0 + y_0, x_1 + y_1, \ldots, x_{n-1} + y_{n-1})$
- 标量乘积（Scalar product）：$\alpha x = (\alpha x_0, \alpha x_1, \ldots, \alpha x_{n-1})$
- 点积（Dot product）：$x \cdot y = x_0 y_0 + x_1 y_1 + \ldots + x_{n-1} y_{n-1}$
- 大小（Magnitude）：$|x| = (x_0^2 + x_1^2 + \ldots + x_{n-1}^2)^{1/2}$
- 方向（Direction）：$x / |x| = (x_0/|x|, x_1/|x|, \ldots, x_{n-1}/|x|)$

向量加法、标量乘积和方向的结果是向量，但大小和点积的结果是标量（浮点数）。例如，
假设有 $x = (0, 3, 4, 0)$，$y = (0, -3, 1, -4)$，则 $x + x = (0, 0, 5, -4)$，$3x = (0, 9, 12, 0)$，$x \cdot y =$
-5，$|x| = 5$，$x / |x| = (0, 0.6, 0.8, 0)$。方向向量是一个单位向量：其大小为 1。这些定义对应
的 API 如表 3-3-4 所示。与 Complex 类似，API 没有显式指定数据类型为不可变对象，但是
我们了解客户端程序员（他们可能在数学抽象层面上思考）肯定希望对象不可变，我们甚至
不需要解释我们试图保护它们以避免别名错误！

表 3-3-4   用户自定义数据类型 Vector 的 API

客户端操作	特殊方法	功能描述
Vector(a)	__init__(self, a)	新建一个 Vector 对象，其直角坐标系各坐标值取自数组 a[]
x[i]	__getitem__(self, i)	向量 x 的第 i 个直角坐标系坐标值
x + y	__add__(self, other)	向量 x 和向量 y 的和
x − y	__sub__(self, other)	向量 x 和向量 y 的差
x.dot(y)		向量 x 和向量 y 的点积
x.scale(alpha)		浮点数 alpha 与向量 x 的标量乘积
x.direction()		与向量 x 同方向的单位向量。如果 x 为零向量，则报错
abs(x)	__abs__(self)	向量 x 的大小
len(x)	__len__(self)	向量 x 的长度
str(x)	__str__(self)	向量 x 的字符串表示形式

2. 表示

按惯例，我们开发实现的首选任务是为数据选择一种表示方式。在构造函数中通过使用
一个数组保存直角坐标系各坐标值是一种明智但不是唯一合理的选择。事实上，线性代数的

基本原理之一是，其他的一组 *n* 个向量可以用作坐标系统的基础：任何一个向量可以表示为一组 *n* 个向量的线性组合，满足称为线性独立的条件。更改坐标系统排列的能力非常符合封装。大多数客户端程序无须知晓其具体的表示形式，只需处理 Vector 对象和操作即可。如果可以确保，那么实现可以更换坐标系统且不影响客户端代码。

程序 3.3.3　空间向量（vector.py）

```
import math
import stdarray
import stdio
class Vector:
    def __init__(self, a):
        self._coords = a[:]
        self._n = len(a)
    def __add__(self, other):
        result = stdarray.create1D(self._n, 0)
        for i in range(self._n):
            result[i] = self._coords[i] + other._coords[i]
        return Vector(result)
    def dot(self, other):
        result = 0
        for i in range(self._n):
            result += self._coords[i] * other._coords[i]
        return result
    def scale(self, alpha):
        result = stdarray.create1D(self._n, 0)
        for i in range(self._n):
            result[i] = alpha * self._coords[i]
        return Vector(result)
    def direction(self):        return self.scale(1.0 / abs(self))
    def __getitem__(self, i):   return self._coords[i]
    def __abs__(self):          return math.sqrt(self.dot(self))
    def __len__(self):          return self._n
    def __str__(self):          return str(self._coords)
```

实例变量	
_coords[]	直角坐标
_n	维度

　　程序 3.3.3 的实现封装了一个数学空间向量，并将其抽象为一个不可变对象的 Python 数据类型。程序 3.3.4（sketch.py）和程序 3.4.1（body.py）是其典型的客户端程序。测试客户端和 __sub()__ 的实现为本节习题第 5 题和第 6 题。

3. 实现

　　给定了数据的表示方法，则实现这些运算的代码显而易见，具体可参考定义在 vector.py（程序 3.3.3）中的 Vector 类。构造函数创建了一个客户端数组的防御拷贝，且没有任何方法将值赋给该数组拷贝，所以 Vector 对象为不可变对象。特别注意，x[i]（ __getitem__(self, i)）的实现对于直角坐标表示十分容易：只需返回数组中对应的坐标即可。它实际上实现了一个适用于任何 Vector 表示的数学函数，即几何投影到直角坐标轴的第 i 个坐标轴，如图 3-3-4 所示。

　　当客户端可以自由编写诸如 x[i] = 2.0 的代码时，我们如何确

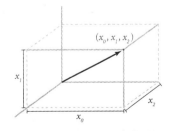

图 3-3-4　向量的几何投影

保其不可变？这个问题的答案在于不可变数据类型中还未实现的一个特殊方法：在这种情况下，Python 调用特殊方法 __setitem__() 代替 __getitem__()。由于 Vector 没有实现这个方法，所以类似的客户端代码将在运行时抛出错误 AttributeError。在本节的后面，我们将调查 Python 的特殊方法，以便读者遇见类似问题时可以选择相应的场景。

如果所有的操作均可以简单地通过数组实现，为什么还要如此费力地使用一个 Vector 数据类型呢？到目前为止，这个问题的答案应该显而易见：为了模块化程序设计，提高调试效率和简化代码。数组是低级别的 Python 机制，允许任何类型的运算操作。通过限定操作仅限于 Vector 中指定的 API（这是许多客户端必需的运算操作），我们可以简化设计，实现和维护程序的过程。因为实现的类型是不可变的，我们可以像使用内置类型（int、float、bool 和 str）一样使用它。例如，当传递一个 Vector 对象给一个函数时，我们可以确保其值不会被改变，但是我们无法确保一个数组的元素不会被改变。使用 Vector 对象和操作编写的程序是简单且自然的方法，该方法利用围绕抽象概念形成的广泛数学知识。

3.3.5 元组

Python 的内置数据类型 tuple 表示一个不可变的对象序列。元组类似于内置数据类型 list（我们用作数组），不同之处在于一旦创建了一个元组，就不能修改其元素。在需要修改序列元素的情况下（例如，逆序或混排一个数组），则必须使用数组。在元素无须改变的情况下（例如，Vector 数据类型中的坐标），则必须使用元组。

我们可以使用熟知的数组操作方法操纵元组，详细信息请参见表 3-3-5 所示的 API。我们既可以使用内置函数 tuple() 创建一个元组，也可使用包含在括号中以逗号分隔的一系列表达式（可选）创建一个元组。

表 3-3-5　Python 内置 tuple 数据类型的部分 API

运算操作	功能描述
len(a)	元组 a 的长度
a[i]	元组 a 的第 i 个元素
for v in a:	遍历访问元组 a 的每一个元素

使用元组可以改进程序的设计。例如，如果我们将 vector.py 中构造函数的第一条语句替代为：

```
self._coords = tuple(a)
```

则任何试图使用 Vector 类来修改一个向量坐标的操作将导致运行时抛出错误 TypeError，从而强制 Vector 对象的不可变。

Python 还支持一种强大的元组赋值功能，称为元组组包（tuple packing）和元组解包（tuple unpacking），允许用户把右侧的一个表达式元组赋值给左侧的变量元组（注意，必须保证左侧的变量个数与右侧的表达式个数一致）。我们可以利用这种功能同时赋值多个变量。例如，如下语句改变变量 x 和 y 的对象引用：

```
x, y = y, x
```

表 3-3-6　元组操作的示例

运算操作	结果说明
len(a)	3
a[1]	7
a[1] = 9	运行时错误
a += [8]	运行时错误
(x, y, z) = a	元组解包
b = (y, z, x)	元组组包
b[1]	3

我们还可以使用元组组包和元组解包从一个函数返回多个值（具体请参见本节习题第 14 题）。

元组操作的示例请参见表 3-3-6，其中假设 a = (1, 7, 3)。

3.3.6 多态性

通常，当我们编写一个方法（或函数）时，我们的目的是处理特定类型的对象。有时则需要处理不同类型的对象。可带不同类型参数的方法（或函数）称为多态性。

最佳的多态性是非预期类型：当既存方法/函数应用于一个新的数据类型（从来没有计划过的数据类型）时，发现该方法/函数的行为正好符合预期。最糟糕的多态性也是非预期类型：当既存方法/函数应用于一个新的数据类型时，结果为错误的答案！查找这种错误将是一个非常巨大的挑战。

1. 鸭子类型（Duck typing）

鸭子类型是一种程序设计风格，程序设计语言不用正式指定函数的参数。程序直接尝试调用函数，如果存在兼容的函数则执行，否则抛出运行时错误。其名称来自于诗人 J. W. Riley 的诗句引用：

> *When I see a bird that*
> *walks like a duck and swims like a duck and quacks like a duck*
> *I call that bird a duck*

在 Python 中，如果一个对象像鸭子一样行走、游泳和鸣叫，则可以将这个对象作为一只鸭子对象来处理。你不需要显式声明其为一只鸭子。在许多程序设计语言（例如 Java 和 C++）中，用户必须显式声明一个变量的类型，在 Python 中则不需要。Python 在所有操作（函数调用、方法调用和运算符）中均可使用"鸭子类型"。如果类型不合适导致运算操作不能应用于一个对象，则在运行时抛出错误 TypeError。鸭子类型的一个原则是方法/函数无须关心一个对象的类型，只需了解客户端是否可以在一个对象上执行需要的操作。也就是说，如果一个方法/函数中的所有运算操作可以作用于一个类型，则该方法/函数就可以作用于指定类型。这种方法可以导致更加简洁和灵活的客户端代码，使我们关注于实际使用的运算操作而不是类型。

2. 鸭子类型的不足之处

鸭子类型的主要不足之处在于无法准确判断客户端和实现之间的契约，特别是一个需要的方法以间接方式提供的时候。API 不会提供这种类型的信息。信息的缺失可能导致运行时错误。最坏的情况是，最终结果可能是语义错误，而不会抛出任何错误。接下来，我们将讨论这种情况的一个简单例子。

3. 一个恰当的例子

设计 Vector 数据类型时，我们假设向量组件为浮点数，并且客户端通过向构造函数传递一个浮点数数组来创建一个新的向量。如果客户端按这种方式创建了两个向量 x 和 y，则按预期 x[i] 和 x.dot(y) 均返回浮点数，x + y 和 x – y 均返回浮点数的向量。

再假设一个客户端通过传递一个 int 对象数组给构造函数，以创建一个整数组件的 Vector 对象。如果客户端按这种方式创建了两个向量 x 和 y，则按预期，x[i] 和 x.dot(y) 均返回整数，x + y 和 x – y 均返回整数的向量。当然，abs(x) 返回一个浮点数，x.direction() 返回一个浮点数向量。这是多态性的最佳类型，鸭子类型处理正常无误。

现在，假设通过传递一个 complex 对象数组给构造函数，以创建一个复数组件的 Vector 对象。向量加法和标量乘积没有问题，但点积的实现则失败（大小和方向的实现也无效，因为这两个方法依赖于点积）。示例如下：

469

```
a = [1 + 2j, 2 + 0j, 4 + 0j]
x = Vector(a)
b = abs(x)
```

上述代码在运行时抛出错误 TypeError，因为 math.sqrt() 试图计算一个复数的平方根。问题在于两个复数值向量 *x* 和 *y* 的点积要求计算第二个向量元素的复数共轭：

$$x \cdot y = x_0 \overline{y}_0 + x_1 \overline{y}_1 + \cdots + x_{n-1} \overline{y}_{n-1}$$

在我们的例子中，Vector 中的特殊方法 __abs__() 调用 x.dot(x)，其目的是计算结果：

$$(1 + 2i)(1 - 2i) + 2 \times 2 + 4 \times 4 = 25$$

然而，实际上计算的结果为：

$$(1 + 2i)(1 + 2i) + 2 \times 2 + 4 \times 4 = 17 + 4i$$

其结果为一个复数，因而 math.sqrt() 抛出错误 TypeError。一个非预期的错误已经非常糟糕，但假设代码中的最后一条语句为 b = abs(x.dot(x))。在这种情况下，b 将被赋值为整数 33（正确的结果为 25），且不会显示任何错误问题信息。我们祈祷这种代码不会用于控制核电站或地对空导弹程序。计算结果错误很显然是一场大灾难。

一旦意识到了问题所在，我们就可以修正 Vector 代码，使之兼容复数。修改两处代码，一处为 dot()，另一处为 __abs__()：

```
def dot(self, other):
    result = 0
    for i in range(self._length):
        result += self._coords[i] * other._coords[i].conjugate()
    return result

def __abs__(self):
    return math.sqrt(abs(self.dot(self)))
```

对 dot() 的修改可以使程序正常工作，因为 Python 的数值类型包含一个 conjugate() 方法，用于返回一个数字的复数共轭（整数和浮点数的复数共轭为其本身）。需要对 __abs__() 进行修改，因为如果参数为 complex 时（即使虚部为 0），math.sqrt() 将抛出错误 TypeError。一个复数和它自身的点积为非负实数，但依然是一个复数，所以在求平方根前可使用 abs() 获取其大小（一个实数）。

在这种情况下，鸭子类型是最糟糕的多态性。很显然客户端期望当向量组件为复数时，Vector 的实现也可以正常工作。一种实现如何预料和适应于所有潜在的数据类型？这种情况代表一种不可能满足的设计挑战。我们所能做的就是提醒你仔细检查，因为如果可能的话，任何你使用的数据类型都可以正确处理你想要使用的数据类型。

3.3.7　重载

在数据类型中提供运算符的自定义能力是一种多态性，称为运算符重载。在 Python 语言中，你几乎可以重载所有的运算符，包括算术运算符、比较运算符、索引和切片。你也可以重载内置函数，包括绝对值、长度、哈希法和类型转换。重载运算符和内置函数使得用户自定义类型的行为与内置类型更加一致。

1. 特殊方法

Python 用于支持重载的机制是将每个运算符和内置函数与一个特殊方法关联起来。尽管读者已经在若干数据类型的实现中了解到特殊方法的使用（特别是 Complex 和 Vector），我们还是简单总结一下这种概念。

执行一种运算时，Python 在内部将表达式转换为调用对应的特殊方法。调用一个内置函数时，Python 在内部调用对应的特殊方法来替代。要重载一个运算符或内置函数，只需在代码中包含对应特殊方法的一种实现。例如，每当 Python 发现客户端代码中的 x + y，则将该表达式转换为特殊方法调用 x.__add__(y)。因而，要在自定义数据类型中重载 + 运算符，则只需包含特殊方法 __add__() 的一种实现即可。同样，每当 Python 发现客户端代码中的 str(x)，则将该表达式转换为特殊方法调用 x.__str__()。因而，要重载内置函数 str()，则只需包含特殊方法 __str__() 的一种实现即可。

2. 算术运算符

在 Python 语言中，算术运算符（如 x + y 和 x * y）不仅仅用于整数和浮点数。Python 将每个算术运算符与一个特殊方法关联起来，所以可以通过实现对应的特殊方法，重载任何算术运算符。算术运算符特殊方法的详细信息请参见表 3-3-7。

表 3-3-7　算术运算符的特殊方法

客户端操作	特殊方法	功能描述
x + y	__add__(self, other)	x 和 y 之和
x − y	__sub__(self, other)	x 和 y 之差
x * y	__mul__(self, other)	x 和 y 之积
x ** y	__pow__(self, other)	x 的 y 次幂
x / y	__truediv__(self, other)	x 和 y 之商
x // y	__floordiv__(self, other)	x 整除 y 的商
x % y	__mod__(self, other)	x 除以 y 的余数
+x	__pos__(self)	x
−x	__neg__(self)	x 的算术取反（负数）

注：Python 2 使用 __div__ 以替代 __truediv__。

472

3. 等性运算符

用于测试相等与否的运算符 == 和 != 值得特别注意。例如，考虑如图 3-3-5 所示的代码，代码创建了两个 Charge 对象，被三个变量 c1、c2 和 c3 引用。如图 3-3-5 所示，c1 和 c3 引用一个相同的对象，c2 则引用不同的对象。很显然，c1 == c3 的结果为 True，但是 c1 == c2 的结果呢？这个问题的答案并不十分明确，因为在 Python 语言中有两种考虑相等的方法。

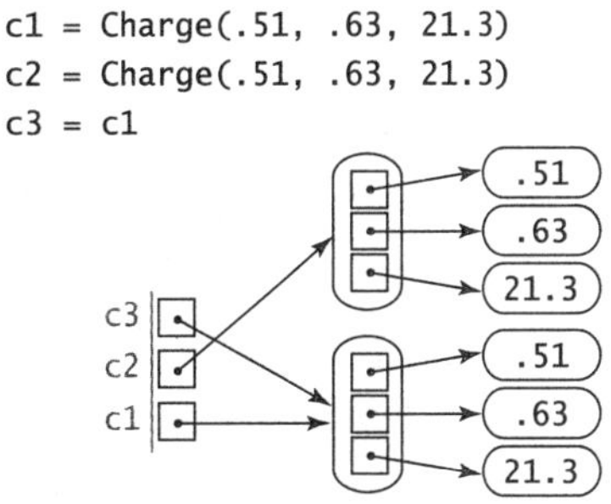

```
c1 = Charge(.51, .63, 21.3)
c2 = Charge(.51, .63, 21.3)
c3 = c1
```

图 3-3-5　三个变量引用两个不同的 Charge 对象

- 引用相等（标识相等）。当两个引用相等（即引用同一个对象）时，引用相等成立。内置函数 id() 返回对象的标识（即其内存地址）。is 和 is not 运算符测试两个变量是否引用同一个对象。也就是说，c1 is c2 的实现实际上是在测试 id(c1)

和 id(c2) 是否相等。在我们的示例中，c1 is c3 正如我们所预料的，结果为 True。但是 c1 is c2 的结果为 False，因为 c1 和 c2 位于不同的内存地址中。

- 对象相等（值相等）。当两个对象相等（即包含相同数据类型值）时，对象相等成立。我们应该使用运算符 == 和 !=（定义为特殊方法 __eq__() 和 __ne__()）测试对象相等性。如果没有定义 __eq__() 方法，则 Python 使用 is 运算符替代。也就是说，默认 == 实现为引用相等性。所以，在前面的例子中，尽管 c1 和 c2 的位置和电荷值相等，但是 c1 == c2 的结果为 False。如果我们希望根据相等的位置和电荷值判断两个电荷的相等性，则可以通过在 charge.py（程序 3.3.1）中包含如下代码以确保结果的正确性：

```
def __eq__(self, other):
    if self._rx != other._rx: return False
    if self._ry != other._ry: return False
    if self._q  != other._q:  return False
    return True

def __ne__(self, other):
     return not __eq__(self, other)
```

473

如果程序中包含了上述代码，则在上述例子中 c1 == c2 的结果为 True。在通常的情况下，无法判断客户端是否需要这种行为（所以我们在实现中没有包含这些方法）。确定对象相等性是设计任何数据类型时必须做出的重要（同时又富有挑战性）设计决策。

为了进一步测试读者对相等性的理解程度，请阅读如图 3-3-6 所示的交互式 Python 运行过程。在示例中，a 和 b 引用不同的 int 对象（这两个 int 对象的取值相等），而 a 和 c 引用相同的 int 对象。

4. 哈希法（Hashing）

我们现在将讨论与等性测试相关的一种基本操作，称之为哈希法（hashing）；用于把一个对象映射成称为哈希码（hash code）的整数。这种运算十分重要，Python 通过特殊方法 __hash__() 支持内置 hash() 函数，以处理这种运算操作。如果一个对象满足如下三个条件，则称为可哈希（hashable）：

- 一个对象可以通过 == 运算符与其他对象比较相等性。
- 当两个对象比较的结果为相等时，其哈希码相同。
- 一个对象的哈希码在其生存期内保持不变。

```
>>> a = 123456789
>>> b = 123456789
>>> c = a
>>> a == b
True
>>> a == c
True
>>> id(a)
140461201279248
>>> id(b)
140461201280816
>>> id(c)
140461201279248
>>> a is b
False
>>> a is c
True
```

图 3-3-6　交互式 Python 运行过程

例如，在如图 3-3-7 所示的字符串哈希示例中，a 和 b 引用取值相等的 str 对象，所以它们的哈希码必须相同。a 和 c 引用不同的 str 对象，所以我们期望它们的哈希码不同。

在一个典型的应用程序中，我们使用哈希码把一个对象 x 映射到一个小范围（例如 0 到 m-1 之间）的整数，其使用的哈希函数为：

```
hash(x) % m
```

然后我们将哈希函数值作为一个长度为 m 的数组的整数索引（参

```
>>> a = 'Python'
>>> b = 'Python'
>>> c = 'programmer'
>>> hash(a)
-2359742753373747800
>>> hash(b)
-2359742753373747800
>>> hash(c)
7354308922443094682
```

图 3-3-7　字符串哈希示例

见程序 3.3.4 和程序 4.4.3）。根据定义，相等的可哈希对象具有相同的哈希码，所以它们的哈希函数值也相同。不相等的对象可以拥有相同的哈希函数值，但我们期望哈希函数将对象区分为 m 组（每组长度大致相同）。Python 所有的不可变数据类型（包括 int、float、str 和 tuple）都是可哈希的，都可以按照合理的方式分布对象。

474

通过实现两个特殊方法 __hash__() 和 __eq__()，可以使一个用户自定义的数据类型可哈希。构造一个良好的哈希函数要求结合科学和工程的技巧，其讨论超出本书的范围。作为替代方法，我们阐述 Python 语言中构造哈希函数的一个简单有效的方法，该方法适用于大部分情况：

- 确保数据类型为不可变。
- 通过比较所有重要的实例变量来实现 __eq__() 方法。
- 通过将相同实例变量放入一个元组并基于元组调用内置 hash() 函数来实现 __hash__() 方法。

例如，如下代码是 Charge 数据类型（程序 3.2.1）__hash__() 方法的一种实现（Charge 数据类型 __eq__() 方法的实现可参考前一节内容）：

```python
def __hash__(self):
    a = (self._rx, self._ry, self._q)
    return hash(a)
```

测试等性的运算操作请参见表 3-3-8 所示。

表 3-3-8　测试等性的运算操作

客户端操作	特殊方法	功能描述
x is y	[不可被重载]	x 和 y 引用同一个对象吗
x is not y	[不可被重载]	x 和 y 引用不同的对象吗
id(x)	[不可被重载]	x 的标识（内存地址）
hash(x)	__hash__(self)	x 的哈希码
x == y	__eq__(self, other)	x 和 y 是否相等
x != y	__ne__(self, other)	x 和 y 是否不相等

5. 比较运算符

同样地，在 Python 语言中，比较运算（例如 x < y 和 x >=y）也不仅仅用于整数、浮点数和字符串。Python 也将每个比较运算符与一个特殊方法关联起来，所以可以通过实现相应的特殊方法重载任何比较运算符，详细信息请参见表 3-3-9。

表 3-3-9　比较运算符的特殊方法

客户端操作	特殊方法	功能描述
x < y	__lt__(self, other)	x 是否小于 y
x <= y	__le__(self, other)	x 是否小于或等于 y
x >= y	__ge__(self, other)	x 是否大于或等于 y
x > y	__gt__(self, other)	x 是否大于 y

作为一种程序设计风格，如果定义了任何一种比较方法，则应该使用一致的风格定义其他所有的比较方法。例如，如果 x < y 成立，则应该确保 y > x 和 x <= y 成立。另外，对于任何

数据类型，如果客户端期望对该数据类型的对象进行排序，则比较运算符必须定义一种全序关系（tatal order）。特别地，比较运算符必须满足如下三种属性：

- 反对称性：如果 x <= y 并且 y <= x，则 x == y。
- 传递性：如果 x <= y 并且 y <= z，则 x <= z。
- 完全性：或者 x <= y 或者 y <= x，或者 x <= y 并且 y <= x（即 x == y）。

如果一种数据类型实现了这六种比较方法且满足一种全序关系，则称为可比较数据类型。Python 的内置数据类型 int、float 和 str 都是可比较数据类型。通过实现用户自定义数据类型的六种比较方法，可以使其成为可比较数据类型。下面是 Counter（程序 3.3.2）的一种实现：

```
def __lt__(self, other): return self._count <  other._count
def __le__(self, other): return self._count <= other._count
def __eq__(self, other): return self._count == other._count
def __ne__(self, other): return self._count != other._count
def __gt__(self, other): return self._count >  other._count
def __ge__(self, other): return self._count >= other._count
```

我们将在 4.2 节（排序）和 4.4 节（符号表）中讨论几个可比较对象的应用程序。

6. 其他运算符

在 Python 语言中，几乎所有的运算符都可以被重载。例如，可以重载复合赋值运算符（例如，+= 和 *=）、位逻辑运算符（例如 &、| 和 ^）。如果希望重载一个运算符，可以通过本书官网或 Python 在线文档查找其对应的特殊方法。我们将在 4.4 节中详细讨论一些与处理字符串、数组和类似数据类型相关的运算符（例如，我们在 Vector 中使用的 [] 运算符和对应的特殊方法 __getitem__()）。

475
~
476

7. 内置函数

在我们开发的每个类中都重载了内置函数 str()，我们也可以使用同样的方法重载若干其他内置函数。本书使用的内置函数总结如表 3-3-10 所示。我们已经使用过除 iter() 以外的其他所有函数，iter() 函数将推迟到 4.4 节中讨论。

可以重载运算符和内置函数是 Python 语言的强大功能之一，它允

表 3-3-10　内置函数的特殊方法

客户端操作	特殊方法	功能描述
len(x)	__len__(self)	x 的长度
float(x)	__float__(self)	与 x 等价的浮点数
int(x)	__int__(self)	与 x 等价的整数
str(x)	__str__(self)	x 的字符串表示方式
abs(x)	__abs__(self)	x 的绝对值
hash(x)	__hash__(self)	x 的整数哈希码
iter(x)	__iter__(self)	x 的迭代器

许程序员开发用户自定义类型的行为与内置类型保持一致。然而，权力越大意味着责任越大。虽然为熟知的数学实体（例如，复数、空间矢量或其他类似类型）重载算术运算符理所当然，有时候为非数学数据类型重载算术运算符则不大合适，反而会导致代码不清晰。

例如，一个数字艺术家也许会尝试开发一种计算颜色的方式，即当 a 和 b 为 Color 对象时，以某种有见地的方式定义 a + b 或 a * b。或者一个音乐家也会尝试为音调及和弦定义类似的操作。我们绝不会阻止这样的创造力，但是否真的需要实现 Turtle 对象（或其他任何对象）的加法、减法和乘法？使用常用的方法（描述性名称）也许是一种更好的方法。事实上，

许多程序设计语言（例如 Java）不支持运算符重载，因为程序员往往会滥用这种能力。正确地重载运算符需要包含大量的工作，并且只有当结果自然和符合预期时才值得开发。 477

3.3.8 函数是对象

在 Python 语言中，一切（包括函数）皆为对象。这意味着函数可以作为函数的参数和结果返回值。定义操作其他函数的所谓高阶函数在数学和科学计算中都十分普遍。例如，在微积分学中，导数是接收一个函数为参数的函数，并产生另一个函数作为结果。在科学计算中，常常需要计算导数函数、积分函数、求函数的根等。

例如，考虑一个正实值函数 f 在区间 (a, b) 的黎曼积分（Riemann integral）估计的问题（曲线下面积）。这种计算称为求积分或数值积分。已经研发了若干用于计算数值积分的方法。也许其中最简单的方法是矩形法则（rectangle rule），我们通过计算在曲线下 n 个宽度相等的矩形的总面积来近似估计积分的值，如图 3-3-8 所示。如下代码中定义的 integrate() 函数使用 n 个矩形的矩形法则计算一个实值函数 f 在区间 (a, b) 的积分值：

```python
def square(x):
    return x*x

def integrate(f, a, b, n=1000):
    total = 0.0
    dt = 1.0 * (b - a) / n
    for i in range(n):
        total += dt * f(a + (i + 0.5) * dt)
    return total
```

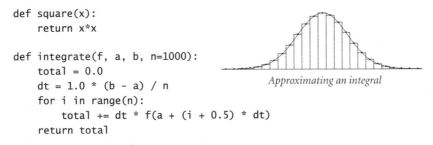

Approximating an integral

图 3-3-8　积分值的近似计算

x^2 的不定积分为 $x^3/3$，所以在区间 0 到 10 的定积分为 1000/3。函数调用 integrate(square, 0, 10) 返回 333.33324999999996，结果正确，精度为 6 位有效数字。同样，函数调用 integrate(gaussian.pdf, –1, 1) 返回 0.6826895727940137，结果正确，精度为 7 位有效数字（请读者回顾高斯概率密度函数和程序 2.2.1）。

数值积分法并不永远是计算函数值最有效和最精确的方法。例如，程序 2.2.1 中的 gaussian.cdf() 函数是求高斯概率密度函数积分值的一种更快速和精确的方法。然而，数值积分法的优点是可以用于任何函数，仅仅在平滑度上受一定的技术条件局限。 478

3.3.9 继承

Python 提供定义类之间关系的语言支持，称为继承。软件开发者广泛使用继承，如果读者选修软件工程的课程，将会详细学习这方面的知识。如何有效地使用继承超出了本书的范围，我们在此简单阐述继承的概念，因为某些情况下我们将使用到继承。

如果使用得当，继承可以实现一种称为"子类"的代码重用功能。继承是一种允许程序员无须从头重新编写类就可以直接修改一个类的行为和增加类的功能的强大技术。其编程理念是定义一个新的类（称为子类或继承类），从另一个类（称为父类或基类）继承其实例变量和方法。子类包含比父类更多的方法。系统程序员使用子类构建所谓的可扩展模块。其设计理念是程序员（包括读者自己）可以在其他程序员（也许系统程序员组）编写的类中增加方法，从而有效地在潜在巨大的模块中重用代码。这种方法被广泛使用，特别是用于用户界面的开发，以便重用那些为用户提供实现所期望的各种功能（下拉菜单、剪切和粘贴、访问文件等）的代码。

在 Python 语言中，继承的一种重要应用是在 numbers.py 模块中实现 Python 数值类型，称为数值塔（numeric tower）。这个模块中的类包括：Integral、Rational、Real 和 Complex，它们组织为继承关系。例如 Real 包括 Complex 的所有方法，以及处理实数的方法，如比较运算符 <、<=、> 和 >=。内置的数据类型是这些类的子类，例如 int 是 Integral 的子类，float 是 Real 的子类。

尽管有很多优点，继承的使用存在着争议（即使在系统程序员之间）。在本书中我们没有使用继承，因为继承一般会与封装违背。继承使得模块化程序设计更加困难的原因有两点。首先，任何父类的改变会影响所有的子类。子类不能独立于父类开发。实际上，子类完全依赖于父类。这个问题称为脆弱的基类问题（fragile base class problem）。其次，子类代码可以访问实例变量，从而违背父类代码的目标。例如，尽管类 Vector 的设计者十分小心地确保 Vector 不可变，但其子类可以访问它的实例变量，因而可以修改它们，从而给所有假定该类为不可变对象的客户端带来灾难。

479

3.3.10 应用：数据挖掘

为了在应用程序的上下文中阐明这一节中讨论的一些概念，接下来我们将介绍一种软件技术——数据挖掘，该技术被证明对于解决一些艰巨的挑战任务非常重要即在大量的信息中进行搜索的过程。数据挖掘技术可以作为显著提高 Web 搜索结果质量，多媒体信息检索，生物医学数据库，抄袭检测，基因组学研究，在许多领域中的高级学术研究，商业应用创新，研究犯罪分子计划以及很多其他用途的基础。因此，人们对数据挖掘有着强烈的兴趣并进行着广泛的研究。

我们可以直接访问计算机中数以千计的文件，也可以间接访问 Web 上数以亿计的文件。正如你所知道的，这些文件非常多样化：有商业网页、音乐和视频、电子邮件、程序代码以及各种其他信息。为了简单起见，我们只关注文本文件（但是我们研究的方法同样适用于图像、音频以及其他各种类型的文件）。虽然限制文件类型为文本，但是文本文件的文档类型也存在着很大的差异。为了给读者提供参考，我们可以从本书官网查找列举在表 3-3-11 中的常用文档。

表 3-3-11 常用的文档格式

文件名	功能描述	样本文本
constitution.txt	法律文档	... of both Houses shall be determined by ...
tomsawyer.txt	美国小说	... "Say, Tom, let ME whitewash a little." ...
huckfinn.txt	美国小说	...was feeling pretty good after breakfast...
prejudice.txt	英国小说	... dared not even mention that gentleman....
picture.py	Python 代码	...import sys import color import stdarray...
djia.csv	金融数据	...01-Oct-28,239.43,242.46,3500000,240.01 ...
amazon.html	Web 页面	...<table width="100%" border="0" cellspac...
actg.txt	病毒基因组	...GTATGGAGCAGCAGACGCGCTACTTCGAGCGGAGGCATA...

我们的研究目标是寻找有效的方法来实现文件搜索功能。文档则使用它们的内容以描述

其特征。解决这种问题的一种有效方法是将每个文档与一个称为摘要（sketch，文档内容的超浓缩表示）的向量关联起来。其基本思想是文档摘要应该捕获文档足够的统计信息，即不同的文档其摘要不同，类似的文档其摘要类似。这种方法能够区分一本小说、一个 Python 程序、一个基因组，这也许并不奇怪。但你可能会惊讶地发现文档摘要居然可以区分不同的作者撰写的小说之间的差异，甚至可以作为许多其他细微搜索标准的基础。 480

首先，我们需要抽象文档。什么是文档？文档可以支持哪些操作？这些问题的答案涉及设计任务和最终编写的代码。为了我们的设计目标，文档是任何文本文件的内容。如前所示，我们仅存储一个文档的摘要（而不是整个文档），并且使用文档摘要来比较关联文档之间的相似度。上述思想可以概述为表 3-3-12 的 API。构造函数的参数为一个字符串和两个控制文档摘要质量的整数。客户端可以使用 similarTo() 函数来确定两个文档摘要的相似度，相似度的范围在 0（不相似）和 1（相似）之间。这种简单的数据类型提供了实现相似度测量以及实现使用测量来查找文档的客户端之间的良好分离。

表 3-3-12　用户自定义数据类型 Sketch 的 API

运算操作	功能描述
Sketch(text, k, d)	基于字符串 text 新建一个文档摘要 sketch，使用 k-gram 和维度 d
a.similarTo(b)	文档摘要 a 和 b 的相似性度量（在 0.0 和 1.0 之间的浮点数）
str(a)	文档摘要 a 的字符串表示形式

1. 计算文档摘要

计算文档的摘要是第一个挑战。我们的首要选择是使用 Vector 来表示一个文档摘要。然而，文档摘要应该包含哪些信息？如何计算这些信息？目前为止有许多不同的研究方法，研究者还在积极寻找解决这个问题高效和有效的方法。我们的实现 sketch.py（程序 3.3.4）使用了一种简单的方法——频率计数法（frequency count）。除了一个字符串参数外，构造函数还包括两个参数：整数 k 和一个向量维度 d。算法扫描整个文档并检测文档中所有的 k-gram，即从各个位置开始的长度为 k 的子字符串。文档摘要最简单的形式为表示字符串中 k-gram 相对频率的向量：每个可能的 k-gram 的元素表示文档中包含该值的 k-gram 数量。例如，在如图 3-3-9 所示的基因组数据中，假设 k = 2，d = 16（存在 4 种可能的字符值，因而 16 种可能的 2-gram）。2-gram AT 在字符串 ATAGATGCATAGCGCATAGC 中出现了 4 次，所以在例子中对应 AT 的向量元素为 4。为了构造频率向量，我们需要把每个 k-gram 转换为一个位于 0 到 15 范围内的整数（将字符串映射为整数的函数称为哈希函数）。对于基因组数据，请参考一个简单的习题（本节习题第 27 题）。然后，我们可以通过扫描文档计算一个数组来构建频率向量，将数组中的元素对应于每个 k-gram。当我们由于忽视了 k-gram 的阶而丢失了信息，对应阶的信息内容就比 k-gram 的频率要低。（与我们在 1.6 节研究的随机冲浪者并无不同的一个马尔可夫模型范式

		CTTTCGGTTT		
		GGAACCGAAG		
		CCCGGCGTCT		
	ATAGATGCAT	TGTCTGCTGC		
	AGCGCATAGC	AGCATCGTTC		
2-gram hash	count	unit	count	unit
AA	0	0	0	2	.137
AC	1	0	0	1	.069
AG	2	4	.508	1	.069
AT	3	3	.381	2	.137
CA	4	3	.381	3	.206
CC	5	0	0	2	.137
CG	6	0	0	4	.275
CT	7	1	.127	6	.412
GA	8	3	.381	0	0
GC	9	0	0	5	.343
GG	10	0	0	6	.412
GT	11	1	.127	4	.275
TA	12	1	.127	2	.137
TC	13	4	.508	6	.412
TG	14	0	0	4	.275
TT	15	0	0	2	.137

• 图 3-3-9　基因组数据

可以用于研究阶，这种模型非常有效，但需要更多的工作来实现。）我们把计算过程封装为
定义在 sketch.py（程序 3.3.4）中的 Sketch 类。这种实现方法为我们尝试不同的设计思想而
无须重写 Sketch 客户端提供了很大的灵活性。

2. 哈希法

在许多系统中，每个字符都可能有 128 种不同的值，所以存在 128^k 种可能的 k-gram，
因而即使采用上述简单的方案，维度 d 也必须为 128^k。即使对于中等大小的 k，这个值也会
超级庞大。对于 Unicode，其字符数超过 65 536，即使 2-gram 也将导致巨大的向量文档摘
要。为了解决这个问题，我们使用哈希法——本节之前讨论的将一个对象映射为一个整数的
基本方法。对于任一字符串 s，hash(s) % d 的结果是一个位于 0 到 d − 1 之间的整数，可以
用于计算频率的数组索引坐标。我们采用的文档摘要是由文档中所有 k-gram 哈希值的频率
定义的向量方向（方向相同的单位向量）。

程序 3.3.4　文档摘要（sketch.py）

```
import sys
import stdarray
import stdio
from vector import Vector

class Sketch:
    def __init__(self, text, k, d):
        freq = stdarray.create1D(d, 0)
        for i in range(len(text) - k):
            kgram = text[i:i+k]
            freq[hash(kgram) % d] += 1
        vector = Vector(freq)
        self._sketch = vector.direction()

    def similarTo(self, other):
        return self._sketch.dot(other._sketch)

    def __str__(self):
        return str(self._sketch)

def main():
    text = stdio.readAll()
    k = int(sys.argv[1])
    d = int(sys.argv[2])
    sketch = Sketch(text, k, d)
    stdio.writeln(sketch)

if __name__ == '__main__': main()
```

实例变量	
_sketch	单位向量

text	文档字符串
k	gram 的长度
d	维度
kgram	文档中 k 个连续字符
freq[]	哈希频率
vector	频率向量

Vector 客户端基于一个文档的 k-gram 构建了一个单位向量，可以用于客户端比较不同文档的
相似性（具体请参见课本正文）。程序 3.3.4 的运行过程和结果如下：

```
% more genome20.txt
ATAGATGCATAGCGCATAGC
% python sketch.py 2 16 < genome20.txt
[ 0.0, 0.0, 0.0, 0.0, 0.504, 0.504, ..., 0.126, 0.0, 0.0, 0.378 ]
```

Python 2 警告

所有的哈希函数基于一个数值"种子"开始进行计算。在 Python 2 中，哈希种子是常量，所以每次运行程序时任一给定对象的哈希值保持固定不变。与之相反，在 Python 3 中，哈希种子会改变（默认情况下）。在 Python 3 中，任一给定对象（虽然每次运行都一样）的哈希值可能每次运行结果都不一样。因而使用 Python3，每次运行 sketch.py 时将产生不同的输出结果。

3. 比较文档摘要

第二个挑战是计算两个文档摘要之间的相似度。同样，存在许多比较两个向量的不同方法。也许最简单的方法是计算两个向量之间的欧几里得距离。给定向量 *x* 和 *y*，其欧几里得距离定义为：

$$|x - y| = ((x_0 - y_0)^2 + (x_1 - y_1)^2 + \ldots + (x_{d-1} - y_{d-1})^2)^{1/2}$$

读者已经熟知当 $d = 2$ 或 $d = 3$ 时的公式。对于 Vector，欧几里得距离的计算十分简单。如果 *x* 和 *y* 为向量，则 abs(*x* – *y*) 就是它们之间的欧几里得距离。如果文档类似，我们期望其文档摘要类似且欧几里得距离比较小。

另一种广泛使用的相似度度量方法称为余弦相似性度量法（cosine similarity measure），其计算更加简单：由于文档摘要是单位向量，且坐标值非负，所以其点积为位于 0 到 1 之间的数值：

$$x \cdot y = x_0 y_0 + x_1 y_1 + \ldots + x_{d-1} y_{d-1}$$

几何意义上，其结果值为两个向量夹角的余弦（具体请参见本节习题第 9 题）。两个文档越相似，我们期望其值更接近 1。如果 x 和 y 是两个 Vector，则 x.dot(y) 是它们的点积。

4. 比较所有的文档对

程序 3.3.5（comparedocuments.py）是一个简单但有用的 Sketch 客户端，提供了用于解决如下问题的信息：给定一系列文档，查找出最相似的两个文档。因为这种规定具有一定的主观性，所以 comparedocuments.py 输出所有文档对的余弦相似度量值。对于中等大小的 k 和 d，文档摘要可以很好地刻画我们样例文档的特征。结果表明不仅基因组数据、财务数据、Python 源代码和 Web 源代码与法律文档、小说之间有着显著差异，而且小说 Tom Sawyer（汤姆·索亚历险记）与 Huckleberry Finn（哈克贝利·费恩历险记）的相似度比小说 Pride and Prejudice（傲慢与偏见）更大。比较文学的研究者可以使用这个程序发现文本之间的关系。教师可以使用这个程序检测一组学生提交的作业是否存在抄袭行为。生物学家可以使用这个程序发现不同基因组之间的联系。

481 ～ 484

5. 查找相似文档

另一种常用的 Sketch 客户端是使用文档摘要在大量的文档中查找与给定文档相似的文档。例如，Web 搜索引擎使用类似客户端显示与用户刚刚访问的页面类似的其他网页，在线书店的店主使用这种类型的客户端向用户推荐与用户曾经购买过的书籍类似的其他书籍，社交网站使用这种类型的客户端识别与你兴趣相同的其他人员。由于 Instream 构造函数可以使用一个 Web 地址代替文件名，所以编写一个查找 Web，计算文档摘要，然后返回与用户查找的页面摘要类似网页的程序具有可行性。我们将这个客户端程序作为一个富有挑战性的习题留给读者。

程序 3.3.5 文档相似性检测（comparedocuments.py）

```
import sys
import stdarray
import stdio
from instream import InStream
from sketch import Sketch

k = int(sys.argv[1])
d = int(sys.argv[2])
filenames = stdio.readAllStrings()
sketches = stdarray.create1D(len(filenames))
for i in range(len(filenames)):
    text = InStream(filenames[i]).readAll()
    sketches[i] = Sketch(text, k, d)

stdio.write('     ')
for i in range(len(filenames)):
    stdio.writef('%8.4s', filenames[i])
stdio.writeln()

for i in range(len(filenames)):
    stdio.writef('%.4s', filenames[i])
    for j in range(len(filenames)):
        stdio.writef('%8.2f', sketches[i].similarTo(sketches[j]))
    stdio.writeln()
```

k	gram 的长度
d	维度
filenames[]	文档名称数组
sketches[]	所有文档摘要数组

```
% more documents.txt
constitution.txt
tomsawyer.txt
huckfinn.txt
prejudice.txt
picture.py
djia.csv
amazon.html
actg.txt
```

程序 3.3.5 中的 Sketch 客户端从标准输入中读取一系列文档，基于 k-gram 频率计算所有文档的摘要，输出所有文档对的相似度值一览表。程序从命令行接收参数 k 和维度 d。程序 3.3.5 的运行过程和结果如下：

```
% python comparedocuments.py 5 10000 < documents.txt
        cons    toms    huck    prej    pict    djia    amaz    actg
cons    1.00    0.69    0.63    0.67    0.06    0.15    0.19    0.12
toms    0.69    1.00    0.93    0.89    0.05    0.18    0.19    0.14
huck    0.63    0.93    1.00    0.83    0.03    0.16    0.16    0.13
prej    0.67    0.89    0.83    1.00    0.04    0.20    0.20    0.14
pict    0.06    0.05    0.03    0.04    1.00    0.01    0.13    0.01
djia    0.15    0.18    0.16    0.20    0.01    1.00    0.11    0.07
amaz    0.19    0.19    0.16    0.20    0.13    0.11    1.00    0.06
actg    0.12    0.14    0.13    0.14    0.01    0.07    0.06    1.00
```

上述解决方案仅仅是一种概述。计算机科学家尚在研究和发明用于高效计算文档摘要和比较文档的许多复杂算法。我们的目的是向读者介绍这个基本的问题领域，同时阐述在解决计算挑战时抽象的强大之处。向量是一种基本的数学抽象，我们可以通过开发抽象层（layers of abstraction）构建搜索解决方案：通过一个数组构建 Vector，通过 Vector 构建 Sketch，客户端代码则使用 Sketch。抽象层如图 3-3-10 所示。

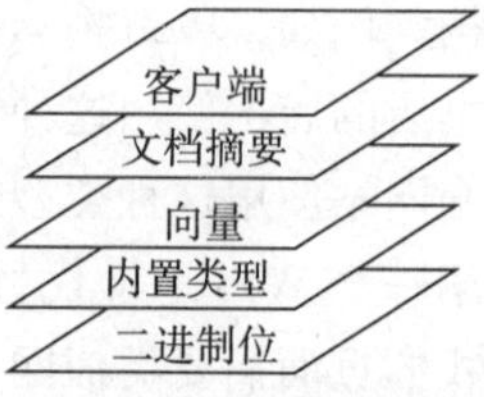

按惯例，我们省略了开发这些 API 的漫长尝试过程，但是可以发现这些数据类型被设计来解决问题的需求，即着眼于实现的需求。识别和实现合适的抽象是有效的面向对象程序设计的关键。抽象的强大之处（在数学、物理模型和计算机程序中）体现在这些例子中。随着读者熟练地掌握通过开发数据类型来解决计算挑战，将会越来

客户端
文档摘要
向量
内置类型
二进制位

图 3-3-10 抽象层

越欣赏这种强大的能力。

3.3.11 契约式设计

最后，我们简要讨论 Python 语言机制，允许用户在程序运行时检验某种假设。例如，如果存在一种表示粒子的数据类型，则可能断言其质量为正，且速度小于光速。或者，如果存在一个计算两个相同维度向量加法的方法，则可能断言结果向量的维度也保持一致。

1. 异常（Exception）

异常是程序运行时发生的破坏性事件，通常表示一种错误。相应采取的措施称为抛出异常（或错误）。我们在学习程序设计的过程中已经遇见过 Python 标准模块抛出的异常，IndexError 和 ZeroDivisionError 是典型的例子。用户也可以编写代码抛出自己的异常。最简单的异常类型是一个 Exception，中断程序的执行并输出一个错误信息：

```
raise Exception('Error message here.')
```

建议使用异常以帮助客户端识别错误。例如，在 Vector（程序 3.3.3）中，当用于相加的两个 Vector 的维度不一致时，在 __add__() 方法中应该抛出异常。通过在 __add__() 的开始部分插入如下语句，可抛出异常：

```
if len(self) != len(other):
    raise Exception('vectors have different dimensions')
```

当 self 和 other 的维度不一致时，如果没有上述代码，则抛出异常 IndexError。相对于 IndexError，上述代码产生的信息更加具体。

2. 断言（Assertion）

断言是在程序中某个位置确定应该为 True 的一个布尔表达式。如果表达式为 False，则程序会在运行时抛出异常 AssertionError。程序员使用断言来测试错误并确保程序的正确性。断言还有描述程序意图的作用。例如，在 Counter（程序 3.3.2）中，通过在 increment() 方法的最后增加如下代码，我们可以检查计数器永远不会为负：

```
assert self._count >= 0
```

上述语句将捕获负计数器值。读者还可以增加可选的详细信息来帮助识别错误，例如：

```
assert self._count >= 0, 'Negative count detected!'
```

默认时，断言被启用，但通过使用 python 命令行选项 –O（负号和大写字母 O）标志可以禁用断言（这里的 O 表示 optimize）。断言仅仅用于调试，正常运行时程序不能依赖于断言（因为断言可能被禁用）。

如果读者选修了系统编程的课程，则将学习使用断言在发生一个系统错误时确保代码永远不会停止运行或者进入死循环。一种称为契约式设计的模型表述了这种设计理念。数据类型的设计者规定一种前置条件（调用一个方法时必须满足的条件）、一种后置条件（从方法返回时实现要确保达到的条件）、不变量（运行过程中实现要确保满足的任何条件）、副作用（方法可能导致的其他状态改变）。在开发过程中，可以通过断言测试这些条件。许多程序员使用断言帮助调试。

贯穿本节讨论的语言机制阐述了有效的数据类型设计理念，可以帮助我们深入了解编程语言的设计。对于我们讨论的设计理念，专家们依旧在争论支持其中一些设计理念的最好方法。为什么 Python 没有强制限定"私有"实例变量的访问控制权限？为什么 Java 语言中的函数不是对象？为什么 Matlab 是将数组和矩阵的拷贝而不是将引用传递给函数？正如第 1 章所述，与其抱怨一种编程语言的功能特点，还不如成为一种编程语言的设计者。如果这不是你的计划，那么你最佳的策略是采用广泛使用的程序设计语言。大多数系统提供大量的库（合适的情况下你肯定会采用），但通过构建抽象，则常常可以简化客户端代码，确保代码的正确性，并可以方便地移植到其他程序设计语言。你的主要目标是开发数据类型，以便大多数工作适合在问题的抽象层面完成。

488

3.3.12 问题和解答

Q. 为什么下划线规范不是 Python 语言的一部分（强制的）？

A. 好问题。

Q. 为什么都采用下划线？

A. 这只是编程语言设计者个人偏好的一种例子，我们必须适应这种结果。幸运的是，用户编写的 Python 程序大多数都是客户端程序，不用直接调用特殊方法或者引用私有实例变量，所以编写程序时无须书写太多的前置下划线。只有相对少量的 Python 程序员实现自己的数据类型时（即现在的你）需要遵循下划线规约，然而即使这些程序员编写客户端的数量也比类实现的数量要多，因此从长远角度看，下划线可能不会太繁重。

Q. 在 complexpolar.py（程序 3.3.1）中，__mul__() 方法比较笨拙，因为其先创建一个 Complex 对象（表示为 0 + 0i），然后立即将实例变量转换为相应的极坐标。如果增加第二个带极坐标参数的构造函数，其设计是否更加完善？

A. 是的。但我们已经有一个带直角坐标的构造函数。一种更佳的设计方案是在 API 中包含两个常用的函数（不是方法）createRect(x, y) 和 createPolar(r, theta)，用于创建和返回新的对象。这种设计方案也许更好，因为它提供客户端切换到极坐标的能力。这个例子说明开发数据类型比其实现需要考虑的内容更多。当然，这种改变需要修改 API 的所有既存实现和客户端，所以在设计过程中这种想法的提出越早越好。

Q. 如何指定一个包含 0 或 1 个元素的元组？

A. 其语法为 () 和 (1,)。如果在第二个表达式中省略了逗号，则 Python 将其解释为包含在括号中的算术表达式。

Q. 如果需要将数据类型变成可比较类型，是否必须实现全部六种比较方法？

A. 是的。这是通过实现的额外代码换取客户端最大灵活性的规约的例子。通常可使用对称性减少实现代码的实际工作量。另外，Python 3 提供了若干捷径。例如，如果为一种数据类型定义了一个 __eq__() 方法，但没有定义 __ne__() 方法，则 Python 自动提供一种实现，调用 __eq__() 然后将结果取反。然而，Python 2 并没有提供这种捷径，所以最好不要依赖于系统的自动实现，而是自己编写相应的代码。

Q. 是否存在一种情况，并不希望六种比较方法实现一种全序关系？

A. 是的。也许需要实现一种偏序关系（partial order）并不是任何两个对象对均可比较。例如，可以根据族谱序比较人，如果他或她是另一个人的后代（儿子女儿、孙子孙女、曾孙曾孙女，以此类推），则这个人小于另一个人。并不是所有的人都存在这种关系。同样，也许需要通过计数比较两个 Counter 对象（用于排序），但希望仅当两个计数器的计数和名称都相同时，这两个 Counter 对象才相等。

Q. 内置 hash() 函数返回整数值的取值范围是多少？

A. 通常 Python 使用 64 位整数，所以其取值范围从 -2^{63} 到 $2^{63} - 1$。对于密码学应用程序，应该使用 Python 的 hashlib 模块，该模块支持"安全"哈希函数，支持更大的范围。

Q. 哪些 Python 运算符不能被重载？

A. 在 Python 语言中，不能被重载的运算符包括：

- 布尔运算符 and、or 和 not。
- 测试对象标识的运算符 is 和 is not。
- 仅可以应用于字符串的字符串格式化运算符 %。
- 赋值运算符 =。

489
～
490

3.3.13 习题

1. 请创建一个数据类型 Location，使用球面坐标（纬度 / 经度）处理地球上的位置。请在数据类型中包含用于生成地球表面随机位置的方法，解析一个位置 "25.344 N, 63.5532 W," 的方法，以及计算两个位置之间最大圆距离的方法。

2. 请创建一个数据类型，使用位置 (r_x, r_y, r_z)、质量 (m) 和速度 (v_x, v_y, v_z) 表示三维空间粒子。数据类型中包含一个返回其动能的方法，动能计算公式为：$1/2\ m\ (v_x^2 + v_y^2 + v_z^2)$。请使用 Vector 数据类型。

3. 如果读者熟悉物理学，请开发上一道习题中数据类型的另一个实现版本，使用动量 (p_x, p_y, p_z) 作为实例变量。

4. 请使用 Counter（程序 3.3.2）开发 Histogram（程序 3.2.3）的一种实现。

5. 请为 Vector 设计一个测试客户端。

6. 请为 Vector 编写一个 __sub__() 方法的实现，用于计算两个向量的减法运算。

7. 请实现一个数据类型 Vector2D，用于二维向量，其 API 与 Vector 基本相同，除了构造函数带两个浮点数参数。使用两个浮点数（而不是一个数组）作为实例变量。

8. 请实现上一道习题中的 Vector2D 数据类型，使用一个 Complex 对象作为唯一的实例变量。

9. 请证明两个二维单位向量的点积等于其夹角的余弦值。

10. 请实现一个数据类型 Vector3D，用于三维向量，其 API 与 Vector 基本相同，除了构造函数带三个浮点数参数。同时，请增加一个叉积方法。两个向量叉积的结果为另一个向量，其定义公式为：

$$a \times b = c\ |a|\ |b|\ \sin\theta$$

其中，c 是同时垂直于 a 和 b 的单位法线向量，θ 是 a 和 b 的夹角。在直角坐标系中，叉积的定义公式为：

$$(a_0, a_1, a_2) \times (b_0, b_1, b_2) = (a_1b_2 - a_2b_1, a_2b_0 - a_0b_2, a_0b_1 - a_1b_0)$$

叉积出现在力矩、角动量和矢量算子旋度的定义中。另外，$|a \times b|$ 是边为 a 和 b 的平行四边形的面积。

11. 为了使得 Vector 可以处理 Complex 对象（参见程序 3.2.6）或 Rational 对象（参见 3.2 节习题第 7 题），请问需要做哪些修改（如果需要的话）？

12. 请在 charge.py 中增加代码，使得 Charge 对象可以使用其电荷值进行比较以确定全序关系。

13. 请编写一个函数 fibonacci()，带一个整数型参数 n，并计算第 n 个斐波那契数。请使用元组的组包和解包功能。

14. 请修改程序 2.3.1 中的 gcd() 函数，使函数带两个非负整数参数 p 和 q，返回一个整数元组 (d, a, b)，其中 d 是 p 和 q 的最大公约数，系数 a 和 b 满足贝祖恒等式（Bézout's identity）：d = a*p + b*q。请使用元组的组包和解包功能。

    解答：这种算法称之为扩展欧几里得算法（extended Euclid's algorithm）：

    ```
    def gcd(p, q):
        if q == 0: return (p, 1, 0)
        (d, a, b) = gcd(q, p % q)
        return (d, b, a - (p // q) * b)
    ```

15. Python 将内置类型 bool 作为内置类型 int 的子类，请讨论这种设计的优点和缺点。

16. 请在 Counter 中增加代码，如果客户端试图使用一个负值的 maxCount 创建一个 Coutner 对象，则在运行时抛出错误 ValueError。

491 ~ 492

17. 请使用异常编写 Rational（参见 3.2 节习题第 7 题）的一种实现，如果分母为 0，则在运行时抛出错误 ValueException。

3.3.14 数据类型设计习题

这一组习题的目的是帮助读者获得更多开发数据类型的经验。对于每一个问题，设计一个或多个 API 及 API 实现，通过实现典型的测试客户端代码测试设计方案的正确性。其中一些习题要求特定领域的知识，或者通过 Web 查找相关领域的信息。

18. 统计（Statistic）。请开发一个数据类型，用于维护一组浮点数的统计信息。提供一个增加数据点的方法，以及分别返回数据点数量、平均值、标准差和方差的方法。开发两种实现：其中一种实现的实例变量包括数据点的数量、值的和、值的平方和，另一种实现的实例变量则存储包含所有数据点的数组。为了简单起见，构造函数可以指定一个最大数据点数量的参数。第一种实现的速度更快，消耗的内存更少，但更容易导致舍入错误。更好的替代方案，请参见本书官网。

19. 基因组（Genome）。请开发一个数据类型，用于存储一个有机体的基因组。生物学家常常将基因组抽象为碱基（A, C, G 或 T）的序列。数据类型应该支持方法 addCodon(c) 和 baseAt(i)，以及 isPotentialGene()（参见程序 3.1.1）。请开发以下三种实现：
   - 使用一个字符串作为唯一的实例变量，使用字符串拼接操作实现 addCodon()。
   - 使用一个字符数组作为唯一的实例变量，使用复合赋值运算符 += 实现 addCodon()。
   - 使用一个布尔数组，每个碱基使用二位二进制编码。

20. 时间（Time）。请开发一个用于时间的数据类型。请提供返回当前小时、分钟和秒的客户端方法，以及一个 __str__() 方法。开发两种实现：一种实现将时间存储为一个 int 值（自午夜开始的秒数），另一种实现将时间存储为三个 int 值，分别表示秒、分钟和小时。

21. 向量场（Vector field）。请开发一个数据类型，用于二维力向量。请提供一个构造函数，一个实现两个向量加法的方法，以及一个测试客户端。

22. 日期（Date）。请开发一个 API，用于日期（年、月、日）。请包含比较两个日期的方法，包括计算两个日期之间的天数差，确定给定日期的星期，以及其他你认为客户端可能需要的方法。设计好 API 后，请与 Python 的 datetime.date 数据类型进行比较。

23. 多项式（Polynomial）。请开发一个数据类型，用于整数系数单变量多项式，例如 $x^3 + 5x^2 + 3x + 7$。请包含多项式各种标准运算的方法，如加法、减法、乘法、多项式的次数、求值、排列、微分、定积分、比较是否相等。

24. 有理多项式（Rational polynomial）。重复上一道习题，当多项式系数为 int、float、complex 和 Fraction（参见 3.2 节习题的第 7 题）时，请确保多项式数据类型各项运算操作正确无误。

493
～
494

3.3.15 创新习题

25. 日历（Calendar）。请开发 Appointment 和 Calendar 的 API，用于记录一个日历年的预约信息（按天）。设计目标是客户端安排没有冲突的预约，并且为客户端报告当前的预约。请使用 Python 的 datetime 模块。

26. 向量场（Vector field）。向量场将向量与欧氏空间中的每个点关联。请编写 potential.py（程序 3.1.8）的另一个版本，从输入接收一个网格大小 n，基于 n×n 网格中等距离分布点的点电荷，计算电势向量值，并在每个点上绘制累计场方向的单位向量。

27. 基因组草图（Genome sketching）。请编写一个函数 hash()，函数带一个参数 k-gram（长度为 k 的字符串），其字符均为 A、C、G 或 T，并返回一个位于 0 到 4^k 之间的 int，相当于将字符串转换为四进制（基为 4）的数值，即将 {A, C, G, T} 分别转换为 {0, 1, 2, 3}，如图 3-3-9 所示。然后编写一个函数 unhash()，实现逆转换。使用方法创建一个类似 Sketch 的类 Genome，但是类 Genome 基于基因组中 k-gram 的准确计数。最后，编写用于 Genome 的一个 comparealldocuments.py 版本，用于查找一组基因组文件的相似度。

28. 文档概要（Sketching）。请从本书官网选择若干感兴趣的文档（或使用你自己收集的文档），通过不同命令行参数运行 comparealldocuments.py，体会其计算效果。

29. 多媒体搜索（Multimedia search）。请开发用于音频和图像的摘要策略，并使用它们发现自己计算机音频库中歌曲的相似度以及相册簿中图像的相似度。

30. 数据挖掘（Data Mining）。请编写一个用于 Web 冲浪的递归程序，从命令行参数指定的页面开始，查找与第二个命令行参数指定的页面类似的网页。为了处理名称，打开一个输入流，执行 readAll()，计算其文档摘要，如果它与目标文档的距离大于给定阈值（作为命令行的第三个参数），则输出其名称。然后扫描所有包含子字符串 "http://" 的页面并递归处理这些名称。注意：该程序可能会读取大量的网页数据！

495

3.4 案例研究：多体模拟

第 1 章和第 2 章讨论的几个例子可以更清晰地表述面向对象的程序设计。例如，我们可以将 bouncingball.py（程序 1.5.7）实现为一个值为球的位置和速度的数据类型，客户端则调用方法来移动和绘制球。这种数据类型为客户端提供更大能力，例如可以同时模拟几个小球的运动（参见本节习题第 1 题）。同样，2.4 节中渗透原理的案例研究，以及 1.6 节中随机冲浪者的案例研究，很显然都可以作为面向对象程序设计的有趣习题。渗透原理的面向对象程序设计作为一道习题（参见本节习题第 11 题），随机冲浪者的面向对象程序设计将在 4.5 节讨论。在本节，我们将讨论一个新的程序，演示面向对象程序设计的方法。

我们的任务是编写一个程序，动态模拟多个物体在相互引力吸引作用下的运动状况。这种多体模拟（N-Body Simulation）问题最初由艾萨克·牛顿在 350 年前提出，至今依旧被科学家广泛研究。

数据类型包含什么值的集合？有哪些作用于这些值的操作？这个问题成为面向对象程序设计引人注目的例子的一个原因是，它提出了在真实世界的物理对象与程序设计中使用的抽象对象之间直接且自然的对应关系。对于许多新手而言，解决问题的方法从编写执行的语句序列转换到设计数据类型。但随着经验的积累，应用这种方法解决计算问题会使读者从中受益。

首先，我们将复习高中物理中学习过的几个基本概念和公式。理解程序代码并不要求完全理解这些公式，由于采用了封装，这些公式仅仅局限于几个方法。由于采用了数据抽象，大多数代码非常直观，很容易理解。在某种意义上，这就是面向对象程序设计的最终目标。表 3-4-1 为本节所有程序的一览表，读者可以作为参考。

表 3-4-1　本节所有程序的一览表

程序名称	功能描述
程序 3.4.1（body.py）	引力体
程序 3.4.2（universe.py）	多体模拟

3.4.1　多体模拟

1.5 节中的弹跳小球基于牛顿第一运动定律：任何物体都保持匀速直线运动或静止状态，直到外力迫使它改变运动状态为止。通过牛顿第二运动定律改善该例子（这解释了外部力量如何影响运动速度），产生了让科学家着迷很长时间的一个基本问题。即给定 n 个物体的系统，这些物体通过万有引力相互作用，如何描述其运动轨迹。同一个基本模型适用于从天体物理学到分子动力学的各种问题。

1687 年，牛顿在他著名的著作《自然哲学的数学原理》中，阐述了在相互引力影响下控制两个物体运动的原理。然而，牛顿却无法构建三个物体运动规律的数学模型。研究已经表明，描述三个物体运动规律的基本方法根本就不存在，而且在不同的初始条件下，三个物体的运动行为还可能导致混乱。科学家们为了研究此类问题，除了开发精确的模拟外别无他法。在本节中，我们研发了一种面向对象的程序设计来实现这种模拟。科学家们热衷于研究数量众多的物体的运动规律，我们的解决方案仅仅是这个研究主题的入门介绍，但是结果可能会使你感到惊讶，因为我们可以开发出逼真的图像来描绘运动的复杂性。

1. Body 数据类型

在 bouncingball.py（程序 1.5.7）中，我们使用浮点数 rx 和 ry 存储离原点的距离，使用浮点数 vx 和 vy 存储速度，使用如下语句实现小球在一个时间单位内的位移总量：

```
rx = rx + vx
ry = ry + vy
```

利用程序 Vector（程序 3.3.3），我们可以使用向量 r 存储位置，使用向量 v 存储速度，使用一条语句计算小球在 dt 时间单位里的位移总量：

```
r = r + v.scale(dt)
```

使用 Vector 移动小球的示意图如图 3-4-1 所示。

在多体模拟中，我们将包含类似的操作，所以我们首要的设计决策是使用 Vector 对象代替单个数据。这种决策使得代码更加清晰、紧凑、灵活。

程序 3.4.1（body.py）实现了 Body 类，用于移动物体数据类型的 Python 类。Body 是一个 Vector 客户端，数据类型的值为两个 Vector 对象（存储物体的位置和速度）以及一个浮点数（存储质量）。数据类型的操作允许客户端移动和绘制物体（以及计算由其他物体引力产生的力向量），其 API 定义如表 3-4-2 所示。从技术上而言，物体的位置（从原点的位移）不是一个向量（是空间中的一个点，不是方向和大小），但是把它表示为一个 Vector 更加方便，因为向量的操作可以使移动物体的代码更加紧凑。当移动物体时，不仅需要改变物体的位置，还需要改变其速度。

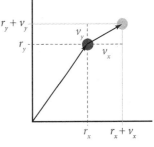

图 3-4-1 使用 Vector 移动小球

表 3-4-2 用户自定义的 Body 数据类型的 API

运算操作	功能描述
Body(r, v, mass)	新建一个物体，其质量为 mass，位于位置 r，并以速度 v 运行
b.move(f, dt)	通过给对象 b 施加外力 f 移动对象 dt 秒
b.forceFrom(a)	物体 a 施加在物体 b 上的外力向量
b.draw()	在标准绘图中绘制物体 b

2. 力和运动

牛顿第二运动定律表明，施加在一个物体（一个向量）上的力等于它的质量与加速度（也是一个向量）的标量积，即 $F = ma$。换言之，要计算物体的加速度，可以先计算力，然后用力除以物体的质量。在 Body 中，力是方法 move() 的一个 Vector 参数 f，所以我们可以先通过力除以物体的质量（存储在一个浮点数实例变量中的标量值）来计算加速度向量，然后通过速度加上其在时间间隔中向量的改变值来计算速度的变化（计算方法与使用速度来改变位置的方法一致）。相对于静止物体的物体移动示意图如图 3-4-2 所示。

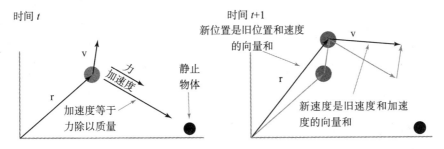

图 3-4-2 相对于静止物体的移动

基于牛顿第二定律，我们可以使用如下代码通过计算给定力向量 f 和时间间隔 dt 更新物体的位置和速度：

```
a = f.scale(1.0 / mass)
v = v + a.scale(dt)
r = r + v.scale(dt)
```

上述代码包含在 Body 的 move() 方法中，用于调整各值以反映该力在时间间隔中作用物体的结果：物体移动且速度改变。上述计算假设在整个时间间隔中加速度保持不变。

　　3. 物体之间的作用力

　　Body 中的 forceFrom() 封装了一个物体作用于另一个物体力的计算，forceFrom() 带一个 Body 对象作为参数，并返回一个向量。牛顿万有引力定律是计算的基础：两个物体之间引力的大小等于它们质量的乘积，除以它们之间距离的平方，再乘以万有引力常量 G（即 6.67×10^{-11} N m^2 / kg^2），引力的方向为两个物体之间的连线。基于万有引力定律，计算 a.forceFrom(b) 的代码如下所示：

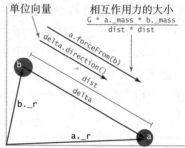

```
G = 6.67e-11
delta = b._r - a._r
dist = abs(delta)
magnitude = G * a.mass * b.mass / (dist * dist)
f = delta.direction().scale(magnitude)
```

物体之间的作用力如图 3-4-3 所示。

497
~
499

　　力向量的大小是一个浮点数，力向量的方向与两个物体位置向量差的方向相同。力向量 f 是力的大小和方向的乘积。

图 3-4-3　物体之间的作用力

程序 3.4.1　引力体（body.py）

```
import stddraw
from vector import Vector

class Body:
    def __init__(self, r, v, mass):
        self._r = r
        self._v = v
        self._mass = mass

    def move(self, f, dt):
        a = f.scale(1.0 / self._mass)
        self._v = self._v + a.scale(dt)
        self._r = self._r + self._v.scale(dt)

    def forceFrom(self, other):
        G = 6.67e-11
        delta = other._r - self._r
        dist = abs(delta)
        m1 = self._mass
        m2 = other._mass
        magnitude = G * m1 * m2 / (dist * dist)
        return delta.direction().scale(magnitude)

    def draw(self):
        stddraw.setPenRadius(0.0125)
        stddraw.point(self._r[0], self._r[1])
```

实例变量	
_r	位置
_v	速度
_mass	质量

f	施加在物体上的作用力
dt	时间增量
a	加速度

self	调用的物体
other	另一个物体
G	万有引力常量
delta	物体间的向量
dist	物体间的距离
magnitude	引力的大小

　　Body 数据类型提供了用于模拟物理实体（例如星球或原子粒子）运动所需的操作。Body 是可变对象，其实例变量为物体的位置和速度。通过 move() 方法响应外部力的作用而改变物体的位置和速度，物体的质量则保持不变。forceFrom() 方法返回一个力向量。单元测试留给本节习题第 2 题。

500

　　4. Universe 数据类型

　　Universe（程序 3.4.2）是一种数据类型，其实现的 API 如表 3-4-3 所示。

表 3-4-3   用户自定义 Universe 数据类型的 API

运算操作	功能描述
Universe(file)	新建一个 universe 对象，其数据来源于指定文件 file 中的内容
u.increaseTime(dt)	通过模拟天体 dt 秒来更新 u
u.draw()	将天体 u 绘制到标准输出

Universe 的数据类型值定义了一个宇宙（其大小、天体的数量，以及一个天体数组），两个数据类型操作：increaseTime() 用于调整所有天体的位置（以及速度）；draw() 绘制所有天体。多体模拟的核心是实现 Universe 中的 increaseTime()。计算的第一部分是计算力向量的双重循环结构，力向量描述了每个天体作用于另一个天体的引力。程序应用了叠加原理：通过叠加作用在一个天体的所有力向量，使用结果向量表示所有力的综合效果。完成所有力的计算之后，程序调用每个天体 Body 对象的 move() 方法，每个天体在固定时间间隔内应用计算的力。

5. 文件格式

我们采用数据驱动的设计方法，从一个文件接收输入数据。构造函数从一个文件中读取宇宙参数和天体描述，该文件包含如下信息：

- 天体的数量。
- 宇宙的半径。
- 每个天体的位置、速度和质量。

天体数据文件示例如图 3-4-4 所示。

按惯例，为了保证一致性，所有的测量单位均使用国际标准（SI）单位（请回顾我们代码中使用的万有引力常量 G）。基于我们所定义的文件格式，Universe 的构造函数十分简单明了：

```
% more 2body.txt
2
5.0e10
0.0e00   4.5e10   1.0e04 0.0e00 1.5e30
0.0e00  -4.5e10  -1.0e04 0.0e00 1.5e30

% more 3body.txt
3
1.25e11
0.0e00    0.0e00 0.05e04 0.0e00 5.97e24
0.0e00    4.5e10 3.0e04 0.0e00 1.989e30
0.0e00  -4.5e10 -3.0e04 0.0e00 1.989e30

% more 4body.txt
4  ← n                       速度       质量
5.0e10  ← 半径                  |          |
-3.5e10 0.0e00 0.0e00 ↓1.4e03 3.0e28
-1.0e10 0.0e00 0.0e00 1.4e04 3.0e28
 1.0e10 0.0e00 0.0e00 -1.4e04 3.0e28
 3.5e10 0.0e00 0.0e00 -1.4e03 3.0e28
   位置
```

图 3-4-4   天体数据文件示例

|501|

```python
def __init__(self, filename):
    instream = InStream(filename)
    n = instream.readInt()
    radius = instream.readFloat()

    stddraw.setXscale(-radius, +radius)
    stddraw.setYscale(-radius, +radius)

    self._bodies = stdarray.create1D(n)
    for i in range(n):
        rx   = instream.readFloat()
        ry   = instream.readFloat()
        vx   = instream.readFloat()
        vy   = instream.readFloat()
        mass = instream.readFloat()
        r = Vector([rx, ry])
        v = Vector([vx, vy])
        self._bodies[i] = Body(r, v, mass)
```

每个天体使用 5 个浮点数进行描述：天体位置的 x 坐标和 y 坐标、天体初速度的 x 分量和 y

分量、天体的质量。

程序 3.4.2　多体模拟（universe.py）

```python
import sys
import stdarray
import stddraw
from body import Body
from instream import InStream
from vector import Vector

class Universe:

    def __init__(self, filename):
        // See text.

    def increaseTime(self, dt):
        n = len(self._bodies)
        f = stdarray.create1D(n, Vector([0, 0]))
        for i in range(n):
            for j in range(n):
                if i != j:
                    bodyi = self._bodies[i]
                    bodyj = self._bodies[j]
                    f[i] = f[i] + bodyi.forceFrom(bodyj)
        for i in range(n):
            self._bodies[i].move(f[i], dt)

    def draw(self):
        for body in self._bodies:
            body.draw()

def main():
    universe = Universe(sys.argv[1])
    dt = float(sys.argv[2])
    while True:
        universe.increaseTime(dt)
        stddraw.clear()
        universe.draw()
        stddraw.show(10)

if __name__ == '__main__': main()
```

实例变量	
_bodies	天体的数组
n	天体的数量
f[]	各天体的作用力

程序 3.4.2 是一个数据驱动的程序，用于模拟通过命令行参数指定的文件中数据定义的宇宙中天体的运动，以 dt 递增时间间隔，dt 通过命令行参数指定。构造函数的代码请参见正文。程序 3.4.2 的运行过程和结果如下：

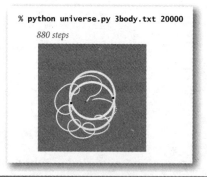

```
% python universe.py 3body.txt 20000
```
880 steps

作为总结，我们在 Universe 的测试客户端 main() 中实现了一个数据驱动程序，模拟 n 个天体在相互引力作用下的运动轨迹。构造函数创建了一个包含 n 个 Body 对象的数组，从命令行参数指定的文件中读取每个天体的初始位置、初始速度和质量。increaseTime() 计算各天体之间的相互作用力，并基于此更新各天体经过时间间隔 dt 后的加速度、速度和位置。main() 测试客户端调用构造函数，然后循环调用 increaseTime() 和 draw() 来模拟天体运动。

502 ~ 503

我们可以在本书官网中找到许多定义各种各样"宇宙"的文件，我们积极鼓励读者通过运行 universe.py 观察它们的运动轨迹。当观察少量天体的运动轨迹后，你就会明白为什么牛顿在推导天体运动的轨道公式时会遇到困难。图 3-4-5 描述了基于前面给出的数据文件（2 体、3 体和 4 体宇宙例子）运行 universe.py 的结果。

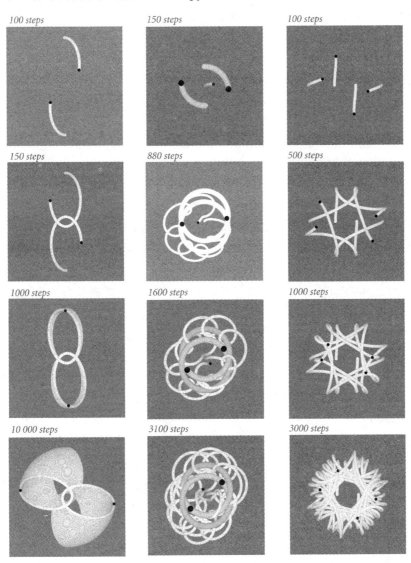

图 3-4-5　模拟 2 体、3 体和 4 体宇宙

2 体宇宙是一对相互环绕的轨道对。3 体宇宙是一颗卫星在两颗行星轨道上跳跃的混乱情况。4 体宇宙则是两对缓慢旋转的相互环绕天体对。3 体宇宙采用了一个略经修改的 Body 版本，天体的半径与其质量成正比。图 3-4-5 中的静态图像采用了 bouncingball.py（程序 1.5.7）中类似的方法，即修改 Universe 和 Body，在灰色的背景上交替使用白色和黑色绘制天体。与

之对比，运行 universe.py 时产生的动态图像可以显示天体彼此环绕的真实场景，而通过固定图像无法辨识到这一点。如果基于大数量的天体例子运行 universe.py，你就会领悟到为什么模拟是科学家理解复杂问题的一种重要工具。多体模拟模型是非常灵活的，通过尝试不同的输入文件，你会充分体会到这一点。

你可能对设计自己的宇宙感兴趣（参见本节习题第 10 题）。创建一个数据文件的最大挑战是适当地缩放数值，以利用宇宙的半径、时间尺度、天体的质量和速度来产生有趣的行为。输入文件的缩放数值示例（一个为行星缩放数据，另一个为亚原子粒子缩放数据）如图 3-4-6 所示。

你可以研究行星围绕恒星旋转的轨迹，也可以研究亚原子粒子间的相互作用，但是可能无法研究行星和亚原子粒子间的相互作用。当使用自己创建的数据时，很可能会出现有些天体飞向无限远处，而有些会被吸引进入其他天体的情况。好好欣赏一下吧！

```
行星缩放
  % more 2body.txt
  2
  5.0e10
  0.0e00   4.5e10   1.0e04 0.0e00 1.5e30
  0.0e00  -4.5e10  -1.0e04 0.0e00 1.5e30

亚原子粒子缩放
  % more 2bodyTiny.txt
  2
  5.0e-10
  0.0e00   4.5e-10   1.0e-16 0.0e00 1.5e-30
  0.0e00  -4.5e-10  -1.0e-16 0.0e00 1.5e-30
```

图 3-4-6　输入文件缩放数值示例

我们提供这个案例的目的是为了阐述数据类型的使用方法，而不是提供实际多体运动模拟的代码。当使用此方法研究自然现象时，科学家必须处理许多难题。其中一个难题是**数值精度**：在模拟过程中，常常会因为累积计算误差导致自然界不会发生的严重后果。我们采用的更新位置和速度的技术称为"跳跃式"的方法，其产生的结果比其他许多方法都要更精确。第二个难题是**效率**：Universe 中 move() 方法执行的时间正比于 n^2，所以无法模拟大量的天体。我们的模拟忽略了其他的力。例如，当两个（或多个）物体碰撞时，我们的代码没有采取任何特殊的动作。要解决与多体相关的科学问题，不仅需要涉及原始问题领域的知识，还需要涉及一些计算机科学家早期就开始研究的核心计算问题。

为了简单起见，我们考虑的是**二维宇宙**，只有天体在一个平面上运动时，二维宇宙才有现实意义。但是，基于 Vector 实现的 Body 意味着，无须修改太多代码，一个客户端就可以使用三维向量去模拟球体在三维空间（事实上可以是任意维度）中的运动轨迹，具体请参见本节习题第 9 题。

Universe 中的测试客户端只是一种可能性，我们可以在其他各种情况下使用同样的基本模型（例如，在天体间包含不同类型的相互作用力）。一种可能性是观察和测量一些既存天体的当前运动，然后逆向运行模拟！天体物理学家使用这种方法试图理解宇宙的起源。在科学研究中，我们试图理解事物的过去和预测事物的未来。通过一个良好的模拟，我们可以同时实现这两个目的。

3.4.2　问题和解答

Q. Universe 的 API 的规模比较小。为什么不在 Body 的测试客户端 main() 中实现这些代码？

A. 我们的设计理念是人们对宇宙认知的一种表述：宇宙被创建，并随时间而运动。这种设计方法可以使代码更加清晰，提供最大的灵活性来模拟宇宙是如何运行的。

Q. 为什么 forceFrom() 是一个方法？如果它被实现为带两个 Body 对象参数的函数，是否更加恰当?

A. 把 forceFrom() 实现为一个方法只是几种可能的选择方案之一,把它实现为带两个 Body 对象参数的函数肯定是一个合理选择。有些程序员倾向于在数据类型实现中避免使用函数。另一种选择是把作用于每个 Body 的力存储为一个实例变量。我们选择的方案是二者的折中。

Q. 为什么 body.py 中的 move() 方法使用旧的速度而不是更新后的速度计算位置?

A. 结果表明,使用更新后的速度(称为"跳跃式方法")比使用旧速度(称为"欧拉方法")产生的结果更精确。如果读者选修了数值分析课程,将理解其中的原理。

507

3.4.3　习题

1. 请开发 bouncingball.py(程序 1.5.7)的一个面向对象的版本。程序包含一个构造函数,用于初始化每个小球的运动(随机方向和随机速度,在合理的范围内);一个测试客户端,从命令行接收一个整数参数 n,模拟 n 个弹跳小球。

2. 请在 body.py(程序 3.4.1)中增加一个 main() 方法,用于 Body 数据类型的单元测试。

3. 请修改程序 body.py,实现绘制的圆(对应于天体)半径正比于其质量。

4. 请问,如果在一个没有万有引力的宇宙,会发生什么情况?这种情况对应于 Body 中的 forceFrom() 永远返回 0 向量。

5. 请创建一个数据类型 Universe3D,建模一个三维宇宙。开发一个数据文件用于模拟我们的太阳系中行星围绕太阳旋转的运动轨迹。

6. 请编写一个客户端程序,模拟两个不同宇宙的运动轨迹(定义在两个不同的数据文件中,且分别显示在标准绘图窗口中两个不同的部分)。Body 中的 draw() 方法也需要修改。

7. 请编写一个 RandomBody 类,使用随机值(仔细挑选的)代替参数初始化其实例变量。然后编写一个客户端程序,从命令行接收一个整数参数 n,模拟一个包含 n 个天体的随机宇宙的运动轨迹。

8. 请修改 Vector,包含一个方法 __iadd__(self, other),支持复合加法赋值运算符 +=,以允许客户端编写诸如 r += v.scale(dt) 的代码。使用这个方法,重新改写程序 body.py 和 universe.py。

9. 请修改 Vector 的构造函数,如果传递的参数 d 为正整数,则创建并返回一个全零的 d 维度向量。使用这个修改后的构造函数,重新改写 universe.py,以适用于处理三维(或更高维)宇宙空间。为了简单起见,无须考虑修改 body.py 中的 draw() 方法,它把位置投影到由第一个 x 坐标和 y 坐标定义的平面。

3.4.4　创新习题

10. 新宇宙(New universe)。请设计一个具有有趣特征的新宇宙,并使用 Universe 模拟其运动轨迹。本习题具有一定的创新挑战性。

11. 渗透原理(Percolation)。请编写 percolation.py(程序 2.4.6)的一个面向对象版本。程序编写之前请仔细考虑设计方案,并证明你设计方案的正确性。

508
∼
509

算法和数据结构

本章讨论基本数据类型，它们是各种各样应用程序的基本构件。我们将讨论其完整实现过程（虽然有些是 Python 的内置数据类型），以便读者充分了解它们的原理并理解其重要性。

对象可以包含指向其他对象的引用，所以我们构建了链接结构（linked structure），该数据结构可以任意复杂。基于链接结构和数组，我们可以构建数据结构来组织信息，以便使用相关的算法高效处理数据。在一个数据类型中，我们使用一系列值来构建数据结构，使用方法操作这些值来实现算法。

本章讨论的算法和数据结构介绍了过去几十年来形成的知识体系，它们构成在各种各样的应用中有效使用计算机的基础。从物理学上的多体模拟问题到生物信息学中的遗传序列问题，从数据库系统到搜索引擎，这些方法都是商业计算的基础。随着计算应用程序范围的不断扩大，这些基本方法的影响力也在不断增长。

算法和数据结构本身是科学探究的有效对象。因此，我们首先讨论分析算法性能的科学方法，贯穿本章，我们使用这种方法来研究我们实现的算法性能特征。表 4-1-1 为本节所有程序的一览表，读者可以作为参考。

表 4-1-1　本节中所有程序的一览表

程序名称	功能描述
程序 4.1.1（threesum.py）	三数和问题
程序 4.1.2（doublingtest.py）	验证倍增假说

4.1　性能

在本节中，我们将反复强调一个编写程序时必须遵守的原则，该原则可以简洁地表述为一个设计理念：**关注成本**。如果你是一位工程师，那么节省成本就是你的工作。如果你是一位生物学家或物理学家，那么成本将决定你能解决的科学问题。如果你从事商务工作或是一位经济学家，那么成本是显而易见的问题。如果你是一位软件开发人员，那么成本将决定你构建的软件是否对客户有用。

为了研究软件的运行成本，我们通过科学方法（科学家普遍接受和使用，以发现自然世界知识的技术）来研究程序。我们还将使用数学分析来推导出有关成本的简洁模型。

我们研究的自然界的特征有哪些？在大多数情况下，我们对其中一个基本特点感兴趣：时间。每次运行一个程序，我们都执行了一次涉及自然界的实验：一个复杂的电子电路系统通过一系列的状态改变，其中涉及大量的离散事件，并确信最终会稳定到一种状态，以表示我们期望的结果。虽然开发是在 Python 程序设计的抽象世界中进行，但这些事件肯定会在自然界发生。从开始到我们能够看见结果一共会经过多少时间？对于我们而言，时间的长度（毫秒、秒、天、星期）十分关键。因此，我们需要通过科学方法掌握如何合理控制状况，就像发射火箭、建造大桥或粉碎原子一样。

一方面，现代程序和编程环境十分复杂，另一方面，它们基于一个简单（但功能强大）的抽象集开发。每次运行程序都可以产生相同的结果，不能不说这是一个小小的奇迹。为了估算程序运行时间，我们利用了构建程序的简单支撑架构。读者也许想不到编写成本开销估计和性能特性预测的程序的简单程度。

我们采用的科学方法可以概述为如下五个步骤：

- **观察**自然界的某些特征
- **假设**一个与观测结果相一致的模型
- **预测**使用该假说的事件
- 通过进一步的观察来**验证**预测
- 通过反复验证，直到**确认**假说和观察结果一致

科学方法的一个关键原则是，我们设计的实验必须是可重复的，因此，其他人可以证明假说的有效性。此外，我们制定的假说必须可以被**证伪**，即我们可以确定一个假说是错误的（因此需要修正）。

4.1.1 观察

我们面临的第一个挑战是对程序运行时间的定量测量。虽然精确测量程序的运行时间比较困难，但通常估计值就可以满足要求。有很多工具可以帮助我们获得这种估计值。其中最简单的方法是使用一块物理秒表或者使用 Stopwatch 数据类型（具体请参见程序 3.2.2）。我们可以通过不同的输入来运行一个程序，从而测量程序处理不同输入所需的时间。

大多数程序面临的第一个定性观察是如何刻画计算任务难度的**问题规模**。通常，问题规模是输入的大小或命令行参数值。直观上，运行时间应该随着问题规模的增加而增加，但问题是针对开发和运行的不同程序，每次增加的程度是多少？

许多程序面临的另一个定性观察是程序运行时间与输入本身关系不大，而主要取决于问题规模的大小。如果不存在这个关系，则需要进行更多的实验以更好地理解（也许更好地控制）输入对运行时间的影响。由于这种关系常常存在，因此我们现在关注的目标是更好地量化问题规模和运行时间的对应关系。

作为一个实际例子，我们从研究 threesum.py（程序 4.1.1）开始，该程序用于计算 n 个元素的数组中总和为 0 的三个数的数目。

threesum.py 程序的运行时间观测结果如图 4-1-1 所示。这个计算似乎是故意设计的程序，但实际上它与许多基本的计算任务密切相关，特别是计算几何学中的一些计算任务，因而该问题值得仔细研究。在 threesum.py 的问题规模 n 和运行时间之间，究竟存在着什么关系呢？

4.1.2 假说

在计算机科学的早期，唐纳德·克努特（Donald Knuth）证明了如下观点：尽管在理解程序的运行时间上存在各种复杂的因素，但是从原则上而言，可以建

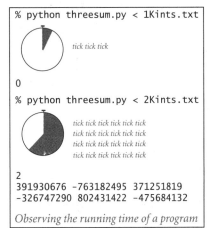

```
% python threesum.py < 1Kints.txt
```
tick tick tick

0

```
% python threesum.py < 2Kints.txt
```
tick tick tick tick tick tick
tick tick tick tick tick
tick tick tick tick tick tick
tick tick tick tick tick tick

2
391930676 -763182495 371251819
-326747290 802431422 -475684132

Observing the running time of a program

图 4-1-1　观察一个程序的运行时间

立准确的模型帮助我们精确地预测一个特定程序的运行时间。对这类问题的正确分析包含如下内容：

- 透彻理解程序
- 透彻理解系统和计算机
- 数学分析的高级工具

因此，这种工作最好留给专家们。然而，每一个程序员都需要知道如何做出粗略的性能估计。幸运的是，通过组合使用经验观察和一小部分数学工具集合，我们常常可以获取这些知识。

程序 4.1.1　三数和问题（threesum.py）

```
import stdarray
import stdio

def writeTriples(a):
    # See Exercise 4.1.1.

def countTriples(a):
    n = len(a)
    count = 0
    for i in range(n):
        for j in range(i+1, n):
            for k in range(j+1, n):
                if (a[i] + a[j] + a[k]) == 0:
                    count += 1
    return count

def main():
    a = stdarray.readInt1D()
    count = countTriples(a)
    stdio.writeln(count)
    if count < 10:
        writeTriples(a)

if __name__ == '__main__': main()
```

a[]	整数数组
n	数组 a[] 的长度
count	三个数和为 0 的个数

程序 4.1.1 从标准输入读取一个整数数组，向标准输出写入数组中三个数和为 0 的个数。如果个数较小（<10），则同时输出满足条件的三个数。文件 1000ints.txt 中包含 1000 个随机 32 位整数（取值范围从 -2^{31} 到 $2^{31}-1$）。这个文件中不太可能包括这种类型（三个数和为 0）的三个元组（triple）（具体参见本节习题第 27 题）。程序 4.1.1 的运行过程和结果如下：

```
% more 8ints.txt
8
  30
 -30
 -20
 -10
  40
   0
  10
   5
```

```
% python threesum.py < 8ints.txt
4
  30  -30    0
  30  -20  -10
 -30  -10   40
 -10    0   10

% python threesum.py < 1000ints.txt
0
```

1. 倍增假说（Doubling hypothesis）

对于许多程序，我们可以基于如下问题建立一个假说：**如果输入的大小加倍，对程序的运行时间有什么影响**？为了简洁起见，我们称这种假说为倍增假说。也许关注成本最简单的方法就是在程序开发过程和实际应用中问自己这个问题。接下来，我们将讨论如何通过科学方法解答这个问题。

2. 实证分析（Empirical analysis）

很显然，我们可以从形成一个倍增假说开始。例如，doublingtest.py（程序 4.1.2）为 threesum.py 产生一系列随机输入数组，每一步数组长度加倍，然后输出 threesum.countTriples() 的运行时间相对于上一次运行时间（前一次输入的大小是后一次输入大小的一半）的比值。如果运行这个程序，你将发现自己陷入了一种"预测 – 验证"循环：开始几行输出的速度很快，但随后开始放慢速度。每次输出一行内容，你将发现自己总会思考这个问题：输出下一行内容需要多少时间呢？在程序运行时请使用秒表，很容易预测每一行的间隔时间按 8 的倍数增加。这种预测被程序输出的 Stopwatch 测量值验证，因而可以立刻推导出一种假设：当输入的大小倍增时，运行时间按 8 的倍数增加。我们也可以绘制运行时间图，基于标准绘图（如图 4-1-2 所示）显示运行时间随着输入大小的增加而增加的比例。也可以基于对数图来绘制。针对 threesum.py 程序，其对数图（如图 4-1-3 所示）是斜率为 3 的直线，该直线充分表明了运行时间符合形如 cn^3 的乘幂定律的假设（具体请参见本节习题第 29 题）。

513 ∼ 515

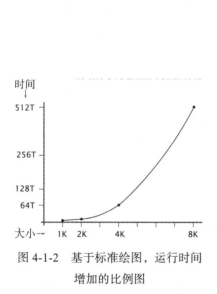

图 4-1-2　基于标准绘图，运行时间
增加的比例图

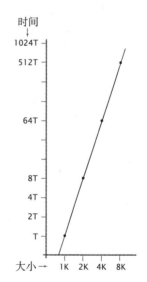

图 4-1-3　基于对数图，运行时间
增加的比例图

3. 数学分析

唐纳德·克努特提出的通过构建数学模型来描述程序运行时间的见解十分简单，即程序运行的总时间取决于以下两个主要因素：

- 每条语句的执行时间成本
- 每条语句的执行频率

第一个因素是系统属性，第二个因素是算法属性。如果我们了解程序中关于这两个因素的所有指令，则通过计算每条语句两个因素的乘积并加上程序中所有指令的执行时间，就能获得程序的运行时间成本。

程序 4.1.2　验证倍增假说（doublingtest.py）

```
import sys
import stdarray
import stdio
import stdrandom
import threesum
from stopwatch import Stopwatch

# Time to solve a random three-sum instance of size n.
def timeTrial(n):
    a = stdarray.create1D(n, 0)
    for i in range(n):
        a[i] = stdrandom.uniformInt(-1000000, 1000000)
    watch = Stopwatch()
    count = threesum.countTriples(a)
    return watch.elapsedTime()

n = int(sys.argv[1])
while True:
    previous = timeTrial(n // 2)
    current  = timeTrial(n)
    ratio = current / previous
    stdio.writef('%7d %4.2f\n', n, ratio)
    n *= 2
```

n	问题规模大小
a[]	随机整数
watch	秒表

n	问题规模大小
previous	n // 2 的运行时间
current	n 的运行时间
ratio	运行时间比例

　　程序 4.1.2 向标准输出写入三数和问题的倍增比例列表。列表数据显示了倍增问题规模大小对函数调用 threesum.countTriples() 的运行时间的影响，列表每一行中的问题规模大小都倍增。这些实验可以推导出一个假说，即当运行规模大小倍增时，运行时间按 8 的倍数递增。运行程序时，请仔细观察每行内容输出的时间间隔按 8 的倍数递增，从而验证该假设。程序 4.1.2 的运行过程和结果如下：

```
% python doublingtest.py 256
    256 7.52
    512 8.09
   1024 8.07
   2048 7.97
    ...
```

　　其中最大的挑战是确定语句的执行频率。有些语句比较容易分析。例如，threesum. countTriples() 中初始化 count 为 0 的语句仅被执行一次。其他语句则需要高级推理。例如，threesum.countTriples() 中的 if 语句被执行了 $n(n-1)(n-2)/6$ 次（这正是从输入数组中挑选不同数的方法的数量，具体请参见本节习题第 5 题）。程序语句执行频率剖析图如图 4-1-4 所示。

516
~
517　　这种类型的频率分析可能导致复杂和冗长的数学表达式。为了显著地简化数学分析中的问题，我们建立了两种简单的近似表达式。首先，我们使用称为波浪线表示法（tilde notation）的数学方法来处理数学表达式的首项（leading term）。我们使用记号 ~$f(n)$ 表示当 n 增大时，该量除以 $f(n)$ 的结果趋近于 1 的任意量。同样我们使用记号 $g(n) \sim f(n)$ 表示当 n

增加时，$g(n)/f(n)$ 趋向于 1。使用这种记述法，我们可以忽略一个表达式中代表较小值的复杂部分。例如，threesum.py 中 if 语句执行的次数为 $\sim n^3/6$，因为 $n\,(n{-}1)\,(n{-}2)\,/\,6 = n^3/6 - n^2/2 + n/3$，如果除以 $n^3/6$，则当 n 增大时，结果趋向于 1。这种记述法适用于首项之后的项相对不重要的情况（例如，当 $n = 1000$ 时，这个假设是指与 $n^3/6 \approx 166\,666\,667$ 相比，$-n^2/2 + n/3 \approx -499\,667$ 相对而言不重要，而结果正是如此）。其次，我们关注执行频率最高的指令，有时候是指程序最里层的循环。在这个程序中，我们可以合理地假设内循环外的指令消耗的时间相对较少。首项近似如图 4-1-5 所示。

图 4-1-4　程序语句执行频率剖析图

分析一个程序运行时间的关键之处在于：对于绝大多数程序，运行时间满足如下关系式：

$$T(n) \sim c\,f(n)$$

其中 c 是一个常量，$f(n)$ 是一个函数，称为运行时间的增长量级。对于典型的程序，$f(n)$ 是类似于 $\log n$、n、$n\log n$、n^2 或 n^3 的函数，我们接下来将接触到这些函数（习惯上，我们表述增长量级函数时省略其常量系数）。当 $f(n)$ 是 n 的乘幂时（大多数情况），则该假设等效于运行时间满足乘幂定律。以 threesum.py 为例，该假设已经被我们的经验观察验证：程序 threesum.py 运行时间的增长量级为 n^3。常量 c 的值取决于执行语句的时间成

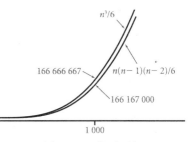

图 4-1-5　首项近似

本和频率分析的细节，但一般我们不需要考虑这个常量值，稍后将说明理由。

增长量级是一个关于运行时间的简单但强大的模型。例如，根据增长量级能够自然而然地引出倍增假说。以 threesum.py 为例，已知增长量级为 n^3，表明当问题规模倍增时，运行时间将按 8 的倍数递增，这是因为：

$$T(2n)\,/\,T(n) \to c\,(2n)^3\,/\,(cn^3) = 8$$

计算结果与经验分析的结果值一致，因此，同时验证了模型和实验结果。**请仔细研究这个例**

子，因为可以使用同样的方法更好地理解你所编写的任何一个程序的性能。

唐纳德·克努特证明了可以为任何一个程序的运行时间建立一个准确的模型，并且许多专家花费了巨大精力开发这类模型。但是理解一个程序的性能并不需要这种详细的模型：在运行时间估计中，忽略内层循环外指令的运行时间成本不会导致任何问题（因为其运行成本相对于内层循环而言可以忽略不计），且不必知晓常量 c 的值（因为使用倍增假说进行预测时，常量 c 的作用会抵消）。

程序运行时间分析示例如表 4-1-2 所示。

表 4-1-2　程序运行时间分析示例

指令杂数	每条指令的执行时间（以秒为单位）	指令执行频率	总的时间
6	2×10^{-9}	$n^3/6 - n^2/2 + n/3$	$(2n^3 - 6n^2 + 4n) \times 10^{-9}$
4	3×10^{-9}	$n^2/2 - n/2$	$(6n^2 - 6n) \times 10^{-9}$
4	3×10^{-9}	n	$(12n) \times 10^{-9}$
10	1×10^{-9}	1	10×10^{-9}

518
~
519
根据表 4-1-2 可得，程序运行时间总计为 $(2n^3 + 10n + 10) \times 10^{-9}$，波浪线表示为 $\sim 2n^3 \times 10^{-9}$，增长量级为 n^3。

这些近似十分重要，因为它们把 Python 程序的抽象世界和计算机运行的真实世界联系起来。这些近似使得所使用特定机器的特性在模型中不会扮演重要的角色——也就是说，分析把算法从系统中分离开。threesum.py 程序运行时间的增长量级为 n^3，并且不依赖于是否使用 Python 实现，也不依赖于是在笔记本、手机，还是在超级计算机上运行。本质上主要依赖于程序检测的所有三次方项。计算机和系统的属性均归纳为关于程序语句和机器指令的各种假设，我们观测到的实际运行时间作为倍增假说的基础。我们使用该算法来确定增长量级。这种分离的思想是一种强大的概念，因为它允许我们形成关于算法性能的知识，然后把这些知识应用到任何计算机。事实上，大多数经典算法性能的研究在几十年前已经完成，但这些知识仍与当今的计算机息息相关。

上述的经验分析和数学分析构成了一个模型（接下来将详细阐述），可以通过列举所有涉及的假设实现形式化（例如，每条指令每次执行时消耗同样的时间，运行时间具有指定形态等）。大多数程序并不值得详细建模，但读者应该了解自己编写的每个程序的期望运行时间。同时特别注意程序的开销。形式化倍增假说——通过实证分析、数学分析，或者两种方法相结合——是一个良好的开端。关于性能的信息非常重要，读者将很快发现每次运行一个程序时自己会形式化并验证假说。事实上，当你等待程序运行结束时，进行这项工作是对时间的充分利用。

4.1.3　增长量级分类

我们仅仅使用了若干条结构化原语（语句、选择结构、循环结构和函数调用）就可以构建 Python 程序，因而，程序的增长量级常常是程序规模的几个函数之一，这些函数总结如表 4-1-3 所示。这些函数自然而然地引出倍增假说，我们可以通过运行程序来验证。事实
520
上，你已经运行了展现这些增长量级的程序，接下来我们将做如下的简单陈述。

1. 常量型（Constant）

运行时间的增长量级为常量的程序通过执行数量固定的语句来完成任务。因而其运行时

间不依赖于问题规模的大小。第 1 章中的前几个程序（例如，helloworld.py（程序 1.1.1）和 leapyear.py（程序 1.2.5））就属于这一类：它们一次仅执行几条语句。

所有基于标准数值类型的 Python 操作消耗的时间为一个常量。也就是说，将操作应用于一个大数值，其消耗的时间不比应用于一个小数值多。（一个例外是操作涉及巨大位数的整数时，其消耗的时间大于一个常量。详细信息请参见本节课后的"问题和解答"。）Python 的 math 模块中函数消耗的时间同样是常量。请注意，我们不指定常量的大小。例如，math.atan2() 消耗的时间常量比 math.hypot() 消耗的时间常量要大。

表 4-1-3　常用的增长函数

增长量级		倍增假说倍数
函数类型	增长函数	
常量型	1	1
对数型	$\log n$	1
线性型	n	2
线性对数型	$n\log n$	2
二次型	n^2	4
三次型	n^3	8
指数型	2^n	2^n

2. 对数型（Logarithmic）

运行时间的增长量级为对数的程序比常量时间的程序稍慢。运行时间为问题规模大小对数的经典程序例子是在一个有序数组中查找一个指定的元素，我们将在下一节讨论排序这个问题（请参见程序 4.2.3，binarysearch.py）。对数的底数与增长量级无关（因为底数为常量的所有对数与一个常量因子相关），因而我们使用 $\log n$ 表示其增长量级。少数情况下，我们使用更精确的公式，如 $\lg n$（底数为 2，即底数为 2 的对数）或 $\ln n$（底数为 e，即自然对数），因为这两种情况在研究计算机程序时比较常见。例如，$\lg n$ 向上取整后是 n 的二进制表示的位数，而 $\ln n$ 在二叉树查找分析中会出现（具体请参见 4.4 节）。

3. 线性型（Linear）

很多程序处理每个输入数据或单个 for 循环结构所消耗的时间为一个常量。这类程序的增长量级为线性的，其运行时间直接与问题规模的大小成正比。用于计算标准输入中数值平均值的程序 1.5.3（average.py）就是一个典型的例子，在 1.4 节混排一个数组中元素的代码是另一个例子。过滤器程序（例如 plotfilter.py（程序 1.5.5））也属于这一类程序。还有在 3.2 节讨论的各种图像处理过滤器程序，它们针对每一个输入像素执行固定数量的数学运算操作。

521

4. 线性对数型（Linearithmic）

对于问题规模大小 n，如果程序运行时间的增长量级为 $n\log n$，则使用术语线性对数描述该程序。同样，程序运行时间的增长量级与对数的底数无关。例如，couponcollector.py（程序 1.4.2）就属于线性对数类型。典型的例子是 mergesort（程序 4.2.6）。若干重要问题的常规解决方案是二次型，但智能算法可以实现为线性对数类型。这类算法（包括 mergesort）具有非常重要的实际应用价值，使用这些算法可以解决比二次型解决方案更大规模的问题。在下一节，我们将讨论一种开发线性对数算法的通用设计技巧。

5. 二次型（Quadratic）

一个运行时间的增长量级为 n^2 的典型程序包括两个嵌套的 for 循环，用于某种涉及所有 n 个元素对的计算。universe.py（程序 3.4.2）中用于更新作用力的双重循环是这类程序的典型例子，同样基本排序算法中的插入排序算法（程序 4.2.4）也属于这种类型。

6. 三次型（Cubic）

本节中的例子 threesum.py 属于三次型（其运行时间的增长量级为 n^3），因为程序包括三重 for 循环来处理 n 个元素的三元组。在 1.4 节中实现的矩阵乘法运算时间的增长量级为

m^3，用于两个 $m \times m$ 矩阵的相乘运算，因而基本的矩阵相乘算法通常为三次型。然而，输入的大小（矩阵元素的个数）正比于 $n = m^2$，所以算法最好归类于 $n^{3/2}$，而不是三次型。

7. 指数型（Exponential）

正如在 2.3 节所述，towersofhanoi.py（程序 2.3.2）和 beckett.py（程序 2.3.3）的运行时间都与 2^n 成正比，因为程序需要处理 n 个元素的所有子集。一般而言，我们使用术语"指数"表示增长量级为 b^n（b 为任何大于 1 的常量，尽管不同的 b 值导致的运行时间大不相同）的算法。指数型算法非常慢，一般不建议针对大规模问题运行此类程序。因为存在一大类问题，似乎指数算法是它们最佳的选择，所以指数型算法在算法理论中占据重要地位。

常用增长量级假设的总结请参见表 4-1-4。

表 4-1-4 常用增长量级假设的总结

函数类型	增长量级	示例	框架
常量型	1	`count += 1`	语句（整数递增 1）

对数型	$\log n$	`while n > 0:`
		`    n = n // 2`
		`    count += 1`
			除半（二进制表示的位）

线性型	n	`for i in range(n):`
		`    if a[i] == 0:`
		`        count += 1`
			单循环

线性对数型	$n\log n$	请参见 mergesort（程序 4.2.6）	分而治之算法（合并排序）

二次型	n^2	`for i in range(n):`
		`    for j in range(i+1, n):`
		`        if (a[i] + a[j]) == 0:`
		`            count += 1`
			两重嵌套循环（检测所有两对数）

三次型	n^3	`for i in range(n):`
		`    for j in range(i+1, n):`
		`        for k in range(j+1, n):`
		`            if (a[i] + a[j] + a[k]) == 0:`
		`                count += 1`
			三重嵌套循环（检测所有三元组数）

指数型	2^n	请参见格雷码（程序 2.3.3）	穷举搜索（检测所有子集）

增长量级（对数 - 对数图）如图 4-1-6 所示。

本节中对增长量级的分类是最常用的，但显然不是最全面的。事实上，算法的详细分析需要全方位的数学工具，这些工具的发展已经历经了几个世纪。理解 factors.py（程序 1.3.9）、primesieve.py（程序 1.4.3）和 euclid.py（程序 2.3.1）的运行时间需要数论方面的基本结论。诸如 hashst.py（程序 4.4.3）和 bst.py（程序 4.4.4）的经典算法要求细致的数学分析。sqrt.py（程序 1.3.6）和 markov.py（程序 1.6.3）是数值计算的原型：它们的运行时间取决于计算到指定数值的收敛率。而我们感兴趣的蒙特卡洛模拟，例如 gambler.py（1.3.8）和 percolation.py（程序 2.4.6）以及其他相关程序，它们对应的详细数学模型根本就不存在。

不管怎样，你编写的大部分程序具有直观的性能特征，可以使用我们描述的某种增长量级进行精确描述，具体请参见表 4-1-4。因此，通常我们可以基于一个高层次的假说，例如

合并排序（mergesort）**运行时间的增长量级为线性对数**。为了简单起见，我们可以使用缩略句表述为"**合并排序是线性对数型**"。我们的大多数关于成本的假说均采用这种描述形式，或者采用如"**合并排序比插入排序更快**"的形式。同样，这种假说的一种显著特征是它们是关于算法的表述，而不是关于程序的表述。

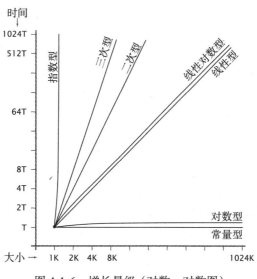

图 4-1-6　增长量级（对数 – 对数图）

4.1.4　预测

通过运行一个程序可以估计其运行时间，但是当问题规模比较大时，这种方法并不合适。在这种情况下，其类似于为了预测火箭的落地点而发射火箭；为了预测炸弹的破坏力而引爆炸弹；为了预测大桥是否承重而建造大桥。

了解运行时间的增长量级，可以帮助我们在解决大规模问题时做出决策，以便投入所需的资源来解决需要解决的特定问题。使用的关于程序运行时间增长量级的验证假说方法包括下列几种。

　　1. 评估解决大型问题的可行性

为了关注运行成本，对于每个编写的程序需要回答这样一个基本问题：该程序是否可以在合理的时间内处理输入数据？例如，如果问题规模的大小为 n，一个三次型算法的运行时间为几秒钟，当问题规模的大小扩大到 $100n$ 时，其运行时间将需要几个星期，因为运行时间将是之前的一百万倍（100^3），而几百万秒时间就是若干星期。如果你需要解决的问题规模真的有那么大，则必须寻求更好的解决方法。了解算法运行时间的增长量级，可以提供精确的信息帮助理解其可解决问题规模的大小限制。这种理解就是研究性能的最重要原因。如果不了解这些信息，则可能无法预知程序消耗的时间。而有了这些信息，则可以通过粗略计算来估计运行成本并进行相应的处理。

对于运行时间是几秒钟的程序，当该程序的问题规模增加时，不同的增长量级运行时间的效果比较参见表 4-1-5。

522
~
524

表 4-1-5   增加程序（运行时间是几秒钟）问题规模后的效果比较

增长量级	问题规模增加 100 倍后所预期的运行时间
线性型	几分钟
线性对数型	几分钟
二次型	几小时
三次型	几星期
指数型	无穷大

2. 评估使用更快计算机的价值

要关注运行成本，还必须回答一个基本问题：如果在一台更快的计算机上运行，解决一个问题的速度可以提高多少？同样，了解运行时间的增长量级可以为你提供精确的信息。称为"摩尔定律"的著名经验法则表明，每隔 18 个月，计算机的运行速度和内存空间均可加倍。或者每隔 5 年，计算机的运行速度和内存空间均可提高 10 倍。一般很自然地认为购买一台运行速度为旧计算机 10 倍快和内存空间为旧计算机 10 倍多的新计算机，可以解决一个规模大小是旧计算机 10 倍的问题，但实际上，对于二次型和三次型算法，该结论**不成立**。

[525] 不管是一个投资银行家每天运行的财务模型，还是一个科学家运行程序分析实验数据，或者是一个工程师运行模拟测试一种设计方案，人们通常需要花费数小时才能完成程序的运行。假设程序的运行时间是三次型，则购买一台运算速度为旧计算机 10 倍快和内存空间为旧计算机 10 倍多的新计算机，不仅仅因为需要一台新的计算机，而且因为处理的问题规模也增大了 10 倍。而且你可能会追悔莫及，因为你的程序比以前要多花 100 倍的时间！这种情况下就突显了线性和线性对数算法的重要价值：使用线性和线性对数算法，使用一台运算速度为旧计算机 10 倍快和内存空间为旧计算机 10 倍多的新计算机，可以在相同的时间内解决旧计算机所能解决问题规模 10 倍大小的问题。换言之，如果使用一个二次型或三次型算法，则根本无法跟上摩尔定律的脚步。不同的增长量级对于使用一个 10 倍快的计算机解决一个 10 倍大的问题的效果比较可以参见表 4-1-6。

表 4-1-6   使用一个 10 倍快的计算机解决一个 10 倍大的问题的效果比较

增长量级	运行时间增加的倍数
线性型	1
线性对数型	1
二次型	10
三次型	100
指数型	无穷大

3. 比较程序

我们一直寻求提高程序性能的方法，我们还经常拓展或修正假说以评估不同改进的有效性。基于预测性能的能力，在开发过程中可以进行设计决策来指导我们形成更好更高效的实现。在许多情况下，我们可以确定运行时间的增长量级，建立关于比较性能的准确假说。增长量级在这个过程中极其重要，因为它允许我们把一个特定算法与其他所有类别的算法进行比较。例如，如果解决一个问题已经有线性对数算法，则我们对解决该问题的二次型算法和三次型算法就没有多大兴趣了。

4.1.5 注意事项

当尝试详细分析程序性能时，许多原因都可能导致不一致或错误的结果。这些原因或多或少与我们假说（hypothesis）中一个或多个基本假设（assumption）不太正确有关。我们可以基于新的假设建立新的假说，在分析过程中，我们考虑的细节越多，则越需要仔细认真地对待。

526

1. 指令时间

每条指令运行时间相同的假设并不总是正确。例如，大多数现代计算机系统均使用了一种称为"缓存"的技术来管理内存，在这种情况下，访问超大数组元素时，如果其位置在数组中并不相邻，则需要花费的时间比较长。可以先运行 doublingtest.py 一段时间，然后观察缓存对 threesum.py 的影响。在看起来收敛到 8 之后，由于缓存的原因，大数组运行时间的比值可能会跳跃到较大值。

2. 非主导地位的内循环

内循环占主导地位的假设并不总是正确。问题规模大小 n 也许不足够大，在其数学描述中，内循环指令执行频率的主导项目相对于次要项目并没有很大差异，所以不能忽略次要项目。许多程序在内循环外包含大量的代码，必须加以考虑。

3. 系统考虑

典型情况下，计算机中运行了许多其他程序。Python 仅仅是竞用资源的很多程序之一，Python 本身包含许多可以显著影响性能的选项和控制。这种考虑可能会干扰科学方法中的基本原则：实验应该是可再生的，因为此时发生在你计算机上的事件将永远不会再发生。不管你的计算机系统在运行什么，原则上都应该可以忽略，因为它们超出了控制。

4. 势均力敌

当我们比较同一个任务的两个不同程序时，一个程序可能在某种情况下比较快，但在另一种情况下比较慢。上述讨论的一种或多种考虑可能会导致差异。另外，在某些程序员（以及某些学生）中存在一种自然倾向，就是喜好投入大量精力运行这种赛马程序以发现"最佳"实现，但是这种工作最好交给专家完成。

5. 对输入值的强烈依赖

我们确定一个程序运行时间的增长量级的假设之一是运行时间相对于输入值无关。如果这个条件不成立，则可能获得不一致的结果，或者无法验证我们的假说。我们采用的程序 threesum.py 就不存在这个问题，但本章的若干例子表明运行时间确实与输入值有关。通常，设计的主要目标是消除这种对输入值的依赖。如果不能实现这个目标，则必须仔细建立所需解决问题中待处理的输入数据类型的模型，而这是一种巨大的挑战。如果编写一个处理基因组的程序，我们如何判别其针对不同基因组的效果？然而，一个良好地描述自然界基因组的模型则是科学家所寻求的，所以，针对我们的程序在实际自然界数据上运行时间的评估将对模型做出有价值的贡献。

527

6. 多个问题参数

我们关注于测量性能作为单个参数 n 的函数，通常为命令行参数或输入的大小。然而，常常还需要使用两个（或多个）参数来测量性能。例如，假设 a[] 是一个长度为 m 的数组，b[] 是一个长度为 n 的数组，考虑如下统计满足 a[i] + b[j] 等于 0 的所有 i 和 j 数对数量的代码片段：

```
for i in range(m):
    for j in range(n):
        if a[i] + b[j] == 0:
            count += 1
```

在这种情况下，我们分别处理参数 m 和 n，保持一个参数固定，然后分析另一个参数。例如，上述代码片段运行时间的增长量级为 mn。

尽管有这么多注意事项，但理解每个程序运行时间的增长量级对于每个程序员而言都是一笔可贵的财富，而且，我们阐述的方法非常强大并且广泛适用。唐纳德·克努特的观点是，原则上我们可以通过充分使用这些方法，来实现详细、准确的预测。典型的计算机系统非常复杂，详细的分析最好交给专家，但是同样的方法对于近似估计任何一个程序的运行时间也有效。就像火箭科学家需要了解某次测试发射的着陆地点为海洋还是城市；医学研究者需要知道某次药物试验是杀死还是治愈所有的试验体；使用计算机程序的科学家和工程师则需要知道程序运行时间为一秒钟还是一年。

4.1.6 性能保证

对于某些程序，我们要求对于给定规模的任何输入，程序的运行时间小于某个边界值。为了提供这种性能保障（performance guarantee），理论学家采取一种最悲观的观点：在最坏的情况下运行时间是多少？

例如，这种保守方法可能适合于运行核反应堆、航空管制系统或汽车刹车系统的软件。我们必须保证这类软件能在我们设定的时间内完成任务，因为如果不能完成任务将导致灾难性结果。科学家研究自然界时一般不考虑最坏情况：在生物学中，最坏的情况也许是人类的灭绝；在物理学中，最坏的情况可能是宇宙的终结。但是在计算机系统中，最坏的情况是我们需要真正关心的事情，因为输入由其他（潜在恶意）用户产生，而不是由自然界产生。例如，没有采用性能保障算法的网站很容易受到拒绝服务（denial-of-service）攻击，黑客通过发送大量洪水般的请求，从而使网站比原先设想的运行速度缓慢得多。

性能保障很难使用科学方法验证，因为我们无法使用所有可能的输入测试假说，例如对于增长量级为线性对数型的合并排序算法，就是因为存在太多的输入而无法一一尝试。我们通过某种输入可以证明合并排序算法缓慢，但是如何才能证明其正确呢？我们必须使用数学模型，但不能使用实验方法。

算法分析家的任务是发现关于算法尽可能多的信息，应用程序员的任务是应用这些知识来开发程序，以有效地解决手头的问题。如果你正在使用一个二次型算法来解决一个问题，但是后来找到一个可保证为线性对数的算法，通常你会采用线性对数算法。极少情况下，你会依旧采用二次型算法，因为对于你需要解决的某种输入，二次型算法会更快，或者因为线性对数算法的实现太复杂。

理想状况下，我们希望实现算法的代码清晰且紧凑，能够对感兴趣的输入不仅提供最好的情况保障，而且得到良好的性能。我们在本章讨论的许多经典算法对于各种各样的应用都十分重要，因为它们均具有上述特征。使用这些算法作为模型，程序设计过程中针对典型的问题自己就可以形成良好的解决方案。

4.1.7　Python 列表和数组

Python 的内置列表（list）数据类型表示一个可变对象序列。贯穿本书我们一直在使用 Python 列表，我们使用 Python 列表作为数组，因为列表支持数组的四种基本运算：创建、索引访问、索引赋值和迭代。然而，相对于数组，Python 列表更加通用，Python 列表允许插入项目和删除项目。尽管 Python 程序员一般不区分列表和数组，许多其他程序员则区分它们。例如，在许多程序设计语言中，数组长度固定，不支持插入和删除。事实上，本书讨论的所有数组处理代码均可以使用固定长度数组实现。

Python 列表的常用操作如表 4-1-7 所示，其中，a = [3, 1, 4, 1, 5, 9]，b = [2, 7, 1]。请注意其中的若干操作：索引、切片、拼接、删除、包含和迭代，使用特殊的语法形式提供直接语言支持。如表 4-1-7 所示，其中一些操作返回值，而另一些操作则改变调用列表。

我们之所以推迟到本节才讨论列表的 API（参见表 4-1-8），因为程序员使用 Python 列表时，如果没有遵循"关注成本"的设计理念，就会陷入麻烦。例如，请考虑如下两段代码片段：

表 4-1-7　列表操作示例

运算操作	示例结果
len(a)	6
a[4]	5
a[2:5]	[4, 1, 5, 9]
min(a)	1
max(a)	9
sum(a)	23
4 in a	True
b + [0]	[2, 7, 1, 0]
b += [6]	[2, 7, 1, 6]
del b[1]	[2, 1, 6]
b.insert(2, 9)	[2, 1, 9, 6]
b.reverse()	[6, 1, 9, 2]
b.sort()	[1, 2, 6, 9]

```
# quadratic time          # linear time
a = []                     a = []
for i in range(n):         for i in range(n):
    a .insert(0, 'slow')       a.insert(i, 'fast')
```

左边代码的运行时间为二次型，右边代码的运行时间为线性型。为了理解 Python 列表操作为什么会具有这些性能特征，必须学习有关 Python 列表可变数组表示的更多方法，我们将在随后讨论。

530

表 4-1-8　Python 内置列表数据类型的 API（部分）

增长量级	运算操作	功能描述
常量型	len(a)	列表 a 的长度
	a[i]	列表 a 的第 i 项（索引访问操作）
	a[i] = v	使用项 v 替换列表 a 的第 i 项（索引赋值操作）
	a += [v]	将项 v 附加到列表 a 的尾部（就地拼接操作）
	a.pop()	从列表 a 中删除 a[len(a)–1] 并返回该项的值
线性型	a + b	列表 a 和 b 的拼接
	a[i:j]	[a[i], a[i+1], …, a[j–1]]（切片操作）
	a[i:j] = b	a[i] = b[0], a[i+1] = b[1], …（切片赋值操作）
	v in a	如果列表 a 包含项 v 则返回 True，否则返回 False（包含操作）
	for v in a:	循环遍历列表 a 的各项（循环迭代操作）
	del a[i]	从列表 a 中删除 a[i]（索引删除操作）
	a.pop(i)	从列表 a 中删除 a[i] 并返回该项的值

（续）

增长量级	运算操作	功能描述
线性型	a.insert(i, v)	将项 v 插入到列表 a 中（插入到 a[i] 之前）
	a.index(v)	项 v 第一次出现在列表 a 中的索引号
	a.reverse()	列表 a 中的各项反序
	min(a)	列表 a 中的最小项
	max(a)	列表 a 中的最大项
	sum(a)	列表 a 中各项之和
线性对数型（参见 4.2 节）	a.sort()	将列表 a 中的各项按升序排列

注：1. a += [v] 和 a.pop() 属于"摊销"（amortized）常量型运行时间运算操作。

2. 如果 i 接近于 len(a)，则 del a[i]、pop(i) 和 insert(i, v) 操作将花费"摊销"常量型运行时间的运算量。

3. 切片操作运行时间线性于切片的长度。

4. 如果列表 a 要使用 min()、max() 和 sum() 进行运算操作，则列表 a 中的各项必须是与 min()、max() 和 sum() 运算兼容的类型。

[531]

1. 可变数组

可变数组是一个存储一系列数据项的数据结构（其长度不必固定），可以通过索引下标访问各数据项。为了实现一个可变数组（在机器级别），Python 使用一个固定长度的数组（分配一个连续内存块区）存储各数据项的引用。数组分为两个逻辑部分：数组的第一部分依次存储各数据项；数组的第二部分没有被使用，保留用于后续插入操作。因而，在数组的末尾我们可以通过保留空间按固定常量时间附加或移除数据项。我们使用术语大小（size）表示数据结构中所有数据项的个数。使用术语容量（capacity）表述内部数组的长度。

处理可变数组面临的主要挑战是确保数据结构拥有足够的空间以存储所有的数据项，但也不要太大以至浪费大量的内存空间。要达到这两个目标实际上非常简单。

首先，如果需要在可变数组的末尾附加一个数据项，我们先检查其容量。如果有空闲空间，我们就直接在末尾插入新的数据项。如果没有空闲空间，则通过创建一个长度增加了一倍的新数组将容量扩大一倍，并将旧数组的所有数据项复制到新数组中。

同样，如果希望在一个可变数组的末尾移除一个数据项，我们先检查其容量，如果容量太大，则通过创建一个长度减半的新数组将容量减半，并将旧数组的所有数据项复制到新数组中。一种合适的测试是检查新的可变数组的大小是否小于其容量的四分之一。采用这种方式时，当容量减半后，新的可变数组的空间占用量大约为一半，可以满足相当数量的插入操作而无需再次改变其容量。

倍增和减半策略保证新的可变数组保持在 25% ~ 100% 的使用量，因而空间是所有数据项个数的线性函数。这个特定策略并不是神圣不容更改的。例如，在典型的 Python 实现中，当可变数组占满的时候，扩大容量时使用 9/8 的倍数（而不是 2），这种方法浪费的空间比较少（但会触发更多扩展和收缩的操作）。使用可变数组数据结构来表示 Python 列表的示例如图 4-1-7 所示。

2. 摊销分析（Amortized analysis）

倍增和减半策略是空间浪费（设置太多空间，因此导致数组的许多部分没有被使用）和时间浪费（创建新的数值或重新组织既存数组的时间开销）之间的明智权衡。更重要的是，我们可以证明倍增和减半的成本（在一个常量因子内）通常可被其他 Python 列表操作抵消。

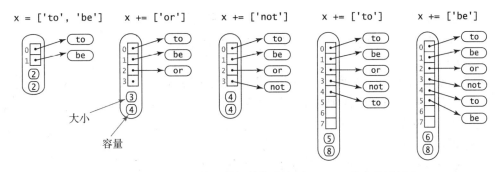

图 4-1-7 使用可变数组数据结构来表示 Python 列表的示例

更准确地说，从一个空的 Python 列表开始，所有如表 4-1-4 中标示为"常量型"运行时间的 n 个运算操作所需的运行时间是 n 的线性函数。换言之，**所有这类 Python 列表操作的总成本除以操作的次数为一个常量**。这种类型的分析称为摊销分析。这种保证并不能表明每种操作是时间常量，但在许多应用程序中可以表达这种蕴意（例如，当我们的主要兴趣是总运行时间的时候）。我们把完整的细节作为本节的练习题（可能需要借助数学推导）。

作为一个特殊的例子，当我们向一个空的可变数组中执行 n 次插入操作时，其思想十分简单：每次插入操作以增加一个数据项的时间为常量；每次触发调整大小（此时当前可变数组大小为 2 的乘幂）的插入操作需要的额外时间正比于 n，用于从长度为 n 的旧数组复制各数据项到长度为 $2n$ 的新数组中。因而，为了简单起见，假设 n 是 2 的乘幂，则总的运行成本正比于：

$$(1 + 1 + 1 + \cdots + 1) + (1 + 2 + 4 + 8 + \cdots + n) \sim 3n$$

第一项（其和为 n）对应于 n 次插入操作。第二项（其和为 $2n - 1$）对应于 $\lg n$ 次调整大小操作。

理解可变数组对于 Python 程序设计十分重要。例如，它解释了为什么通过重复在末尾附加数据项来创建一个 n 个元素的 Python 列表所需的时间正比于 n（以及为什么通过重复在前端插入数据项所需的时间正比于 n^2）。这种性能陷阱正是我们推荐使用窄范围接口来诠释性能的主要原因。

532
~
533

4.1.8 字符串

Python 的字符串数据类型与 Python 列表类似，但有一个主要区别：**字符串是不可变对象**。最初介绍字符串时，我们并没有强调这个事实，但这个事实使得列表和字符串完全不同。例如，也许你目前还没有注意到，你不能改变一个字符串中的字符。例如，如果一个字符串 s 的值为 'hello'，也许你认为可以通过语句 s[0] = 'H' 把字符串首字母大写，但结果会导致如下的运行时错误：

```
TypeError: 'str' object does not support item assignment
```

如果需要首字母大写的 'Hello'，则必须创建一个全新的字符串。这种差别再次强调了不可变的设计理念，并且对性能有着巨大的影响。接下来我们将详细讨论。

1. 内部表示

首先，相对于列表和数组，Python 使用了一个非常简单的内部表示方法，详细信息如图

4-1-8 所示。特别地，一个字符串包含以下两部分信息：

- 一个指向字符串中字符连续存储的内存地址的引用。
- 字符串的长度

通过对比，考虑图 4-1-9，其表示由一个字符构成的字符串数组示例。我们将在本节稍后详细讨论，但很显然图 4-1-9 所示的字符串表示相对简单。字符串中每个字符使用的空间更少，并且访问每个字符的速度更快。在许多应用程序中，由于字符串长度可能会很长，所以这些特点非常重要。因此，第一，内存使用不应该比字符本身所占用的空间大太多；第二，字符可以通过其索引快速访问，这两点都非常重要。

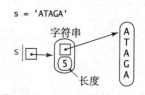

图 4-1-8　Python 字符串示例

2. 性能

和数组类似，字符串的索引访问以及计算其长度是常量型运行时间操作。3.1 节开始提供的字符串 API 很明显地表明，大多数字符串操作所需要的时间是输入字符串长度的线性函数，因为它们引用字符串的一个副本。特别地，**拼接一个字符到一个字符串需要线性型运行时间，而拼接两个字符串所需要的时间正比于结果字符串的长度。**图 4-1-10 是一个字符串拼接的示例。考虑到性能，这是字符串和列表 / 数组的主要区别：Python 没有可变字符串，因为字符串是不可变的。

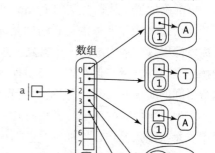

图 4-1-9　包含一个字符的字符串的数组示例

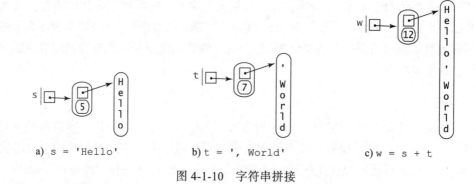

a) s = 'Hello'　　　b) t = ', World'　　　c) w = s + t

图 4-1-10　字符串拼接

3. 字符串示例

如果没有理解字符串拼接的性能，常常会导致性能错误。最常见的性能错误是采用每次一个字符的方式创建一个长字符串。例如，考虑如下创建一个新字符串的代码片段，结果字符串（即新生成的字符串）是字符串 s 中的各字符的反序：

```
n = len(s)
reverse = ''
for i in range(n):
    reverse = s[i] + reverse
```

在 for 循环迭代的第 i 步，字符串拼接运算创建了一个长度为 $i + 1$ 的字符串。因而，总运行时间正比于 $1 + 2 + \cdots + n \sim n^2 / 2$（具体请参见本节习题第 4 题）。也即，上述代码片段的运行时间是字符串长度 n 的二次型函数（线性时间解决方案具体请参见本节习题第 13 题）。

理解数据类型（例如字符串和 Python 列表）之间的区别是学习任何程序设计语言的关键，程序员必须小心来避免类似前文讨论的性能错误。这种现象自数据抽象的早期就一直存在。例如，20 世纪 70 年代开发的 C 语言字符串数据类型包含一个线性时间长度函数，无数程序员在 for 循环结构中使用这个长度函数对字符串进行迭代时，发现一个简单的线性任务却需要一个二次型运行时间的性能错误。

534 ～ 535

4.1.9 内存

和运行时间一样，程序的内存使用与物理世界直接关联：计算机的大量电路使程序可以存储值并随后访问这些值。在给定时间内，你需要存储的值越多，则需要的电路越多。如果要关注成本，就必须关注内存的使用情况。你也许已经意识到计算机内存使用的一些限制（有时候甚至比时间更重要），因为你可能需要花费更多的钱购买额外的内存条。

在一开始，你就应该意识到 Python 语言的纯面向对象程序设计方法（一切皆对象，甚至布尔值也被视为对象）带来的灵活性是有代价的，其中一种最主要的代价是内存消耗。通过分析若干特定的例子，我们将更深刻地理解这个概念。

计算机上的 Python 内存使用有严格的定义（每次当你运行程序时，每个值均占用同样的内存空间），但是 Python 可以在许多计算机设备上实现，并且内存消耗与实现有关。不同版本的 Python 可能使用不同方法实现同一种数据类型。为了简单起见，我们使用"典型的"（typical）这个词语来表示特别与机器相关的值。分析内存使用状况与分析时间使用状况有些不同，主要因为 Python 的最重要功能特征之一就是内存分配系统，其设计目标是减轻管理内存的繁重工作。当然，建议读者在适当的时候尽可能充分利用这种功能。而且，你还有责任了解，或者至少是大致了解，内存需求可能会在什么时候妨碍用户解决给定的问题。

计算机内存被划分为字节，每个字节包含 8 位，每个位是单个二进制位。要确定一个 Python 程序的内存使用情况，我们统计程序使用的对象数量，然后根据对象的类型乘以各对象占用的字节数。要使用这种方法，我们必须知道给定类型的一个对象所占用的字节数。要确定一个对象的内存消耗，我们累计其实例变量占用的内存量以及与每个对象关联的开销。

Python 并没有定义我们所使用的内置数据类型（int、float、bool、str 和 list）的大小。这些数据类型对象的大小在不同的系统中各不相同。因而，你创建的数据类型的大小在不同的系统中也各不相同，因为它们基于这些内置的数据类型。函数调用 sys.getsizeof(x) 返回一个内置数据类型 x 在你的系统中占用的字节数。在本节给出的数值是在典型的系统上，通过在交互式 Python 中使用这个函数收集到的观测值。建议读者在自己的计算机上尝试同样的操作！

536

> **Python 3**
>
> 本节所给出的数值适用于典型的 Python 2 系统。Python 3 使用一种更复杂的内存模型。例如，整数对象 0 的内存使用就不同于整数对象 1 的内存使用。

1. 整数（Integer）

为了表示取值范围为 -2^{63} 到 $2^{63} - 1$ 的 int 对象，Python 使用 16 个字节用于对象开销和 8 个字节（即 64 位）用于数值表示。例如，Python 使用 24 个字节表示值为 0 的 int 对象，使用 24 个字节表示值为 1234 的 int 对象，以此类推。在大多数应用程序中，我们不会处理取值范围以外的大整数，因此每个整数占用的内存为 24 个字节。对于超出取值范围的大整数，Python 自动切换到一种不同的内部表示，其消耗的内存与整数的数值位成正比，这一点与字符串的情况类似（具体可以参见后续阐述）。

2. 浮点数（Float）

为了表示一个 float 对象，Python 使用 16 个字节用于对象开销和 8 个字节用于数值表示（即尾数、指数和标志），与对象的值无关。因而，一个 float 对象占用 24 个字节。

3. 布尔值（Boolean）

原则上，Python 可以使用计算机内存的单独一个二进制位表示一个布尔值。实际上，Python 把布尔值表示为整数。特别地，Python 使用 24 个字节表示 bool 对象 True，使用 24 个字节表示 bool 对象 False。这是最小需要量的 192 倍！然而，这种浪费会因为 Python "缓存" 两个布尔对象（稍后将阐述）而部分抵消。

4. 缓存（Caching）

为了节省内存，Python 为一个值仅创建一个对象拷贝。例如，Python 仅创建一个值为 True 的 bool 对象和一个值为 Fasle 的布尔对象。也就是说，每个布尔变量包含一个指向这两对象之一的引用。bool 对象的缓存如图 4-1-11 所示。因为 bool 数据类型是不可变的，所以这种缓存技术是可行的。在典型的系统中，Python 还缓存小的 int 值（在 -5 到 256 之间），因为它们是程序员最常用的整数。Python 一般不会缓存 float 对象。

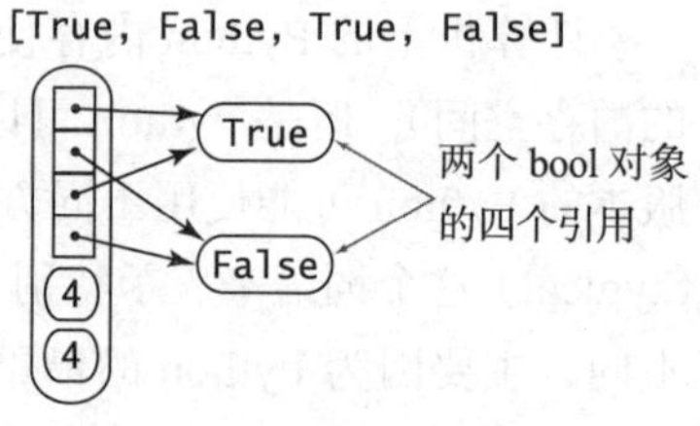

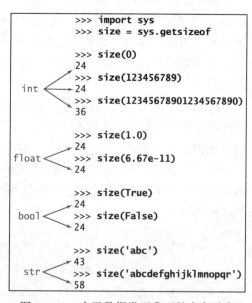

图 4-1-11　bool 对象的缓存

5. 字符串（String）

为了表示一个 str 对象，Python 使用 40 个字节用于对象开销（包括字符串长度），另外每个字符占一个字节。例如，Python 使用 40 + 3 = 43 个字节表示字符串 'abc'，使用 40 + 18 = 58 个字节表示字符串 'abcdefghijklmnopqr'。Python 一般仅缓存字符串字面量和单字符字符串。

各种内置数据类型典型的内存需求如图 4-1-12 所示。

6. 数组（Python 列表）

为了表示一个数组，Python 使用 72 个字节用于对象开销（包括数组长度），另外每个对象引用（数组的每个元素）占用 8 个字节。例如，Python 使用 72 + 8 × 3 = 96 个字节表示数组 [0.3, 0.6, 0.1]，但不包含数组引用的对象所占

图 4-1-12　内置数据类型典型的内存需求

用的内存，因而数组 [0.3, 0.6, 0.1] 的总内存消耗为 $96 + 3 \times 24 = 168$ 个字节。数组 [0.3, 0.6, 0.1] 的内存使用示意图如图 4-1-13 所示。

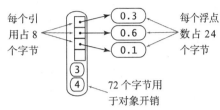

一般而言，包含 n 个整数或浮点数的数组占用的内存为 $72 + 32n$ 个字节。这个总量似乎被低估了，因为 Python 用于实现数组的可变数组数据结构可能会占用额外的 n 个字节用于保留空间。

图 4-1-13　数组 [0.3, 0.6, 0.1] 的内存使用示意图

7. 二维数组和对象数组

二维数组是数组的数组，所以我们可以使用前述信息计算 m 行 n 列的二维数组的内存消耗。每行是一个占用 $72 + 32n$ 个字节的数组，所以总数为 72（对象开销），加上 $8m$（对行的引用），加上 $m(72 + 32n)$（m 行所占用的内存）字节，总计 $72 + 80m + 32mn$ 个字节。同样的逻辑适用于任意数据类型对象的数组。如果一个对象使用 x 个字节，则 m 个这种对象的数组占用的内存总量为 $72 + m(x+8)$ 个字节。二维对象数组内存使用示例如图 4-1-14 所示。

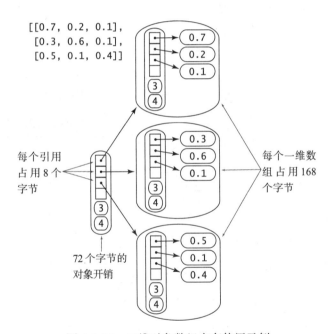

图 4-1-14　二维对象数组内存使用示例

同样，这个总量似乎也被低估了，因为 Python 用于实现数组的是可变数组数据结构。请注意，在这些计算中，Python 的 sys.getsizeof(x) 函数用处不大，因为该函数不会计算对象本身占用的内存，对于任何长度为 m（或任何 m 行二维数组）的数组，其返回 $72 + 8m$。

8. 对象（Object）

Python 程序设计的一个关键问题是：表示一个用户自定义的对象需要多少内存？答案也许出乎你的意料，但了解它很重要：**至少需要数百字节**。具体而言，Python 使用 72 个字节的对象开销，加上 280 个字节用于绑定实例变量到对象的字典（我们将在 4.4 节讨论字典），加上指向每个实例变量的 24 个字节，再加上实例变量本身占用的内存。例如，为了表示一个 Charge 对象，Python 使用至少 $72 + 280 = 352$ 个字节的开销，$8 \times 3 = 24$ 个字节存储三个

实例变量的对象引用，24 个字节存储实例变量 _rx 引用的 float 对象，24 个字节存储实例变量 _ry 引用的 float 对象，24 个字节存储实例变量 _q 引用的 float 对象，总计（至少）448 个字节。Charge 对象的内存使用示例如图 4-1-15 所示。在你的系统中该对象占用的内存总量有可能更大，因为有些实现的内存开销甚至更大。

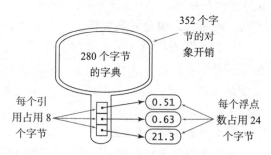

图 4-1-15　Charge 对象的内存使用示例

这些基本机制适用于估计大多数程序的内存占用情况（典型的内存需求如表 4-1-9 所示），但是存在许多复杂的因素导致内存估计更加困难。例如，我们已经注意到缓存可能带来的潜在影响。另外，内存消耗是一个复杂的动态过程，当涉及函数调用时，系统内存分配机制扮演重要的角色。例如，当程序调用一个函数时，系统从一个称为栈（stack）的特殊内存区分配函数所需的内存（用于函数的局部变量），当函数返回到调用者时，这些内存返回给栈。基于上述原因，在递归函数中创建数组或其他大对象是一件非常危险的事情，因为每次递归调用都意味着大量的内存占用。当你创建一个对象时，系统从一个称为堆（heap）的特殊内存区为对象分配所需的内存。每个对象一直生存，直到没有引用指向该对象，此时一个称为垃圾回收（garbage collection）的系统过程会从堆中回收内存。这种动态过程会导致精确估计一个程序的内存占用量十分困难。

尽管存在诸多注意事项，但对于每个 Python 程序员而言，理解如下的结论十分重要：**每个用户自定义类型的对象可能消耗大量的内存**。因而，一个定义了大量用户自定义类型对象的 Python 程序可能会使用比预期还要多的空间（和时间）。对于仅包含少量实例变量的对象，这种现象更为突出，因为此时用于对象开销的内存远远大于用于实例变量的开销。例如，如果你将 mandelbrot.py（程序 3.2.7）中 Python 内置的 complex 数据类型与本书自定义的 Complex 数据类型进行比较，那你肯定会注意到这样的效果。自从几十年前引入这种概念以来，许多面向对象程序设计语言不断产生和消亡，其中许多最终包含了用于用户自定义类型的轻量级（lightweight）对象。Python 包含了用于这种目的的两种高级特性：命名元组（named tuple）和槽（slot），但本书没有利用这种内存优化功能特征。

表 4-1-9　典型的内存需求

数据类型	所占内存大小（单位：字节）
布尔	24
整数	24
浮点数	24
引用	24
长度为 n 的字符串	$40 + n$
n 个布尔值的数组	$72 + 8n$
n 个浮点数的数组	$72 + 32n$
$m^{\ominus}$ 行 n 列的浮点数二维数组	$\sim 32mn$

4.1.10　展望

良好的性能十分重要。运行非常缓慢的程序与运行错误的程序一样，都没有什么用处，所以在最初就应该关注成本，以便我们能够了解可以解决哪些类型的问题。特别地，理解构成程序内循环的代码通常是明智之举。

　　⊖　原书误为 n。——译者注

在程序设计过程中，也许最常犯的错误就是过度关注性能特征。程序设计的最优先任务是保证代码的清晰性和正确性。仅仅是为了速度的目的而修改程序的任务最好交给专家们来完成。事实上，这样做的结果常常与目标相反，因为这种情况下创建的代码往往复杂且难以读懂。C. A. R. Hoare（快速排序算法的发明者，编写清晰和正确代码的主要倡导者）曾经总结了这种观念：**"过度的优化是一切错误的根源"**，唐纳德·克努特则增加了一个限定：**"在（至少大多数）程序设计过程中"**。除此之外，如果可以节省的成本有限，则改善运行时间往往不值得。例如，如果运行时间很快，仅有一小会儿，则考虑减少 10 倍的运行时间来提高一个程序的性能就没有什么意义。即使一个程序的运行时间为几分钟，实现和调试改进算法所花费的总时间也许会比直接运行慢的算法多得多，此时最好让计算机承担工作。最坏的情况是，你可能花费大量的时间和精力实现一种想法，但实际上并没有提高程序的运行速度。

也许开发一个算法第二个常犯的错误是忽视性能特征。快速算法常常比粗糙的算法更加复杂，所以你可能趋向于接受一个慢的算法以避免处理过于复杂的代码。然而，有时候仅仅是几行好的代码就可以节省巨大的成本。竟然有如此多的计算机系统用户在等待简单的二次型算法来解决问题的过程中浪费大量的时间，尽管线性或线性对数算法稍微复杂些，但花费一小部分时间就可以解决问题。当处理巨大规模的问题时，我们除了寻求更好的算法外别无其他选择。

改善程序使之更加清晰、高效和优雅应该成为我们每次程序设计的目标。如果开发一个程序的整个过程中我们都**关注成本**，则每次使用该程序时都将因此受益。 541

4.1.11 问题和解答

Q. 正文中提到对于超大整数的运算操作会消耗比常量型更多的时间。请更准确地阐述这个结论。

A. 并非如此。"超大"的定义依赖于系统。对于大多数实际目的，可以认为 32 位或 64 位整数的操作时间为常量时间。密码学中的现代应用程序往往涉及成千上万位的超大数。

Q. 如何判别在我的计算机上两个浮点数的加法或乘法运算所消耗的时间？

A. 运行一些实验。本书官网中的程序 timeops.py 使用 Stopwatch 测试不同算术运算符在整数和浮点数上的执行时间。这种技术用于测量程序实际运行的时间，其结果与观测挂钟一致。如果你的系统没有运行许多其他程序，则可以产生比较准确的结果。Python 还包含一个 timeit 模块，用于测量较小代码片段的运行时间。

Q. 是否存在测量处理器的运行时间而不是挂钟时间的方法？

A. 在某些系统中，函数调用 time.clock() 返回当前处理器时间的浮点数值，单位为秒。如果存在该函数调用，则测量 Python 程序运行时间时，应该使用 time.clock() 代替 time.time()。

Q. 请问，math.sqrt()、math.log() 和 math.sin() 之类的函数的运行时间是多少？

A. 运行一些实验！利用 Stopwatch 可以很容易地编写类似于 timeops.py 的程序来回答这类问题。如果习惯了这些操作，你将能够更加高效地使用计算机。

Q. 为什么分配一个大小为 n 的数组（Python 列表）消耗的时间与 n 成正比？

A. Python 把数组元素初始化为程序员指定的值。也就是说，Python 在为一个数组分配内存时必须同时为数组的每个元素分配一个对象引用。为大小为 n 的数组的每个元素分配一个对象引用所消耗的时间与 n 成正比。

Q. 我们如何确定 Python 程序可用的内存容量？

A. 当内存耗尽时，Python 会抛出一个 MemoryError 错误，这个可以通过运行一些实验来验证。例如，使用如下程序（bigarray.py）：

```python
import sys
import stdarray
import stdio

n = int(sys.argv[1])
a = stdarray.create1D(n, 0)
stdio.writeln('finished')
```

执行方法如下：

```
% python bigarray.py 100000000
finished
```

结果表明内存空间可满足一亿个整数。但是，如果键入命令：

```
% python bigarray.py 1000000000
```

则 Python 会挂起、崩溃或抛出一个运行时错误。结果表明内存空间无法满足 10 亿个整数的数组。

Q. 有人表述说：一个算法的最坏运行时间为 $O(n^2)$，其含义是什么？

A. 这是一种称为大 O（big-O）的表示法。如果存在一个常量 c 和 n_0，对于所有的 $n > n_0$ 满足 $f(n) \leqslant cg(n)$，则可将 $f(n)$ 表示为 $O(g(n))$。换言之，基于一个常量因子和足够大的 n 值，$g(n)$ 是函数 $f(n)$ 的上限。例如，函数 $30n^2 + 10n + 7$ 是 $O(n^2)$。对于所有可能的输入，如果一个输入大小为 n 的函数运行时间是 $O(g(n))$，则表示一个算法的最坏运行时间为 $O(g(n))$。这个表示法被理论计算机科学家广泛采用，用于证明算法的理论依据，所以如果你选修了算法设计或数据结构的课程，肯定看到过这种写法。它提供了一种最坏情况性能保证。

Q. 我们是否可以使用一个算法的最坏运行时间为 $O(n^3)$ 或 $O(n^2)$ 的事实来预测性能？

A. 不可以。因为实际运行时间可能更短。例如，函数 $30n^2 + 10n + 7$ 为 $O(n^2)$，但也是 $O(n^3)$ 和 $O(n^{10})$，因为大 O 表示法仅提供最坏情况运行时间的上限。另外，即使存在某种输入，其运行时间正比于给定函数，但在实际应用中可能不会遇见这种输入。因而，不能使用大 O 表示法来预测性能。我们采用的波浪线表示法和增长量级分类法比大 O 表示法更精确，因为它们提供了与增长量级函数相匹配的上限和下限。许多程序员使用大 O 表示法指示相对应的上限和下限是不正确的。

Q. 为了存储 n 个项目的元组，Python 通常需要多少内存？

A. $56 + 8n$ 个字节，再加上对象本身需要的内存空间。元组所需的内存比数组略少，因为 Python 可以使用数组而不是可变数组来实现一个元组（在机器级别）。

Q. 为什么 Python 使用大量内存（280 个字节）来存储一个映射对象的实例变量到其值的字典？

A. 原则上，对于同一个数据类型的不同对象，其实例变量是不同的。在这种情况下，Python 需要某种方法来管理每个对象任意数量的所有可能的实例变量。但是大多数 Python 代码并不需要这个（作为程序设计风格，本书没有使用）。

542
~
544

4.1.12 习题

1. 请为 threesum.py 实现一个函数 writeAllTriples()，输出三个数的和为 0 的所有三元组。

2. 请修改 threesum.py，程序从命令行接收一个参数 x，查找标准输入中最接近 x 的三元组。

3. 请编写一个程序 foursum.py，从标准输入读取一个整数 n，然后从标准输入读取 n 个整数，统计和为 0 的不同 4 元组的个数。使用四重嵌套循环。请问程序运行时间的增长量级是多少？请估计程序在一个小时内可以处理的最大的 n 为多少？然后，运行你的程序以验证假设。

4. 请证明：$1 + 2 + \cdots + n = n(n+1)/2$。

解答：我们在 2.3 节一开始即通过归纳法给出过证明。这里是另一种证明方法的基础：

$$
\begin{array}{ccccccccc}
 & 1 & + & 2 & + & \cdots & + & n-1 & + & n \\
+ & n & + & n-1 & + & \cdots & + & 2 & + & 1 \\
\hline
 & n+1 & + & n+1 & + & \cdots & + & n+1 & + & n+1
\end{array}
$$

5. 请通过归纳法证明 0 和 $n-1$ 之间所有不同的整数三元组数量为 $n(n-1)(n-2)/6$。

解答：对于 $n = 2$，公式成立。对于 $n > 2$，通过归纳假设证明不包含 n 的三元组数量为 $(n-1)(n-2)(n-3)/6$，包含 $n-1$ 的三元组数量为 $(n-1)(n-2)/2$，总计结果为：

$$(n-1)(n-2)(n-3)/6 + (n-1)(n-2)/2 = n(n-1)(n-2)/6$$

6. 请使用积分近似证明 0 和 $n-1$ 之间不同整数三元组的数量为 $n^3/6$。

解答：$\sum_0^n \sum_0^i \sum_0^j 1 \approx \int_0^n \int_0^i \int_0^j dkdjdi = \int_0^n \int_0^i jdjdi = \int_0^n (i^i/2)di = n^3/6$。

7. 请问运行如下代码片段后，x（作为 n 的一个函数）的值是多少？

```
x = 0
for i in range(n):
    for j in range(i+1, n):
        for k in range(j+1, n):
            x += 1
```

解答：$n(n-1)(n-2)/6$。

8. 请使用波浪线表示法简化如下公式，并给出其增长量级：

a. $n(n-1)(n-2)(n-3)/24$

b. $(n-2)(\lg n - 2)(\lg n + 2)$

c. $n(n+1) - n^2$

d. $n(n+1)/2 + n\lg n$

e. $\ln((n-1)(n-2)(n-3))^2$

9. 请问如下代码片段是线性、二次型还是三次型（作为 n 的函数）的增长量级？

```
for i in range(n):
    for j in range(n):
        if i == j: c[i][j] = 1.0
        else:       c[i][j] = 0.0
```

10. 假设一个算法基于输入大小为 1000、2000、3000 和 4000 的运行时间分别为 5 秒、20 秒、45 秒和 80 秒。请估计解决问题规模为 5000 时消耗的时间？请问算法是线性、线性对数、二次型、三次型还是指数型的增长量级？

11. 你更喜欢哪种算法：二次型、线性对数还是线性增长量级的算法？

    解答：虽然很容易基于增长量级做出快速选择，但这样选择很容易被误导。你必须了解问题的规模大小以及运行时间首项系数相对值的大小。例如，假设运行时间为 n^2 秒、$100n\log_2 n$ 秒、$10000n$ 秒。则 n 小于或等于 1000 时，二次型算法最快；线性算法永远不会比线性对数算法快（n 必须大于 2100 时线性算法才会更快，如此巨大的数一般不会考虑）。

12. 应用科学方法开发并证明如下代码片段（作为参数 n 的函数）的运行时间的增长量级的假说：

```
def f(n):
    if (n == 0): return 1
    return f(n-1) + f(n-1)
```

13. 应用科学方法开发并证明如下各代码片段（作为参数 n 的函数）的运行时间增长量级的假说：

```
s = ''
for i in range(n):
    if stdrandom.bernoulli(0.5): s += '0'
    else:                        s += '1'


s = ''
for i in range(n):
    oldS = s
    if stdrandom.bernoulli(0.5): s += '0'
    else:                        s += '1'
```

    解答：在许多系统中，第一个代码片段是线性的，第二个代码片段是二次型的。原因如下：在第一种情况下，Python 检测到 s 是引用字符串的唯一变量，所以把每个字符都拼接到该字符串之后，就如同操作列表（在摊销常量时间）一样，即使字符串是不可变的！另一种安全的替代方案是创建一个包含所有字符的列表，然后调用 join() 方法把它们拼接在一起。

```
a = []
for i in range(n):
    if stdrandom.bernoulli(0.5): a += ['0']
    else:                        a += ['1']
s = ''.join(a)
```

14. 如下四个 Python 函数均返回一个长度为 n、其字符均为 x 的字符串。请确定每个函数的运行时间的增长量级。请注意，在 Python 中拼接两个字符串所需的时间与其长度之和成正比。

```
def f1(n):
    if (n == 0):
        return ''
    temp = f1(n // 2)
    if (n % 2 == 0): return temp + temp
    else:            return temp + temp + 'x'

def f2(n):
    s = ''
    for i in range(n):
        s += 'x'
    return s

def f3(n):
    if (n == 0): return ''
    if (n == 1): return 'x'
    return f3(n//2) + f3(n - n//2)

def f4(n):
    temp = stdarray.create1D(n, 'x')
    return ''.join(temp)

def f5(n):
    return 'x' * n
```

15. 如下三个 Python 函数均返回一个长度为 n 的字符串的逆序。请确定每个函数运行时间的
增长量级。

```
def reverse1(s):
    n = len(s)
    reverse = ''
    for i in range(n):
        reverse = s[i] + reverse
    return reverse

def reverse2(s):
    n = len(s)
    if (n <= 1):
        return s
    left = s[0 : n//2]
    right = s[n//2 : n]
    return reverse2(right) + reverse2(left)

def reverse3(s):
    return s[::-1]
```

其中，切片表达式 s[::-1] 使用一个可选的第三个参数指定步长。

16. 如下代码片段（改编自《Java 程序设计》一书）创建 0 到 $n-1$ 之间整数的一个随机排列。
请确定其作为 n 的函数的运行时间增长量级。请比较此代码片段和 1.4 节中混排代码运
行时间的增长量级。

```
a = stdarray.create1D(n, 0)
taken = stdarray.create1D(n, False)
count = 0
while (count < n):
    r = stdrandom.uniform(0, n)
    if not taken[r]:
```

```
        a[r] = count
        taken[r] = True
        count += 1
```

17. 请问如下代码片段第三重嵌套循环中第一个 if 语句执行的次数是多少?

```
for i in range(n):
    for j in range(n):
        for k in range(n):
            if (i < j) and (j < k):
                if a[i] + a[j] + a[k] == 0:
                    count += 1
```

请使用波浪线表示法简化你的答案。

18. 请应用科学方法开发和证明作为参数 n 的函数,关于 coupon.py(程序 2.1.3)中 collect() 方法的运行时间增加量级的假说。注意:倍增输入方法不足以区分线性和线性对数假说,请尝试增加输入数量,使其为原数据输入大小的平方。

19. 请应用科学方法开发和证明作为参数 moves 和 n 的函数,关于 markov.py(程序 1.6.3) 中运行时间的增加量级的假说。

20. 请编写一个程序 mooreslaw.py,带一个命令行参数 n,如果每隔 n 个月处理器的速度加倍,请问 10 年后处理器速度增加了多少? 如果处理器速度每隔 n = 15 个月或 24 个月加倍,则 10 年后处理器的速度增加了多少?

21. 请使用正文中的内存模型,给出第 3 章中如下数据类型各对象的内存需求:

a. Stopwatch

b. Turtle

c. Vector

d. Body

e. Universe

22. 请估计作为网格大小 n 的函数,基于垂直渗透系统检测(程序 2.4.2)的 visualizev.py(程序 2.4.4)所使用的内存总量。额外奖励:使用递归渗透系统检测方法 percolation.py 时,回答同样的问题。

23. 请估计你计算机可容纳的最大的 $n \times n$ 整数数组,然后尝试分配这样一个数组。

24. 请估计 comparedocuments.py(程序 3.3.5)的内存使用量,作为文档数量 n 和维度 d 的函数。

25. 请编写 primesieve.py(程序 1.4.3)的一个版本,使用一个整数数组代替布尔数组,并且每个整数均使用 32 位表示,估计程序可以处理的最大 n 值(32 的倍数)。

26. 表 4-1-10 列举了不同程序对于不同 n 值的运行时间。基于给定的信息,在空白处填充你的合理估计值。

表 4-1-10

程序	1000	10 000	100 000	1 000 000
A	0.001 秒	0.012 秒	0.16 秒	? 秒
B	1 分钟	10 分钟	1.7 小时	? 小时
C	1 秒	1.7 分钟	2.8 小时	? 天

请给出每个程序运行时间增长量级的假设。

545
~
551

4.1.13 创新习题

27. 三数和分析（Three-sum analysis）。请计算 n 个随机 32 位整数中不存在和为 0 的三元组的概率，并给出 n 等于 1000、2000 和 4000 时的近似估值。额外奖励：给出这些三元组期望个数的近似公式（作为 n 的函数），并运行实验以验证你的假说。

28. 最近数对（Closest pair）。请设计一个二次型算法，查找彼此最接近的整数对。（在下一节，你将被要求实现一个线性对数算法）。

29. 乘幂定律（Power law）。请证明函数 cn^b 的对数 – 对数图的斜率为 b，x 轴截距为 $\log c$。请问函数 $4n^3(\log n)^2$ 的斜率和 x 轴截距为多少？

30. 距离 0 最远的和（Sum furthest from zero）。请设计一个算法，查找两个数的和距离 0 最远的整数对。请问是否可以实现一个线性时间算法？

31. "beck"漏洞攻击（The "beck" exploit）。假设有一个流行的 Web 服务器支持一个函数 no2slash()，其目的是去除重复的字符 "/"。例如，函数 no2slash() 将字符串 /d1////d2////d3/test.html 转换成 /d1/d2/d3/test.html。原始的算法是重复查找一个字符 "/"，然后拷贝字符串剩余部分：

```
def no2slash(name):
    for x in range(1, len(name)):
        if x > 0:
            if (name[x-1] == '/') and (name[x] == '/'):
                for y in range(x+1, len(name)):
                    name[y-1] = name[y]
            else:
                x += 1
```

不幸的是，上述代码的运行时间是输入中 "/" 字符数量的二次型。通过同时发送多个包含大数量字符 "/" 的请求，一个黑客可能会淹没服务器，使其他进程无法获得足够的 CPU 时间，从而实现拒绝服务攻击。开发一个 no2slash() 新版本函数，使其运行时间为线性，从而不会造成此类攻击。

32. 杨表（Young tableaux）。假设内存中存储了一个 $n \times n$ 的二维整数数组 a[][]，对于所有的 i 和 j，满足 a[i][j] < a[i+1][j] 和 a[i][j] < a[i][j+1]，如下表所示：

```
 5  23  54  67  89
 6  69  73  74  90
10  71  83  84  91
60  73  84  86  92
99  91  92  93  94
```

请设计一个增长量级为线性 n 的算法，用于确定一个给定的整数 x 是否包含在一个给定的杨表中。

33. 子集和（Subset sum）。请编写一个程序 anysum.py，从标准输入中读取一个整数 n，然后从标准输入读取 n 个整数，并统计和为 0 的子集。请给出你的程序运行时间的增长量级。

34. 数组旋转（Array rotation）。给定一个包含 n 个元素的数组，请给出一个线性时间算法，旋转数组 k 个位置。也就是说，如果数组包含 n 个元素 a_0, a_1, $\cdots$, a_{n-1}，则旋转后的数组为：a_k, a_{k+1}, $\cdots$, a_{n-1}, a_0, $\cdots$, a_{k-1}。最多使用一个常量大小的额外空间（存放数组索引和数组值）。提示：反转三个子数组。

35. 查找重复的整数（Finding a duplicated integer）。（a）给定一个包含 n 个整数（从 1 到 n）的数组，其中一个整数重复了两次，而另一个整数缺失，请给出一个算法查找缺失的那个整数，要求使用线性时间和常量额外空间。（b）给定一个只读的包含 n 个整数的数组，其中，数组元素的值从 1 到 $n-1$ 只出现一次，有一个整数出现了两次，请给出一个算法，查找那个重复的值，要求使用线性时间和常量额外空间。（c）给定一个只读的包含 n 个整数的数组，数组各元素值位于 1 到 $n-1$ 之间，请给出一个算法，查找重复的值，要求使用线性时间和常量额外空间。

36. 阶乘（Factorial）。请设计一个快速算法用于计算大数 n 的 $n!$。使用你的程序计算 1000000! 中运行时间最长的连续 9 秒。请开发并验证关于你程序的运行时间增长量级的假说。

37. 最大和（Maximum sum）。请设计一个线性时间算法，用于在 n 个整数序列中查找最大 m 个数的连续子序列，使其和在所有这样的子序列中最大。请实现你的算法，并确保程序运行时间的增长量级是线性的。

38. 模式匹配（Pattern matching）。给定一个 $n \times n$ 的黑（1）和白（0）像素数组，请设计一个线性算法，查找全部为黑像素的最大子方矩阵。例如，如下 8×8 矩阵包含一个 3×3 全黑像素的子矩阵：

```
1 0 1 1 1 0 0 0
0 0 0 1 0 1 0 0
0 0 1 1 1 0 0 0
0 0 1 1 1 0 1 0
0 0 1 1 1 1 1 1
0 1 0 1 1 1 1 0
0 1 0 1 1 0 1 0
0 0 0 1 1 1 1 0
```

请实现你的算法，并确保其运行时间的增长量级为像素数的线性函数。额外奖励：请设计一个算法，查找最大的矩形黑色子矩阵。

39. 最大平均值（Maximum average）。请编写一个程序，在 n 个整数的数组中查找最多 m 个元素的连续子数组，使其平均值在所有这些子数组中最大，请尝试所有子数组。请使用科学方法证明你程序的运行时间增长量级为 mn^2。然后，再编写一个程序解决如下问题，首先对于每一个 i 计算 prefix[i] = a[0] + ... + a[i]，然后使用表达式 (prefix[j] - prefix[i]) / (j − i + 1) 计算区间 a[i] 到 a[j] 的平均值。请使用科学方法证明这种方法把运行时间的增长量级减少了一个因子 n。

40. 亚指数函数（Sub-exponential function）。请查找一个函数，其运行时间的增长量级比多项式函数大，但比指数函数小。额外奖励：请编写一个程序，其运行时间满足这种增长量级。

41. 可变数组（Resizing array）。请分别针对如下策略，要么证明每个可变数组操作消耗固定的摊销时间，要么发现其运行时间的增长量级为二次型时间的 n 个操作（从一个空的数据结构开始）。

a. 当可变数组的容量占满的时候倍增容量，并且当数组容量只占一半的时候减半容量。

b. 当可变数组的容量占满的时候倍增容量，并且当数组容量只占三分之一的时候减半容量。

c. 当可变数组的容量占满的时候把容量增大 9/8，当容量只占 80% 的时候把容量减少 9/8。

4.2 排序和查找

排序问题旨在重新按升序方式排列一个数组中的元素。排序是许多计算应用程序中一个常用且关键的任务：音乐库中的歌曲按字母顺序排列；电子邮件消息按接收时间的相反顺序排列；等等。把事物按某种顺序排列是一种很自然的需求。排序非常有用的一个理由是，相比于未排序的列表，在排序的列表中搜索内容会更加容易。这种需求在计算中特别强烈，其中需要搜索的列表内容可能十分巨大，而高效的搜索可能是一个问题解决方案中的关键因素。

排序和查找对于商业应用程序（企业按顺序存储客户档案）和科学应用程序（组织数据和计算）十分重要，并且在其他许多似乎与事物排序无关的领域也有各种应用，包含数据压缩、计算机图形学、计算生物学、数值计算、组合优化、密码学等。

我们使用这些基本问题来阐述一种观念，那就是高效的算法是计算问题的有效解决方案的关键之一。事实上，已经提出了许多不同的排序和查找方法。解决一个具体任务时，我们应该选择哪种算法呢？这是一个非常重要的问题，因为不同的算法性能特性差异显著，从而导致成功解决实际问题和根本无法解决实际问题的差异（即使使用最快的计算机）。

在本节中，我们将详细讨论查找和排序这两种经典算法，以及若干侧重于效率的应用程序。借助这些例子，你将意识到，在解决需要大量计算的问题时，不仅仅需要注重算法的应用，还需要注重运行成本。

表 4-2-1 为本节所有程序的一览表，读者可以作为参考。

表 4-2-1　本节中所有程序的一览表

程序名称	功能描述
程序 4.2.1（questions.py）	二分查找法（20 个问题）
程序 4.2.2（bisection.py）	二分查找法
程序 4.2.3（binarysearch.py）	二分查找法（在一个排序数组中）
程序 4.2.4（insertion.py）	插入排序算法
程序 4.2.5（timesort.py）	排序算法的倍增测试
程序 4.2.6（merge.py）	归并排序算法
程序 4.2.7（frequencycount.py）	频率计数

556

4.2.1 二分查找法

"20 个问题"的游戏（参见程序 1.5.2，twentyquestions.py）提供了一个为计算问题设计和使用高效算法理念的重要而有用的例子。问题十分简单：你的任务是猜测一个取值范围位于 0 到 $n-1$ 之间的神秘整数。每次你做出一个猜测时，程序会告知猜测的值等于、大于或小于那个神秘的整数。正如在 1.5 节所述，最有效的策略是猜测数值区间中间的那个数，然后使用猜测结果把包含神秘数的区间减半。

基于某种原因（将在随后阐明），我们稍微修改一下游戏的提问形式："请问该数大于或等于 m 吗？"其答案仅为 true 或 false，并假设 n 为 2 的乘幂。现在，通过最少提问数获取神秘数的有效算法（最坏的情况）是维持包含神秘数的区间，并且每一步把区间减半。更准确地说，我们使用一个半开区间（half-open interval），半开区间包含左端点但不包含右端点。我们使用符号 [lo, hi) 表示所有大于或等于 lo 但小于 hi（不等于 hi）的整数。开始时 lo = 0、 hi = n，我们使用如下的递归策略：

- 基本情况：如果 hi – lo 等于 1，则神秘数为 lo。
- 归约步骤：否则，询问神秘数是否大于或等于 mid = (hi + lo) / 2。如果是，则继续在区间 [mid , hi) 中查找。否则继续在区间 [lo , mid) 中查找。

这种策略是二分查找法的通用问题求解算法的一个例子，二分查找法具有广泛的应用。程序 4.2.1（questions.py）是二分查找法的一种实现。

程序 4.2.1　二分查找法（20 个问题，questions.py）

```
import sys
import stdio

def search(lo, hi):
    if (hi - lo) == 1:
        return lo
    mid = (hi + lo) // 2
    stdio.write('Greater than or equal to ' + str(mid) + '?  ')
    if stdio.readBool():
        return search(mid, hi)
    else:
        return search(lo, mid)

k = int(sys.argv[1])
n = 2 ** k
stdio.write('Think of a number ')
stdio.writeln('between 0 and ' + str(n - 1))
guess = search(0, n)
stdio.writeln('Your number is ' + str(guess))
```

lo	最小的整数
hi - 1	最大的整数
mid	中点
n	可能整数的个数
k	提问的次数

　　脚本程序 4.2.1 使用二分查找法实现和程序 1.5.2 同样功能的游戏程序，但角色反过来：由用户选择一个神秘数，程序猜测其值。程序带一个命令行参数 k，提示用户默想一个位于 0 到 $2^k - 1$ 之间的数，然后使用 k 次提问猜出正确答案。程序 4.2.1 的运行过程和结果如下：

```
% python questions.py 7
Think of a number between 0 and 127
Greater than or equal to 64?  True
Greater than or equal to 96?  False
Greater than or equal to 80?  False
Greater than or equal to 72?  True
Greater than or equal to 76?  True
Greater than or equal to 78?  False
Greater than or equal to 77?  True
Your number is 77
```

使用二分查找法发现神秘整数的示意图如图 4-2-1 所示。

1. 算法正确性证明

首先，我们必须证明策略的正确性，换言之，结果总能得到神秘数。我们通过如下事实加以证明：

- 区间中始终包含那个神秘数。
- 区间的长度为 2 的乘幂，从 2^k 递减。

第一条事实由代码强制保证其正确性。第二条事实，注意如果 (hi – lo) 是 2 的乘幂，则 (hi – lo) / 2 是下一个较小的 2 的乘幂值，也就是两个半区间的长度。这些事实是利用归纳法证明算法操作正确的基础。最终，区间的长度缩短为 1，所以我们可以保证查找到结果值。

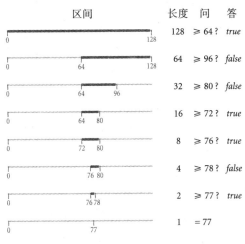

图 4-2-1　使用二分查找发现神秘整数

2. 运行时间的分析

假设 n 为可能值的个数。在 questions.py 中，我们有 $n = 2^k$，其中 $k = \lg n$。现在假设 $T(n)$ 是问题的次数，则递归策略立即表明 $T(n)$ 必须满足如下递归关系式：

$$T(n) = T(n/2) + 1$$

其中 $T(1) = 0$。把 n 替换为 2^k，通过循环重复（应用到自己）可以得出如下的闭合表达式：

$$T(2^k) = T(2^{k-1}) + 1 = T(2^{k-2}) + 2 = \ldots = T(1) + k = k$$

把 2^k 替换回 n（并且 k 替换为 $\lg n$），得到结果：

$$T(n) = \lg n$$

我们一般使用上述公式证明使用二分查找算法的程序运行时间为对数型的假说。请注意，二分查找算法和 questions.search() 也适用于 n 不是 2 的乘幂的情况（具体请参见本节习题的第 1 题）。

3. 线性 – 对数之间的鸿沟

二分查找法的一种替代方法是先猜测 0，然后 1、2、3，以此类推，直到命中那个神秘数。我们称这种算法为暴力算法（brute-force algorithm，也称穷举算法），暴力算法似乎可以完成任务，但该算法不考虑成本（对于大规模问题可能无法完成实际任务）。在这种情况下，暴力算法的运行时间对神秘数就很敏感，最坏情况下可能需要提 n 个问题。同时，二分查找算法则保证最多提出 $\lg n$ 个问题（或者更准确地说，如果 n 不是 2 的乘幂，则结果为 $\lceil \lg n \rceil$）。你将会意识到，n 和 $\lg n$ 在实际应用中差异是巨大的。理解这种巨大的差异是理解算法设计和分析重要性的关键步骤。在当前例子中，假设处理一个问题需要 1 秒钟。使用二分查找算法，你可以在 20 秒内猜出小于 100 万的任意一个数。而使用暴力算法，则

557
∫
559

可能需要 100 万秒，即超过一个星期的时间。我们将看到许多例子，这种运行成本的差异成为是否可以有效解决一个实际问题的决定因素。

　　4. 二进制表示

　　如果我们重新回顾程序 1.3.7（binary.py），就会立即发现二分查找算法几乎等同于把一个数转换为一个二进制的计算方法！每个问题确定答案的一个二进制位。在我们的例子中，数值位于 0 到 127 的信息意味着二进制表示的位数为 7，第一个问题（数值是否大于或等于 64？）的答案告诉我们第一个二进制位，第二个问题的答案告诉我们下一个二进制位，以此类推。例如，如果数值为 77，则答案系列依次为 True False False True True False True，立即可得出 1001101，即 77 的二进制表示。

　　使用二进制表示思考问题是理解对数－线性鸿沟的另一种方法：当程序的运行时间为参数 n 的线性函数时，其运行时间正比于 n 的值，然而，一个对数运行时间仅仅正比于 n 的二进制位数。换一种也许你更熟悉的场景，请思考如下描述同样观点的问题：你是想获得 6 美元还是想获得六位数的薪水呢？

　　5. 反相函数

　　作为二分查找法在科学计算中的一个应用实例，我们重新回顾在 2.1 节中遇见的一个问题：反相一个递增函数（参见 2.1 节的习题第 26 题）。给定一个递增函数 f 和一个 y 值，以及一个开区间（lo, hi），我们的任务是查找一个位于区间（lo, hi）的 x 值，满足 $f(x) = y$。在这种情况下，我们使用实数而不是整数作为区间的端点，但是使用"20 个问题"中猜数的相同方法：每一步把区间减半，使得 x 位于区间中，直到区间足够小，即值 x 位于期望的精度 δ，δ 作为函数的一个参数。图 4-2-2 描述了计算过程的第一步。

560

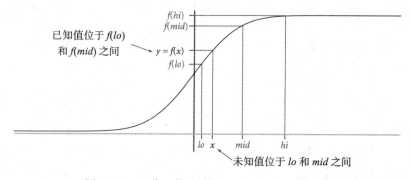

图 4-2-2　二分查找法反相一个递增函数的一步

　　程序 4.2.2（bisection.py）实现了上述策略。我们从包含 x 的区间（lo, hi）开始，使用如下递归过程：

- 计算 $mid = (hi + lo) / 2$。
- 基本情况：如果 $hi - lo < \delta$，则返回 mid 作为 x 的估计值。
- 递归步骤：否则，测试 $f(mid) > y$ 是否成立。如果成立，则在区间（lo, mid）中查找 x，否则在区间（mid, hi）中查找 x。

这种方法的关键思想在于函数是递增函数，即对于任何值 a 和 b，如果 $f(a) < f(b)$，则 $a < b$，反之亦然。递归步骤仅仅应用了如下知识：如果已知 $y = f(x) < f(mid)$，则 $x < mid$，所以 x 一定位于区间（lo, mid）中；如果已知 $y = f(x) > f(mid)$，则 $x > mid$，所以 x 一定位于区间（mid, hi)中。这个问题可以认为是确定区间（lo, hi）的 $n = (hi - lo) / \delta$ 个长度为 δ 的小区间中，哪一个包含 x，其运行时间为 n 的对数。与把一个整数转换为二进制一样，我们每次迭代确定 x 的一个位。在这种情况下，二分查找又常常被称为折半查找（bisection search），因为每一步我们都把区间一分为二。

6. 物体称重法（Weighing an object）

二分查找算法自古以来就被人认知，也许部分原因是以下的应用程序。假设你需要仅通过一个天平来确定一个物体的重量。使用二分查找，则可以使用重量为 2 的乘幂的砝码（每种砝码只需要一个）。把物体放在天平的右侧，然后在左侧按递减属性尝试不同的砝码。如果一个砝码使得天平偏向左侧，则移除该砝码。否则，保留该砝码。这种过程等价于通过递减 2 的乘幂的方法确定一个数的二进制表示，具体请参见程序 1.3.7。

561

程序 4.2.2　二分查找法（bisection.py）

```python
import sys
import stdio
import gaussian

def invert(f, y, lo, hi, delta=0.00000001):
    mid = (lo + hi) / 2.0
    if (hi - lo) < delta:
        return mid
    if f(mid) > y:
        return invert(f, y, lo, mid, delta)
    else:
        return invert(f, y, mid, hi, delta)

def main():
    y = float(sys.argv[1])
    x = invert(gaussian.cdf, y, -8.0, 8.0)
    stdio.writef('%.3f\n', x)

if __name__ == '__main__': main()
```

f	函数
y	给定值
delta	精度
lo	左端点
mid	中点
hi	右端点

程序 4.2.2 中的 invert() 函数使用二分查找算法计算位于区间（lo, hi）中的浮点数 x，满足 $f(x)$ 等于给定的值 y（误差精度为给定的 δ）。其中，f 是区间内任意的递增函数。invert() 函数是一个递归函数，减半包含给定值的区间，求解位于区间中点的函数值，然后判断所期望的浮点数 x 位于左半区间还是右半区间，重复上述过程直到区间的长度小于给定的精度。程序 4.2.2 的运行过程和结果如下：

```
% python bisection.py .5
0.000

% python bisection.py .95
1.645

% python bisection.py .975
1.960
```

562

二分查找法的三个应用示例如图 4-2-3 所示。

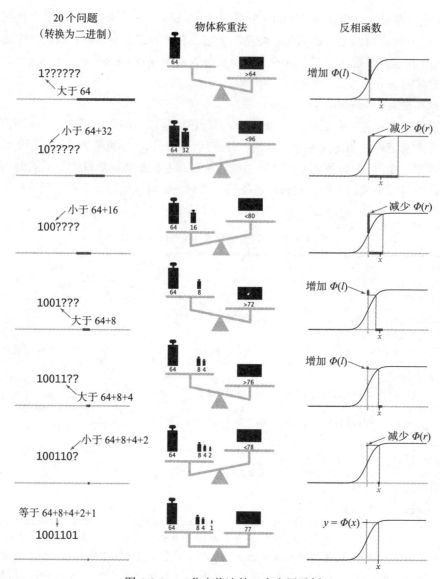

图 4-2-3　二分查找法的三个应用示例

7. 排序数组中的二分查找算法

二分查找算法最重要的应用之一是使用一个关键字查找信息。这种用法在现代计算中无处不在，以至于依赖于同一种概念的印刷品正在走向消亡。例如，在过去的几个世纪里，人们使用称为字典的出版物查找一个单词的定义。在上个世纪的大部分时间里，人们使用称为电话通讯簿（黄页）的出版物查找一个人的电话号码。在这两种情况下，其基本机制一致：所有的项目按顺序排列，通过可标识项目的关键字排序（例如，字典中的单词，黄页中的姓名等，均为相应的关键字，它们都按字典顺序排列）。你也许会使用计算机引用这些信息，但是否考虑过如何在一本字典中查找一个单词？一种称为顺序查找法（sequential search）的暴力算法采用从头开始依次检查每个关键字的方式，直到找到该单词。没有人会使用这种方法，替代方法是打开书中间的某一页，在该页中查找该单词。如果查到，则完成任务，否则，继续在本页前面的一半或本页后面的一半书中，重复上述查找过程。我们称这种方法为二分查找法。查找过程与是否正好查找到中间位置无关，只要每次至少排除你查找的关键字的一部分，则算法就是对数型的。排序数组中的二分查找算法如图 4-2-4 所示。

8. 异常过滤器（Exception filter）

我们将在 4.3 节详细讨论实现替代字典或黄页的计算机程序。程序 4.2.3（binarysearch.py）使用二分查找算法解决一个简单的既存问题：一个给定关键字是否存在于一个排序的关键字数组中？在其他位置是否存在？例如，当检查一个单词的拼写错误时，我们仅仅需要了解单词是否在字典中，而对单词的定义却不怎么感兴趣。在计算机搜索中，我们把信息保存在一个数组中，并按关键字排序（对于某些应用程序，其信息按顺序排列，对于其他信息，我们需要先使用本节随后讨论的算法对其进行排序）。binarysearch.py 中的

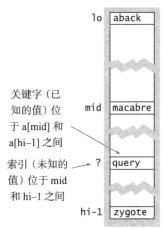

图 4-2-4　排序数组中的二分查找算法

564

二分查找算法与其他应用程序的区别有如下两点。首先，数组的长度 n 不必为 2 的乘幂。其次，必须允许要查找的关键字不是数组中的元素的可能性。考虑这两点要求的二分查找算法编码需要额外注意，详细讨论请参见本节的"问题和解答"以及习题。

binarysearch.py 中的客户端程序称为异常过滤器：它从一个文件中读取一个排序字符串数组（我们称为白名单），并从标准输入读取一个任意字符串序列，然后输出不在白名单中的字符串。异常过滤器具有许多直接的应用。例如，如果白名单来自一个字典中的单词，而标准输入是一个文本文档，则异常过滤器将输出拼写错误的单词。另一个例子来自于 Web 应用：邮件应用程序可以使用异常过滤器拒收不在白名单（包含你朋友的邮件地址）中的任何邮件信息。操作系统可以使用异常过滤器拒绝不在 IP 地址白名单中的设备与你的计算机网络相连接。

快速算法是现代世界的基本元素，二分查找算法是描述快速算法应用效果的典型例子。不管是大量的实验数据还是物理世界某方面的具体表示，现代科学家被淹没在大量的数据之中。通过少量的快速计算，你将发现类似使用异常过滤器查找一个文档中所有拼写错误单词的问题或者保护你的电脑不被入侵者攻击的问题，都需要一个类似于二分查找算法的快速算法。快速算法非常值得我们深入研究，因为它可以快速方便地解决问题，而不是花费大量资源尝试解决问题（还有可能失败）。使用快速算法，可以在瞬间完成百万单词的一个白名单或百万单词文档的拼写检查，而使用暴力算法则需要花费几天甚至几个星期时间来完成。当今时代，互联网公司日常提供的服务一般均基于二分查找算法，在包含数以亿计元素的数组中实施数以亿计的查找操作。如果没有类似二分查找的快速算法，我们无法想象这种服务是否能够成功完成。

4.2.2　插入排序算法

二分查找算法要求数组必须是排好序的，排序还有许多其他直接的应用，所以我们接下来讨论排序算法。首先我们讨论暴力算法，然后讨论可以用于大型数组的复杂算法。

我们讨论的暴力算法称为插入排序算法（insertion sort）。算法基于人们用来排列一手扑

克牌的基本方法，即每次处理一张扑克牌，然后把它插入到已经处理好的扑克牌中，使它们保持按序排列。

程序 4.2.3 二分查找法（在一个排序数组中，binarysearch.py）

```
import sys
import stdio
from instream import InStream

def _search(key, a, lo, hi):
    if hi <= lo: return -1  # Not found.
    mid = (lo + hi) // 2
    if a[mid] > key:
        return _search(key, a, lo, mid)
    elif a[mid] < key:
        return _search(key, a, mid+1, hi)
    else:
        return mid

def search(key, a):
    return _search(key, a, 0, len(a))

def main():
    instream = InStream(sys.argv[1])
    a = instream.readAllStrings()
    while not stdio.isEmpty():
        key = stdio.readString()
        if search(key, a) < 0: stdio.writeln(key)

if __name__ == '__main__': main()
```

key	要查找的关键字
a[]	排好序的数组
lo	最小可能的索引值
mid	中点
hi	最大可能的索引值

　　程序 4.2.3 中的 search() 方法使用二分查找算法查找一个关键字位于排序数组中的索引下标（如果在数组中不存在该关键字，则返回 –1）。测试客户端是一个异常过滤器，从一个命令行参数指定的白名单列表文件中读取一个排序字符串数组，然后输出来自标准输入的不包含在白名单中的单词。程序 4.2.3 的运行过程和结果如下：

```
% more emails.txt
bob@office
carl@beach
marvin@spam
bob@office
bob@office
mallory@spam
dave@boat
eve@airport
alice@home
```

```
% more white.txt
alice@home
bob@office
carl@beach
dave@boat

% python binarysearch.py white.txt < emails.txt
marvin@spam
mallory@spam
eve@airport
```

　　程序 4.2.4（insertion.py）包含了 sort() 函数的一种实现，模拟了上述过程，用于对长度为 n 的数组 a[] 中的元素进行排序。测试客户端从标准输入读取所有字符串，并把它们放置到一个数组中，然后调用 sort() 函数进行排序，最后把排好序的结果写入标准输出。

　　在 insertion.sort() 中，外层 for 循环对数组的前 i 个元素进行排序。内层 while 通过把 a[i] 插入到数组的适当位置完成排序，图 4-2-5 显示了 i 为 6 时插入排序的执行情形：

程序 4.2.4　插入排序算法（insertion.py）

```
import sys
import stdio

def exchange(a, i, j):
    a[i], a[j] = a[j], a[i]

def sort(a):                              a[]  要排序的数组
    n = len(a)                            n    元素的个数
    for i in range(1, n):
        j = i
        while (j > 0) and (a[j] < a[j-1]):
            exchange(a, j, j-1)
            j -= 1

def main():
    a = stdio.readAllStrings()
    sort(a)
    for s in a:
        stdio.write(s + ' ')
    stdio.writeln()

if __name__ == '__main__': main()
```

　　程序 4.2.4 从标准输入中读取字符串，按升序排列它们，并将排序后的结果写入标准输出。
Sort() 函数是插入算法的一种实现。它可以对支持 <（实现了一个 __lt__() 方法）操作的任何数据
类型的数组进行排序。插入算法适用于小型数组，或基本排好序的大型数组，但不适合于没有排
序的大型数组（排序速度会非常慢）。程序 4.2.4 的运行过程和结果如下：

```
% more tiny.txt
was had him and you his the but

% python insertion.py < tiny.txt
and but had him his the was you

% python insertion.py < TomSawyer.txt
tick tick tick tick tick tick tick tick tick tick tick tick tick tick tick tick tick tick tick tick tick tick tick
tick tick tick tick tick tick tick tick tick tick tick tick tick tick tick tick tick tick tick tick tick tick tick
```

i	j	a							
		0	1	2	3	4	5	6	7
6	6	and	had	him	his	was	you	**the**	but
6	5	and	had	him	his	was	**the**	you	but
6	4	and	had	him	his	**the**	was	you	but
		and	had	him	his	**the**	was	you	but

图 4-2-5　通过与左边的较大值交换将 a[6] 插入到数组中合适的位置

通过与左边较大元素的交换操作（使用 2.1 节实现的元组解包 exchange() 函数），元素 a[i] 被
依次移动插入到其左侧已排序元素的前面，注意从右到左移动，直到元素到达合适的位置。

跟踪信息（图 4-2-6）中最后三行黑色的元素是用于比较的元素（处理最后一次迭代，都实现了交换）。

上述插入过程首先针对 i 等于 1 执行，然后 i 等于 2、3，以此类推，详细的跟踪信息请参见图 4-2-6。当 i 到达数组的尾端，则整个数组排序完毕。

i	j	a							
		0	1	2	3	4	5	6	7
		was	had	him	and	you	his	the	but
1	0	**had**	was	him	and	you	his	the	but
2	1	had	**him**	was	and	you	his	the	but
3	0	**and**	had	him	was	you	his	the	but
4	4	and	had	him	was	**you**	his	the	but
5	3	and	had	him	**his**	was	you	the	but
6	4	and	had	him	his	**the**	was	you	but
7	1	and	**but**	had	him	his	the	was	you
		and	but	had	him	his	the	was	you

图 4-2-6　插入排序跟踪信息（将 a[1]~a[n–1] 插入到合适的位置）

图 4-2-6 中的跟踪信息显示了每次外循环 for 完成后的数组内容，以及这个时间点 j 的值。加粗显示的元素是循环开始时 a[i] 的值，黑色的元素是 for 循环内其他涉及交换和移动到右侧一个位置的元素。对于每一个 i 值，当循环结束时，元素 a[0] 到 a[i–1] 均排好序。特别地，最后当 i 取值为 len(a)，也就是循环结束时，所有的元素必定处于排好序的状态。上述讨论再次阐述了学习或开发一个新的算法时需要做的第一件事情是：证明结论的正确性。这样做提供了学习算法性能和有效使用算法的基本理解。

1. 运行时间的分析

sort() 函数包含一个嵌套在 for 循环中的 while 循环结构，这意味着运行时间是二次型。然而，匆忙下结论还为时尚早，因为一旦 a[j] 大于或等于 a[j–1]，则 while 循环终止。例如，在最理想的情况下，当参数数组已经处于排序状态，while 循环仅仅需要一次比较（对于每个 1 到 n–1 中的 j，判断 a[j] 大于或等于 a[j–1]），所以总的运行时间为线性。另一方面，如果参数数组为逆序排序状态，则 while 循环直到 j 等于 0 才会终止。所以，内循环指令执行次数为：

$$1 + 2 + \cdots + n{-}1 \sim n^2/2$$

565 ~ 569

所以运行时间为二次型（具体参见本节习题第 4 题）。为了理解插入排序算法针对于随机排序数组的性能，请仔细观察图 4-2-7 所示的运行跟踪信息：这是一个 $n \times n$ 数组，一个黑色的元素对应于每次交换。也就是说，黑色字体元素的个数是内循环中指令执行的次数。我们期望每个新插入元素均匀分布在任何位置，所以该元素平均向左移动一半距离。因而，我们预期平均情况下对角线下面元素的一半为黑色（约为总数的 $n^2/4$）。这种观察结果立即可以形成一种假说：针对一个

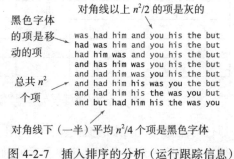

图 4-2-7　插入排序的分析（运行跟踪信息）

随机排列的数组，插入排序算法期望的运行时间是二次型。

2. 实证分析

程序 4.2.5（timesort.py）通过运行倍增测试（具体请参见 4.1 节），提供了一个函数，该函数验证了对随机排序的数组进行插入排序是二次型的假说。该模块包含两个函数 timeTrials()（用于运行给定问题规模大小 n 的实验）和 doublingTest()（用于计算问题规模 $n/2$ 和 n 之间运行时间的比值）。这些功能函数也可以用于其他的排序算法。对于插入排序算法，交互式 Python 会话的比值收敛到 4，从而验证了运行时间是二次型的假说，这一点和上一节讨论的结论一致。我们鼓励读者在自己的计算机上运行 timesort.py。通常，你也许会注意到对于某些 n 值，存在缓存的效果或其他系统特征，但是二次型运行时间应该十分明显。而且，你将很快明白插入算法的运行速度太慢，无法适用于大型输入的情况。

程序 4.2.5　排序算法的倍增测试（timesort.py）

```python
import stdio
import stdrandom
import stdarray
from stopwatch import Stopwatch

def timeTrials(f, n, trials):
    total = 0.0
    a = stdarray.create1D(n, 0.0)
    for t in range(trials):
        for i in range(n):
            a[i] = stdrandom.uniformFloat(0.0, 1.0)
        watch = Stopwatch()
        f(a)
        total += watch.elapsedTime()
    return total

def doublingTest(f, n, trials):
    while True:
        prev = timeTrials(f, n // 2, trials)
        curr = timeTrials(f, n,      trials)
        ratio = curr / prev
        stdio.writef('%7d %4.2f\n', n, ratio)
        n *= 2
```

f()	要测试的函数
n	问题规模的大小
trials	程序运行次数
total	总消耗时间
a[]	要排序的数组
watch	秒表

n	问题规模的大小
prev	问题规模为 $n // 2$ 时的运行时间
curr	问题规模为 n 时的运行时间
ratio	运行时间的比值

程序 4.2.5 中函数 timeTrials() 针对 n 个随机浮点数数组运行函数 $f()$，执行 trials 次实验。多次实验会产生更精确的结果，因为多次实验可以减少系统影响效果和对输入的依赖。函数 doublingTest() 执行倍增测试，从 n 开始，每次把 n 加倍，通过循环，然后输出当前 n 的运行时间与前一次程序运行时间的比值。程序 4.2.5 的运行过程和结果如下：

```
% python
>>> import insertion
>>> import timesort
>>> timesort.doublingTest(insertion.sort, 128, 100)
    128 3.90
    256 3.93
    512 3.98
   1024 4.12
   2048 4.13
```

3. 对输入的敏感性

请注意 timesort.py 中的每个函数都带一个 trials 参数，对于每一个问题规模均运行 trials 次实验，而不是一次。正如我们所观察的结果，这样做的原因之一在于**插入排序算法的运行时间对输入值敏感**。这与诸如 threesum.py 程序的行为完全不同，这意味着我们必须仔细解释分析结果。断然预测插入排序算法的运行时间为二次型是不合适的，因为应用程序可能包含运行时间为线性输入的情况。当一个算法的性能对输入值敏感时，如果不考虑输入因素则无法做出准确的预测。在处理实际应用程序时，我们将重新讨论这个问题。需要排序的字符串是否处于随机顺序状态？事实上，通常的情况并不是这样。特别地，如果一个大型数组中仅仅几个元素的位置顺序不正确，则可以选择插入排序算法。

4. 可比较的键值

我们需要能够排序任何拥有自然顺序数据类型的数据。在科学应用程序中，我们也许希望通过数值排序实验结果。在商业应用程序中，我们也许希望使用金额合计、时间或日期。在系统软件中，我们也许希望使用 IP 地址或账号。

幸运的是，我们的插入排序算法和二分查找算法不仅可以处理字符串数据，还可以处理任何可比较的数据类型。请回忆一下本书 3.3 节的内容，如果一个数据类型实现了六种比较方法，定义了一个全序关系，则该数据类型为可比较数据类型。Python 内置的数据类型 int、float 和 str 都是可比较的数据类型。

通过实现六种对应于运算符 <、<=、==、!=、>= 和 > 的特殊方法，可以使一个用户自定义数据类型成为可比较数据类型。事实上，我们的插入排序算法和二分查找算法函数仅依赖于运算符 <，但最佳的程序设计风格是实现全部六种特殊方法。

一种更通用的设计有时候适合于用户自定义数据类型。例如，一名教师也许希望在某些情况下按姓名而在其他情况下按成绩排序学生成绩记录文件。一种处理这种情况的常用解决方案是把一个用于比较键值的函数作为参数传递给排序函数。

在自然应用程序中插入排序算法的运行时间更有可能为二次型，因此我们需要考虑更快的排序算法。正如本书 4.1 节所述，大致的计算结果表明使用更快计算的帮助并不大。字典、科学数据库或商业数据库可能包含数以亿计的元素，如何才能够排序一个大数组？接下来，我们将讨论一种用于解决这个问题的经典算法。

4.2.3 归并排序算法

为了开发一个快速排序方法，我们使用递归（具体参见二分查找算法）和一种分而治之（divide-and-conquer）的方法来设计算法。希望每一个程序员都能理解这种算法。该算法是指解决问题的一种方法或思想，即把问题分解为独立的部分，然后分别独立解决问题，最后使用部分问题的解决方案形成整个问题的解决方案。为了使用这种策略排序一个可比较键值的数组，我们把数组分解成两部分，分别独立排序这两部分，然后把结果合并为一个完整数组。这种算法称为归并排序（mergesort）算法。归并排序过程演示如图 4-2-8 所示。

```
输入数据
  was had him and you his the but
对左半部分排序
  and had him was you his the but
对右半部分排序
  and had him was but his the you
合并排序
  and but had him his the was you
```

图 4-2-8　归并排序过程演示

处理一个给定数组的连续子数组时，我们使用 a[lo, hi) 表示 a[lo], a[lo+1], ···, a[hi–1]（采用二分查找算法中所使用的相同规则表示不包含 a[hi] 的半开区间）。我们使用如下递归策略对 a[lo, hi) 进行排序：

- 基本情况：如果子数组的长度为 0 或 1，则排序完毕。
- 递归步骤：否则，计算 mid = (hi + lo) / 2，（递归地）排序两个子数组 a[lo, mid) 和 a[mid, hi)，然后合并它们。

程序 4.2.6（merge.py）是这种算法的一种实现。数组元素通过递归调用后的代码重新排列，合并通过递归调用排序后数组的两个部分。通常，理解归并过程最简单的方法是研究归并过程中数组内容的跟踪信息。代码包含索引 i（前半部分）和索引 j（后半部分），第三个索引 k 用于存储结果的辅助数组 aux[]。归并实现是一个单循环，把 aux[k] 设置为 a[i] 或 a[j]（然后递增 k 和值的索引）。如果 i 到达子数组的末端，则 aux[k] 设置为 a[j]。如果 j 到达子数组的末端，则 aux[k] 设置为 a[i]。否则，aux[k] 设置为 a[i] 或 a[j] 中的较小值。当两个子数组中的所有元素都拷贝到 aux[] 后，排序好的数组被拷贝回原始数组。请读者务必花点时间仔细研究一下如图 4-2-9 所示的跟踪信息，以更好地理解代码总是可以正确合并两个排序子数组，从而实现排序整个数组的原理。

程序 4.2.6　归并排序算法（merge.py）

```
import sys
import stdio
import stdarray

def _merge(a, lo, mid, hi, aux):
    n = hi - lo
    i = lo
    j = mid
    for k in range(n):
        if   i == mid:    aux[k] = a[j]; j += 1
        elif j == hi:     aux[k] = a[i]; i += 1
        elif a[j] < a[i]: aux[k] = a[j]; j += 1
        else:             aux[k] = a[i]; i += 1
    a[lo:hi] = aux[0:n]

def _sort(a, lo, hi, aux):
    n = hi - lo
    if n <= 1: return
    mid = (lo + hi) // 2
    _sort(a, lo, mid, aux)
    _sort(a, mid, hi, aux)
    _merge(a, lo, mid, hi, aux)

def sort(a):
    n = len(a)
    aux = stdarray.create1D(n)
    _sort(a, 0, n, aux)
```

a[lo, hi)	要排序的子数组
n	子数组的长度
mid	中点
aux[]	用于合并的额外数组

```
% python merge.py < tiny.txt
was had him and you his the but
had was
        and him
and had him was
            his you
                but the
            but his the you
and but had him his the was you
```

程序 4.2.6 模块中的函数 sort() 是一个快速排序函数，可以用于排序任何可比较数据类型的数组。算法基于一个递归函数 sort()，通过递归排序 a[lo, hi) 的两个部分，然后合并这两个部分以创建一个排序结果。程序的输出结果是排序子数组每次调用 sort() 的跟踪信息（请参见本节习题第 8 题）。与 insertion.sort() 不同，merge.sort() 适用于排序巨型数组。程序 4.2.6 的运行过程和结果如上：

i	j	k	aux[k]	a[]							
				0	1	2	3	4	5	6	7
				and	had	him	was	but	his	the	you
0	4	0	and	and	had	him	was	but	his	the	you
1	4	1	but	and	had	him	was	but	his	the	you
1	5	2	had	and	had	him	was	but	his	the	you
2	5	3	him	and	had	him	was	but	his	the	you
3	5	4	his	and	had	him	was	but	his	the	you
3	6	5	the	and	had	him	was	but	his	the	you
3	7	6	was	and	had	him	was	but	his	the	you
4	7	7	you	and	had	him	was	but	his	the	you

图 4-2-9　排好序的左半部分和右半部分进行归并排序的跟踪信息

　　递归算法保证一个数组的两部分在合并前正确排序。同样，理解这个过程的最佳方法是研究每次递归调用 sort() 方法后返回的数组内容的跟踪信息。图 4-2-10 是我们例子的跟踪信息。首先，a[0] 和 a[1] 合并成一个排序子数组 a[0, 2)。然后 a[2] 和 a[3] 合并成一个排序子数组 a[2, 4)。然后这两个大小为 2 的子数组合并成一个排序子数组 a[0, 4)，以此类推。如果读者已经理解了合并处理的正确性，则只需要理解代码可以正确地把数组一分为二，就可以理解排序处理的正确性。请注意，如果元素的个数不是偶数，则左边的元素个数将比右边的元素个数少一个。

	a[]							
	0	1	2	3	4	5	6	7
	was	had	him	and	you	his	the	but
_sort(a, 0, 8, aux)								
_sort(a, 0, 4, aux)								
_sort(a, 0, 2, aux)								
return	had	was	him	and	you	his	the	but
_sort(a, 2, 4, aux)								
return	had	was	and	him	you	his	the	but
return	and	had	him	was	you	his	the	but
_sort(a, 4, 8, aux)								
_sort(a, 4, 6, aux)								
return	and	had	him	was	his	you	the	but
_sort(a, 6, 8, aux)								
return	and	had	him	was	his	you	but	the
return	and	had	him	was	but	his	the	you
return	and	but	had	him	his	the	was	you

图 4-2-10　递归归并排序调用的跟踪信息

573
～
575

1. 运行时间的分析

　　归并排序算法的内循环围绕着辅助数组进行。其中，for 循环包括 n 次循环，所以内循环中指令的执行频率与所有递归函数调用的子数组长度之和成正比。当根据大小按层排列调用时，可以显示其数量。为了简单起见，假设 n 是 2 的乘幂，即 $n = 2^k$。在第一层，包括一次大小为 n 的调用。在第二层，包括两次大小为 $n/2$ 的调用。在第三层，包括 4 次大小为 $n/4$ 的调用。以此类推，直到最后一层，包括 $n/2$ 次大小为 2 的调用。正好有 $k = \lg n$ 层，结果归并排序算法内循环的指令执行频率总共为 $n\lg n$（具体分析可参见图 4-2-11），这个公式也证明了归并排序算法的运行时间为线性对数的假说。

请注意，当 n 不是 2 的乘幂时，每一层子数组的大小不一定相同，但层的数量依旧是对数型的，所以线性对数假说对所有的 n 均成立（具体请参见本节习题第 14 题和第 15 题）。如图 4-2-12 所示的交互 Python 脚本使用 timesort.doublingTest()（具体请参见程序 4.2.5）验证了这种假说。

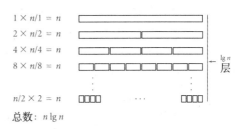

图 4-2-11　归并排序算法内循环的指令执行频率（当 n 是 2 的乘幂）

鼓励读者在自己的计算机上运行这些测试。尝试运行后，你将会发现 merge.sort() 比 insertion. sort() 快得多，因而排序巨型数组相对容易些。验证运行时间为线性对数（不是线性）的假说需要更多的工作，但是你肯定会发现归并算法具有可伸缩性，从而可以用于解决那些使用暴力算法（例如插入排序）根本不可能解决的排序问题。

2. 二次 – 线性对数之间的鸿沟

n^2 与 $n\log n$ 之间的差异在实际应用程序中会产生巨大不同，正如通过二分查找算法克服线性 – 对数之间的鸿沟。**理解差异的巨大性是理解算法设计和分析重要性的另一个关键步骤**。对于许多重要的计算问题，从二次型到线性对数型的速度提升（例如通过使用归并排序算法代替插入排序算法获得速度提升）会形成解决涉及巨大数据问题的能力和根本无法有效解决该问题的差异。

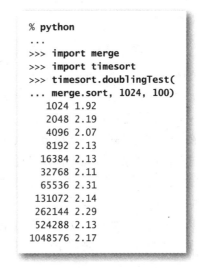

```
% python
...
>>> import merge
>>> import timesort
>>> timesort.doublingTest(
... merge.sort, 1024, 100)
   1024 1.92
   2048 2.19
   4096 2.07
   8192 2.13
  16384 2.13
  32768 2.11
  65536 2.31
 131072 2.14
 262144 2.29
 524288 2.13
1048576 2.17
```

图 4-2-12　交互 Python 脚本运行归并排序算法

4.2.4　Python 系统排序方法

Python 包括两种用于排序的运算。内置数据类型 list 中的方法 sort() 用于把列表的项按升序重新排列，与 merge. sort() 类似。与之对比，内置函数 sorted() 则保持原列表不变，函数返回一个新的包含按升序排列的项的列表作为替代。如图 4-2-13 所示的交互式 Python 脚本演示了这两种技术。Python 系统排序法使用了一种归并排序算法的版本，但其速度比 merge.py 快很多（10 ~ 20 倍），因为它使用了 Python 无法编写的底层实现，从而避免了 Python 本身附加的大量开销。与我们的排序实现一样，系统排序法可以用于任何可比较的数据类型，例如，Python 内置的 str、int 和 float 数据类型。

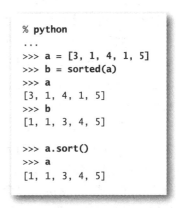

```
% python
...
>>> a = [3, 1, 4, 1, 5]
>>> b = sorted(a)
>>> a
[3, 1, 4, 1, 5]
>>> b
[1, 1, 3, 4, 5]

>>> a.sort()
>>> a
[1, 1, 3, 4, 5]
```

图 4-2-13　交互式 Python 脚本（Python 系统排序）

归并排序算法可以追溯到约翰·冯·诺依曼（John Von Neumann），一位杰出的物理学家，他是首先认识到计算在科学研究中重要性的科学家之一。冯·诺依曼为计算机科学做出了许多贡献，包括自 20 世纪 50 年代以来使用至今的计算机结构的基本概念。关于应用程序编程，冯·诺依曼提出了如下观点：

- 排序是许多应用程序的基本组成部分。
- 二次型算法对于许多实际目的显得太慢。
- 分而治之的方法十分有效。
- 证明程序的正确性和了解程序的开销都非常重要。

虽然计算机比以前快了许多数量级，内存也比以前多了许多数量级，但是这些基本概念依旧十分重要。有效且成功使用计算机的人和冯·诺依曼一样明白，暴力算法常常只是一个开始。Python 以及其他现代系统依旧在采纳和使用冯·诺依曼的方法，这些都充分证明了以上思想的强大性。

576
～
577

4.2.5　应用：频率计数

程序 4.2.7（frequencycount.py）从标准输入中读取字符串序列，向标准输出写入查找到的不同字符串以及出现的次数，按频率降序排列。这种计算适用于许多应用：语言学家可以研究一个长篇文章中单词的使用模式，科学家可以在实验数据中查找经常发生的事件，商人可以在一长串交易列表中查找出现次数最多的客户，网络分析师可以查找网络用量最多的用户。这些应用每个都可能包含数以百万计或更多的字符串，所以我们需要一个线性对数算法（或更好的算法）。程序 4.2.7 通过完成两种排序实现了该功能。

1. 计算频率

第一步是从标准输入读取字符串并将其排序。在这种情况下，我们感兴趣的不是字符串按顺序排列的事实，而是排序操作使得相同的字符排列在一起。如果输入为：

    to be or not to be to

则排序的结果为：

    be be not or to to to

相同的字符串（例如 be 出现了两次和 to 出现了三次）在数组中排列在一起。所以扫描数组一遍即可完成所有频率的计算。Counter 数据类型（程序 3.3.2）是胜任此任务的完美工具。

请回忆 Counter 数据类型包含一个字符串实例变量（初始化为构造函数参数），一个计数实例变量（初始化为 0），一个 increment() 方法用于把计数器加 1。我们维护一个 Counter 对象的 Python 列表 zipf[]，并针对每个字符串执行如下操作：

- 如果字符串不等于前一个字符串，则创建一个新的 Counter 对象并附加到 zipf[] 的尾部。
- 把最新创建的 Counter 对象加 1。

这个处理完成后，zipf[i] 包含第 i 个字符串及其频率。字符串出现频率的计算过程如图 4-2-14 所示。

i	M	a[i]	zipf[i].value()			
			0	1	2	3
	0					
0	1	be	1			
1	1	be	2			
2	2	not	2	1		
3	3	or	2	1	1	
4	4	to	2	1	1	1
5	4	to	2	1	1	2
6	4	to	2	1	1	3
			2	1	1	3

图 4-2-14　计算字符串出现的频率

578

程序 4.2.7　频率计数（frequencycount.py）

```python
import sys
import stdio
from counter import Counter

words = stdio.readAllStrings()
words.sort()        # or merge.sort(words)
zipf = []
for i in range(len(words)):
    if (i == 0) or (words[i] != words[i-1]):
        entry = Counter(words[i], len(words))
        zipf += [entry]
    zipf[len(zipf) - 1].increment()
zipf.sort()         # or merge.sort(zipf)
zipf.reverse()
for entry in zipf:
    stdio.writeln(entry)
```

| words | 输入的单词 |
| zipf[] | 计数器数组 |

　　程序 4.2.7 对标准输入中的单词进行排序，并使用排好序的数组统计每个单词出现的频率，然后按频率排序。用于测试的文件有超过两千万的单词。绘制图形用于将第 i 个频率相对于第一个频率（条形）与 $1/i$（那根灰色的曲线）进行比较。该程序假设 Counter 数据类型是可比较的（参见程序 3.3.2 和 3.3.7 节中有关比较运算符的描述）。程序 4.2.7 的运行过程和结果如下：

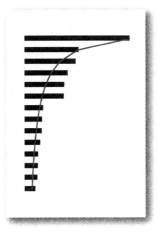

```
% python frequencycount.py < leipzig.txt
1160105 the
593492 of
560945 to
472819 a
435866 and
430484 in
205531 for
192296 The
188971 that
172225 is
148915 said
147024 on
...
```

2. 频率排序

　　接下来，我们按频率排序 Counter 对象。通过为 Counter 数据类型增加包含六种用于通过计数比较 Counter 对象的方法（具体请参见 3.3.7 节中关于比较运算符的阐述内容），可以在客户端代码中实现这种功能。因而，我们可以简单地对 Counter 对象所组成的数组进行排序，使其按频率升序排列！接下来，我们把数组倒序排列，使其各元素按频率的倒序排列。最后，我们在标准输出中输出每个 Counter 对象。通常，Python 自动调用内置函数 str() 实现输出，对于 Counter 对象，则输出计数值随后跟字符串。对频率排序的示意图如图 4-2-15 所示。

3. 齐普夫定律（Zipf's law）

　　程序 frequencycount.py 中突出的应用是基本语言分析：文本中出现频率最高的单词是什么？一种称为齐普夫定律的现象表明：在一篇包含 m 个不同单词的文章中，第 i 个最常出

现单词的频率与 $1/i$ 成正比（其比例常数为 m 次调和数）。例如，第二个最常见单词的出现
频率是第一个最常用单词出现频率的一半。这是一
种经验假说，存在于许多场景，从财务数据到网络
使用情况的统计。程序 4.2.7 中的测试客户端在包含
一百万个来自 Web 的语句数据库上验证了齐普夫定
律（具体请参见本书官网）。

i	zipf[i]	
排序前		
0	2	be
1	1	not
2	1	or
3	3	to
排序后		
0	1	not
1	1	or
2	2	be
3	3	to

在未来的某个时间，你很可能发现编写程序解
决一个简单任务时，通过先排序可以很容易解决问
题。使用线性对数排序算法（例如归并排序算法），
你甚至可以解决巨型数据集的问题。使用了两种不
同排序方法的程序 4.2.7（frequencycount.py）就是一
个最好的例子。如果没有好的算法（或没有理解其
性能特征），你也许会感到困惑：为什么自己拥有一

图 4-2-15　对频率排序的示意图

台快速且昂贵的计算机，却无法解决看起来比较简单的问题。随着你可以有效解决的问题规
模集的不断增加，你将发现计算机可以成为超越想象的更有效的工具。

4.2.6　经验总结

我们编写的绝大多数程序均涉及通过开发一个明确的和正确的解决方案来管理解决一个
新的实际问题的复杂性，那就是，把程序分离成可控大小的模块，并且利用可用的基本资
源。从本书伊始，我们就一直遵循这个原则和方法进行程序设计。然而，当你开始致力于设
计更为复杂的应用程序时，你将发现清晰和正确的解决方案往往还很不够，因为计算的代价
可能成为制约因子。本节的例子就是对这个事实的基本阐述。

1. 重视计算的成本

如果你可以使用一个简单的算法很快地解决一个小规模问题，则无需考虑计算的成本。
但如果你需要解决包含大量数据或大量计算的问题，则必须考虑计算的成本。对于插入排
序，我们必须做出快速分析以确定暴力算法对于大型数组是不可行的。

2. 分而治之的算法

分而治之算法范例的强大之处值得仔细斟酌，这一点曾在开发对数性能查找算法（二分
查找算法）和线性对数排序算法（归并排序算法）中进行过详细阐述。同样的基本方法对于
许多重要问题都有效，如果你将来选修了算法设计课程，将学习和体会到这一点。目前，特
别鼓励读者研究本节课后习题，习题描述了分而治之算法提供可行性解决方案的问题，而没
有这种算法，这些问题根本就不可能解决。

3. 利用排序简化问题

如果可以使用问题 B 的解决方案来解决问题 A，则称问题 A 可简化为问题 B。从零开
始设计一个新的分而治之算法有时候类似于解决一个需要某些经验和智慧的谜题，因而开始
时你也许没有解决这个问题的自信心。然而通常的情况是一个简单的方法就会有效：给定一
个新的问题（可能使用二次型暴力算法解决方案），考虑如果数据排序后该如何解决。我们
常常会发现，一个相对简单的针对排序后数据的线性扫描会完成任务。因而，我们得到了线
性对数型算法，利用了类似归并排序算法实现中的智慧。例如，确定是否一个数组中的每个

元素都有一个不同值的问题。我们可以利用排序将这个问题简单化，因为我们可以先排序一个数组，然后扫描排好序的数组，最后检查一个元素的值是否等于下一个元素的值，如果都不相等，则数组中的元素都是不相同的。

581

4. 了解底层工具

使用 frequencycount.py（程序 4.2.7）统计超大文本单词频率的能力依赖于使用数组和列表的特定操作的性能特征。首先，其高效性取决于归并排序算法可以在线性对数运行时间排序一个数组。其次，创建 zipf[] 的高效性取决于这样的事实：在 Python 中可以通过每次重复附加项目的方式构建列表，并且其运行时间和空间开销与结果列表的长度呈线性关系。通过使用 Python 的可变数组数据结构使这些操作成为可能（具体可以参考 4.1 节中的讨论）。作为一个应用程序员，你必须时刻保持警惕，因为并不是所有的程序设计语言都支持这种附加一个项目到一个列表的高效实现（并且其性能特征很少在 API 中阐述）。

自从计算出现开始，人们就一直致力于开发可以高效解决实际问题的算法，例如二分查找算法、归并排序算法等。这个研究领域称为"算法的设计和分析"，其研究包括设计规范（例如分而治之算法），研发关于算法性能假设的技术，用于解决各种类型实际问题（例如排序和查找等）的算法。许多这些算法的实现可以在 Python 库或其他专用库中找到，但是理解这些计算的基本工具就像理解数学和科学的基本工具一样。你可以使用矩阵处理求解一个矩阵的特征值，但是你还是需要学习线性代数课程以有效应用概念和解释结果。现在，你一定领悟到一个快速算法在徒劳无获和正确解决一个实际问题之间产生的差异。你可以留心观察有效的二分查找算法和归并排序可以完成任务的各种应用情况，或者寻找算法设计与分析可以导致差异的各种机会。

582

4.2.7 问题和解答

Q. 为什么我们需要花费巨大精力来证明一个程序的正确性？

A. 为了减少很多麻烦和痛苦。二分查找算法就是一个著名的例子。目前你已经理解了二分查找算法。一个经典的程序设计练习是编写一个使用 while 循环代替递归的版本。尝试解答本节 1 ~ 3 题，但不要参考书中的代码。在一个著名的试验中，乔恩·本特利（Jon Bentley）曾经要求几位专业程序员编写该程序，结果他们的解决方案大多数都是不正确的。

Q. 既然 Python 在 list 数据类型中提供了高效的 sort() 方法，为什么还要介绍归并排序算法？

A. 就如我们所讨论的许多主题一样，如果你能够理解方法和工具后的背景，相信你一定会更高效地使用这些方法和工具。

Q. 如下插入排序算法针对已经排好序的数组的运行时间是多少？

```python
def sort(a):
    n = len(a)
    for i in range(1, n):
        for j in range(i, 0, -1):
            if a[j] < a[j-1]: exchange(a, j, j-1)
            else:             break
```

A. 在 Python 2 中为二次型运行时间，在 Python 3 中为线性运行时间。其理由如下：在 Python 2 中，range() 是一个函数，返回等于 range 长度的整数数组（如果因为 break 或

return 语句导致循环提早结束，会造成浪费）。在 Python 3 中，range() 返回一个迭代器，迭代器仅生成所需要的整数。

Q. 如果尝试排序一个各个元素并不都是同一种类型的数组，会产生什么后果？

A. 如果元素是可比较的数据类型（例如 int 和 float），一切都没有问题。例如，混合数值类型根据值进行比较，所以 0 和 0.0 作为相等处理。如果元素为不可比较的数据类型（例如 str 和 int），则 Python 3 在运行时抛出 TypeError 错误。Python 2 支持一些混合类型的比较，使用类的名称来确定哪个对象更小。例如，Python 2 认为所有的整数比所有的字符串小，因为按字典顺序，'int' 比 'str' 小。

Q. 当使用运算符（例如 == 和 <）比较字符串时，使用的顺序是什么？

A. 一般情况下，Python 使用字典顺序比较两个字符串，与单词在一本书中的索引或字典顺序一致。例如，'hello' 和 'hello' 相等，'hello' 和 'goodbye' 不相等，'goodbye' 比 'hello' 小。更加正规的方法是，Python 首先比较每个字符串的第一个字符。如果这两个字符不同，则这两个字符的比较结果就是字符串作为整体的比较结果。否则，Python 比较每个字符串的第二个字符，如果这两个字符不同，则这两个字符的比较结果就是字符串作为整体的比较结果。按此方式继续比较，如果 Python 同时到达两个字符串的结尾，则认为它们相等。否则，认为较短的字符串较小。Python 使用 Unicode 进行逐字符比较。我们列举一些关于字符串的重要属性：

- '0' 比 '1' 小，以此类推。
- 'A' 比 'B' 小，以此类推。
- 'a' 比 'b' 小，以此类推。
- 十进制数字（'0' 到 '9'）比大写字母（'A' 到 'Z'）小。
- 大写字母（'A' 到 'Z'）比小写字母（'a' 到 'z'）小。

583
~
584

4.2.8 习题

1. 请开发 questions.py（程序 4.2.1）的一种实现，从命令行接收最大数值 n 作为参数（不必为 2 的乘幂）。请证明你实现的正确性。

2. 请编写二分查找算法（程序 4.2.3）的一个非递归版本。

3. 请修改程序 binarysearch.py，实现如下功能：如果搜索的键在数组中存在，则返回满足 a[i] 等于 key 的最小索引 i，否则，返回 a[i] 比 key 小的最大索引 i（如果不存在这种索引，则返回 –1）。

4. 如果在一个无序数组中应用二分查找算法，请描述其结果。为什么每次调用二分查找算法前不检查数组是否有序？请问你是否可以判断二分查找算法检查的元素按升序排列？

5. 请描述为什么二分查找算法需要使用不可变的键。

6. 假设 $f()$ 为单调递增函数，且 $f(a) < 0$ 并且 $f(b) > 0$。请编写一个程序，计算一个值 x，满足 $f(x) = 0$（在一个给定的误差容限之内）。

7. 请在 insertion.py 中增加代码，产生正文中的跟踪信息。

8. 请在 merge.py 中增加代码，产生正文中的跟踪信息。

9. 请按课本中的样式，给出插入排序算法和归并排序算法的跟踪信息，假设输入如下：it

was the best of times it was.

10. 请编写一个程序 dedup.py，从标准输入读取字符串，在标准输出中输出去掉重复字符串的结果（且保持排序状态）。

11. 请编写归并排序算法（程序 4.2.6）的一个版本，在每次递归调用 _merge() 时创建一个辅助数组，代替在 sort() 中创建的唯一辅助数组，并作为参数传递。请问这种修改对性能有什么影响？

12. 请编写归并排序算法（程序 4.2.6）的一个非递归版本。

13. 请统计你最喜欢的书中单词的频率计数。请问结果是否遵循齐普夫定律？

14. 当 n 为 2 的乘幂时，按分析二分查找算法时使用的方法，从数学角度上分析归并排序算法。

解答：假设 $M(n)$ 为内循环指令的执行频率。则 $M(n)$ 必须满足如下递推关系：

$$M(n) = 2M(n/2) + n$$

其中，$M(1) = 0$。把 n 替换为 2^k，结果为：

$$M(2^k) = 2 M(2^{k-1}) + 2^k$$

上述递推公式与我们讨论的二分查找算法的递推公式类似但更为复杂。但是，如果公式两边同时除以 2^k，则：

$$M(2^k) / 2^k = M(2^{k-1}) / 2^{k-1} + 1$$

结果与二分查找算法的递推公式正好一致。也就是 $M(2^k) / 2^k = T(2^k) = k$。使用 n 替换回 2^k（并且 $\lg n$ 替换 k），结果 $M(n) = n\lg n$。

15. 当 n 不是 2 的乘幂的情况下，请分析归并排序算法。

部分解答：如果 n 是一个奇数，则一个子数组必定比另一个子数组多一个元素，所以当 n 不是 2 的乘幂时，不同层的子数组就没有必要大小相同。同样，每个元素必定会出现在某些子数组中，并且层的数量同样是对数型，所以线性对数的假说对所有的 n 都成立。

585
~
586

4.2.9 创新习题

如下习题的目的是增强读者针对典型问题开发快速解决方案的经验。考虑使用二分查找算法或归并排序算法，或设计自己的分而治之算法。实现并测试你的算法。

16. 中值（Median）。请在 stdstats.py 中实现函数 median()，以线性对数运行时间计算中值。提示：先排序以简化计算。

17. 众数（Mode）。请在 stdstats.py 中增加一个函数 mode()，以线性对数运行时间计算有 n 个整数的序列的众数（即出现次数最多的值）。提示：先排序以简化计算。

18. 整数排序（Integer sort）。请编写一个线性运行时间过滤器，从标准输入读取一个位于 0 到 99 之间的整数序列，向标准输出中输出排序后的整数。例如，如果输入的整数序列为：

98 2 3 1 0 0 0 3 98 98 2 2 2 0 0 0 2

则程序的输出序列为：

0 0 0 0 0 0 1 2 2 2 2 2 3 3 98 98 98

19. 向下舍入和向上舍入（Floor and ceiling）。给定一个包含 n 个可比较键的有序数组，请编写函数 floor() 和 ceiling()，以对数运行时间返回不大于（或不小于）参数键的最大（或最小）键的索引下标。

20. 双调最大值（Bitonic maximum）。如果一个数组包含一个递增键序列紧跟一个递减键序列，则称之为双调数组。给定一个双调数组，设计一个对数型运行时间算法，查找最大键的索引下标。

21. 双调数组中的查找（Search in a bitonic array）。给定一个包含 n 个不同整数的双调数组，设计一个对数型运行时间算法，用于确定一个给定整数是否存在于给定的双调数组中。

22. 最接近数对（Closest pair）。给定一个 n 个浮点数的数组，请编写一个函数，以线性型运行时间查找其值最接近的一对浮点数[一]。

23. 最远离数对（Furthest pair）。给定一个 n 个浮点数的数组，请编写一个函数，以线性时间查找其值最远离的一对浮点数[二]。

24. 两数和（Two sum）。请编写一个函数，函数带一个包含 n 个整数的数组作为参数，以线性时间确定是否存在两个和为 0 的数。

25. 三数和（Three sum）。请编写一个函数，函数带一个包含 n 个整数的数组作为参数，确定是否存在三个和为 0 的数。你程序的运行时间应该正比于 $n^2 \log n$。额外奖励：编写一个程序以二次型时间解决这个问题。

26. 多数派（Majority）。给定一个包含 n 个元素的数组，如果一个元素出现的次数超过 $n/2$ 次，则称为多数派。请编写一个函数，函数带一个包含 n 个字符串的数组作为参数，以线性时间确定其多数派（如果存在的话）。

27. 共用元素（Common element）。请编写一个函数，带三个字符串数组作为参数，确定是否存在同时属于这三个数组的字符串，如果存在，则返回一个这样的字符串。你方法的运行时间应该与总字符串的个数呈线性关系。

28. 最大空置间隔（Largest empty interval）。给定 Web 服务器上某个文件被请求的 n 个时间戳，确定该文件没有被请求的最大时间间隔。请编写一个程序以线性运行时间解决该问题。

29. 无前缀编码（Prefix-free code）。在数据压缩中，如果没有字符串是其他字符串的前缀，那么这些字符串是无前缀编码。例如，字符串组 01、10、0010 和 1111 是无前缀编码，但字符串组 01、10、0010、1010 就不是无前缀编码，因为 10 是 1010 的前缀。请编写一个程序，从标准输入读取一个字符串组，确定该字符串组是否为无前缀编码。

30. 分区（Partitioning）。请编写一个函数，对一个最多包含两个不同值的数组进行排序。提示：使用两个指针，一个指针从左端开始向右移动，另一个指针从右端开始向左移动。保持下列不变条件：左指针左侧的所有元素等于两个值中较小的值，右指针右侧的所有元素等于两个值中较大的值。

31. 荷兰国旗（Dutch national flag）。请编写一个函数，对一个最多包含三个不同值的数组进行排序。（荷兰计算机科学家艾兹格·迪杰斯特拉（Edsgar Dijkstra）将这个问题命名为"荷兰国旗问题"，因为其结果是三个"条形"值，类似于荷兰国旗的条状）。

32. 快速排序（Quicksort）。请编写一个递归程序，用于排序一个包含不同值随机排列的数组。提示：使用类似于本节习题第 31 题中描述的方法。首先，把数组分成所有元素都小

　⊖　原书误为整数。——译者注
　⊜　原书误为整数。——译者注

于 v 的左部分，然后是 v 值，接着是所有值都大于 v 的右部分。然后递归排序两个部分。额外奖励：修改你的方法（如果需要的话）以适用于值非完全不同的情况。

33. 反转域名（Reverse domain）。请编写一个程序，从标准输入读取一个域名列表，然后按顺序输出其反向域名。例如，域名 cs.princeton.edu 的反向域名为 edu.princeton.cs。这种计算适用于 Web 日志分析。要实现这种功能，创建一个数据类型 Domain，实现特殊的比较方法，使用反向域名顺序。

34. 数组中局部最小值（Local minimum in an array）。给定一个包含 n 个浮点数的数组，请编写一个函数，以对数运行时间查找一个局部最小值（一个索引下标，满足 a[i] < a[i−1] 和 a[i] < a[i+1]）。

35. 离散分布（Discrete distribution）。请设计一个快速算法，反复生成随机分布的数值。给定一个和为 1 的非负浮点数的数组 p[]，目标是返回概率为 p[i] 的下标 i。构造一个累计和的数组 s[]，满足 s[i] 是概率 p[] 的前 i 个元素之和。然后，生成一个位于 0 和 1 之间的随机浮点数 r，使用二分查找算法返回满足 s[i] <= r < s[i+1] 的索引下标 i。

36. 押韵的单词（Rhyming word）。请以列表方式输出一个可以用来找到押韵单词的列表。使用如下方法：
- 读取一个字典中的单词到一个字符串数组。
- 把每一个单词反序（例如，confound 变成 dnuofnoc）。
- 对结果数组排序。
- 把每一个单词的字母反序恢复到它们的原始顺序。

  例如，在结果列表中，confound 与单词 astound 和 surround 等邻近。

587
~
589

4.3　栈和队列

在本节，我们将介绍用于处理任意大的项目集合的两个相互关联的数据类型：栈和队列。栈和队列是集合思想的具体例子。一个项目的集合具有五个操作特征：创建一个集合，插入一个项目，删除一个项目，测试集合是否为空，确定集合的大小或者项目的个数。

当我们插入一个项目时，其目的十分明确。但是当删除一个项目时，应该如何操作呢？在不同的现实情况下，问题的解决方案各不相同，也许你还没有仔细考虑过。

每一种类型的集合的特征由其删除规则决定。另外，根据删除规则，每种集合适合于不同的实现，其性能特征也各不相同。例如，用于一个队列的删除规则是删除最早进入集合（也就是在队列中的时间最长）的项目。这种策略称为先进先出（first-in first-out，FIFO）。人们排队购票就是使用这种规则：队列按到达顺序排列，因此离开队列的人比其他人排队的时间更长。

栈则使用一个完全不同的策略作为删除规则：删除最后进入集合（也就是在栈中的时间最短）的项目。这种策略称为后进先出（last-in first-out，LIFO）。例如，当进入和离开飞机驾驶舱时遵循的策略接近于 LIFO：靠近客舱板后登机的人比先登机的人离开得早。

栈和队列的应用非常广泛，所以熟悉其基本特性以及适用的场景十分重要。它们都是可以用于解决更高级别程序设计任务的基本数据结构的很好例子。它们被广泛地应用于系统和应用程序设计，在本节我们将介绍几个具体的实例。我们讨论的实现和数据结构同样可以作为其他移除规则的模型，本节后的习题我们将涉及其中一部分。

表 4-3-1 为本节所有程序的一览表，读者可以作为参考。

表 4-3-1　本节中所有程序的一览表

程序名称	功能描述
程序 4.3.1（arraystack.py）	栈（可变数组）
程序 4.3.2（linkedstack.py）	栈（链表）
程序 4.3.3（evaluate.py）	表达式求值
程序 4.3.4（linkedqueue.py）	FIFO 队列（链表）
程序 4.3.5（mm1queue.py）	M/M/1 队列模拟
程序 4.3.6（loadbalance.py）	负载均衡模拟

4.3.1　下堆栈（后进先出栈）

下堆栈（或简称为栈）是一种基于后进先出（LIFO）策略的集合。

当邮件堆叠在桌面上时，你就在使用一个栈。但收到一封新邮件时，你把它堆放在上面。阅读邮件时则从最上面的一封开始阅读。下堆栈操作的示意图如图 4-3-1。

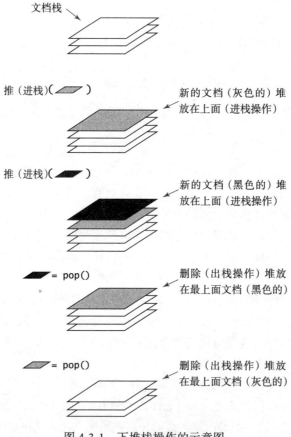

图 4-3-1　下堆栈操作的示意图

现在人们处理的纸质邮件已日渐减少，但同样的管理原则构成了计算机中若干常用程序的基础。例如，很多人把电子邮件组织为栈，刚刚收到的邮件在最上面，位于最上面的邮件先被处理，即最新日期优先（后进先出）。这种策略的优点是可以尽早查看感兴趣的邮件，缺点是如果不清空栈则一些旧邮件永远不会被阅读。

浏览网页时可能还会遇见另外一个栈的常见例子。当点击一个超链接时，浏览器显示一个新的页面（并将其插入到一个栈）。继续点击超链接可以访问新的页面，但也可以通过后退按钮重新访问前面的页面（即从栈中移除）。栈提供的后进先出策略正是你期望的行为。

这些栈的使用方法具有直观性，但也许没有说服力。事实上，在计算中栈十分重要，我们将对栈应用的进一步讨论延迟到本节稍后部分。目前，我们的目标是理解栈如何工作，以及如何实现栈。

自计算的早期时代起，程序员就已经开始使用栈。传统上，我们把栈的插入操作命名为进栈（push），把栈的删除操作命名为出栈（pop）。栈数据类型的 API 如表 4-3-2 所示。591

表 4-3-2 中栈数据类型的 API 包含核心的 push() 和 pop() 方法，以及用于测试栈是否为空的方法 isEmpty()，用于获取栈中项目个数的内置函数 len()。当栈为空的时候，调用 pop() 方法将抛出一个运行时错误，建议客户端调用 isEmpty() 检查栈是否为空，以避免这个错误。接下来我们将讨论上述 API 的两种实现：arraystack.py 和 linkedstack.py。

重要提示：当在 API 中包含了性能规范时（例如 Stack 的 API），我们认

表 4-3-2　栈数据类型的 API

常量运行时间操作	功能描述
Stack()	创建一个新的栈
s.isEmpty()	栈是否为空
len(s)	栈中项目的个数
s.push(item)	项目 s 进栈
s.pop()	项目 s 出栈，并返回该项目

注：栈的空间使用必须与项目的个数呈线性关系。

为这些性能规范是必须实现的功能。一种不能满足性能规范的实现可能实现 SlowStack 或 SpaceWastingStack，但不是一个 Stack。我们希望客户端可以获得性能保障。

4.3.2　基于 Python 列表（可变数组）实现栈

使用 Python 列表表示栈是一种自然而然的观念，但在进一步阅读之前，我们有必要思考如何实现这个想法。

很显然，我们需要一个实例变量 a[] 用于在 Python 列表中保存栈的各个项目。我们是否应该按插入顺序保存项目（即最早插入的项目为 a[0]，其次为 a[1]，依次类推）？或者是否应该按插入的反向顺序保存项目？出于效率考虑，我们按插入顺序保存各项目，因为在 Python 列表的尾端进行插入和删除操作的运行时间为常量（而在列表前端的插入和删除操作的运行时间为线性）。使用 Python 列表表示栈的示意图如图 4-3-2 所示。

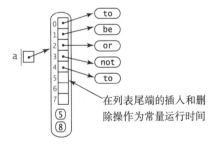

在列表尾端的插入和删除操作为常量运行时间

图 4-3-2　使用 Python 列表表示栈 592

几乎没有比 stack.py（程序 4.3.1）中栈的 API 更简单的实现，所有的方法均为 1 行实现代码！实例变量是一个 Python 列表 _a[]，用于按插入顺序存储栈的各个项目。项目进栈时，我们使用 += 运算符把它附加到列表的最后。项目出栈时，我们调用 pop() 方法，从列表尾端移除并返回该项目。要确定栈的大小，我们调用内置函数 len()。上述操作均保留了如下特性：

• 栈包含 len(_a) 个项目。

- 当 len(_a) 为 0 时，栈为空。
- 列表 _a[] 按插入顺序保存栈的各个项目。
- 最新插入栈（如果非空）的项目为 _a[len(_a)–1]。

像往常一样，按照这种排序的不变性进行思考和实现是一种最简单的方法，足以验证我们的实现就是预期的操作。

程序 4.3.1　栈（可变数组，arraystack.py）

```
import sys
import stdio

class Stack:

    def __init__(self):
        self._a = []                                      实例变量
                                                          _a[] │ 栈项目
    def isEmpty(self):
        return len(self._a) == 0

    def __len__(self):
        return len(self._a)

    def push(self, item):
        self._a += [item]

    def pop(self):
        return self._a.pop()

def main():
    stack = Stack()
    while not stdio.isEmpty():
        item = stdio.readString()
        if item != '-': stack.push(item)
        else:           stdio.write(stack.pop() + ' ')
    stdio.writeln()

if __name__ == '__main__': main()
```

程序 4.3.1 定义了一个 Stack 类，实现为一个 Python 列表（列表则使用一个可变数组来实现）。测试客户端从标准输入读取字符串，如果输入字符串为一个负号，则执行项目出栈操作并将该项目写入标准输出，否则执行项目进栈操作。程序 4.3.1 的运行过程和结果如下：

```
% more tobe.txt
to be or not to - be - - that - - - is
% python arraystack.py < tobe.txt
to be not that or be
```

请读者务必完全理解实现的原理。或许最佳的方法是仔细分析一系列 push() 和 pop() 操作后列表内容的跟踪信息。程序 stack.py 中的测试客户端允许使用任意操作系列进行测试：针对标准输入中的每个字符串（除了前面带负号的字符串）执行 push() 操作，负号字符串则执行 pop() 操作。表 4-3-3 是测试输入的跟踪信息。

表 4-3-3　程序 arraystack.py 测试客户端的跟踪信息

stdin	stdout	n	a[]				
			0	1	2	3	4
		0					
to		1	to				
be		2	to	be			
or		3	to	be	or		
not		4	to	be	or	not	
to		5	to	be	or	not	to
-	to	4	to	be	or	not	
be		5	to	be	or	not	be
-	be	4	to	be	or		
-	not	3	to	be	or		
that		4	to	be	or	that	
-	that	3	to	be	or		
-	or	2	to	be			
-	be	1	to				
is		2	to	is			

这种实现的主要特点是使用的空间与栈的项目个数呈线性关系，并且进栈和出栈操作的运行时间是常量。这些特点与我们在 3.1 节中讨论的 Python 列表特点相一致，相应地，这些特点依赖于 Python 列表的 Python 可变数组实现。如果程序设计语言提供的是固定大小数组作为内置数据类型（而不是可变数组），则可以通过实现自定义可变数组来实现栈（具体参见本节习题第 45 题）。

593
~
594

4.3.3　基于链表实现栈

接下来，我们讨论一种实现栈的完全不同的方法，即使用一种称为链表（linked list）的基本数据结构。这里再使用"列表（list）"这个词会造成一定的困惑，但我们别无选择，因为链表（链接列表）的历史要远远比 Python 悠久。

链表是一个递归数据结构，其定义如下：**链表要么是空（null），要么是一个指向节点（node）的引用，而节点包含指向链表的引用**。这种定义中的节点是可以包含任意数据的抽象实体，节点引用则描述了构建链表角色的特性。如递归程序一样，刚开始接触递归数据结构的概念时可能会有点费解，但正因为其简洁性而具有重要价值。

基于面向对象的程序设计，实现链表并不困难。我们从定义节点抽象的类开始：

```python
class Node:
    def __init__(self, item, next):
        self.item = item
        self.next = next
```

类型 Node 的一个对象包含两个实例变量：item（指向一个项目的引用）和 next（指向另外一个 Node 对象的引用）。next 实例变量描述了数据结构的链接本质。为了强调我们如何使用 Node 类来组织数据，Node 类中除了构造函数以外没有定义任何其他方法。实例变量名称的前面省略了前缀下划线，意味着数据类型的外部代码（但仍然还是 Stack 实现中的代码）允许访问这些实例变量。

现在，根据递归定义，我们可以将一个链表表示为对一个 Node 对象的引用，Node 对象包含对项目和另一个 Node 对象的引用，以此类推。链表中的最后一个 Node 对象必须清楚地表明其为最终节点。在 Python 中，通过把最后一个 Node 对象的 next 实例变量赋值为 None，将其标识为最终节点。注意，None 是一个 Python 关键字，赋值为 None 的变量不引用任何对象。

请注意，我们对 Node 类的定义完全符合链表的递归定义。使用我们所定义的 Node 类可以表示一个链表为一个变量，其值要么为 None，要么为指向一个 Node 对象的引用，而该 Node 对象的 next 字段是指向一个链表的引用。通过调用构造函数可以创建一个 Node 类型的对象，构造函数带两个参数：一个指向项目的引用，一个指向链表中下一个 Node 对象的引用。

例如，为了构建一个包含项目 'to'、'be' 和 'or' 的链表，可以执行如下代码：

```
third  = Node('or', None)
second = Node('be', third)
first  = Node('to', second)
```

上述操作的最终结果实际上创建了 3 个链表：

- third 是一个链表，指向一个 Node 对象的引用，该 Node 对象包含 'or' 和 None，None 是指向一个空链表的引用。
- second 是一个链表，指向一个 Node 对象的引用，该 Node 对象包含 'be' 和一个指向链表 third 的引用。
- first 是一个链表，指向一个 Node 对象的引用，该 Node 对象包含 'to' 和一个指向链表 second 的引用。

链表表示一系列项目。在上述例子中，first 表示 'to'、'be'、'or' 的序列。

我们也可以使用一个普通的数组（或 Python 列表）表示一个序列。例如，我们也可以使用数组 ['to', 'be', 'or'] 表示与上例相同的字符串序列。其主要区别是链表可以实现高效的项目插入操作（或项目的删除操作），不管是在序列的头部还是尾部。接下来，我们将讨论实现这些任务的代码。

当跟踪使用链表或其他链接结构的代码时，我们使用一种可视化的表示方式，其中：

- 绘制一个矩形表示每一个对象。
- 实例变量的值放置在矩形框内。
- 使用指向引用对象的箭头表示引用关系。

在链表的最开始插入一个新节点的可视化表示如图 4-3-3 所示。

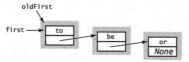
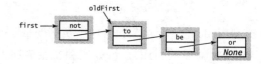

图 4-3-3　在链表的最开始插入一个新节点

这种可视化表示方式捕获了链表的基本特征。为了简洁起见，我们使用术语链表（link）表示一个 Node 引用。同样为了简单起见，当一个项目是一个字符串（示例中的情况）时，就直接把它放置在节点矩形框中（而没有使用更准确的表示，即节点包含指向字符串对象的引用，而字符串对象相对于节点而言是一个外部对象）。这种可视化表示方法允许我们专注于链表本身。

假设需要移除链表中的第一个节点。这个操作十分简单：直接把 first 赋值为 first.next。通常，在这个操作之前，一般先保存该项目（通过把它赋值给某个变量）。因为一旦修改了 first 变量，可能会失去对该节点的访问。典型地，该节点对象变成了孤立对象（orphan），Python 内存管理系统最终将回收它。移除链表中第一个节点的示意图如图 4-3-4 所示。

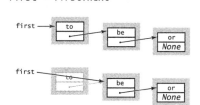

图 4-3-4　移除链表中的第一个节点

现在，假设我们需要向链表中插入一个新的节点。最简单的位置是在链表的头部进行。例如，要在第一个节点为 first 的给定链表的头部插入字符串 'not'，先把 first 保存到一个变量 oldFirst 中。然后创建一个新的 Node，其 item 实例变量为 'not'，其 next 实例变量为 oldFirst。最后把 first 赋值以引用这个新的 Node。链表各节点相链接的示意图如图 4-3-5 所示。

在链表头部插入和移除一个节点仅仅涉及若干赋值语句，因此其操作时间为**常量**（与列表长度无关）。如果拥有指向链表任意位置的节点引用，则可以使用同样的方法（但是稍微复杂点）在该位置之后移除一个节点或插入一个节点，且操作时间为常量，与链表长度无关。这些实现留作习题（具体

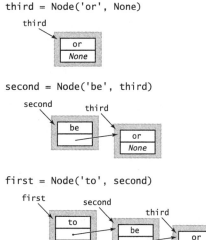

图 4-3-5　链表各节点相链接的示意图

请参见本节习题第 22 题和第 24 题），因为在列表头部的插入和移除操作是实现栈数据结构所需要的链表操作。

1. 使用链表实现栈

程序 4.3.2（linkedstack.py）使用链表实现一个栈，代码比使用 Python 列表的基本解决方案略多。实现基于**私有的** _Node 类，等同于前面使用的 Node 类。Python 允许在一个模块中定义和使用多个类。我们将 _Node 类设置为私有类，因为 Stack 数据类型的**客户端**不需要了解链表的任何细节。按惯例，设置类的名称以前缀下划线开始（即使用 _Node 代替 Node），以强调 Stack 的客户端不应该直接访问 _Node 类。

在 linkedstack.py 中定义的 Stack 类本身只包含一个实例变量，一个表示栈的链表的引用，最近插入的项目位于第一个节点。单向链接足够直接访问栈顶部的项目，同时也提供了访问栈其他项目所需要的 push() 和 pop()。

同样，请读者务必完全理解这个实现的原理，因为这是使用链表结构其他几种实现（我们将在本章稍后讨论）的原型。

596
597

程序 4.3.2　栈（链表，linkedstack.py）

```
import stdio
class Stack:
    def __init__(self):
        self._first = None
    def isEmpty(self):
        return self._first is None
    def push(self, item):
        self._first = _Node(item, self._first)
    def pop(self):
        item = self._first.item
        self._first = self._first.next
        return item
class _Node:
    def __init__(self, item, next):
        self.item = item
        self.next = next
def main():
    stack = Stack()
    while not stdio.isEmpty():
        item = stdio.readString()
        if item != '-': stack.push(item)
        else:            stdio.write(stack.pop() + ' ')
    stdio.writeln()
if __name__ == '__main__': main()
```

用于 Stack 的实例变量
_first｜链表的第一个节点

用于 Node 的实例变量
item｜链表项目
next｜链表的下一个节点

　　程序 4.3.2 定义了一个 Stack 类，实现为一个链表，使用一个私有类 _Node 作为基础，表示一个栈（作为一个 _Node 对象的链表）。实例变量 first 指向链表中最新插入的 _Node 对象。每个 _Node 对象中的实例变量 next 指向下一个 _Node 节点（最后一个节点的 next 变量的值为 None）。测试客户端程序与 arraystack.py 相同。__len__() 方法的实现作为本节习题的第 4 题。程序 4.3.2 的运行过程和结果如下：

```
% python linkedstack.py < tobe.txt
to be not that or be
```

linkedstack.py 测试客户端程序的跟踪如图 4-3-6 所示。

2. 链表遍历

许多链表应用程序需要遍历链表中的项目，但我们在 linkedstack.py 没有实现这种功能。要遍历链表，首先初始化一个循环索引变量 x 指向链表第一个 Node 的引用。然后，通过访问 x.item 可获取与 x 相关联的项目。随后更新 x 使其指向链表的下一个 Node，即把 x 赋值为 x.next。重复上述过程，直至 x 为 None（表明已经到达链表的尾端）。这个过程称为链表遍历，如图 4-3-7 所示。

　　使用链表实现，我们可以实现各种类型的集合，而无需担心空间的使用，因而链表被广泛地应用于程序设计中。事实上，Python 内存管理系统的典型实现是基于维护对应于各种大小内存块的链接列表。在高级程序设计语言（如 Python）被广泛传播之前，基于链表的内存管理的细节和编程是所有程序员工具库中的关键组成部分。在现代系统中，这些细节的大多数内容被封装为少数数据类型的实现，例如下堆栈，包括队列、符号表和集合等，我们将在后面章节讨论。如果读者修读了算法和数据结构课程，将学习到更多其他相关内容，并获得创建和调试处理链表程序的专门知识或技能。目前，你可以专注于理解链表在实现这些基本数据类型中的作用。

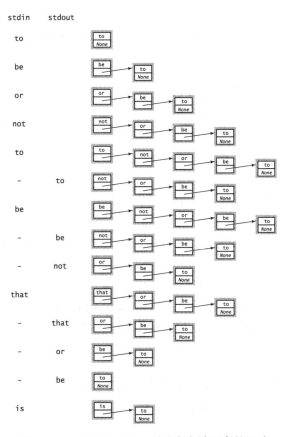

图 4-3-6　linkedstack.py 测试客户端程序的跟踪

对于栈，链表十分重要，因为链表允许实现 push() 和 pop() 方法，即使在最坏情况下，其操作时间也为常量，只需要使用少量常量因子的额外空间（用于链表）。如果读者对链表的作用还不确定的话，则可以想象如果没有使用链表，应该如何实现栈的 API 并达到相同的性能规范。

特别地，程序 arraystack.py 并没有实现 API 中的性能规范，因为可变数组不能为所有操作提供运行时间为常量的性能保障。在许多实际情况下，固定和可保障的最坏情况下的性能并不重要，但你也许要考虑下一次一些巨大的 Python 列表正在调整大小时，你的手机对你

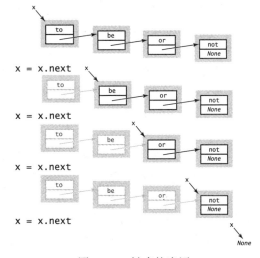

图 4-3-7　链表的遍历

的手势操作没有反应。下一次飞机正在起飞或下一次踩下汽车的刹车时有类似的情况产生。

　　Python 程序员通常倾向于 Python 列表（可变数组），其主要原因是用户自定义类型（例如我们定义的链表 Node）的大量开销。同样的原则适用于所有类型的集合。对于其他远比栈复杂的数据类型，相对于链表，人们更倾向于使用可变数组，因为在数组中，（通过索引）访问任何项目的操作时间为常量时间，这一点对于实现某些操作非常关键（例如，RandomQueue，具体请参见本节习题第 40 题）。对于其他数据类型，链表结构更容易操作，我们将在 4.4 节中讨论。

4.3.4　堆栈的应用

　　下堆栈在计算中起着至关重要的作用。如果你学习了操作系统、程序设计语言或其他计算机科学中的高级课题，你将了解到栈不仅可以直接应用于许多应用程序，而且还可以作为执行高级程序设计语言（例如 Python）编写的程序的基础。

　　1. 算术表达式

　　在第 1 章讨论的一些初级程序中包含计算算术表达式的值，例如：

　　（ 1 + （ （ 2 + 3 ） * （ 4 * 5 ） ） ）

也就是说，4 乘以 5，3 加上 2，然后将结果相乘，再加上 1，最后得到结果 101。但是，Python 如何执行这种计算呢？无需详细讨论 Python 的构建原理，我们可以讨论其基本思想，通过编写一个程序，接收一个字符串作为输入（表达式），然后输出表达式产生的值。为了简单起见，我们从如下显式递归定义开始：一个算术表达式要么是一个数值，要么是一个左括号跟随一个算术表达式，跟随一个运算符，跟随另一个算术表达式，跟随一个右括号。同样，为了简单起见，这个定义适用于全括号（fully parenthesized）算术表达式，精确指定哪个运算符应用于哪一个操作数。通过稍多的工作，我们还可以处理类似于 1 + 2 * 3 的表达式，方法是使用运算符优先级规则代替括号，但是我们没有考虑这种复杂性。为了简洁性，我们支持常用的二元运算符 *、+ 和 –，以及带一个参数的平方根运算符 sqrt。我们可以很容易地扩展到更多的运算符和更多类型的运算符，以包括大量常用的数学表达式，包括三角函数、指数运算、对数函数和其他任何希望包括的运算符。然而，我们的重点是理解如何解释包含括号、运算符和数值的字符串，来实现以正确的运算优先级顺序执行所有计算机上都支持的低级算术运算。

　　2. 算术表达式求值

　　准确地说，如何把一个算术表达式（一个包含字符的字符串）转换为表示的值？荷兰计算机科学家艾兹格·迪杰斯特拉在二十世纪六十年代开发了一种非常简单的实现算法，该算法使用了两个下堆栈（一个用于操作数，一个用于运算符）来完成这种工作。一个表达式包含括号、运算符和操作数（数值）。表达式求值的跟踪示意图如图 4-3-8

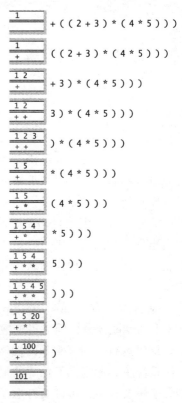

图 4-3-8　表达式求值的跟踪示意图

所示。从左到右，每次处理一个实体，我们根据四种可能的情况处理堆栈，具体如下：

- 把操作数压入操作数栈（进栈）。

- 把运算符压入运算符栈（进栈）。

- 忽略左括号。

- 当处理到右括号时，弹出一个运算符（出栈），弹出该运算符所需数量的操作数（出栈），然后将运算符应用到操作数，并把计算结果压入到操作数栈（进栈）。

当最后的右括号处理完毕，栈中只剩下一个值，即表达式的值。这种方法初看显得很神秘，但很容易证明其计算值的正确性：任何时候算法处理到一个包含运算符分隔的两个操作数的子表达式（均包含在括号中）时，就把执行这些操作数的运算结果压入到操作数堆栈。结果等同于该值在输入中代替子表达式，即可以认为把子表达式替代为值后，表达式将产生相同的结果。我们可以不断应用这种参数直到获得最终的结果值。例如，针对如下所有的表达式，算法计算的结果值相同：

```
( 1 + ( ( 2 + 3 ) * ( 4 * 5 ) ) )
( 1 + ( 5 * ( 4 * 5 ) ) )
( 1 + ( 5 * 20 ) )
( 1 + 100 )
101
```

602
~
603

程序 4.3.3（evaluate.py）是这种算法的一种实现。这个代码是解释器的一个简单例子。解释器是一种程序，解释通过给定字符串指定的计算，并执行计算以获得结果。编译器则是一种把字符串转换为低级机器代码（以便完成工作）的程序。编译器的转换工作是比解释器逐步转换更为复杂的过程，但两者基于的内在机制一样。开始时，Python 基于解释器进行工作。现在，Python 包含一个编译器，用于把算术表达式（更普遍地，Python 程序）转换为 Python 虚拟机（一种可以在真实计算机上简单模拟的假象机）代码。

3. 基于栈的程序设计语言

出人意料地，迪杰斯特拉的双栈算法同样可以计算如下表达式的值：

```
( 1 ( ( 2 3 + ) ( 4 5 * ) * ) + )
```

换言之，可以把运算符放置在两个操作数之后，而不是放置在两个操作数之间。在类似的表达式中，每个右括号紧跟一个运算符，因而可以省略两种括号，表达式可记述如下：

```
1 2 3 + 4 5 * * +
```

这种表示法称为反向波兰表示法（reverse Polish notation），或后缀法（postfix）。要计算一个后缀表达式的值，我们使用一个栈即可（具体参见本节习题的第 13 题）。从左到右开始，每次处理一个实体，我们根据下列两种可能的情况操作栈：

- 把操作数压入到操作数栈。

- 当处理到运算符时，弹出该运算符所需数量的操作数（出栈），然后将运算符应用到操作数，并把计算结果压入到操作数栈（进栈）。

同样，该过程结束时，最后栈中只剩下一个值，即表达式的值。这种表示法非常简单，所以有些程序设计语言，例如 Forth（一种科学程序设计语言）和 PostScript（大多数打印机使用的页面描述语言），使用显式栈。例如，字符串 1 2 3 + 4 5 * * + 是 Forth 和 PostScript 中的合法程序，结果栈中剩下一个值 101。该后缀表达式（反向波兰表示法）值的计算过程跟踪示意图如图 4-3-9 所示。反向波兰表示法的狂热爱好者以及那些基于栈的程序设计语言迷们非常偏爱这种实现方式，因为它们简单，适合于许多类型的计算。事实上，Python虚拟机本身就是基于栈的实现方式。

4. 函数调用抽象

读者已经注意到，关于正式跟踪信息，我们全书使用的表示模式：当控制流进入一个函数时，Python在其他可能存在的变量之上创建函数的参数变量。当执行函数时，Python在其他可能存在的变量之上创建函数的本地变量。当控制流从函数返回时，Python销毁函数的本地变量和参数变量。在这种意义上，Python以一种栈的形式创建和销毁参数变量和本地变量：最后创建的变量最先被销毁。

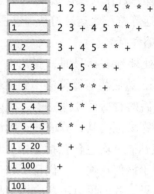

图 4-3-9　后缀表达式值的计算过程跟踪示意图

程序 4.3.3　表达式求值（evaluate.py）

```
import stdio
import math
from arraystack import Stack

ops = Stack()                                          ops      运算符栈
values = Stack()                                       values   操作数栈
while not stdio.isEmpty():                             token    当前符号
    token = stdio.readString()                         value    当前值
    if   token == '+':   ops.push(token)
    elif token == '-':   ops.push(token)
    elif token == '*':   ops.push(token)
    elif token == 'sqrt': ops.push(token)
    elif token == ')':
        op = ops.pop()
        value = values.pop()
        if   op == '+':   value = values.pop() + value
        elif op == '-':   value = values.pop() - value
        elif op == '*':   value = values.pop() * value
        elif op == 'sqrt': value = math.sqrt(value)
        values.push(value)
    elif token != '(':
        values.push(float(token))
stdio.writeln(values.pop())
```

　　程序 4.3.3 定义的 Stack 客户端从标准输入中读取全括号数值表达式，使用迪杰斯特拉的双栈算法对表达式求值，并把结果数值写入标准输出。程序阐述了一种基本计算过程：把一个字符串解释为一个程序，并执行该程序以计算出相应的结果。执行一个 Python 程序不过是这个过程一个更为复杂的版本而已。程序 4.3.3 的运行过程和结果如下：

```
% python evaluate.py                    % python evaluate.py
( 1 + ( ( 2 + 3 ) * ( 4 * 5 ) ) )       ( ( 1 + sqrt ( 5.0 ) ) * 0.5 )
101.0                                   1.618033988749895
```

　　事实上，绝大多数程序隐式地使用栈，因为栈是支持实现函数调用的自然方式，具体过程如下：执行一个函数时的每个时间点都将定义其状态为所有变量的值和一个指向下一条待执行指令的指针。计算环境的一种基本特征是每个计算完全由其状态（和其输入值）确定。特别地，系统可以通过保存其状态而挂起一个计算，然后通过重启以恢复该状态。如果读者选修了操作系统课程，将学习到关于这个过程的更多细节，因为我们理所当然地认为，这是计算机许多行为的关键（例如，从一个应用程序切换到另一个应用程序仅仅是保存状态和恢复状态而已）。当今，实现函数调用抽象的自然方法（被几乎所有现代程序设计环境采用）是使用栈。要调用一个函数，把其状态压入栈。要从函数调用返回，则从栈中弹出状态，以恢复函数调用前的所有变量到其原来值，在包含函数调用（如果存在）的表达式替换函数返回值，并继续执行下一条待执行的指令（其位置保存为计算状态的一部分）。这种机制适用于任何一个函数调用另一个函数（即使是递归调用）的情形。事实上，如果你仔细思考这个过程，将发现它基本上与我们刚刚详细讨论过的表达式求值过程相同。一个程序就是一个复杂的表达式。使用栈支持函数调用的示意图如图 4-3-10 所示。

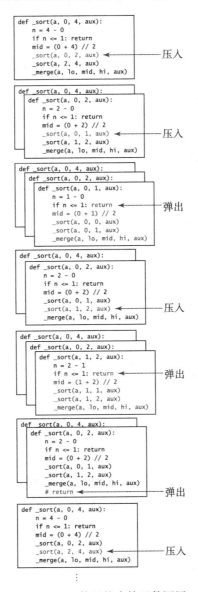

图 4-3-10　使用栈支持函数调用

下堆栈是一个基本计算抽象。栈已经成功应用于表达式求值、实现函数调用抽象，以及自计算早期就存在的许多基本任务。我们将在 4.4 节讨论另一种计算抽象（树遍历）。栈被显式和广泛地应用于计算机科学的许多领域，包括算法设计、操作系统、编译器，以及许多其他计算应用。

4.3.5　FIFO 队列

一个 FIFO 队列（或简队列）是一个基于先进先出（FIFO）策略的集合。

按到达先后顺序执行任务的策略是日常生活中经常遇见的现象，从剧院中的排队人群，到在收费亭排队等候的汽车，到计算机中等候应用程序处理的任务。

任何服务政策的一个基本原则是公正。关于公正，大多数人首先想到的观念是等候最久的人应该优先得到服务。这正是 FIFO 原则，所以队列在许多应用程序中占据十分重要的地位。队列是许多日常现象的自然模型，在计算机出现之前其属性已经被详细研究。一个典型的 FIFO 队列如图 4-3-11 所示。

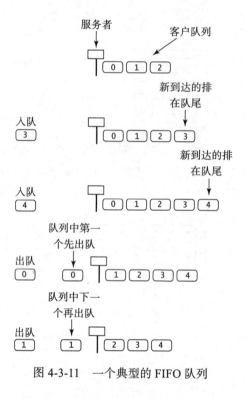

图 4-3-11　一个典型的 FIFO 队列

按惯例，我们从描述队列的 API 开始。同样依据传统，队列的插入操作命名为入队（enqueue），队列的移除操作命名为出队（dequeue）。队列数据类型的 API 如表 4-3-4 所示。根据来自栈的知识，我们可以使用 Python 列表（可变数组）或链表来开发队列的实现，其操作时间为常量，队列所占据的内存大小随着队列中元素个数的增加或减少而变化。和栈一样，每种实现都代表了一种经典的程序设计练习。在进一步阅读之前，读者可以尝试思考如何在一种实现中达到这些目标。

表 4-3-4　队列数据类型的 API

常量时间运算	功能描述
Queue()	创建一个新的队列
q.isEmpty()	队列 q 是否为空
len(q)	队列 q 中项目的个数
q.enqueue(item)	项目 item 加入队列 q 中（入队）
q.dequeue()	移除并返回队列 q 中最早加入的项目

注：队列的空间使用必须与队列中项目的个数呈线性关系。

1. 基于链表实现队列

为了使用链表实现一个队列，我们按其到达先后顺序保存项目（与 linkedstack.py 程序中使用的顺序相反）。dequeue() 的实现与 linkedstack.py 中 pop() 的实现相同（保存第一个节点的项目，从队列中移除第一个节点，并返回保存的项目）。然而，实现 enqueue() 却面临一些困难：如何把一个节点添加到一个链表的尾端？要实现这个要求，我们需要一个指向链表最后节点的链接，因为节点链接必须修改到引用包含待插入项目的新节点。在 Stack 中，唯一的实例变量为指向链表第一个节点的引用。使用这些可用信息，唯一的途径是遍历链表的所有节点以到达尾端。当链表可能较长时，这种解决方案不可取。一种合理的替代方案是使用永远指向链表最后节点的第二个实例变量。额外增加一个需要维护的实例变量需要仔细考量，特别是在链表代码中，因为每个修改链表的方法都需要检查该变量是否需要被修改（并随之做出相应的修改）。例如，移除列表的第一个节点也许包括修改指向链表最后节点的引用，因为如果链表中只有一个节点，则该节点是第一个节点也是最后一个节点！同样，向空链表中增加一个新节点时，也需要额外的检查。类似细节使得链表代码非常难以调试。在链表尾端插入一个新节点的示意图如图 4-3-12 所示。

保存一个指向链表中最后一个节点的链接
oldLast = last

创建一个新节点以代表链表中最后一个节点
last = Node('not', None)

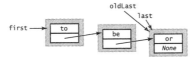

将新节点链接到链表的最后一个节点
oldLast.next = last

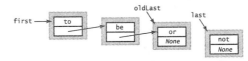

图 4-3-12　在链表的尾端插入一个新节点

程序 4.3.4（linkedqueue.py）是 Queue 的一种链表实现，其性能特性与 Stack 相同：所有方法的操作时间为常量时间，并且空间使用与队列中的项目个数呈线性关系。

程序 4.3.4　FIFO 队列（链表，linkedqueue.py）

```
class Queue:
    def __init__(self):                              Queue 的实例变量
        self._first = None                           _first │ 队列中的第一个节点
        self._last = None                            _last  │ 队列中的最后一个节点
        self._n = 0                                    _n   │ 队列中项目的个数

    def isEmpty(self):
        return self._first is None

    def enqueue(self, item):
        oldLast = self._last
        self._last = _Node(item, None)
        if self.isEmpty(): self._first = self._last
        else:              oldLast.next = self._last
        self._n += 1

    def dequeue(self):
        item = self._first.item
        self._first = self._first.next
        if self.isEmpty(): self._last = None
        self._n -= 1
        return item

    def __len__(self):
        return self._n

class _Node:
    def __init__(self, item, next):                  Node 的实例变量
        self.item = item                             item │ 队列项
        self.next = next                             next │ 队列中的下一个节点
```

程序 4.3.4 定义了一个采用链表实现的 Queue 类。队列的实现与链表栈的实现十分类似（程序 4.3.2）：dequeue() 几乎与 pop() 相同，但是 enqueue() 链接新的项目到链表尾端，而不是如 push() 插入到头部。为了实现这种功能，程序维护了一个实例变量，引用链表的最后一个节点。测试客户端与前面使用的相同（从标准输入读取字符串，如果字符串为一个负号，则项目执行出队操作并写入标准输出，否则项目执行入队操作）。程序 4.3.4 的运行过程和结果如下：

```
% python linkedqueue.py < tobe.txt
to be or not to be
```

程序 linkedqueue.py 测试客户端的跟踪信息如图 4-3-13 所示。

2. 基于可变数组实现队列

同样，可以基于一个显式可变数组开发 FIFO 队列的实现，其性能特点与 arraystack.py（程序 4.3.1）中开发的栈相同。这种实现是一种有价值的经典程序设计练习，鼓励读者进一步探索（具体参见本节习题的第 46 题）。读者可能希望使用 Python 列表方法的一行代码实现，就如程序 4.3.1 所示。然而，在 Python 列表的头部插入和删除项目的方法可能不符合要求，因为该方法需要花费线性时间（具体参见本节习题的第 16 题和第 17 题）。例如，如果 a 是一个包含 n 个项目的列表，则类似于 a.pop(0) 和 a.insert(0, item) 的操作时间正比于 n（而不是常量时

间）。同样，不能提供指定性能保障的实现可能实现 SlowQueue，而不能实现 Queue。

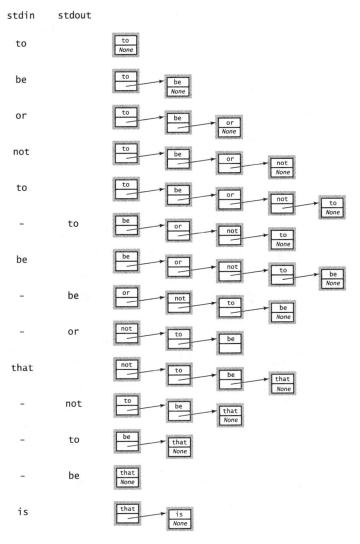

图 4-3-13   程序 linkedqueue.py 测试客户端的跟踪信息

609
~
611

3. 随机队列（Random queue）

尽管 FIFO 和 LIFO 的应用十分广泛，但它们所涉及的原理并不神秘。考虑其他删除项目的规则是非常有意义的。其中一个十分重要的考虑是这样一种数据类型，其方法 dequeue() 移除一个随机项目（不重置抽样），方法 sample() 返回一个随机项目但不从队列中删除该项目（重置抽样）。这种操作方式已经广泛应用，其中一些应用本书前面章节已有涉及，例如 sample.py（程序 1.4.1）。使用一个 Python 列表（可变数组）的表示方式，可以非常方便地实现方法 sample()，我们可以使用程序 1.4.1 中相同的思想实现方法 dequeue()（把一个随机项目和队列的最后一个项目交换，然后移除）。我们使用 RandomQueue 表示这种数据类型（具体请参见本节习题的第 40 题）。请注意这种解决方案依赖于使用一个可变数组表示（Python 列表）：此时无法以常量运行时间访问一个链表中的一个随机项目，因为我们必须从列表的头部开始逐一遍历链表以访问该随机项目。使用 Python 列表（可变数组），所有的操作时间为常量时间。

栈、队列和随机队列的 API 本质上是相同的，不同之处仅仅在于类和方法名的选择（任意选择）。考虑这种情况有助于我们深入理解 3.3 节中介绍的有关数据类型的基本问题。这些数据类型的根本区别在于移除操作的语义，即删除哪个项目？栈和队列的区别由其英语语言描述含义具象化。这些区别类似于 math.sin(x) 和 math.log(x) 之间的区别，但我们也许希望使用栈和队列的形式化描述来阐明其含义（就像使用正弦和对数函数的数学描述一样的方法）。但是，精确地描述先进先出或后进先出或随机输出并不像想象中的那么简单。对于初学者，请问你觉得应该使用哪种语言进行描述？英语、Python 或者数学逻辑？描述一个程序行为的问题称为规范化问题（specification problem），这个问题会导致计算机科学的深层问题。我们强调清晰和简洁代码重要性的一个原因是代码本身可以作为简单数据类型（例如栈和队列）的规范。

612

4.3.6　队列的应用

在过去的一个世纪，FIFO 队列已经被证明是一种准确和有用的模型，适用于各种类型的程序，从制造过程到电话网络到交通模拟。一个称为排队论（queuing theory）的数学领域成功地帮助理解和控制了各种复杂系统。FIFO 队列在计算中同样也扮演了重要角色。使用计算机时常常会遇见队列：一个包含歌曲播放列表的队列、打印队列、游戏中的事件队列。

也许队列最大、最首要的应用是 Internet 本身。Internet 基于在大量的队列中移动的大量消息，这些队列具有各种不同的属性，并且使用各种不同的复杂方式相互连接。理解和控制这种复杂系统涉及队列抽象的实现、排队论在数学结论中的应用，以及同时包含二者的模拟研究。接下来，我们讨论一个经典例子，以体会这种过程。

1. M/M/1 队列

一种最重要的排队模型称为 M/M/1 队列，被证明可以精确建模许多现实情况，例如进入收费站的一列汽车，或者进入急症室的病人。M/M/1 中的 M 代表马尔可夫的（Markovian）或无记忆的（memoryless），表示到达过程和服务过程均为泊松过程（Poisson processe），也就是，到达间隔时间和服务时间遵循指数分布（具体参见 2.2 节习题的第 12 题）。M/M/1 中的 1 表示有一个服务器。一个 M/M/1 队列由参数到达速率 λ（例如，每分钟到达收费站的汽车数量）和服务速率 μ（例如，每分钟可通过收费站的汽车数量）确定，并且具有如下三个属性：

- 存在一个服务器：一个 FIFO 队列
- 到达队列的时间间隔遵循指数分布，速率为 λ/ 分钟
- 一个非空队列的服务时间遵循指数分布，速率为 μ/ 分钟

平均到达时间间隔为 $1/\lambda$ 分钟，平均服务时间为 $1/\mu$ 分钟（当队列非空时）。因而，除非 $\mu>\lambda$，否则队列将无限增长。顾客进入和离开队列是一个非常有趣的动态过程。一个 M/M/1 队列如图 4-3-14 所示。

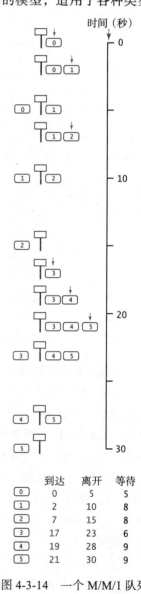

	到达	离开	等待
0	0	5	5
1	2	10	8
2	7	15	8
3	17	23	6
4	19	28	9
5	21	30	9

图 4-3-14　一个 M/M/1 队列

2. 分析

在实际应用中，人们感兴趣的是参数 λ 和 μ 对队列不同属性的影响。如果你是一名顾客，则你可能希望了解在系统中花费的时间。如果你正在设计这个队列系统，你可能希望了解系统中可能会有多少顾客，或者更为复杂的一些情况，例如队列大小超过给定最大容量的可能性为多少。对于简单模型，概率论推导出的公式可以使用 λ 和 μ 的函数来定量表示这些信息。对于 M/M/1 队列，可以得出下列结论：

- 系统中平均顾客数量 L 为 $\lambda / (\mu-\lambda)$。
- 一名顾客在系统中平均花费的时间 W 为 $1 / (\mu-\lambda)$。

例如，如果汽车到达的速率 $\lambda=10/$ 分钟，服务速率 $\mu=15/$ 分钟，则系统中平均汽车数量为 2，一名顾客在系统中平均花费的时间为 1/5 分钟或 12 秒。这些公式证明了当 λ 趋近于 μ 时，等待时间（以及队列长度）将无限增长。它们还遵循称为利特尔法则（Little's law）的基本规则：对于许多不同类型的队列，系统中平均顾客数量等于 λ 乘以顾客在系统中的平均花费时间（即 $L = \lambda W$）。

3. 模拟

程序 4.3.5（mm1queue.py）是一个可以用于验证这些数学结果的 Queue 客户端。这是一种基于事件的模拟（event-based simulation）的简单例子：我们生成特定时间内发生的事件，并根据事件相应地调整我们的数据结构，以模拟事件发生时间点的状况。在 M/M/1 队列中，存在两种类型的对象：客户到达事件和客户服务事件。相应地，我们维护以下两个变量：

- nextService 是下一个服务的时间
- nextArrival 是下一个到达的时间

为了模拟到达事件，我们把一个浮点数 nextArrival（到达时间）加入队列。为了模拟一个服务，我们从队列中取出一个浮点数，计算等待时间 wait（即服务结束时间减去客户到达并进入队列的时间），并把等待时间加入直方图（具体参见程序 3.2.3）中。经过大量的试验，结果的形状是 M/M/1 排队系统的特征。从实用角度出发，通过运行 mm1queue.py 可以发现该过程的最重要特征之一是，对于不同的参数值 λ 和 μ，当服务速率趋近于到达速率时，一名顾客在系统中的平均花费时间（以及系统中平均顾客数量）急剧增加。当服务速率很大时，直方图显示为一个可见的拖尾，其中当等待时间增加时，给定等待时间的客户频率减少到可以忽略的间隔。但当服务速率趋近于到达速率时，直方图的拖尾延展到大多数值都在拖尾，因而长等待时间客户的频率占主导地位。

613 ～ 614

和其他我们研究的应用程序一样，使用模拟来验证一个大家都能很好理解的数学模型是研究更为复杂情况的起点。在实际队列应用程序中，我们可能会有多个队列、多个服务器、多级服务器、队列长度的限制，以及其他限制。另外，到达时间间隔和服务时间的分布也许不能使用数学方法刻画。在这些情况下，除了使用模拟方法我们别无选择。通常，由一个系统设计员构建一个队列系统的计算模型（例如 mm1queue.py），然后使用这个计算模型。使用过程中需要通过调整设计参数（例如服务速率）以正确响应外部环境（例如达到时间）。

程序 4.3.5　M/M/1 队列模拟（mm1queue.py）

```
import sys
import stddraw
import stdrandom
from linkedqueue import Queue
from histogram import Histogram

lambd = float(sys.argv[1])
mu    = float(sys.argv[2])

histogram = Histogram(60 + 1)
queue = Queue()
stddraw.setCanvasSize(700, 500)

nextArrival = stdrandom.exp(lambd)
nextService = nextArrival + stdrandom.exp(mu)

while True:

    while nextArrival < nextService:
        queue.enqueue(nextArrival)
        nextArrival += stdrandom.exp(lambd)

    arrival = queue.dequeue()
    wait = nextService - arrival

    stddraw.clear()
    histogram.addDataPoint(min(60, int(round(wait))))
    histogram.draw()
    stddraw.show(20.0)

    if queue.isEmpty():
        nextService = nextArrival + stdrandom.exp(mu)
    else:
        nextService = nextService + stdrandom.exp(mu)
```

lambd	到达速率 λ
mu	服务速率 μ
histogram	直方图
queue	M/M/1 队列
nextArrival	下一个到达的时间
nextService	下一次服务完成的时间
arrival	下一个客户服务的到达时间
wait	队列中的时间

程序 4.3.5 接收浮点型命令行参数 lambd 和 mu，模拟一个到达速率为 lambd 和服务速率为 mu 的 M/M/1 队列，产生等待时间的动态直方图。通过两个变量 nextArrival 和 nextService 以及一个浮点数队列来跟踪时间。队列中每个项目的值为项目进入队列的时间（模拟时间）。

程序 4.3.5 绘制的样例图像请参见图 4-3-15。

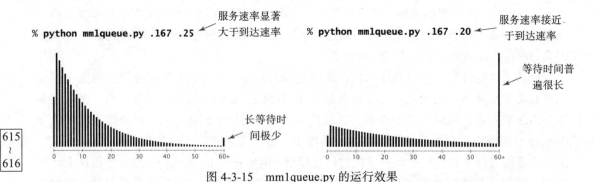

图 4-3-15　mm1queue.py 的运行效果

4.3.7　资源分配

接下来，我们将讨论所考虑的数据结构的另外一种应用。一个资源共享系统包含大量松耦合、协作的服务器，这些服务器需要相互共享资源。根据共同的约定，每个服务器维护一个共享项目队列，一个中央权威机构将项目分配给服务器（并告知用户分配的具体位置）。例如，项目可以是会被大量用户共享的音乐、图片或视频。为了强调共享的观念，我们假设包括数以百万计的项目和数以千计的用户。

我们将讨论一种程序，中央权威机构可以用于分配项目，忽略从系统中动态删除项目，添加和删除服务器等。

我们使用一种轮询调度的策略（round-robin），在服务器间循环分配资源，结果为均衡分配。然而，一个分配者不太可能完全控制这种情况。例如，可能存在大量独立的分配者，所以没有任何一个分配者可以拥有所有服务的最新信息。因而，这些系统常常使用随机策略，即基于随机选择进行资源分配。一种更佳的策略是选择若干随机样本服务器，然后把一个新项目分配给项目数最少的服务器。对于小队列，这些策略之间的区别无关紧要，但是对于拥有数以千计的服务器和数以百万计项目的系统，其区别可能十分巨大，因为每个服务器均有固定数量的资源专用于这个过程。事实上，类似系统被应用于 Internet 硬件，其中某些队列会在特殊用途的硬件上实现，因而队列长度就直接转化为额外的设备开销。但是样本应该多大才比较合适呢？

程序 4.3.6（loadbalance.py）是采样策略的模拟，可以用于研究这个问题。程序充分利用了 RandomQueue 数据类型，我们曾经讨论将其用于帮助理解实验程序。模拟维护了一个随机队列，在内循环中构建计算，以实现将新的服务请求分配到最短的队列中，并使用 RandomQueue 的 sample() 方法随机采样队列。令人惊奇的结果表明，大小为 2 的采样会导致近乎完美的平衡，所以无需采样大的样本。

617

我们详细地讨论了有关栈和队列 API 的基本实现所需的时间和内存使用的问题，不仅因为这些数据类型十分重要和有用，而且还因为读者在自定义数据类型的实现过程中极有可能遭遇到相同的问题。

当开发一个用于维护数据集合的客户端时，我们应该使用下堆栈、FIFO 队列还是一个随机队列？这个问题的答案依赖于客户端的高级别分析，以确定 LIFO、FIFO 或随机规则哪一种更合适。

我们应该使用链表还是可变数组组织数据？这个问题的答案依赖于性能特征的低级别分析。链表的优点在于可以在任一端添加项目，但缺点在于不能以常量时间访问任意项目。可变数组的优点在于以常量时间访问任意项目，但缺点在于只能在一端实现常量运行时间的插入和删除操作（而且只是在摊销方式上）。每种数据结构适用于不同的情况。在大多数程序设计环境中读者可能会两者都接触到。

仔细关注性能可保证在栈和队列 API 中我们所强调的内容不会被认为理所应当。它们只是数据类型处理过程的第一步，而数据类型是构成计算基本架构的基础。下一节将重点讨论一种更重要的数据类型：符号表（symbol table）。如果你选修数据结构和算法课程，则会学习到其他的数据类型。到目前为止，我们了解到学习使用一个新的数据类型与学习骑自行车或编写 helloworld.py 程序其实没有什么区别：一开始看起来非常神秘，直到你第一次尝试，很快就会成为第二本能。通过开发一个新的数据结构来学习设计和实现一个新的数据类型是一种富有挑战性、富有成果和令人满意的行为。通过本节后的习题你将发现，栈、队列、链表和可变数组提出了一系列具有极大吸引力的问题，而这些仅仅是一切的开始。

程序 4.3.6   负载均衡模拟（loadbalance.py）

```
import sys
import stddraw
import stdstats
from linkedqueue import Queue
from randomqueue import RandomQueue

m = int(sys.argv[1])
n = int(sys.argv[2])
t = int(sys.argv[3])
servers = RandomQueue()
for i in range(m):
    servers.enqueue(Queue())

for j in range(n):
    best = servers.sample()
    for k in range(1, t):
        queue = servers.sample()
        if len(queue) < len(best):
            best = queue
    best.enqueue(j)

lengths = []
while not servers.isEmpty():
    lengths += [len(servers.dequeue())]

stddraw.setYscale(0, 2.0*n/m)
stdstats.plotBars(lengths)
stddraw.show()
```

m	服务器的数量
n	项目任务的数量
t	采样大小
servers	队列
best	采样中的最短队列
lengths	队列长度

　　程序 4.3.6 是 Queue 和 RandomQueue 的客户端实现，模拟了把 n 个项目任务分配给 m 个服务器组成的服务器集合的过程。请求被放入随机选择的 t 个队列最短的样本中。程序 4.3.2 的运行过程和结果如下：

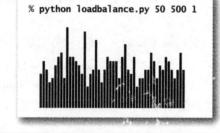

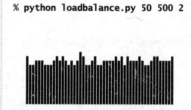

% python loadbalance.py 50 500 1　　　　% python loadbalance.py 50 500 2

4.3.8　问题和解答

　　Q. 请问什么时候应该调用 _Node 构造函数？

　　A. 正如与其他类一样，当我们需要创建一个新的 _Node 对象（链表中的一个新节点）时，则应该调用 _Node 构造函数。我们不应该使用它创建一个指向既存 _Node 对象的引用。例如，对于如下代码：

```
oldfirst = _Node(item, next)
oldfirst = first
```

将创建一个新的 _Node 对象，然后即刻失去指向它的唯一引用。上述代码不会产生错误，但不规范，因为这些代码无缘无故地产生了孤立对象。

Q. 为什么不在一个单独的名为 node.py 的文件中定义一个独立的 Node 类？

A. 通过在 linkedstack.py 或 linkedqueue.py 文件中定义 _Node，并命名为以下划线开始的类名，我们指示 Stack 或 Queue 类的客户端不直接使用 _Node 类。我们的意图是使 _Node 对象仅可用于 linkedstack.py 或 linkedqueue.py 实现，而不是其他客户端。

Q. 是否允许客户端将一个 None 项目插入到一个栈或队列？

A. 在实现 Python 集合数据结构时经常会产生这个问题。我们的实现允许插入任何对象，包含 None。

Q. 是否存在用于栈和队列的标准 Python 模块？

A. 实际上是没有的。正如本节所述，Python 有一个内置的数据类型 list，其相关操作可以方便且高效地实现一个使用 list 的栈。然而，list 数据类型还需要许多额外的方法（这些方法通常与栈无关），例如索引访问和删除任意项目。限制操作为我们需要的操作（且仅为这些操作）的主要优点是可以保证更容易的开发实现，且为这些操作提供更大可能的性能保障。Python 还包含一个数据类型 collections.deque，实现了一个可变的项目序列，包括在头部或尾部高效的插入和删除操作。

Q. 请问，为什么不使用一个单独的数据类型实现如下方法：插入一个项目、移除最近插入的项目、移除最先插入的项目、移除一个随机项目、迭代遍历项目、返回集合中项目的数量，以及其他任何可能需要的操作？这样就可以在一个单独类中实现它们，且可以被许多客户端使用。

A. 这是宽接口的例子，正如在 3.3 节中指出的那样，应该避免宽接口。避免使用宽接口的一个理由是构建满足所有操作都高效的实现十分困难。一个更重要的理由是窄接口可以强调程序的某种规则，以保证客户端代码更容易理解。如果一个客户端使用 Stack 而另一个客户端使用 Queue，我们很容易理解第一个程序强调 LIFO 规则，而第二个程序中强调 FIFO 规则。另一个方法是使用继承尝试封装所有集合共通的操作。然而，我们建议这些实现最好交给专家们去完成，程序员则可以学习构建例如 Stack 和 Queue 的实现。

Q. 是否可以在同一个程序中同时使用 arraystack.py 和 linkedstack.py 的客户端？

A. 可以。最简单的方法是在 import 语句中使用 as 子句，如下所示。实际上，这种类型的 import 语句为类名创建一个别名，随后程序代码中可以使用别名代替类名。

```
from arraystack  import Stack as ArrayStack
from linkedstack import Stack as LinkedStack
...
stack1 = ArrayStack()
stack2 = LinkedStack()
```

620
～
621

4.3.9 习题

1. 请问基于如下的输入，命令"python arraystack.py"的输出结果是什么？

```
it was - the best - of times - - - it was - the - -
```

2. 请问对于如下输入，程序 arraystack.py 每次操作后数组的内容和长度分别是什么？

   it was - the best - of times - - - it was - the - -

3. 假设一个客户端程序在一个 Stack 上执行了一系列 push 进栈和 pop 出栈的混合操作。进栈操作把整数 0 到 9 按顺序压入栈，出栈操作输出返回的结果值。下列序列中，不可能出现的序列是哪一个或哪几个？

   a. 4 3 2 1 0 9 8 7 6 5
   b. 4 6 8 7 5 3 2 9 0 1
   c. 2 5 6 7 4 8 9 3 1 0
   d. 4 3 2 1 0 5 6 7 8 9
   e. 1 2 3 4 5 6 9 8 7 0
   f. 0 4 6 5 3 8 1 7 2 9
   g. 1 4 7 9 8 6 5 3 0 2
   h. 2 1 4 3 6 5 8 7 9 0

4. 请编写一个栈客户端程序 reverse.py，从标准输入读取字符串，按反序把它们写入标准输出。

5. 请编写一个栈客户端程序 parentheses.py，从标准输入读取一个文本流，使用栈确定其括号是否正确配对。例如，对于 [()]{}{[()]()}，程序结果为 True。对于 [(])，程序结果为 False。

6. 请在 linkedstack.py（程序 4.3.2）的 Stack 类中增加 __len__() 方法。

7. 请在程序 arraystack.py 的 Stack 类中增加 peek() 方法，用于返回栈中最近插入的项目（但不弹出该项目）。

8. 请问当 n 为 50 时，如下代码片段的输出结果是什么？请描述代码片段对于给定正整数 n 所实现的功能。

```
stack = Stack()
while n > 0:
    stack.push(n % 2)
    n /= 2
while not stack.isEmpty():
    stdio.write(stack.pop())
stdio.writeln()
```

   解答：该代码片段输出 n 的二进制表示（n 为 50 时，结果为 110010）。

9. 请问如下代码片段对队列 queue 的操作结果是什么？

```
stack = Stack()
while not queue.isEmpty(): stack.push(queue.dequeue())
while not stack.isEmpty(): queue.enqueue(stack.pop())
```

10. 请绘制一个对象级别的跟踪图，描述本节介绍链表时所使用的三个节点例子。

11. 请编写一个程序，从标准输入接收一个没有左括号的表达式，输出等价的中缀表达式，注意适当插入配对的括号。例如，对于给定的输入：

    1 + 2) * 3 - 4) * 5 - 6)))

    则程序应该输出：

    ((1 + 2) * ((3 - 4) * (5 - 6))

12. 请编写一个过滤器程序 infixtopostfix.py，把一个全括号算术表达式从中缀形式转换为后缀形式。

13. 请编写一个程序 evaluatepostfix.py，程序从标准输入读取一个后缀表达式，对该表达式求值，并把计算结果值写入标准输出。（请把上一道习题（习题 12）的程序输出结果通过管道方式连接到本程序，其行为等价于 evaluate.py）。

14. 假设一个客户端在一个 Queue 上执行了一系列 enqueue 和 dequeue 的混合操作。enqueue 操作把整数 0 到 9 按顺序入队，dequeue 操作输出所返回的结果值。请问下列序列中，不可能出现的序列是哪一个或哪几个？

    a. 0 1 2 3 4 5 6 7 8 9
    b. 4 6 8 7 5 3 2 9 0 1
    c. 2 5 6 7 4 8 9 3 1 0
    d. 4 3 2 1 0 5 6 7 8 9

15. 请编写一个 Queue 客户端，从命令行接收一个参数 k，并从标准输入输入一个字符串，在该字符串中查找并输出倒数第 k 个字符。

16. 请给出如下 Queue 类的每个操作的运行时间，其中最早插入的项目位于 _a[0]。

```
class Queue:
    def __init__(self):        self._a = []
    def isEmpty(self):         return len(self._a) == 0
    def __len__(self):         return len(self._a)
    def enqueue(self, item):   self._a += [item]
    def dequeue(self):         return self._a.pop(0)
```

17. 请给出如下 Queue 类每个操作的运行时间，其中最近插入的项目位于 _a[0]。

```
class Queue:
    def __init__(self):        self._a = []
    def isEmpty(self):         return len(self._a) == 0
    def __len__(self):         return len(self._a)
    def enqueue(self, item):   self._a.insert(0, item)
    def dequeue(self):         return self._a.pop()
```

18. 请通过修改程序 mm1queue.py 创建一个新的程序 md1queue.py，用于模拟一个服务时间采用固定（确定）速率 μ 的队列。从经验上验证此模型的利特尔法则。

622 ～ 624

4.3.10 链表习题

如下习题的目的是增强读者关于链表的理解。最简单的处理方法是使用课本正文中描述的可视化表示方法绘制图形。

19. 假设 x 是一个链表节点。请问如下代码片段将产生什么结果？

    x.next = x.next.next

    解答：从链表中删除 x 后的一个节点。

20. 请编写一个函数 find()，函数的参数为链表的第一个节点和一个对象 key，如果链表中某个节点的项目值为 key，则返回 True，否则返回 False。

21. 请编写一个函数 delete()，函数的参数为链表的第一个节点和一个整数 k，删除链表中第 k 个元素（如果存在）。

22. 假设 x 是一个链表节点。请问如下代码片段将产生什么结果？

    t.next = x.next
    x.next = t

解答：在链表节点 x 后插入节点 t。

23. 如下代码片段与上一道习题（习题 22）中的代码片段效果不同，请问为什么？

```
x.next = t
t.next = x.next
```

解答：当执行到更新 t.next 的代码时，x.next 已经不再是 x 后面的原始节点，而是 t 本身。

24. 请编写一个函数 removeAfter()，函数的参数为链表的一个节点，删除链表中给定节点的后一个节点（如果参数节点的 next 字段为 None，则什么也不做）。

25. 请编写一个函数 copy()，函数的参数为链表的一个节点，创建一个新的链表，包含与给定链表具有相同项目的序列，注意保持原始链表不变。

26. 请编写一个函数 remove()，函数的参数为一个链表的节点和一个对象 item，删除链表中所有项目为 item 的节点。

27. 请编写一个函数 listmax()，函数的参数为链表的第一个节点，返回列表中最大项目的值。假设项目是可比较的且列表为空，则返回 None。

28. 请编写上一道题（习题 27）的递归解决方案。

29. 请编写一个函数，函数的参数为链表的第一个节点，把链表反向，并返回结果链表的第一个节点。

迭代解决方案：为了完成任务，我们维护指向链表中三个连续节点的引用——reverse、first 和 second。每次迭代过程中，从原始链表中抽取节点 first，并将其插入到反向链表的最前面。我们保持 first 为原始链表剩余部分的第一个节点，second 为原始链表剩余部分的第二个节点，reverse 为结果反向链表的第一个节点。

```
def reverse(first):
    reverse = None
    while first is not None:
        second = first.next
        first.next = reverse
        reverse = first
        first = second
    return reverse
```

当编写涉及链表的代码时，必须倍加小心以正确处理例外情况（例如，当链表为空，当链表只有一或两个节点）和边界情况（处理第一个或最后一个项目）。相对于普通类，这些处理更加复杂。

30. 请编写一个递归函数，反向输出一个链表的元素。请不要修改链接的任何内容。可使用如下的简单方法：使用二次型运行时间，加上常量型额外空间。另外一种简单方法如下：使用线性运行时间，加上线性额外空间。一种复杂的实现方法：开发一个分而治之算法，使用线性对数型运行时间和对数型额外空间。

二次型运行时间、常量型额外空间的解决方案如下：从链表的第二个节点开始，递归反向链表，然后把第一个元素附加到末尾。

```
def reverse(first):
    if first is None:
        return None
    if first.next is None:
```

```
        return first
    second = first.next
    rest = reverse(second)
    second.next = first
    first.next = None
    return rest
```

31. 请编写一个递归函数，通过修改链接随机混排一个链表中的元素。可以使用如下的简单
    方法：使用二次型运行时间，加上常量型额外空间。一种复杂的实现方法：开发一个分
    而治之算法，使用线性对数型运行时间和对数额外空间。关于"合并"步骤，请参见 1.4
    节习题的第 38 题。

625
~
627

4.3.11 创新习题

32. 双端队列（Deque）。一个双端队列或 deque（发音为" deck"）是一个栈和队列的结合。
    请编写一个类 Deque，使用链表实现如表 4-3-5 所示的 Deque 的 API。

表 4-3-5 双端队列的 API

常量型运行时间的操作	功能描述
Deque()	创建一个新的双端队列
d.isEmpty()	双端队列 d 是否为空
d.enqueue(item)	将项目 item 加入到双端队列 d 的尾部
d.dequeue()	从双端队列 d 的尾部移除并返回项目
d.push(item)	将项目 item 从顶部压入双端队列 d 中
d.pop(item)	从双端队列 d 的顶部移除并返回项目

注：双端队列的空间使用必须与队列中项目的个数呈线性关系。

33. 约瑟夫斯问题（Josephus problem）。在古老的约瑟夫问题中，有 n 个人陷入困境，并一
    致同意按如下策略减少人数。n 个人排列成一个圆圈（分别位于位置 0 到 $n–1$），然后由
    第 1 个人开始按照圆圈报数，每报数到第 m 个人就杀掉该人，然后再由下一个重新报
    数，直到剩下最后一个人。传说约瑟夫斯想出了一个好办法，按照他的办法排位，可以
    成功逃过这场死亡游戏。请编写一个 Queue 客户端 josephus.py，从命令行接收参数 n 和
    m，输出依次被杀的人的序号（从而确定约瑟夫斯在圆圈中所选择的位置）。程序运行过
    程及结果如下：

```
% python josephus.py 7 2
1 3 5 0 4 2 6
```

34. 合并两个排序队列（Merging two sorted queue）。给定两个按升序排列的字符串序列，把
    所有的字符串移动到第三个字符串序列中，同时保证第三个队列的结果也按升序排列。

35. 非递归合并排序（Nonrecursive mergesort）。给定 n 个字符串，创建 n 个队列，每个队
    列包含一个字符串。创建一个包含 n 个队列的队列。然后，针对前两个队列，重复应
    用排序合并操作，并在尾端重新插入合并的队列。重复此过程直到这个队列中仅包含
    一个队列。

36. 删除第 i 个元素（Delete ith element）。请实现一个支持如表 4-3-6 所示的 API 的类：

表 4-3-6   一个通用队列的 API

所涉及的操作	功能描述
GeneralizedQueue()	创建一个新的通用队列
q.isEmpty()	通用队列 q 是否为空
q.insert(item)	在通用队列 q 中插入一个项目 item
q.delete(i)	从通用队列 q 中删除并返回第 i 个最早插入的项目 item

注：通用队列的空间使用必须与该队列中项目的个数呈线性关系。

首先，开发一个使用 Python 列表（可变数组）的实现，然后开发一个使用链表的实现（关于使用二分查找树更为有效的实现，请参见 4.4 节习题的第 69 题）。

37. 双栈队列（Queue with two stack）。请使用双栈实现一个队列（注意仅仅使用常量型的额外内存空间），以使每个队列操作使用常量型数量的栈操作。

38. 环形缓冲器（Ring buffer）。一个环形缓冲器或一个圆环队列，是一个具有固定容量 n 的 FIFO 数据结构。可以在异步进程间传送数据或存储日志文件。当缓冲器为空时，消费者等待直到数据存入其中。当缓冲器为满时，生产者暂停数据的存储。为环形缓冲器开发一个 API 和使用一个数组表示的实现（使用环形循环）。

39. 移动到前端（Move-to-front）。从标准输入读取一系列字符，把字符保存在一个链表中（没有重复）。当读取一个新的字符时，将其插入到列表的前端。当读取一个重复字符时，从列表中删除该字符并重新插入到列表的开头。把程序命名为 MoveToFront。程序实现了著名的"移动到前端"策略，可以用于缓存、数据压缩和其他应用程序，一个最近访问的项目很可能会被重新访问。

40. 随机队列（Random queue）。一个随机队列存储一个项目集合，其 API 如表 4-3-7 所示：

表 4-3-7   随机队列的 API

常量型运行时间的操作	功能描述
RandomQueue()	创建一个新的随机队列
q.isEmpty()	随机队列 q 是否为空
q.enqueue(item)	将项目 item 加入到随机队列 q 中
q.dequeue()	从随机队列 q 中移除并返回项目（不放回抽样）
q.sample()	从随机队列 q 中返回（但不移除）项目（有放回抽样）
len(q)	随机队列 q 中的项目个数

注：随机队列的空间使用必须与队列中项目的个数呈线性关系。

请编写一个类 RandomQueue，实现上述 API。提示：使用 Python 列表（可变数组）表示，具体请参见程序 4.3.1。要移除一个项目，把一个随机位置（索引下标为 0 到 $n-1$）的项目和最后位置（索引下标为 $n-1$）的项目交换，然后删除并返回随机队列的最后一个对象。请编写一个客户端，使用 RandomQueue 输出一副随机排序的扑克牌。

41. 拓扑排序（Topological sort）。服务器上 n 个任务（编号为 0 到 $n–1$）需要排列顺序。有些任务必须完成后，其他任务才能够开始。编写一个程序 topologicalsorter.py，从命令行接收一个参数 n，从标准输入读取一系列有序任务对 i j，然后输出一系列整数，满足对于输入的每个任务对 i j，任务 i 出现在任务 j 的前面。使用如下算法：首先，为每个任务根据输入构建（1）一个必须跟随该任务的任务队列，（2）任务的入度（Indegree，指该任务前面的任务数量）。然后，构建一个所有入度为 0 的节点的队列，重复删除入度为 0 的所有任务，维护所有的数据结构。这个过程有许多实际应用。例如，可以对你所学专业的必修课程进行建模，以查找为了顺利毕业需要选修的一系列课程。

42. 文本编辑器缓冲区（Text editor buffer）。请开发一个数据类型，用于文本编辑器缓冲区，实现如表 4-3-8 所示的 API：

表 4-3-8　文本编辑器缓冲区的 API

所涉及的操作	功能描述
Buffer()	创建一个新的文本编辑器缓冲区
buf.insert(c)	将字符 c 插入到文本编辑器缓冲区 buf 当前光标前面的位置
buf.delete()	删除并返回文本编辑器缓冲区 buf 当前光标所在位置的字符
buf.left(k)	将文本编辑器缓冲区 buf 的光标向左移动 k 个位置
buf.right(k)	将文本编辑器缓冲区 buf 的光标向右移动 k 个位置

提示：使用双栈。

43. 拷贝栈（Copy a stack）。请为 Stack 的链表实现创建一个 copy() 方法，当使用如下语句：

```
stack2 = stack1.copy()
```

时，可使 stack2 引用栈 stack1 的一个新的独立拷贝。注意，stack1 或 stack2 的进栈和出栈操作不会相互影响。

44. 拷贝队列（Copy a queue）。请为 Queue 的链表实现创建一个 copy() 方法，当使用如下语句：

```
queue2 = queue1.copy()
```

时，可使 queue2 引用队列 queue1 的一个新的独立拷贝。注意，queue1 或 queue2 的入队和出队操作不会相互影响。

45. 基于显式可变数组的栈（Stack with explicit resizing array）。请基于显式可变数组实现一个栈：使用长度为 1 的数组作为实例变量初始化一个空栈。当数组被占满时把数组长度加倍，当数组的空间占用率只有四分之一时把数组的长度减半。

解决方案：

```
class Stack:
    def __init__(self):
        self._a = [None]
        self._n = 0

    def isEmpty(self):
        return self._n == 0

    def __len__(self):
        return self._n

    def _resize(self, capacity):
        temp = stdarray.create1D(capacity)
        for i in range(self._n):
            temp[i] = self._a[i]
        self._a = temp
```

```
    def push(self, item):
        if self._n == len(self._a):
            self._resize(2 * self._n)
        self._a[self._n] = item
        self._n += 1

    def pop(self):
        self._n -= 1
        item = self._a[self._n]
        self._a[self._n] = None
        if (self._n > 0) and (self._n == len(self._a) // 4):
            self._resize(self._n // 2)
        return item
```

46. 基于显式可变数组的队列（Queue with explicit resizing array）。请基于显式可变数组实现一个队列，使得所有的操作时间为常量型。队列的操作示意图如图 4-3-16 所示。提示：最大的挑战和困难是当从队列中增加和移除项目时，项目会在数组中"爬行"。使用模块化算法维护队列前端项目和后端项目的数组索引下标。

stdin	stdout	n	lo	hi	a[]							
					0	1	2	3	4	5	6	7
		0	0	0	None							
to		1	0	1	to	None						
be		2	0	2	to	be						
or		3	0	3	to	be	or	None				
not		4	0	4	to	be	or	not				
to		5	0	5	to	be	or	not	to	None	None	None
-	to	4	1	4	None	be	or	not	to	None	None	None
be		5	1	6	None	be	or	not	to	be	None	None
-	be	4	2	6	None	None	or	not	to	be	None	None
-	or	3	3	6	None	None	None	not	to	not	None	None
that		4	3	7	None	None	None	not	to	not	that	None

图 4-3-16　基于显式可变数组实现的队列的操作示意图

47. 队列模拟（Queue simulation）。请读者研究如果使用栈代替队列来修改程序 mm1queue. py，会发生什么情况。利特尔法则是否依旧成立？针对一个随机队列，请回答同样的问题。绘制直方图，比较等待时间的标准偏差。

48. 负载均衡模拟（Load-balancing simulation）。请修改程序 loadbalance.py，输出平均队列长度和最大队列长度（而不是绘制直方图），使用修改后的程序运行 100 000 个队列中的一百万个项目。输出 100 次试验（每次采样大小为 1、2、3 和 4）的最大队列的平均长度值。请问试验结果是否验证了正文中关于使用采样大小 2 的结论？

49. 文件列表（Listing file）。一个文件夹包含若干文件和子文件夹。请编写一个程序，从命令行接收一个文件夹名称作为参数，输出文件夹中包含的所有文件的名称，每个文件夹下的内容也在文件夹名称后递归列出（采用缩进方式）。提示：使用队列，参见 Python 的 os 模块中定义的函数 listdir()。

4.4 符号表

符号表是一种数据类型，用于关联键和值。客户端可以通过指定一个键－值对把一个项存储到（或放入，put）符号表，然后从符号表中抽取（或得到，get）对应于特定键的值。例如，一所大学可以把一个学生的姓名、家庭住址、学生成绩等"值"与学生的社会安全号这个"键"关联起来，这样就可以通过学生的社会安全号来访问每个学生的记录信息。同样的方法适用于科学家组织数据，企业跟踪客户交易信息，Internet 搜索引擎关联关键字和网页，以及其他许多应用场景。

由于其本质上的重要性，自计算的早期开始，符号表就被广泛使用和研究。开发保证良好性能的实现一直是研究的活跃领域。关于符号表的操作，除了 put 和 get 操作，还出现了其他若干操作。如何保证丰富操作集的良好性能是一个巨大的挑战。

在本节，我们将讨论符号表数据类型的基本 API。我们的 API 除 put 和 get 操作外，还增加了测试任一值是否与一个给定键相关联（我们称为 contains 操作），以及对符号表中的键进行遍历访问的功能。我们还讨论了 API 的一种扩展，用于键可比较的场合，其允许若干有用的操作。

我们还讨论了两种经典的实现。第一种实现使用一种称为哈希（hashing）的操作，用于把键转换为数组索引下标以访问值。第二种实现基于称为二叉搜索树（binary search tree，BST）的数据结构。两个实现都是非常简单的解决方案，在许多实际场景中性能良好，可以作为现代程序设计环境中工业标准的符号表实现的基础。我们讨论的有关符号表的代码仅仅比我们用于栈和队列的可变数组和链表代码稍微复杂点，但它可以引领你进入一个新的结构化数据领域其影响深远。表 4-4-1 为本节所有程序的一览表，读者可以作为参考。

表 4-4-1 本节中所有程序的一览表

程序名称	功能描述
程序 4.4.1（lookup.py）	字典查找
程序 4.4.2（index.py）	索引
程序 4.4.3（hashst.py）	哈希表
程序 4.4.4（bst.py）	二叉搜索树

`634`

4.4.1 符号表 API

符号表是一个键－值对的集合，每一个符号表项把一个值和一个键关联起来。其 API 如表 4-4-2 所示：

表 4-4-2 符号表 API

	运算操作	功能描述
对数或常量型运行时间	SymbolTable()	创建一个新的符号表
	st[key] = val	将符号表 st 中的键 key 与值 val 相关联
	st[key]	符号表 st 中与键 key 相关联的值 val
	key in st	符号表 st 中是否存在一个与键 key 相关联的值 val
线性运行时间	for key in st:	遍历符号表 st 中的所有键

注：符号表的空间使用必须与符号表中项目的个数呈线性关系。

在本节中，我们将讨论符号表的 API、客户端、实现和扩展。表 4-4-2 中的 API 与 Python 的内置数据类型 dict 相一致，我们将在本节稍后具体讨论。表 4-4-2 中的 API 反映了若干设计选择，我们将逐一展开讨论。

1. 关联数组（Associative array）

重载运算符 [] 用于两种基本运算操作 put 和 get。在客户端代码中，这表明我们可以将符号表视为关联数组，即可以使用标准数组语法在方括号中以任何数据类型数据代替 0 到数组长度之间的整数（用于数组）。因而，我们可以使用如下客户端代码把一个密码子与一个氨基酸的名字关联起来：

```
amino['TTA'] = 'Leucine'
```

我们稍后则可以使用如下客户端代码访问与给定密码子相关联的名称：

```
stdio.writeln(amino['TTA'])
```

也就是说，如果关联数组引用在赋值语句的左侧，则是 put 操作，否则是 get 操作。通过实现特殊方法 __getitem__() 和 __setitem__() 可支持这些操作。采用关联数组的思维方式是理解符号表基本目的的一个很好方法。

2. 替换旧值策略（Replace-the-old-value policy）

如果要将一个值关联到一个已经包含有一个关联值的键，我们采用新值代替旧值的惯例原则（和数组赋值语句一致）。同样，这正是关联数组抽象所期望的动作。特殊方法 __contains__() 支持的 key in st 操作，为客户端提供了避免这种操作的灵活性（如果需要）。

3. 不存在（Not found）

如果符号表中不存在与给定键 key 相关的值，则 st[key] 将抛出运行时错误 KeyError。一种替代的设计方案是在这种情况下，返回 None。

4. 空键和空值

客户端可以使用 None 作为键或值，虽然一般不会这样做。一种替代的设计方案是禁止使用 None 作为键或值。

5. 可迭代的（Iterable）

为了支持"for key in st:"的语法结构，Python 的惯例规则是必须实现一种返回一个迭代器（iterator）的特殊方法 __iter__()。迭代器是一种特殊的数据类型，包括在开始和每次 for 循环结构的循环中调用的方法。我们将在本节末尾讨论 Python 的迭代机制。

6. 移除（Remove）

我们讨论的符号表基本 API 中没有包含用于从符号表中移除键的方法。有些应用程序确实需要这种方法，Python 提供了一种特殊的语法 del st[key]，可以通过实现特殊方法 __delitem__() 来支持移除键的操作。我们把实现作为习题，读者也可以参考算法高级课程中的相关知识。

7. 不可变键（Immutable key）

我们假定键在符号表中保持值不变。最简单最常用的键的数据类型为不可变数据类型（整数、浮点数和字符串）。如果稍加思考，你会发现这是一种非常合理的假设！如果一个客户端改变了键，符号表的实现如何能够跟踪这种修改呢？

8. 变种（Variation）

计算机科学家发现了许多其他关于符号表的有用操作，基于这些操作的不同子集的 API 被广泛研究。贯穿本节，特别是在本节的习题中，我们将讨论这些操作。

9. 可比较键（Comparable key）

在许多应用中，键可以是整数、浮点数、字符串或其他具有自然顺序的数据类型的数据。在 Python 中，如 3.3 节所述，我们期望这些键是可比较的。带可比较键的符号表非常重要，其理由有二。首先，我们可以利用键的顺序关系开发 put 和 get 的实现来保证 API 中的性能规范。其次，大量的新操作基于（并且可支持）可比较键。一个客户端也许需要最小键、最大键、中间值键或按某种顺序枚举所有的键。有关该课题的全面论述更适合于算法和数据结构的书籍，但是在本节稍后我们将讨论这种数据类型的典型一个客户端和一种实现。可比较键的有序符号表的 API（部分）如表 4-4-3 所示。

符号表是计算机科学中被广泛研究的数据结构，所以本文中所讨论的符号表的内容和许多其他替代设计选择的影响一直以来被细致地研究，如果选修计算机科学后续课程，将学习到更多这方面的知识。在本节中，我们的方法是通过考虑两个典型的客户端程序来介绍符号表最重要的属性，开发两种经典和高效的实现，并研究这两种实现的性能特征，以证明它们可以满足典型客户端的需求，即使是符号表巨大的情况。

表 4-3-3　可比较键的有序符号表的 API（部分）

	运算操作	功能描述
对数型或常量型运行时间	OrderedSymbolTable()	新建一个有序符号表
	st[key] = val	将有序符号表 st 中的键 key 与值 val 相关联
	st[key]	有序符号表 st 中与键 key 相关联的值 val
	key in st	有序符号表 st 中是否存在一个与键 key 相关联的值 val
	st.rank(key)	有序符号表 st 中比 key 小的键的个数
	st.select(k)	有序符号表 st 中第 k 个最小键（有序符号表 st 中排位 k 的键）
线性运行时间	for key in st:	遍历有序符号表 st 中的所有键

注：有序符号表的空间使用必须与符号表中项目的个数呈线性关系。

4.4.2　符号表客户端

一旦你获取到有关符号表的一些理念和体验，你将发现符号表的用途十分广泛。为了证明这个事实，我们将从两个典型的例子开始，它们均可以用于大量重要和熟悉的实际应用程序。

1. 字典查找

符号表最基本类型的客户端通过一系列连续的 put 操作来构建符号表以支持 get 请求。我们维护数据集合以便需要时可以快速访问数据。大多数应用程序还充分利用了"符号表是一个动态字典"的思想，不仅可以快速地从表中查找信息，而且还可以方便地更新表中的信息。如下列举并描述了该方法实际应用的几个熟悉例子。

- **电话簿（黄页）**。当键是人的姓名，值是该人相应的电话号码时，符号表建模了一个电话簿。与传统的印刷电话簿的主要区别在于，我们基于符号表的电话簿可以增加新的姓名，或者修改既存的电话号码。我们还可以把电话号码作为键，姓名作为相应的值。如果你从来没有尝试过，请在浏览器的搜索输入框中键入你的电话号码（带区号），按回车键尝试查询结果。

- **字典**。把一个单词与其定义关联起来是一种熟悉的概念，称为"字典"。几个世纪以来，人们在家里和办公室中放置印刷版字典以便查阅单词（键）的定义和拼写（值）。如今，由于性能良好的符号表的实现，人们可以期望在计算机上实现内置拼写检查和快速访问单词定义。

- **账户信息**。持有股票的用户常常会在 Web 上查看当前价格。Web 上的若干服务把股票代码（键）与其当前价格（值）关联起来，通常还包含许多其他信息。此类商业应用程序比比皆是，包括金融机构把账户信息与姓名或账户号码关联起来，教育机构把学生姓名或身份证号码与学生成绩关联起来。

- **基因组学**。符号在现代基因组学中占据重要地位，我们在前文已经讨论过（具体可参见程序 3.1.1）。最简单的例子是用字母 A、C、T 和 G 来表示生命有机体 DNA（脱氧核糖核酸）中的核苷酸。还有一个简单的例子是密码子（核苷酸三连体）和氨基酸（TTA 对应亮氨酸，TCT 对应胱氨酸等）之间的对应关系，然后是氨基酸序列与蛋白质之间的对应关系等。基因组学的研究者通常使用不同类型的符号表来组织这类知识信息。

- **实验数据**。从天体物理学到动物学，现代科学家被大量的实验数据淹没，如何组织并高效地访问这些数据对于理解这些数据的含义至关重要。符号表是一个关键的起点，基于符号表的高级数据结构和算法如今已成为科学研究的重要内容。

- **程序设计语言**。符号表的最早应用之一是组织用于程序设计的信息。最初，程序是简单的二进制数序列，但是程序员很快发现使用符号表代替操作和内存地址（变量名）更加方便。把名称和数值关联起来需要使用符号表。当程序规模增大时，符号表操作的开销成为程序开发时间的瓶颈，最终形成开发如本节讨论的数据结构和算法的需求。

- **文件**。我们经常使用符号表组织计算机系统的数据。也许最突出的例子就是文件系统，我们把文件名（键）和其内容所在的位置（值）关联起来。音乐播放器使用同样的系统把歌曲名（键）和音乐本身所在的位置（值）关联起来。

- **互联网域名系统**（Internet DNS）。域名系统（DNS）是组织互联网上信息的基础，DNS 把人容易理解的 URL（键）（例如，www.princeton.edu 或 www.wikipedia.org）与计算机网络路由器理解的 IP 地址（值）（例如，208.216.181.15 或 207.142.131.206）关联起来。这个系统是下一代"电话簿"。因而，人类可以使用容易记忆的名称来使用网络，同时计算机可以高效地处理数值数据。世界上的 Internet 路由器中用于此目的的符号表的每秒查询数量十分巨大，性能显然很重要。每年 Internet 上新增数以百万计的计算机和其他设备，因而 Internet 路由器上的这些符号表必须是动态的。

表 4-4-4 总结了字典应用的典型实例。

　　尽管列举的范围比较广泛，上述列表还只是一些代表性的例子，目的是向读者展示一下符号表抽象的概念，并对其适用范围有所体会。每当你指定类似名称时，就有一个符号表在工作。计算机的文件系统或 Web 会为你提供服务，就像在其他应用中，存在一个符号表为你提供相应的服务。

　　程序 4.4.1（lookup.py）从命令行指定的一个逗号分隔文件（.csv 文件），来构建键 – 值对集合（具体请参见 3.1 节），然后输出对应于从标准输入读取的键值。命令行参数为文件名和两个整数，一个整数指定用作键的字段，另一个整数则指定用作值的字段。类似但稍微复杂的测试客户端例子将在习题中描述。例如，通过允许标准输入命令修改与一个与键相关联的值（具体参见本节习题的第 1 题），我们可以把字典改变为动态字典。

表 4-4-4　字典应用的典型实例

	键	值
电话簿（黄页）	姓名	电话号码
字典	单词	定义和拼写
账户	账户号码	账户余额
基因组学	密码子	氨基酸
实验数据	数据 / 时间	实验结果
编译器	变量名	内存地址
文件共享	歌曲名	歌曲内容所在的位置（哪台机器）
互联网域名系统	网站	IP 地址

程序 4.4.1　字典查找（lookup.py）

```
import sys
import stdio
from instream import InStream
from hashst import SymbolTable

instream = InStream(sys.argv[1])
keyField = int(sys.argv[2])
valField = int(sys.argv[3])

database = instream.readAllLines()

st = SymbolTable()
for line in database:
    tokens = line.split(',')
    key = tokens[keyField]
    val = tokens[valField]
    st[key] = val

while not stdio.isEmpty():
    query = stdio.readString()
    if query in st: stdio.writeln(st[query])
    else:           stdio.writeln('Not found')
```

instream	输入流（.csv）
keyField	键位置
valField	值位置
database[]	输入中的行
st	符号表
tokens	一行的值
key	键
val	值
query	请求字符串

程序 4.4.1 是一个数据驱动的符号表客户端，从逗号分隔文件中读取键－值对，然后输出对应于标准输入的键值。键和值均为字符串。程序 4.4.1 的运行过程和结果如下：

```
% python lookup.py amino.csv 0 3
TTA
Leucine
ABC
Not found
TCT
Serine

% python lookup.py amino.csv 3 0
Glycine
GGG
```

```
% python lookup.py ip.csv 0 1
www.google.com
216.239.41.99
% python lookup.py ip.csv 1 0
216.239.41.99
www.google.com

% python lookup.py djia.csv 0 1
29-Oct-29
252.38
```

典型的逗号分隔文件如图 4-4-1 所示。

读者理解符号表的第一步是从本书官网下载程序 lookup.py 和 hashst.py（即我们接下来将讨论的符号表实现），然后执行一些符号表查询。你可以查找到许多与我们描述的各种应用相关的逗号分隔文件，包括 amino.csv（密码子的氨基酸编码）、djia.csv（历史上每天的股票交易数据，包括开盘价、收盘价、成交量和股票市场的平均值），以及 ip.csv（DNS 数据库的部分项目）。在选择作为键的字段时，请记住每个键必须唯一确定一个值。对于一个给定的键，如果存在多个 put 操作将多个值与该键关联，则符号表会保存最新的那个值（就如关联数组的处理方式）。接下来我们将讨论把多个值和一个键关联起来的情况。

在本章的后续部分，我们将了解程序 lookup.py 中关联数组引用的代价可能是线性或对数型运行时间。这意味着针对第一次请求，获取答案可能会经历一个小的延迟（用于构建符号表的所有 put 操作），但其他请求则响应速度很快。

2. 索引

程序 4.4.2（index.py）是可比较键的符号表客户端的一个典型例子。程序从标准输入读取一个字符串列表，然后输出一个排好序的字符串表，每个字符串对应指示字符串在输入中位置的一个整数列表。在这种情况下，我们似乎是将多个值和一个键关联起来，事实上只关联了一个值：一个 Python 列表。同样，这个问题有许多熟悉的应用：

- **书籍索引**。每本教材都有一个索引，可以用于查找一个单词并获取包含该单词的页码。虽然没有读者希望书中的每个单词都包括在索引中，类似 index.py 的程序可以作为创建良好索引的起点。
- **程序设计语言**。在一个使用了大量符号的大型程序中，有必要了解每个名称的使用位置。类似 index.py 的程序可以成为一个非常有用的工具，帮助程序员跟踪符号在程序中的使用。历史上，一个印刷的符号表是程序员用于管理大型程序的最重要工具之一。在现代程序设计语言中，符号表是程序员用于管理系统中模块名称的软件工具的基础。
- **基因组学**。在一个典型的（如果过于简单化的）基因组学研究的场景中，一个科学家往往希望知道一个给定的遗传序列在一个现有的基因组或基因组集中的位置。某些序列的存在性或邻近性可能具有重要的科学意义。这类科学研究的起点是类似于程序 index.py 产生的索引，并加以修改以考虑基因组不会分离成为独立单词的事实。
- **Web 搜索**。当你键入一个关键字，获得包含该关键字的一个网站列表时，你就在使

```
% more amino.csv
TTT,Phe,F,Phenylalanine
TTC,Phe,F,Phenylalanine
TTA,Leu,L,Leucine
TTG,Leu,L,Leucine
TCT,Ser,S,Serine
TCC,Ser,S,Serine
TCA,Ser,S,Serine
TCG,Ser,S,Serine
TAT,Tyr,Y,Tyrosine
TAC,Tyr,Y,Tyrosine
TAA,Stop,Stop,Stop
...
GCA,Ala,A,Alanine
GCG,Ala,A,Alanine
GAT,Asp,D,Aspartic Acid
GAC,Asp,D,Aspartic Acid
GAA,Gly,G,Glutamic Acid
GAG,Gly,G,Glutamic Acid
GGT,Gly,G,Glycine
GGC,Gly,G,Glycine
GGA,Gly,G,Glycine
GGG,Gly,G,Glycine

% more djia.csv
...
20-Oct-87,1738.74,608099968,1841.01
19-Oct-87,2164.16,604300032,1738.74
16-Oct-87,2355.09,338500000,2246.73
15-Oct-87,2412.70,263200000,2355.09
...
30-Oct-29,230.98,10730000,258.47
29-Oct-29,252.38,16410000,230.07
28-Oct-29,295.18,9210000,260.64
25-Oct-29,299.47,5920000,301.22
...

% more ip.csv
...
www.ebay.com,66.135.192.87
www.princeton.edu,128.112.128.15
www.cs.princeton.edu,128.112.136.35
www.harvard.edu,128.103.60.24
www.yale.edu,130.132.51.8
www.cnn.com,64.236.16.20
www.google.com,216.239.41.99
www.nytimes.com,199.239.136.200
www.apple.com,17.112.152.32
www.slashdot.org,66.35.250.151
www.espn.com,199.181.135.201
www.weather.com,63.111.66.11
www.yahoo.com,216.109.118.65
...
```

图 4-4-1 典型的逗号分隔文件

用 Web 搜索引擎创建的一个索引。每个关键字（请求）与一个值（页面列表）相关联，虽然实际情况更为动态和复杂，因为我们常常指定多个关键字，并且页面遍布整个 Web（而不是保存在单个计算机的一个表中）。

- **账户信息**。如果一个公司想通过维护客户账户以记录客户一天的交易信息，一种方法就是保存交易列表的索引。其中，键为该账户号码，值为在交易列表中该账户号出现的列表。

符号表典型的索引应用如表 4-4-5 所示。

表 4-4-5　符号表典型的索引应用

	Key（键）	value（值）
书籍	术语	页码
基因组	DNA 子串	位置
Web 搜索	关键字	网站
商务应用	顾客姓名	交易

程序 4.4.2　索引（index.py）

```python
import sys
import stdio
from bst import OrderedSymbolTable

minLength = int(sys.argv[1])
minCount  = int(sys.argv[2])

words = stdio.readAllStrings()
bst = OrderedSymbolTable()
for i in range(len(words)):
    word = words[i]
    if len(word) >= minLength:
        if word not in bst: bst[word] = []
        bst[word] += [i]

for word in bst:
    if len(bst[word]) >= minCount:
        stdio.write(word + ': ')
        for i in bst[word]:
            stdio.write(str(i) + ' ')
        stdio.writeln()
```

minLength	最短长度
minCount	计数阈值
bst	排序符号表
word	当前单词
bst[word]	当前单词的位置数组

程序 4.4.2 从命令行接收两个整数参数 minLength 和 minCount，从标准输入中读取所有单词，然后创建一个排序索引，指示每个单词在标准输入中出现的位置。程序仅考虑至少包含 minLength 个字符的字符串，仅仅输出至少出现 minCount 次的字符串。计算方法基于可比较符号表，每个键是一个单词，其对应的值是在标准输入中出现位置的数组。程序 4.4.2 的运行过程和结果如下：

```
% python index.py 9 30 < tale.txt
confidence: 2794 23064 25031 34249 47907 48268 48577 ...
courtyard: 11885 12062 17303 17451 32404 32522 38663 ...
evremonde: 86211 90791 90798 90802 90814 90822 90856 ...
expression: 3777 5575 6574 7116 7195 8509 8928 15015 ...
gentleman: 2521 5290 5337 5698 6235 6301 6326 6338    ...
influence: 27809 36881 43141 43150 48308 54049 54067 ...
monseigneur: 85 90 36587 36590 36611 36636 36643      ...
...
```

为了减少输出的数量，程序 index.py 接收三个命令行参数：一个文件名称和两个整数。第一个整数为包含在符号表中的最短字符串长度，第二个整数为最少出现次数（出现在文本中的单词），以限定包含在印刷版索引中的单词。同样，在习题中将讨论若干类似的用于其他实用任务的客户端。例如，一种常用的解决方案是使用不同的键为相同数据构建多个索引。在我们的账户信息例子中，一个索引可以使用客户账号作为键，而另一个索引可以使用供应商账号作为键。

类似于程序 lookup.py，我们积极鼓励读者从本书官网下载程序 index.py 和 bst.py（可比较键的符号表实现，随后将讨论），然后使用不同的输入文件运行程序，以加深对可比较键的符号表应用的理解。通过实践，你将发现程序可以为大型文件构建大型索引，且延迟很小，因为每个符号表的运算都经过仔细设计。

符号表算法和实现得以迅速扩散的一个原因是，符号表客户端的需求可以有很大的不同。一方面，当符号表较小或执行的操作数较少时，任何实现都可满足要求。另一方面，某些应用的符号表十分巨大，它们被组织为数据库，存放在外部存储或 Web 上。在本节，我们重点关注类似程序 index.py 和 lookup.py 的大型客户端类，需求则位于两者之间。我们需要能够使用关联赋值来动态构建和维护大的表，同时也需要满足快速响应大量的关联查询请求。为大型动态表提供快速响应是算法技术的经典贡献之一。

4.4.3 基本符号表实现

上述所有的例子都是符号表重要性的有力证明。符号表的实现已经被深入研究，许多不同的算法和数据结构设计用于此目的，现代程序设计环境（包括 Python）提供了直接的支持。按惯例，了解基本实现的工作原理可以帮助我们理解、选择和更有效地使用高级实现，或帮助我们实现也许会遇见的特殊情况的自定义版本。

首先，我们基于使用过的两种基本数据结构可变数组和链表，简单讨论四种不同的基本实现。我们这样做的目的是构建这样的理念：我们需要一个更为复杂的数据结构，因为这些都不能到达 API 中的性能要求。因为这四种不同实现所涉及的每个操作均为线性运行时间，这使它们不适合大型实用程序。

也许最简单的实现是使用有两个并行的（可变）数组的顺序搜索，一个数组用于键，一个数组用于值，如下代码所示（有关 __contains__() 和 __iter__() 的实现，请分别参见本节习题的第 10 题和第 33 题）：

```
# sequential search implementation of a symbol table
class SymbolTable:

    def __init__(self):
        self._keys = []
        self._vals = []

    def __getitem__(self, key):
        for i in range(len(self._keys)):
            if self._keys[i] == key:
                return self._vals[i]
        raise KeyError

    def __setitem__(self, key, val):
        for i in range(len(self._keys)):
            if self._keys[i] == key:
                self._vals[i] = val
                return
        self._keys += [key]
        self._vals += [val]
```

基本符号表（只显示了键）的实现如图 4-4-2 所示。

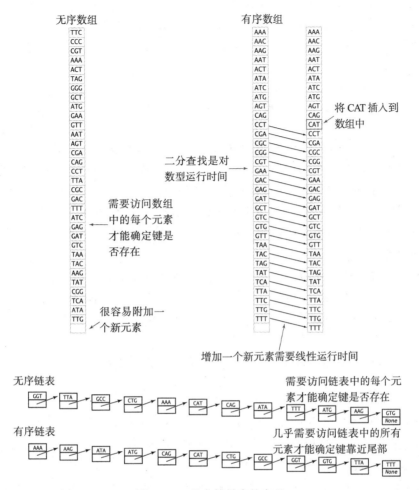

图 4-4-2　基本符号表的实现

　　键数组没有排序，我们仅仅把一个新的键附加到末端。通常，这是一个 Python 列表的常量时间操作。但是在符号表中查找一个键是典型的线性时间操作：例如，如果我们查找一个在符号表中不存在的键，我们必须检查符号表中所有的键。

　　为了解决线性时间搜索代价，我们可以为键创建一个排序数组（可变数组）。实际上，在 4.2 节中讨论二分查找算法时，我们已经讨论了字典的思想。基于二分查找实现一个符号表并不困难（具体参见本节习题的第 5 题），但这种实现并不适合于类似程序 index.py 的客户端的使用，因为它基于维持一个按键排序的可变排序数组。每次插入一个新的键时，所有大的键必须在数组中后移一个位置，这意味着创建表的总运行时间是表大小的二次型。

　　另外，我们也可以考虑基于无序链表的实现，因为我们可以快速在头部增加一个键–值对。但是这种实现也不适合于典型客户端的使用，因为在链表中查找一个键的唯一方法是遍历链表的链接，所以查找需要的总运行时间是查找数量与表大小的乘积，这显然不可取。把一个键与一个值相关联也比较费时，因为我们必须先在符号表中查找以避免键的重复。即使保持链表为排序状态也收效甚微，例如，把一个新的节点增加到链表尾端依旧需要遍历所有的链接。

　　为了实现适用于类似程序 lookup.py 和 index.py 的客户端的符号表，我们需要相比这些基本例子更加灵活、更加高效的数据结构。接下来，我们将讨论两种这样的数据结构：哈希表和二叉搜索树。

4.4.4　哈希表

　　哈希表（Hash table）是一种数据结构，它把键分成小的组，可以实现快速查找。其基本思想非常简单：选择一个参数 m，把所有的键分成 m 个组，所有组的大小大致相同。针对每个组，我们使用列表保存键并使用顺序查找算法（即前文讨论的基本实现方法）。

　　为了实现把键分成小的分组，我们使用一种称为哈希函数（hash function）的函数。哈希函数把每一个可能的键映射为一个哈希值（hash value）——一个位于 0 到 $m-1$ 之间的整数。这使我们可以把符号表建模为一个固定长度的数组，其元素为列表，使用哈希值作为数组索引下标访问需要的列表。在 Python 中，我们可以使用内置的 list 数据类型实现固定长度的数组和列表。

647　　哈希算法非常有用，所以许多程序设计语言都包含对它的直接支持。如 3.3 节所述，Python 提供了内置函数 hash() 用于此目的，函数带一个可哈希的对象作为参数，返回一个整型哈希码。要把可哈希对象转换为 0 到 $m-1$ 之间的哈希值，可以使用如下表达式：

```
hash(x) % m
```

请读者回顾一下，一个对象满足如下条件时则可称为可哈希对象：

- 该对象可以与其他对象进行相等性比较
- 当两个对象相等时，其哈希码相同
- 对象的哈希码在对象的生存期间保持不变

不相等对象的哈希码也可能相同。然而，为了保持良好的性能，我们期望哈希函数把所有的键分成 m 个长度大致相同的组。

　　表 4-4-6 是 12 个具有代表性的字符串键的哈希码和哈希值，其中 $m=5$。哈希码和哈希值在不同的计算机上可能不同，这是因为不同的计算机上具有不同或随机的 hash() 实现。

表 4-4-6　12 个具有代表性的字符串键的哈希码和哈希值

键	哈希码	哈希值
GGT	−6162965092945700575	0
TTA	−2354942681944301382	3
GCC	−6162965092941700414	1
CTG	−1658743042903269101	4
AAA	593367982085446532	2
CAT	−1658743042924269169	1
CAG	−1658743042924269156	4
ATA	593367982106446599	4
TTT	−2354942681944301393	2
ATG	593367982106446593	3
AAG	593367982085446530	0
GTG	−6162965092962700473	2

有了上述的准备工作，使用哈希算法实现一个高效的符号表仅仅是我们讨论的顺序查找代码的直接扩展。对于键，我们使用一个由 *m* 个列表构成的数组，其中元素 i 包含一个键的哈希值为 i 的 Python 列表。对于值，我们也使用一个由 *m* 个列表构成的平行数组，以便当定位到一个键时，我们可以使用相同的索引下标访问其对应的值。程序 4.4.3（hashst.py）是哈希表的一种完整实现，使用固定数量的 *m* 个列表（默认为 1024）。

程序 hashst.py 的效率取决于 *m* 的值和哈希函数的好坏。假定哈希函数可以合理地分配键，则程序性能比顺序查找快 *m* 倍，其代价是 *m* 个额外的引用和列表。这是典型的空间换时间的折中方案：*m* 的值越大，则浪费的空间越多，但消耗的时间越少。 648

程序 4.4.3 哈希表（hashst.py）

```python
import stdio
import stdarray

class SymbolTable:

    def __init__(self, m=1024):
        self._m = m
        self._keys = stdarray.create2D(m, 0)
        self._vals = stdarray.create2D(m, 0)

    def __getitem__(self, key):
        i = hash(key) % self._m
        for j in range(len(self._keys[i])):
            if self._keys[i][j] == key:
                return self._vals[i][j]
        raise KeyError

    def __setitem__(self, key, val):
        i = hash(key) % self._m
        for j in range(len(self._keys[i])):
            if self._keys[i][j] == key:
                self._vals[i][j] = val
                return
        self._keys[i] += [key]
        self._vals[i] += [val]
```

实例变量	
_m	列表的数量
_keys	列表数组（键）
_vals	列表数组（值）

　　程序 4.4.3 使用两个平行的列表数组实现一个哈希表。每个列表被表示为长度可变的 Python 列表。哈希函数从 *m* 个列表中选择一个。如果在表中存在 *n* 个键，则对于合适的 hash() 函数，put 或 get 操作的平均代价为 *n/m*。如果我们使用一个可变数组保证每个列表中键的平均数量位于 1 到 8 之间，则每次操作的运行时间为常量（参见本节习题的第 12 题）。我们把 __contains__() 的实现留给本节习题的第 11 题，把 __iter__() 的实现留给本节习题的第 34 题。 649

图 4-4-3 显示了为我们例子中的键所构建的符号表（按表 4-4-5 的插入顺序）。为了节省篇幅，我们在图中省略了 Python 列表的可变数组空间。首先，GGT 被插入到列表 0，然后 TTA 被插入到列表 3，然后 GCC 被插入到列表 1，以此类推。当表被构建完毕后，通过计算 TTT 的哈希值开始查找 TTT，然后通过 _keys[2] 继续查找。在 _keys[2][1] 查找到键 TTT 后，__getitem__() 返回项 _vals[2][1]，即 Phenylalnine。

通常情况下，程序员基于对需要处理的键数量的大致估计，选择一个大的固定值 *m*（例如，默认时我们选择 1024）。通过仔细设计，我们可以适当调整以使每个列表中键的平均数量为一个常量，为 _keys[] 和 _vals[] 使用可变数组。例如，本节习题的第 12 题表明了如何确保每个列表中键的平均数量永远保持在 1 到 8 之间，这种方法可以导致 put 和 get 操作的运行性能均为常量型。当然肯定存在机会可以调整这些参数来更好地适应给定的应用场景。

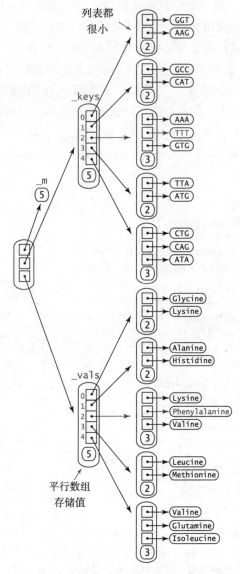

图 4-4-3　一个哈希表（$m=5$）

哈希表的主要缺点是没有利用键的顺序，从而不能保证键按顺序排列，也无法高效地实现类似查找最小值和最大值的操作。例如，在程序 index.py 中，键的顺序杂乱无章，没有按调用的顺序排列。接下来，我们将讨论当键可比较时支持这些操作的符号表的实现，而无需[650]牺牲太多的性能。

4.4.5　二叉搜索树

二叉树是一种数学抽象，在高效的信息组织中占据重要的地位。与数组、链表和哈希表类似，我们使用二叉树存储数据的集合。二叉树在计算机程序设计中占据重要的地位，因为它提供了实现的灵活性和方便性之间的有效平衡。

对于符号表实现，我们使用一种特殊类型的二叉树来组织数据，为符号表的 put 操作和 get 请求提供有效的实现基础。二叉搜索树（Binary Search Tree，BST）在一个递归定义的结构中把可比较键与值关联起来。二叉搜索树可以是如下类型：

- 空树（None）
- 一个节点，包含键–值对和两个指向 BST 的引用，左 BST 的键较小，右 BST 的键较大

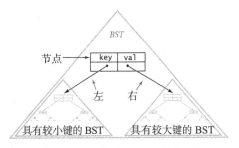

图 4-4-4 二叉搜索树的示意图

键必须可以通过运算符"<"进行相互比较。BST 不限定值的类型，所以一个 BST 可以保存除键外的任何类型的数据以及指向 BST 的（特征）引用。类似于 4.3 节中的链表定义，递归数据结构的思想可能会有点让人费解，但针对 BST，我们要做的事情是在链表定义中增加第二个链接（以及强加一个顺序的限制）。二叉搜索树的示意图如图 4-4-4 所示。

为了实现 BST，我们从节点抽象的类开始，它包括指向键、值、左 BST 的引用和右 BST 的引用：

```
class Node:
    def __init__(self, key, val):
        self.key   = key
        self.val   = val
        self.left  = None
        self.right = None
```

这个定义类似于我们对链表节点的定义，除了它包含两个链接，而不是一个链接。依据 BST 的递归定义，通过确保其值要么是空（None）要么是对一个节点的引用（这个节点的 left 和 right 实例变量为指向 BST 的引用），我们可以把 BST 表示为一个类型为 Node 的变量，并确保满足顺序条件（左 BST 的键比 key 小，右 BST 的键比 key 大）。

Node(key, val) 的结果是一个指向 Node 对象的引用，其 key 和 val 实例变量被设置为给定的值，其 left 和 right 实例变量均初始化为 None。

类似于链表，当跟踪使用 BST 的代码时，我们可以使用一种可视化表示方式：

- 绘制一个矩形表示每个对象
- 在矩形框中放入实例变量
- 绘制箭头指向引用的对象

大多数时候，我们使用一种更简单的抽象表示：绘制包含键的矩形框表示节点（省略值）并使用表示链接的箭头连接节点。这种抽象表示允许我们专注于结构。

例如，在图 4-4-5 所示的 BST 中，我们要构建一个把键为字符串 'it' 和值为整数 0 关联的节点的 BST，我们可以使用如下代码：

```
first = Node('it', 0)
```

由于左链接和右链接均为 None，均指向 BST，所以该节点为一个 BST。要增加一个把键 'was' 和值 1 相关联的节点，我们创建另一个节点：

```
second = Node('was', 1)
```

其本身是一个 BST，并将 first 节点的右字段链接到此节点：

```
first.right = second
```

651

第二个节点必须位于 first 的右侧，因为 'it' 比 'was' 小（或者，我们也可以设置 second.left 为 first）。现在，我们使用如下代码，增加第三个把键 'the' 和值 2 相关联的节点：

```
third = Node('the', 2)
second.left = third
```

再使用如下代码，增加第四个把键 'best' 和值 3 相关联的节点：

```
fourth = new Node('best', 3)
first.left = fourth
```

构建各个节点并将各节点链接形成一棵二叉搜索树的示意图如图 4-4-5 所示。

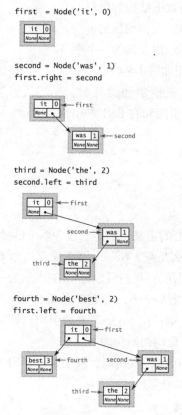

图 4-4-5　构建并链接各节点形成一棵二叉搜索树的示意图

请注意，各个链接 first、second、third 和 fourth 本身根据定义也是 BST（要么是 None，要么指向 BST，且满足每个节点的排序条件）。

　　当讨论 BST 时，我们通常使用基于树的术语。我们将位于顶部的节点称为树的根，左链接引用的 BST 称为左子树，右链接引用的 BST 称为右子树。按传统，计算机科学家自顶向下绘制树，根位于顶部。左右链接均为 null 的节点称为叶子节点。树的高度是从根节点到叶子节点的路径中最大的链接数。一棵二叉搜索树的剖析图如图 4-4-6 所示。树在科学、数学和计算机应用程序中具有很多应用，因而你肯定在许多情况下遇到过这种模型。

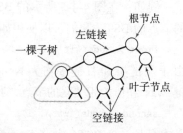

图 4-4-6　一棵二叉搜索树的剖析图

在当前的上下文中，我们仔细确保可以将节点连接起来，使得我们创建的每个 Node 都是一个 BST 的根（有一个键，一个值，一个指向较小值的左 BST 的链接，一个指向较大值的右 BST 的链接）。从 BST 数据结构的观点来看，值是无关紧要的，所以我们常常在示意图中忽略它们。我们还有意地混淆了一些术语，使用 st 既表示"符号表"也表示"搜索树"，因为搜索树在符号表实现中占据非常重要的地位。

一个 BST 表示一个有序的序列项。在前面讨论的例子中，first 表示序列 best it the was。正如所见，我们也可以使用一个数组表示有序序列。例如，我们可以使用：

a = ['best', 'it', 'the', 'was']

表示与上述 BST 相同的有序字符串序列。给定一个不同键的集合，存在唯一的方法来把集合表示为一个有序数组，但是存在许多方法把集合表示为一个 BST（具体参见本节习题的第14 题）。表示同一序列两棵不同 BST 的示意图如图 4-4-7 所示。

这种灵活性允许我们开发高效的符号表实现。例如，在我们的例子中，通过创建一个新的节点并且仅修改一个链接就可以插入新的项。结果表明，总会有办法实现类似的功能。同样重要的是，我们可以很容易地在树中查找到给定键，以及在树中找到一个合适的位置，用于增加一个链接，指向具有给定键的新节点。接下来，我们将讨论实现上述任务的符号表代码。

假设需要在一个 BST 查找（search）给定键的节点（或在一个符号表中获取（get）给定键的值）。存在两种可能的输出结果：搜索成功（在 BST 中查找到给定键，在符号表实现中，我们返回关联的值）；搜索失败（在 BST 中不存在给定的键，在符号表实现中，我们抛出运行时错误）。

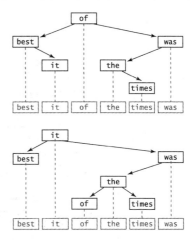

图 4-4-7　表示同一序列两棵不同 BST 的示意图

显而易见比较合理的实现是采用递归搜索方法：给定一个 BST（指向一个 Node 的引用），首先检查树是否为空（即引用是否为 None）。如果树为空，则结束搜索，以失败告终（在符号表实现中，将抛出一个运行时错误）。如果树不为空，检查节点的键是否和搜索的键相等。如果相等，则结束搜索，宣告成功（在符号表实现中，则返回与该键相关联的值）。如果不相等，比较搜索的键和节点的键，如果搜索的键较小，则（递归）搜索左子树。如果搜索的键较大，则（递归）搜索右子树。BST 的递归搜索示意图如图 4-4-8 所示。

从递归角度上看，证明这个方法的可行性和正确性并不困难，基于"当且仅当键在当前子树中则键一定在 BST 中存在"的不变原则。递归方法的关键属性是我们永远只需检查一个节点以确定下一步采取何种行为。另外，我们通常仅仅检查树中的一少部分节点。因为，每当我们进入一个节点的子树，我们就永远不会检查该节点另一个子树中的所有节点。

假设我们需要插入一个新的节点到一个 BST（在符号表实现中，对应于使用 put 操作，将一个新的键－值对放入到数据结构中）。其逻辑类似于搜索一个键，但其实现稍微复杂。理解插入操作的关键因素是，你要清楚地意识到仅仅需要修改一个链接以指向新的节点，并且这个链接正是搜索该键失败时查找结果为 None 的链接。将一个新节点插入到 BST 的操作示意图如图 4-4-9 所示。

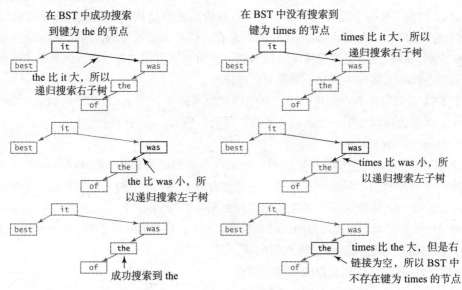

图 4-4-8　BST 的递归搜索示意图

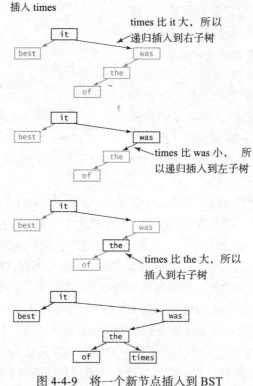

图 4-4-9　将一个新节点插入到 BST

　　如果 BST 为空，则创建并返回一个新的包含键 – 值对的节点。如果搜索键比根的键小，则设置左链接为插入键 – 值对到左树的结果。如果搜索键比根的键大，则设置右链接为插入键 – 值对到右树的结果。其他情况，如果键与根的键相等，则将当前的值更新为新的值。这种递归调用结束后，通常没有必要重置左链接和右链接，因为只有子树为空时才会修改链接，虽然重置链接很容易做到，但是我们会通过测试尽量避免这个操作。

652
↕
655

程序 4.4.4　二叉搜索树（bst.py）

```python
class OrderedSymbolTable:
    def __init__(self):
        self._root = None

    def _get(self, x, key):
        if x is None: raise KeyError
        if   key < x.key: return self._get(x.left,  key)
        elif x.key < key: return self._get(x.right, key)
        else:                 return x.val

    def __getitem__(self, key):
        return self._get(self._root, key)

    def _set(self, x, key, val):
        if x is None: return _Node(key, val)
        if   key < x.key: x.left  = self._set(x.left,  key, val)
        elif x.key < key: x.right = self._set(x.right, key, val)
        else:                 x.val    = val
        return x

    def __setitem__(self, key, val):
        self._root = self._set(self._root, key, val)

class _Node:
    def __init__(self, key, val):
        self.key   = key
        self.val   = val
        self.left  = None
        self.right = None
```

BST 的实例变量

| _root | BST 根 |

Node 的实例变量

key	键
val	值
left	左子树
right	右子树

　程序 4.4.4 中的符号表数据类型的实现以递归的 BST 数据结构为中心，使用递归方法实现遍历。我们把 __contains__() 的实现留给读者作为本节习题的第 13 题，而 __iter__() 的实现将在 4.4.8 节 "可迭代对象" 中进行讨论。

656

　　程序 4.4.4（bst.py）是一种基于两个递归算法的符号表实现。与程序 linkedstack.py 和 linkedqueue.py 类似，我们使用私有类 _Node 强调 OrderedSymbolTable 的客户端无需了解二叉搜索树表示的任何细节。

　　如果读者将程序 bst.py 与二叉搜索树的实现 binarysearch.py（程序 4.2.3）、栈和队列实现 linkedstack.py（程序 4.3.2）和 linkedqueue.py（程序 4.3.4）进行比较，你将发现此处的代码更加优雅和简洁。**请仔细花时间以递归方式思考，以证明这个递归代码的正确性。**也许最简单的方法是跟踪并观察根据一系列样本键创建一棵初始为空的 BST 的构造过程（参见图 4-4-10）。这是测试你对这种基本数据结构理解程度的最好方法。

　　另外，BST 中的 put 和 get 实现非常高效。通常，每个方法仅仅访问 BST 中的少量节点（从根节点到搜索到的节点，或者到替换为连接到新节点的 null 链接）。接下来，我们将证明 put 操作和 get 请求消耗对数型运行时间（基于某些假设）。同样，向符号表中增加一个新的键 - 值对时，仅仅需要创建一个新的节点，并且链接到树的底部。如果你可以绘制一个 BST 的构建过程（将一些键插入初始为空的树中），你肯定会确信这个事实——仅仅需要在树底部的唯一位置绘制每个新的节点。

要插入 BST 中的键

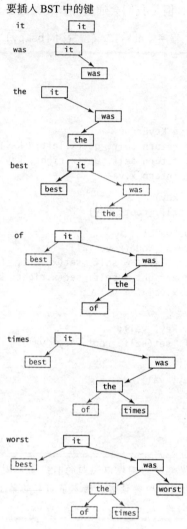

图 4-4-10　构造一棵 BST

4.4.6　BST 的性能特点

BST 算法的运行时间最终依赖于树的形状，而树的形状则依赖于键插入的顺序。理解这种依赖关系是在实际情况下有效使用 BST 的关键因素。

1. 最佳情况

在最佳情况下，BST 是一棵完全平衡树（除了底部的节点，每个 Node 正好包含两个非 None 的子节点，底部节点正好包含两个 None 子节点），根节点到每个叶节点的节点数为 $\lg n$。最佳情况下的 BST（完全平衡树）如图 4-4-11 所示。

在这样的树中，很容易发现一种失败搜索的代价为对数型，因为其代价满足与二分查找算法代价相同的递归关系式（具体请参见 4.2 节），因而每个 put 操作和 get 请求的代价正比于 $\lg n$ 或者更少。在实际应用中，可以通过逐一插入键获得一棵完全平衡树，虽然这种概率很小，但还是有必要了解 BST 在这种情况下的最佳性能特点。根据随机有序键构造一棵典型的 BST 的示意图如图 4-4-12 所示。

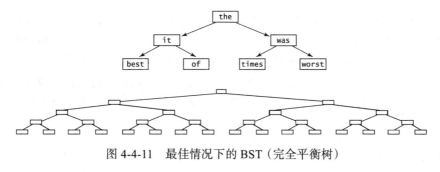

图 4-4-11 最佳情况下的 BST（完全平衡树）

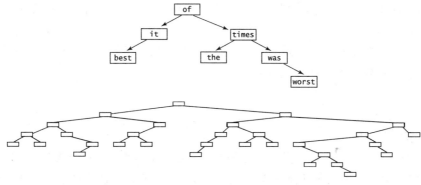

图 4-4-12 根据随机有序键构造一棵典型的 BST

658

2. 平均情况

如果我们插入随机键，我们可以期望搜索时间同样为对数型，因为第一个键成为树的根，其他的键大致会分成两部分。应用同样的参数到子树，我们期望结果和最佳情况相同。事实上，这种直觉通过仔细分析被验证：一个经典的数学推导表明，根据随机顺序键构造的树中，其 put 和 get 操作所需的时间为对数型（有关信息请参见本书官网）。更精确地说，根据 n 个随机顺序键构造的树中，随机的 put 和 get 操作期望的键比较次数为 $\sim 2\ln n$。在实际应用程序中，例如程序 lookup.py，当我们显式地随机化键的顺序时，其结果足以（概率上）保证程序的对数型性能。事实上，因为 $2\ln n$ 大约是 $1.39\lg n$，平均情况仅仅比最佳情况约高出 39%。在类似 index.py 的应用程序中，我们无法控制插入的顺序，虽然不能保证，但典型的数据产生的对数性能（具体参见本节习题的第 26 题）。与二分查找一致。这个事实十分重要，因为对数 – 线性鸿沟的巨大：使用基于 BST 的符号表实现，我们可以实现每秒数百万次操作（或更多），即使针对巨型符号表。

3. 最差情况

在最差情况下，每个节点正好包含一个空链接，因而 BST 与链表类似，带一个无用的链接，put 操作和 get 请求消耗线性时间。最差情况下的几棵 BST 如图 4-4-13 所示。不幸

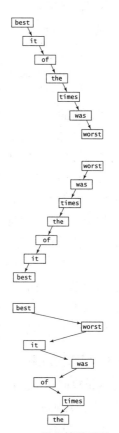

图 4-4-13 最差情况下的 BST

的是，这种最差情况在实际应用中并不少见，例如，当按顺序插入键会产生这种情况。

因而，基本 BST 实现的良好性能依赖于键是否足够类似于随机键，从而树不太可能包含许多长的路径。如果无法保证这种假设，则**不要使用简单的 BST**。感觉事情总有些不妥的唯一线索将是当问题规模增加时响应时间减慢。（注意：在软件中遇见这种情况并不少见！）令人欣喜的是，存在其他 BST 变种可以消除最坏情况，并通过构造近乎完全平衡的树以保证每次操作的对数型性能。一种流行的 BST 变种称为红黑树（red-black tree）。

4.4.7 BST 的遍历

也许最基本的树处理功能为树遍历：给定一个树（引用），我们希望系统地处理树中的每一个键 – 值对。对于链表，我们通过跟随从一个节点到另一个节点的单个链接完成这个任务。但是对于二叉树，我们需要做出选择，因为一般有两个链接可以选择。递归很显然是一种解决方案。为了处理一个 BST 的所有键：

- 处理左树中的每一个键
- 处理根节点的键
- 处理右树中的每一个键

这种方法称为中序树遍历，以区分于前序遍历（先处理根节点）和后序遍历（最后处理根节点）。中序树遍历经常出现在其他一些应用中。给定一个 BST，使用数学归纳法可以很容易地证明这种方法不仅会处理 BST 树的每一个键，而且会按键的排序依次处理。例如，如下方法按排序键输出作为参数的 BST 的所有键：

```
def inorder(x):
    if x is None: return
    inorder(x.left)
    stdio.writeln(x.key)
    inorder(x.right)
```

二叉搜索树的中序递归遍历示意图如图 4-4-14 所示。

这种非常简单的方法值得仔细研究。该方法可以用于 BST 的 str() 实现的基础（具体请参见本节习题的第 23 题），以及作为开发迭代器的基础。我们需要提供给客户端使用 for 循环按键排序处理键的能力。事实上，集合的一种基本操作就是对各项进行迭代。我们接下来讨论的范例将会提供清晰而紧凑的代码，并很大程度上与集合的实现细节分离开。对于 BST 而言，该范例充分利用了遍历树的自然方法。

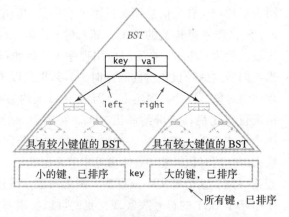

图 4-4-14 二叉搜索树的中序递归遍历

4.4.8 可迭代对象

正如我们在 1.3 节和 1.4 节中学习到的，可以使用 for 循环迭代位于范围内的整数或数组 a[] 中的各元素。

```
for i in range(n):              for v in a:
    stdio.writeln(i)                stdio.writeln(v)
```

for 循环不仅适用于整数范围和数组，还可以用于任何可迭代对象。可迭代对象每次可以返回项目中的一项。Python 的所有序列类型（包括 list、tuple、dict、set 和 str）都是可迭代对象，内置函数 range() 返回的对象也是可迭代对象。

我们现在的目标是把 SymbolTable 转变为可迭代对象，以便可以使用 for 循环迭代其键（从而使用索引获取对应的值）：

```
st = SymbolTable()
...
for key in st:
    stdio.writeln(str(key) + ' ' + str(st[key]))
```

为了把一个用户自定义数据类型转换为可迭代对象，必须实现一个特殊方法 __iter__()，以支持内置函数 iter()。iter() 函数创建并返回一个迭代器，迭代器是包含一个特殊方法 __next__() 的数据类型，Python 在 for 循环每次迭代的开始调用该方法。

尽管这似乎比较复杂，但我们可以使用一个捷径，这个捷径基于 Python 列表为可迭代对象的事实：如果 a 是一个 Python 列表，则 iter(a) 返回其项目的一个迭代器。基于这种概念，只需要如下一行代码就可以将顺序搜索符号表（具体可参见 4.4.3 节）转换为可迭代对象：

```
def __iter__():
    return iter(_keys)
```

同样，我们可以通过将哈希表或二叉搜索树的项收集到一个 Python 列表并返回该列表的迭代器的方法，将哈希表或二叉搜索树的实现转换为可迭代的。例如，为了将程序 bst.py 转换为可迭代的，可以修改前文所述的 inorder() 递归方法，将键收集到一个 Python 列表中，而不是输出这些键。然后我们返回该列表的迭代器，代码如下：

```
def __iter__(self):
    a = []
    self._inorder(self._root, a)
    return iter(a)

def _inorder(self, x, a):
    if x is None: return
    self._inorder(x.left, a)
    a += [x.key]
    self._inorder(x.right, a)
```

Python 包括若干以可迭代对象作为参数或返回可迭代对象的内置函数，其 API 如表 4-4-7 所示。

表 4-4-7　可迭代操作和内置函数

运算操作	功能描述
for v in a:	迭代 a 中的每个项目
v in a	项目 v 是否在 a 中
range(i, j)	从整数 i, i+1, i+2, …, 一直迭代到 j–1（i 默认为 0）
iter(a)	新建一个迭代器，对 a 中各项目进行迭代
list(a)	根据 a 中的各项目，新建一个列表
tuple(a)	根据 a 中的各项目，新建一个元组
sum(a)	a 中各项目之和

661

（续）

运算操作	功能描述
min(a)	a 中各项目的最大值
max(a)	a 中各项目的最小值
reversed(a)	将序列 a 的每个项目反转

注：对于函数 sum()，可迭代对象必须是数值型，函数 min() 和 max()，可迭代对象必须是可比较的。

这些内置操作大多数消耗线性时间，因为默认实现扫描可迭代对象的所有项目来计算结果。当然，对于性能是关键的应用程序，我们将使用符号表代替内置的 in 操作来测试一个项是否在集合中。

> ### 关于 Python 2
> 在 Python 3 中，函数 range() 返回一个整数迭代。在 Python 2 中，函数 range() 返回一个整数数组。

接下来，我们将发现当内置数据结构为 BST 时，同样可以开发比 min() 和 max() 更高效的最小值和最大值的实现，并且可以支持大范围的其他有用操作。

4.4.9 有序符号表操作

BST 的灵活性和可对键进行比较的能力，有助于我们实现哈希表能够有效支持的操作以外的许多有用操作。我们把这些操作的实现留作习题，并将进一步的性能特征研究和应用留给算法与数据结构的课程。

1. 最小值和最大值

为了获得一个 BST 中的最小键，可以从根节点开始，跟随左链接直至到达 None。最后遇见的键就是 BST 的最小键。同样的跟随右链接的过程将获取 BST 的最大键（具体参见本节习题的第 27 题）。

2. 大小和子树大小

为了跟踪一个 BST 的节点数量，可以在 OrderedSymbolTable 中保存一个额外的实例变量 n，用于保存树节点的数量。把 n 初始化为 0，每当创建一个新的 _Node，则 n 增加 1。另外，在每个 _Node 中再保存一个额外的实例变量 n，用于计算以该节点为根节点的子树中节点的数量（具体参见本节习题的第 29 题）。

3. 范围查找和范围计数

使用类似于 _inorder() 的递归方法，可以返回一个位于两个给定值之间键的迭代器，其消耗时间正比于 BST 的高度加上范围中键的数量（具体参见本节习题的第 30 题）。如果我们在每个节点中保存一个实例变量来保存以各节点为根的子树的大小，我们就可以统计位于两个给定值之间键的数量，其消耗时间正比于 BST 的高度（具体参见本节习题的第 31 题）。

4. 层序统计和排位（Order statistic and rank）

如果我们在每个节点中保存一个实例变量来保存来各节点为根的子树的大小，我们可以实现一个递归方法来返回第 *k* 个最小键，其消耗时间正比于 BST 的高度（具体参见本节习题的第 64 题）。同样，我们可以计算一个键的排位（rank），以表示 BST 中严格小于该键的键的数量（具体参见本节习题的第 65 题）。

5. 删除（Remove）

许多应用程序要求提供删除给定键的键 – 值对的能力。读者可以从本书官网或有关算法和数据结构的书中，查找到从一个 BST 中删除一个节点的代码（具体参见本节习题的第 32 题）。

本节所列举的是 BST 的代表性操作。当然，许多其他有关 BST 的重要操作已经被研发，并广泛应用于各种应用程序。

663

4.4.10 字典数据类型

目前为止，我们已经理解了符号表的工作原理，你已经准备好使用 Python 的工业标准的强大版本。内置的 dict 字典数据类型遵循与 SymbolTable 一致的基本 API，但是包含更丰富的操作集，包括删除功能。一种当键在字典中不存在时返回默认值的 get 版本。基于键 – 值对的迭代功能。其内部实现是一个哈希表，所以不支持与顺序相关的操作。通常，由于 Python 使用低级别语言，从而本身不存在强加于 Python 用户的额外开销，所以该实现更高效，对于那些不强调顺序相关操作的应用程序，则建议使用这种数据类型。Python 内置的 dict 字典数据类型的 API（部分）如表 4-4-8 所示。

表 4-4-8   Python 内置的 dict 字典数据类型的 API（部分）

	运算操作	功能描述
常量型运行时间	dict()	新建一个空的字典
	st[key] = val	将键 key 与 st 中的值 val 相关联
	st[key]	st 中与键 key 相关联的值（如果 st 中不存在键 key 则报 KeyError 错误）
	st.get(key, x)	如果键 key 在 st 中，则返回 st[key]，否则返回 x（x 默认为 None）
	key in st	键 key 是否在 st 中
	len(st)	st 中键 – 值对的数量
	del st[key]	从 st 中删除键 key（及其相关的值）
线性运行时间	for key in st:	遍历 st 中所有的键

作为一个简单的例子，如下所示的 dict 客户端从标准输入读取一系列字符串，统计每个字符串出现的次数，然后输出字符串及它们的频率。输出的字符串没有排序。

```
import stdio
while not stdio.isEmpty():
    word = stdio.readString()
    st[word] = 1 + st.get(word, 0)
for word, frequency in st.iteritems():
    stdio.writef('%4d %s\n', word, frequency)
```

本节后的习题中包含若干 dict 客户端的例子。

664

4.4.11 集合数据类型

作为最后一个例子，我们讨论一种比符号表简单的数据类型，其应用也十分广泛，并且使用哈希表或 BST 可以很容易地实现。一个 set 是不同键的集合，类似于符号表但不包含值。例如，我们可以通过删除程序 hashst.py 或 bst.py 中的值引用实现一个集合（具体可参见本节习题的第 20 题和第 21 题）。同样，Python 提供了一个以低级语言实现的 set 数据类型。set 数据类型的部分 API 如表 4-4-9 所示。

表 4-4-9　set 数据类型的部分 API

	运算操作	功能描述
常量型运行时间	set()	新建一个空的集合
	s.add(item)	如果项目 item 不在集合 s 中，则将其添加到集合中
	item in s	项目 item 是否在集合 s 中
	len(s)	集合 s 中项目的个数
	s.remove(item)	从集合 s 中删除项目 item
线性运行时间	for item in s:	遍历集合 s 中的各个项目
	s.intersection(t)	集合 s 和集合 t 的交集
	s.union(t)	集合 s 和集合 t 的并集
	s.issubset(t)	集合 s 是否为集合 t 的子集

例如，考虑从标准输入读取一个字符串序列并输出每个字符第一次出现（从而删除重复）的任务。我们可以使用一个 set，如下客户端代码所示：

```
import stdio
distinct = set()
while not stdio.isEmpty():
    key = stdio.readString()
    if key not in distinct:
        distinct.add(key)
        stdio.writeln(key)
```

665 你可以从本节后的习题中找到若干 set 客户端的例子。

4.4.12　展望

符号表的实现是在算法和数据结构中进一步学习的主要课题。不同的 API 和不同的关于键的假设需要不同的实现。在不同的情况下，存在比哈希表和 BST 性能更好的方法。例如，平衡二叉搜索树和 Trie 树（又称字典树、单词查找树或者前缀树）。在 Python 和很多其他计算环境中可以找到许多这些算法和数据结构的实现。算法和数据结构领域的研究者依旧在研究各种不同符号表的实现。

哪种符号表的实现更好？是哈希表，还是 BST？首先考虑的要点是客户端是否存在可比较键，是否需要符号表涉及与顺序相关的操作（如选择或排位）。如果需要，则必须使用 BST。如果不需要，许多程序员倾向于使用哈希表，虽然这种选择要求注意两个方面：（1）需要检查是否拥有一个对于键数据类型具有良好性能的哈希函数，（2）需要确保哈希表的大小合适，可以使用可变数组，或合适的与应用相关的选择。

是否需要使用 Python 的内置数据类型 dict 和 set 呢？当然，因为它们使用低级语言编写，从而不受 Python 强加给用户代码的额外开销，如果它们真的可以支持我们所需的操作需求，使用这些数据类型很可能比自己的所有实现方式都更快。但是，如果你的应用程序需要顺序相关的操作，例如查找最小值和最大值，那么也许希望考虑 BST。

日常生活中，人们可能每天都在使用字典、索引和其他类型的符号表。基于应用程序的符号表已经完全取代了电话簿、百科全书，以及各种一千年来为我们提供服务的实物。如果没有类似于哈希表和 BST 数据结构的符号表的实现，这些应用将无法实现。使用它们，我

们就会有"所有的东西都可以在线立即获取"的感觉。 666

4.4.13 问题和解答

Q. 在一个 dict 或 set 中，是否可以使用一个数组（或 Python 列表）作为键？

A. 不可以。内置的 list 数据类型是可变对象，所以在一个符号表或集合中不应该使用数组作为键。事实上，Python 列表是不可哈希的，所以不能在一个 dict 或 set 中将 Python 列表用作键。内置的元组（tuple）数据类型是不可变对象（所以可哈希），可以作为键。

Q. 为什么我的用户自定义数据类型不能在 dict 或 set 中使用？

A. 默认时，用户自定义类型是可哈希的，其 hash(x) 返回 id(x)，== 则用于测试引用相等性。虽然这些默认实现满足哈希的要求，但它们基本上不能满足你所需要的行为。

Q. 为什么不能在特殊方法 __iter()__ 中直接返回一个 Python 列表？为什么作为替代，调用以 Python 列表作为参数的内置 iter() 函数？

A. 一个 Python 列表是一个可迭代对象（因为它实现了返回一个迭代器的 __iter()__ 方法），但它不是一个迭代器。

Q. Python 使用什么数据结构来实现 dict 和 set？

A. Python 使用开放寻址式哈希表，是我们在本节讨论的分离链接（separate-chaining，又称为开链）哈希表的姊妹。Python 的实现是高度优化的且使用低级程序设计语言实现。

Q. Python 是否提供指定 set 和 dict 对象的语言支持？

A. 是的。可以通过在一个大括号中逗号分隔的列表指定一个集合 set。可以通过在一个大括号中逗号分隔的键 – 值对列表（键和值使用冒号分隔）指定一个字典 dict。例如：

```
stopwords = {'and', 'at', 'of', 'or', on', 'the', 'to'}
grades = {'A+':4.33, 'A':4.0, 'A-':3.67, 'B+':3.33, 'B':3.0}
```

Q. Python 是否提供了一个有序符号表（或有序集合）的内置数据类型，以支持有序迭代、有序统计和范围搜索？

A. 没有提供。如果你仅仅需要有序迭代（带可比较键），可以使用 Python 的 dict 字典数据类型，对键进行排序（并承担排序的开销）。例如，如果你在 index.py 程序中，使用一个 dict 字典数据类型代替二叉搜索树，则可以使用如下代码实现按顺序输出键：

```
for word in sorted(st):
```

如果需要其他有序符号表操作（例如范围搜索或有序统计），可以使用我们的二叉搜索树 667 实现（并承担使用以 Python 实现的数据类型的性能开销）。 ≀ 668

4.4.14 习题

1. 修改程序 lookup.py 以生成一个新的程序 lookupandput.py，允许 put 操作在标准输入中指定输入的数据。遵循这样的约定：使用加号指示其后连续两个键入的字符串为将被插入的键 – 值对。

2. 修改程序 lookup.py 以生成一个新的程序 lookupmultiple.py，通过把值收集到一个数组，处理多个值对应于同一个键的情况（类似于程序 index.py）。然后使用一个 get 请求输出所有的内容，运行过程和结果如下：

```
% python lookupmultiple.py amino.csv 3 0
Leucine
TTA TTG CTT CTC CTA CTG
```

3. 修改程序 index.py 以生成一个新的程序 indexbykeyword.py，从命令行接收一个文件名作为参数，仅仅使用该文件中的关键字从标准输入中生成索引。注意：使用同一个文件作为索引，并且关键字的生成结果和程序 index.py 一致。

4. 修改程序 index.py 以生成一个新的程序 indexlines.py，仅考虑连续的字符序列作为键（无标点符号或数字）并使用行号代替单词位置作为值。该功能适用于程序：当给定一个 Python 程序作为输入，indexlines.py 应该（按顺序）输出一个显示程序中每个关键字或标识符的索引，以及它们出现的行号。

5. 请编写符号表 API 的 OrderedSymbolTable 的一种实现，维护键和值的平行数组，并按键排序。使用二分查找法实现 get，把大的元素向右移动一个位置来实现 put（使用可变数组保持数组长度，以保持与符号表中键 – 值对数量的线性关系）。使用 index.py 测试你的实现，并验证如下假说：程序 index.py 使用这种实现所消耗的运行时间正比于字符串的个数与输入中不同字符串的数量的乘积。

6. 请编写符号表 API 的 LinkedSymbolTable 的一种实现，维护一个包含键和值的节点的链表，其顺序任意。使用程序 index.py 测试你的实现，并验证如下假说：程序 index.py 使用这种实现所消耗的运行时间正比于字符串的个数与输入中不同字符串的数量的乘积。

7. 请计算如下单个字符键的 hash(x) % 5：

E A S Y Q U E S T I O N

使用正文中的绘制方法，绘制当序列中的第 i 个键与值 i 关联（i 从 0 到 11）时的哈希表。

8. 请问如下 __hash__() 实现包含哪些错误？

```
def __hash__(self):
    return -17
```

解答：虽然从技术上看，它满足一个数据类型可哈希所需的条件（如果两个对象相等，则其哈希值相同），但将导致糟糕的性能，因为我们期望 hash(x) % m 把所有键分为 m 个大致相同的组。

9. 请扩展 Complex（程序 3.2.6）和 Vector（程序 3.3.3），通过实现特殊方法 __hash__() 和 __eq__() 使得它们可哈希。

10. 请为 4.4.3 节中的顺序搜索表实现特殊方法 __contains__()。

11. 请为程序 hashst.py 实现特殊方法 __contains__()。

12. 请修改 hashst.py，使用一个可变数组使得与每个哈希值关联的列表长度在 1 到 8 之间。

13. 请为程序 bst.py 实现特殊方法 __contains__()。

14. 请绘制所有可以表示如下键序列的不同 BST：

best of it the time was

15. 当插入如下顺序键的项到一个初始为空的树后，绘制所生成的 BST。

E A S Y Q U E S T I O N

请问结果 BST 的高度为多少？

16. 假设一个 BST 中包含位于 1 到 1000 之间的整数键，请搜索 363。如下序列哪个为不可能检测的序列？

    a. 2 252 401 398 330 363

    b. 399 387 219 266 382 381 278 363

    c. 3 923 220 911 244 898 258 362 363

    d. 4 924 278 347 621 299 392 358 363

    e. 5 925 202 910 245 363

17. 假设一个高度为 5 的 BST 中包含 31 个键（按某种顺序）：

    10 15 18 21 23 24 30 30 38 41 42 45 50 55 59
    60 61 63 71 77 78 83 84 85 86 88 91 92 93 94 98

    请绘制树最上面的三个节点（根和它的两个子节点）。

18. 请描述在程序 lookup.py 中使用 bst 代替 hashst 带来的性能影响。为了避免最坏情况，请在处理客户端请求之前调用 stdrandom.shuffle（数据库）。

19. 给定一个 BST，假设 x 为叶子节点，p 是它的父节点。则下列两个陈述对还是错：（1）p 的键是 BST 中大于 x 的键的最小值。（2）p 的键是 BST 中小于 x 的键的最大值。

20. 请修改程序 hashst.py 中的 SymbolTable 类为 Set 类，在正文中给出的 Python 内置数据类型 set 的部分 API 中实现常量型时间操作。

21. 请修改程序 bst.py 中的 OrderedSymbolTable 类为 OrderedSet 类，在正文中给出的 Python 内置数据类型 set 的部分 API 中实现常量型时间操作，假定键为可比较的。

22. 请修改程序 hashst.py，通过增加带一个 key 参数的 __delitem__() 方法和从符号表中删除 key 及对应的值（如果存在的话），支持客户端代码 del st[key]。同本节习题第 12 题一样，使用一个可变数组以确保与每个哈希值关联的列表平均长度位于 1 到 8 之间。

23. 使用一个递归赋值函数如 traverse() 为程序 bst.py 实现 __str__()。因为字符串拼接的代价，通常二次型性能是可以接受的。额外奖励：请为程序 bst.py 编写一个线性时间的 __str__() 方法，使用一个数组和 Python 的内置数据类型 str 的 join() 方法。

24. 词汇索引（concordance）是一个按字母排列的索引表，给出了一个文本中每个单词的出现位置。因而，命令 python index.py 0 0 产生一个词汇索引。在一个著名的事件中，一组研究人员通过制作一个公开的词汇索引，同时保持死海古卷（Dead Sea Scrolls，或称死海经卷、死海书卷、死海文书）的细节秘密来试图建立古卷的可信度。请编写一个程序 invertconcordance.py，接收一个命令行参数 n，从标准输入中读取一个词汇索引，在标准输出中输出对应文本的前 n 个单词。

25. 请运行实验来验证正文中的如下假说：当使用程序 hashst.py 中所述的可变数组（具体参见本节习题的第 12 题）时，程序 lookup.py 的 put 操作和 get 请求是常量型时间操作。请开发一个测试客户端，生成随机键，同时运行基于不同数据集的测试，数据集可以来自本书官网或你自己选择。

26. 运行实验来验证假说：当使用 bst.py 时，index.py 的 put 操作和 get 请求是符号表大小的对数型时间操作。开发一个测试客户端，生成随机键，同时运行基于不同数据集的测试，数据集可以来自本书官网或你自己选择。

27. 请修改程序 bst.py，增加方法 min() 和 max()，用于返回表中的最小键（或最大键），如果表为空则返回 None。

28. 请修改程序 bst.py，增加带一个键作为参数的方法 floor() 和 ceiling()，用于返回集合中不比给定键大（小）的最大（最小）键。

29. 请修改程序 bst.py，通过实现返回符号表中键 – 值对数量的特殊方法 __len__() 来支持特殊函数 len()。使用这种方法在每个 _Node 中存储以该节点为根的子树的节点数量。

30. 请修改程序 bst.py，增加带两个键 lo 和 hi 作为参数的方法 rangeSearch()，返回位于 lo 和 hi 之间所有键的迭代器。运行时间应该正比于高度加上范围内键的数量。

31. 请修改程序 bst.py，增加带两个键作为参数的方法 rangeCount()，返回 BST 中位于两个给定键之间所有键的数量。你的方法消耗的运行时间应该正比于树的高度。提示：先完成上一道习题（习题 30）。

32. 请修改程序 bst.py，通过增加带 key 参数的 __delitem__() 方法，以支持客户端代码 del st[key]，从符号表中删除 key（及对应的值），如果存在的话。提示：这个操作远比表面看起来要困难。使用 BST 中下一个最大的键及其关联的值，替换键及其关联的值。然后从 BST 中删除包含下一个最大键的节点。

34. 请为 4.4.3 节中的顺序搜索符号表实现特殊方法 __iter__()。

35. 请为程序 hashst.py 实现特殊方法 __iter__()，以支持迭代。

解答：把所有的键收集到一个列表中。

```
def __iter__(self):
    a = []
    for i in range(self._m):
        a += self._keys[i]
    return iter(a)
```

35. 请修改符号表 API，通过使 get() 方法返回给定键的值的迭代器方法，来处理重复键的值。重新为这个 API 实现程序 hashst.py 和 bst.py。请讨论这个方法与正文中所讨论方法相比较的优缺点。

36. 假设 a[] 是一个可哈希对象的数组。请问如下语句的作用是什么？

```
a = list(set(a))
```

37. 请重新编写程序 lookup.py 和 index.py，使用 dict 数据类型分别代替 hashst.py 和 bst.py。并比较性能。

38. 请编写一个 dict 客户端，创建一个符号表，把字母等级成绩映射到数值分数，如下表所示。然后从标准输入中读取一个字母等级列表，计算其平均值（GPA）。

A+	A	A–	B+	B	B–	C+	C	C–	D	F
4.33	4.00	3.67	3.33	3.00	2.67	2.33	2.00	1.67	1.00	0.00

39. 请在 stockaccount.py（程序 3.2.8）中实现方法 buy() 和 sell()。使用一个 dict 字典数据类型来存储每只股票的持有份额。

4.4.15 二叉树习题

如下习题的目的是增强读者对于处理二叉树（不一定是 BST）的理解。如下习题均假定一个 Node 类包含三个实例变量：一个正浮点数和两个 Node 引用。与链表一致，你将发现最有用的方法是使用正文中描述的可视化表示方法绘制图形。

40. 请实现如下函数，每一个函数带一个 Node（一个二叉树的根）作为参数。

- size(node)：以 node 为根的树的节点数量
- leaves(node)：以 node 为根的树的链接均为 None 节点的数量
- total(node)：以 node 为根的树所有节点键值的和

请注意，所实现的方法应该均为线性时间。

41. 请实现一个线性运行时间的函数 height()，返回所有从根节点到叶子节点路径中节点数量的最大值（空树的高度为 0，只有一个节点的树的高度为 1）。

42. 如果一棵二叉树根节点的键大于所有后代的键，则称为之为堆有序的（heap-ordered）。请实现一个线性运行时间的函数 heapOrdered()，如果树为堆有序的，则返回 True，否则返回 False。

43. 给定一个二叉树，一个单值（single-value）子树是一个包含相同值的最大子树。请设计一个线性运行时间的算法，用于计算一个二叉树中单值子树的最大数量。

44. 一个二叉树为平衡树的条件是两个子树是平衡树并且两个子树的高度最多相差 1。请实现一个线性运行时间的方法 balanced()，如果树为平衡树，则返回 True，否则返回 False。

45. 仅当两个二叉树的键值不同时（即它们的形状相同）则称其为同构（isomorphic）二叉树。请实现带两个树引用作为参数的线性运行时间函数 isomorphic()，如果两个树为同构树，则返回 True，否则返回 False。然后实现一个线性运行时间函数 eq()，带两个树引用作为参数，如果它们引用同一个树（同构且值相同），则返回 True，否则返回 False。

46. 请编写一个函数 levelOrder()，按层序输出 BST 的键。首先输出根，然后从左到右输出根下一层的所有节点。接着从左到右输出根下两层的所有节点，以此类推。提示：使用 Queue 队列数据类型。

47. 请实现一个线性运行时间的函数 isBST()，如果一个二叉树为 BST，则返回 True，否则返回 False。

解答：这个任务比表面看起来更复杂。使用一个递归辅助函数 _inRange()，带两个额外的参数 lo 和 hi，如果二叉树为 BST 并且所有的值都位于 lo 和 hi 之间，则返回 True。使用 None 同时表示最小可能键和最大可能键。

```
def _inRange(node, lo, hi):
    if node is None: return True
    if (lo is not None) and (node.item <= lo):  return False
    if (hi is not None) and (hi <= node.item):  return False
    if not _inRange(node.left, lo, node.item):  return False
    if not _inRange(node.right, node.item, hi): return False
    return True
def _isBST(node):
    return _inRange(node, None, None)
```

注意这种实现同时使用了 < 和 <= 运算符，而我们的二叉搜索树仅仅使用了 < 运算符。

48. 请计算 mystery() 作用于某些样例二叉树时返回的结果值，然后构造一个关于值的假说并证明。

675
～
676

```
def mystery(node):
    if node is None: return 1
    return mystery(node.left) + mystery(node.right)
```

4.4.16 创新习题

49. 拼写检查（Spell checking）。请编写一个 set 客户端 spellchecker.py 程序，从命令行接收一个包含单词字典的文件名作为参数，然后从标准输入读取字符串，输出所有在字典中不存在的字符串。在本书官网可以找到字典。额外奖励：扩展你的程序以处理常用的后缀，例如 ing 和 ed。

50. 拼写更正（Spell correction）。请编写一个 dict 客户端 spellcorrector.py 程序作为一个过滤器，用于提示并建议替换标准输入中常见拼写错误的单词，并把结果写入标准输出。从命令行接收包含常见拼写错误和更正的文件作为参数。在本书官网可以找到一个样例。

51. Web 过滤器（Web Filter）。请编写一个 set 客户端 webblocker.py 程序，从命令行接收一个包含拒绝的网站列表的文件作为参数，然后从标准输入读取字符串，并仅输出不包含在该列表的网站。

52. 集合操作（Set operation）。请在 OrderedSet（本节习题的第 21 题）中增加两个方法 union() 和 intersection()，带两个集合作为参数，分别返回两个集合的并集和交集。

53. 频率符号表（Frequency symbol table）。请开发一个 FrequencyTable 数据类型以支持如下操作：click() 和 count()，均带字符串参数。数据类型的值是整数，用于记录 click() 操作使用给定字符串作为参数的调用次数。click() 操作每次计数递增 1，count() 操作则返回值（可能为 0）。该数据类型的客户端可以包括 Web 流量分析器、统计每首歌播放次数的音乐播放器、统计呼叫次数的电话软件等。

54. 1D 范围搜索（1D range searching）。请开发一个数据类型以支持如下操作：插入一个日期、查找一个日期、统计数据结构中位于特定区间日期的数量。请使用 Python 的 datetime.Date 数据类型。

55. 非重叠区间搜索（Non-overlapping interval search）。给定一个非重叠整数区间列表，请编写一个函数，带一个整数参数，确定该整数位于的区间（如果存在）。例如，如果区间为：1643 ~ 2033、5532 ~ 7643、8999 ~ 10332 和 5666653 ~ 5669321，则查询点 9122 位于第三个区间，而 8122 不在任何区间中。

56. 根据国家查询 IP（IP lookup by country）。请编写一个 dict 客户端程序，使用本书官网中的数据文件 ip-to-country.csv，确定一个给定的 IP 地址来自哪个国家。该数据文件包含五个字段：开始 IP 地址范围、结束 IP 地址范围、两个字符的国家代码、三个字符的国家代码和国家名称。IP 地址不重叠。这种数据库工具可以用于信用卡欺诈检测、垃圾邮件过滤、网站自动语言选择以及 Web 服务器日志分析。

57. 单个单词查询网页的反向索引（Inverted index of web pages with single-word query）。给定一个网页列表，创建一个包含在网页中的单词符号表。把每一个单词与该单词出现的网页列表关联起来。编写一个程序，读取一个网页列表，创建一个符号表，支持单个单词查询，并返回所查询单词出现的网页列表。

58. 多个单词查询网页的反向索引（Inverted index of web pages with multi-word query）。请

扩展上一道习题（习题 57）以支持多个单词查询。在这样的情况下，输出包含每个查询单词至少一次的网页列表。

59. 多单词搜索（无序）（Multiple-word search (unordered)）。请编写一个程序，从命令行接收 k 个关键字，从标准输入读取一系列单词，请识别包含所有 k 个关键字（无需与输入顺序相同）的最小文本区间。不需要考虑偏义词。

60. 多单词搜索（有序）（Multiple-word search (ordered)）。重复前一道习题（习题 59），但假定关键字必须与输入所指定的顺序相同。

61. 国际象棋中的重复和局（Repetition draw in chess）。在国际象棋游戏中，如果在移动的同一方出现了 3 次棋局，则移动的这一方就可能宣布和棋。请描述如何使用一个计算机程序测试这种重复和局的情况。

62. 教务安排（Registrar scheduling）。在著名的东北大学（美），教务处最近安排一位讲师在同一时间内给两个不同的班级授课。通过描述一种方法来检查这种冲突，帮助教务处今后避免犯类似的错误。为了简单起见，假设所有的课程均为 50 分钟，且开始时间为 9 点、10 点、11 点、1 点、2 点或 3 点。

63. 熵（Entropy）。我们定义一个包含 n 个单词（其中 k 个互不相同）的文本语料库的相对熵如下：

$$E = 1 / (n \lg n) (p_0 \lg(k/p_0) + p_1 \lg(k/p_1) + \ldots + p_{k-1} \lg(k/p_{k-1}))$$

其中 p_i 是单词 i 出现次数的百分率。请编写一个程序，读取一个文本语料库，输出其相对熵。请将所有的字母转换为小写字母，并把标点符号作为空白字符。

64. 层序统计（Order statistic）。请在程序 bst.py 中增加一个 select() 方法，接收一个整数参数 k，并返回 BST 中第 k 个最小键。在每个节点中保存子树的大小（具体参见本节习题的第 29 题）。程序运行时间应该正比于树的高度。

65. 排位查询（Rank query）。请在程序 bst.py 中增加一个方法 rank()，接收一个键作为参数，返回 BST 中严格小于该键的键的数量。在每个节点中保存子树的大小（具体参见本节习题的第 29 题）。程序运行时间应该正比于树的高度。

66. 随机元素（Random element）。请在程序 bst.py 中增加一个方法 random()，返回一个随机键。在每个节点中保存子树的大小（具体参见本节习题的第 29 题）。程序运行时间应该正比于树的高度。

67. 无重复队列（Queue with no duplicate）。请创建一个队列数据类型，在任何给定时间内一个元素在队列中最多出现一次。如果某个元素已经在队列中存在，则忽略其插入请求。

68. 给定长度的独立子字符串（Unique substrings of a given length）。请编写一个程序，从标准输入读取文本，计算该文本中给定长度 k 的独立子字符串的数量。例如，如果输入为 CGCGGGCGCG，则存在 5 个长度为 3 的独立子字符串：CGC、CGG、GCG、GGC 和 GGG。这种计算适用于数据压缩。提示：使用字符串切片操作 s[i:i+k] 来抽取第 i 个子字符串并插入到一个符号表。可以在来自本书官网的一个大基因组以及 π 的前一千万数字位上测试你程序。

69. 广义队列（Generalized queue）。请实现一个类支持表 4-4-10 所示的广义队列 API：

表 4-4-10 广义队列的 API

运算操作	功能描述
GeneralizedQueue()	新建一个广义队列
isEmpty()	广义队列是否为空
q.enqueue(item)	将项目 item 加入广义队列 q 中（入队）
q.dequeue(i)	从广义队列 q 中删除并返回第 i 个最早插入到队列中的项目（出队）

使用一个 BST，把第 k 个插入的元素与键 k 关联起来，并在每个节点保存以该节点为根节点的子树中节点的总数。为了查找第 i 个最近添加的项，需要在 BST 中查找第 i 个最小元素。

70. 动态离散分布（Dynamic discrete distribution）。请创建一个数据类型，支持如下两种操作：add() 和 random()。add() 方法插入一个新项到数据结构中，如果项不存在，则插入。否则把其频率计数递增 1。random() 随机返回一个元素，其概率通过每个元素的频率加权。请使用正比于项目数的空间。

71. 密码检查器（Password checker）。请编写一个程序，从命令行接收一个字符串参数，并从标准输入读取一个单词字典，然后检查字符串是否为一个"好"的密码。这里假设"好"的密码意味着：（1）至少八个字符的长度，（2）不是字典中的一个单词，（3）不是字典中的一个单词加数字 0 到 9（例如，hello5），（4）不是字典中两个单词的拼接（例如，helloworld），（5）第（2）到第（4）个条件中的倒序不是字典中的单词。

72. 随机电话号码（Random phone number）。请编写一个程序，从命令行接收参数 n，输出 n 个随机电话号码，电话号码的形式为 (xxx) xxx–xxx。请使用集合以避免多次重复选择同一个号码。请使用合法的区号代码（本书官网上提供合法区号代码的文件）。

73. 稀疏向量（Sparse vector）。如果一个 n 维向量非零值的个数较少，则称为稀疏向量。你的目标是表示一个向量，所使用的空间正比于其非零值个数，且可以实现两个稀疏向量的加法，要求其运行时间正比于非零值个数之和。请实现一个类，以支持如表 4-4-11 所示的稀疏向量 API：

表 4-4-11 稀疏向量的 API

运算操作	功能描述
SparseVector()	创建一个新的稀疏向量
a[i] = v	将稀疏向量 a 的第 i 个元素的值设置为 v
a[i]	稀疏向量 a 的第 i 个元素
a + b	稀疏向量 a 和稀疏向量 b 的向量和
a.dot(b)	稀疏向量 a 和稀疏向量 b 的点积

74. 稀疏矩阵（Sparse matrice）。如果一个 $n \times n$ 矩阵非零值的个数正比于 n（或更少），则称为稀疏矩阵。你的目标是表示一个矩阵，所使用的空间正比于其非零值个数，且可实现两个稀疏矩阵的加法，要求其运行时间正比于非零值个数之和（也许附加一个 $\log n$ 因子）。请实现一个类，以支持如表 4-4-12 所示的稀疏矩阵 API。

75. 可变字符串（Mutable string）。请创建一个数据类型，支持字符串如表 4-4-13 所示的 API [⊖]。请使用一个 BST 并采用对数型时间实现所有的操作。

⊖ 原著遗漏，译者参考本书官网做了相应的补充。——译者注

表 4-4-12   稀疏矩阵的 API

运算操作	功能描述
SparseMatrix()	创建一个新的稀疏矩阵
a[i][j] = v	将稀疏矩阵 a 的第 i 行第 j 列的元素值设置为 v
a[i][j]	稀疏矩阵 a 的第 i 行第 j 列的元素
a + b	稀疏矩阵 a 和稀疏矩阵 b 的矩阵和
a * b	稀疏矩阵 a 和稀疏矩阵 b 的矩阵积

表 4-4-13   可变字符串的 API

运算操作	功能描述
ms[i]	返回可变字符串对象 ms 的第 i 个字符
ms[i] = c	将可变字符串对象 ms 第 i 个字符的值改为 c
ms.insert(i, c)	将字符 c 插入到可变字符串对象 ms 的索引 i 之前
del ms[i]	删除可变字符串对象 ms 的第 i 个字符

76. 赋值语句（Assignment statement）。请编写一个程序，解析和求值包含赋值语句的程序，
并输出带全括号的算术表达式语句（具体参见程序 4.3.3）。例如，给定输入：

```
A = 5
B = 10
C = A + B
D = C * C
write(D)
```

则程序应该输出值 225。假定所有的变量和值均为浮点数。请使用一个符号表保存并跟
踪变量名。

77. 密码子使用表（Codon usage table）。请编写一个程序，使用一个符号表输出来自标准输
入基因组每个密码子的概括统计信息（每千个的频率），如下所示：

```
UUU 13.2  UCU 19.6  UAU 16.5  UGU 12.4
UUC 23.5  UCC 10.6  UAC 14.7  UGC  8.0
UUA  5.8  UCA 16.1  UAA  0.7  UGA  0.3
UUG 17.6  UCG 11.8  UAG  0.2  UGG  9.5
CUU 21.2  CCU 10.4  CAU 13.3  CGU 10.5
CUC 13.5  CCC  4.9  CAC  8.2  CGC  4.2
CUA  6.5  CCA 41.0  CAA 24.9  CGA 10.7
CUG 10.7  CCG 10.1  CAG 11.4  CGG  3.7
AUU 27.1  ACU 25.6  AAU 27.2  AGU 11.9
AUC 23.3  ACC 13.3  AAC 21.0  AGC  6.8
AUA  5.9  ACA 17.1  AAA 32.7  AGA 14.2
AUG 22.3  ACG  9.2  AAG 23.9  AGG  2.8
GUU 25.7  GCU 24.2  GAU 49.4  GGU 11.8
GUC 15.3  GCC 12.6  GAC 22.1  GGC  7.0
GUA  8.7  GCA 16.8  GAA 39.8  GGA 47.2
```

677
∫
682

4.5 案例研究：小世界现象

我们使用称为图（graph）的数学模型来研究实体之间两两连接的性质。图对于研究自然
界，以及帮助我们更好地理解和完善我们所创建的网络，都非常重要。过去的一个世纪，从

神经生物学的神经系统模型，到医疗科学中传染病传播的研究，到电话系统的研发，甚至包括互联网本身的发展，图在科学和工程中发挥了至关重要的作用。

有一些图表现出一个特定的，被称为小世界现象（small-world phenomenon）的属性。你可能会熟悉这个属性，这个属性有时被称为六度分隔（six degrees of separation）理论。其基本思想是，即使我们每个人认识的熟人相对不多，但任何两个人之间存在一个相对短的熟人链（六度分隔）。二十世纪六十年代，美国社会心理学教授斯坦利·米尔格拉姆（Stanley Milgram）对这一假说进行了实验性验证，二十世纪九十年代，美国哥伦比亚大学社会学教授邓肯·沃茨（Duncan Watts）和美国康奈尔大学应用数学系教授史蒂芬·斯托加茨（Stephen Strogatz）对这一假说进行了数学建模。近年来，这个原理被证明在许多领域中有着重要的应用。科学家对小世界图感兴趣是因为它们模拟了自然现象，工程师们感兴趣的则是可以利用小世界图的自然属性构建网络。

在本节，我们将围绕小世界图讨论基本计算问题。事实上，如下简单的问题可能导致非常大的计算负担。

一个给定的图是否会呈现小世界现象？

为了解决这个问题，我们将考虑一个图处理数据类型和若干有用的图处理客户端。特别地，我们将讨论一个计算最短路径的客户端，而计算最短路径本身就具有数量众多的重要应用。

本节的一个持续主题是我们一直在研究的算法和数据结构，它们在图形处理中发挥了核心作用。事实上你会看到，在本章之前介绍的几个基本数据类型有助于我们开发优雅而高效的代码，用于研究图的属性。

表 4-5-1 为本节所有程序的一览表，读者可以作为参考。

表 4-5-1　本节中所有程序的一览表

程序名称	功能描述
程序 4.5.1（graph.py）	图数据类型
程序 4.5.2（invert.py）	使用一个图来反转一个索引
程序 4.5.3（separation.py）	最短路径客户端
程序 4.5.4（pathfinder.py）	最短路径算法的实现
程序 4.5.5（smallworld.py）	小世界测试
程序 4.5.6（performer.py）	演员 - 演员图

4.5.1　图

我们从一些基本定义开始。一个图（graph）由一组顶点（vertice）和一组边（edge）组成。每条边表示两个顶点之间的连接。如果两个顶点通过一条边连接，则它们是邻居（neighbor），一个顶点的度（degree）是其邻居的数量。注意，图与函数图形（绘制函数的值）的概念没有任何关系，图与绘图的概念也没有任何关系。我们经常通过使用线（边）连接带标记的几何图形（顶点）来可视化图，但是需要一直牢记的是，我们的研究重点是各个顶点的连接方式，而不是各个顶点的绘制方式。图中各术语的示意图如图 4-5-1 所示。

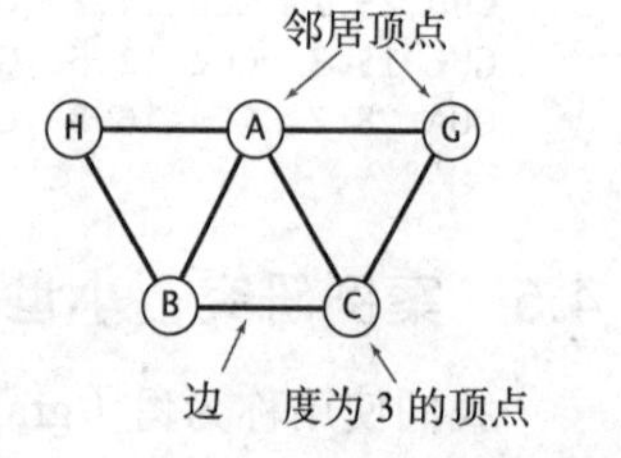

下面我们将列举不同范围的系统，图可以作为理解各系

图 4-5-1　图中各术语的示意图

统结构体系的最合适的起点。

1. 交通系统（Transportation system）

火车轨道连接各个车站，道路连接各个交叉路口，飞机航线连接各个机场，所有这些系统自然而然地构成一个简单的图模型。一个交通系统的图模型如图 4-5-2 所示。毫无疑问，你肯定使用过基于这种模型的应用程序，例如，使用一个交互的地图程序或全球定位系统设备查找路径方向，或使用一个在线服务预定旅游线路。那从一个地方到另一个地方的最佳路径是什么？

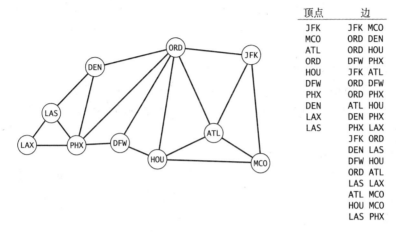

顶点	边
JFK	JFK MCO
MCO	ORD DEN
ATL	ORD HOU
ORD	DFW PHX
HOU	JFK ATL
DFW	ORD DFW
PHX	ORD PHX
DEN	ATL HOU
LAX	DEN PHX
LAS	PHX LAX
	JFK ORD
	DEN LAS
	DFW HOU
	ORD ATL
	LAS LAX
	ATL MCO
	HOU MCO
	LAS PHX

图 4-5-2　一个交通系统的图模型

685

2. 人类生物学（Human biology）

动脉和静脉连接器官，神经突触连接神经元，关节连接骨骼，所以人类生物学的理解依赖于对适当图模型的理解。也许在这个领域最大和最重要的挑战是人类的大脑。神经元之间的局部连接如何被翻译成意识、记忆和智力？

3. 社交网络（Social network）

人们和其他人都有关系。从传染疾病的研究到政治趋势的研究，这些关系的图模型是我们了解它们之间相互影响的关键。信息在网络上是如何传播的？ Web 的图模型如图 4-5-3 所示。

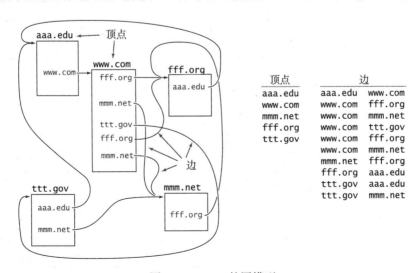

顶点	边	
aaa.edu	aaa.edu	www.com
www.com	www.com	fff.org
mmm.net	www.com	mmm.net
fff.org	www.com	ttt.gov
ttt.gov	www.com	fff.org
	www.com	mmm.net
	mmm.net	fff.org
	fff.org	aaa.edu
	ttt.gov	aaa.edu
	ttt.gov	mmm.net

图 4-5-3　Web 的图模型

4. 物理系统（Physical system）

原子相互连接形成分子，分子相互连接形成物质或晶体，粒子通过相互作用力（如重力或磁力）相互连接。图模型适合于我们在 2.4 节研究的渗透问题，我们在 3.1 节讨论的相互作用的电荷问题，以及我们在 3.4 节讨论的多体模拟问题。在这些系统中，当系统演化发展时，局部作用如何传播？

5. 通信系统（Communications system）

从电路到电话系统，到互联网，到无线服务，通信系统都基于设备相互连接的思想。至少在过去的一个世纪中，图模型在这些系统的发展中起到了关键的作用。设备相互连接的最佳方法是什么？

6. 资源配置（Resource distribution）

电力线路连接发电站和家庭电气系统，管道连接水库和家庭水暖，卡车线路连接仓库和零售商店。对分配资源有效和可靠的方法的研究依赖于精确的图模型。资源配置系统的瓶颈在哪里？

7. 机械系统（Mechanical system）

钢桁架或钢梁用于连接一座桥或一座建筑物的接合点。图模型有助于我们设计这些系统，并了解它们的特性。一个接合点或一个横梁必须承受哪些力？

8. 软件系统（Software system）

一个程序中的模块调用其他模块中的方法。正如我们在本书中看到的那样，理解这类关系是软件设计中成功的关键。如果在一个 API 中做了一些变更，哪些模块将会受到影响？

9. 金融系统（Financial system）

交易连接账户，账户将客户连接到金融机构。这些都是人们用来研究复杂金融交易图模型的一部分，更好地理解这些图模型可以从中获利。哪些交易是常规的，哪些可能将一个重大的事件转化为利润的指标？

典型的图模型如表 4-5-2 所示。

表 4-5-2　典型的图模型

	系统	顶点	边
自然现象	血液循环	器官	血管
	骨骼	关节	骨头
	神经	神经元	突触
	社会	人	人际关系
	流行病学	人	感染
	化学	分子	化学键
	多体模拟	粒子	作用力
	基因学	基因	变异
	生物化学	蛋白质	交互作用
工程系统	交通	机场	航线
		十字路口	道路
	通信	电话	电话线
		计算机	电缆
		网页	链接

（续）

系统		顶点	边
工程系统	资源配置	发电站	电力线
		家庭电路	
		水库	管道
		家庭水暖	
		仓库	卡车线路
		零售商店	
	机械	接合点	横梁
	软件	模块	调用
	金融	账户	交易

687

在这些图中，有一些是自然现象的模型，我们的目标是通过开发简单的模型，获得对自然世界更好的理解，然后用它们来制定可以测试的假设。其他的图模型则是我们设计的网络，我们的目标是通过理解其基本特征，建立一个更好的网络，或更好地维护网络。

无论图是小还是大，它们都是有用的模型。一个仅有几十个顶点和边的图（例如，一个化合物的模型，其顶点是分子，边则是化学键）就可以算是一个复杂的组合对象，因为其中存在大量可能的图，所以了解其特定的结构十分重要。一个具有数十亿或万亿顶点和边的图（例如，一个政府数据库包含所有的电话记录，或人类神经系统的图模型）则更复杂，意味着非常严峻的计算挑战。

处理图的典型方法包括基于数据库中的信息来构建图，然后回答关于图的问题。除了上述例子中引用的与应用相关的具体问题，我们常常需要研究图的基本问题。一个图有多少个顶点和边？一个给定顶点的邻居是什么？有些问题取决于对图结构的理解。例如，图中的一条路径是由边连接的顶点序列。是否存在一条连接两个给定顶点的路径？这些路径中哪一条是最短路径？图中最短路径的最大长度（即图的直径）是什么？在本书中，我们讨论了若干比这些更复杂的科学应用问题的例子。一个随机冲浪者到达每个顶点的概率是多少？使用某个图表示的系统渗透的概率是多少？图中的路径示意图如图 4-5-4 所示。

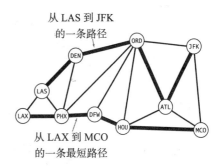

图 4-5-4 图中的路径

当你在后续课程中遇到复杂的系统时，肯定会遇到许多不同应用场景的图。在后续课程（数学、运筹学研究或计算机科学）中你也许会更详细地研究它们的属性。一些图处理的问题提出了难以完成的计算挑战，其他问题则可以使用我们一直在讨论的数据类型的实现相对容易地解决。

688

4.5.2 图数据类型

图处理算法一般先通过加入边来构建一个图的内部表示形式，然后通过遍历顶点和与顶点相邻的边来处理图。表 4-5-3 中图数据类型的 API 支持这种处理。像往常一样，这个 API 反映了若干设计的选择，每种设计从不同替代方案中选择，接下来我们将讨论其中一部分内容。

表 4-5-3　图数据类型的 API

	运算操作	功能描述
常量型运行时间	g.addEdge(v, w)	在图 g 中从顶点 v 到顶点 w 添加一条边
	g.countV()	图 g 中顶点的总数
	g.countE()	图 g 中边的总数
	g.degree(v)	图 g 中顶点 v 的邻居数
	g.hasVertex(v)	v 是否为图 g 中的一个顶点
	g.hasEdge(v, w)	v-w 是否为图 g 中的一条边
线性运行时间	Graph(file, delimiter)	根据文件 file 的内容（分隔符为 delimiter）新建一个图。如果未指定文件，则默认为 None，并创建一个空图
	g.vertices()	遍历图 g 中的所有顶点
	g.adjacentTo(v)	遍历图 g 中顶点 v 的所有邻居
	str(g)	图 g 的字符串表示

注：图的空间使用必须与图中顶点的总数与边的总数之和呈线性关系。

1. 无向图（Undirected graph）

边是无方向的：一个连接顶点 v 到顶点 w 的边等同于连接顶点 w 到顶点 v 的边。我们研究的重点是连接，而不是方向。有向边（例如路线图中的单行道）则需要略微不同的数据类型（具体请参见本节习题的第 38 题）。

2. 字符串顶点类型（String vertex type）

我们假设顶点是字符串。我们也可以使用一个更通用的顶点类型，允许客户端使用任何可比较或可哈希的对象构建图。因为字符串顶点类型可以满足我们所讨论应用的要求，我们把这种实现留作本节习题的第 10 题。

689

3. 隐含顶点生成（Implicit vertex creation）

当一个对象作为 addEdge() 的参数时，我们假设它是一个顶点名称（字符串）。如果没有边使用这个名称（即尚未创建），我们的实现将使用这个名称创建一个顶点。一种替代的设计方案是增加一个 addVertex() 方法，需要额外的客户端代码（用于创建顶点）和更加繁琐的实现代码（用于检查边连接的顶点已经预先被创建）。

4. 自环和平行边（Self-loops and parallel edge）

虽然 API 没有显式地解决这个问题，但我们假设实现的确允许自环（将一个顶点的边连接到自身），但不允许平行边（同一条边的两个拷贝）。检查是否存在自环和平行边的操作十分简单，本书的选择是忽略这两种检查。

5. 客户端查询方法（Client query method）

我们在 API 中同时提供了 countV() 和 countE() 方法，用于客户端查询图中顶点的数量和边的数量。同样，方法 degree()、hasVertex() 和 hasEdge() 对于客户端代码也十分有用。所有这些实现是常量型运行时间的一行代码。

这些设计决策并不是神圣不容更改的，它们只是对于本书代码所做的一种选择。其他一些选择可能适合于不同的情况，而一些决策则留给实现。仔细考虑你做出的设计决策的选择并准备为之辩护是非常明智之举。

　　程序 4.5.1（graph.py）实现了这个 API。其内部表示是一个集合的符号表（symbol table of set）：键是顶点，值是邻居（和该键相邻的顶点）的集合。图 4-5-5 是一个简单的例子。

为了实现这种表示，我们使用了两种曾在 4.4 节介绍的内置数据类型 dict 和 set。这种选择会导致如下三种重要属性：

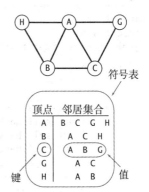

符号表

- 客户端可以高效地迭代（遍历）图的顶点
- 客户端可以高效地迭代（遍历）顶点的邻居
- 所使用的空间与顶点的数量与边的数量之和成正比

这些属性与 dict 和 set 的基本属性保持一致。你将看到，这两个迭代器是图处理的核心。

图 4-5-5　集合符号表方式的图表示　[690]

　　输出一个图的自然方法是每行输出一个顶点，紧接着跟随其邻居列表。与之对应，我们通过实现如下的 __str__() 方法以支持内置函数 str()：

```python
def __str__(self):
    s = ''
    for v in self.vertices():
        s += v + ' '
        for w in self.adjacentTo(v):
            s += w + ' '
        s += '\n'
    return s
```

结果字符串包含每条边的两种表示，一种情况为 w 是 v 的邻居，另一种情况为 v 是 w 的邻居。许多图算法都基于这样的基本范式来处理图中的每条边（两次）。这种实现仅仅用于小规模图，因为其运行时间在某些系统中是字符串长度的二次型（具体请参见本节习题的第 3 题）。

　　str() 的输出格式同样也定义了一种合理的输入文件格式。__init__() 方法支持使用这种格式（每行是一个顶点名称，随后跟该顶点的相邻顶点名称，名称之间以空白符分隔）的文件创建一个图。为了灵活性，我们允许使用空白符以外的分隔符（这样，我们就可以处理诸如顶点名称包含空白符的情况），实现代码如下所示：

```python
def __init__(self, filename=None, delimiter=None):
    self._e = 0
    self._adj = dict()
    if filename is not None:
        instream = InStream(filename)
        while instream.hasNextLine():
            line = instream.readLine()
            names = line.split(delimiter)
            for i in range(1, len(names)):
                self.addEdge(names[0], names[i])
```

注意，构造函数（使用默认的空白分隔符）甚至适合于处理当输入为边列表时的情况，即每条边一行，就如程序 4.5.1 的测试客户端所示。同样，使用默认文件名和分隔符时，构造函数将创建一个空图。读者是否发现，在 Graph 中增加了 __init__() 和 __str__() 后，提供给我们一个适合各种各样应用程序的完整数据类型。

程序 4.5.1   图数据类型（graph.py）

```python
import sys
import stdio
from instream import InStream

class Graph:
    # See text for __str__() and __init__()

    def addEdge(self, v, w):
        if not self.hasVertex(v): self._adj[v] = set()
        if not self.hasVertex(w): self._adj[w] = set()
        if not self.hasEdge(v, w):
            self._e += 1
            self._adj[v].add(w)
            self._adj[w].add(v)

    def adjacentTo(self, v): return iter(self._adj[v])
    def vertices(self):      return iter(self._adj)
    def hasVertex(self, v):  return v in self._adj
    def hasEdge(self, v, w): return w in self._adj[v]
    def countV(self):        return len(self._adj)
    def countE(self):        return self._e
    def degree(self, v):     return len(self._adj[v])

def main():
    file = sys.argv[1]
    graph = Graph(file)
    stdio.writeln(graph)

if __name__ == '__main__': main()
```

实例变量	
_e	边的数量
_adj	相邻列表

程序 4.5.1 使用内置数据类型 dict 和 set（具体请参见 4.4 节）实现 graph 数据类型。客户端通过一次增加一条边或从一个文件中读取内容的方法构建图。通过迭代（遍历）所有顶点的集合或与给定顶点相邻的顶点集合来处理图。测试客户端从一个命令行指定的文件中构建了一个图。程序 4.5.1 的运行过程和结果如下：

```
% more tinygraph.txt
A B
A C
C G
A G
H A
B C
B H
```

```
% python graph.py tinygraph.txt
A  B C G H
B  A C H
C  A B G
G  A C
H  A B
```

4.5.3   Graph 客户端例子

作为第一个图处理的客户端程序，我们讨论一个社会关系的例子——一个大家肯定熟知并且存在大量可用数据的例子。

在本书官网可以找到一个文件 movies.txt（以及许多类似的电影 – 演职人员文件），其中包含一个电影列表清单以及电影中出现的演员信息。每行表示一部电影，随后跟其演职人员清单（在该电影中出现的所有演员的列表）。由于姓名包含空白符和逗号，所以我们使用字符 '/' 作为分隔符。现在读者就应该明白，为什么我们要在客户端程序中提供指定分隔符。

如果读者仔细研究文件 movies.txt 的内容，将注意到处理数据库时需要关注的若干特点

（虽然细小但很重要）：

- 演职人员列表没有按字典顺序排列
- 电影名称和演员姓名是 Unicode 字符串
- 电影名称后的括号中包含年份信息
- 多个重名的演员通过括号中的罗马数字来区分

根据你的终端和操作系统的相关设置，特殊字符有可能被替代为空白符或问号。当处理大量现实世界的数据时，这种不正常的类型会非常常见。如果你遇见这类问题，请查找本书官网，获取有关如何配置你的环境以正确处理 Unicode 字符的信息。电影数据库样例如下所示：

```
% more movies.txt
...
Tin Men (1987)/DeBoy, David/Blumenfeld, Alan/... /Geppi, Cindy/Hershey, Barbara
Tirez sur le pianiste (1960)/Heymann, Claude/.../Berger, Nicole (I)
Titanic (1997)/Mazin, Stan/...DiCaprio, Leonardo/.../Winslet, Kate/...
Titus (1999)/Weisskopf, Hermann/Rhys, Matthew/.../McEwan, Geraldine
To Be or Not to Be (1942)/Verebes, Ernö (I)/.../Lombard, Carole (I)
To Be or Not to Be (1983)/.../Brooks, Mel (I)/.../Bancroft, Anne/...
To Catch a Thief (1955)/Paris, Manuel/.../Grant, Cary/.../Kelly, Grace/...
To Die For (1995)/Smith, Kurtwood/.../Kidman, Nicole/.../ Tucci, Maria
...
```

693

使用 Graph，我们可以编写一个简单且方便的客户端程序，用于从 movies.txt 文件中抽取信息。我们从构造一个 Graph 开始，更好地组织信息。顶点建模和边建模对应的是什么？是否顶点应该代表电影，边则用于连接两部电影（如果两部电影出现同一个演员）？还是顶点表示演员，而边用于连接两个演员（如果两个演员同时出现在一部电影中）？这两种选择都可行，但我们究竟该选择哪一个呢？这种决策将同时影响客户端程序和实现代码。另一种处理方法（我们之所以选择这种方法，是因为它可以形成简单的实现代码）是顶点既代表电影也代表演员，使用一条边连接每部电影和电影中的每个演员。你将发现，处理这个图的程序可以为我们解答各种有趣的问题。

程序 4.5.2（invert.py）是第一个例子。这是一个 Graph 客户端，接收一个查询（例如一个电影的名字），然后输出该电影的演员列表。

电影 – 演员的一小部分关系图如图 4-5-6 所示。

程序 4.5.2　使用一个图来反转一个索引（invert.py）

```
import sys
import stdio
from graph import Graph

file = sys.argv[1]
delimiter = sys.argv[2]
graph = Graph(file, delimiter)

while stdio.hasNextLine():
    v = stdio.readLine()
    if graph.hasVertex(v):
        for w in graph.adjacentTo(v):
            stdio.writeln('  ' + w)
```

file	输入文件
delimiter	顶点分隔符
graph	图
v	查询
w	v 的邻居

程序 4.5.2 中的 Graph 客户端程序从命令行接收两个参数，一个为图文件，另一个为分隔符，然后根据所提供的参数文件内容构建一个图，并且重复从标准输入端读取一个顶点名称，输出该顶点的邻居。当该文件是一个电影–演职人员文件（例如，movies.txt）索引时，程序将创建了一个二分图，并实现一个交互的反转索引。程序 4.5.2 的运行过程和结果如下：

```
% python invert.py tinygraph.txt " "        % python invert.py movies.txt "/"
C                                           Da Vinci Code, The (2006)
   A                                           Fosh, Christopher
   B                                           Sciarappa, Fausto Maria
   G                                           Zaza, Shane
A                                              L'Abidine, Dhaffer
   B                                           Bettany, Paul
   C                                           ...
   G                                        Bacon, Kevin
   H                                           Murder in the First (1995)
                                               JFK (1991)
                                               Novocaine (2001)
                                               In the Cut (2003)
                                               Where the Truth Lies (2005)
                                               ...
```

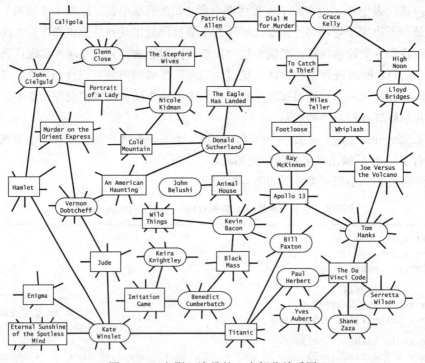

图 4-5-6　电影–演员的一小部分关系图

输入一个电影名称后，我们将获取它的演职人员列表，其功能仅仅是反馈 movies.txt 中的一行内容。（注意，演职人员列表的输出顺序任意，因为我们使用一个 set 表示每个相邻列表）。程序 invert.py 一个更有趣的特征是你可以输入一个演员的姓名，然后获取该演员出演过的电影列表。为什么程序可以实现这种功能？虽然数据库看起来是连接电影到演员，而不是连接演员到电影，但图中的边同样是演员到电影的连接。

如果一个图的所有连接都是连接一种类型的顶点到另一种类型的顶点，则称之为二分图（bipartite graph，又称二部图、偶图）。这个例子表明，二分图具有许多自然属性，我们可以采用有趣的方式加以应用。

从 4.4 节一开始我们就看到，索引模式（indexing paradigm）非常通用并且广为人知。值得反思的事实是，构建一个二分图为自动反转任何索引提供了一个简单的方法！movies.txt 数据库是基于电影索引的，但我们可以使用演员进行查询。你可以用完全相同的方式使用程序 invert.py，输出一个给定页面的索引词，或对应一个给定氨基酸的密码子（反转一个索引的示意图可以参见图 4-5-7），或反转在 4.2 节一开始讨论的其他任何索引。由于程序 invert.py 从命令行接收分隔符参数，所以你可以用它为一个使用空白分隔符的 .csv 文件或测试文件创建一个交互式反转索引。

反转索引功能是图数据结构的直接受益结果。接下来，我们将研究一些来自处理该数据结构算法的额外好处。

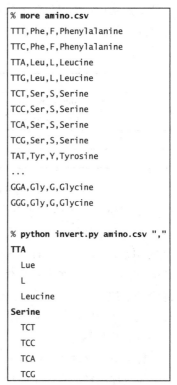

```
% more amino.csv
TTT,Phe,F,Phenylalanine
TTC,Phe,F,Phenylalanine
TTA,Leu,L,Leucine
TTG,Leu,L,Leucine
TCT,Ser,S,Serine
TCC,Ser,S,Serine
TCA,Ser,S,Serine
TCG,Ser,S,Serine
TAT,Tyr,Y,Tyrosine
...
GGA,Gly,G,Glycine
GGG,Gly,G,Glycine

% python invert.py amino.csv ","
TTA
  Lue
  L
  Leucine
Serine
  TCT
  TCC
  TCA
  TCG
```

图 4-5-7　反转一个索引的示意图

696

4.5.4　图的最短路径

给定一个图中的两个顶点，一条路径是通过边连接的一系列顶点。最短路径是这些路径中边的数量最少的一条路径（可能存在多条最短路径）。图中最短路径示意图如图 4-5-8 所示。查找图中连接两个顶点的最短路径是计算机科学的一个基本问题。最短路径已被很好和成功地应用于解决各种各样的大规模问题，从互联网路由到金融套汇交易到研究大脑中神经元的动态。

作为一个例子，假设你是一个假想的廉价航空公司的一位顾客，该航空公司只在有限的城市间提供有限数量的航线。假设从一个地方到另一个地方的最佳方法是把航班数量减少到最低，因为从一个航班转机到另一个航班的延误可能是漫长的（也许最好的办法是考虑支付

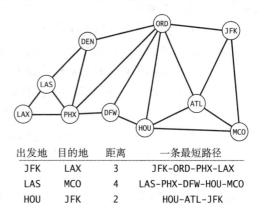

出发地	目的地	距离	一条最短路径
JFK	LAX	3	JFK-ORD-PHX-LAX
LAS	MCO	4	LAS-PHX-DFW-HOU-MCO
HOU	JFK	2	HOU-ATL-JFK

图 4-5-8　图中最短路径示意图

更多的钱使用另一家航空公司的直飞航线！）。一个最短路径的算法正是你规划旅行时需要的工具。这样的应用程序符合基本问题的理解和解决问题的方法的直觉。在这个例子的背景下讨论这些主题后，我们将考虑一个图模型更加抽象的应用程序。

根据应用程序的不同，客户端对于最短路径的要求也不相同。是否需要连接两个给定顶点的最短路径？或仅仅需要最短路径的长度？是否存在大量类似的查询？是否存在一个特别感兴趣的顶点？我们的选择是基于表 4-5-4 所示的 API 开始我们的讨论。

表 4-5-4　PathFinder 数据类型的 API

运算操作	功能描述
PathFinder(graph, s)	从图 graph 中找到从顶点 s 出发的最短路径
pf.distanceTo(v)	从顶点 s 到顶点 v 的距离
pf.hasPathTo(v)	是否存在一条从顶点 s 到顶点 v 的路径
pf.pathTo(v)	从顶点 s 到顶点 v 路径的遍历

697

在超大图中或对于大量的查询，我们需要特别注意 API 的设计，因为图计算的代价也许会令人望而却步。使用上述设计方案，客户端可以为给定图和给定顶点创建一个 PathFinder 对象，然后使用该对象查找到图中任何其他顶点最短路径的长度，或者遍历最短路径上的顶点。这些方法的一种实现被称为单源最短路径算法（single-source shortest-path algorithm）。一种称为广度优先搜索（breadth-first search）的经典算法提供了一种直接和优雅的解决方案，其中的构造函数消耗线性运行时间，distanceTo() 消耗常量型运行时间，pathTo() 消耗的运行时间与路径的长度成正比。在具体讨论我们的实现之前，我们将先讨论一些客户端程序。

1. 单源客户端（Single-source client）

假设你已经拥有一个廉价航空公司包含顶点和连接的路线图。然后使用你的常住城市作为源，可以编写一个客户端程序，任何时候需要去旅行时，为你输出旅游路线。程序 4.5.3（separation.py）是一个 PathFinder 客户端，可以为任何图提供这种功能。这种类型的客户端特别适用于从同一个源期望进行大量查询的应用。在这种情况下，构建一个 PathFinder 的开销可以通过所有的查询摊销。鼓励读者通过使用示例输入 routes.txt 或其他选择的任何输入模型运行 PathFinder，来探索最短路径的属性。事实上，许多人常常在他们手机上的地图应用程序中使用类似的算法。

2. 分离度（Degrees of separation）

最短路径算法的经典应用之一就是寻找一个社交网络中个体之间的分离度。为了阐明这种思想，我们使用最近流行的被称为凯文·贝肯的消遣游戏（Kevin Bacon game）来讨论这种应用，游戏中使用了我们刚刚讨论的电影 – 演员图。

凯文·贝肯是一个高产的演员，出演了很多部电影。我们为每部电影中出现的每个演员分配一个凯文贝肯数（Kevin Bacon number）：贝肯本人为 0，任何与贝肯参演了同一部电影的演员的凯文贝肯数为 1，任何其他（除了贝肯）与凯文贝肯数为 1 的演员参演了同一部电影的演员的凯文贝肯数为 2，以此类推。例如，梅丽尔·斯特里普（Meryl Streep）的凯文贝肯数为 1，因为她和凯文·贝肯一起参演了电影"狂野之河"（The River Wild）。妮可·基德曼（Nicole Kidman）的凯文贝肯数为 2，虽然她没有和凯文·贝肯一起参演任何电影，但她和唐纳德·萨瑟兰（Donald Sutherland）一起参演了电影"冷山"（Cold Mountain），而唐纳德·萨瑟兰则和凯文·贝肯一起参演了"动物屋"（Animal House）。

698

给定一个演员的姓名，该游戏的一个最简单版本就是查找一些最终指向凯文·贝肯的电影和演员的交替序列。例如，一个电影迷也许知道汤姆·汉克斯（Tom Hanks）和劳埃德·布里奇斯（Lloyd Bridges）一起参演了"魔岛仙踪"（Joe Versus the Volcano），而劳埃德·布里奇斯和格蕾丝·凯利（Grace Kelly）一起参演了"正午迷情"（High Noon），而格蕾丝·凯利和帕特里克·艾伦（Patrick Allen）一起参演了"电话谋杀案"（Dial M for Murder），而帕特里克·艾伦和唐纳德·萨瑟兰一起参演了"猛鹰雄风"（The Eagle Has Landed，又译为"猛鹰突击兵团"、"猛鹰突击队"、"纳粹16死士"、"鹰已着陆"），而唐纳德·萨瑟兰和凯文·贝肯一起参演了"动物屋"。但这

```
% python separation.py movies.txt "/" "Bacon, Kevin"
Kidman, Nicole
    Bacon, Kevin
    Animal House (1978)
    Sutherland, Donald (I)
    Cold Mountain (2003)
    Kidman, Nicole
distance 4
Hanks, Tom
    Bacon, Kevin
    Apollo 13 (1995)
    Hanks, Tom
distance 2
```

图 4-5-9　凯文·贝肯的分离度

些知识并不足以设置汤姆·汉克斯的凯文贝肯数（实际上为 1，因为他和凯文·贝肯一起参演了"阿波罗 13 号"（Apollo 13 ））。凯文·贝肯的分离度如图 4-5-9 所示。

　　你会发现凯文贝肯数是通过计算这些序列中最短路径的电影数定义的，因而不使用计算机很难判断谁最终赢得了比赛。值得注意的是，separation.py（程序 4.5.3）正是你所需要的程序，可以查找最短路径，设置 movies.txt 中任何演员的凯文贝肯数，而凯文贝肯数正好是路径的一半。你可能会喜欢使用这个程序，或者扩展该程序来回答一些有关电影行业或许多其他领域的有趣问题。例如，数学家基于论文共同作者以及他们与保罗·爱多士（Paul Erdös，一个二十世纪多产的匈牙利数学家）建立的相互联系图来玩同样的游戏。同样，在新泽西州的每个人似乎布鲁斯斯普林斯汀数（Bruce Springsteen number）都为 2，因为在这个州似乎每个人都认识某些声称认识布鲁斯·斯普林斯汀的人。

　　3. 其他客户端

　　PathFinder 是一个通用的数据类型，具有许多实际应用。例如，很容易开发一个客户端，通过为每个顶点创建一个 PathFinder，用于处理来自标准输入的源 – 目标对请求（具体请参见本节习题的第 11 题）。旅游公司正是使用这种方法以非常高的服务水准来处理各种请求。因为客户端为每个顶点创建一个 PathFinder（每个顶点消耗的空间与顶点数成正比），对于巨型图，空间使用也许会成为一个制约因素。对于概念上基本相同但性能要求更高的应用程序而言，考虑互联网路由器中存在连接所有其他机器的图，并且需要确定向目标传输的包的最佳下一跳。为了实现这种功能，我们可以构建一个 PathFinder，路由器本身作为源，然后发送包到 pf.pathTo(w) 的第一个顶点，即到达 w 的最短路径的下一跳。或者，一个中心权威路由器可以为每一个依赖路由器构建一个 PathFinder，然后使用它们发布路由指令。以高服务质量处理这些请求的能力是互联网路由器的主要功能之一，而最短路径算法是这个过程中的关键部分。

　　4. 最短路径距离（Shortest-path distance）

　　我们定义两个顶点之间的距离为它们之间最短路径的长度。理解广度优先搜索算法的第一步是考虑如何计算源到各顶点之间距离（即 PathFinder 中 distanceTo() 的实现）的问题。我们的方法是在构造函数中计算并保存所有的距离，当客户端调用 distanceTo() 时只需要返回请求的值即可。为了把一个整数距离与每个顶点名称关联起来，我们使用了一个符号表：

```
_distTo = dict()
```

符号表的目的是将每个顶点与该顶点到 s 的最短路径长度关联起来。开始时我们使用语句 _distTo[s] = 0 把 s 设定为 0，然后使用如下语句设置 s 的邻居的距离为 1：

```
for v in g.adjacentTo(s)
    self._distTo[v] = 1
```

程序 4.5.3　最短路径客户端（separation.py）

```
import sys
import stdio
from graph import Graph
from pathfinder import PathFinder

file = sys.argv[1]
delimiter = sys.argv[2]
graph = Graph(file, delimiter)

s = sys.argv[3]
pf = PathFinder(graph, s)

while stdio.hasNextLine():
    t = stdio.readLine()
    if pf.hasPathTo(t):
        distance = pf.distanceTo(t)
        for v in pf.pathTo(t):
            stdio.writeln('    ' + v)
        stdio.writeln('distance: ' + str(distance))
```

file	图文件名
delimiter	顶点名的分隔符
graph	图
pf	从 s 开始的 PathFinder
s	源节点
t	目标节点
v	从 s 到 t 路径上的节点

这个 PathFinder 测试客户端从命令行接收一个文件名、一个分隔符和一个源顶点作为参数。程序根据参数文件的内容构建一个图，假定文件的每一行指定一个顶点以及通过分隔符分隔的连接该顶点的所有顶点列表。当用户在标准输入中键入一个目标顶点 t，则返回从源节点到目标节点的最短路径。程序 4.5.3 的运行过程和结果如下：

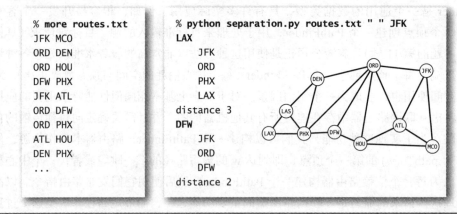

但是，接下来将如何处理？如果我们鲁莽地设置这些邻居的邻居的距离为 2，则我们不仅面临两次重复设置许多值的问题（邻居可能包含许多共同的邻居），我们还将设置 s 的距离为 2（s 是其每个邻居的邻居），很显然这并不是我们想要的结果。其实这个困难问题的解决方案很简单：

- 根据顶点与 s 的距离按顺序依次处理
- 忽略与 s 的距离已知的那些顶点

为了组织计算，我们使用了一个 FIFO 队列。开始时 s 在队列中，我们执行如下计算，直至队列为空：

- 从队列中移除一个顶点 v
- 把大于 v 的距离的所有 v 的未知邻居的距离设置为 1
- 把所有的未知邻居顶点入队

699
~
701

这个方法按照顶点到源 s 的距离的非递减顺序把顶点移出队。可以基于一个示例图查看这个方法的跟踪信息，以帮助我们理解这个方法的正确性。使用数学归纳法证明这个方法标示每个顶点 v 到 s 的距离将留作一道题（具体请参见本节习题的第 13 题）。

5. 最短路径树（Shortest-paths tree）

我们不仅需要知道各顶点距离源的距离，还需要知道其路径。要实现 pathTo()，我们使用一个称为最短路径树的子树，其定义为：

- 设置源顶点 s 为树的根
- 将顶点 v 的邻居添加到队列时，同时把它添加到树，并使用一条边连接到顶点 v。

由于每个顶点入队仅一次，这个结构是一棵正常的树：它包含一个根（源）顶点连接到其各邻居的子树。通过研究这棵树，你很快会发现每个顶点在树中距离根的距离与在图中距离源顶点的最短路径相一致。更为重要的是，在树中的每条路径就是在图中的一条最短路径。这种观察结果十分重要，因为它允许我们为客户端提供获取最短路径的一个简单方法（在 PathFinder 中实现 pathTo()）。最短路径树的示意图如图 4-5-10 所示。

首先，我们使用一个符号表，把每个顶点与最短路径上距离源顶点只有一步之遥的顶点关联起来：

`_edgeTo = dict()`

对于每一个顶点 w，我们希望将最短路径上从源顶点到 w 的前一个顶点相关联起来。通过扩展最短路径的方法来计算这种信息非常简单：当我们将 w 入队（因为我们首先发现它是 v 的一个邻居）时，我们执行这样的处理，因为 v 是最短路径上从源节点到 w 的前一个节点，所以我们可以赋值 _edgeTo[w] = v。数据结构 _prev 仅仅是最短路径树的一种表现方式：它提供了树中每个节点到其父节点的一个链接。然后，要响应查询源节点到节点 v 路径的客户端请求（调用 PathFinder 中的 pathTo(v)），我们跟随从节点 v 在树中向上的那些链接，即反向遍历路径。我们把遍历过程中遇见的所有节点放置到一个数组中，然后把数组反向，因而当客户端使用 pathTo() 返回迭代器时，可以获取从 s 到 v 的路径。

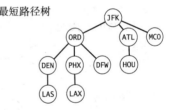

图

最短路径树

与父节点相连的表示方式

w	ATL	DEN	DFW	HOU	JFK	LAS	LAX	MCO	ORD	PHX
prev[w]	JFK	ORF	ORD	ATL		DEN	PHX	JFK	JFK	ORD

图 4-5-10　最短路径树的示意图

702

6. 广度优先搜索算法（Breadth-first search）

程序 4.5.4（pathfinder.py）是基于上述讨论的单源最短路径 API 的一种实现。它使用了两个符号表。一个符号表用于存储源顶点到每个顶点之间的距离。另一个符号表用于存储从源顶点到每个顶点最短路径中的前一个顶点。构造函数使用一个队列跟踪记录遇到的顶点（已经发现最短路径但其邻居尚未处理的邻居顶点）。这种处理过程称为广度优先搜索算法（BFS），因为它在图中以广度方向进行搜索。从树中恢复一条路径的示意图如图 4-5-11 所示。

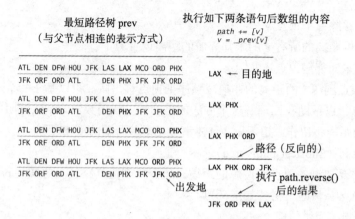

图 4-5-11　从树中恢复一条路径

与之对比，另一种重要的图搜索方法称为深度优先搜索算法（depth-first search），该算法基于一种递归方法，类似于在程序 2.4.6 中用于渗透原理的方法，算法在图中以深度方向进行搜索。深度优先搜索算法可以用于查找长路径，广度优先搜索算法可以确保找到最短路径。使用广度优先搜索算法计算图中最短路径的示意图如图 4-5-12 所示。

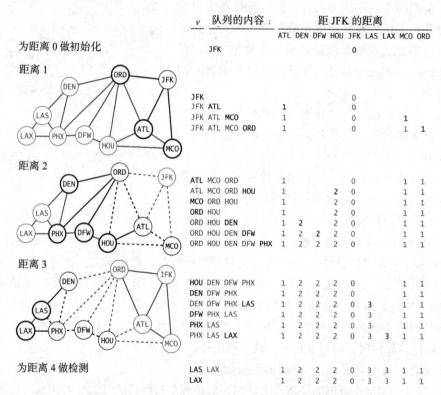

图 4-5-12　使用广度优先搜索算法计算图中的最短路径

7. 性能

图处理算法的成本一般与图的两个参数有关：顶点的数量 V 和边的数量 E。为了简单起见，我们假定源顶点到其他顶点之间都存在一条路径。然后，正如在 PathFinder 中的实现，广度优先搜索算法需要的运行时间（在有关哈希函数合适的技术假设前提下）与输入规模呈线性关系（正比于 $E + V$）。为了证明这个事实，首先观察到外循环（while）正好迭代 V 次，每次处理一个顶点，因为我们保证每个顶点不会入队一次以上。其次可以观察到内循环（for）每次均迭代 $2E$ 次，因为它处理每条边正好两次，其连接的每个顶点各处理一次。内循环（for）的循环体至少需要一次 search 操作（用于确定顶点是否被处理过），或许需要对大小最多为 V 的符号表的一次 get 和两次 put 操作（用于更新距离和路径信息），因而，总的运行时间正比于 $E + V$（在有关哈希函数合适的技术假设前提下）。如果我们使用二叉搜索树代替哈希表，则总的运行时间将为线性对数型（正比于 $E\log V$）。

703
∼
704

程序 4.5.4　最短路径算法的实现（pathfinder.py）

```
import stdio
import graph
from linkedqueue import Queue

class PathFinder:                                    实例变量
    def __init__(self, graph, s):                    _distTo │ 到 s 的距离
        self._distTo = dict()                        _prevTo │ 从 s 出发的最短路
        self._edgeTo = dict()                                  径上的前一个顶点

        queue = Queue()
        queue.enqueue(s)
        self._distTo[s] = 0                          graph │ 图
        self._edgeTo[s] = None                           s │ 源顶点
        while not queue.isEmpty():                    queue │ 要访问的顶点队列
            v = queue.dequeue()                          v │ 当前顶点
            for w in graph.adjacentTo(v):                w │ v 的邻居
                if w not in self._distTo:
                    queue.enqueue(w)
                    self._distTo[w] = 1 + self._distTo[v]
                    self._edgeTo[w] = v

    def distanceTo(self, v):
        return self._distTo[v]

    def hasPathTo(self, v):
        return v in self._distTo

    def pathTo(self, v):
        path = []
        while v is not None:
            path += [v]
            v = self._edgeTo[v]
        return reversed(path)
```

程序 4.5.4 中定义的类允许客户端查找图中连接一个指定顶点到其他顶点的（最短）路径。示例客户端请参见程序 4.5.3 和本节习题的第 17 题。

705

8. 邻接矩阵表示法（Adjacency-matrix representation）

如果没有合适的数据结构，图处理算法的高性能有时候很难到达，所以千万不要想当然。例如，程序员常常实现的另一种称为邻接矩阵表示的图表示方法，使用一个符号表把顶点名称映射到 0 到 $V-1$ 之间的整数，然后使用一个 $V \times V$ 布尔矩阵，如果存在一条连接 i 和 j 所对应顶点的边，则设置第 i 行第 j 列（对称地，第 j 行和第 i 列）的元素为 True，否则设

置为 False。在本书中我们曾经使用过类似的表示方法（在 1.6 节中研究用于页面排名的随机冲浪者模型）。邻接矩阵表示法很简单，但不适用于巨型图（包含一百万个顶点的图），因为其邻接矩阵将包含万亿个元素。理解图处理问题的差异，就能够理解为什么有的图可以解决现实情况下发生的问题，有的图则不能。邻接矩阵的图表示如图 4-5-13 所示。

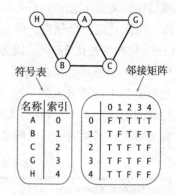

广度优先搜索算法是你在移动设备上使用的许多应用程序的基本算法，例如查找航线图、城市地铁或其他类似的情况。正如我们的分离度示例表明，该算法还被无数其他应用程序使用，包括从 Web 爬虫或互联网路由包，到研究传染疾病、大脑模型或基因组序列之间的关系。许多这些应用程序包括巨型图，因而高效的算法绝对是最基本的要求。

图 4-5-13　邻接矩阵的图表示

最短路径模型的一种重要推广是把每条边关联一个正的权重（可以表示距离或时间），然后查找一条具有最小边权重的路径。如果你选修了后续的算法或运筹学研究的课程，你将学习一种称为 Dijkstra 算法的通用广度优先搜索算法，该算法解决此问题的运行时间为线性对数型。当你从一个 GPS 设备或手机上的地图应用程序中获取路线指示时，Dijkstra 算法是用于解决最短路径相关问题的基础。这些重要和无处不在的应用也仅仅是冰山一角，因为图模型比地图更通用更普遍。

706

4.5.5　小世界图

科学家已经确定了出现在自然和社会科学的许多应用中一类特别有趣的图。小世界图（Small-world graph）具有如下三个特征：

- 稀疏性：顶点的数量远远小于边的数量
- 平均路径长度短：如果随机选择两个顶点，它们之间的最短路径长度比较短
- 局部聚类性：如果两个顶点都是第三个顶点的邻居，则这两个顶点很可能彼此也是邻居

我们称满足上述三个特性的图具有"小世界现象"。术语"小世界"是指大多数的顶点同时具有局部聚类性和到其他顶点短距离的概念。修饰词"现象"是指实际情况中出现的许多图具有稀疏性，呈现出局部聚类性，并具有短路径的令人意外的事实。除了刚刚讨论的社交关系应用，小世界图还被用于研究产品市场和创意，声望和时尚的形成和传播，互联网的分析，安全点到点网络的构建，路由算法和无线网络的研发，电力网的设计，人类大脑中信息处理的建模，振荡器相变的研究，传染性病毒的传播（在生物体之间或计算机之间的传播），以及其他许多应用。从 20 世纪 90 年代邓肯·沃茨和史蒂芬·斯托加茨开创性的工作开始，科学家们在量化小世界现象上进行了大量的研究。

这种研究的一个关键问题是：**给定一个图，我们如何判断它是否为小世界图**？为了回答这个问题，我们一开始时即强制设定图的规模比较大（例如，1000 个顶点或以上），且图是连接的（即每两个顶点对之间存在若干连接路径）。然后，我们需要为每个小世界属性设置具体的阈值：

- 稀疏性：我们规定平均顶点度小于 $20 \lg V$

- 平均路径长度短：我们规定两个顶点之间的平均最短路径长度小于 10lg *V*
- 局部聚类性：我们规定一种称为聚类系数（clustering coefficient）的量值应该大于 10%

局部聚类性的定义比稀疏性和平均路径长度的定义要复杂些。直观上，一个顶点的聚类系数表示随机选择两个邻居，这两个邻居也通过一条边连接的概率。更准确的含义是，如果一个 707 顶点包含 *t* 个邻居，则可能存在 $t(t-1)/2$ 条边连接这些邻居。其局部聚类系数是指这些边在图中所占的比例（如果顶点的度为 0 或 1 时，结果为 0）。一个图的聚类系数是所有顶点的局部聚类系数的平均值。如果平均值大于 10%，我们就称该图具有局部聚类性。图 4-5-14 为一个小型图计算了这三种参数。

平均顶点度

顶点	度
A	4
B	3
C	3
G	2
H	2
总计	14

平均顶点度 = 14/5 = 2.8

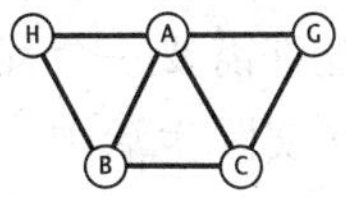

平均路径长度

顶点对	最短路径	路径长度
A B	A-B	1
A C	A-C	1
A G	A-G	1
A H	A-H	1
B C	B-C	1
B G	B-A-G	2
B H	B-H	1
C G	C-G	1
C H	C-A-H	2
G H	G-A-H	2
	总计	13

$$\frac{\text{总的路径长度}}{\text{顶点对的数量}} = 13/10 = 1.3$$

聚类系数

顶点	度	邻居边 可能邻居	实际邻居
A	4	6	3
B	3	3	2
C	3	3	2
G	2	1	1
H	2	1	1

$$\frac{3/6 + 2/3 + 2/3 + 1/1 + 1/1}{5} \approx .767$$

图 4-5-14　计算小世界图的特性

为了更好地熟悉这些定义，接下来我们将定义一些简单的图模型，并通过检查这些图是否满足这三种前提属性来讨论小世界图。

1. 完全图（Complete graph）

一个包含 *V* 个顶点的完全图（如图 4-5-15a 所示）包含 $V(V-1)/2$ 条边，每条边连接一对顶点。完全图不是小世界图。它们具有平均路径短的属性（每条最短路径的长度为 1），具有局部聚类性（聚类系数为 1），但它们不具有稀疏性（平均顶点度为 $V-1$，对于大的 *V*，这个值远比 20lg *V* 大）。

2. 环图（Ring graph）

环图是 *V* 个顶点均匀分布在一个圆的圆周上，每个顶点与其两边的邻居相连的图。在一个 *k* 阶环图（k-ring graph）中，每一个顶点与其两边的 *k* 个最近邻顶点相连。图 4-5-15b 描 708 述了一个包含 16 个顶点的 2 阶环图。环图同样不是小世界图。例如，2 阶环图具有稀疏性（每个顶点的度为 4）和局部聚类性（聚类系数为 1/2），但是它们的平均路径长度并不短（具体参见本节习题的第 17 题）。

3. 随机图（Random graph）

Erdös-Renyi 模型是一个广为研究的用于生成随机图的模型。在这个模型中，我们通过使用概率为 *p* 的边连接 *V* 个顶点以构建一个随机图。如果边的数量足够多，随机图看起来很像是相互连接并且具有平均路径短的属性，但它们不是小世界模型，因为它们不具备聚类性（具体参见本节习题的第 43 题）。随机图示例参见图 4-5-15c。

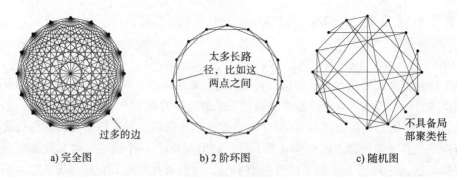

a) 完全图   b) 2 阶环图   c) 随机图

图 4-5-15　三个图模型

图模型的小世界属性如表 4-5-5 所示。

表 4-5-5　图模型的小世界属性

模型	是否稀疏	是否路径长度短	是否局部聚类
完全图	○	●	●
2 阶环图	●	○	●
随机图	●	●	○

　　这些示例表明，研发一个同时满足三种属性的图模型是一个令人困惑的挑战。花些时间尝试设计你认为可行的图模型。仔细思考这个问题后，你会发现也许需要一个程序帮助实现计算。同样，你可能会发现，上述图模型出人意料地经常会出现在实际生活中。事实上，你也许非常想知道哪些图是小世界图！

　　选择 10% 的聚类阈值，而不是一些其他的固定百分比具有一定的任意性，选择 $20\lg V$ 作为稀疏阈值和 $10\lg V$ 作为短路径阈值也具有一定的任意性，但是我们通常不会采用这些边界值。例如，考虑 Web 图，每个网页是一个顶点，如果两个网页之间通过一个超链接连接则使用一条边连接其对应的顶点。经科学家估计，从一个网页到另一个网页的点击数量很少超过 30 次。由于存在数以亿计的网页，这种估计意味着两个顶点之间的平均路径长度非常短，比我们的阈值 $10\lg V$（对于 10 亿个顶点而言，其值大约为 300）小得多。

709　　通过设置了这些定义，测试一个图是否为小世界图也会成为繁重的计算负担。正如你可能猜测的一样，我们讨论的图处理数据类型恰好提供了我们所需的工具。程序 4.5.5（smallworld.py）是一个 Graph 和 PathFinder 的客户端，实现了这些测试。如果没有我们讨论的高效的数据结构和算法，计算的代价将是无法承受的。即便使用了高效的数据结构和算法，对于大型图（例如 movies.txt），我们还必须采取统计抽样方法估计平均路径长度和聚类系数，以保证在合理的时间内（具体参见本节习题的第 41 题）完成计算，因为函数 averagePathLength() 和 clusteringCoefficient() 的运行时间均为二次型。

　　4. 一个经典的小世界图

　　我们的电影 – 演员图不是一个小世界图，因为它是双向的所以聚类系数为 0。而且，一些演员对之间不存在任何路径让彼此相互连接在一起。然而，如果两个演员在同一部电影中同时出演，可以通过使用一条边连接这两个演员，构成的一个简单演员 – 演员图则是一个经典的小世界图的示例（注意要删除与凯文·贝肯没有连接的演员）。图 4-5-16 显示了与一个小型的电影 – 演职人员文件相关联的电影 – 演员图和演员 – 演员图。

程序 4.5.5　小世界测试（smallworld.py）

```
from pathfinder import PathFinder
def averageDegree(graph):
    return 2.0 * graph.countE() / graph.countV()

def averagePathLength(graph):
    total = 0
    for v in graph.vertices():
        pf = PathFinder(graph, v)
        for w in graph.vertices():
            total += pf.distanceTo(w)
    return 1.0 * total / (graph.countV() * (graph.countV() - 1))

def clusteringCoefficient(graph):
    total = 0
    for v in graph.vertices():
        possible = graph.degree(v) * (graph.degree(v) - 1)
        actual = 0
        for u in graph.adjacentTo(v):
            for w in graph.adjacentTo(v):
                if graph.hasEdge(u, w):
                    actual += 1
        if possible > 0:
            total += 1.0 * actual / possible
    return total / graph.countV()

# See Exercise 4.5.21 for a test client.
```

程序 4.2.5 是 Graph 和 PathFinder 的客户端，用于计算图的各种参数，以测试图是否呈现为小世界现象。程序 4.5.5 的运行过程和结果如下：

```
% python smallworld.py tinygraph.txt " "
5 vertices, 7 edges
average degree         =    2.800
average path length    =    1.300
clustering coefficient =    0.767
```

电影 – 演职人员文件　　　　　电影 – 演员图　　　　　演员 – 演员图

```
% more tinyMovies.txt
Movie 1/Actor A/Actor B/Actor H
Movie 2/Actor B/Actor C
Movie 3/Actor A/Actor C/Actor G
```

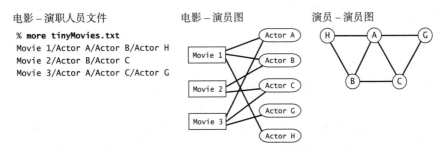

图 4-5-16　与电影 – 演职人员文件相关联的两个不同图的表示

程序 4.5.6（performer.py）是一个脚本程序，基于我们的电影 – 演职人员输入格式的文件创建一个演员 – 演员图。注意，电影 – 演职人员文件的每一行包括电影和在该部电影中出演的所有演员（以 / 分隔）。脚本通过增加边连接在该部电影中出演的所有演员对。针对输入的每部电影进行这样的处理，结果将产生我们预期的连接各演员的一张图。

程序 4.5.6　演员 – 演员图（performer.py）

```python
import sys
import stdio
import smallworld
from graph import Graph
from instream import InStream

file      = sys.argv[1]
delimiter = sys.argv[2]
graph = Graph()
instream = InStream(file)
while instream.hasNextLine():
    line = instream.readLine()
    names = line.split(delimiter)
    for i in range(1, len(names)):
        for j in range(i+1, len(names)):
            graph.addEdge(names[i], names[j])

degree  = smallworld.averageDegree(graph)
length  = smallworld.averagePathLength(graph)
cluster = smallworld.clusteringCoefficient(graph)
stdio.writef('number of vertices    = %d\n', graph.countV())
stdio.writef('average degree        = %7.3f\n', degree)
stdio.writef('average path length   = %7.3f\n', length)
stdio.writef('clustering coefficient = %7.3f\n', cluster)
```

　　脚本程序 4.5.6 是一个 smallworld.py 客户端，程序从命令行分别接收一个电影 – 演职人员文件和一个分隔符作为参数，并创建与之相关联的演员 – 演员图。程序向标准输出写入该图的顶点数量、平均度、平均路径长度、聚类系数。程序假定演员 – 演员图是相连的（具体请参见本节习题的第 22 题），以保证平均路径长度被正确定义。程序 4.5.6 的运行过程和结果如下：

```
% python performer.py tinymovies.txt "/"
number of vertices    = 5
average degree        =   2.800
average path length   =   1.300
clustering coefficient =   0.767
```

```
% python performer.py moviesg.txt "/"
number of vertices    = 19044
average degree        = 148.688
average path length   =   3.494
clustering coefficient =   0.911
```

　　由于"演员 – 演员"图通常比对应的"电影 – 演员"图具有更多的边，我们暂时处理源自于文件 moviesg.txt（包含 1261 部 G 级电影和 19 044 个演员，所有的演员都与凯文·贝肯连接）的小型"演员 – 演员"图。结果，程序 performer.py 告诉我们，与 moviesg.txt 关联的"演员 – 演员"图包含 19 044 个顶点和 1 415 808 条边，所以平均顶点度为 148.7（约为 $20\lg V = 284.3$ 的一半），表明图具有稀疏性。图的平均路径长度为 3.494（远比 $10\lg V = 142.2$ 短），因而具有短路径性。图的聚类系数为 0.911，因而图具有局部聚类性。我们终于找到了一个小世界图！这些计算验证了一种假设，即此类社交关系图展示了小世界现象。鼓励读者去发现其他现实世界的图，并使用程序 smallworld.py 测试这些图。你将在本节后的习题中获得更多的启发。

理解类似于小世界现象的事物的一种方法是开发一个数学模型，我们可以使用该模型测试假说和进行预测。作为总结，我们回到开发一个图模型以帮助我们更好地理解小世界现象的问题上。开发类似模型的技巧是将两个稀疏图进行组合：一个 2 阶环图（其聚类系数大）和一个随机图（其平均路径长度小）。

5. 带随机捷径的环图

源自于沃茨和斯托加茨工作的最令人惊讶的一个事实是，如果添加相对小数目的随机边到一个局部聚类的稀疏图中，结果将产生一个小世界图。为了理解为什么会产生这样的结果，我们讨论一个 2 阶环图，其直径（最远两个顶点对之间路径的长度）为 ~$V/4$（参见图 4-5-17）。为相向顶点对（antipodal vertex）添加一条单边后，直径将减少到 ~$V/8$（具体请参见本节习题第 18 题）。向一个 2 阶环图添加 $V/2$ 条随机 "捷径" 边后，极有可能显著地减少平均路径长度，使其为对数型（具体请参见本节习题的第 25 题）。另外，经过这些处理后，平均度仅仅增加 1，而聚类系数不会减少到低 1/2 太多。也就是说，一个带 $V/2$ 条捷径边的 2 阶环图极有可能是一个小世界图！

将直径从 ~$V/4$
减至 ~$V/8$

a) 带相向边的 2 阶环图   b) 带随机捷径的 2 阶环图

图 4-5-17 一个新的图模型

713

很容易开发生成器通过这种模型来创建图，我们可以使用程序 smallworld.py 来确定图是否呈现为小世界现象（具体请参见本节习题的第 22 题）。我们还可以验证从简单图（例如，tinygraph.txt）、完全图和环图推导出的分析结果。拥有 1000 个顶点的小世界图的参数如表 4-5-6 所示。

表 4-5-6 拥有 1000 个顶点的小世界图的参数

图模型	平均度	平均路径长度	聚类系数
完全图	999 ○	1 ●	1.0 ●
2 阶环图	4 ●	125.38 ○	0.5 ●
随机连接图（$p = 10/V$）	10 ●	3.26 ●	0.010 ○
具有 $V/2$ 条随机捷径的 2 阶环图	5 ●	5.71 ●	0.343 ●

正如大多数科学研究一样，新问题出现的速度与我们解决旧问题的速度一样快。我们需要增加多少条随机捷径才可以获得最短平均路径？一个随机连接图的平均路径长度和聚类系数为多少？还有哪些图模型适合于研究？在一个巨型图中，需要多少采样才能够准确估计聚类系

数或平均路径长度？在本节的习题中，你可以发现解决这些问题以及进一步研究小世界现象的许多建议。使用本书开发的程序设计基本工具和方法，读者将具备解决小世界现象以及其他许多科学问题的能力。

4.5.6　经验总结

本章的案例阐述了算法和数据结构在科学研究中的重要性。它同时强调了贯穿本书我们学习到的若干经验总结，这些值得反复说明。

1. 仔细设计你的数据类型

贯穿本书，我们一直坚持的设计理念之一就是有效的程序设计是基于对一组可能的数据类型值和操作的精确理解。一种现代的面向对象程序设计语言（例如 Python）的使用可以为这种理解提供途径，因为我们可以设计、构建和使用自定义的数据类型。我们的 Graph 数据类型是一种基本数据类型，它是我们经过多次迭代并使用我们讨论的设计所选择的最终产品。客户端代码的清晰性和简单性，有力地证明了我们认真对待任何程序中基本数据类型的设计和实现所带来的价值。

2. 增量开发代码

正如所有其他案例研究一样，我们每次构建一个模块，测试并研究每个模块，然后再开发下一个模型。

3. 在解决未知问题之前先解决你能理解的问题

我们的最短路径问题示例包括若干城市之间的航线，这是一个简单且易于理解的问题。该问题的难易程度足以引起我们调试和理解跟踪信息的兴趣，但不会复杂到使这些任变得繁重。

4. 持续测试并检查结果

当使用需要处理大量数据的复杂程序时，请一定仔细检查你的结果。使用常识来评价你的程序产生的每一个输出结果。新手程序员常常持有乐观的心态（"如果程序产生了结果，则该结果一定正确"），有经验的程序员则知晓悲观的心态会更好（"这个结果一定存在某些错误"）。

5. 使用现实世界的数据

源自互联网电影数据库（Internet Movie Database）的 movies.txt 文件仅仅是一个示例，这些数据文件如今在互联网上无处不在。在过去，这些数据经常被隐匿为私有或专用的格式，但大多数人现在都意识到简单的文本格式反而更合适。Python 的 str 数据类型的各种方法使处理真实数据的工作变得非常容易，这是制定关于真实世界现象的假说的最好方式。刚开始处理时，建议使用现实世界格式的小文件，以便在处理巨型文件前可以测试和理解性能。

6. 重用软件

我们一直坚持的另一个设计理念就是，有效的程序设计是基于对可用基本数据类型的理解，使我们无需为基本功能重写代码。Graph 中 dict 和 set 的使用是一个主要示例——在图的处理过程中，大多数程序员依旧在使用基于链表和数组的低级表示和实现，这意味着，他们不可避免地要为简单的操作（例如维护和遍历链表）重新编写代码。我们的最短路径类 PathFinder 使用了 dict、list、Graph 和 Queue——基本数据结构中的全明星阵容。

7. 性能影响

如果没有良好的算法和数据结构，本章讨论的许多问题可能会无解，因为幼稚而粗糙的实现方法往往需要不可能满足的时间和空间。意识到我们程序的资源需求估计量是非常重要的行为。

本章的案例研究正好作为本书的结束，因为我们讨论的程序仅仅是一个起点，而不是一项完整的研究。如果你想在科学、数学或工程学领域做进一步的学习和研究，本书也是一个起点。你在本书中学到的程序设计方法和工具将使你具有解决任何计算问题的能力。

715 ~ 716

4.5.7 问题和解答

Q. 给定 V 个顶点，请问存在多少个不同的图？

A. 如果没有自环和平行边，则存在 $V(V-1)/2$ 条可能的边，每条边可能存在也可能不存在，所以总计为 $2^{V(V-1)/2}$。这个数量很快就会增长到巨大，如表 4-5-7 所示：

表 4-5-7 边数量和图数量的关系

V	1	2	3	4	5	6	7	8	9
$2^{V(V-1)/2}$	1	2	8	64	1024	32 768	2 097 152	268 435 456	68 719 476 736

这些巨型数值表明社交关系的复杂性。例如，如果考虑你刚刚在街道上遇见的 9 个人，则可能存在 680 多亿个相互认识关系的可能性！

Q. 一个图是否存在一个不与其他任何顶点通过边连接的顶点呢？

A. 好问题。这类顶点称为孤立顶点。在我们的实现中不允许它们的存在。另一种实现也许允许孤立顶点的存在，通过包含一个显式的 addVertex() 方法来实现添加顶点的操作。

Q. 为什么 countV() 和 countE() 查询方法需要常量型运行时间的实现？大多数客户端不是仅仅调用这类方法一次吗？

A. 也许大多数客户端仅调用一次，但是对于如下代码：

```
while i < g.countE():
    ...
    i += 1
```

如果使用一个懒惰的实现来统计边的个数，而不是使用一个实例变量保存边的个数，则消耗的运行时间为二次型。

Q. 为什么 Graph 和 PathFinder 分别位于不同的类？在 Graph 的 API 中包含一个 PathFinder 方法是否更加合理？

A. 查找最短路径仅仅是许多图处理算法的一种。在单个接口中包含所有的方法是一种较差的软件设计方法。请重新阅读 3.3 节中关于宽接口的讨论。

717

4.5.8 习题

1. 请在 movies.txt 中找到出演电影最多的演员。

2. 请修改 Graph 的 __str__() 方法，按排序顺序返回顶点（假定顶点是可比较的）。提示：使用内置的 sorted() 函数。

3. 请修改 Graph 的 __str__() 方法，使得运行时间在最坏情况下与顶点数量和边数量呈线性关系。提示：使用 str 数据类型中的 join() 方法。（具体请参见 4.1 节习题的第 13 题）。

4. 请在 Graph 中增加一个 copy() 方法，创建并返回一个新的、独立的图拷贝。注意确保任何以后对原始图的修改不会影响新创建的图（反之也成立）。

5. 请编写 Graph 的一个版本，支持显式顶点的创建并允许自环边、平行边和孤立顶点（度为 0 的顶点）。

6. 请在 Graph 中增加一个 removeEdge() 方法，带两个字符串参数（作为顶点），从图中删除其指定的边（如果存在的话）。

7. 请在 Graph 中增加一个 subgraph() 方法，带一个字符串集合 set 作为参数，返回导出子图（图仅包含这些顶点以及原始图中连接任意两个顶点的边）。

8. 请描述使用数组或链表代替集合 set 表示一个顶点的邻居的优点和缺点。

9. 请编写一个 Graph 的客户端，从一个文件中读取一个图，并输出图的各条边，输出格式为一行一条边。

10. 请修改 Graph，使其支持任何可哈希类型的顶点。

11. 请实现一个 PathFinder 客户端程序 allshortestpaths.py，从命令行接收一个图文件和一个分隔符参数，为每一个顶点构建一个 PathFinder，然后重复从标准输入读取两个顶点的名称（在同一行，以分隔符分开），并输出连接它们的最短路径。注意：对于 movies.txt，两个顶点名可以均为演员、电影，或者是演员和电影。

12. 请问正确还是错误：在广度优先搜索算法的某个点，队列可能包括两个顶点，其中一个顶点到源顶点的距离为 7，另一个顶点到源顶点的距离为 9。

    解答：错误。队列至多可以包含顶点的两个不同距离为 d 和 $d+1$。广度优先搜索算法按照顶点到源顶点距离的升序依次处理各顶点。当处理一个距离为 d 的顶点时，只有距离为 $d+1$ 的顶点才可能入队。

13. 请使用归纳法证明 PathFinder 查找从源顶点到各顶点的最短路径距离是访问过的顶点集合。

14. 假设在 PathFinder 的广度优先搜索算法中使用堆栈代替队列。请问是否依旧可以查找到一条路径？是否依旧可以正确地计算最短路径？在每种情况下，请证明其可行性，或给出一个反例。

15. 请编写一个程序，在一个包含 1000 个顶点的 2 阶环图中，增加若干条随机捷径，请绘制平均路径长度与增加的随机捷径边数量的关系图。

16. 请为模块 smallworld.py 中的 clusterCoefficient() 方法增加一个可选参数 k，使得该方法根据当前的总边数和顶点之间距离为 k 的顶点集合中可能的总边数，计算局部聚类系数。使用默认值 k=1，使函数产生的结果与 smallworld.py 中同名函数的结果一致。

17. 请证明一个 k 阶环图的聚类系数为 $(2k{-}2) / (2k{-}1)$。推导出一个公式用于计算一个 V 个顶点的 k 阶环图的平均路径距离，同时作为 V 和 k 的函数。

18. 请证明 V 个顶点的 2 阶环图的直径为 ~$V/4$。证明如果添加一条边到两个相向顶点对，则直径减少到 ~$V/8$。

19. 请执行计算实验来证明 V 个顶点环图的平均路径长度为 ~ $1/4\ V$。同时证明，如果增加一条随机边到环图，则平均路径长度减少到 ~ $3/16\ V$。

20. 请在 smallworld.py 中添加一个函数 isSmallWorld()，函数带一个图作为参数，如果图呈现为小世界现象（依据正文中定义的特定阈值）则返回 True，否则返回 False。

21. 请为 smallworld.py（程序 4.5.5）实现一个测试客户端 main()，产生示例运行中的给定输出。程序应该从命令行接收一个图文件和一个分隔符作为参数。输出图的顶点数量、边数量、平均度、平均路径长度，以及聚类系数。并且指示要使图呈现小世界现象，值是否太大或太小。

22. 请编写一个程序，产生随机连接图和带随机捷径的 2 阶环图。使用 smallworld.py，为两种模型各产生 500 个随机图（每个图 1000 个顶点），并计算它们的平均度、平均路径长度，以及聚类系数。把你的结果与 4.5.5 节表 4-5-6 中的对应值进行比较。

23. 请编写一个 smallworld.py 和 Graph 的客户端程序，产生 k 阶环图，并测试是否呈现为小世界现象（请先完成本节习题的第 20 题）。3 阶环图如图 4-5-18 所示。

图 4-5-18   3 阶环图

24. 在一个网格图（grid graph）中，顶点排列为 $n \times n$ 网格，每个顶点通过边连接到上、下、左、右邻居。请编写一个 smallworld.py 和 Graph 的客户端程序，产生网格图，并测试是否呈现为小世界现象（请先完成本节习题的第 20 题）。6×6 网格图如图 4-5-19 所示。

25. 请拓展本节习题第 23 题和第 24 题的解决方案，使程序从命令行接收参数 m，向图中添加 m 条随机边。以大约 1000 个顶点的图测试程序，发现使用相对较少边的小世界图。

26. 请编写一个 Graph 和 PathFinder，接收一个"电影 – 演职人员"文件和一个分隔符作为参数，输出一个新的"电影 – 演职人员"文件，结果文件中删除所有与凯文·贝肯没有连接的电影。

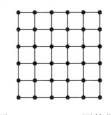

图 4-5-19 6×6 网格图

718
~
720

4.5.9 创新习题

27. 大 Bacon 数（Large Bacon number）。请在 movies.txt 中查找最大（但有限）的凯文贝肯数的演员。

28. 直方图（Histogram）。请编写一个程序 baconhistorgram.py，输出凯文贝肯数的直方图，指示 movies.txt 中凯文贝肯数为 0、1、2、3、……的演员个数。包含一类具有无限数（没有连接到凯文·贝肯）的演员信息。

29. "演员 – 演员"图（Performer–performer graph）。如在正文中提及的，计算凯文贝肯数的一种替代方法是构建一个图，图中每个演员为一个顶点（电影不是顶点），如果两个演员出演了同一部电影则使用一条边将他们连接起来。请基于"演员 – 演员"图，并通过广度优先算法计算凯文贝肯数。用 movies.txt 比较运行时间。解释这种方法会慢很多的原因。同时解释我们还需要做什么来把电影包含在路径中，就像以我们的实现自动产生一样。

30. 连接组件（Connected component）。无向图中一个连接组件是可互相连通的最多顶点集合。请编写一个数据类型 ConnectedComponents，计算一个图的连接组件。包含一个构造函数，接收一个 Graph 作为参数，使用广度优先搜索算法计算所有的连接组件。还包含一个方法 areConnected(v, w)，如果 v 和 w 在同一个连接组件中，则返回 True，否则返回 False。同时，再增加一个方法 components()，返回连接组件的个数。

31. 泛洪填充（Flood fill）。Picture 是一个表示像素 Color 值的二维数组（具体请参见 3.1 节）。一个 blob 是相同颜色的相邻像素的集合。请编写一个 Graph 客户端程序，其构造函数通过一个给定图像构建网格图（具体请参见本节习题的第 24 题），并支持泛洪填充操作。给定像素坐标 col 和 row 以及颜色 c，将该像素以及所有位于同一 blob 中像素的颜色值改为 c。

32. 阶梯式换字游戏（Word ladder）。请编写一个程序 wordladder.py，从命令行接收两个 5 字母的字符串，从标准输入读取一系列 5 字母的字符串列表，输出最短字梯，使用标准输入中连接两个字符串的单词（如果存在的话）。在一个字梯链中，如果两个单词仅有一个字母不同，则可以彼此连接。例如，如下的字梯链接了两个单词 green 和 brown：

    green greet great groat groan grown brown

    请编写一个简单的过滤器，从标准输入的系统字典或本书官网下载一个列表中获取 5 字母的单词。（这个游戏最初被称为偶极子（doublet），由刘易斯·卡罗尔（Lewis Carroll）发明）

33. 所有路径（All path）。请编写一个 Graph 客户端程序 AllPaths，其构造函数带一个 Graph 对象作为参数，对于图中给定的两个顶点 s 和 t，统计和输出图中这两个给定顶点之间的所有简单路径（simple path）。一个简单路径是指不会重复任何顶点一次以上的路径。在二维网格中，这种路径被称为自回避行走（具体请参见 1.4 节的内容）。这是统计物理学和理论化学的一个基本问题，例如，可以对线性聚合物分子在溶液中的空间排列进行建模。警告：可能存在指数级别的多条路径。

34. 渗透阈值（Percolation threshold）。请开发一个渗透原理的图模型，编写一个 Graph 客户端程序，执行与 percolation.py（程序 2.4.6）相同的计算。请估计三角形、正方形和六边形网格的渗透阈值。

35. 地铁图（Subway graph）。在东京地铁系统中，线路使用字母标记，站点使用数字标记，例如 G–8 和 A–3。允许换乘的车站是站点的集合。从 Web 上查找一个东京地铁图，开发一个简单的数据库格式，并编写一个 Graph 客户端程序，读取文件并且可以回答东京地铁系统最短路径的查询请求。如果你愿意，也可以基于巴黎地铁系统实现，其路线为名称序列，而换乘则是两个具有相同名称的站点。

36. 好莱坞世界的中心（Center of the Hollywood universe）。我们可以通过计算每个演员的好莱坞数（Hollywood number）或平均路径长度来衡量凯文贝肯数中心的好坏程度。凯文贝肯的好莱坞数是所有演员的平均凯文贝肯数（在其连接组件中）。其他演员的好莱坞数计算方法与此相同，只是使用该演员替换凯文·贝肯作为源顶点而已。计算凯文·贝肯的好莱坞数，并查找一个比凯文·贝肯具有更佳好莱坞数的演员。在与凯文·贝肯位于同一个连接组件中，查找具有最佳或最差好莱坞数的演员。

37. 直径（Diameter）。顶点的偏心距是它与其他任意顶点之间的最大距离。一个图的直径是任意两个顶点之间的最大距离（所有顶点的最大偏心距）。请编写一个 Graph 客户端程序 diameter.py，计算一个顶点的偏心距和一个图的直径。使用该程序查找 movies.txt 所表示的图的直径。

38. 有向图（Directed graph）。请实现表示有向图（其中，边的方向意义重大）的 Digraph 数据类型：addEdge(v, w) 表示增加一条从 v 到 w 的边，而不是从 w 到 v 的边。将

adjacentTo() 替换为如下两种方法：adjacentFrom() 用于返回顶点的集合，如果存在从参数顶点到集合中这些顶点的边。adjacentTo() 用于返回顶点的集合，如果存在从集合中的这些顶点到参数顶点的边。请解释如何修改 PathFinder，在有向图中查找最短路径。

39. 随机冲浪者（Random surfer）。请修改上一道习题（习题 38）中的 Digraph 类，实现一个 MultiDigraph 类，允许平行边。对于测试客户端，运行一个与 randomsurfer.py（程序 1.6.2）相匹配的随机冲浪者模拟程序。

40. 传递闭包（Transitive closure）。请编写一个 Digraph 客户端类 TransitiveClosure，其构造函数接收一个 Digraph 对象作为参数，方法为 isReachable(v, w)，如果通过有向图中的有向路径可以从 v 到达 w，则返回 True，否则返回 False。提示：从各顶点运行广度优先搜索算法，就如同 allshortestpaths.py 程序（具体请参见本节习题的第 11 题）。

41. 统计抽样（Statistical sampling）。请使用统计抽样方法估计一个图的平均路径长度和聚类系数。例如，要估计聚类系数，选取 t 个随机顶点并计算这些顶点聚类系数的平均值。函数的运行速度应该比 smallworld.py 程序中的相应函数快若干数量级。

42. 覆盖时间（Cover time）。在一个相互连接的无向图中的随机行走（random walk）是指从一个顶点移动到一个邻居，按相同的概率选择邻居顶点（这个过程类似于无向图中的随机冲浪）。请编写一个程序运行测试，支持访问图中每一个节点所需步数的假设。请问，带 V 个顶点的完全图的覆盖时间是多少？环图呢？2 阶环图呢？可否发现一系列图，其覆盖时间按 V^3 或 2^V 比例增加？

43. Erdös-Renyi 随机图模型（Erdös-Renyi random graph model）。在经典的随机图模型中，我们通过在 V 个顶点包含每个概率为 p 的可能边（独立于其他边）来构建一个随机图。请编写一个 Graph 客户端程序来验证如下属性：

- 连通性阈值（Connectivity threshold）：如果 $p < 1/V$ 且 V 非常大，则大多数连接组件比较小，最大的连接组件为对数型大小。如 $p > 1/V$，则几乎可以肯定存在一个巨大的包含几乎所有顶点的组件。如果 $p < \ln V/V$，则很大概率上图是非连通的。如果 $p > \ln V/V$，则很大概率上图是连通的。

- 度的分布（Distribution of degree）：度的分布遵循一个二项分布，其中心为平均值，所以大多数顶点有相同的度。一个顶点连接到 k 个其他顶点的概率以 k 的指数规律递减。

- 无中心（No hub）：当 p 为常量时，最大的顶点度最多为 V 的对数型。

- 无局部聚类（No local clustering）：如果图是稀疏且连通的，则聚类系数接近于 0。随机图不是小世界图。

- 最短路径长度（Short path length）。如果 $p > \ln V/V$，则图的直径（请参见本习题的第 37 题）为对数型。

44. Web 超链接的幂定律（Power law of web link）。Web 页面的入度和出度遵循幂定律，即可以使用一个优先连接过程建模。假设每个 Web 页面正好有一个出口超链接。每个页面依次创建，从一个指向自己的页面开始。当概率 $p < 1$ 时，该网页链接到一个均匀随机选择的既存网页。当概率为 $1 - p$ 时，该网页链接到一个概率正比于其进入连接数的既存网页。这个规则反映了一种共通趋势，即一个新网页倾向于指向流行页面。请编写一个程序，模拟该过程，并绘制进入超链接的数量的直方图。

解答：入度为 k 的网页比例正比于 $k^{-1/(1-p)}$。

45. 全局聚类系数（Global clustering coefficient）。在程序 smallworld.py 中增加一个函数，用于计算一个图的全局聚类系数。全局聚类系数是一个共同顶点的两个随机邻居顶点互为邻居的条件概率。请尝试查找局部聚类系数和全局聚类系数不同的图。

46. 沃茨 – 斯托加茨图模型（Watts–Strogatz graph model）。（具体请参见本节习题 24 题和 25 题。）邓肯·沃茨和史蒂芬·斯托加茨提出了一个混合模型，包含相邻顶点（根据地理位置确定的邻居）的常规链接，以及一些随机长距离链接。绘制向一个 $n \times n$ 网格图添加随机边对平均路径长度和聚类系数的影响（假设 $n = 100$）。针对 V 个顶点（假设 $V = 10\,000$，以及 k 取不同的值，最大不超过 $10\log V$）的 k 阶环图执行同样的处理过程。

47. Bollobás–Chung 图模型（Bollobás–Chung graph model）。Bollobás 和 Chung 提出了一个混合模型，结合 V 个（V 是偶数）顶点的 2 阶环图，以及一个随机匹配（random matching）。匹配是指每个顶点的度均为 1 的图。为了生成一个随机匹配，混排 V 个顶点，然后按照混排顺序在顶点 i 和顶点 $i + 1$ 之间添加一条边。确定这种模型图中每个顶点的度。使用程序 smallworld.py，当 $V = 1000$ 时，估计根据这种模型生成的随机图的平均路径长度和聚类系数。

48. 克莱因伯格图模型（Kleinberg graph model）。对于一个非集中式网络，沃茨 – 斯托加茨模型中的参与者将无法查找到短路径。但是美国社会心理学家斯坦利·米尔格拉姆的实验同样具有神奇的算法部分——个体可以发现短路径。美国计算机科学家、康奈尔大学计算机科学教授乔恩·克莱因伯格（Jon Kleinberg）提议使捷径的分布遵循幂定律，其概率正比于距离的 d 次幂（在 d 维空间）。每个顶点具有一个长距离邻居。请编写一个程序，根据这个模型来生成图，使用程序 smallworld.py 的客户端测试它们是否呈现为小世界现象。请绘制直方图证明图在所有的距离大小范围（在距离 $1 \sim 10$ 的链接数量与距离 $10 \sim 100$ 或 $100 \sim 1000$ 的链接数量相同）都均匀分布。请编写一个程序，根据网格距离，使用尽可能接近目标路径的边来计算平均路径长度，并测试这个平均值正比于 $(\log V)^2$ 的假说。

721 ~ 726

后　记

在本书的结束部分，我们简要描述一些很可能遇到的计算世界的基本元素，从而把读者新学到的程序设计知识置于更广阔的应用环境中。我们希望这些信息会激发读者使用程序设计知识作为一个平台的欲望，以了解和学习更多在自己周围的世界中计算的应用角色。

到目前为止，你已经掌握了如何进行程序设计。就像当你学会了驾驶小汽车后，学习驾驶一辆 SUV 并不困难一样，学习另一种程序设计语言进行程序设计对你而言也不会困难。许多科学家通常为不同的目的使用几种不同的程序设计语言。

本书第 1 章和第 2 章中阐述的内置数据类型、选择结构、循环结构和函数抽象（在计算的最初几十年内，这些功能为程序员提供了很好的服务），以及第 3 章的面向对象程序设计（为现代程序员采用），这些都是在许多程序设计语言中可以找到的基本功能。使用这些功能以及第 4 章中基本数据类型的技能可以帮助读者处理库、项目开发环境以及各种各样的专用应用程序。读者还可以充分意识到在设计复杂系统时抽象的强大能力并理解它们的工作原理。

计算机科学的研究不仅仅是学习程序设计。现在读者已经熟悉了程序设计并精通了计算，已经准备好去学习过去一个世纪以来的一些杰出智力成就，探究我们所处时代的一些最重要且尚未解决的问题，以及在计算基础架构的演变过程中它们所扮演的角色。正如我们贯穿全书所暗示的那样，也许更为重要的意义在于计算在人类理解自然的过程中正扮演着日益重要的角色，从基因组学到分子动力学到天体物理学。进一步研究计算机科学的基本概念必将使你受益匪浅。

1. 标准 Python 模块

Python 系统为实际应用提供了丰富的资源。我们大量地使用一些 Python 标准模块，例如 math，但本书没有涉及其他大多数模块。关于标准模块的大量信息很容易在网上查找到。如果读者尚未浏览 Python 的标准模块，现在是时候去浏览它们了。你将发现大多数代码面向专业开发人员使用，但是你可能会发现一些模块还是十分有趣的。当研究模块时，也许你应该铭记在心的最重要的事情就是，你也许不需要使用它们，但可以使用它们。一旦当你找到看起来适合需求的 API 时，建议尽量充分利用它们来实现自己的功能。

2. 程序设计环境

在将来，你肯定会发现自己会使用除 Python 以外的其他程序设计环境。许多程序员（包括资深专业人员）都会在过去和未来之间摇摆，因为存在大量的基于老式程序设计语言（例如 C、C++ 和 Fortran）的遗留代码，同时也因为有许多现代工具（例如，JavaScript、Ruby、Java、Python 和 Scala）可供使用。同样，当使用一种程序设计语言时，你应该铭记在心的最重要的事情就是，你不一定会使用它，但可以使用它。如果某些其他程序设计语言更适合你的需求，建议尽量采用。如果一个人坚持采用单一的程序设计环境，无论什么原因，必将错失许多机会。

3. 科学计算

特别强调的是，由于与准确性和精度相关的问题，有关数值的计算可能非常麻烦，因而采用数学函数库是明智的选择。许多科学家使用 Fortran（一种老式的科学程序设计语言），其他许多人采用 Matlab（一种专门为矩阵计算开发的程序设计语言）。优秀的库和内置矩阵运算的有机结合使得 Matlab 成为解决许多问题的具有吸引力的选择。然而，由于 Matlab 不支持可变类型和其他现代功能，Python 则成为解决其他问题的更佳选择。你能够同时使用这两种语言！ Python 也可以访问 Matlab 和 Fortran 程序员使用的数学库。事实上，Python 社区在 NumPy 库（数值 Python）和 SciPy 库（科学 Python）中包含与这些软件的广泛联系。如果你正在从事科学计算，则应该充分使用这些库。从本书官网中可以查找到相关使用信息。

4. 计算机系统

特定计算机系统的特性曾经一度完全决定我们所能解决问题的本质和范围，但是现在它们几乎不能产生影响。依旧可以期望明年的今天，你可以拥有一台更快的、内存更多的计算机。努力保持代码的机器无关性，以便你能够实现快速地切换。更为重要的是，Web 在商业和科学计算中扮演着日益重要的角色，就像你在本书中看到的许多例子一样。你可以编写程序处理在其他地方维护的数据，也可以编写与在其他地方执行的程序进行交互的程序，并且充分利用许多其他广泛的、不断演进的计算基础设施的特性。千万不要迟疑不决。投入大量精力为特定机器（即使是高性能超级计算机）编写程序的人，将错失许多大好机会。

5. 理论计算机科学

与之对比，计算的基本限制从一开始并将继续在决定我们可解决问题的种类中扮演着重要的角色。你也许会惊奇地发现，存在一些计算机程序无法解决的问题，也存在许多计算机很难解决的其他问题（通常源自于实践）。任何依赖于计算进行问题求解、创新工作或研究的人都必须意识到并尊重这些事实。

自从你尝试创建、编译和运行 helloworld.py 程序开始，很显然已经取得了很大的进步，但是需要学习的知识还很多。继续程序设计，继续学习程序设计环境、科学计算、计算机系统和理论计算机科学，你将为自己创造更多的机会，这是那些不会程序设计的人们根本无法想象的一笔巨大财富。

词 汇 表

algorithm（算法）：用于求解某个问题的逐步过程，例如欧几里得算法。

alias（别名）：引用相同对象的两个（或多个）变量。

API（application programming interface，应用程序接口）：描述客户端如何使用一个数据类型一系列操作的规范说明。

array（数组）：用于存储一系列元素的数据结构，支持创建、索引访问、索引赋值和迭代操作。

argument（参数）：传递给函数的对象引用。

assignment statement（赋值语句）：一种 Python 语句，包括一个变量名紧跟一个表达式，指示 Python 对该表达式进行求值，并把该变量绑定到指向一个包含该结果值的对象。

binding（绑定）：一个变量与包含一种数据类型值的对象之间的关联。

bit（位）：二进制位（0 或 1）之一。

booksite module（官网模块）：本书作者创建的模块，用于本书教学。

built-in function（内置函数）：内置于 Python 语言的函数，例如：max()、abs()、int()、str() 和 hash()。

built-in type（内置数据类型）：内置于 Python 语言的数据类型，例如：str、float、int、bool、list、tuple、dict 和 set。

class（类）：用于实现用户自定义数据类型的 Python 构造，可以提供模板创建和操作包含该类型值的对象，由 API 定义其操作规范。

client（客户端）：通过 API 使用其实现的程序。

command line（命令行）：终端应用程序的当前活动行，用于调用系统命令和运行程序。

command-line argument（命令行参数）：通过命令行传递给一个程序的字符串。

comment（注释）：用于帮助读者理解代码目的的解释性文本（被编译器忽略）。

comparable data type（可比较的数据类型）：一种通过六种比较运算符（<、<=、>、>=、== 和 !=）定义了一种全序关系的 Python 数据类型，例如：int、str、float 和 bool。

compile-time (syntax) error（编译错误（语法错误））：由编译器发现的错误。

compiler（编译器）：把一个程序从高级语言翻译成低级语言（例如从 Python 编程语言到 Python 字节码）的程序。

constant variable（常变量）：在程序执行过程中其关联的类型值保持不变的变量。

constructor（构造函数 / 构造方法）：一种用于创建和初始化一个新对象的特殊方法。

data structure（数据结构）：在计算机中组织数据的方式（通常用于节省时间或空间），例如：数组、可变数组、链表、二叉搜索树。

data type（数据类型）：一系列值的集合以及定义在这些值上的一系列操作的集合。

default value（默认值）：如果函数调用时没有包含对应的实参，赋值给参数变量的对象。

defining and initializing a variable（定义和初始化变量）：在一个程序中第一次绑定一个变量到一个对象。

element（元素）：数组中的一个对象。

evaluate an expression（表达式求值）：基于运算符优先级规则，在表达式中应用运算符计算操作数，把一个表达式简化为一个值。

exception（异常）：运行时的一种异常情况或错误。

expression（表达式）：字面量、变量、运算符和函数调用（或者还可能包含括号）的组合，可以被化简来产生一个值。

function（函数）：被命名的一系列语句，以执行某种计算。

function call（函数调用）：执行一个函数并返回值的表达式。

garbage collection（自动垃圾收集）：自动识别不再被使用的对象并释放其占用内存的过程。

global code（全局代码）：位于函数和类定义之外的代码。

global variable（全局变量）：定义在函数和类定义之外的变量。

hashable data type（可哈希的数据）：一种定义了内置函数 hash() 且适用于 dict 和 set 的数据类型，例如：int、str、float、bool 和 tuple（但不包含 list）。

identifier（标识符）：用于标识变量、函数、类、模块和其他对象的名称。

immutable object（不可变对象）：值不可改变的对象。

immutable data type（不可变数据类型）：实例的值不可改变的数据类型。

implementation（实现）：实现由 API 定义的一系列方法的程序，可被客户端使用。

import statement（导入语句）：可引用其他模块中代码的一种 Python 语句。

instance（实例）：特定类的一个对象。

(instance) method（（实例）方法）：数据类型操作的实现（针对特定对象调用的函数）。

instance variable（实例变量）：在类中定义的变量（但在方法之外），表示数据类型的值（与类的每个实例关联）。

interpreter（解释器）：逐行执行使用高级语言编写的程序的一种程序。

item（项）：集合中的一个对象。

iterable data type（可迭代对象）：一种返回关于所有项迭代器的数据类型，例如：list、tuple、str、dict 和 set。

iterator（迭代器）：一种支持内置函数 next() 的数据类型，Python 在 for 循环每次循环的迭代开始时调用。

literal（字面量）：用于内置数值和字符串类型的数据类型值的源代码表示方式，例如：123、'Hello' 和 True。

local variable（局部变量）：在函数体中定义的变量，其作用范围仅局限于该函数。

modular programming（模块化程序设计）：一种编程风格，强调使用分离、独立的模块解决任务。

module（模块）：后缀为 .py 的文件，用于在其他 Python 程序中重用其功能。

none object（none 对象）：特殊对象 None，表示无对象。

object（对象）：特定数据类型的一个值在计算机内存中的表示，由对象标识、类型和值确定。

object-oriented programming（面向对象的程序设计）：一种编程风格，强调使用数据类型和对象来对现实世界或抽象实体进行建模。

object reference（对象引用）：对象标识的具体表示（对象存储的内存地址）。

operand（操作数）：运算符作用的对象。

operating system（操作系统）：运行在计算机上的程序，用于管理资源，为各种程序和应用提供通用服务。

operator（运算符）：表示内置数据类型操作的一种特殊的符号（或一系列符号），例如：+、-、* 和 []。

overloading a function（重载一个函数）：为一个数据类型定义一个内置函数（例如，len()、max() 和 abs()）的行为。

overloading an operator（重载一个运算符）：为一个数据类型定义一个运算符（例如，+、*、<= 和 []）的行为。

parameter variable（参数变量）：在函数定义中指定的变量，调用函数时初始化为对应的实参。

pass by object reference（按对象引用传递）：Python 传递一个对象到函数的方式（通过传递一个对象的引用）。

polymorphism（多态性）：不同的数据类型使用相同的 API（或部分 API）。

precedence rules（优先级）：确定表达式中应用运算符顺序的准则。

private（私有）：不被客户端引用的数据类型的实现代码。

program（程序）：在计算机中执行的指令序列。

pure function（纯函数）：给定相同的参数，始终返回相同值且不产生任何可观察到的副作用的函数。

raise an error（抛出错误）：指示一种编译错误或运行时错误。

return value（返回值）：作为函数调用结果提供的对象（引用）。

run-time error（运行时错误）：程序运行时产生的错误（异常）。

script（脚本）：一段小程序，通常实现为全局代码，且不以重用为目的。

scope（作用域）：一个变量或名称可以被直接访问的程序区域。

self parameter variable（self 参数变量）：方法中的第一个参数变量，该变量被绑定到调用该方法的对象。按惯例，这个变量命名为 self。

sequence（序列）：支持索引访问（a[i] 和 len(a)）的可迭代数据类型，例如：list、str 和 tuple（但不包含 dict）。

side effect（副作用）：一种状态的改变，例如：写入输出、读取输入、抛出错误或改变某些持久对象的值（实例变量、参数变量或全局变量）。

slice（切片）：一个数组、字符串或其他序列的子序列。

source code（源代码）：高级程序设计语言的一个程序或程序片段。

special method（特殊方法）：当调用对应数据类型操作时，一系列 Python 隐式调用的内置方法，例如：__plus__()、__eq__() 和 __len__()。

standard input, output, drawing, and audio（标准输入、标准输出、标准绘图、标准音频）：本书提供的 Python 输入 / 输出模块。

statement（语句）：Python 可以执行的一条指令，例如赋值语句、if 语句、while 语句、return语句。

terminal（终端程序）：操作系统中用于接收命令的程序。

unit testing（单元测试）：在每个模块中包含用于测试其代码的实践方法。

variable（变量）：指向一个对象的引用。

索　引

索引中的页码为英文原书页码，与书中页边标注的页码一致。

应用程序编程接口

表 1 Python 的 math 模块（部分 API）

函数调用	功能描述
math.sin(x)	x 的正弦（参数以弧度为单位）
math.cos(x)	x 的余弦（参数以弧度为单位）
math.tan(x)	x 的正切（参数以弧度为单位）
math.atan2(y, x)	点 (x, y) 的极角
math.hypot(x, y)	返回 $\sqrt{x^2+y^2}$，即原点和点 (x, y) 之间的欧几里得距离
math.radians(x)	将 x（以角度为单位）转换为弧度
math.degrees(x)	将 x（以弧度为单位）转换为角度
math.exp(x)	x 的指数函数（即 e^x）
math.log(x, b)	x 的以 b 为底的对数（即 $\log_b x$）。底数 b 默认为 e，即自然对数（即 $\ln x$）
math.sqrt(x)	x 的平方根
math.erf(x)	x 的误差函数
math.gamma(x)	x 的伽玛函数
math.factorial(x)	整数 x 的阶乘

注：math 模块中还包含诸如 asin()、acos() 和 atan() 等反函数，以及数学常量 e（2.718281828459045）和 pi（3.141592653589793）。

表 2 本书官网提供的 stdio 模块

	函数调用	功能描述
从标准输入读入数据	stdio.isEmpty()	标准输入是否为空（或者仅仅为空白字符）
	stdio.readInt()	读取数据（a token），将其转化为整数，然后返回
	stdio.readFloat()	读取数据（a token），将其转化为浮点数，然后返回
	stdio.readBool()	读取数据（a token），将其转化为布尔值，然后返回
	stdio.readString()	读取数据（a token），将其作为字符串返回
从标准输入读入行数据	stdio.hasNextLine()	标准输入是否有下一行数据
	stdio.readLine()	读取下一行数据，然后将其作为字符串返回
从标准输入读入一系列相同数据类型的数据，直至标准输入为空	stdio.readAll()	读取剩下的所有输入，然后将其作为字符串返回
	stdio.readAllInts()	读取剩下的所有数据（tokens），然后将其作为整数数组返回
	stdio.readAllFloats()	读取剩下的所有数据（tokens），然后将其作为浮点数数组返回
	stdio.readAllBools()	读取剩下的所有数据（tokens），然后将其作为布尔数数组返回
	stdio.readAllStrings()	读取剩下的所有数据（tokens），然后将其作为字符串数组返回
	stdio.readAllLines()	读取剩下的所有行数据，然后将其作为字符串数组返回

（续）

	函数调用	功能描述
用于写入标准输出的函数	stdio.write(x)	在标准输出输出指定文本 x
	stdio.writeln(x)	在标准输出输出指定文本 x 后换行
	stdio.writef(fmt, arg1, ...)	根据字符串 fmt 指定的格式将参数 arg1 等写入标准输出

注：1. 一个 token 是指非空白字符的最大数据序列。

2. 在读入以 token 单位的数据之前，将忽略任意前导空白字符。

3. 当不能从标准输入读取下一数据（可能因为再无输入数据，或者输入数据与所期望的类型不匹配）时，将引发读取输入数据函数的运行时错误。

表 3　本书官网提供的 stddraw 模块

	函数调用	功能描述
用于绘制图形的基本函数	stddraw.line(x0, y0, x1, y1)	从点 $(x0, y0)$ 到点 $(x1, y1)$ 绘制一条直线
	stddraw.point(x, y)	在坐标 (x, y) 上绘制一个点
	stddraw.show()	在标准绘图窗口绘制图形（并等待直至用户关闭绘图窗口）
用于设置绘图参数的控制函数	stddraw.setCanvasSize(w, h)	设置画布大小为 $w \times h$ 像素（w 和 h 默认为 512）
	stddraw.setXscale(x0, x1)	设置画布的 x 坐标范围为 $(x0, x1)$。$x0$ 默认为 0，$x1$ 默认为 1
	stddraw.setYscale(y0, y1)	设置画布的 y 坐标范围为 $(y0, y1)$。$y0$ 默认为 0，$y1$ 默认为 1
	stddraw.setPenRadius(r)	设置画笔的半径为 r（r 默认为 0.005）
	如果画笔半径为 0.0，则点和线的宽度是系统中最小可能大小	
用于绘制形状的相关函数	stddraw.circle(x, y, r)	绘制以点 (x, y) 为圆心，r 为半径的圆
	stddraw.square(x, y, r)	绘制以点 (x, y) 为中心，边长为 $2r$ 的正方形
	stddraw.rectangle(x, y, w, h)	绘制左下角坐标为 (x, y)，宽为 w，高为 h 的长方形
	stddraw.polygon(x, y)	绘制以各坐标点为 (x[i], y[i]) 互连的多边形
	如果函数名以 filled 开始，然后跟形状名，即 filledCircle()、filledSquare()、filledRectangle() 以及 filledPolygon() 不仅仅绘制形状的轮廓，而且填充形状	
用于绘制形状的相关函数	stddraw.text(x, y, s)	以点 (x, y) 为中心绘制字符串 s
	stddraw.setPenColor(color)	设置画笔的颜色为 color（默认为 stddraw.BLACK）
	stddraw.setFontFamily(font)	设置字体为 font（默认为 'Helvetica'）
	stddraw.setFontSize(size)	设置字体大小为 size（默认为 12）
用于动画的函数	stddraw.clear(color)	清除画布，并使用颜色 color 为每个像素点涂色
	stddraw.show(t)	显示标准绘图窗口中的图形

表 4　本书官网提供的 stdaudio 模块

函数调用	功能描述
stdaudio.playFile(filename)	播放存放在 filename.wav 文件中的所有声音样本
stdaudio.playSamples(a)	播放存放在浮点数数组 a[] 中的声音样本
stdaudio.playSample(x)	播放存放在浮点数 x 中的声音样本
stdaudio.save(filename, a)	将存放在浮点数数组 a[] 的所有声音样本保存到 filename.wav 文件中
stdaudio.read(filename)	读取 filename.wav 文件中的所有声音样本并作为浮点数数组 a[] 返回
stdaudio.wait()	等待当前正在播放的声音播放完（对于每个程序，必须作为 stdaudio 模块的最后一条调用语句）

表5　本书官网提供的 stdarray 模块

函数调用	功能描述
create1D(n, val)	创建一个长度为 n，每个元素都初始化为 val 的一维数组
create2D(m, n, val)	创建一个 m×n，每个元素都初始化为 val 的二维数组
readInt1D()	创建一个整型一维数组，并且从标准输入读取各元素的值
readInt2D()	创建一个整型二维数组，并且从标准输入读取各元素的值
readFloat1D()	创建一个浮点数型一维数组，并且从标准输入读取各元素的值
readFloat2D()	创建一个浮点数型二维数组，并且从标准输入读取各元素的值
readBool1D()	创建一个布尔型一维数组，并且从标准输入读取各元素的值
readBool2D()	创建一个布尔型二维数组，并且从标准输入读取各元素的值
write1D(a)	将一维数组 a[] 写入标准输出
write2D(a)	将二维数组 a[] 写入标准输出

注：1. 一维数组的格式是一个整数 n，随后跟 n 个元素。

2. 二维数组的格式是两个整数 m 和 n，随后跟 m×n 个元素的值，按照行优先顺序排列。

3. 布尔数组的值输出为 0 和 1 而不是通常的 False 和 True。

表6　本书官网提供的 stdrandom 模块

函数调用	功能描述
uniformInt(lo, hi)	取值范围在 [lo, hi) 之间的均匀随机整数
uniformFloat(lo, hi)	取值范围在 [lo, hi) 之间的均匀随机浮点数
bernoulli(p)	事件发生（True）的次数。假设事件发生的概率为 p（p 默认值为 0.5）
binomial(n, p)	抛掷 n 次硬币，其中正面向上的次数。假设正面向上的概率为 p（p 默认值为 0.5）
gaussian(mu, sigma)	正态分布随机数，其中，均值为 mu（默认值为 0.0），标准方差为 sigma（默认值为 0.5）
discrete(a)	概率正比于数组 a[i] 的离散值 i
shuffle(a)	随机混排数组 a[i]

表7　本书官网提供的 stdstats 模块

函数调用	功能描述
mean(a)	数值数组 a[] 中各元素的平均值
var(a)	数值数组 a[] 中各元素的样本方差
stddev(a)	数值数组 a[] 中各元素的样本标准差
median(a)	数值数组 a[] 中各元素的中值
plotPoints(a)	数值数组 a[] 中各元素的点图
plotLines(a)	数值数组 a[] 中各元素的线图
plotBars(a)	数值数组 a[] 中各元素的条形图

表8　Python 内置的 str 数据类型（部分 API）

基本操作	功能描述
len(s)	字符串 s 的长度
s + t	拼接两个字符串 s 和 t，生成一个字符串
s += t	拼接两个字符串 s 和 t，并将拼接结果赋值给 s
s[i]	字符串 s 的第 i 个字符

（续）

基本操作	功能描述
s[i:j]	字符串 s 的第 i 个到第 (j–1) 个字符。i 默认为 0，j 默认为 len(s)
s < t	字符串 s 是否小于字符串 t
s <= t	字符串 s 是否小于或等于字符串 t
s == t	字符串 s 是否等于字符串 t
s != t	字符串 s 是否不等于字符串 t
s >= t	字符串 s 是否大于或等于字符串 t
s > t	字符串 s 是否大于字符串 t
s in t	字符串 s 是否是字符串 t 的子字符串
s not in t	字符串 s 是否不是字符串 t 的子字符串
s.count(t)	子字符串 t 在字符串 s 中出现的次数
s.find(t, start)	在字符串 s 搜索指定的字符串 t，返回第一次出现的索引下标。如果找不到则返回 –1。从指定的 start（默认为 0）索引开始查找
s.upper()	将字符串 s 中所有的小写字母转换为大写字母后，返回 s 的副本
s.lower()	将字符串 s 中所有的大写字母转换为小写字母后，返回 s 的副本
s.startswith(t)	字符串 s 是否以字符串 t 开头
s.endswith(t)	字符串 s 是否以字符串 t 结尾
s.strip()	去除字符串 s 开始和结尾的所有空格后，返回 s 的副本
s.replace(old, new)	将字符串 s 中所有的 old 替换为 new 后，返回 s 的副本
s.split(delimiter)	按指定字符 delimiter（默认为空格）分割字符串 s 后，返回 s 的子字符串数组
delimiter.join(a)	拼接 a[] 中的字符串，各字符串之间以 delimiter 分隔

表 9　本书官网提供的 Color 数据类型（color.py）

运算操作	功能描述
Color(r, g, b)	创建一种红、绿、蓝分量值分别为 r、g、b 的新颜色
c.getRed()	获取颜色 c 的红分量值
c.getGreen()	获取颜色 c 的绿分量值
c.getBlue()	获取颜色 c 的蓝分量值
str(c)	'(R, G, B)'（颜色 c 的字符串表示）

表 10　本书官网提供的 Picture 数据类型（picture.py）

运算操作	功能描述
Picture(w, h)	创建一个宽度为 w，高度为 h 的像素数组，并初始化为空白图像
Picture(filename)	通过给定图像文件创建并初始化一幅新的图像
pic.save(filename)	将图像 pic 保存到文件 filename 中
pic.width()	获取图像 pic 的宽度
pic.height()	获取图像 pic 的高度
pic.get(col, row)	获取图像 pic 中像素点 (col, row) 的 Color 颜色值
pic.set(col, row, c)	设置图像 pic 中像素点 (col, row) 的 Color 颜色值为 c

注：表中的文件名必须以 .png 或者 .jpg 为扩展名，也就是文件格式只能是 .png 或者 .jpg。

表 11   显示一个 Picture 对象

运算操作	功能描述
stddraw.picture(pic, x, y)	以点 (x, y) 为中心，显示 stddraw 模块中的 pic

注：表中的 x 和 y 默认是标准输出画布的中心位置。

表 12   本书官网提供的 InStream 数据类型（instream.py）

	运算操作	功能描述
	InStream(filename)	创建一个新的输入流，并从指定的文件名 filename 进行初始化。如果没有参数，则默认为标准输入
从标准输入读取数据（tokens）的方法	s.isEmpty()	判断 s 是否为空（是否仅仅包含空白字符）
	s.readInt()	从 s 中读取一个数据，并将其转换为整数，然后返回
	s.readFloat()	从 s 中读取一个数据，并将其转换为浮点数，然后返回
	s.readBool()	从 s 中读取一个数据，并将其转换为布尔值，然后返回
	s.readString()	从 s 中读取一个数据，并将其转换为字符串，然后返回
从标准输入读取行数据的方法	s.hasNextLine()	是否还有下一行数据
	s.readLine()	从 s 中读下一行数据，然后作为字符串返回

注：1. 一个 token 是指非空白字符的最大数据序列。
　　2. 数据类型 InStream 类似于标准输入，同时也支持 readAll() 方法（具体请参见 1.5 节）。

表 13   本书官网提供的数据类型 OutStream（outstream.py）

运算操作	功能描述
OutStream(filename)	创建一个新的输出流，并指定用于输出结果的文件名。如果不带参数，则默认将结果写入标准输出
out.write(x)	将 x 写入 out
out.writeln(x)	将 x 写入 out，然后换行。x 默认为空串
out.writef(fmt, arg1, ⋯)	根据格式化字符串 fmt 指定的格式，将参数 arg1，……写入 out

表 14   Python 内置的 int 数据类型（部分 API）

运算操作	功能描述
x + y	x 和 y 之和
x − y	x 和 y 之差
x * y	x 和 y 之积
x / y	x 和 y 之商
x // y	x 整除 y 的商
x % y	x 除以 y 的余数
x ** y	x 的 y 次幂
−x	x 的算术取反（负数）
+x	x 保持不变
x < y	x 是否小于 y
x <= y	x 是否小于或等于 y
x == y	x 和 y 是否相等
x != y	x 和 y 是否不相等

运算操作	功能描述
x >= y	x 是否大于或等于 y
x > y	x 是否大于 y
abs(x)	x 的绝对值
min(x, y, ...)	x, y, ... 中的最小值
max(x, y, ...)	x, y, ... 中的最大值

注：在 Python 3 中，除法运算符（/）作用于两个整数操作数时，结果为浮点数，这与浮点数除法行为一致。在 Python 2 中，如果两个操作数为整数，除法运算符（/）的行为等同于整除运算符（//）。为了保持 Python 各版本的兼容性，当两个操作数为 int 数据类型时，本书及本书官网尽量不使用除法运算符（/）。

表 15　Python 内置的 bool 数据类型（部分 API）

运算操作	功能描述
x and y	如果 x 和 y 均为 True，则结果为 True，否则结果为 False
x or y	如果 x 或者 y 为 True，则结果为 True，否则结果为 False
not x	如果 x 为 True，则结果为 False，否则结果为 True ⊖

表 16　Python 内置的 float 数据类型（部分 API）

运算操作	功能描述
x + y	x 和 y 之和
x − y	x 和 y 之差
x * y	x 和 y 之积
x / y	x 和 y 之商
x // y	x 整除 y 的商
x % y	x 除以 y 的余数
x ** y	x 的 y 次幂
−x	x 的算术取反（负数）
+x	x
x < y	x 是否小于 y
x <= y	x 是否小于或等于 y
x == y	x 和 y 是否相等
x != y	x 和 y 是否不相等
x >= y	x 是否大于或等于 y
x > y	x 是否大于 y
abs(x)	x 的绝对值
min(x, y, ...)	x, y, ... 中的最小值
max(x, y, ...)	x, y, ... 中的最大值

注：本书中没有使用浮点数的整除运算符（//）以及取模（求余数）运算符（%）。

⊖　原文此处有误，译者做了更正。——译者注

表 17　Python 内置的 tuple 数据类型（部分 API）

运算操作	功能描述
len(a)	a 的长度
a[i]	a 的第 i 个元素
for v in a:	遍历访问 a 的每一个元素
v in a:	如果 a 包含 v，则结果为 True，否则结果为 Flase

表 18　Python 内置的 list 列表数据类型（部分 API）

增长量级	运算操作	功能描述
常量型	len(a)	列表 a 的长度
	a[i]	列表 a 的第 i 项（索引访问操作）
	a[i] = v	使用项 v 替换列表 a 的第 i 项（索引赋值操作）
	a += [v]	将项 v 附加到列表 a 的尾部（就地拼接操作）
	a.pop()	从列表 a 中删除 a[len(a)–1] 并返回该项的值
线性型	a + b	列表 a 和 b 的拼接
	a[i:j]	[a[i]，a[i+1]，…，a[j–1]]（切片操作）
	a[i:j] = b	a[i] = b[0]，a[i+1] = b[1]，…（切片赋值操作）
	v in a	如果列表 a 包含项 v 则返回 True，否则返回 False
	v not in a	如果列表 a 包含项 v 则返回 False，否则返回 True
	for v in a:	循环遍历列表 a 的各项（循环迭代操作）
	del a[i]	从列表 a 中删除 a[i]（索引删除操作）
	a.pop(i)	从列表 a 中删除 a[i] 并返回该项的值
	a.insert(i, v)	将项 v 插入到列表 a 中（插入到 a[i] 之前）
	a.index(v)	项 v 第一次出现在列表 a 中的索引号
	a.reverse()	列表 a 中的各项反序
线性对数型	a.sort()	将列表 a 中的各项按升序排列

注：1. a += [v] 和 a.pop() 属于"摊销"常量型运行时间。
　　2. 如果 i 接近于 len(a)，则 del a[i]、pop(i) 和 insert(i, v) 操作将花费"摊销"常量型运行时间。
　　3. 切片操作运行时间的增长量级线性于切片的长度。

表 19　Python 内置的 dict 字典数据类型（部分 API）

	运算操作	功能描述
常量型运行时间	dict()	新建一个空的字典
	st[key] = val	将键 key 与 st 中的值 val 相关联
	st[key]	st 中与键 key 相关联的值（如果 st 中不存在键 key 则报 KeyError 错误）
	st.get(key, x)	如果键 key 在 st 中，则返回，否则返回 x（x 默认为 None）
	key in st	键 key 是否在 st 中
	len(st)	st 中键 – 值对的数量
	del st[key]	从 st 中删除键 key（及其相关的值）
线性运行时间	for key in st:	遍历 st 中所有的键

注：键 key 必须是可哈希的数据类型。

表 20　Python 内置的 set 集合数据类型（部分 API）

	运算操作	功能描述
常量型运行时间	set()	新建一个空的集合
	s.add(item)	如果项目 item 不在集合 s 中，则添加到 s 中
	item in s	项目 item 是否在集合 s 中
	len(s)	集合 s 中项目的个数
	s.remove(item)	从集合 s 中删除项目 item
线性运行时间	for item in s:	遍历集合 s 中的各个项目
	s.intersection(t)	集合 s 和集合 t 的交集
	s.union(t)	集合 s 和集合 t 的并集

注：项目 item 必须是可哈希的数据类型。

表 21　Python 内置的函数（部分 API）

函数类型	运算操作	功能描述
与对象有关的内置函数	help(x)	对象 x 的相关文档
	type(x)	对象 x 的类型
	id(x)	对象 x 的标识（内存地址）
	hash(x)	对象 x 的哈希值
与类型转换有关的内置函数	int(x)	将对象 x 转换为与其等价的整数
	float(x)	将对象 x 转换为与其等价的浮点数
	str(x)	将对象 x 转换为与其等价的字符串表示方式
	round(x)	将数值 x 四舍五入取整
与可迭代对象有关的内置函数	min(a)	可迭代对象 a 中各项目的最小值
	max(a)	可迭代对象 a 中各项目的最大值
	sum(a)	可迭代对象 a 中各项目之和
	sorted(a)	将可迭代对象 a 中的每个项目排序，并生成一个新的可迭代对象
	reversed(a)	将可迭代对象 a 中的每个项目反转，并生成一个新的可迭代对象
	tuple(a)	根据可迭代对象 a 中的各项目，创建一个新的元组
	list(a)	根据可迭代对象 a 中的各项目，创建一个新的列表
	set(a)	根据可迭代对象 a 中的各项目，创建一个新的集合
	range(i, j)	新建一个新的迭代器，从整数 i, i+1, i+2, …，一直迭代到 j–1（i 默认为 0）
	iter(a)	新建一个迭代器，对可迭代对象 a 中各项目进行迭代

注：1. Python 内置的数据类型 str、list、tuple、dict 和 set 仅为可迭代数据类型。

　　2. min()、max() 和 sorted() 函数均假设各项目是可比较的数据类型。

　　3. set() 函数假设各项目是可哈希的数据类型。

推荐阅读

作者：Nell Dale John Lewis
ISBN：978-7-111-44813-6
定价：69.00元

作者：Timothy J. O'Leary 等
ISBN：978-7-111-48934-4
定价：69.00元

作者：David Money Harris 等
ISBN：978-7-111-44810-5
定价：129.00元

作者：Y. Daniel Liang
ISBN：978-7-111-41234-2
定价：79.00元

作者：Kathy Schwalbe
ISBN：978-7-111-49928-2
定价：79.00元

作者：John W. Satzinger 等
ISBN：978-7-111-49937-4
定价：69.00元

作者：Marilyn Wolf
ISBN：978-7-111-49930-5
定价：79.00元

作者：Peter Barry 等
ISBN：978-7-111-41235-9
定价：79.00元

作者：David B. Kirk 等
ISBN：978-7-111-41629-6
定价：79.00元